KB044387

CALCULUS
미분적분학 ^{3판}

CALCULUS
미분적분학 3판

김정헌 · 이의우 · 이종규 지음

미분적분학은 고대 이집트와 그리스 사람들이 도형의 넓이, 입체의 부피, 곡선의 길이 등을 구하는 과정에서 오래전부터 사용한 방법인 구분구적법에서 기원한 적분법과 움직이는 물체의 속도, 곡선의 접선 등을 다루는 과정에서 뉴턴(Newton)과 라이프니츠(Leibniz)에 의해 발견된 미분법이 함께 계속 발전하여 확립된 수학의 한 분야이다. 오늘날 미분적분학은 현대수학의 중요한 한 축을 이루고 있으며, 그 활용 범위는 자연과학, 공학, 경제학 및 사회과학 분야에 이르기까지 매우 광범위하다.

이 책은 고교 과정에서 기초적인 미분적분학을 배운 학생들이 대학에서 주당 3시간 강의로 총 2학기에 걸쳐 미적분학의 이론과 그 응용에 대하여 배울 수 있도록 마련되었다. 그리고 이 책은 총 14장으로 구성되어 있으며 첫 학기에는 제 1장부터 8장까지, 둘째 학기에는 제 9장부터 14장까지 강의를 진행하는 것이 적절하다고 생각한다.

끝으로 이 책의 원고 작성에 많은 조언과 도움을 주신 수학과 교수님, 강사 선생님, 대학원생들과, 그리고 이 책의 출간에 적극적인 지원과 노고를 아끼지 않으신 북스힐 출판사 편집부 여러분들께 깊은 감사를 드린다.

2022년 2월
저자 일동

차례

1장
집합과 함수

DIFFERENTIAL AND INTEGRAL CALCULUS

수학을 배우면서 많이 접하는 용어인 '함수'를 처음 사용한 사람은 독일의 라이프니츠(Leibniz, 1646~1716)로 알려져 있다. 이후 스위스의 오일러(Euler, 1707~1783)에 의해 $f(x)$라는 기호가 도입되었고, 프랑스의 코시(Cauchy, 1789~1857)가 현재 쓰이는 것처럼 종속변수를 독립변수의 함수라고 표현하였다.

이 장에서는 집합과 실수의 성질, 극한, 함수의 연속성 등에 대해 학습하고, 이를 바탕으로 미적분학의 기본 대상인 함수의 성질을 이해하고자 한다.

집합의 개념을 수학에 처음 도입한 학자는 독일의 칸토어(Cantor, 1845~1918)이다. 집합의 개념이 논리적으로 정리됨에 따라, 수학의 각 분야에서도 집합론의 논리를 기반으로 모든 이론을 일반화하는 추상화 작업이 이루어지기 시작하였다. 예를 들어, 구체적인 숫자를 다루던 정수론은 원소의 연산이 가능한 집합을 연구하는 현대대수학(abstract algebra)으로 발전되었다. 이러한 영향으로 현대의 미적분학에서도 실수의 성질, 함수의 극한 및 연속과 같은 중요한 개념은 집합의 개념을 토대로 설명하고 있다.

어떤 문제를 해결하고자 한다면 먼저 문제의 대상을 정확히 파악하여야 한다. 예를 들어, $2x - 1 = 0$의 해가 $\frac{1}{2}$이라는 것은 쉽게 알 수 있지만, 만일 x가 동전의 개수를 의미한다면 어떨까? 대상을 정확히 묘사하는 것, 이것이 집합 개념 도입의 동기가 된다. 우리는 자연수나 실수와 같이 명확하게 식별할 수 있는 대상의 모임을 **집합**(set)이라고 하며, 집합을 구성하는 대상 각각을 그 집합의 **원소**(element 또는 member)라고 한다. 일반적으로 집합은 A, B, S, X, Y와 같이 대문자로, 원소는 a, b, s, x, y와 같이 소문자로 나타낸다. 또한, 원소 x가 집합 A의 원소이면 $x \in A$로 나타내고, 그렇지 않으면 $x \notin A$로 나타낸다.

집합을 표현하는 방법에는 그 집합에 속하는 모든 원소를 나열하는 **원소나열법**과 그 집합의 모든 원소가 만족해야 할 조건을 문장이나 수식으로 제시하는 **조건제시법**이 있다.[1] 원소나열법에서는 원소들을 { }로 묶어서 표시하며, 조건제시법에서는 조건 p를 만족하는 원소 x의 집합이라는 의미에서 $\{x \mid p(x)\}$로 표시한다.

$$\text{원소나열법} \quad : \quad A = \{1, 2, 3, 6\}$$
$$\text{조건제시법} \quad : \quad A = \{k \mid k\text{는 6의 양의 약수}\}$$

두 집합 A, B가 있을 때, A에 속하는 모든 원소가 B에도 속하면 A를 B의 **부분집합**(subset)이라 하고[2] $A \subset B$로 나타내며, 'A는 B에 포함된다' 또는 'B는 A를 포함한다'고 말한다. 예를 들면, 자연수 전체의 집합 $\mathbb{N}$[3]은 실수 전체의 집합 $\mathbb{R}$의 부분집합이므로 $\mathbb{N} \subset \mathbb{R}$로 나타낸다.

---

1) 밴다이어그램으로 집합을 나타내는 경우도 있지만, 실제로 이 방법은 { }을 폐곡선으로 바꾸었을 뿐, 그 안에 들어가는 원소를 제시하는 방법은 같다.

2) B의 부분집합 A는 B의 일부분을 묶은 집합이라는 뜻이다. 본문의 정의가 약간 복잡해보이는 이유는, 명제 'A가 B의 부분집합이다'는 'a가 A의 원소이면, a는 B의 원소이다.'라는 조건부 명제임을 강조하는 것이다.

3) 자연수, 정수, 유리수, 실수, 복소수의 집합은 각각 $\mathbb{N}$, $\mathbb{Z}$, $\mathbb{Q}$, $\mathbb{R}$, $\mathbb{C}$로 나타낸다. 이 기호는 Natural number, Zahlen, Quotient, Real number, Complex number에서 머리글자를 따온 것인데, 이 중 Zahlen은 정수를 나타내는 독일어이고, Quotient는 나눈다는 의미의 독일어이자 영어이다.

두 집합 A, B가 $A \subset B$인 동시에 $B \subset A$인 관계가 있으면 'A와 B는 같다'고 하며,[4] $A = B$로 나타낸다. A가 B의 부분집합이지만 $A \neq B$이면 A를 B의 **진부분집합**(proper subset)이라고 하고, $A \subsetneq B$로 나타낸다. 예를 들면, 정수 전체의 집합 $\mathbb{Z}$는 유리수 전체의 집합 $\mathbb{Q}$의 진부분집합, 즉 $\mathbb{Z} \subsetneq \mathbb{Q}$이다.

원소를 한 개도 갖고 있지 않은 집합을 **공집합**(empty set)이라고 하고, ϕ으로 나타낸다. 공집합은 그 집합에 속하는 원소가 하나도 없기 때문에 임의의 집합의 부분집합이 된다.[5] 하지만 집합 $\{\phi\}$는 공집합을 원소로 갖기 때문에 $\{\phi\} \neq \phi$이다.

두 집합을 이용하여 새로운 집합을 구성하는 규칙을 **집합연산**(set operation)이라고 한다. 예를 들어 다음과 같은 집합연산을 생각할 수 있다.

$$A \cup B = \{x \mid x \in A \text{ 또는 } x \in B\}$$
$$A \cap B = \{x \mid x \in A \text{ 이고 } x \in B\}$$
$$A - B = \{x \mid x \in A \text{ 이고 } x \notin B\}$$
$$A \times B = \{(a, b) \mid a \in A \text{ 이고 } b \in B\}$$

$A \cup B$는 A와 B의 **합집합**(union), $A \cap B$는 A와 B의 **교집합**(intersection)이라고 하며 $A - B$는 A의 B에 대한 **차집합**(difference)이라고 한다. 그리고 $A \times B$는 A와 B의 **곱집합**(Cartesian product)이라고 한다. 곱집합 $A \times B$의 원소 (a, b)를 a와 b의 **순서쌍**(ordered pair)이라고 한다.

예1 두 집합 $A = \{1, 2, 3\}$, $B = \{3, 4, 5\}$에 대하여

$A \cup B = \{1, 2, 3, 4, 5\}$ $A \cap B = \{3\}$

$A - B = \{1, 2\}$ $B - A = \{4, 5\}$

$A \times B = \{(1, 3), (1, 4), (1, 5), (2, 3), (2, 4), (2, 5), (3, 3), (3, 4), (3, 5)\}$

$B \times A = \{(3, 1), (3, 2), (3, 3), (4, 1), (4, 2), (4, 3), (5, 1), (5, 2), (5, 3)\}$

이다. ■

어떤 집합 X를 고정하고 그 집합의 원소만을 대상으로 생각할 경우 그 집합 X를 전체집합

---

4) 두 집합이 같다는 것은 동일한 원소로 이루어진 집합이라는 뜻이지만, 집합론의 논리에서는 본문과 같은 복잡한 정의가 필요하다.

5) 공집합의 경우, 조건 'a는 공집합의 원소'가 항상 거짓이므로, 이 조건부 명제는 참이다.

(universal set)이라고 한다. 차집합 $A - B$에서 A가 전체집합 X인 경우, $X - B$는 B의 여집합 (complement)이라고 하며, 기호로는 B^c로 나타낸다.

모든 원소가 수인 집합을 수집합(set of numbers)이라고 한다. 초기의 수학은 단순한 수집합 으로도 충분하였지만, 수학이 점차 발달함에 따라 수집합은 자연수의 집합, 정수의 집합, 유 리수의 집합, 실수의 집합, 복소수의 집합 순으로 확장되었다. 이들 수집합은 단순히 수의 모 임으로 끝나지 않고, 편리하게 이용할 수 있는 사칙연산을 가지고 있다.

우리에게 가장 친숙한 수는 자연수(natural number) 또는 양의 정수이다. 자연수의 집합 은 문자 그대로 우리의 생활에서 자연적으로 형성된 것이며, 다른 수집합은 이 집합을 확 장하여 얻은 것으로 생각할 수 있다.[6] 자연수 전체의 집합을 원소나열법으로 표현하면 다 음과 같다.

$$\mathbb{N} = \{1, 2, 3, 4, 5, \cdots\}$$

양의 정수와 0 그리고 음의 정수를 모두 정수(integer)라고 한다. 정수 전체의 집합 $\mathbb{Z}$는 원 소나열법으로 다음과 같이 표현된다.

$$\mathbb{Z} = \{\cdots, -2, -1, 0, 1, 2, \cdots\}$$

유리수(rational number)는 두 정수 p, q에 의해 $\frac{p}{q}$와 같은 모양으로 표현되는 수이다. 물 론 분모 q는 0이 아니다.[7] 유리수 전체의 집합 $\mathbb{Q}$를 조건제시법으로 표현하면

$$\mathbb{Q} = \left\{ r \,\middle|\, r = \frac{p}{q}, \ p, q \in \mathbb{Z}, \ q \neq 0 \right\}$$

이다. 유리수의 특징 중 하나는 모든 유리수를 순환소수로 나타낼 수 있다는 것이다.[8]

예2 $\dfrac{1}{3} = 0.333\cdots, \ \dfrac{3}{11} = 0.2727\cdots, \ \dfrac{2}{7} = 0.285714285714\cdots$ ■

---

6) 정수는 $x + n = 0$의 해, 유리수는 정수 계수 일차방정식의 해, 실수는 유리수로 만들어지는 수열의 극한, 복 소수는 실수 계수 이차방정식의 해로 이해할 수 있다. 단, 0의 개념은 '아무것도 없는 상태'이므로 자연수의 개 념에 가깝지만, 고대 그리스 시대 '없는 것을 표현할 수는 없다.'는 철학적인 이유로 인해 0을 자연수에 포함하 지 않았고, 그 상태가 현재까지 이어져 온 것으로 추측된다.

7) p/q는 일차방정식 $qx - p = 0$의 해이다. 따라서 $q = 0$이면 이러한 방정식의 해는 존재하지 않거나, 모든 수가 이 방정식의 해이다.

8) 순환소수는 무한소수의 일종인데, '무한소수'는 어떤 수 자체를 나타내는 개념이 아니라, 유한소수로 정의되는 수열의 극한값이다. 예를 들어, $0.\dot{9}$는 수열 $0.9, 0.99, 0.999, \cdots$의 극한값이다. 따라서 '$0.\dot{9} < 1$'이라고 주장하 는 것은 수열의 각 원소가 1보다 작으므로 그 수열의 극한값도 1보다 작다는 잘못된 추측이다.

$\sqrt{2} = 1.414\cdots$, $e = 2.718\cdots$, $\pi = 3.141\cdots$과 같은 수는 무한소수로 표현되지만 순환소수로 나타낼 수가 없다. 즉, 이들은 $\dfrac{p}{q}$와 같은 모양으로 나타낼 수 없다. 이와 같은 수를 무리수(irrational number)라고 한다. 유리수와 무리수를 합하여 실수(real number)라고 하고, 실수 전체의 집합은 기호 $\mathbb{R}$로 나타낸다.

a, b가 실수일 때, $a + ib$와 같은 모양의 수를 복소수(complex number)라고 한다. 여기에서 i는 $i^2 = -1$을 만족하는 수로 정의한다. 복소수 전체의 집합은 기호 $\mathbb{C}$로 나타내며, 이 집합을 조건제시법으로 표현하면 다음과 같다.

$$\mathbb{C} = \{\, x + iy \mid x,\, y \in \mathbb{R} \,\}$$

연습문제 1.1

1. 다음 집합을 원소나열법으로 표현하여라.

   (1) $A = \{\, x \mid 1 \leq x \leq 5,\ x \in \mathbb{N} \,\}$

   (2) $B = \{\, y \mid 3 \leq y \leq 7,\ 2y \in \mathbb{N} \,\}$

   (3) $C = \{\, z \mid z^2 + 2z + 2 = 0,\ z \in \mathbb{R} \,\}$

   (4) $D = \{\, w \mid w^2 + 2w + 2 = 0,\ w \in \mathbb{C} \,\}$

2. 다음 집합 중에서 공집합을 찾아라.

   (1) $A = \{\, x \mid x^2 + 1 = 0,\ x$는 복소수$\,\}$

   (2) $B = \{\, y \mid y^2 + 1 = 0,\ y$는 실수$\,\}$

   (3) $C = \{\, z \mid z + 1 = 0,\ z + 2 = 0,\ z$는 복소수$\,\}$

   (4) $D = \{\, t \mid \sin t = 2,\ t$는 실수$\,\}$

3. $A = \{a, b, c\}$, $B = \{x, y\}$일 때 $A \times B$를 구하여라.

4. 전체집합이 $\mathbb{N}$이고, $A = \{\, x \mid 1 \leq x \leq 10,\ x$는 짝수$\,\}$, $B = \{\, y \mid 3 \leq y \leq 14,\ y$는 홀수$\,\}$이다. 이때 A와 B를 원소나열법으로 표시하고, 다음 집합을 구하여라.

   (1) $A \cup B$ (2) $A \cap B$

   (3) $A - B$ (4) A^c

5. 다음 집합을 평면 위에 표시하여라.

(1) $\{(x, y) \mid xy < 0\}$ (2) $\{(x, y) \mid x + y = 1\}$

(3) $\{(x, y) \mid x^2 + y^2 = 1\}$

6. 다음 집합을 평면 위에 표시하여라.

(1) $[0, 1] \times [0, 1]$ (2) $(1, 2) \times (3, 4)$

(3) $\big([0, 1] \cup [2, 3]\big) \times [1, 2]$

7. 임의의 집합 A, B에 대해 $A - B = A \cap B^c$임을 증명하여라.

8. 다음 드 모르강(De Morgan)의 법칙을 증명하여라.

(1) $(A \cup B)^c = A^c \cap B^c$ (2) $(A \cap B)^c = A^c \cup B^c$

9. 집합 $A = \{1, 2\}$의 모든 부분집합을 나열하고, 1을 포함하는 집합과 1을 포함하지 않는 집합으로 분류하여라. 이를 이용하여 집합 $B = \{a, b, c\}$의 부분집합의 개수를 추측하여라.

2절   실수의 성질

실수는 우리에게 익숙한 개념으로 일상생활에서의 길이, 크기, 온도, 속도 등의 측정에 많이 이용되고 있다. 미적분학에서는 실수에서 정의되는 함수를 다루기 때문에, 실수의 성질이 매우 유용하게 쓰이고 있다.

실수의 기본적인 성질과 실수의 연산은 중고등학교 과정에서 이미 배웠으므로, 이번 절에서는 미적분학에서 자주 이용되는 실수의 성질 몇 가지와 이에 필요한 용어를 중심으로 소개한다.

실수의 집합 $\mathbb{R}$를 전체집합으로 하고, A를 $\mathbb{R}$의 부분집합이라고 하자. 만약 A의 모든 원소 x에 대해서 $x \leq c$를 만족하는 실수 c가 존재할 때, A는 **위로 유계**(bounded above)라고 하고, c를 A의 **상계**(upper bound)라고 한다.[9] 만약 A의 모든 원소 x에 대해서 $d \leq x$를 만족하는 실수 d가 존재할 때, A는 **아래로 유계**(bounded below)라고 하고, d를 A의 **하계**(lower bound)

---

9) 'c가 A의 상계이다'라는 명제는, 'a가 A의 원소이면, $a \leq c$이다'라는 조건부 명제이다. 따라서 ϕ은 유계집합이다.

라고 한다. A가 위로도 유계이고 아래로도 유계이면, A를 유계집합(bounded set)이라고 한다. A가 위로 유계일 때, A의 상계 중에서 가장 작은 원소를 A의 상한(supremum 또는 least upper bound)이라 하고 sup A로 표시한다. A가 아래로 유계일 때, A의 하계 중에서 가장 큰 원소를 A의 하한(infimum 또는 greatest lower bound)이라 하고 inf A로 표시한다.

예3 $\mathbb{R}$의 부분집합

$$A = \left\{ 1, \ \frac{1}{2}, \ \frac{1}{2^2}, \ \frac{1}{2^3}, \ \cdots \right\}$$

에 대하여 $c \geq 1$인 실수 c는 모두 A의 상계이고, $d \leq 0$인 실수 d는 모두 A의 하계이다. 따라서 A는 유계집합이다. 또한 A의 상한은 1이고 하한은 0이다. 이를 기호로 나타내면 다음과 같다.

$$\sup A = 1, \quad \inf A = 0 \qquad \blacksquare$$

예4   전체집합이 $\mathbb{R}$일 때, 집합 $B = \{ x \in \mathbb{Q} \mid 0 < x < \sqrt{2} \}$는 유계집합이고, $\sup B = \sqrt{2}$, $\inf B = 0$이다. $\blacksquare$

공집합이 아니며 위로 유계인 $\mathbb{R}$의 부분집합은 $\mathbb{R}$에서 항상 상한을 갖는다.[10] 이 성질은 예 4와 같이 유리수에서는 성립하지 않는 실수의 특별한 성질이다. 이러한 성질을 실수의 연속성(continuity) 또는 완비성(completeness)이라고 한다. 완비성은 직선 위의 점과 실수를 일대일로 대응시켜 만드는 수직선(number line)이 끊어진 곳이 없는 직선임을 의미한다. 이러한 완비성으로 인해, 우리는 초등학교 때부터 실수 전체의 집합 $\mathbb{R}$를 수직선으로 생각할 수 있다고 배웠다.

$a < b$인 임의의 두 실수 a, b에 대하여

$$(a, b) = \{ x \in \mathbb{R} \mid a < x < b \} \text{는} \quad \text{열린구간(open interval)},$$
$$[a, b] = \{ x \in \mathbb{R} \mid a \leq x \leq b \} \text{는} \quad \text{닫힌구간(closed interval)},$$
$$\left. \begin{array}{l} [a, b) = \{ x \in \mathbb{R} \mid a \leq x < b \} \\ (a, b] = \{ x \in \mathbb{R} \mid a < x \leq b \} \end{array} \right\} \text{는} \quad \text{반열린구간(half open interval)}$$

이라고 한다. 특히, 임의의 양수 ϵ에 대하여 열린구간 $(a - \epsilon, a + \epsilon)$을 점 a의 ϵ-근방

10) 상계의 정의가 조건부 명제이기 때문에 모든 실수가 공집합의 상계이자 하계가 된다. 따라서 공집합은 상한과 하한이 존재하지 않는다.

(ϵ-neighborhood)이라고 하며, 특별히 ϵ을 나타낼 필요가 없는 경우에는 간단히 a의 근방이라고 한다. a의 근방은 극한, 연속, 미분가능성을 정의할 때 매우 중요하게 쓰인다.

마지막으로, 실수는 조밀성, 무한성, 수렴성이라는 특징을 갖는다. 이러한 성질에 대해서는 증명없이 간단하게 소개하기로 한다.

1) 조밀성(denseness) $a < b$인 임의의 두 실수 a, b에 대하여, a, b 사이에는 무수히 많은 실수가 존재한다. 다시 말해서, 부등식 $a < x < b$를 만족하는 실수 x는 무수히 많이 존재한다.

2) 무한성(infiniteness)   수직선은 한없이 길고 그 양끝은 무한히 연장되어 끝점이 존재하지 않는다. 따라서 어떤 실수 $M > 0$에 대해서도 $M < x$, $-x < -M$을 만족하는 실수 x는 항상 존재한다.

3) 수렴성(monotone convergence)   실수의 집합에서는 단조 수렴 정리가 성립한다. (이 부분은 정리 1.1에 소개하도록 한다.)

연습문제 1.2

1. 다음 실수의 부분집합이 유계인지 아닌지 판정하여라.

(1) $\mathbb{N}$ (2) $\mathbb{Q}$

(3) $\{x \mid x^2 + ax + b = 0\}$ (4) $\{y \mid y = -2^n,\ n = 1, 2, \cdots\}$

(5) $\{z \mid \ln z = 0\}$

2. 다음 실수의 부분집합 A, B, C가 유계임을 보이고, 상계와 하계를 하나씩 구하여라.

(1) $A = \left\{ x \mid x = \dfrac{1}{2n},\ n \in \mathbb{N} \right\}$

(2) $B = \left\{ y \mid y = \dfrac{n+1}{n},\ n \in \mathbb{N} \right\}$

(3) $C = \left\{ z \mid z = 1 - \dfrac{1}{n},\ n \in \mathbb{N} \right\}$

3. 다음 실수의 부분집합 A, B, C의 상한과 하한을 구하여라.

(1) $A = \{x \in \mathbb{R} \mid 1 < x^2 < 2\}$

(2) $B = \{x \in \mathbb{Q} \mid 1 < x^2 < 2\}$

(3) $C = \left\{ x \in \mathbb{R} \mid \dfrac{1}{x} \geq 3 \right\}$

4. 자연수의 집합 $\mathbb{N}$이 아래로 유계임을 보이고, 하한을 찾아라.

5. 자연수의 집합이 위로 유계가 아니라는 사실을 이용하여, 임의의 양수 x, y에 대해 $nx > y$를 만족하는 자연수 n을 항상 찾을 수 있음을 보여라.

3절 함수

함수라는 용어를 처음 도입한 독일의 라이프니츠는 함수라는 말을 곡선 위의 한 점에서 그은 접선이나 법선, 좌표축에 내린 수선의 길이를 구하는 것과 같은 특수한 수학 공식을 지칭하는 데 사용했다. 그 후로 스위스의 오일러, 프랑스의 코시 등에 의하여 함수라는 말의 의미가 점차 일반화되었다. 19세기 초에는 독일의 디리클레(Dirichlet, 1505~1859)가 함수를 두 변수 사이의 대응 관계로 정의하기 시작하였고, 20세기에 이르러 독일의 데데킨트(Dedekind, 1831~1916) 등의 수학자들에 의해 두 집합 사이의 대응이라는 일반적인 함수의 정의가 확립되었다.

두 집합 X, Y가 있을 때, X의 각 원소 x에 Y의 원소 y를 반드시 하나씩 대응시키는 규칙을 집합 X에서 집합 Y로의 **함수**(function)라고 하고, 기호로

$$f : X \to Y$$

와 같이 나타낸다. 여기서 X를 f의 **정의역**(domain), Y를 f의 **공역**(codomain)이라고 한다. 또 X의 원소 x에 대응하는 Y의 원소 y를 f에 의한 x의 **상**(image), 또는 x에서의 f의 **함숫값**(value)이라고 하고, $f(x)$로 나타낸다. 이때 x를 **독립변수**(independent variable), y를 **종속변수**(dependent variable)라 한다.

함수 $f : X \to Y$에서 Y에 있는 모든 원소가 X에 있는 원소의 상이 될 필요는 없다. Y의 원소 가운데 f의 함숫값이 되는 원소의 집합, 즉

$$\{ f(x) \in Y \mid x \in X \}$$

를 f의 **치역**(range)이라고 하고, $f(X)$로 나타낸다. 함수의 성질을 파악하는 데 요긴하게 쓰였

던 그래프는 다음과 같이 정의한다. 함수 $f : X \to Y$의 **그래프**(graph)는 정의역 X의 각 원소 x와 이에 대응되는 Y의 원소 $f(x)$를 좌표로 갖는 $X \times Y$의 원소 $(x, f(x))$의 집합이나.

예5 집합 X의 모든 원소 x에 대해 자기 자신을 대응시키는 규칙, $\iota(x) = x$는 정의역, 공역, 치역이 모두 X인 함수이다. 이러한 함수 $\iota : X \to X$를 (집합 X에서의) **항등함수** (identity function)라고 한다. ∎

예6 두 집합 X, Y에 대하여 $y_0 \in Y$가 고정된 한 원소일 때, 모든 $x \in X$에 대해 y_0를 대응시키는 규칙 $f(x) = y_0$은 정의역은 X, 공역은 Y, 그리고 치역은 $\{y_0\}$인 함수이다. 이러한 함수 $f : X \to Y$를 **상수함수**(constant function)라고 한다. ∎

예7 함수 $f(x) = \dfrac{1}{x-1}$은 $x = 1$을 제외한 모든 실수 x에 대하여 값이 유일하게 결정되는 대응규칙이다. 그러므로 이 대응은 정의역이 $\mathbb{R} - \{1\}$인 함수이다. 이와 같이 함수의 정의역이 명시되지 않은 경우에는 정의역을 그 함수가 정의되는 가장 큰 집합으로 간주한다. ∎

예8 임의의 실수 x에 x^n(n은 자연수)을 대응시키면 실수 전체의 집합 $\mathbb{R}$를 정의역으로 하는 함수를 얻는다. 이 함수는

$$y = x^n \quad \text{또는} \quad f(x) = x^n$$

으로 나타낼 수 있다. 이러한 함수를 **거듭제곱함수**라고 부르며, 이 함수의 치역은

$$n\text{이 홀수일 때,} \quad f(\mathbb{R}) = \mathbb{R}$$
$$n\text{이 짝수일 때,} \quad f(\mathbb{R}) = \{y \in \mathbb{R} \mid y \geq 0\}$$

이다. ∎

함수 $f : X \to Y$에서 $f(X) = Y$이면, 즉 f의 치역이 공역과 일치하면 f를 Y **위로의 함수** (onto function) 또는 **전사함수**(surjective function)라고 한다. 다시 말해, 임의의 $y \in Y$에 대하여 $y = f(x)$가 되는 $x \in X$가 항상 존재하면 f는 전사함수이다. 또 함수 $f : X \to Y$에서 $x_1 \neq x_2$일 때 $f(x_1) \neq f(x_2)$이면, 다시 말해 서로 다른 두 원소의 함숫값이 항상 다르면, f를 **일대일 함수**(one-to-one function) 또는 **단사함수**(injective function)라고 한다. 전사이면서 단사인 함수는 **전단사함수**(bijective function) 또는 **일대일 대응**(one-to-one correspondence)이

라고 한다. 예 6에서 소개한 항등함수 ι가 전단사함수라는 사실은 쉽게 확인할 수 있다.

예9 함수 $f : \mathbb{R} \to \mathbb{R}$가 $f(x) = x^2$으로 주어졌을 때, $-2 \neq 2$이지만 $f(-2) = f(2) = 4$이므로 f는 단사함수가 아니다. 또한 $f(x) = x^2 = -2$를 만족하는 x가 존재하지 않으므로 f는 전사함수가 아니다. 그러나 f의 정의역을 $\{x \in \mathbb{R} \mid x \geq 0\}$으로 제한하면 f는 단사함수가 되며, 공역을 $\{y \in \mathbb{R} \mid y \geq 0\}$으로 제한하면 f는 전사함수가 된다. ■

예10 함수 $g : \mathbb{R} \to \mathbb{R}$가 $g(x) = 2x^3 + 3$으로 주어졌을 때, g는 단사함수이다. 한편, 임의의 y에 대하여 $x = \sqrt[3]{\dfrac{y-3}{2}}$를 택하면 $x \in \mathbb{R}$이고 $g(x) = y$가 되기 때문에 g는 전사함수이다. ■

두 함수 $f : X \to Y$와 $g : Y \to Z$를 결합하여 만들어지는 대응 규칙도 새로운 함수가 되며, 이 함수 $h : X \to Z$를

$$h(x) = g(f(x)), \quad x \in X$$

와 같이 정의할 수 있다. 이러한 함수 h를 f와 g의 **합성함수**(composite function)라고 하고, $g \circ f$로 나타낸다.

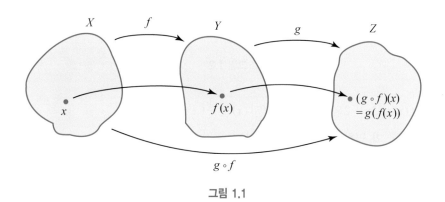

그림 1.1

예11 두 함수 f, $g : \mathbb{R} \to \mathbb{R}$가 각각

$$f(x) = x^2 + 1, \quad g(x) = \sin x$$

로 주어졌을 때, $g \circ f : \mathbb{R} \to \mathbb{R}$는

$$(g \circ f)(x) = g(f(x)) = \sin(x^2 + 1)$$

이고, $f \circ g : \mathbb{R} \to \mathbb{R}$는

$$(f \circ g)(x) = f(g(x)) = \sin^2 x + 1$$

이다. 이 예로부터 $f \circ g \neq g \circ f$임을 알 수 있다. ∎

함수 $f : X \to Y$가 전단사함수이면, 전사함수의 성질에 의해 Y의 임의의 원소 y에 대하여 $f(x) = y$가 되는 X의 원소 x가 반드시 존재하며, 단사함수의 성질에 의해 그러한 원소는 단 하나만 존재한다. 따라서 Y의 임의의 원소 y에 대해 $f(x) = y$를 만족하는 x를 대응시키는 규칙은 함수가 된다. 이렇게 정의된 함수 $g : Y \to X$

$$g(y) = x \iff y = f(x)$$

를 f의 **역함수**(inverse function)라고 하고 f^{-1}로 나타낸다.

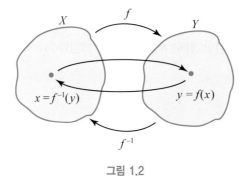

그림 1.2

예12 (1) $f(x) = 3x + 2$의 역함수는 $f^{-1}(x) = \dfrac{1}{3}(x - 2)$이다.

(2) $y = x^3$의 역함수는 $y = \sqrt[3]{x}$이다. ∎

예13 함수 $y = x^2$은 전단사함수가 아니므로, 역함수를 갖지 않는다. 하지만 예 10과 같이 정의역과 공역이 모두 음이 아닌 실수의 집합이라고 한다면, 이 함수는 전단사함수가 되어 역함수를 갖는다. 이 역함수가 고등학교 과정에서 배우는 $y = \sqrt{x}$이다. ∎

1. $X = \{\alpha, \beta\}$, $Y = \{a, b, c\}$일 때 X와 Y를 각각 정의역과 공역으로 하는 함수는 모두 몇 개인지 구하여라.

2. 다음 함수의 정의역과 치역을 구하여라.

   (1) $y = \dfrac{1}{x^2 + 1}$ (2) $y = \sin \dfrac{1}{x}$ (3) $y = \tan x$

3. (1) 두 함수 $f(x) = x - 2$와 $g(x) = \dfrac{x^2 - 4}{x + 2}$는 같은 함수인가? 그 근거를 제시하여라.

   (2) 두 함수 $f(x) = \tan x$와 $g(x) = \dfrac{\sin x}{\cos x}$는 같은 함수인가? 그 근거를 제시하여라.

4. 함수 $y = 2x^3 + 3$이 단사함수임을 증명하여라.

5. $f(x) = x^2 + 3x - 4$일 때 다음을 계산하여라.

   (1) $f(0)$ (2) $\left(f(1) + 1\right)^2$ (3) $f(f(1))$

6. 함수 $f : X \to Y$와 $g : Y \to Z$가 주어져 있을 때, 다음 질문에 대해 답하여라.

   (1) 함수 f, g가 전단사함수이면, 이 두 함수의 합성함수 $g \circ f : X \to Z$도 전단사함수임을 증명하여라.

   (2) 두 함수 $f : X \to Y$와 $g : Y \to Z$가 있을 때, 합성함수 $g \circ f : X \to Z$가 단사함수이면 f가 단사함수임을 증명하여라. 또 $g \circ f$가 전사함수이면 g가 전사함수임을 증명하여라.

   (3) 두 함수의 합성함수 $g \circ f : X \to Z$가 전단사함수라면, f, g가 모두 전단사함수인지 판정하여라.

7. 다음 함수 중 역함수를 갖는 것은 어떤 것인지 찾아라.

   (1) $y = x^5$ (2) $y = x^3 - 2x + 1$

   (3) $y = \sqrt{x}$ (4) $y = x - \dfrac{1}{x}$

4절 수열

자연수의 집합 $\mathbb{N}$에서 정의되고 함숫값이 실수인 함수 $f : \mathbb{N} \to \mathbb{R}$를 **수열**(sequence)이라고 한다. 자연수 n에 대하여 $f(n) = a_n$이라 할 때, 수열 f는 $\{a_1, a_2, a_3, \cdots\}$ 또는 $\{a_n\}$으로 나타내고, a_n을 수열의 **일반항**이라고 한다.

예 14 등차수열은 일반항이 $f(n) = a + (n-1)d$인 수열이고, 등비수열은 일반항이 $g(n) = ar^{n-1}$인 수열이다. ■

예 15 피보나치 수열(Fibonacci sequence)은 일반항이

$$a_n = \frac{1}{\sqrt{5}}\left[\left(\frac{1+\sqrt{5}}{2}\right)^n - \left(\frac{1-\sqrt{5}}{2}\right)^n\right]$$

인 수열이다. 이 수열은 일반항의 관계식

$$a_1 = 1, \quad a_2 = 1, \quad a_{n+2} = a_{n+1} + a_n$$

으로도 정의할 수 있다. ■

수열 $\{a_n\}$에서 n이 무한히 커짐에 따라 a_n이 고정된 유한한 수 a에 한없이 가까이 가면, 수열 $\{a_n\}$은 a에 **수렴한다**(converge)고 하며

$$\lim_{n \to \infty} a_n = a$$

로 나타내고, a를 수열 $\{a_n\}$의 **극한**(limit)이라 한다. 이를 수학적으로 엄밀하게 기술하면 다음과 같다. 4절 뒤의 읽을거리가 이 정의를 이해하는데 도움이 될 것이다.

정의 1.1

수열 $\{a_n\}$에서 임의의 $\epsilon > 0$에 대하여 적당한 자연수 N이 존재하여

$$n \geq N \text{이면} \quad |a_n - a| < \epsilon$$

가 성립할 때, 수열 $\{a_n\}$은 a에 수렴한다고 하고 다음과 같이 나타낸다.

$$\lim_{n \to \infty} a_n = a$$

예제 1.1 $\lim\limits_{n \to \infty} \dfrac{1}{n} = 0$임을 보여라.

[풀이] 주어진 $\epsilon > 0$에 대하여 우리가 원하는 것은 n이 얼마나 커야

$$\left| \frac{1}{n} - 0 \right| < \epsilon$$

을 만족시킬 수 있는지 찾는 것이다. 절댓값의 성질에 의해

$$\left| \frac{1}{n} - 0 \right| = \frac{1}{n}$$

이므로 $\dfrac{1}{n} < \epsilon$, 즉 $n > \dfrac{1}{\epsilon}$을 만족하면 된다. 따라서 $N > \dfrac{1}{\epsilon}$인 N을 찾으면, $n \ge N > \dfrac{1}{\epsilon}$
을 만족하므로

$$\left| \frac{1}{n} - 0 \right| < \epsilon$$

을 얻는다. 따라서 $\lim\limits_{n \to \infty} \dfrac{1}{n} = 0$이다. ∎

수렴하지 않는 수열은 **발산한다**(diverge)고 한다. 특히 수열 $\{a_n\}$에서 n이 커짐에 따라 a_n
이 무한히 커지면 $\{a_n\}$은 무한대로 발산한다고 하고

$$\lim_{n \to \infty} a_n = \infty$$

로 표시한다. 이는 임의로 주어진 커다란 수 $M > 0$에 대하여 $n \ge N$이면 $a_n \ge M$을 만족하는
자연수 N을 찾을 수 있음을 뜻한다.[11]

만일 모든 자연수 n에 대하여 $M_1 \le a_n \le M_2$를 만족하는 두 수 M_1, M_2가 존재할 때 $\{a_n\}$
을 **유계**(bounded)인 수열이라 한다. 이전 절에서 언급한 유계집합을 이용하면, 수열을 자연
수에서 실수로 가는 함수로 생각할 때 그 함수의 치역이 유계집합이라는 의미이다. 예를 들어
수열 $\left\{ a_n = \dfrac{2n}{n+1} \right\}$은 $1 \le a_n \le 2$ $(n = 1, 2, 3, \cdots)$이기 때문에 유계이지만, 수열 $\{b_n = 2n\}$
은 유계가 아니다.

예제 1.2 수렴하는 수열은 유계임을 보여라.

[증명] $\{a_n\}$이 a로 수렴하는 수열이라고 가정하자. 그렇다면 $\epsilon = 1$일 때, N이 존재하여 $n \ge N$

---

11) 우리가 인지할 수 있는 최대의 크기를 M이라고 생각해보자. 그렇다면 무한대로 발산하는 것은 오랜 세월이
지나면$(n \ge N)$ a_n은 우리가 인지할 수 없을 정도로 커지는 상황$(a_n \ge M)$이다.

이면 $|a_n - a| < 1$이 성립한다. 따라서,

$$a_n \leq \begin{cases} \max\{a_1, \cdots, a_{N-1}\} & n < N\text{일 때} \\ a+1 & n \geq N\text{일 때} \end{cases}$$

이다. 따라서 $M = \max\{a_1, \cdots, a_{N-1}, a+1\}$이 수열 $\{a_n\}$의 상계가 된다.

비슷한 과정에 의해 $m = \min\{a_1, \cdots, a_{N-1}, a-1\}$이 수열 $\{a_n\}$의 하계가 된다. ■

수열 $\{a_n\}$이 모든 자연수 n에 대하여 $a_n \leq a_{n+1}$이면 증가수열(increasing sequence)이라 하고, 반대로 $a_n \geq a_{n+1}$이면 감소수열(decreasing sequence)이라 한다.

정리 1.1 단조 수렴 정리(Monotone Convergence Theorem)

위로 유계인 증가 수열은 수렴한다.

[증명] 수열 $\{a_n\}$이 위로 유계인 증가수열이라 하자. 수열 $\{a_n\}$이 위로 유계, 즉 집합 $\{a_1, a_2, \cdots\}$이 위로 유계인 실수의 부분집합이므로, 실수의 연속성에 의하여 상한 b가 존재한다. 상한의 정의에 의해, 어떤 $\epsilon > 0$에 대해서도 $b - \epsilon$은 가장 작은 상계인 b보다 작으므로 $\{a_n\}$의 상계가 아니다. 따라서 $\{a_n\}$의 항 중에는

$$b - \epsilon < a_N \leq b$$

인 a_N이 존재한다. 그런데 $\{a_n\}$은 증가수열이므로 모든 $n \geq N$에 대하여

$$b - \epsilon < a_N \leq a_n \leq b, \quad -\epsilon < a_n - b \leq 0$$

이 성립한다. 즉, 모든 $n \geq N$에 대하여

$$b - a_n = |a_n - b| < \epsilon$$

이므로 $\lim_{n \to \infty} a_n = b$이다. ■

참고 1 정리 1.1과 정리 1.2를 사용하면, 아래로 유계인 감소수열도 수렴한다는 것을 알 수 있다.

참고 2 위로 유계인 증가수열인 경우는 $\lim_{n \to \infty} a_n = \sup\{a_n\}$이고, 아래로 유계인 감소수열인 경우는 $\lim_{n \to \infty} a_n = \inf\{a_n\}$이다.

예16 $x_n = 1 + \dfrac{1}{2} + \dfrac{1}{2^2} + \cdots + \dfrac{1}{2^n}$ 로 정의된 수열은 자연수 n이 증가함에 따라 그 값이 커진다. 그러나

$$x_n = \frac{1 - \left(\dfrac{1}{2}\right)^{n+1}}{1 - \dfrac{1}{2}} < \frac{1}{1 - \dfrac{1}{2}} = 2$$

이므로 x_n은 2보다 크지 않은 어떤 값으로 수렴한다. 사실 x_n은 2로 수렴하는 무한등비급수이다. ∎

예제 1.3 수열 $\left\{ a_n = \left(1 + \dfrac{1}{n}\right)^n \right\}$은 수렴함을 보여라.

[풀이] 주어진 수열 $\{a_n\}$이 유계인 증가수열임을 확인하여 정리 1.1을 적용해보자. a_n과 a_{n+1}을 각각 이항전개하면 다음과 같다.

$$
\begin{aligned}
a_n &= 1 + n\frac{1}{n} + \frac{n(n-1)}{2!}\frac{1}{n^2} + \cdots + \frac{n(n-1)\cdots 2 \cdot 1}{n!}\frac{1}{n^n} \\
&= 1 + 1 + \frac{1}{2!}\left(1 - \frac{1}{n}\right) + \cdots + \frac{1}{n!}\left(1 - \frac{1}{n}\right)\cdots\left(1 - \frac{n-1}{n}\right)
\end{aligned}
\tag{1.1}
$$

$$
\begin{aligned}
a_{n+1} &= 1 + 1 + \frac{1}{2!}\left(1 - \frac{1}{n+1}\right) + \cdots \\
&\quad + \frac{1}{n!}\left(1 - \frac{1}{n+1}\right)\cdots\left(1 - \frac{n-1}{n+1}\right) + \left(\frac{1}{n+1}\right)^{n+1}
\end{aligned}
\tag{1.2}
$$

$n > k$이면 $(n+1)^{-(n+1)} > 0$, $1 - \dfrac{k}{n} < 1 - \dfrac{k}{n+1}$이 항상 성립하므로, 위의 식 (1.1), (1.2)에서 $a_n < a_{n+1}$임을 알 수 있다. 또한 모든 자연수 n에 대하여 $n! = 1 \times 2 \times 3 \cdots n \geq 1 \times 2 \times 2 \times \cdots = 2^{n-1}$이 성립하므로,

$$
\begin{aligned}
0 < a_n &< 1 + \frac{1}{1!} + \frac{1}{2!} + \frac{1}{3!} + \cdots + \frac{1}{n!} \\
&\leq 1 + 1 + \frac{1}{2} + \frac{1}{2^2} + \cdots + \frac{1}{2^{n-1}} \\
&< 3
\end{aligned}
$$

이고, $\{a_n\}$은 위로 유계인 증가수열이다. 따라서 정리 1.1에 의해 수열 $\{a_n\}$은 수렴한다. ∎

참고 3 예제 1.3의 극한 $\lim_{n \to \infty} \left(1 + \dfrac{1}{n}\right)^n$ 을 자연상수라고 하고 e로 나타낸다.[12]

다음은 수렴하는 두 수열의 합과 곱의 극한에 관한 정리이다.

정리 1.2 **수열의 극한정리**

$\lim_{n \to \infty} a_n = a$, $\lim_{n \to \infty} b_n = b$ 일 때, 다음이 성립한다.

① $\lim_{n \to \infty} k a_n = k \cdot \lim_{n \to \infty} a_n = ka$ (k는 상수)

② $\lim_{n \to \infty} (a_n \pm b_n) = \left(\lim_{n \to \infty} a_n\right) \pm \left(\lim_{n \to \infty} b_n\right) = a \pm b$

③ $\lim_{n \to \infty} a_n b_n = \left(\lim_{n \to \infty} a_n\right)\left(\lim_{n \to \infty} b_n\right) = ab$

④ $\lim_{n \to \infty} \dfrac{a_n}{b_n} = \dfrac{\lim_{n \to \infty} a_n}{\lim_{n \to \infty} b_n} = \dfrac{a}{b}$ ($b_n \neq 0$, $b \neq 0$)

정리 1.2의 증명은 부록으로 남긴다.

예제 1.4 $\lim_{n \to \infty} \dfrac{2n^2 - 3n + 7}{n^2 + 1}$ 을 구하여라.

[풀이] 먼저 분모에 포함되어 있는 n의 최고차항 n^2으로 분자와 분모를 나누어

$$\frac{2n^2 - 3n + 7}{n^2 + 1} = \frac{2 - \dfrac{3}{n} + \dfrac{7}{n^2}}{1 + \dfrac{1}{n^2}} \tag{1.3}$$

을 얻는다. 이때

$$\lim_{n \to \infty} \frac{1}{n} = 0, \quad \lim_{n \to \infty} \frac{1}{n^2} = 0$$

이므로, 식 (1.3)에 정리 1.2를 적용하면 다음 결과를 얻는다.

---

12) 이후 미분법에서 배울 지수, 로그함수의 미분을 가장 자연스럽게 만들어준다는 의미에서 자연 상수라는 이름 으로 부른다. 이 상수와 관련된 내용을 처음 언급한 네이피어의 이름을 따서 '네이피어 상수', 혹은 e와 관련 된 훌륭한 공식 $e^{\pi i} = -1$을 발견한 오일러의 이름을 따서 '오일러 상수'라고 부르기도 한다. 기호 'e'는 오일러 의 아이디어이며, 예제 1.2의 극한은 베르누이의 작품이다.

$$\lim_{n \to \infty} \frac{2n^2 - 3n + 7}{n^2 + 1} = \frac{\lim\limits_{n \to \infty} 2 - 3 \cdot \lim\limits_{n \to \infty} \dfrac{1}{n} + 7 \cdot \lim\limits_{n \to \infty} \dfrac{1}{n^2}}{\lim\limits_{n \to \infty} 1 + \lim\limits_{n \to \infty} \dfrac{1}{n^2}} = 2 \qquad \blacksquare$$

정리 1.3

수열 $\{a_n\}$, $\{b_n\}$, $\{c_n\}$이 유한개의 예외를 제외한 모든 자연수 n에 대해

$$a_n \le b_n \le c_n \text{이고} \qquad \lim_{n \to \infty} a_n = \lim_{n \to \infty} c_n = a$$

를 만족하면, $\lim\limits_{n \to \infty} b_n = a$이다.

정리 1.3은 조임정리(squeeze theorem), 쥐덫 판정법(mousetrap method) 등 여러 가지 이름으로 불리며, 복잡한 형태의 수열의 극한을 구하는 유용한 방법이다. 정리 1.3의 증명은 부록으로 남긴다.

[예 17] 모든 자연수 n에 대해 $a_n = \dfrac{\sin n}{n}$은 $|\sin x| \le 1$이라는 성질로부터

$$-\frac{1}{n} \le \frac{\sin n}{n} \le \frac{1}{n}$$

을 만족한다. $\dfrac{1}{n}$, $-\dfrac{1}{n}$ 모두 0으로 수렴하는 수열이므로, 정리 1.3에 의해 수열 $\{a_n\}$도 0으로 수렴한다. $\qquad \blacksquare$

[예제 1.5] $0 < r < 1$일 때, $\lim\limits_{n \to \infty} r^n = 0$임을 보여라.

[풀이] $0 < r < 1$이므로

$$a = \frac{1}{r} - 1 \quad \text{또는} \quad r = \frac{1}{1 + a} \tag{1.4}$$

이라 하면, $a > 0$이다. 따라서

$$(1 + a)^n = 1 + na + \frac{n(n-1)}{2!} a^2 + \cdots + a^n$$

의 우변의 각 항은 양의 값을 가지므로, 부등식

$$(1 + a)^n \ge 1 + na \tag{1.5}$$

를 얻는다. 식 (1.4), (1.5)로부터 부등식

$$0 < r^n = \frac{1}{(1+a)^n} \leq \frac{1}{1+na} < \frac{1}{a} \cdot \frac{1}{n}$$

이 성립한다. 이 사실에 예제 1.1과 정리 1.3을 적용하면 원하는 결과를 얻는다.

$$\lim_{n \to \infty} r^n = 0$$

∎

읽을거리

정의 1.1은 n을 충분히 크게 선택하면 $|a_n - a|$을 얼마든지 원하는 크기보다 작게 줄일 수 있음을 의미한다. 여기서 자연수 N의 선택은 주어진 $\epsilon > 0$의 크기에 의존하고, ϵ이 작을수록 위의 부등식을 만족하게 하는 N은 더 커진다. 이러한 개념은 "허용되는 오차 안에서 예측이 가능하다"는 의미로 이해할 수 있다. 여기서 ϵ이 주어진다는 것은, 우리에게 허용된 오차가 얼마인가 하는 것이고, 적당한 자연수 N은 거대한 수라고 인정할 수 있는 '크다'의 기준이다.

예를 들어, n년 후의 우리 은하의 반지름을 a_n이라는 수열로 정의하였다고 하자. $\lim_{n \to \infty} a_n = R$이라고 하는 것은, 세월이 무한히 흐르면 우리 은하의 반지름이 R이 될 것 같다는 추측이다. 이를 보이기 위해, 일단 필요한 것은 오차이다. 우리 은하의 반지름을, 정말 1 mm의 오차도 없이 잴 수 있는가? 이러한 정밀성의 문제 때문에 어느 정도 오차가 나는 것은 허용할 수 밖에 없다. 이 오차를 ϵ이라고 하자. 이제, 우리는 다음과 같이 측정값과 예측값을 비교한다. "우리가 충분히 오래 기다린다면($n \geq N$), 그 이후의 은하의 크기(a_n)와 우리의 예측(R)의 차이가 허용된 오차보다 작아진다($|a_n - R| < \epsilon$)." 수학이 실제 실험과 다른 점은 단 한가지, 정밀성이다. 아주 세밀한 결과를 원하더라도, 다시 말해, 극히 작은 오차 ϵ이 주어지더라도 같은 결론을 내릴 수 있어야 수학에서는 그 추측이 맞다고 인정한다$\left(\lim_{n \to \infty} a_n = R \right)$.

연습문제 1.4

1. 다음 수열의 일반항 a_n을 구하여라.

(1) 1, 4, 7, 10, 13, $\cdots$ (2) 2, 22, 222, $\cdots$

(3) 1, 2, 1, 2, 1, …   (4) 1, 11, 121, 1331, …

2. 다음 수열에 대해 점(n, a_n)을 $n = 1, 2, 3\cdots$ 에 대해 좌표평면 위에 그려보고 증가/감소 여부를 예상해보아라.

(1) $\left\{ \dfrac{n^2}{n+1} \right\}$ (2) $\left\{ 1 - \dfrac{1}{n} \right\}$

(3) $\left\{ (-1)^{n+1} \right\}$ (4) $\left\{ \sin \dfrac{n\pi}{2} \right\}$

3. 다음 수열 중 아래로 유계인 수열과 위로 유계인 수열을 찾아라.

(1) $\left\{ \dfrac{(-1)^n}{n+1} \right\}$ (2) $\left\{ \cos \dfrac{n\pi}{2} \right\}$

(3) $\{ 2^n \}$ (4) $\{ (-2)^n \}$

4. 다음 각 수열에 대하여 열린구간 $(2 - 0.1, 2 + 0.1)$ 안에 들어가는 항과 들어가지 않는 항을 찾아라.

(1) $\left\{ 2 - \dfrac{1}{n} \right\}$ (2) $\left\{ \dfrac{2n}{n+1} \right\}$ (3) $\left\{ 2 + \left(\dfrac{-1}{2} \right)^n \right\}$

5. 문제 4의 각 수열에 대하여 극한이 2임을 증명하여라.

6. 아래와 같은 수열이 주어져 있을 때, 다음 질문에 대해 답하여라.

(a) $\left\{ \dfrac{n+1}{n+2} \right\}$ (b) $\left\{ \dfrac{(-1)^n}{n} \right\}$ (c) $\{ 3 \}$

(d) $\{ 2 + (-1)^n \}$ (e) $\{ 3^{-n} \}$ (f) $\{ \sin n\pi \}$

(g) $\{ \cos n\pi \}$ (h) $\{ \sqrt[3]{n} \}$

(1) 증가수열과 감소수열을 찾아라.

(2) 위로 유계인 수열과 아래로 유계인 수열을 찾고, 그 수열의 상한과 하한을 구하여라.

(3) 수렴하는 수열을 찾아라.

7. 정리 1.1을 이용하여 예제 1.5를 증명하여라

8. 수열 $\left\{ \dfrac{an+b}{cn^2+dn+e} \right\}$ 가 수렴할 조건과 0이 아닌 값으로 수렴할 조건을 각각 구하여라.

9. 수열 $\left\{\dfrac{1}{n^2 2^n}\right\}$이 0으로 수렴함을 증명하여라.

10. 정리 1.3을 이용하여 수열 $\left\{\dfrac{1}{n!}\right\}$이 0으로 수렴함을 증명하여라.

11. 예 5를 일반화하여, $0 < r < 1$을 만족하는 r에 대해 $1 + r + r^2 + \cdots = \dfrac{1}{1-r}$이 성립함을 보여라. 그리고 이를 이용하여 $0.\dot{a} = \dfrac{a}{9}$임을 증명하여라.

5절 　함수의 극한

　미적분학은 극한의 개념을 기초로 한다. 함수의 극한에 대한 개념은 프랑스의 수학자 코시에 의해 제시되었는데, 이를 이해하는 것은 쉬운 일이 아니다. 코시가 제시한 엄밀한 정의에 의한 함수의 극한 개념을 정확하게 이해하기 위해, 극한의 정의를 학습하고 읽을거리의 내용을 이해해 볼 것을 추천한다.

　함수 $f(x)$가 실수 a를 포함하는 어떤 구간에서 정의되어 있다고 하자. 이때 x가 a에 가까이 접근함에 따라 함숫값 $f(x)$가 고정된 실수 A에 한없이 가까이 갈 때, $x = a$에서 함수 $f(x)$의 극한은 (또는 극한값은) A라고 하며

$$\lim_{x \to a} f(x) = A \qquad \text{또는} \qquad x \to a\text{일 때 } f(x) \to A^{13)}$$

로 나타낸다.

　이 사실을 코시의 방법(또는 $\epsilon - \delta$ 방법)에 따라 엄밀하게 정의하면 다음과 같다.

정의 1.2

임의의 $\epsilon > 0$에 대하여 어떤 $\delta > 0$가 존재하여

$$0 < |x - a| < \delta \text{이면} \quad |f(x) - A| < \epsilon$$

을 만족할 때 $x = a$에서 함수 $f(x)$의 극한이 A라고 하며 다음과 같이 나타낸다.

$$\lim_{x \to a} f(x) = A$$

---

13) "x가 a로 갈 때 $f(x)$가 A로 수렴한다"라고 읽는다.

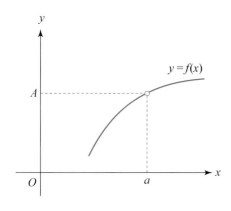
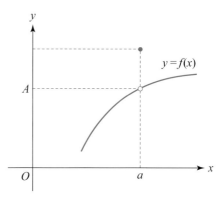

그림 1.3

즉, $\lim_{x \to a} f(x) = A$는 아무리 작은 $\epsilon > 0$이 주어지더라도 $|x - a|$를 충분히 작게 잡으면 $|f(x) - A|$를 ϵ보다 더 작게 할 수 있다는 의미이다. 수열에서의 극한은 'n이 매우 클 때 어떻게 될 것인가에 대한 예측'이라고 설명하였다. 이번에는 'x가 a에 매우 가까울 때 $f(x)$가 어떻게 될 것인가에 대한 예측'이다. 구체적인 적용방법은 부록에 남긴다.

정의 1.2의 조건을 자세히 보면 $0 < |x - a|$이기를 요구하므로, 함수 f가 점 a에서 정의되지 않더라고 a 근방의 모든 점에서 정의되면 극한을 생각할 수 있다(그림 1.3(왼쪽)). 또한 f가 a에서 정의되었다 하더라도 극한값과 함숫값이 반드시 일치해야 하는 것은 아니다(그림 1.3(오른쪽)).

예18 $\lim_{x \to 1} 2x = 2$임을 증명하기 위하여, 함수 $f(x) = 2x$라고 하자. 임의의 상수 ϵ이 주어졌을 때, $0 < |x - 1| < \delta$이면 $|2x - 2| < \epsilon$이 성립하는 δ의 범위를 구하기 위하여, $y = 2x$의 그래프를 이용하자.

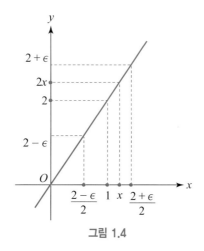

그림 1.4

그림 1.4에서 $|2x - 2| < \epsilon$이 성립하기 위해서는 $0 < |x - 1| < \dfrac{2 + \epsilon}{2} - 1$이면 된다.[14] 따라서 주어진 ϵ에 대해 다음 범위의 δ를 선택하면 된다.

$$0 < \delta \le \frac{\epsilon}{2} \qquad \blacksquare$$

부록의 예에서 알 수 있는 바와 같이, 극한을 계산할 때마다 $\epsilon - \delta$ 방법을 이용한다는 것은 대단히 복잡한 일이다. 학생들의 편의를 위해 극한의 계산에 도움이 되는 몇 가지 기본적인 정리를 소개한다.

정리 1.4 **함수의 극한정리**

$\lim\limits_{x \to a} f(x) = A$이고, $\lim\limits_{x \to a} g(x) = B$일 때 다음이 성립한다.

① $\lim\limits_{x \to a} A = A$ ($f(x) = A$, 상수함수)

② $\lim\limits_{x \to a} k f(x) = kA$ (k는 상수)

③ $\lim\limits_{x \to a} \big(f(x) \pm g(x)\big) = A \pm B$

④ $\lim\limits_{x \to a} f(x)\,g(x) = AB$

⑤ $\lim\limits_{x \to a} \dfrac{f(x)}{g(x)} = \dfrac{A}{B}$ (단, $B \neq 0$)

정리 1.4의 증명은 부록으로 남긴다.

예19 다음은 정리 1.4와 관련된 몇 가지 예이다.

(1)
$$\lim_{x \to 3}(x^2 + 2x + 4) = \lim_{x \to 3} x^2 + \lim_{x \to 3} 2x + \lim_{x \to 3} 4$$
$$= \left(\lim_{x \to 3} x\right)^2 + 2\left(\lim_{x \to 3} x\right) + \lim_{x \to 3} 4$$
$$= 3^2 + 2 \cdot 3 + 4 = 19$$

(2)
$$\lim_{x \to 3}\frac{2x + 5}{x^2 + 2x + 4} = \frac{2\left(\lim\limits_{x \to 3} x\right) + \lim\limits_{x \to 3} 5}{\lim\limits_{x \to 3}(x^2 + 2x + 4)} = \frac{11}{19}$$

---

14) 현명한 학생들은 $\dfrac{2 + \epsilon}{2} - 1 = \dfrac{\epsilon}{2} = 1 - \dfrac{2 - \epsilon}{2}$ 임을 눈치챘을 것이다.

(3) $\displaystyle\lim_{x\to 2}\frac{x^2-4}{x^2+x-6}=\lim_{x\to 2}\frac{(x-2)(x+2)}{(x-2)(x+3)}=\lim_{x\to 2}\frac{x+2}{x+3}=\frac{4}{5}$

(4) $\displaystyle\lim_{x\to 0}\frac{\sqrt{4+x}-2}{x}=\lim_{x\to 0}\frac{\sqrt{4+x}-2}{x}\frac{\sqrt{4+x}+2}{\sqrt{4+x}+2}$

$\displaystyle\qquad\qquad\qquad=\lim_{x\to 0}\frac{4+x-4}{x(\sqrt{4+x}+2)}=\frac{1}{4}$ ∎

함수 $f(x)=\dfrac{1}{x^2}$ 은 x 가 0에 가까이 접근함에 따라 한없이 큰 값이 된다.

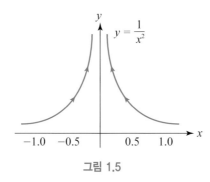

그림 1.5

이와 같은 경우의 극한을

$$\lim_{x\to a} f(x)=\infty \quad 또는 \quad x\to a일\ 때\ f(x)\to\infty$$

로 나타낸다. 이를 엄밀하게 정의하면 다음과 같다.

정의 1.3

임의의 큰 수 $M>0$에 대하여 어떤 수 $\delta>0$가 존재하여

$$0<|x-a|<\delta이면 \quad f(x)>M$$

이 성립할 때

$$\lim_{x\to a} f(x)=\infty$$

라 한다.

예제 1.6 $\displaystyle\lim_{x\to 1}\frac{1}{(x-1)^2}=\infty$임을 증명하여라.

[증명] $0 < |x - 1| < \delta$이면 $f(x) = \dfrac{1}{(x-1)^2} > \dfrac{1}{\delta^2}$이므로, 임의의 큰 수 $M > 0$에 대하여 $\delta = \dfrac{1}{\sqrt{M}}$로 잡으면

$$0 < |x - 1| < \delta일 \ 때 \quad f(x) > M$$

이 성립한다. 따라서

$$\lim_{x \to 1} \frac{1}{(x-1)^2} = \infty$$

이다. ∎

한편, 함수 $f(x) = \dfrac{2x+1}{x+2}$은 x가 한없이 커질 때 2에 가까이 접근한다.

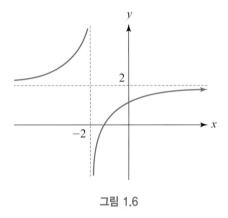

그림 1.6

이와 같은 경우의 극한을

$$\lim_{x \to \infty} f(x) = A \quad 또는 \quad x \to \infty일 \ 때 \ f(x) \to A$$

로 나타낸다. 이를 엄밀하게 정의하면 다음과 같다.

정의 1.4

임의의 $\epsilon > 0$에 대하여 어떤 수 $K > 0$가 존재하여

$$x > K이면 \quad |f(x) - A| < \epsilon$$

이 성립할 때

$$\lim_{x \to \infty} f(x) = A$$

라 한다.

예제 1.7 $\lim\limits_{x \to \infty} \dfrac{2x+3}{x} = 2$임을 증명하여라.

[풀이] $x > K$일 때

$$\left| \frac{2x+3}{x} - 2 \right| = \left| \frac{3}{x} \right| < \frac{3}{K}$$

이 성립한다. 따라서 임의의 $\epsilon > 0$에 대하여 $K = \dfrac{3}{\epsilon}$이라 하면, $\left| \dfrac{2x+3}{x} - 2 \right| = \left| \dfrac{3}{x} \right| < \epsilon$ 이므로

$$\lim_{x \to \infty} \frac{2x+3}{x} = 2$$

이다.　■

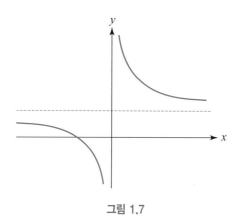

그림 1.7

참고 3 이 경우 함수의 그래프가 직선 $x=0$, $y=2$와 만나지 않지만 한없이 가까워지는데, 이러한 직선을 그래프의 점근선이라고 부른다. 특히 이 경우에 $x=0$은 수직점근선, $y=2$는 수평점근선이라고 칭한다.

일반적으로 x가 a보다 큰 값을 가지면서(오른쪽으로부터) a에 가까이 접근하는 것을 $x \to a^+$, a보다 작은 값을 가지면서(왼쪽으로부터) a에 가까이 접근하는 것을 $x \to a^-$로 나타낸다. $x \to a^+$일 때 $f(x) \to A$이면

$$\lim_{x \to a^+} f(x) = A,$$

$x \to a^-$일 때 $f(x) \to B$이면

$$\lim_{x \to a^-} f(x) = B$$

로 나타내고, 이들을 각각 $x = a$에서 $f(x)$의 **우극한**, **좌극한**이라 한다. $x = a$에서 $f(x)$의 극한이 존재할 필요충분조건은 좌극한과 우극한이 각각 존재하고, 이들이 일치하는 것이다. 실제로 좌극한과 우극한이 항상 일치하는 것은 아니다.

예20 $\displaystyle \lim_{x \to 0^+} \frac{1}{x} = \infty, \ \lim_{x \to 0^-} \frac{1}{x} = -\infty$

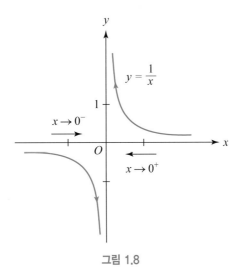

그림 1.8

예21 임의의 실수 x에 $n \le x$인 최대정수 n을 대응시키는 가우스함수 $f(x) = [x]$를 생각하자(그림 1.9). a가 정수가 아니면,

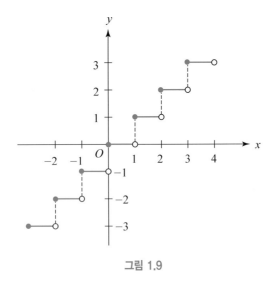

그림 1.9

$$\lim_{x \to a^-} [x] = \lim_{x \to a^+} [x] = \lim_{x \to a} [x] = [a]$$

이다. 그러나 $a = n$이 정수이면

$$\lim_{x \to a^-} [x] = n - 1, \qquad \lim_{x \to a^+} [x] = n$$

이다. 따라서 $\lim_{x \to n}[x]$는 존재하지 않는다. ∎

수열의 경우와 같이 모든 함수의 극한을 정의에 따라 구하는 것은 쉽지 않다. 복잡한 함수의 극한은 다음 정리를 이용하여 구하는 경우가 많다.

정리 1.5 **조임정리(Squeeze Theorem)**

a를 제외한 a의 근방에서 $f(x) \le g(x) \le h(x)$이고 $\lim_{x \to a} f(x) = A = \lim_{x \to a} h(x)$이면

$$\lim_{x \to a} g(x) = A$$

이다.

[증명] $\lim_{x \to a} f(x) = A = \lim_{x \to a} h(x)$이므로, 임의의 $\epsilon > 0$에 대하여

$$0 < |x - a| < \delta_1 \text{일 때} \qquad |f(x) - A| < \epsilon$$

$$0 < |x - a| < \delta_2 \text{일 때} \qquad |h(x) - A| < \varepsilon$$

인 $\delta_1, \delta_2 > 0$이 각각 존재한다. $\delta = \min\{\delta_1, \delta_2\}$라 하면, $0 < |x - a| < \delta$일 때

$$A - \epsilon < f(x) \le g(x) \le h(x) < A + \epsilon$$

이다. 그러므로 임의의 $\epsilon > 0$에 대해 $\delta > 0$가 존재하여

$$0 < |x - a| < \delta \text{이면} \qquad |g(x) - A| < \epsilon$$

이 성립한다. ∎

참고 4 조임정리는 x가 a로 한쪽에서 접근하는 좌극한, 우극한에 대해서도 성립하고, x가 한없이 커지는 경우에도 성립한다.

예제 1.8 $\lim_{x \to 0} x \sin \dfrac{1}{x} = 0$임을 증명하여라.

[풀이] $-|x| \le x\sin\dfrac{1}{x} \le |x|$이고 $\displaystyle\lim_{x \to 0}(-|x|) = \lim_{x \to 0}|x| = 0$이므로, 조임정리에 의하여

$$\lim_{x \to 0} x\sin\frac{1}{x} = 0$$

이다. ∎

읽을거리

이러한 코시의 방법은 실험과 비교하면 이해하기 편리하다. '콩나물에 물 1 L를 주면 콩나물이 1 cm 자란다'는 예측이 올바른지 실험으로 확인하려고 한다. 도구의 한계 때문에 콩나물이 정확히 1 cm 자랐는지 확인할 수는 없다. $\epsilon = 0.1$이라 하는 것은 우리가 사용하는 자의 눈금의 간격이 0.2 cm이어서, 1 cm ± 1 mm 정도의 범위에 있으면 우리는 1 cm인 것으로 간주한다는 것이다. 물을 주는 것도 마찬가지이다. 1 L를 정확히 부을 수 없으므로, 어느 정도의 오차를 감수하여야 한다. 실험결과 물 1 L ± 1 mL를 주었을 때 콩나물이 1 cm ± 1 mm 자랐다면, 예측이 올바르다고 할 수 있다. 만일 정밀도가 높은 자를 이용하여 1 cm ± 1 μm까지 측정할 수 있다면, 물 1 L ± 1 mL를 주는 것으로는 그 범위 안에 들어가지 않을 것이다. 그렇다면 급수 장비의 정밀도를 높여 물 1 L ± 1 μm를 주는 실험을 한다. 이렇게 어떤 오차(ϵ)가 주어져도 실험 조건의 정밀성(δ)을 조절해 원하는 범위 내에서 결과를 얻을 수 있다면, 우리는 그 실험 결과가 보이고자 하는 예측(물 1 L를 주면 콩나물이 1 cm 자란다)을 입증하기에 충분한 근거가 된다.

연습문제 1.5

1. $0 < |x - 2| < 1$일 때 다음이 성립을 보여라.

   (1) $|x + 1| < 4$ (2) $\dfrac{1}{|x - 4|} < 1$ (3) $\dfrac{1}{|x^2 + 2x + 4|} < 1$

2. $0 < |x - 1| < 3$인 모든 x에 대하여 다음 부등식이 성립하는 M의 범위를 구하여라.

   (1) $|x^2 + 2x + 4| \le M$ (2) $|3x^2 - 2x + 3| \le M$

3. 다음에 주어진 ϵ에 대하여 $0 < |x - 3| < \delta$이면 $|x^2 - 9| < \epsilon$이 성립하는 δ를 구하여라.

(1) $\epsilon = 0.1$ (2) $\epsilon = 0.01$

(3) $\epsilon = 0.001$ (4) $0 < \epsilon < 7$

4. $\epsilon - \delta$ 방법을 이용하여 다음 극한값이 옳음을 증명하여라.

(1) $\displaystyle\lim_{x \to 0} x^n = 0$ (2) $\displaystyle\lim_{x \to 1} x^n = 1$ (단, n은 자연수)

(3) $\displaystyle\lim_{x \to 0} f(x) = 0, \qquad f(x) = \begin{cases} 0, & x \in \mathbb{Q} \\ x, & x \in \mathbb{R} - \mathbb{Q} \end{cases}$

5. 극한의 정의를 이용하여 다음 극한이 옳음을 증명하여라.

(1) $\displaystyle\lim_{x \to 1} \frac{1}{x^n} = 1$ (2) $\displaystyle\lim_{x \to 0} \frac{1}{|x^n|} = \infty$ (3) $\displaystyle\lim_{x \to \infty} \frac{1}{x^n} = 0$

6. 다음의 극한이 언제 존재하는지 그 조건을 구하고, 그 극한이 0이 아닌 경우는 언제인지 구하여라.

$$\lim_{x \to \infty} \frac{ax^2 + bx + c}{dx^2 + ex + f}$$

7. 다음 각 함수의 그래프를 그리고 $x = 0$에서의 극한을 구하여라.

(1) $f(x) = \dfrac{x}{x}$ (2) $f(x) = \dfrac{1}{|x|}$ (3) $f(x) = \dfrac{x}{|x|}$

(4) $f(x) = \begin{cases} x^2 & x > 0 \\ x & x < 0 \end{cases}$ (5) $f(x) = \sin \dfrac{1}{x}$

8. 함수 $f(x) = x^2$에 대하여 임의의 양수 ϵ이 주어졌을 때, $0 < |x - 1| < \delta$이면 $|x^2 - 1| < \epsilon$이 성립하게 되는 δ의 범위를 함수 $y = x^2$의 그래프를 이용하여 구하여라.

9. 다음 우극한과 좌극한을 구하여라.

(1) $\displaystyle\lim_{x \to 2^+} \frac{[x]^2 - 4}{x^2 - 4}$ (2) $\displaystyle\lim_{x \to 2^-} \frac{[x]^2 - 4}{x^2 - 4}$

(3) $\displaystyle\lim_{x \to 3^+} \left(x - 2 + [2 - x] - [x] \right)$ (4) $\displaystyle\lim_{x \to 3^-} \left(x - 2 + [2 - x] - [x] \right)$

(5) $\displaystyle\lim_{x \to 0^+} \frac{\sqrt{x}}{\sqrt{4 + \sqrt{x}} - 2}$

10. 함수의 극한에 관한 정리 1.4를 써서 다음을 구하여라.

(1) $\lim_{x \to 3} (2 + x)$

(2) $\lim_{x \to 1} (5x - 2)$

(3) $\lim_{x \to 0} \left(\dfrac{a}{1 + |x| - b} - \sqrt{|x|} \right)$

(4) $\lim_{x \to a} (x^3 - ax^2)$

(5) $\lim_{x \to 1} \dfrac{x^3 - 1}{x^2 - 1}$

11. $\lim_{x \to 1} \dfrac{x^n - 1}{x - 1}$ (단, n은 자연수)을 구하여라.

12. 다음 극한이 존재하면 그 값을 구하여라.

(1) $\lim_{x \to 1} \dfrac{1 + \sqrt{x}}{1 - x}$

(2) $\lim_{x \to a} \dfrac{x^n - a^n}{x - a}$ (단, n은 자연수, a는 상수)

(3) $\lim_{x \to 1} \dfrac{x - 1}{\sqrt{2 + x} + 1}$

(4) $\lim_{x \to 1} \dfrac{(x - 2)(\sqrt{x} - 1)}{x^2 + x - 2}$

(5) $\lim_{x \to 1} \dfrac{1 - \sqrt{x}}{1 - x}$

13. 다음 함수의 극한을 구하여라.

(1) $\lim_{x \to 0} \sin 3x$

(2) $\lim_{x \to 0} \dfrac{\sin x}{\tan x}$

(3) $\lim_{x \to 0} \dfrac{1 - \cos x}{\sin x}$

(4) $\lim_{x \to 0} \dfrac{\cos 2x}{\cos x + \sin x}$

14. 다음 극한을 조임정리를 이용하여 구하여라.

(1) $\lim_{x \to 0} x \cos \dfrac{1}{x}$

(2) $\lim_{x \to \infty} \dfrac{x - [x]}{x^2}$

(3) $\lim_{x \to 0} g(x), \quad g(x) = \begin{cases} x & x \in \mathbb{Q} \\ 0 & x \in \mathbb{R} - \mathbb{Q} \end{cases}$

15. 조임정리가 좌극한, 우극한에 대해서도, x가 한없이 커지는 경우에 대해서도 성립함을 증명하여라.

6절 연속함수

직관적으로 연속함수는 $y = x^2$, $y = \sin x$ 등과 같이 그 함수의 그래프가 모든 점에서 연결되어 있는 함수이다. 초기의 미적분학에서 다루었던 함수는 거의 모두가 연속함수였다. 그러나 푸리에(Fourier, 1758~1830) 이후로 미적분학은 연속이 아닌 함수도 많이 다루게 되었다. 누구나 직관적으로 연속이라는 개념을 알고 있는 것 같지만, 이 개념을 정확하고 엄밀하게 정의하는 것은 쉬운 일은 아니다.

함수 $f(x)$가 $x = a$를 포함하는 적당한 열린구간에서 정의되면서

$$\lim_{x \to a} f(x) = f(a)$$

가 될 때, 즉 $x = a$에서 함수의 극한이 존재하고, 그 값이 $x = a$에서의 함숫값과 일치할 때 $f(x)$는 $x = a$에서 **연속**(continuous)이라고 한다. 이러한 사실을 $\epsilon - \delta$ 방법으로 엄밀하게 정의하면 다음과 같다.

정의 1.5

임의의 $\epsilon > 0$에 대하여 적당한 $\delta > 0$가 존재하여

$$|x - a| < \delta \text{이면} \quad |f(x) - f(a)| < \epsilon$$

이 성립할 때 $f(x)$는 $x = a$에서 연속이다.

함수 $f(x)$가 정의된 구간 내의 모든 점에서 연속일 때 $f(x)$가 그 구간에서 연속이라고 하며, 정의역 내의 모든 점에서 연속이면 $f(x)$를 **연속함수**라 한다.

유의할 점은, 위의 정의는 함수가 $(a - \delta, a + \delta)$에서 정의되어 있어야 $x = a$에서의 연속성을 정의할 수 있다. 함수 $f(x)$가 닫힌구간 $[a, b]$에서만 정의된 함수일 때, 끝점인 a, b에서의 연속성은 위와 같이 정의할 수 없다.[15] 대신, 닫힌구간 $[a, b]$에서 정의된 함수 $f(x)$가 $x = a$ 또는 $x = b$에서 연속이라는 것은 각각 $\lim_{x \to a^+} f(x) = f(a)$ 또는 $\lim_{x \to b^-} f(x) = f(b)$와 같이 좌극한과 우극한을 이용하여 정의한다.

---

15) 고등학교에서는 닫힌구간을 포함하는 어떤 열린 구간에서 연속인 함수라고 가정했었다.

예제 1.9 (1) $f(x) = |x|$는 $x = 0$에서 연속임을 보여라.

(2) $f(x) = \dfrac{|x|}{x}$는 $x = 0$에서 연속이 아님을 설명하여라.

[풀이] (1) 임의의 $\epsilon > 0$에 대하여 $|x - 0| < \delta$이면 $|f(x) - f(0)| < \epsilon$이 성립하는 $\delta > 0$가 존재함을 보이면 된다. $\delta = \epsilon$으로 택하면 $|x - 0| < \delta$일 때

$$|f(x) - f(0)| = \big||x| - |0|\big| = |x| < \delta = \epsilon$$

이 성립하므로 $f(x) = |x|$는 $x = 0$에서 연속이다.

(2) $f(x) = \dfrac{|x|}{x}$는 $x = 0$에서 함숫값이 정의되지 않기 때문에 연속이 아니다. 또한, 극한 $\lim\limits_{x \to 0} f(x)$도 존재하지 않는다. ■

극한과 마찬가지로, 모든 점에서 함수의 연속성의 정의를 이용하여 보이는 것은 매우 번거롭다. 다음 연속함수의 성질은 이러한 수고를 정말 많이 덜어준다.

정리 1.6

두 함수 $f(x)$와 $g(x)$가 $x = a$에서 연속이면 다음이 성립한다.

① 함수 $kf(x)$도 $x = a$에서 연속이다(k는 상수).

② 함수 $f(x) \pm g(x)$도 $x = a$에서 연속이다.

③ 함수 $f(x)g(x)$도 $x = a$에서 연속이다.

④ 함수 $\dfrac{f(x)}{g(x)}$도 $x = a$에서 연속이다(단, $g(a) \neq 0$).

[증명] 함수의 극한에 대한 정리 1.4와 연속함수의 정의를 이용하면 쉽게 증명할 수 있다. ②번의 경우,

$$\lim_{x \to a}\big(f(x) \pm g(x)\big) = \lim_{x \to a} f(x) \pm \lim_{x \to a} g(x) = f(a) \pm g(a)$$

가 성립한다. 이때 첫 번째 등호는 극한의 성질로부터, 두 번째 등호는 f, g가 연속함수라는 조건으로부터 얻는다. ■

연속함수는 극한기호와 매우 친밀하여, 순서를 쉽게 바꿀 수 있다.

함수 $g(u)$가 $u = A$에서 연속이고, $\lim\limits_{x \to a} f(x) = A$이면

$$\lim_{x \to a} g(f(x)) = g(A) = g\left(\lim_{x \to a} f(x)\right)$$

이다.

[증명] 함수 $g(u)$가 $u = A$에서 연속이므로, 임의의 $\epsilon > 0$에 대하여

$$|u - A| < \eta \text{이면} \quad |g(u) - g(A)| < \epsilon$$

이 성립하는 $\eta > 0$가 존재한다. 또 $\lim\limits_{x \to a} f(x) = A$이므로 이 $\eta > 0$에 대하여

$$0 < |x - a| < \delta \text{이면} \quad |f(x) - A| < \eta$$

가 성립하는 $\delta > 0$가 존재한다. 따라서,

$$0 < |x - a| < \delta$$

이면 $|g(f(x)) - g(A)| < \epsilon$이 성립하므로

$$\lim_{x \to a} g(f(x)) = g(A)$$

이다. ■

예제 1.10 $\lim\limits_{x \to 1} \sin\left(\dfrac{\pi(x^2 - 1)}{x - 1}\right) = 0$임을 보여라.

[풀이] $f(x) = \sin x$라 하면 $f(x)$는 $x = 2\pi$에서 연속이고, $\lim\limits_{x \to 1} \dfrac{\pi(x^2 - 1)}{x - 1} = 2\pi$이므로 정리
1.7에 의하여

$$\lim_{x \to 1} \sin\left(\frac{\pi(x^2 - 1)}{x - 1}\right) = \sin\left(\lim_{x \to 1} \frac{\pi(x^2 - 1)}{x - 1}\right) = \sin 2\pi = 0$$

이다. ■

함수 $f(x)$가 $x = a$에서 연속이고 $\lim\limits_{n \to \infty} a_n = a$이면

$$\lim_{n \to \infty} f(a_n) = f(a)$$

이다.

예제 1.11 $a > 0$이면 $\lim\limits_{n \to \infty} \sqrt[n]{a} = 1$이다.

[풀이] 함수 $f(x) = a^x$라 하면 $f(x)$는 $x = 0$에서 연속이고, $\lim\limits_{n \to \infty} \dfrac{1}{n} = 0$이므로 따름정리 1.8에 의하여

$$\lim_{n \to \infty} \sqrt[n]{a} = \lim_{n \to \infty} a^{\frac{1}{n}} = a^{\lim\limits_{n \to \infty} \frac{1}{n}} = a^0 = 1$$

이다. ∎

따름정리 1.9

f가 연속인 일대일대응일 때, 역함수 f^{-1}도 연속함수이다.

[증명] f^{-1}가 연속함수가 아니라면, 따름정리 1.8의 대우명제에 의해

$$\lim_{n \to \infty} a_n = a, \quad \lim_{n \to \infty} f^{-1}(a_n) \neq f^{-1}(a)$$

인 수열 a_n이 존재한다. 하지만, f가 연속함수이므로,

$$f(\lim_{n \to \infty} f^{-1}(a_n)) = \lim_{n \to \infty} a_n \neq f(f^{-1}(a)) = a$$

이므로 모순이 된다. ∎

따름정리 1.10

함수 $f(x)$가 $x = a$에서 연속이고 $g(u)$가 $u = f(a)$에서 연속이면, f와 g의 합성함수 $g \circ f$는 $x = a$에서 연속이다.

[증명] $f(x)$가 $x = a$에서 연속이므로 $\lim\limits_{x \to a} f(x) = f(a)$이다. 따라서 정리 1.7에 의하여

$$\lim_{x \to a} (g \circ f)(x) = \lim_{x \to a} g(f(x)) = g\left(\lim_{x \to a} f(x)\right) = g(f(a)) = (g \circ f)(a)$$

이므로, $g \circ f$는 $x = a$에서 연속이다. ∎

마지막으로, 닫힌구간에서 연속인 함수의 성질을 설명해주는 유용한 정리 두 가지를 증명 없이 소개한다.

> **정리 1.11** 중간값 정리

함수 $f(x)$가 닫힌구간 $[a, b]$에서 연속이고 k가 $f(a)$와 $f(b)$ 사이의 값이면, $f(c) = k$를 만족하는 c가 열린구간 (a, b) 안에 존재한다.

예제 1.12 방정식 $x^3 + x - 1 = 0$은 0과 1 사이에서 적어도 하나의 해를 가짐을 보여라.

[풀이] 함수 $f(x) = x^3 + x - 1$은 닫힌구간 $[0, 1]$에서 연속이고

$$f(0) = -1 < 0, \quad f(1) = 1 > 0$$

이다. 여기서 $k = 0$은 $f(0)$과 $f(1)$ 사이에 있으므로 중간값 정리에 의하여 $f(c) = 0$을 만족하는 c가 열린구간 $(0, 1)$ 안에 존재한다. ■

예22 함수 $f(x) = \dfrac{1}{x}$은 $f(-1) = -1 < 0$, $f(1) = 1 > 0$이지만, $x = 0$에서 연속이 아니므로 $f(c) = 0$를 만족하는 c가 -1과 1 사이에 반드시 존재한다고 할 수 없고, 실제로도 존재하지 않는다. ■

> **정리 1.12** 최대최소 정리

함수 $f(x)$가 닫힌구간 $[a, b]$에서 연속이면, $f(x)$는 닫힌구간 $[a, b]$에서 유계이고 최솟값과 최댓값을 갖는다.

예23 함수 $g(x) = x$는 구간 $[0, 1]$에서 연속이고, 이 구간에서 최댓값 1, 최솟값 0을 갖는다. 하지만 구간 $(0, 1)$에서 g는 최댓값, 최솟값 어떤 것도 갖지 않는다. ■

연습문제 1.6

1. 정리 1.6의 증명을 완성하여라.

2. 다음 함수가 $x = 1$에서 연속임을 증명하여라.

(1) $f(x) = \dfrac{x + 1}{x^2 + 1}$

(2) $f(x) = \begin{cases} \dfrac{|x - 1|}{x - 1}, & 0 \leq x < 1 \\ -1, & x = 1 \end{cases}$

(3) $f(x) = \dfrac{4x^2 - 3x - 1}{x + 2}$

3. 다항함수는 모든 점에서 연속임을 증명하여라.

4. 다음 함수의 불연속점을 구하고 그 점에서 불연속인 이유를 설명하여라.

(1) $f(x) = \dfrac{x}{x}$ 　　　　　　　　(2) $f(x) = \dfrac{x^2}{x + 1}$

(3) $f(x) = \sin\dfrac{1}{x}$ 　　　　　　(4) $f(x) = [x] + [-x]$

(5) $f(x) = x - [x]$

5. 다음 함수가 연속함수가 되도록 불연속인 점에서의 함숫값을 정의하여라.

(1) $f(x) = \dfrac{x^2 - 1}{x - 1}$ 　　　　　　(2) $f(x) = \dfrac{x^2 - 4}{x^3 - 8}$

(3) $f(x) = \dfrac{1 - \sqrt{x}}{1 - x}$

6. 함수 $f(x) = \left[\dfrac{1}{x}\right]$에 대하여 다음을 구하여라.

(1) 닫힌구간 $\left[-2, -\dfrac{1}{6}\right]$과 $\left[\dfrac{1}{6}, 2\right]$에서의 그래프를 그려라.

(2) $\lim\limits_{x \to 0^+} f(x)$와 $\lim\limits_{x \to 0^-} f(x)$를 구하여라.

(3) $f(x)$가 $x = 0$에서 연속이 되도록 0에서의 함숫값을 정의할 수 있는가?

7. 다음 함수가 $x = 0$에서만 연속이고, 나머지 점에서는 불연속임을 증명하여라.

(1) $f(x) = \begin{cases} 0, & x \in \mathbb{Q} \\ x, & x \in \mathbb{R} - \mathbb{Q} \end{cases}$ 　　　(2) $g(x) = \begin{cases} x, & x \in \mathbb{Q} \\ 0, & x \in \mathbb{R} - \mathbb{Q} \end{cases}$

8. 다음 함수가 불연속인 점들을 구하여라.

(1) $f(x) = \tan x$ 　　　　　　　(2) $f(x) = \dfrac{1}{4 - 3\sin^2 x}$

(3) $f(x) = \sin x \cos x$ 　　　　　(4) $f(x) = \tan\dfrac{x^2 - 1}{x + 1}$

9. 중간값 정리를 이용하여 차수가 홀수인 다항식이 항상 실근을 가짐을 증명하여라.

10. $f(x) = \ln|x|$에 대해 닫힌구간 $[-1, 1]$에서 최댓값과 최솟값을 갖지 않음을 보이고, 이 결과가 최대최소정리와 상충되지 않음을 설명하여라.

[정리 1.2의 증명]

① $k = 0$인 경우는 자명하다. $k \neq 0$인 경우에는 $\lim\limits_{n \to \infty} a_n = a$이므로, 임의로 주어진 $\epsilon > 0$에 대하여

$$n \geq N \text{이면} \quad |a_n - a| < \frac{\epsilon}{|k|}$$

을 만족하는 자연수 N이 존재한다. 따라서 $n \geq N$이면

$$|ka_n - ka| = |k||a_n - a| < |k|\frac{\epsilon}{|k|} = \epsilon$$

이다.

② $\lim\limits_{n \to \infty} a_n = a$, $\lim\limits_{n \to \infty} b_n = b$이므로, 임의로 주어진 $\epsilon > 0$에 대하여 자연수 N_1, N_2가 존재하여

$$n \geq N_1 \text{이면} \quad |a_n - a| < \frac{\epsilon}{2}$$

$$n \geq N_2 \text{이면} \quad |b_n - b| < \frac{\epsilon}{2}$$

이다. $N = \max\{N_1, \ N_2\}$라고 하면 $n \geq N$인 모든 n에 대하여

$$|(a_n \pm b_n) - (a \pm b)| \leq |a_n - a| + |b_n - b| < \epsilon$$

이 성립한다.

③ 수열 $\{a_n\}$이 수렴하므로, 예제 1.2에서 증명한 것처럼 수열 $\{a_n\}$은 유계이다. 따라서 모든 n에 대하여

$$|a_n| < M, \ |b| < M$$

인 양수 M이 존재한다. 또한 $\lim\limits_{n \to \infty} a_n = a$, $\lim\limits_{n \to \infty} b_n = b$이므로, ②의 증명에서 본 것처럼 임의로 주어진 $\epsilon > 0$에 대하여 적절한 자연수 N이 존재하여

$$n \geq N \text{이면} \ |a_n - a| < \frac{\epsilon}{2M} \text{이고} \ |b_n - b| < \frac{\epsilon}{2M}$$

이다. 따라서 $n \geq N$이면

$$|a_n b_n - ab| = |(a_n - a)b + (b_n - b)a_n|$$

$$\leq |a_n - a||b| + |b_n - b||a_n| < \frac{\epsilon}{2M}M + \frac{\epsilon}{2M}M = \epsilon$$

이다.

④ $\lim\limits_{n \to \infty} \dfrac{1}{b_n} = \dfrac{1}{b}$임을 증명하면 ④는 ③에 의하여 증명된다. $\lim\limits_{n \to \infty} b_n = b$이고 $|b| > 0$이므로 (오차) $\dfrac{|b|}{2}$에 대해 적절한 자연수 N_1이 존재하여

$$n \geq N_1 \text{이면} \qquad |b_n - b| < \frac{|b|}{2}$$

이다. $|b| - |b_n| \leq |b_n - b|$이므로

$$n \geq N_1 \text{이면} \qquad |b_n| \geq |b| - |b_n - b| > \frac{|b|}{2}$$

이다. 한편, 임의로 주어진 $\epsilon > 0$에 대해서도 자연수 N_2가 존재하여

$$n \geq N_2 \text{이면} \qquad |b_n - b| < \frac{1}{2}|b|^2 \epsilon$$

을 만족한다. 그러므로 $N = \max\{N_1,\, N_2\}$라 하면 모든 $n \geq N$에 대하여

$$\left| \frac{1}{b_n} - \frac{1}{b} \right| = \frac{1}{|b_n|} \cdot \frac{|b - b_n|}{|b|} < \frac{2}{|b|} \cdot \frac{|b_n - b|}{|b|} < \epsilon$$

이다. ∎

[정리 1.3의 증명]

임의로 주어진 $\epsilon > 0$에 대하여 N_1이 존재하여 다음 부등식이 성립하므로

$$n \geq N_1 \text{이면} \qquad |a_n - a| < \epsilon$$

$a - \epsilon < a_n$이다. 또한 N_2가 존재하여 다음 부등식이 성립하므로

$$n \geq N_2 \text{이면} \qquad |c_n - a| < \epsilon$$

$c_n < a + \epsilon$이다. $N = \max\{N_1,\, N_2\}$이라 하면, $n \geq N$인 모든 n에 대하여

$$a - \epsilon < a_n \leq b_n \leq c_n < a + \epsilon$$

이므로, $|b_n - a| < \epsilon$이 되어 $\lim\limits_{n \to \infty} b_n = a$이다. ∎

[정의 1.2 - 코시의 방법에 대한 부연설명]

일반적으로 δ는 ϵ의 선택에 따라 결정된다. 따라서 구하려고 하는 δ는 주어진 ϵ에 대하여

상대적으로 존재하는 것이기 때문에 ϵ에 대한 식으로 나타낼 수 있다. 그러므로 $\epsilon-\delta$ 방법에 의해서 $\lim_{x \to a} f(x) = A$임을 증명할 때에는 다음과 같은 순서를 따르는 것이 좋다.

1) $f(x) - A$를 $x - a$에 대한 식으로 나타낸다.

2) $0 < |x - a| < \delta$임을 가정하여 $|f(x) - A| < g(\delta)$가 성립하도록 하는 $g(\delta)$를 찾는다.[16]

3) 부등식 $0 < g(\delta) \le \epsilon$을 만족하는 δ의 범위 $0 < \delta < h(\epsilon)$를 구하고, 이 범위의 값 중 어느 하나를 선택한다(일반적으로 $\delta = h(\epsilon)$을 선택).[17]

4) 단계 3)에서 선택된 δ에 대하여 다음 사실이 성립하는지를 확인한다.

임의의 $\epsilon > 0$에 대하여 $0 < |x - a| < \delta$이면 $|f(x) - A| < \epsilon$이 성립한다.

예제 $\epsilon-\delta$ 방법을 이용하여 $\lim_{x \to 2}(3x - 5) = 1$임을 증명하여라.

[풀이] (1) $f(x) - A = (3x - 5) - 1 = 3(x - 2)$

(2) $0 < |x - 2| < \delta$임을 가정하면 $|3(x - 2)| = 3|x - 2| < 3\delta$가 성립하여야 한다.

(3) $0 < 3\delta \le \epsilon$을 만족하는 δ의 범위는 $0 < \delta \le \dfrac{\epsilon}{3}$이므로 $\delta = \dfrac{\epsilon}{3}$을 선택하자.

(4) 임의의 $\epsilon > 0$에 대하여 $\delta = \dfrac{\epsilon}{3}$이라고 설정하면, $0 < |x - 2| < \delta$이면 $|(3x - 5) - 1| < \epsilon$이 성립한다. 그러므로 $\lim_{x \to 2}(3x - 5) = 1$이다. ∎

예제 $\epsilon-\delta$ 방법에 의해서 $\lim_{x \to 2} x^2 = 4$임을 증명하여라.

[풀이] (1) $f(x) - A = x^2 - 4 = (x + 2)(x - 2)$

(2) $0 < |x - 2| < \delta < 1$임을 가정하면,

$$0 < |x - 2| < 1 \quad 즉 \quad 1 < x < 3, x \neq 2$$

이므로,

$$|(x + 2)(x - 2)| = |x + 2||x - 2| < |x + 2|\delta < 5\delta$$

가 성립한다.

(3) $|(x + 2)(x - 2)| = |x + 2||x - 2| < \epsilon$이기를 원하므로 $\delta = \min\left\{1, \dfrac{\epsilon}{5}\right\}$을 선택하자.

---

16) 실험오차 δ가 발생시키는 최대오차는 얼마인가?

17) 실험오차 δ가 발생시키는 최대오차 $g(\delta)$가 허용된 오차 ϵ을 넘기지 않으려면, δ는 얼마가 되어야 하는가?

(4) (3)에서 선택된 $\delta > 0$에 대해서, $0 < |x-2| < \delta$이면 $|x^2 - 4| < \epsilon$이 성립한다. 그러므로 $\lim_{x \to 2} x^2 = 4$이다. ∎

예제 $\lim_{x \to 2}(x^3 - 5x - 1) = -3$임을 증명하여라.

[풀이]
$$(x^3 - 5x - 1) - (-3) = x^3 - 5x + 2$$
$$= \{(x-2) + 2\}^3 - 5\{(x-2) + 2\} + 2$$
$$= (x-2)\{(x-2)^2 + 6(x-2) + 7\}$$

이므로, $0 < |x-2| < \delta$임을 가정하면

$$\left|(x^3 - 5x - 1) - (-3)\right| \leq |x-2|\left\{|x-2|^2 + 6|x-2| + 7\right\}$$
$$< \delta(\delta^2 + 6\delta + 7)$$

이고, 또 $\delta \leq 1$이면

$$\left|(x^3 - 5x - 1) - (-3)\right| < \delta(\delta^2 + 6\delta + 7) \leq 14\delta$$

이다. 따라서 임의의 $\epsilon > 0$에 대하여, $\delta = \min\left\{1, \dfrac{\epsilon}{14}\right\}$으로 잡으면

$$0 < |x-2| < \delta \text{일 때} \quad \left|(x^3 - 5x - 1) - (-3)\right| < 14\delta \leq \epsilon$$

이 성립한다. 그러므로 $\lim_{x \to 2}(x^3 - 5x - 1) = -3$이다. ∎

$\epsilon - \delta$ 방법으로 $\lim_{x \to a} f(x) = A$임을 증명하는 과정에서, 임의의 양수 ϵ에 대하여 원하는 δ를 찾기 위해서 함수 $f(x)$의 그래프를 이용할 수도 있다.

[정리 1.4의 증명]

②는 ④의 특별한 경우이므로, ①, ③, ④, ⑤에 대하여 증명한다.

① 임의의 $\epsilon > 0$에 대하여 $\delta = \epsilon$이라 하면,[18] $0 < |x-a| < \delta$일 때

$$|f(x) - A| = |A - A| = 0 < \epsilon$$

이 성립한다. 따라서

---

18) 이 경우에는 어떤 δ를 선택해도 결과는 같다.

$$\lim_{x \to a} f(x) = A$$

이다.

③ $\lim_{x \to a} f(x) = A$, $\lim_{x \to a} g(x) = B$이므로, 임의의 $\epsilon > 0$에 대하여

$$0 < |x - a| < \delta_1 \text{이면} \quad |f(x) - A| < \frac{\epsilon}{2},$$

$$0 < |x - a| < \delta_2 \text{이면} \quad |g(x) - B| < \frac{\epsilon}{2}$$

를 만족하는 양수 δ_1, δ_2가 각각 존재한다. 위의 두 부등식을 만족하도록 $\delta = \min\{\delta_1, \delta_2\}$라 하자. $0 < |x - a| < \delta$이면

$$\left| \{f(x) + g(x)\} - (A + B) \right| \leq |f(x) - A| + |g(x) - B| < \frac{\epsilon}{2} + \frac{\epsilon}{2} = \epsilon$$

이 성립한다. 따라서

$$\lim_{x \to a} \{f(x) + g(x)\} = A + B$$

이다. $\lim_{x \to a} (f(x) - g(x)) = A - B$도 같은 방법으로 증명된다.

④ $\lim_{x \to a} f(x) = A$, $\lim_{x \to a} g(x) = B$이므로, ③의 증명과 비슷하게 주어진 $\epsilon > 0$에 대하여 $\delta_1 > 0$이 존재하여 $0 < |x - a| < \delta_1$이면 $|f(x) - A| < \epsilon$, $|g(x) - B| < \epsilon$이 성립한다. 즉, $(a - \delta_1, a) \cup (a, a + \delta_1)$에서 함수 $f(x)$, $g(x)$는 모두 유계이다.[19] 따라서 $0 < |x - a| < \delta_1$인 모든 x에 대해

$$|f(x)| < M, \quad |g(x)| < M, \quad |B| < M$$

을 만족하는 양수 M이 존재한다.

　두 함수 $f(x)$, $g(x)$ 모두 $x = a$에서 극한이 존재하므로, $0 < |x - a| < \delta_2$이면 $|f(x) - A| < \frac{\epsilon}{2M}$, $|g(x) - B| < \frac{\epsilon}{2M}$을 만족하는 양수 δ_2를 각각 찾을 수 있다. 만일 $\delta = \min\{\delta_1, \delta_2\}$라고 하면 위의 부등식을 모두 만족하므로,

$$|f(x)g(x) - AB| = |f(x)g(x) - f(x)B + f(x)B - AB|$$

$$\leq |f(x) - A||B| + |f(x)||g(x) - B| < \frac{\epsilon}{2M}M + \frac{\epsilon}{2M}M = \epsilon$$

---

19) $x = a$일 때 함숫값이 없을 수도 있으므로 $(a - \delta, a + \delta)$에서 a는 제외한다.

20) $0 < |x - a| < \delta_1$이면 $|f(x) - A| < \epsilon$, $0 < |x - a| < \delta_2$이면 $|g(x) - B| < \epsilon$을 만족하는 δ_1, δ_2 중에서 작은 값을 취했다고 생각하자.

이 성립한다.

⑤ $\lim\limits_{x \to a} \dfrac{1}{g(x)} = \dfrac{1}{B}$임을 증명하면 ⑤는 ④에 의해서 증명된다. 즉, 임의의 $\epsilon > 0$에 대하여 적

당한 $\delta > 0$가 존재하여

$$0 < |x - a| < \delta \text{이면} \quad \left| \frac{1}{g(x)} - \frac{1}{B} \right| < \epsilon$$

이 성립함을 보여야 한다.

가정에 의해 $\lim\limits_{x \to a} g(x) = B \neq 0$이므로, $0 < |x - a| < \delta$이면

$$|g(x) - B| < \frac{\epsilon}{2} |B|^2, \quad |g(x) - B| < \frac{1}{2} |B|$$

이 동시에 성립하는 $\delta > 0$가 존재한다. 두 번째 부등식으로부터 $\dfrac{1}{2}|B| < |g(x)| < \dfrac{3}{2}|B|$이

성립하며, 따라서 $\dfrac{2}{3|B|} < \dfrac{1}{g(x)} < \dfrac{2}{|B|}$이다.

그러므로 $0 < |x - a| < \delta$이면

$$\left| \frac{1}{g(x)} - \frac{1}{B} \right| = \frac{|B - g(x)|}{|g(x)||B|} < \frac{2}{|B|^2} \frac{\epsilon}{2} |B|^2 = \epsilon$$

이 성립한다. 따라서 원하는 결과를 얻는다.

$$\lim\limits_{x \to a} \frac{1}{g(x)} = \frac{1}{B} \qquad \blacksquare$$

2장
미분법

DIFFERENTIAL AND INTEGRAL CALCULUS

미분법의 개념은 뉴턴(Newton, 1642~1727)과 라이프니츠에 의해 정립된 것으로 알려져 있다. 수학자이자 물리학자인 뉴턴은 운동체의 속도, 가속도에 관한 문제를 해결하는 과정에서 미분법을 발견하였다. 라이프니츠는 곡선의 접선을 구하는 문제에서 미분법을 찾아내었다. 이 개념은 일반적인 개념으로 확대되어, 어떤 상태를 나타내는 함수의 증가속도와 감소속도 등을 표현하기 위해 도함수가 이용되고 있다.

이 장에서 함수의 미분가능성을 정의하고, 미분의 정의에 의해 도함수를 구하는 방법을 공부한다.

1절　도함수의 개념

　도함수의 개념은 적분의 개념과 함께 미적분학의 핵심을 이룬다. 17세기 초에 페르마 (Fermat, 1601~1665)는 함수 $f(x)$의 최댓값 및 최솟값을 구하는 문제를 다루는 가운데 곡 선 $y = f(x)$ 위의 임의의 점에서의 접선의 기울기를 구할 필요성을 느꼈고, 이 문제를 해결 하는 과정에서 도함수의 개념을 발견하였다. 이렇게 발견된 도함수는 곡선 $y = f(x)$ 위의 점 에서의 접선의 기울기와 관련된 것으로만 여겨졌지만, 얼마 후에 이 도함수가 물리학에서의 속도 계산, 더 나아가서는 함수관계가 있는 두 변량 사이의 변화율 계산에도 이용될 수 있음 을 알게 되었다.

　다음에서 접선문제와 속도문제를 다루어 도함수의 개념을 파악해 보기로 한다.

■ 접선

　어떤 연속곡선 C 위의 한 점 P를 고정하고 다시 C 위에서 P가 아닌 두 점 Q와 Q'을 그 림 2.1에서처럼 잡는다.[1] Q와 Q'이 곡선 C를 따라 P에 한없이 접근할 때 두 직선 PQ와 PQ' 이 한 직선 T_P에 한없이 접근하면 이 직선 T_P를 곡선 C 위의 점 P에서의 **접선**(tangent line) 이라고 한다.

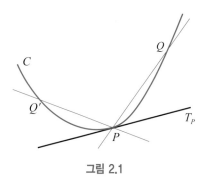

그림 2.1

예1　곡선 $y = x^2$ 위의 점 $P(0, 0)$을 고정하고, 양의 실수 s, t를 이용하여 두 점 $Q(t, t^2)$, $Q'(-s, s^2)$을 잡으면, 직선 PQ의 방정식은 $y = tx$, 직선 PQ'의 방정식은 $y = -sx$이 다. Q, Q'이 P로 접근하면, 즉 s, t가 0으로 가면, 할선 PQ, 할선 PQ'은 직선 $y = 0$

---

1) P와 다른 한 점 Q에 대해서만 고려해도 되지만, 그림 2.1에서처럼 P의 좌, 우에 위치하는 두 경우를 모두 고 려한다는 의미에서 두 점을 잡는다. 좌극한과 우극한이 일치하는지를 구체적으로 보겠다는 의도이다.

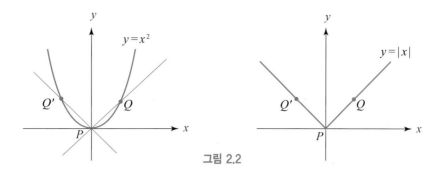

그림 2.2

으로 접근한다. 따라서 $P(0, 0)$에서의 접선은 $y = 0$이다. ∎

【예2】 곡선 $y = |x|$ 위의 점 $P(0, 0)$을 고정하고, 양의 실수 s, t를 이용하여 두 점 $Q(t, t)$, $Q'(-s, s)$를 잡으면, 직선 PQ의 방정식은 $y = x$, 직선 PQ'의 방정식은 $y = -x$이다. Q, Q'이 P로 접근하여도 직선 PQ, 직선 PQ'은 같은 직선으로 접근하지 않는다. 따라서 $P(0, 0)$에서의 접선은 정의되지 않는다. ∎

함수 $y = x^2$으로 정의되는 연속곡선 C 위의 점 $P(1, 1)$에서의 접선의 기울기를 구하여 보자. 그림 2.3에서와 같이 P가 아닌 두 점 Q와 Q'을 C 위에서 잡으면, Q(또는 Q')의 좌표는 $\left(1 + h, (1 + h)^2\right)$으로 나타내어진다. 이때, $h > 0$이면 Q, $h < 0$이면 Q'을 나타낸다. 따라서 할선 PQ 또는 PQ'의 기울기 $m(h)$는 다음과 같다.

$$m(h) = \frac{(1 + h)^2 - 1}{h} = \frac{2h + h^2}{h} = 2 + h \tag{2.1}$$

여기서 Q와 Q'을 곡선 C를 따라 P에 접근시킴으로써 점 P에서의 접선을 얻게 된다. 그런데

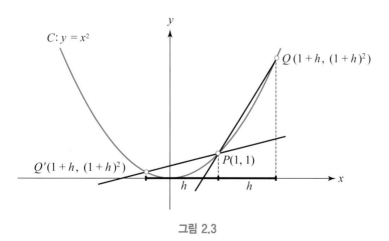

그림 2.3

Q와 Q'을 P에 접근시키면 h가 0에 접근하므로 $m(h)$는 2에 접근한다. 이러한 사실은 함수의 극한의 정의에 의해

$$\lim_{h \to 0} m(h) = \lim_{h \to 0} \frac{(1+h)^2 - 1}{h} = 2 \tag{2.2}$$

로 나타낼 수 있고, 극한값 2는 점 $P(1, 1)$에서의 곡선 $y = x^2$의 접선의 기울기가 된다.

일반적으로 곡선 $y = x^2$ 위의 한 점 (x, x^2)에서의 접선의 기울기를 구하려면,

$$\lim_{h \to 0} \frac{(x+h)^2 - x^2}{h} \tag{2.3}$$

의 극한값을 계산하면 된다. 식 (2.3)의 값은 $2x$이므로 $y = x^2$ 위의 한 점 (x, x^2)에서의 접선의 기울기는 $2x$이다.

■ 속도

간단한 낙하체 문제를 통해, 운동하는 물체의 어떤 특정한 순간에서의 움직임을 수치로 나타내보자. 한 물체가 100 m 높이에서 자유낙하하고 있다. 공기의 저항을 무시하고 물체가 t초 동안 떨어진 거리를 s m라고 하면, 이론적으로 s와 t는

$$s = 5t^2 \quad (0 \le t \le 3) \tag{2.4}$$

을 만족한다고 한다.[2] 식 (2.4)를 보면, 자유낙하하는 물체는 시간이 경과할수록 단위시간 동안에 낙하한 거리는 점점 커짐을 알 수 있다. 즉, 물체의 속도가 매순간 증가하고 있다.

단위시간 동안 낙하한 거리를 일반적으로 표현해보자. 시간 t_1 동안에 물체가 낙하한 거리를 s_1, 시간 t_2 동안에 물체가 낙하한 거리를 s_2라 하고 $t_2 - t_1 = h$라 할 때

$$\frac{s_2 - s_1}{h} \tag{2.5}$$

을 시간 t_1과 t_2 사이에서의 물체의 **평균속도**라 한다. 이 평균속도는 어떤 순간에서의 물체의 운동에 대해서는 아무런 정보도 제공해주지 못한다.[3] 특정한 순간에서의 물체의 운동에 대한 정보를 도출해보자. 예를 들어 $t_1 = 1$일 때 $|h|$의 값이 작아짐에 따라 식 (2.5)에서의 평균속도

---

2) 정확히는 $s = 4.9\,t^2$이지만, 편의상 5를 쓰도록 하자.
3) 서울−부산 간 거리는 약 400 km이다. 서울에서 부산까지 4시간이 걸리면 평균속도는 시속 100 km지만, 이 사실이 가는 도중 과속 단속용 무인카메라에 찍히지 않았음을 보장하지는 않는다.

가 어떻게 변화하는가를 알아보자. 1초 동안에 물체가 낙하한 거리 $S_1 = 5 \cdot 1^2 = 5$, $(1+h)$초 동안에 물체가 낙하한 거리는 $s_2 = 5(1+h)^2 = 5 + 10h + 5h^2$이다. 따라서 구간 $[1, 1+h]$에서의 물체의 평균속도 $v(h)$는 다음과 같다.

$$v(h) = \frac{s_2 - s_1}{h} = \frac{5(1+h)^2 - 5 \cdot 1^2}{h} = \frac{10h + 5h^2}{h} = 10 + 5h, \quad (h \neq 0) \qquad (2.6)$$

식 (2.6)에서 $|h|$를 충분히 작게 하면 $v(h)$를 10에 가깝게 할 수 있음을 알 수 있다. 이러한 사실은 함수의 극한의 정의로부터 확인할 수 있다.

$$\lim_{h \to 0} v(h) = \lim_{h \to 0} \frac{5(1+h)^2 - 5 \cdot 1^2}{h} = 10 \qquad (2.7)$$

이때 수 10은 $t = 1$인 순간(1을 포함하는 무한히 작은 구간)에서의 물체의 운동에 대한 상태를 나타내며, 낙하체의 $t = 1$에서의 **순간속도** 또는 간단히 **속도**(velocity)라 한다.[4]

임의의 시각 t에서의 순간속도를 구할 때에도 같은 계산 과정을 적용하면 된다. $s = 5t^2$의 관계를 만족하면서 낙하하는 물체의 순간속도를 구하고자 한다면,

$$\lim_{h \to 0} \frac{5(t+h)^2 - 5t^2}{h} = 10t \qquad (2.8)$$

이므로 임의의 시각 t에서의 낙하체의 속도는 $10t$ m/sec이다.

위에서 생각한 접선과 속도를 구하는 문제의 공통점은 각각 관련된 함수 $f(x)$에 대하여 x를 a로 고정하고

$$\lim_{h \to 0} \frac{f(a+h) - f(a)}{h} \qquad (2.9)$$

의 값을 계산함으로써 $x = a$에서 접선의 기울기 또는 속도를 구할 수 있다는 것이며, 또 x를 함수 $f(x)$의 정의역 내의 임의의 실수로 보고

$$\lim_{h \to 0} \frac{f(x+h) - f(x)}{h} \qquad (2.10)$$

를 계산함으로써 모든 x의 값에 대하여 얻고자 하는 양을 일괄적으로 구할 수 있다는 것이다.

---

4) 속도(velocity)는 속력(speed)과 달리 크기와 방향으로 표시되지만, 낙하체의 경우에는 운동의 방향이 일정하므로 방향을 따로 표시하지 않았다.

매우 놀랍게도, 수학은 물론 자연과학, 공학, 사회과학 등 거의 모든 학문분야에 걸쳐 수없이 많은 문제들이 식 (2.9) 또는 식 (2.10)의 과정을 적용함으로써 해결된다.

연습문제 2.1

1. $f(x) = x^3$의 $(0, 0)$에서의 접선의 기울기를 접선의 정의를 이용하여 구하여라.

2. 곡선 $y = |2x - 1|$ 위의 점 중에서 접선이 존재하지 않는 점의 좌표를 찾아라.

3. 함수 $y = f(x)$의 그래프가 라디오 전파신호를 의미할 때, 접선이 그려지지 않는 곳에서 소음이 발생한다고 판정한다. 함수 $f(x) = \begin{cases} x^3 + x, & x \leq 0 \\ x^2 + bx, & x > 0 \end{cases}$ 로 표현되는 전파신호가 $x = 0$에서 소음을 발생시키지 않는 b의 값을 구하여라.

4. 다음 함수의 그래프 위의 지정된 점 P에서의 접선의 방정식을 구하여라.

(1) $f(x) = 3x + 1$, $P(0, 1)$ (2) $f(x) = \sqrt{x}$, $P(4, 2)$

(3) $f(x) = \dfrac{1}{x^2}$, $P(-1, 1)$ (4) $f(x) = x^2 - 2$, $P(a, a^2 - 2)$

5. 점 P의 시각 x에서의 위치가 다음 같다고 할 때, 시간 0에서 시간 h 사이에서의 평균속도를 구하여라.

(1) $f(x) = 2x$, $t = 0$ (2) $f(x) = \sqrt{x}$, $t = 1$

(3) $f(x) = x^2 - 2$, $t = 1$ (4) $f(x) = x^2 + x$, $t = -1$

6. 다음 함수 $f(x)$에 대해 주어진 점에서 $\lim\limits_{h \to 0} \dfrac{f(x+h) - f(x)}{h}$를 계산하여라.

(1) $f(x) = x^3$ $(x = 1)$ (2) $f(x) = \sqrt{x}$ $(x = 2)$

(3) $f(x) = \dfrac{1}{x}$ $(x = 3)$

7. 다음 함수 $f(x)$에 대하여 $x = a$일 때 $\lim\limits_{h \to 0} \dfrac{f(a+h) - f(a)}{h}$의 값이 존재하지 않는 a의 값을 구하여라.

(1) $f(x) = \dfrac{1}{x}$ (2) $f(x) = |x^3 + 2x^2|$

8. $C(x)$가 어떤 상품 x개를 생산했을 때의 비용을 나타내는 함수일 때, $M(x) = \lim_{h \to 0} \dfrac{C(x+h) - C(x)}{h}$를 상품을 x개 생산하는 상황에서, 조금 더 생산할 때 소요되는 추가물품의 개당 비용, 한계비용이라고 한다. 비용함수가 $C(x) = 6000 + 24x - 0.004x^2$인 경우, 300개를 생산했을 때의 한계비용을 구하여라.

2절 ┃ 도함수의 정의

함수 $f(x)$에 대하여 변수 x가 고정된 값 a에서 다른 값 $a + h$로 변하였을 때, h를 a에서 x의 증분(increment)이라고 하고, $f(a + h) - f(a)$를 a에서 x의 증분 h에 대한 함수 $f(x)$의 증분이라고 한다. 그리고 이 두 증분의 비

$$\frac{f(a+h) - f(a)}{h} \tag{2.11}$$

를 함수 $f(x)$의 a에서 $a + h$까지의 평균변화율(average rate of change)이라고 한다.

참고 1 x의 증분 h는 0이 아니라 가정한다. 즉, $h > 0$ 또는 $h < 0$이다.

예제 2.1 함수 $f(x) = x^2$에 대하여 변수 x가 1에서 1.2로 변하였을 때, 1에서 1.2까지의 $f(x)$의 평균변화율을 구하여라.

[풀이] 1에서 1.2까지 x의 증분은 $h = 0.2$이고 이에 대한 함수 $f(x) = x^2$의 증분은 $f(1 + h) - f(1) = (1.2)^2 - 1^2 = 0.44$이다. 따라서 1에서 1.2까지 $f(x)$의 평균변화율은

$$\frac{f(1+h) - f(1)}{h} = \frac{(1.2)^2 - 1}{0.2} = 2.2$$

이다. ■

예제 2.2 x가 1에서 0.7로 변하였을 때, 함수 $f(x) = x^2$의 1에서 0.7까지의 평균변화율을 구하여라.

[풀이] 예제 2.1의 풀이를 일반화하면, 평균변화율은 다음과 같이 계산할 수 있다.

$$\frac{f(x)\text{의 증분}}{x\text{의 증분}} = \frac{f(0.7) - f(1)}{0.7 - 1}$$

$$= \frac{(0.7)^2 - 1^2}{-0.3} = 1.7 \qquad \blacksquare$$

앞 절에서 언급한 것과 같이, 우리는 접선의 기울기, 속도와 같이 함수의 평균변화율의 극한으로 표현되는 값을 원한다. 이러한 값을 순간변화율이라 부르며, 다음과 같이 정의한다.

정의 2.1 **함수의 변화율**

함수 $f(x)$에 대하여 평균변화율의 극한값

$$\lim_{h \to 0} \frac{f(a+h) - f(a)}{h} \qquad (2.12)$$

이 존재할 때, 이 값을 함수 $f(x)$의 a에서의 **미분계수**(differeintial coefficient)라 하고, 함수 $f(x)$는 a에서 **미분가능**(differentiable)하다고 한다.

참고 2 함수 $f(x)$의 a에서의 미분계수를 순간변화율 또는 변화율라고도 하며 보통 $f'(a)$로 나타낸다. 함수 $f(x)$가 구간 I에 속하는 모든 점에서 미분가능하면 함수 $f(x)$는 I 위에서 미분가능하다고 하며, 함수 $f(x)$가 정의역 위의 모든 x값에서 미분가능할 때 **미분가능한 함수**(differentiable function)라고 한다.

예제 2.3 함수 $f(x) = x^2$의 $x = 1$에서의 순간변화율을 구하여라.

[풀이] 순간변화율은 다음과 같은 극한 계산으로 구할 수 있다.

$$\lim_{h \to 0} \frac{f(1+h) - f(1)}{h} = \lim_{h \to 0} \frac{(1+h)^2 - 1^2}{h} = \lim_{h \to 0} (2+h) = 2 \qquad \blacksquare$$

예제 2.4 함수 $f(x) = |x|$에 대해 $x = 0$에서 미분가능한지 판단하여라.

[풀이] 0에서 h까지 평균변화율의 극한을 구하면

$$\lim_{h \to 0} \frac{f(h) - f(0)}{h - 0} = \lim_{h \to 0} \frac{|h|}{h}$$

이다. 그런데

$$\lim_{h \to 0^-} \frac{|h|}{h} = -1, \quad \lim_{h \to 0^+} \frac{|h|}{h} = 1$$

이므로, 극한 $\lim_{h \to 0} \dfrac{|h|}{h}$ 의 값은 존재하지 않는다. 따라서 함수 $f(x) = |x|$ 는 $x = 0$에서 미분가능하지 않다. ∎

뒤에 나올 예제 2.6에서 확인하겠지만, 함수 $f(x) = |x|$ 는 $a \neq 0$에서 미분가능하다. 이렇게 미분가능한 점에서 순간변화율을 구해주는 함수를 도함수라고 부르고, 다음과 같이 정의한다.

정의 2.2 **도함수**

집합 D의 모든 점에서 함수 $f(x)$가 미분가능할 때, 다음과 같이 정의되는 함수

$$f' : D \to \mathbb{R}, \quad f'(x) := \lim_{h \to 0} \frac{f(x+h) - f(x)}{h}$$

를 함수 $f(x)$의 x에 대한 **도함수**(derivative)라 한다.[5]

참고 3 함수 f에서 도함수 f'을 구하는 과정을 **미분법**(differentiation)이라 한다.

예제 2.5 함수 $f(x) = x^2$의 도함수를 구하여라.

[풀이] 도함수의 정의에 의해

$$f'(x) = \lim_{h \to 0} \frac{(x+h)^2 - x^2}{h} = 2x$$

이다. 이 사실로부터 함수 $f(x) = x^2$은 모든 x에 대하여 미분가능함을 알 수 있고, 도함수 f'의 정의역은 실수 전체의 집합 $\mathbb{R}$이다. ∎

예제 2.6 함수 $f(x) = |x|$의 도함수를 구하여라.

[풀이] 도함수의 정의에 의해

---

5) derivative는 파생된 것, 즉, 원래함수에서 미분계수를 계산하는것으로 파생된 함수라는 의미이다. 금융시장에서, 주식, 채권 등 현물의 거래에서 파생되어 나온 것이 실제로 현물이 오가지는 않지만, 그에 대한 권리, 혹은 관련지수 가격과 연관시켜 거래하는 파생상품(derivative)이다.

$$f'(x) = \lim_{h \to 0} \frac{|x+h| - |x|}{h} = \lim_{h \to 0} \frac{(x+h)^2 - x^2}{h(|x+h| + |x|)}$$

$$= \lim_{h \to 0} \frac{2xh + h^2}{h(|x+h| + |x|)} = \lim_{h \to 0} \frac{2x + h}{|x+h| + |x|} = \frac{x}{|x|}$$

이다. 이때 도함수의 정의역은 $\mathbb{R} - \{0\}$이다.　　　　　　　　　　　　　　　■

[참고 4] 위의 예제에서, 0에서의 평균변화율에 대한 우극한과 좌극한은 구할 수 있다. 일반적으로 함수 $f(x)$에 대하여

$$\lim_{h \to 0^+} \frac{f(a+h) - f(a)}{h} \quad 와 \quad \lim_{h \to 0^-} \frac{f(a+h) - f(a)}{h}$$

를 a에서의 우미분계수 및 좌미분계수라고 정의한다.

함수 $y = f(x)$의 도함수를 나타내기 위하여 다음과 같은 여러 가지 기호가 사용된다.

$$f'(x), \; y' \;(\text{Lagrange 기호}), \quad \dot{y} \;(\text{Newton 기호})$$
$$Df(x) \;(\text{Arbogast 기호}), \quad \frac{d}{dx}f(x), \quad \frac{dy}{dx} \;(\text{Leibniz 기호})$$

함수 $y = f(x)$에 대하여 변수가 하나의 고정된 값 x에서 $x + \Delta x$로 변할 때, 함수 $f(x)$의 증분 $f(x + \Delta x) - f(x)$를 Δy로 나타내면 $f(x)$의 평균변화율 (2.11)과 순간변화율 (2.12)를 간단히

$$\frac{\Delta y}{\Delta x}, \qquad \lim_{\Delta x \to 0} \frac{\Delta y}{\Delta x}$$

로 나타낼 수 있다. 여기서 라이프니츠는 $\lim_{\Delta x \to 0} \frac{\Delta y}{\Delta x}$를 더욱 간단히 $\frac{dy}{dx}$로 나타내었다. 즉

$$\frac{dy}{dx} = \lim_{\Delta x \to 0} \frac{\Delta y}{\Delta x}$$

이다. 다시말해 라이프니츠의 도함수 기호 $\frac{dy}{dx}$는 함수 $y = f(x)$에서 1) 평균변화율을 구하고, 2) 평균변화율의 극한을 구함으로써 얻어지는 것임을 의미한다.

예제 2.7 함수 $y = \sqrt{x}$ 의 도함수를 구하고, $x = 1$에서의 미분계수를 구하여라.

[풀이] $f(x) = \sqrt{x}$ 라 하고, $\Delta x = h$라고 하면, $\Delta y = \sqrt{x+h} - \sqrt{h}$ 이다. 따라서,

$$
\begin{aligned}
\frac{dy}{dx} &= \lim_{\Delta x \to 0} \frac{\Delta y}{\Delta x} = \lim_{h \to 0} \frac{\sqrt{x+h} - \sqrt{x}}{h} \\
&= \lim_{h \to 0} \frac{\left(\sqrt{x+h} - \sqrt{x}\right)\left(\sqrt{x+h} + \sqrt{x}\right)}{h(\sqrt{x+h} + \sqrt{x})} \\
&= \lim_{h \to 0} \frac{1}{\left(\sqrt{x+h} + \sqrt{x}\right)} \\
&= \frac{1}{2\sqrt{x}}
\end{aligned}
$$

이다. 그러므로 $f(x) = \sqrt{x}$ 의 도함수와 $x = 1$에서의 순간변화율은 각각 다음과 같다.

$$
f'(x) = \frac{1}{2\sqrt{x}} , \quad f'(1) = \frac{1}{2}
$$
∎

예제 2.8 구의 반지름이 6 cm일 때 반지름에 대한 부피의 순간변화율을 구하여라.

[풀이] 함수 $V(r) = \frac{4}{3}\pi r^3$에 대하여

$$
\begin{aligned}
V'(r) &= \lim_{h \to 0} \frac{V(r+h) - V(r)}{h} = \lim_{h \to 0} \frac{\frac{4}{3}\pi(r+h)^3 - \frac{4}{3}\pi r^3}{h} \\
&= \lim_{h \to 0} \frac{\frac{4}{3}\pi\left(3r^2 h + 3rh^2 + h^3\right)}{h} \\
&= 4\pi r^2
\end{aligned}
$$

이다. 따라서 $r = 6$일 때의 공의 부피의 순간변화율은 다음과 같다.

$$
V'(6) = 4\pi \cdot 6^2 = 144\pi
$$
∎

미분계수

$$
f'(a) = \lim_{h \to 0} \frac{f(a+h) - f(a)}{h}
$$

에서 $x = a + h$로 놓으면, $h = x - a$이고 $h \to 0$일 필요충분조건은 $x \to a$이다. 따라서 $x = a$

에서 미분가능한 함수 f의 미분계수 $f'(a)$는

$$\lim_{x \to a} \frac{f(x) - f(a)}{x - a}$$

로 나타낼 수도 있다. 이러한 관찰을 통해 우리는 함수의 미분가능성과 연속성의 관계를 확인할 수 있다.

정리 2.1

함수 f가 $x = a$에서 미분가능하면 함수 f는 $x = a$에서 연속이다.

[증명] $x \neq a$이면 x에 대한 항등식

$$f(x) = \frac{f(x) - f(a)}{x - a} \cdot (x - a) + f(a)$$

가 항상 성립한다. 함수 f가 $x = a$에서 미분가능하므로 첫 번째 항의 극한을 계산할 수 있고, 극한 정리에 따라

$$\lim_{x \to a} f(x) = f'(a) \cdot 0 + f(a) = f(a)$$

이다. 그러므로 함수 $f(x)$는 $x = a$에서 연속이다. ■

예3 함수 $f(x) = |x|$는 $x = 0$에서 연속이지만, 예제 2.4에서 본 것처럼 $f(x)$는 $x = 0$에서 미분가능하지 않다. 즉, 정리 2.1의 역은 성립하지 않는다. ■

연습문제 2.2

1. $f(x) = 3x^2 - 2x + 1$, $\Delta x = 1$일 때 Δx를 구하여라.

2. $f(x) = 2x - x^{-1}$, $\Delta x = h$일 때 Δy를 구하여라.

3. 다음 함수의 $x = 2$에서의 순간변화율을 구하여라.

(1) $y = 8x - x^3$

(2) $y = \dfrac{1}{x^2 - 1}$

(3) $y = \dfrac{a + 2}{a + x}$ (a는 상수)

(4) $y = \sqrt{x^2 - 3}$

4. 다음 함수의 $x = 3$에서의 미분계수를 구하여라.

(1) $f(x) = \dfrac{x}{x+1}$ (2) $f(x) = \sqrt{x+1}$

5. 도함수의 정의를 이용하여 다음 함수의 도함수를 구하여라.

(1) $f(x) = 2x$ (2) $f(x) = 3x^2 + x$

6. 다음 함수의 도함수와 도함수의 정의역을 구하여라.

(1) $y = x^3$ (2) $y = x\sqrt{x}$

(3) $y = \sqrt{x+1}$ (4) $y = \dfrac{1}{x}$

7. $f(x)$를 넓이가 x인 원의 둘레를 나타내는 함수라고 할 때, 넓이가 $9\,\mathrm{cm}^2$인 원의 넓이에 대한 둘레의 순간변화율을 구하여라.

3절   고계도함수

일반적으로 함수 $f(x)$의 도함수 $f'(x)$도 x의 함수이므로, 미분법을 적용할 수 있다. 이렇게 도함수의 도함수를 구할 수 있는 경우, 이들을 구분하기 위해 다음과 같이 명명한다. $f'(x)$를 $f(x)$의 **일계도함수**(first order derivative)라 하고, 일계도함수의 도함수가 존재하면 이 도함수를 $f(x)$의 **이계도함수**(second order derivative)라 한다. 함수 $y = f(x)$의 이계도함수는 다음과 같은 기호로 나타낸다.

$$ f''(x), \quad y'', \quad \frac{d^2 y}{dx^2}, \quad \frac{d^2}{dx^2} f(x), \quad D^2 y, \quad D^2 f(x) $$

이계도함수는 일계도함수의 순간변화율이다. 물리에서는 위치의 순간변화율을 속도라 하고, 속도의 순간변화율을 가속도라고 한다. 이때 가속도를 구하는 함수는 위치함수의 이계도함수이다.

예4   자유낙하하는 물체가 t초 동안 이동한 거리를 $f(t) = 5t^2$라고 하면, t초에서의 속도는 일계도함수인 $f'(t) = 10t$이고, 가속도는 이계도함수인 $f''(t) = 10$이다.   ■

위와 마찬가지로 이계도함수의 도함수를 $f(x)$의 **삼계도함수**라 한다. 즉, 삼계도함수는 주어진 함수를 세 번 미분하여 얻어지는 함수이다. 일반적으로 $y = f(x)$를 n번 미분하여 얻는 함수를 n**계도함수**(n-th order derivative)라고 하고 다음과 같은 기호로 나타낸다.

$$f^{(n)}(x), \ y^{(n)}, \ \frac{d^n y}{dx^n}, \ \frac{d^n}{dx^n} f(x), \ D^n y, \ D^n f(x)$$

예5 $y = x^3 - 2x^2 - 3x + 5$일 때, 일계도함수와 이계도함수는 다음과 같다.

$$y' = \lim_{h \to 0} \frac{\left((x+h)^3 - 2(x+h)^2 - 3(x+h) + 5 \right) - \left(x^3 - 2x^2 - 3x + 5 \right)}{h}$$

$$= 3x^2 - 4x - 3$$

$$y'' = \lim_{h \to 0} \frac{\left(3(x+h)^2 - 4(x+h) - 3 \right) - \left(3x^2 - 4x - 3 \right)}{h}$$

$$= 6x - 4$$

■

예6 함수 $f(x) = |x|$의 일계도함수는

$$f'(x) = \frac{x}{|x|} = \begin{cases} 1, & x > 0 \\ -1, & x < 0 \end{cases}$$

이고, 이계도함수는 $f''(x) = 0 \ (x \neq 0)$이다.

■

참고5 함수 $f(x) = \dfrac{1}{x}$를 반복하여 미분하면 다음과 같은 규칙을 발견할 수 있다.

$$f'(x) = -\frac{1}{x^2}, \quad f''(x) = \frac{2}{x^3}, \quad f'''(x) = -\frac{6}{x^4},$$

$$\cdots, \quad f^{(n)}(x) = (-1)^n \frac{n!}{x^{n+1}}$$

예 5에서 알 수 있듯이, 미분의 정의가 복잡하기 때문에 고계도함수를 구하는 것은 쉬운 일이 아니다. 하지만 참고 5와 같이, 미분을 쉽게 해주는 규칙이 있다. 다음 절부터 이러한 규칙에 대해 공부해보도록 하자.

1. $f(x) = |x|$의 n계도함수를 구하여라. (단, $n \geq 3$)

2. 다음 함수의 일계도함수와 이계도함수를 구하여라.

(1) $f(x) = 2x^3 - x^2 - 5$ (2) $f(x) = x^2 - 2x^{-1}$

3. 다음에서 $\dfrac{d^2 y}{dx^2}$를 구하여라.

(1) $y = -x^3 + \dfrac{1}{2}x^2 - 3x + 7$ (2) $y = x + 2\sqrt{x} + a$

(3) $y = x + x^{-1}$

4. 운동방정식이 $s = t^2 - 4t + 2$일 때 다음을 구하여라.

(1) 시간의 함수로써의 속도

(2) 시간의 함수로써의 가속도

5. (1) 자신의 도함수와 같은 함수는, 자신의 이계도함수와도 같음을 증명하여라. 또한, 다른 고계도함수와도 같음을 증명하여라.

(2) $f(x) = f''(x)$라면, $f'(x) = f'''(x)$임을 증명하여라.

(3) 이계도함수를 갖는 함수는 도함수가 연속임을 증명하여라.

4절   미분 공식 I: 다항함수의 도함수 (1)

극한의 계산처럼, 도함수를 정의로부터 직접 구하는 것은 너무나 번거로운 일이다. 그래서 극한법칙과 같이 함수의 연산과 도함수의 관계를 미리 찾아놓으면, 이를 이용하여 복잡한 모양의 함수도 보다 수월하게 미분할 수 있다. 이 절에서는 가장 기본적인 함수인 다항함수의 도함수를 구하는 데 필요한 미분 공식을 살펴보고, 다항함수의 도함수를 어떻게 계산하는지 학습한다.

다항함수는 다음과 같이 상수와 거듭제곱 함수를 곱한 함수의 합으로 이루어지는 함수이다.

$$f(x) = a_0 + a_1 x + \cdots + a_n x^n = \sum_{i=0}^{n} a_i x^i$$

물론 다항함수의 도함수는 이전 절에서 배운 도함수의 정의로부터 구할 수도 있다. 하지만 다항함수를 접할 때마다 이러한 작업을 한다는 것은 비효율적이다. 어떤 규칙이 필요할지 판단하기 전에, 먼저 가장 단순한 형태의 다항함수의 도함수를 구해보도록 하자.

다항함수의 가장 단순한 형태는 상수함수와 거듭제곱 함수이다. 상수함수의 도함수와 거듭제곱 함수의 도함수는 정의로부터 간단하게 구할 수 있다.

- $\dfrac{dc}{dx} = 0$ [c는 상수(함수)]

[증명] $f(x) = c$ 라고 하면

$$\frac{dc}{dx} = f'(x) = \lim_{h \to 0} \frac{f(x+h) - f(x)}{h} = \lim_{h \to 0} \frac{c-c}{h} = 0$$

이다. ∎

- $\dfrac{d}{dx}(x^n) = nx^{n-1}$ (n은 자연수)

[증명] 위 등식은 모든 실수 n에 대하여 성립하나, 여기서는 n이 자연수인 경우만 증명한다.[6]
$f(x) = x^n$이라고 하면, $f(x)$의 도함수는 정의에 의해

$$f'(x) = \lim_{h \to 0} \frac{f(x+h) - f(x)}{h} = \lim_{h \to 0} \frac{(x+h)^n - x^n}{h}$$

이다. 이항정리에 의해

$$(x+h)^n = x^n + nx^{n-1}h + \frac{n(n-1)}{2!}x^{n-2}h^2 + \cdots + h^n$$

이므로, 도함수는 다음과 같이 계산된다.

$$f'(x) = \lim_{h \to 0} \frac{(x+h)^n - x^n}{h}$$

$$= \lim_{h \to 0} \frac{1}{h} \left[nx^{n-1}h + \frac{n(n-1)}{2!}x^{n-2}h^2 + \cdots + h^n \right]$$

$$= \lim_{h \to 0} \left[nx^{n-1} + \frac{n(n-1)}{2!}x^{n-2}h + \cdots + h^{n-1} \right] = nx^{n-1}$$

∎

---

6) n이 자연수가 아닌 경우에는 로그함수의 도함수와 합성함수의 미분법이 필요하다.

예7 (1) $f(x) = x^7$이면 $f'(x) = 7x^6$

(2) $g(t) = t^{100}$이면 $g'(t) = 100t^{99}$ ■

다항함수의 가장 큰 특징 중 하나는 항이 거듭제곱함수와 상수함수의 곱으로 이루어졌다는 점이다. 이렇게 상수함수와 도함수를 아는 함수의 곱으로 정의된 함수의 경우에도 도함수가 존재하며, 이를 쉽게 구할 수 있다.

$$\cdot \ \frac{d}{dx}\left(cf(x)\right) = c\frac{d}{dx}f(x) = cf'(x)$$

[증명] 도함수의 정의에 의해 자명하다.

$$\left(cf(x)\right)' = \lim_{h \to 0} \frac{cf(x+h) - cf(x)}{h}$$

$$= c\lim_{h \to 0} \frac{f(x+h) - f(x)}{h} = cf'(x) \quad ■$$

위의 세 가지 공식을 보면, 다항함수의 각 항의 도함수를 구할 수 있다. 다항함수는 이러한 항의 합으로 이루어져 있으므로, 만일 도함수가 알려진 함수의 합으로 정의되는 함수의 도함수를 구하는 법칙이 있다면 우리는 다항함수의 도함수를 구할 수 있을 것이다.

$$\cdot \ \frac{d}{dx}\left(f(x) + g(x)\right) = \frac{d}{dx}f(x) + \frac{d}{dx}g(x) = f'(x) + g'(x)$$

[증명] $F(x) = f(x) + g(x)$라고 하면, $F(x)$의 도함수는 정의에 의해 다음과 같이 계산된다.

$$F'(x) = \lim_{h \to 0} \frac{F(x+h) - F(x)}{h}$$

$$= \lim_{h \to 0} \frac{\left(f(x+h) + g(x+h)\right) - \left(f(x) + g(x)\right)}{h}$$

$$= \lim_{h \to 0} \left(\frac{f(x+h) - f(x)}{h} + \frac{g(x+h) - g(x)}{h}\right)$$

$$= \lim_{h \to 0} \frac{f(x+h) - f(x)}{h} + \lim_{h \to 0} \frac{g(x+h) - g(x)}{h} = f'(x) + g'(x) \quad ■$$

참고 6 함수의 합에 대한 미분법을 응용하면, 다음을 증명할 수 있다.

$$\frac{d}{dx}\left(f_1(x)+f_2(x)+\cdots+f_n(x)\right)=\frac{d}{dx}f_1(x)+\frac{d}{dx}f_2(x)+\cdots+\frac{d}{dx}f_n(x)$$

이제까지 등장한 공식들을 이용하면, 우리는 모든 다항함수의 도함수를 구할 수 있다.

정리 2.2 **다항함수의 도함수**

다항함수 $f(x)=\displaystyle\sum_{i=0}^{n}a_i x^i$의 도함수는 다음과 같다.

$$f'(x)=\sum_{i=1}^{n}a_i\cdot i\cdot x^{i-1}$$

예8 $y=2x^3+3x^5$이면, 도함수는 다음과 같다.

$$\frac{dy}{dx}=\frac{d}{dx}(2x^3)+\frac{d}{dx}(3x^5)=2\frac{d}{dx}(x^3)+3\frac{d}{dx}(x^5)=6x^2+15x^4 \qquad\blacksquare$$

다항함수의 미분법을 통해, 다항함수의 도함수는 항상 다항함수임을 알 수 있다. 따라서 우리는 다항함수의 고계도함수를 구할 수 있다.

예9 $y=2x^4-x^3-2x+7$이면

$$\frac{dy}{dx}=8x^3-3x^2-2,\quad \frac{d^2y}{dx^2}=24x^2-6x,\quad \frac{d^3y}{dx^3}=48x-6$$

이다. $\qquad\blacksquare$

예제 2.9 차수가 n인 다항함수의 n계도함수는 상수함수임을 증명하여라.

[풀이] 먼저, 차수가 1인 다항함수 $y=ax+b$의 도함수는 상수함수 $y'=a$이다.
이제 차수가 $(n-1)$인 다항함수의 $(n-1)$계도함수가 항상 상수함수라고 가정하자. $y=p(x)$가 차수가 n인 다항함수라면, 일계도함수 $y'=p'(x)$는 차수가 $(n-1)$인 다항함수이다. 가정에 의해 일계도함수의 $(n-1)$계도함수, 즉 n계도함수는 상수함수이다. 따라서 수학적 귀납법에 의해 차수가 n인 다항함수의 n계도함수는 항상 상수함수이다. $\qquad\blacksquare$

이번 절에서 등장한 미분법을 정리하는 것으로 이번 절을 마치고자 한다. 이 미분법은 모든 일반적인 함수에도 적용되므로, 꼭 기억해두길 바란다.

- $\dfrac{dc}{dx} = 0$ [c는 상수(함수)]

- $\dfrac{d}{dx}(x^n) = nx^{n-1}$ (n은 자연수)

- $\dfrac{d}{dx}\big(c\,f(x)\big) = c\dfrac{d}{dx}f(x) = c\,f'(x)$

- $\dfrac{d}{dx}\big(f(x) + g(x)\big) = \dfrac{d}{dx}f(x) + \dfrac{d}{dx}g(x) = f'(x) + g'(x)$

연습문제 2.4

1. 다음 함수의 도함수 y' 를 구하여라.

   (1) $y = 4x^2 + 3x + 7$ (2) $y = x^{10} + x^9 + \cdots + x + 1$

   (3) $y = (x+1)^2 - 3x - 5$ (4) $y = x^2\big(x^5 - 2x^3 - 3\big)$

2. 주어진 점에서 다음 함수의 도함숫값을 구하여라.

   (1) $y = 2x(3x + 2), \ x = 4$ (2) $y = ax^2 + a^2x, \ x = a$

3. 다음 함수의 주어진 점에서 접선의 방정식을 구하여라.

   (1) $y = x^5 + x^3 + x, \ x = 1$

   (2) $y = \dfrac{1}{4}x^4 + \dfrac{1}{3}x^3 + \dfrac{1}{2}x^2 + x + 1, \ x = 1$

   (3) $y = ax^2 + bx + c, \ x = -\dfrac{b}{2a}$

4. 다음 함수의 도함수 y'와 이계도함수 y''을 구하여라.

   (1) $y = 2x^7 + 3x^5 - x$ (2) $y = 4x^{10} + 3x^6 + 7x^3$

   (3) $y = \displaystyle\sum_{k=0}^{n}(3k + 1)x^k$ (4) $y = ax + b$

5. 다음 함수의 미분계수가 0인 x값과 이계도함수의 값이 0인 x값을 각각 구하시오.

   (1) $y = -ax^3 + ax$ (2) $y = x(x + 1)$

6. 함수 $y = \dfrac{1}{3}x^3 - 2x$의 도함숫값이 14가 되는 x의 값을 구하여라.

7. $y = x^3$의 도함숫값과 $y = x^2 + x$의 도함숫값이 같아지는 x의 값을 구하여라.

8. 다음 조건을 만족하는 3차다항식 $p(x)$를 구하여라.

$$p^{(3)}(x) = 2, \quad p''(0) = -1, \quad p'(1) = 3, \quad p(0) = -3$$

9. 미분법을 사용하여 다음이 성립함을 증명하여라.

(1) $\left(f(x) - g(x)\right)' = f'(x) - g'(x)$

(2) $f(x) = g(x) + C$이면 $f'(x) = g'(x)$이다.

10. $n \geq k$이면, x^n의 k계도함수는 $\dfrac{n!}{(n-k)!}x^{n-k}$임을 증명하여라.

11. 다항함수 $f(x)$의 d계도함수가 0이면, f의 차수는 d보다 작음을 증명하여라.

5절 미분 공식 Ⅱ: 다항함수의 도함수(2)

앞 절에서 우리는 '전개된 형태'의 다항함수가 있을 때, 다항함수의 도함수를 구하는 방법을 학습하였다. 하지만 다항함수에는 특별한 기술, 인수분해라는 것이 있다. 즉, 함수를 표현하는 목적에 따라 다항함수가 전개된 형태로 주어질 수도 있고 인수분해된 형태, 다른 다항식의 곱으로 이루어진 형태로도 주어질 수 있다. 이번 절에서 이러한 형태의 다항함수를 전개하지 않고도 도함수를 구할 수 있는 방법에 대해 학습한다.

이 절의 목적은 다항식의 곱으로 이루어진 함수의 도함수를 구하는 것이다. 두 함수의 곱으로 이루어진 함수는 다음과 같이 미분할 수 있다.

> **정리 2.3** **곱의 미분법**
>
> 함수 $f(x), g(x)$가 미분가능하면, 두 함수의 곱으로 정의된 함수 $h(x) = f(x) \cdot g(x)$도 미분가능하며, 그 도함수는 다음과 같다.
>
> $$\left(f(x)g(x)\right)' = f'(x)g(x) + f(x)g'(x)$$

[증명] 도함수의 정의에 의해 $\big(f(x)g(x)\big)'$를 다음과 같이 전개할 수 있다.

$$\big(f(x)g(x)\big)' = \lim_{h \to 0} \frac{f(x+h)g(x+h) - f(x)g(x)}{h}$$

$$= \lim_{h \to 0} \frac{f(x+h)g(x+h) - f(x+h)g(x) + f(x+h)g(x) - f(x)g(x)}{h}$$

$$= \lim_{h \to 0} \left[f(x+h) \frac{g(x+h) - g(x)}{h} + g(x) \frac{f(x+h) - f(x)}{h} \right]$$

가정에 의해 f와 g는 미분가능한 함수이므로 순간변화율을 계산할 수 있다. 또한 함수 f가 미분가능한 함수이므로 연속함수이고, $\lim_{h \to 0} f(x+h) = f(x)$이다. 따라서 극한 정리에 의해 원하는 공식을 얻을 수 있다. ∎

예10 함수 $y = (x^2 + 1)(x^3 - x^2)$의 도함수는

$$\big((x^2+1)(x^3-x^2)\big)' = (x^5 - x^4 + x^3 - x^2)'$$

$$= 5x^4 - 4x^3 + 3x^2 - 2x$$

와 같이 계산할 수도 있고, 곱의 미분법을 적용하여 다음과 같이 구할 수도 있다.

$$\frac{dy}{dx} = \left[\frac{d}{dx}(x^2+1) \right](x^3 - x^2) + (x^2+1) \cdot \frac{d}{dx}(x^3 - x^2)$$

$$= 2x(x^3 - x^2) + (x^2 + 1)(3x^2 - 2x)$$

$$= 5x^4 - 4x^3 + 3x^2 - 2x$$ ∎

예11 $y = \dfrac{1}{x}$의 도함수는 곱의 미분법을 응용하여 구할 수 있다. $f(x) = x$, $g(x) = \dfrac{1}{x}$라고 하면, 두 함수의 곱은 다음과 같이 미분된다.

$$\big(f(x)g(x)\big)' = f'(x)g(x) + f(x)g'(x) = \frac{1}{x} + xg'(x)$$

한편, $f(x)g(x) = 1$이므로 두 함수의 곱의 도함수는 0이다. 따라서 다음과 같이 원하는 도함수를 계산할 수 있다.

$$g'(x) = \frac{-\dfrac{1}{x}}{x} = -\frac{1}{x^2}$$ ∎

참고 7 f, g, h가 미분가능한 함수이면 $f(x)g(x)h(x)$의 도함수는

$$\begin{aligned}(fgh)' &= (f(gh))' \\ &= f'(gh) + f(gh)' = f'gh + f(g'h + gh') \\ &= f'gh + fg'h + fgh'\end{aligned}$$

임을 알 수 있다. 같은 방법으로

$$(f_1 f_2 f_3 \cdots f_n)' = f_1' f_2 f_3 \cdots f_n + f_1 f_2' f_3 \cdots f_n + \cdots + f_1 f_2 f_3 \cdots f_n' \quad (2.15)$$

임을 증명할 수 있다. 거듭제곱의 미분법은 $f_1(x) = f_2(x) = \cdots = f_n(x) = x$인 경우에 해당한다.

예제 2.10 함수 $F(x) = x^3(2x^2 - 1)(2x^5 - 3)$의 도함수를 구하여라.

[풀이] $f(x) = x^3$, $g(x) = 2x^2 - 1$, $h(x) = 2x^5 - 3$라고 하면

$$f'(x) = 3x^2, \quad g'(x) = 4x, \quad h'(x) = 10x^4$$

이므로 식 (2.15)에 의해 다음과 같은 결과를 얻는다.

$$\begin{aligned}F'(x) &= 3x^2(2x^2 - 1)(2x^5 - 3) + x^3 \cdot 4x(2x^5 - 3) + x^3(2x^2 - 1)(10x^4) \\ &= 40x^9 - 16x^7 - 30x^4 + 9x^2\end{aligned}$$　　■

왜 전개를 하지 않고 미분하는 것이 필요할까? 인수분해의 목적 중 하나는 방정식의 해를 구하는 것이다. 다음 예제를 통해 인수분해된 다항함수의 미분이 의미가 있음을 확인하도록 하자.

예제 2.11 다항함수 $y = f(x)$가 $f(a) = f'(a) = 0$를 만족할 필요충분조건은 어떤 다항식 $g(x)$에 대해 $f(x) = (x - a)^2 g(x)$가 성립하는 것이다.

[풀이] 만일 $f(x) = (x - a)^2 g(x)$가 성립한다면 $f(a) = 0$이고, 곱의 미분법에 의해

$$f'(x) = 2(x - a)g(x) + (x - a)^2 g'(x)$$

이므로 $f'(a) = 0$이다.

반대로 $f(a) = f'(a) = 0$이면, 조건 $f(a) = 0$에 의해 $f(x) = (x - a)h(x)$로 인수분

해할 수 있다. 양변을 미분하면

$$f'(x) = h(x) + (x-a)h'(x)$$

이므로, $0 = f'(a) = h(a)$이다. 따라서 $h(x) = (x-a)g(x)$로 인수분해할 수 있다. ■

한 가지 경우를 더 생각해보자. 정리 2.3을 이용하면 다항함수의 곱으로 정의되는 다항함수의 도함수를 구할 수 있다. 그중 특별한 경우, 같은 다항함수를 여러 번 곱해서 만드는 함수를 생각해보자. $f(x) = (2x+5)^2$과 같은 경우는 큰 문제가 없다. 전개를 한 뒤 미분해도 좋고, $(2x+5)(2x+5)$의 형태로 생각하여 곱의 미분법을 적용해도 좋다. 하지만 $g(x) = (2x+5)^{100}$은 경우가 다르다. 전개할 수는 있지만 숫자가 너무 복잡해지고, 참고 7을 사용하더라도 생각을 정리할 필요가 있다.

여기서 머릿속에 떠오르는 생각은 '만일 $(2x+5)^{100}$ 대신 x^{100}이라면 미분할 수 있을텐데…'라는 생각일 것이다. 이러한 생각이 올바른 방향임을 다음 정리를 통해 확인해보자.

y가 u의 함수이고 u가 x의 함수이면, y는 x에 종속적이며 y의 x에 대한 도함수는 다음 정리에 의하여 구할 수 있다.

정리 2.4 **연쇄법칙(Chain Rule)**

함수 $y = f(u), u = g(x)$가 각각 미분가능하면 합성함수 $y = f(g(x))$도 미분가능하며 그 도함수 다음과 같다.

$$y' = f'(u)g'(x) = f'(g(x))g'(x)$$

[증명] 도함수의 정의에 의해,

$$\begin{aligned}
\left(f(g(x))\right)' &= \lim_{h \to 0} \frac{f(g(x+h)) - f(g(x))}{h} \\
&= \lim_{h \to 0} \frac{f(g(x+h)) - f(g(x))}{g(x+h) - g(x)} \frac{g(x+h) - g(x)}{h} \\
&= \lim_{h \to 0} \frac{f(g(x+h)) - f(g(x))}{g(x+h) - g(x)} \lim_{h \to 0} \frac{g(x+h) - g(x)}{h}
\end{aligned}$$

이다. 여기서 $g(x)$가 미분가능하므로, 두 번째 극한값은 $g'(x)$이다. 또한, $g(x)$가 연속함수이므로, $h \to 0$이면 $g(x+h) \to g(x)$이다. 이로부터 첫 번째 극한값을 다음과 같이 얻는다.

$$\lim_{h \to 0} \frac{f\big(g(x+h)\big) - f\big(g(x)\big)}{g(x+h) - g(x)} = \lim_{g(x+h) \to g(x)} \frac{f\big(g(x+h)\big) - f\big(g(x)\big)}{g(x+h) - g(x)} - f'\big(g(x)\big)$$

위의 두 극한값으로부터 원하는 결과를 얻는다.

$$y' = f'\big(g(x)\big)g(x) \qquad\qquad \blacksquare$$

참고 8 연쇄법칙을 라이프니츠 기호를 써서 다음과 같이 나타낼 수 있다.[7]

$$\frac{dy}{dx} = \frac{dy}{du} \cdot \frac{du}{dx}, \quad y = f(u), \quad u = g(x)$$

x의 증분 Δx에 의해서 u의 증분 Δu가 결정되고, 이 증분 Δu에 의해서 y의 증분 Δy가 결정된다. 이러한 변화량은 항등식

$$\frac{\Delta y}{\Delta x} = \frac{\Delta y}{\Delta u} \cdot \frac{\Delta u}{\Delta x}$$

를 만족한다. 여기서 $f(u)$와 $g(x)$가 미분가능한 함수이면, Δx가 0에 가까워질 때 $\frac{\Delta y}{\Delta u}$와 $\frac{\Delta u}{\Delta x}$가 극한값을 가지므로 위와 같은 결과를 얻는다.

예 12 일반적으로 $y = f(u)$, $u = g(x)$와 같이 친절하게 주어지지 않는다.

$y = (2x + 5)^{100}$과 같은 함수의 경우, $y = u^{100}$, $u = 2x + 5$와 같이 직접 나누어야 연쇄법칙을 적용할 수 있다.

$$\big((2x + 5)^{100}\big)' = (u^{100})'(2x + 5)' = 100u^{99} \cdot 2$$

주의할 점은, 문제 어디에도 u라는 변수는 없다. 우리의 편의를 위해 u를 새로 도입한 것이므로, 임의로 설정한 u는 원래 모습으로 환원해주어야만 한다.

$$\big((2x + 5)^{100}\big)' = 100(2x + 5)^{99} \cdot 2 \qquad\qquad \blacksquare$$

예제 2.12 함수 $F(x) = (x^3 + x - 3)^2$의 도함수를 구하여라.

[풀이] $f(u) = u^2$, $g(x) = x^3 + x - 3$라고 하면 $F(x) = f\big(g(x)\big)$이고,

---

7) 라이프니츠 기호를 애용하는 이유 중 하나는 바로 이런 분수의 계산 같은 성질이다.

$$f'(u) = 2u, \quad g'(x) = 3x^2 + 1$$

이므로, 연쇄법칙에 의해 다음과 같이 도함수를 구할 수 있다.

$$F'(x) = f'(g(x))g'(x) = 2(x^3 + x - 3)(3x^2 + 1) \quad \blacksquare$$

연쇄법칙을 이용하면, 지수가 양의 유리수인 거듭제곱함수도 미분할 수 있다.

- $\dfrac{d}{dx} x^q = qx^{q-1}$ (q는 양의 유리수)

[증명] $q = \dfrac{m}{n}$ (m, n은 자연수), $f(x) = x^q$이라고 하자. 정의에 의해 $(f(x))^n = x^m$이다. 이때 우변의 도함수 mx^{m-1}이고, 좌변의 도함수는 연쇄법칙에 의해

$$\left[(f(x))^n\right]' = n(f(x))^{n-1}f'(x)$$

이다. 따라서 $f'(x)$의 도함수를 다음과 같이 구할 수 있다.

$$f'(x) = \frac{mx^{m-1}}{n\left(x^{\frac{m}{n}}\right)^{n-1}} = \frac{m}{n}x^{\frac{m}{n}-1} \quad \blacksquare$$

예제 2.13 $f(x) = 3x^{\frac{2}{3}} - 4x^{\frac{1}{3}}$일 때 $f'(x)$를 구하여라.

[풀이] 거듭제곱함수의 미분법에 의해 다음과 같이 도함수를 구할 수 있다.

$$f'(x) = \frac{d}{dx}\left(3x^{\frac{2}{3}}\right) - \frac{d}{dx}\left(4x^{\frac{1}{3}}\right) = 2x^{-\frac{1}{3}} - \frac{4}{3}x^{-\frac{2}{3}} \quad \blacksquare$$

예제 2.14 함수 $y = x^{\frac{3}{2}} - x^{\frac{1}{2}}$의 도함수가 0이 되는 x의 값을 구하여라.

[풀이] 주어진 함수의 도함수를 구하면 다음과 같다.

$$\frac{dy}{dx} = \frac{3}{2}x^{\frac{1}{2}} - \frac{1}{2}x^{-\frac{1}{2}} = \frac{3x-1}{2\sqrt{x}}$$

따라서 $x = \dfrac{1}{3}$에서 도함수의 값은 0이 된다. $\quad \blacksquare$

연습문제 2.5

1. 다음 함수의 도함수를 구하여라.

   (1) $f(x) = 3x^5(2x^4 - x)$

   (2) $f(x) = (3x^5 - 2x - 7)(2x^3 - 2x)$

   (3) $f(x) = 3(2x^2 - 3)^{11}$

   (4) $f(x) = [(2x+1)^3 + 2]^4$

2. 다음 함수의 $x = 1$에서의 미분계수를 구하여라.

   (1) $f(x) = x^3(x^2 + 2x)(x^2 - 2)$

   (2) $f(x) = (2x - 1)^5$

   (3) $f(x) = (ax - b)^n$

   (4) $y = \sqrt[4]{(x^5 - 2)(x^3 - 3)}$

   (5) $y = \sqrt[4]{x^5 - 2x^3 + 2}$

3. 주어진 점에서 다음 함수의 도함숫값을 구하여라.

   (1) $y = \dfrac{x^3 + x}{\sqrt{x}}, \quad x = \dfrac{1}{4}$

   (2) $y = \sqrt[4]{x^5 - 2x^3 + 3}, \quad x = 1$

   (3) $y = x\sqrt{a} - a\sqrt{x}, \quad x = a$

   (4) $y = \sqrt[3]{ax^2} + \sqrt[3]{a^2 x}, \quad x = a$

   (5) $x = 2\sqrt{x^2 - 1}\,(3x - 2), \quad x = 4$

   (6) $y = \dfrac{1}{x}\left(\sqrt[3]{x^2 - 1}\right)^2 (3x - 2)^2, \quad x = 4$

4. 다음 함수의 그래프의 점 $(1, 1)$에서의 접선의 방정식을 구하여라.

   (1) $f(x) = x^{\frac{3}{4}}$

   (2) $f(x) = \sqrt[3]{x^2} - 3\sqrt[3]{x} + 3$

   (3) $f(x) = \left(\sqrt{x^2 + x - 1}\right)^3$

   (4) $f(x) = \sqrt[3]{x^3 + x - 1}$

5. 다음 식에서 $\dfrac{dy}{dx}$를 구하여라.

   (1) $y = u^2 + 6u - 2, \quad u = 4x^2 + 8x + 1$

   (2) $y = \dfrac{1}{1 - u}, \quad u = \dfrac{1}{1 + x}$

6. 다음 함수의 일계도함수와 이계도함수, 삼계도함수를 구하여라.

   (1) $y = (x - 2)(x^2 + 1)$

   (2) $y = (2x - 1)^{11}$

   (3) $y = x^{\frac{15}{2}}$

   (4) $y = \sqrt{x^2 - 1}$

7. $y = x f(x)$이면 $\dfrac{d^n y}{dx^n} = x f^{(n)}(x) + n f^{(n-1)}(x)$임을 증명하여라.

8. 예 11의 방법을 이용하여, $f(x) = x^{-n}$의 도함수가 $f'(x) = -nx^{-n-1}$임을 증명하여라. 또한, 이 함수가 $g(x) = \dfrac{1}{x}$과 $h(x) = x^n$의 합성임을 이용하여 미분한 결과도 같음을 확인하여라.

9. 차수가 d인 다항함수 f에 대해 $f(a) = f'(a) = \cdots = f^{(d)}(a) = 0$ 성립할 때, $f(x)$를 인수분해하여라.

6절 미분 공식 III: 유리함수의 도함수

변수에 덧셈, 뺄셈, 곱셈, 나눗셈의 사칙연산과 거듭제곱근을 유한 번 적용하여 얻어지는 함수를 대수함수(algebraic function)라 한다.

예13 다음 함수 $f(x) = (x^3 - x)(2x + 3)$, $g(x) = \sqrt{x^2 + x + 3}$, $h(x) = \dfrac{2x - 1}{x^2 + 1}$은 대수함수이지만 $\phi(x) = 2^x$, $\psi(x) = \log x$, $\sigma(x) = \sin x$는 대수함수가 아니다. ∎

다항함수와 마찬가지로 대수함수도 도함수를 구하는 것이 가능하다. 이번 절에서는 다음과 같이 다항식의 분수꼴로 정의되는 유리함수의 도함수를 구하는 방법에 대해 알아보자. 유리함수는 기본적으로 분수함수와 다항함수의 조합이므로, 앞 절에서 배운 미분법으로 계산할 수 있다.

예제 2.15 $y = \dfrac{x + 1}{x^2 + 1}$의 도함수를 구하여라.

[풀이] 주어진 함수는 $(x + 1)$과 $\dfrac{1}{x^2 + 1}$의 곱과 같으므로 다음과 같이 미분할 수 있다.

$$\left(\frac{x + 1}{x^2 + 1} \right)' = (x + 1)' \frac{1}{x^2 + 1} + (x + 1) \left(\frac{1}{x^2 + 1} \right)'$$

이때 $\dfrac{1}{x^2 + 1}$는 $\dfrac{1}{x}$과 $x^2 + 1$의 합성이므로, 합성함수의 미분법을 적용할 수 있다.

$$\left(\frac{1}{x^2 + 1} \right)' = -\frac{1}{\left(x^2 + 1 \right)^2} \cdot 2x$$

따라서 주어진 함수의 도함수는 다음과 같다.

$$\left(\frac{x+1}{x^2+1}\right)' = \frac{1}{x^2+1} - (x+1)\frac{2x}{(x^2+1)^2} = \frac{-x^2-2x+1}{(x^2+1)^2}$$ ∎

예제 2.15의 풀이를 단번에 이해할 수 있겠는가? 처음 공부하는 독자의 경우 합성함수의 미분법의 결과가 왜 위와 같은지 한 번에 이해하기 쉽지 않을 것이다. 그리고 두 번의 다른 미분법을 적용해야 하므로 편리하지 않다. 그렇다고 앞 절처럼 도함수의 정의를 이용하여 구하는 것은 더욱 번거롭다. 위 방법을 정리하여 나눗셈의 미분법을 만들고, 이를 이용하여 유리함수의 도함수를 보다 편하게 구하도록 하자.

> **정리 2.5** **나눗셈의 미분법**
>
> 함수 $f(x)$, $g(x)$가 미분가능하면 다음이 성립한다.
>
> $$\left(\frac{f(x)}{g(x)}\right)' = \frac{f'(x)g(x) - f(x)g'(x)}{\left(g(x)\right)^2} \quad (g(x) \neq 0)$$

[증명] $\dfrac{f(x)}{g(x)}$는 다음과 같이 쓸 수 있다.

$$\frac{f(x)}{g(x)} = f(x)\frac{1}{g(x)}$$

먼저 곱의 미분을 적용하면, 이 함수의 도함수는 $f'(x)\dfrac{1}{g(x)} + f(x)\cdot\left(\dfrac{1}{g(x)}\right)'$이다.

$\dfrac{1}{g(x)}$는 예 11과 연쇄법칙에 의해 다음과 같은 도함수를 갖는다.

$$g'(x)\frac{1}{g(x)} + g(x)\left(\frac{1}{g(x)}\right)' = 0, \quad \left(\frac{1}{g(x)}\right)' = -\frac{1}{\left(g(x)\right)^2}\cdot g'(x) = -\frac{g'(x)}{\left(g(x)\right)^2}$$

이 결과를 위 식에 대입하고 통분하면 원하는 결과를 얻는다.

$$\left(\frac{f(x)}{g(x)}\right)' = \frac{f'(x)}{g(x)} - \frac{g'(x)}{\left(g(x)\right)^2} = \frac{f'(x)g(x) - f(x)g'(x)}{\left(g(x)\right)^2}$$ ∎

예14 $y = \dfrac{x^2-4}{x^2+x}$의 도함수는 나눗셈의 미분법에 의해 다음과 같이 계산할 수 있다.

$$\frac{dy}{dx} = \frac{\left(\frac{d}{dx}(x^2-4)\right)(x^2+x) - (x^2-4)\frac{d}{dx}(x^2+x)}{(x^2+x)^2}$$

$$= \frac{(x^2+x)(2x) - (x^2-4)(2x+1)}{(x^2+x)^2}$$

$$= \frac{x^2+8x+4}{(x^2+x)^2} \qquad \blacksquare$$

예15 지수가 음의 정수인 거듭제곱함수 $y = x^{-n}$의 도함수를 나눗셈의 미분법으로 구하면 다음과 같다.

$$y' = \left(\frac{1}{x^n}\right)' = \frac{0 - nx^{n-1}}{x^{2n}} = \frac{-n}{x^{n+1}} = -nx^{-n-1} \qquad \blacksquare$$

참고 9 거듭제곱의 미분법에서 $n = -1$과 $n = \frac{1}{2}$인 두 경우가 특히 자주 나타나므로 이것을 다음과 같은 모양으로 기억해두면 편리하다.

$$\left(\frac{1}{x}\right)' = -\frac{1}{x^2}, \quad \left(\sqrt{x}\right)' = \frac{1}{2\sqrt{x}}$$

예16 $y = \frac{1}{u+1}$, $u = \frac{x}{x+1}$이면 나눗셈의 미분법에 의해

$$\frac{dy}{du} = -\frac{1}{(u+1)^2}, \quad \frac{du}{dx} = \frac{1}{(x+1)^2}$$

이므로 연쇄법칙에 의해 다음과 같이 도함수를 구할 수 있다.

$$\frac{dy}{dx} = -\frac{1}{(u+1)^2} \cdot \frac{1}{(x+1)^2} = -\frac{1}{\left(\frac{x}{x+1}+1\right)^2} \cdot \frac{1}{(x+1)^2}$$

$$= -\left(\frac{x+1}{2x+1}\right)^2 \cdot \frac{1}{(x+1)^2} = -\frac{1}{(2x+1)^2} \qquad \blacksquare$$

예제 2.16 $y = \sqrt{\dfrac{1-x}{1+x}}$일 때 $\dfrac{dy}{dx}$를 구하여라.

[풀이] $y = \sqrt{u}$, $u = \dfrac{1-x}{1+x}$라 하면 나눗셈의 미분법에 의해

$$\frac{dy}{du} = \frac{1}{2\sqrt{u}}, \quad \frac{du}{dx} = -\frac{2}{(1+x)^2}$$

이므로, 연쇄법칙에 의해 다음과 같이 도함수를 구할 수 있다.

$$\frac{dy}{dx} = \frac{dy}{du}\frac{du}{dx} = \frac{1}{2\sqrt{u}}\frac{-2}{(1+x)^2}$$

$$= \frac{1}{2\sqrt{\dfrac{1-x}{1+x}}}\frac{-2}{(1+x)^2}$$

$$= -\frac{1}{(1-x)^{1/2}(1+x)^{3/2}} \qquad \blacksquare$$

연습문제 2.6

1. 다음 함수의 도함수를 구하여라.

(1) $f(x) = \dfrac{1}{(1+3x)^5}$ 　　　　　　(2) $f(x) = \dfrac{x}{(x^2-4)(x^2+1)}$

(3) $f(x) = \dfrac{(x^2+1)(x^2-3x)}{(x^2-1)^2}$ 　　(4) $f(x) = \dfrac{1-\sqrt{x}}{\sqrt{1+x^2}}$

(5) $f(x) = \dfrac{\sqrt{9-x^2}}{\sqrt{x+1}-1}$ 　　　(6) $f(x) = \dfrac{(\sqrt{x}+x)\left(1-\dfrac{1}{x}\right)}{2x}$

2. 다음 함수의 주어진 점에서의 미분계수를 구하여라.

(1) $y = \dfrac{2}{x^2-1}, \ x=2$ 　　　　(2) $y = \dfrac{4-x^2}{2x+3}, \ x=9$

(3) $y = \dfrac{-2(3x^2-x+1)}{(x^3+1)}, \ x=0$ 　(4) $y = \dfrac{x^2+3}{3x+1}, \ x=4$

3. 다음 함수의 그래프 위의 점 $(0, f(0))$에서의 접선의 방정식을 구하여라.

(1) $f(x) = \dfrac{x+1}{x+2}$ 　　　　　　(2) $f(x) = \dfrac{x^3-2x}{2x^2-1}$

(3) $f(x) = \dfrac{4x^2 - x - 2}{2\sqrt{x} + 1}$ (4) $f(x) = \dfrac{1}{(x+1)^n}$

4. 다음 식에서 주어진 x의 값에 대한 $\dfrac{dy}{dx}$의 값을 구하여라.

(1) $y = \dfrac{4 - x^2}{2x + 3}$, $x = -1$ (2) $y = \dfrac{x}{\sqrt{1 + x^3}}$, $x = 2$

5. 다음 함수의 이계도함수를 구하여라.

(1) $f(x) = \dfrac{1}{2x - 3}$ (2) $f(x) = \dfrac{\sqrt{x}}{x - 1}$

(3) $f(x) = (ax + b)^{-n}$ (4) $f(x) = \dfrac{1}{(ax + b)(cx + d)}$

6. 함수 $f(x)$, $g(x)$가 모두 미분가능한 함수이고, $f(x)g(x)$, $\dfrac{f'(x)}{g'(x)}$ 모두 상수함수이면, $f(x)$, $g(x)$ 모두 상수함수임을 증명하여라. (단, $g'(x) > 0$)

7절 미분 공식 IV: 음함수의 미분법

이전 절에서 우리가 다른 함수들은, 주어진 x에 어떤 y가 대응되는지를 $y = f(x)$와 같이 직접적으로 표현하고 있다. 이러한 경우 함수 f를 **양함수적으로**(explicitly) 정의한다고 하고, 이때 y를 x의 **양함수**라고 한다.

하지만 모든 함수가 양함수적으로만 표현되는 것은 아니다. 예를 들어 방정식 $g(x, y) = 0$에서 변수 x의 값 a가 주어지면, 방정식은 $g(a, y) = 0$으로 되어 이 방정식의 근으로 y의 값이 결정될 때가 있다.

예17 방정식 $xy - x - y - 1 = 0$은 $x \neq 1$인 모든 x에 대하여 $y = \dfrac{x + 1}{x - 1}$이 하나로 결정된다. ■

예18 방정식 $x^2 + y^2 - 1 = 0$은 $x \in [-1, 1]$일 때 $y = \pm\sqrt{1 - x^2}$이 결정된다. ■

예19 방정식 $x^2 + y^2 + 1 = 0$은 어떠한 x의 값에 대해서도 y의 값이 결정되지 못한다. ■

예 17의 방정식 $xy - x - y - 1 = 0$은 $x \neq 1$인 모든 x에 대하여 y의 값을 하나씩 결정해 주므로 이 방정식을 대응규칙으로 하는 하나의 함수가 정의된다. 그러나 예 19의 방정식 $x^2 + y^2 + 1 = 0$을 대응규칙으로 하는 함수는 없다. 예 18의 방정식 $x^2 + y^2 - 1 = 0$은 y값의 범위를 적당히 제한해주면 $x \in [-1, 1]$인 모든 x에 대하여 하나의 y 값만이 결정되도록 할 수 있다. 따라서 y값의 범위를 적당하게 제한함으로써 방정식 $x^2 + y^2 - 1 = 0$을 대응규칙으로 하는 하나의 함수를 정의할 수 있다.

이와 같이 방정식 $g(x, y) = 0$이 주어졌을 때, x값의 범위 X와 y값의 범위 Y가 존재하여 $g(x, y) = 0$을 대응규칙으로 하는 함수

$$f : X \to Y$$

가 정의되면 방정식 $g(x, y) = 0$은 함수 f를 음함수적으로(implicitly) 정의한다고 하고, 이때 y를 x의 음함수라고 한다.

예20 방정식 $xy - x - y - 1 = 0$은 $y = \dfrac{x + 1}{x - 1}$ $(x \neq 1)$과 같다. x값의 범위를 $X = \mathbb{R} - \{1\}$로, y값의 범위를 $Y = \mathbb{R}$로 정해주면 주어진 방정식은 함수 $f : X \to Y$, $f(x) = \dfrac{x + 1}{x - 1}$의 대응규칙이 된다. 따라서 주어진 방정식은 함수 f를 음함수적으로 정의한다. ∎

예21 방정식 $x^2 + y^2 - 1 = 0$은 $X_1 = [-1, 1]$, $Y_1 = [0, \infty)$로 정해주면 함수 $f_1 : X_1 \to Y_1$, $f_1(x) = \sqrt{1 - x^2}$의 대응규칙으로 볼 수 있다. 따라서 주어진 방정식은 함수 f_1을 음함수적으로 정의한다. 또 $X_2 = [-1, 1]$, $Y_2 = (-\infty, 0]$으로 정해주면, 주어진 방정식은 $f_2 : X_2 \to Y_2$, $f_2(x) = -\sqrt{1 - x^2}$의 대응규칙으로 볼 수 있다. 따라서 주어진 방정식은 함수 f_2도 음함수적으로 정의한다. ∎

음함수의 도함수를 구할 때에는 방정식 $g(x, y) = 0$을 y에 대하여 푼 다음 y를 x에 대해서 미분할 수 있지만, 연쇄법칙을 응용하면 보다 효과적으로 구할 수 있다.

> y를 x의 함수로 생각하고 주어진 방정식 $g(x, y) = 0$의 양변을 x에 대하여 미분한 다음 $\dfrac{dy}{dx}$에 대하여 정리한다.

이와 같은 미분법을 음함수의 미분법(implicit differentiation)이라 한다.

예22 $x^3 + y^3 - 3xy = 0$에 음함수의 미분법을 적용하면

$$\frac{d}{dx}(x^3) + \frac{d}{dx}(y^3) - 3\frac{d}{dx}(xy) = 0$$

$$3x^2 + 3y^2\frac{dy}{dx} - 3\left(y + x\frac{dy}{dx}\right) = 0$$

$$3(y^2 - x)\frac{dy}{dx} = 3(y - x^2)$$

이고, 이 식을 $\dfrac{dy}{dx}$에 대해 정리하면 다음과 같다.

$$\frac{dy}{dx} = \frac{y - x^2}{y^2 - x}, \quad (y^2 - x \neq 0)$$ ∎

예제 2.17 지수가 유리수인 거듭제곱함수 $y = x^{\frac{p}{q}}$의 도함수가

$$\frac{dy}{dx} = \frac{p}{q}x^{\frac{p}{q}-1} \quad (p,\, q : \text{정수}, \quad q \neq 0)$$

임을 증명하여라.

[풀이] 양변을 q제곱하면 $y^q = x^p$이다. 여기서 음함수의 미분법을 적용하면

$$qy^{q-1}\frac{dy}{dx} = px^{p-1}$$

이다. $y = x^{\frac{p}{q}}$를 대입한 후 정리하면 원하는 결과를 얻는다.

$$\frac{dy}{dx} = \frac{px^{p-1}}{q\left(x^{\frac{p}{q}}\right)^{q-1}} = \frac{p}{q}x^{\frac{p}{q}-1}$$ ∎

음함수에서도 이계도함수를 계산할 수 있다. 일계도함수가 x, y로 표현되므로, 여기에 음함수의 미분법를 다시 한 번 적용하면 이계도함수를 얻을 수 있다.

예제 2.18 $x^2 + y^2 = a^2$일 때 y', y''을 구하여라.

[풀이] 음함수의 미분법을 적용하여 x에 대해서 미분하면

$$2x + 2yy' = 0, \quad y' = -\frac{x}{y}\,(y \neq 0)$$

이다. 위 식을 다시 미분하면 이계도함수를 얻을 수 있다.

$$y'' = \frac{dy'}{dx} = \frac{d}{dx}\left(-\frac{x}{y}\right) = -\frac{y - xy'}{y^2} = -\frac{y + \dfrac{x^2}{y}}{y^2} = -\frac{y^2 + x^2}{y^3} = -\frac{a^2}{y^3} \quad (y \neq 0) \quad \blacksquare$$

연습문제 2.7

1. 다음에서 $\dfrac{dy}{dx}$ 를 구하여라.

(1) $x^2 - 4y^2 = 4$

(2) $x^{\frac{1}{2}} + y^{\frac{1}{2}} = a^{\frac{1}{2}}$

(3) $y^2 + y = x^4$

(4) $(2x + y)^2 = (x - 2y)^2$

(5) $\dfrac{x + \dfrac{1}{x}}{y + \dfrac{1}{y}} = 1$

(6) $\sqrt{x^2 + y^2} = 2x - 1$

2. 다음에서 $\dfrac{d^2 y}{dx^2}$ 를 구하여라.

(1) $x^2 + y^2 = r$

(2) $x^2 + y^2 = 2xy$

(3) $(x + y)^2 = 2ay$

(4) $xy = (x - y)^2$

(5) $y^2 = x^3 + x + 1$

(6) $\sqrt{\dfrac{1}{x} + y} = 2xy$

3. 다음에 주어진 점에서의 y의 x에 대한 순간변화율을 구하여라.

(1) $x^3 + y^2 = 9$, $(2, 1)$

(2) $y + \sqrt{x + y} = x$, $(3, 1)$

4. 다음 각 곡선에 대하여 주어진 점에서의 접선의 방정식을 구하여라.

(1) $y = \sqrt{25 - x^2}$, $(3, 4)$

(2) $y = \dfrac{1}{\sqrt{x} + 3}$, $\left(1, \dfrac{1}{4}\right)$

5. 다음 각 경우에 두 곡선의 교점에서의 미분계수를 각각 구하여라.

(1) $y = 2x$, $x^5 + y^5 = 33$

(2) $xy + y = 1$, $y^3 = (x + 1)^2$

6. 타원 $x^2 - 2xy + 4y^2 = 12$이 주어져 있을 때,

(1) x에 대한 y의 순간변화율이 0이 되는 점을 모두 구하여라.

(2) 타원 위의 다른 두 점 (a, b), (c, d)에서의 접선의 기울기가 같을 때, 두 점의 관계를 설명하여라.

8절   미분 공식 V: 특별한 형태의 함수의 도함수

함수 $y = f(x)$가 전단사함수일 때, 우리는 역함수 $y = f^{-1}(x)$를 정의할 수 있다. 따름정리 1.9에서 연속함수의 역함수는 연속임을 보였으니, 우리는 역함수의 도함수에 대해서도 생각할 수 있다. 하지만 일반적으로 역함수를 양함수적으로 표현하는 것은 쉽지 않기 때문에, 도함수의 정의를 사용하여 계산하는 것은 쉽지 않다. 그 대신 우리는 다음과 같이 역함수의 도함수를 계산할 수 있다.

정리 2.6   역함수의 미분법

함수 $f(x)$가 미분가능하며 역함수를 가질 때, $f'\left(f^{-1}(a)\right) \neq 0$이면 역함수도 a에서 미분가능하며 다음이 성립한다.

$$\left(f^{-1}\right)'(a) = \frac{1}{f'\left(f^{-1}(a)\right)}$$

[증명] $x = a$에서 역함수 $y = f^{-1}(x)$의 미분가능성을 확인하자. 역함수의 정의에 의해, $b = f^{-1}(a)$라면 $a = f(b)$이다. 가정에서 $f(y)$는 $y = b$에서 미분가능하므로 $\lim\limits_{y \to b} \dfrac{f(y) - f(b)}{y - b}$의 극한값이 존재한다. 이를 역함수의 정의를 이용하여 다시 쓰면

$$\lim_{y \to b} \frac{f(y) - f(b)}{y - b} = \lim_{y \to b} \frac{x - a}{f^{-1}(x) - f^{-1}(a)}$$

이다. 이때, $f(y)$는 연속함수이므로 $y \to b$이면 $f(y) \to f(b)$, 즉 $x \to a$이다. 따라서

$$\lim_{y \to b} \frac{f(y) - f(b)}{y - b} = \lim_{y \to b} \frac{x - a}{f^{-1}(x) - f^{-1}(a)} = \lim_{x \to a} \frac{x - a}{f^{-1}(x) - f^{-1}(a)}$$

이므로, $\lim\limits_{y \to b}$의 극한이 0이 아니면 $x = a$에서 $f^{-1}(x)$의 미분계수가 존재한다.

참고 10 역함수의 도함수는 음함수의 미분법을 이용하여 찾을 수도 있다.

역함수의 정의에 의해 $y = f^{-1}(x)$는 $x = f(y)$라는 의미이다. 따라서 음함수의 미분법에 의해 $f'(y)\dfrac{dy}{dx} = 1$ 이므로, $\dfrac{dy}{dx} = \dfrac{1}{f'(y)} = \dfrac{1}{f'(f^{-1}(x))}$ 이다. ∎

예23 함수 $f(x) = x^3 + x + 1$은 역함수를 갖는 미분가능한 함수이다. 또한 $f(0) = 1$이므로 $f^{-1}(1) = 0$이고, $f'(x) = 3x^2 + 1$이므로

$$f'(f^{-1}(1)) = f'(0) = 1 \neq 0$$

이다. 그러므로 $x = 1$에서의 역함수의 미분계수는 다음과 같다.

$$(f^{-1})'(1) = \frac{1}{f'(f^{-1}(1))} = \frac{1}{f'(0)} = 1$$ ∎

참고 11 일반적으로 함수와 그 역함수의 그래프는 직선 $y = x$에 대해 대칭이다. 만일 (a, b)가 $y = f(x)$의 그래프 위의 점이라면, (b, a)는 그 역함수의 그래프 위의 점이다. 따라서 두 그래프에서 접선을 생각하면, 그 접선들도 $y = x$에 대해 대칭이므로, 기울기가 서로 역수인 관계에 있다. 위 공식은 이러한 기하적인 의미를 내포하고 있다.

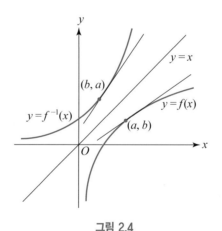

그림 2.4

예24 구간 $(0, \infty)$를 정의역으로 하는 함수 $y = f(x) = \sqrt{x^2 + 1}$의 도함수는

$$\frac{dy}{dx} = \frac{x}{\sqrt{x^2 + 1}} \neq 0, \quad x = \sqrt{y^2 - 1} > 0$$

이다. 또한 함수 $f(x)$는 역함수를 가지며, 그 도함수는 다음과 같다.

$$(f^{-1})'(y) = \frac{1}{\dfrac{dy}{dx}} = \frac{\sqrt{x^2+1}}{x}, \quad x = \sqrt{y^2-1} > 0 \qquad \blacksquare$$

연습문제 2.8

1. 다음 함수는 전단사함수이다. 이때 $\left(f^{-1}\right)'(a)$를 구하여라.

   (1) $f(x) = \sqrt{x^3+1}, \quad a = 3$ 　　　(2) $f(x) = x + \sqrt{x}, \quad a = 12$

   (3) $f(x) = x^3 + 2x - 2, \quad a = 1$ 　　(4) $f(x) = \dfrac{1}{x^3}, \quad a = 8$

2. 양의 정수 q에 대해 $f(x) = x^{\frac{1}{q}}$은 $g(x) = x^q, \ (x \geq 0)$의 역함수이다. 이를 이용하여 $f'(x) = \dfrac{1}{q}x^{\frac{1}{q}-1}$이 성립함을 증명하여라.

3. 한 변의 길이가 x인 정사면체에서 부피 y에 대한 한 변의 길이의 순간변화율을 구하여라.

4. 역함수의 도함수의 공식을 이용하여, 혹은 음함수의 미분법을 이용하여 역함수의 이계도함수를 구하여라.

5. 높이와 밑면의 지름이 같은 직원기둥이 있다. 이 직원기둥의 겉넓이가 $\dfrac{3\pi}{8}$일 때, 겉넓이에 대한 높이의 순간변화율을 구하여라.

3장
미분법의 응용

DIFFERENTIAL AND INTEGRAL CALCULUS

도함수의 개념은 접선의 기울기를 구하는 문제에서 시작되었고, 이후 물체의 속도와 관련성이 밝혀졌다. 이 외에도, 도함수는 함수의 변화를 설명하기 때문에 함수의 최댓값, 최솟값의 계산 등 여러 형태로 응용된다. 이 장에서는 미분의 기본적인 응용으로 곡선의 기울기와 접선, 함수의 변화율, 함수의 증가 및 감소, 곡선의 오목성과 변곡점, 함수의 극값 및 근삿값 등에 대하여 공부한다.

1절 곡선의 기울기

2.1절에서 공부한 내용, '곡선 C 위의 점 P에서의 접선의 정의'에 의하면 도함수를 다음과 같이 해석할 수 있다. 이와 같은 해석은 미적분학을 이용하여 기하적인 정보를 찾을 수 있게 해 준다.

곡선 C의 방정식을 $y = f(x)$라 하고 C 위의 두 점 P, Q의 좌표를 각각 (x, y), $(x + \Delta x, y + \Delta y)$라고 하자. 그림 3.1에서 알 수 있는 것처럼 직선 PQ의 기울기는

$$\frac{\overline{RQ}}{\overline{PR}} = \frac{\Delta y}{\Delta x}$$

이고, 접선 ℓ의 기울기는 Q가 곡선을 따라 P에 접근할 때, 즉 Δx가 0에 접근할 때 $\dfrac{\overline{RQ}}{\overline{PR}}$의 극한이다. 따라서 접선의 정의에 의하여 $P(x, y)$에서의 접선의 기울기는 $\dfrac{dy}{dx}$, 즉 함수 $f(x)$의 순간변화율이다. 이를 기하적으로 표현하여, 곡선 위의 한 점에서의 접선의 기울기를 그 점에서의 곡선의 기울기라고 한다. 따라서 $x = a$에서 미분가능한 함수 $f(x)$의 그래프 $y = f(x)$ 위의 점 (a, b)에서의 곡선의 기울기는 $f'(a)$이다. 편의상 함수 $f(x)$의 그래프 $y = f(x)$를 곡선 $y = f(x)$라고 하겠다.

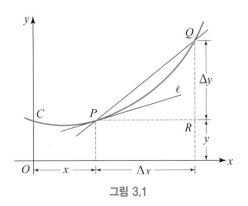

그림 3.1

예제 3.1 점 $(1, 1)$에서 곡선 $y = 3x - 2x^2$의 기울기를 구하여라.

[풀이] $f(x) = 3x - 2x^2$라고 하면,

$$f'(x) = 3 - 4x, \quad f'(1) = 3 - 4 = -1$$

이므로 점 $(1, 1)$에서의 곡선의 기울기는 -1이다. ∎

곡선 $y = f(x)$ 위의 점 (a, b)에서의 접선의 기울기는 $f'(a)$이다. 접선의 기울기는 곡선을 정의하는 함수가 음함수적으로 정의되었을 때나 매개변수로 정의되었을 때에도 동일하다. 접선의 기울기는 x에 대한 y의 순간변화율이므로 주어진 점에서의 순간변화율 $\left.\dfrac{dy}{dx}\right|_{(a,\,b)}$이다. 따라서, 주어진 점 (a, b)에서의 접선의 방정식은 다음과 같다.

$$y - b = f'(a)(x - a) \quad \text{또는} \quad y = \left.\frac{dy}{dx}\right|_{(a,\,b)}(x - a) + b$$

예1 곡선 $y^2 = x^3 + 1$ 위의 점 $(2, 3)$에서의 곡선의 기울기는 $\left.\dfrac{dy}{dx}\right|_{(2,\,3)} = \left.\dfrac{3x^2}{2y}\right|_{(2,\,3)} = 2$이므로 접선의 방정식은 다음과 같다.

$$y = 2(x - 2) + 3 = 2x - 1 \qquad\qquad\blacksquare$$

주의 $y = \dfrac{3x^2}{2y}(x - 2) + 3$이 아님을 유의하자.

곡선 $y = f(x)$ 위의 점 (a, b)를 지나고 그 점에서의 접선과 수직인 직선을 그 점에서의 **법선**(normal line)이라 한다.[1] 접선의 기울기 $f'(a)$가 0이 아니라면 법선의 기울기는 $-\dfrac{1}{f'(a)}$이므로[2] 점 (a, b)에서의 법선의 방정식은 다음과 같다.

$$y - b = -\frac{1}{f'(a)}(x - a)$$

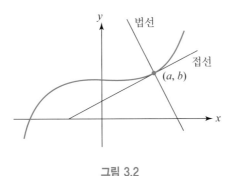

그림 3.2

---

1) 접선이 주어진 점에서 그래프와 가장 비슷하게 생긴 직선, 즉 주어진 점에서 그래프와 같은 변화율을 갖는 직선이라면, 법선은 그래프로부터의 변화율이 가장 큰 직선, 다시 말해 그래프로부터 가장 빠르게 멀어지는 직선이다.
2) 기울기가 0이 아닌 직선과 이에 수직인 직선의 기울기의 곱은 −1이다.

[예2] 곡선 $y = x - 4x^{\frac{1}{3}}$ 위의 점 (8, 0)에서의 곡선의 기울기는

$$\frac{dy}{dx} = 1 - \frac{4}{3}x^{-\frac{2}{3}}, \quad f'(8) = \frac{2}{3}$$

이므로, 접선의 방정식은

$$y - 0 = \frac{2}{3}(x - 8) \quad \text{또는} \quad 2x - 3y - 16 = 0$$

이고, 법선의 방정식은

$$y - 0 = -\frac{3}{2}(x - 8) \quad \text{또는} \quad 3x + 2y - 24 = 0$$

이다. ■

[예제 3.2] 곡선 $2x^2 + 2xy + y^2 = 26$ 위의 점 (1, 4)에서의 접선의 방정식과 법선의 방정식을 구하여라.

[풀이] 음함수의 미분법에 의해 주어진 함수의 도함수는

$$4x + 2y + 2x\frac{dy}{dx} + 2y\frac{dy}{dx} = 0$$

$$\frac{dy}{dx} = -\frac{2x + y}{x + y}$$

이다. 따라서 (1, 4)에서의 접선의 기울기는 $-\frac{6}{5}$이고, 접선의 방정식은

$$y - 4 = -\frac{6}{5}(x - 1) \quad \text{또는} \quad 6x + 5y = 26$$

이며, 법선의 방정식은

$$y - 4 = \frac{5}{6}(x - 1) \quad \text{또는} \quad 5x - 6y = -19$$

이다. ■

곡선에서의 기울기가 접선의 기울기를 말하듯이, 두 곡선의 교각은 그 교점에서의 각 곡선에 대한 접선의 교각을 말한다. 두 직선의 교각의 크기는 기울기로부터 구할 수 있다. 한 직선과 x축의 양의 방향이 이루는 각을 θ라 하면, 그 직선의 기울기는 $m = \tan\theta$이다. 따라서 기울기가 m_1, m_2인 두 직선의 교각 θ는 삼각함수의 법칙을 응용하여 다음과 같이 구할 수 있다.

$$\tan\phi = \tan(\theta_1 - \theta_2) = \frac{\tan\theta_1 - \tan\theta_2}{1 + \tan\theta_1 \cdot \tan\theta_2} = \frac{m_1 - m_2}{1 + m_1 m_2} \tag{3.1}$$

예제 3.3 두 곡선 $y = x^2$, $y = x^3 + x^2 + 1$의 교점에서의 교각 ϕ에 대한 $\tan\phi$의 값을 구하여라.[3]

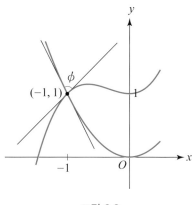

그림 3.3

[풀이] 주어진 방정식을 연립하여 풀면, 그림 3.3과 같이 교점 $(-1, 1)$을 얻는다. 이 점에서 두 곡선의 기울기를 각각 m_1, m_2라고 하면

$$m_1 = 2(-1) = -2, \qquad m_2 = 3(-1)^2 + 2(-1) = 1$$

이다. 따라서 식 (3.1)에 의해

$$\tan\phi = \frac{m_1 - m_2}{1 + m_1 m_2} = \frac{-2 - 1}{1 + (-2) \cdot 1} = 3$$

이다. ∎

연습문제 3.1

1. 주어진 점에서의 곡선의 기울기를 구하여라.

(1) $y = x^3 - 1$, $(1, 0)$
(2) $y = (2x + 1)^{-2}$, $\left(4, \dfrac{1}{81}\right)$

(3) $y = \sqrt[4]{x - 1}$, $(2, 1)$
(4) $y = \dfrac{x^2 + 1}{\sqrt{x + 1}}$, $(1, \sqrt{2})$

(5) $y^2 = x^3 + 3x + 5$, $(1, 3)$
(6) $y = u^3 - 1$, $u = x\sqrt{x^2 - 1}$, $(\sqrt{2}, 2\sqrt{2} - 1)$

---

3) $\tan\phi = -\tan(\pi - x)$ 이므로, 절댓값을 고려하면 각을 선택할지 고민하지 않아도 된다.

2. 주어진 점에서의 접선의 방정식과 법선의 방정식을 구하여라.

(1) $y = -x^2$, $(-2, -4)$　　　(2) $y = \sqrt[3]{2x - x^2}$, $(2, 0)$

(3) $y = x^3 + 3x^{-1}$, $(1, 4)$　　　(4) $y = \dfrac{2x^4 - x - 1}{x^2 + 1}$, $(1, 0)$

(5) $y^2 = x^2 - 2$, $(2, \sqrt{2})$　　　(6) $y = \dfrac{3u^2}{u^2 - 1}$, $u = \dfrac{x}{1 - x}$, $(2, 4)$

3. 다음 곡선의 교각 ϕ에 대한 $|\tan\phi|$의 값을 구하여라.

(1) $y = x^3 + x - 8$, $y = x$　　　(2) $y = \sqrt{x}$, $x + 2y - 3 = 0$

(3) $y = x^2 + 1$, $y = x + x^{-1}$　　　(4) $y = x^3 + x$, $y = x^2$

4. 포물선 $y = x^2 - 3x - 5$ 위의 어떤 점에서의 접선이 직선 $3x - y = 2$와 평행할 때, 그 점의 좌표와 접선의 방정식을 구하여라.

5. 곡선 $y = x + \sqrt{x}$ 위의 점 $(4, 6)$에서의 법선이 y축과 만나는 점을 구하여라.

6. $y = x^3 - 6x^2 + 8x$ 위의 점 $(3, -3)$에서의 접선이 다시 곡선과 만나는 점을 구하여라.

7. 모래를 실은 트럭이 곡선 $y = -x^2 + 4$를 따라 움직이고 있다. 이 트럭에서 흘린 모래는 흘린 점에서의 접선의 방향으로 날아간다고 한다. 만일 점 $(4, 0)$에서 모래가 발견되었다면, 이 모래는 곡선 위 어느 점에서 흘린 모래인지 구하여라.

8. 곡선 $y^2 = x^3 + x^2 + 4$를 따라 설치된 철도가 있다. 철호는 점 $(2, 4)$ 위에 위치한 역에서 출발하여, 가장 소음이 적은 곳으로 이동하려고 한다. 어느 경로를 따라 움직이는 것이 철도로부터 가장 빠르게 멀어질 수 있을지 설명하여라.

9. 두 곡선의 교점에서의 교각이 $90°$이면, 두 곡선이 직교한다고 한다. 단위원 $x^2 + y^2 = 1$과 한 점에서 직교하는 직선은, 다른 교점에서도 단위원과 직교함을 증명하여라.

2절　속도와 가속도

질량을 가진 한 점[4] M이 $s = f(t)$인 관계를 만족하며 직선 OA 위에서 운동할 때, 시각 t와

---

[4] 수학에서 '점'은 길이와 넓이가 모두 0인 0차원 도형이다. 그러한 도형이 질량을 가졌다고 강조하는 것은 물리에서 힘과 가속도의 관계 등 물체의 질량과 관련된 개념 때문이다. 질량이 0이면 물리법칙 $F = ma$에 의해 미

$t + \Delta t$에서 점 M의 위치를 각각 P, Q라고 하자.

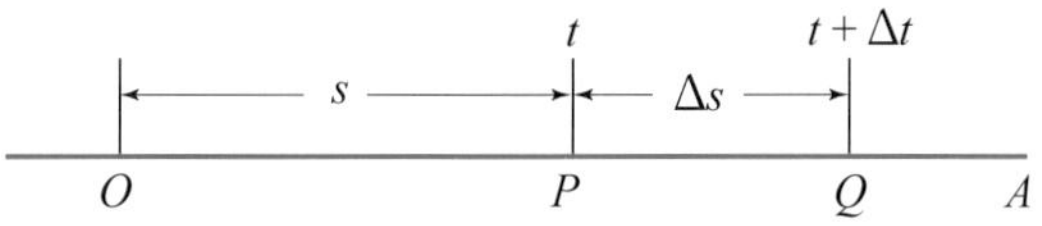

그림 3.4

한 정점 O에서 P, Q에 이르는 거리를 각각 $s, s + \Delta s$라 하면, $\dfrac{\Delta s}{\Delta t}$는 시간 Δt 동안의 점 M의 평균속도이며

$$v = \lim_{\Delta t \to 0} \frac{\Delta s}{\Delta t} = \frac{ds}{dt}$$

는 시각 t에서의 점 M의 속도이다.

마찬가지로 시간 Δt 동안에 그 질점이 P에서 Q까지 이동하는 동안의 속도의 변화를 Δv라 할 때,

$$a = \lim_{\Delta t \to 0} \frac{\Delta v}{\Delta t} = \frac{dv}{dt} = \frac{d^2 s}{dt^2}$$

는 시각 t에서의 점 M의 속도의 순간변화율이고, 이를 **가속도**라고 한다.

[예3] 중력가속도를 $-10\,\text{m/s}^2$이라고 가정할 때, 최초속도 v_0(m/sec)로 수직으로 위로 던진 물체의 t초 후의 출발점으로부터의 높이 변화량 s(m)는 다음 식으로 주어진다.

$$s = v_0 t - 5t^2 \tag{3.2}$$

이때 s는 그 물체가 출발점보다 위에 있는 경우 또는 아래에 있는 경우에 따라 양 또는 음의 값이 된다. 이 물체의 t초후 속도와 가속도는 다음과 같다.

$$v = \frac{ds}{dt} = v_0 - 10t, \quad a = \frac{d^2 s}{dt^2} = -10 \qquad \blacksquare$$

[예제 3.4] 높이 45 m인 건물의 옥상 끝에서 최초속도 40 m/sec로 수직으로 위로 공을 던졌을 때 (1) 최고점에 도달하는 데 걸리는 시간, (2) 지면에서 최고점까지의 높이, (3) 공이 지면에 닿는 순간의 속도를 각각 구하여라.

[풀이] $v_0 = 40$을 식 (3.2)에 대입하면 $s = 40t - 5t^2$ 이므로 $v = \dfrac{ds}{dt} = 40 - 10t$이다.

(1) 최고점에서 $v = 0$이므로 $40 - 10t = 0$, 즉 $t = 4$(초)이다.

세한 힘이 가해져도 무한대의 가속도를 갖기 때문에 말 그대로 "바람과 함께 사라진다".

(2) $t = 4$이면 건물의 옥상으로부터의 높이는 $s = 40 \cdot 4 - 5 \cdot 4^2 = 80\,(\text{m})$이므로 지면에서 최고점까지의 높이는 125 m이다.

(3) 공은 $s = -45$일 때 지면에 닿으므로 $-45 = 40t - 5t^2$, 즉 $5(t-9)(t+1) = 0$에서 $t = 9$이며 공이 땅에 떨어질 때의 속도는 $v(9) = 40 - 10 \cdot 9 = -50\,(\text{m/sec})$이다. 부호가 음인 것은 공의 운동방향이 아래로 향한다는 것을 의미한다. ■

예4 한 점 M이 함수 $s = \dfrac{t^2 - 2t + 3}{\sqrt{t+1}}$에 따라 이동할 때, 점 M의 $t = 3$에서의 속도와 가속도는 각각 다음과 같다.

$$v = \frac{ds}{dt} = \left[\frac{(2t-2)\sqrt{t+1} - (t^2 - 2t + 3)\dfrac{1}{2\sqrt{t+1}}}{t+1} \right]_{t=3} = \left[\frac{3t^2 + 2t - 7}{2(t+1)\sqrt{t+1}} \right]_{t=3} = \frac{13}{8}$$

$$a = \frac{dv}{dt} = \left[\frac{2(6t+2)(t+1)^{\frac{3}{2}} - 3(3t^2 + 2t - 7)(t+1)^{\frac{1}{2}}}{4(t+1)^3} \right]_{t=3} = \frac{41}{64}$$

■

연습문제 3.2

1. 다음에서 s가 시각 t에서의 위치를 나타낼 때, $t = 2$에서의 속도와 가속도를 구하여라.

(1) $s = t^3 - 3t - 5$

(2) $s = \dfrac{10}{t}(t^3 + 8)$

(3) $s = \sqrt{2t} + \sqrt{2t^3}$

(4) $s = (5t - 4)^3 - \dfrac{t+1}{\sqrt{t} - 1}$

(5) $s = \dfrac{10u}{u^3 + 8}, \ u = t^2 + 1$

(6) $(s+1)(t-1) = 1$

2. $s = t^3 - 5t^2 + 5t - 3$일 때 속도가 2가 되는 시각을 구하여라.

3. $s = \dfrac{t^2 - t - 10}{t^2 - t + 1}$일 때 가속도가 0이 되는 시각을 구하여라.

4. $s = t^{\frac{1}{2}} - t^{\frac{1}{3}}$일 때 가속도가 0이 되는 시각에서의 속도를 구하여라.

5. $s = t^2 + bt + c$일 때, 속도가 양수인 구간과 가속도가 양수인 구간을 구하여라.

6. 시각 t에서 질량을 가진 두 점의 위치가 각각 $s_1 = t^3 - t$, $s_2 = 6t^2 - t^3$이다. 이 두 점의

가속도가 같을 때 각 점의 속도를 구하여라.

7. 호숫가에 높이 300 m의 절벽이 있다. 한 사람이 절벽 끝에서 돌을 최초속도 20 m/sec로 수직으로 위로 던졌다. 이 돌이 수면에 닿을 때의 속도를 구하여라.

8. 수직으로 최대 높이 2,000 m까지 총알을 쏘아올리는 데 필요한 최초속도를 구하여라.

9. 400 m의 높이에서 공 하나를 최초속도 60 m/sec로 수직으로 위로 던졌다. 8초 후에 같은 높이에서 다른 공 하나를 떨어뜨릴 때(최초속도 0 m/sec), 지상 몇 m 높이에서 두 공의 높이가 같아지는지 구하여라.

3절 함수의 증가와 감소, 극대와 극소

앞 절에서 한 점 M의 운동방향은 속도의 부호에 따라 결정됨을 보았다. 이 사실을 함수에 적용한다면, 도함수의 값에 따라 함수의 증감이 결정됨을 알 수 있다. 이 절에서는 이러한 사실을 보다 구체적으로 공부한다.

함수 f가 구간 I에서 정의되어 있고 구간 위의 임의의 두 점 $a, b \in I$에 대해 $a < b$일 때 $f(a) < f(b)$이면, $f(x)$는 구간 I에서 증가함수(increasing function)라고 한다. 반대로 구간 위의 임의의 두 점 $a, b \in I$에 대해 $a < b$일 때 $f(a) > f(b)$이면, $f(x)$는 구간 I에서 감소함수(decreasing function)라고 한다.

예5 함수 $f(x) = 2x$는 모든 실수 a와 임의의 양수 h에 대하여 부등식

$$2(a - h) < 2a < 2(a + h)$$

가 성립하므로, 실수 전체에서 증가함수이다. ■

함수 $f(x)$의 증가 · 감소 여부와 미분계수 사이에 다음과 같은 관계가 성립한다.

정리 3.1

함수 $f(x)$가 구간 I에서 미분가능할 때,

① $f(x)$가 구간 I에서 증가함수이면, 구간 I에서 $f'(x) \geq 0$이다.

② $f(x)$가 구간 I에서 감소함수이면, 구간 I에서 $f'(x) \leq 0$이다.

③ 구간 I에서 $f'(x) > 0$이면 $f(x)$는 구간 I에서 증가함수이다.

④ 구간 I에서 $f'(x) < 0$이면 $f(x)$는 구간 I에서 감소함수이다.

참고 2　증가와 감소는 대칭관계에 있다. $f(x)$가 증가함수이면, $-f(x)$는 감소함수이다.

[증명] ① 구간 I 위의 임의의 점 a에 대해 $f(x)$가 $x = a$에서 미분가능하므로, 다음 극한이 존재한다.

$$\lim_{h \to 0} \frac{f(a+h) - f(a)}{h}$$

함수 $f(x)$가 구간 I에서 증가함수이므로, h가 양수이면 $f(a+h) - f(a) > 0$이고, h가 음수이면 $f(a+h) - f(a) < 0$이다. 따라서 어떤 경우에도 $\dfrac{f(a+h) - f(a)}{h} > 0$ 이므로, 그 극한은 0보다 크거나 같다.

② $f(x)$가 구간 I에서 감소함수라면, $-f(x)$가 구간 I에서 증가함수이므로, $-f'(a) \geq 0$ 이다. 따라서 $f'(a) \leq 0$이다.

③ 구간 I에서 $f'(x) > 0$이고, $f(x)$는 증가함수가 아니라고 가정하자. 즉, $x_1 < x_2$이고 $f(x_1) > f(x_2)$이 두 점이 존재한다고 가정하자. 그렇다면, 중간값정리에 의해 $f(x_1) > f(a_1) > f(x_2)$를 만족하는 a_1이 x_1과 x_2 사이에 존재한다. 다시 중간값정리를 적용하면, $f(a_1) > f(a_2) > f(x_2)$를 만족하는 a_2가 a_1과 x_2 사이에 존재한다. 이를 반복하면, x_1과 x_2 사이에서 증가수열 $a_1, a_2, \cdots$에 대해 $f(a_1), f(a_2), \cdots$가 감소수열이 되도록 잡을 수 있다. 이때, 실수의 조밀성에 의해 $\lim_{n \to \infty} a_n = a$가 성립하고, $f(a)$는 모든 $f(a_i)$보다 작다. 따라서, $\lim_{n \to \infty} \dfrac{f(a_n) - f(a)}{a_n - a} \leq 0$이고, $f'(a) = \lim_{x \to a} \dfrac{f(x) - f(a)}{x - a} \leq 0$ 이므로 모순이다. 따라서 구간 I에서 $f'(x) > 0$이면 $f(x)$는 증가함수이다.

④ $g(x) = -f(x)$라고 하면, 구간 I에서 $g'(a) > 0$이므로 $g(x) = -f(x)$는 구간 I에서 증가함수이다. 따라서 $f(x) = -g(x)$는 구간 I에서 감소함수이다. ■

참고 3　이 증명은 5장에서 배울 평균값 정리를 쓰면 보다 쉽게 증명할 수 있다.

예 6　함수 $y = ax + b$가 어떤 구간에서 증가상태에 있으면 $y' = a > 0$이다. 즉, 기울기가 양수인 직선이다. ■

위의 결과를 이용하여, 함수의 전반적인 증가와 감소에 대해 조사하려고 한다. 이를 위해 용

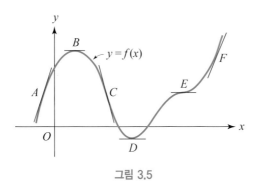

그림 3.5

어를 조금 더 정리하도록 하자.

예를 들어, 그림 3.5에 주어진 함수 $y = f(x)$는 A에서 B까지 증가하고, B에서 D까지 감소하며 다시 D에서 F까지 증가한다.

이와 같이 함수가 증가함수에서 감소함수로 변하는 점을 **극대점**(local maximum point)이라고 하고, 극대점에서의 함숫값을 $f(x)$의 **극댓값**(local maximum value)이라고 한다. 마찬가지로 함수 $f(x)$의 점 D와 같이 함수가 감소함수에서 증가함수로 변하는 점을 **극소점**(local minimum point)이라고 하고, 극소점에서의 함숫값을 **극솟값**(local minimum value)이라고 한다.[5]

함수 $f(x)$가 구간 I에서 정의되어 있을 때, $x_M \in I$이 존재하여 모든 $x \in I$에 대하여

$$f(x_M) \geq f(x)$$

이면 $f(x_M)$을 구간 I에서 함수 $f(x)$의 **최댓값**이라고 한다. 또 $x_m \in I$이 존재하여 모든 $x \in I$에 대하여

$$f(x_m) \leq f(x)$$

이면 $f(x_m)$을 구간 I에서 함수 $f(x)$의 **최솟값**이라고 한다. 함수의 최댓값과 최솟값을 구하는 것은 수학의 가장 중요한 응용 중 하나인 최적화(optimization)의 핵심이다.

예제 3.5 함수 $f(x) = 4x - x^2$의 닫힌구간 $I = [0, 3]$에서의 최댓값과 최솟값을 구하여라.

---

5) 함수보다 함수의 그래프에 초점을 맞추는 경우, 곡선의 극대점은 함수의 극대점 $x = a$에 해당하는 곡선 위의 점 $(a, f(a))$로 정의한다. 마찬가지로 곡선의 극점은 함수의 극소점 $x = b$를 이용하여 $(b, f(b))$로 정의한다.

[풀이] 함수 $f(x) = -(x-2)^2 + 4$의 그래프는 그림 3.6과 같으므로, 주어진 구간 I에서
$f(2) = 4$가 최댓값이고, $f(0) = 0$이 최솟값이 된다.

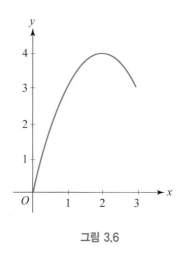

그림 3.6

■

예제 3.6 함수 $f(x) = |x| + |x-1|$의 닫힌구간 $[0, 2]$에서의 최댓값과 최솟값을 구하여라.

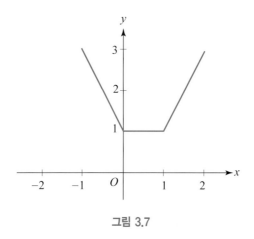

그림 3.7

[풀이] 그림 3.7에서 알 수 있듯이 주어진 닫힌구간 $[0, 2]$에서 $f(x)$의 최솟값은 1이고 최댓값
은 $|2| + |2 - 1| = 3$이다.

■

참고 4 극댓값은 그 값에 해당하는 극대점 근방에서 함수의 최댓값이 되고, 극솟값은 그 값
에 해당하는 극소점 근방에서 함수의 최솟값이 된다. 하지만 최댓값과 극댓값, 최솟

값과 극솟값이 같을 필요는 없다. 특히, 어느 구간에서 함수의 최댓값과 최솟값은 유일하지만, 극댓값과 극솟값은 여러 개일 수 있다.

중요한 점은 닫힌구간에서 연속 함수의 최댓값은 구간 끝점의 함숫값과 극댓값 중 하나라는 것이다. 따라서 함수의 모든 극댓값을 구하면, 이 중에서 가장 큰 값이 최댓값이 된다. 대칭 관계에 의해, 최솟값과 극솟값도 같은 관계에 있다. 다음 정리를 이용하면 미분계수를 이용하여 함수의 극대점, 극소점의 후보를 쉽게 구할 수 있으므로, 이로부터 최댓값과 최솟값도 쉽게 구할 수 있다.

정리 3.2

함수 $f(x)$가 $x = a$에서 극값(극댓값 또는 극솟값)을 갖고 미분계수 $f'(a)$가 존재하면 $f'(a) = 0$이다.

[증명] $f(x)$가 $x = a$에서 극댓값을 갖는다고 하자. 그러면 충분히 작은 모든 $h > 0$에 대하여

$$f(a + h) - f(a) < 0, \quad f(a - h) - f(a) < 0$$

이므로, $\dfrac{f(a+h)-f(a)}{h} < 0,\ \dfrac{f(a-h)-f(a)}{-h} > 0$이다. 따라서 우극한 $\displaystyle\lim_{h \to 0^+} \dfrac{f(a+h)-f(a)}{h}$는 양이 아닌 실수이고, 좌극한 $\displaystyle\lim_{h \to 0^-} \dfrac{f(a+h)-f(a)}{h}$는 음이 아닌 실수이다. 앞에서 $f(x)$는 $x = a$에서 미분가능하다고 가정하였으므로 위의 두 값은 같아야 하고 따라서 0이어야 한다. ■

하지만 그림 3.5의 점 E와 같이 미분계수는 0이지만 극값이 아닌 경우도 존재하고, 극값이지만 그 점에서 미분계수가 존재하지 않을 경우도 있다.

예7 $y = |x|$는 $x = 0$에서 극솟값을 갖지만, $x = 0$에서 미분가능하지 않다. ■

만일 $f(x)$가 미분가능한 함수라면, 즉 미분계수를 한 점에서뿐만 아니라 모든 점에서 구할 수 있다면, 극값을 보다 정확하게 구할 수 있다.

> **정리 3.3**
>
> 함수 $f(x)$가 $x = a$ 근방에서 미분가능할 때
> ① x가 a를 지날 때 $f'(x)$의 부호가 양에서 음으로 변하면 $f(x)$는 $x = a$에서 극댓값을 갖는다.
> ② x가 a를 지날 때 $f'(x)$의 부호가 음에서 양으로 변하면 $f(x)$는 $x = a$에서 극솟값을 갖는다.

[증명] ① 정리 3.1에 의해, 작은 양수 h에 대해 $a - h < x < a$에서 $f'(x) > 0$이므로 $(a-h, a)$에서 $f(x)$는 증가함수이고, $a < x < a + h$에서 $f'(x) < 0$이므로 $(a, a+h)$에서 $f(x)$는 감소함수이다. 따라서 함수 $f(x)$는 $x = a$를 기준으로 증가에서 감소로 바뀌므로, $x = a$에서 극댓값을 갖는다.

② $g(x) = -f(x)$는 (1)의 결과에 의해 $x = a$에서 극댓값을 가지므로 $f(x)$는 $x = a$에서 극솟값을 갖는다. ■

[예8] 함수 $y = x^3 - 3x - 5$에서 $y' = 3x^2 - 3 = 3(x+1)(x-1)$이고, 다음 표로부터 $x > 1$ 또는 $x < -1$에서 함수는 증가상태에 있고 $-1 < x < 1$에서는 함수는 감소상태에 있다. 또 주어진 함수 $x = -1$에서 극댓값을 갖고, $x = 1$에서 극솟값을 가짐을 알 수 있다.

x	$\cdots$	-1	$\cdots$	1	$\cdots$
y'	$+$	0	$-$	0	$+$
y	↗	극대	↘	극소	↗

■

함수 $f(x)$의 정의역에 속하는 점 x_0에서 $f'(x_0) = 0$이거나 $f'(x_0)$가 정의되지 않을 때, x_0를 $f(x)$의 **임계점**(critical point)이라 하고, 임계점의 함숫값 $f(x_0)$를 **임곗값**(critical value)이라 한다.

정리 3.2로부터 함수 $f(x)$는 임계점에서만 극점을 가진다는 것을 알 수 있다. 그러므로 극값을 구하기 위해서는 먼저 주어진 함수의 임계점을 찾는 것이 좋다. 그러나 모든 임곗값에서 극값을 갖는 것은 아니다. 예를 들어 상수함수의 경우 모든 점에서 미분계수가 0이지만 어떤 점에서도 극값을 갖지 않는다.

예제 3.7 함수 $f(x) = |x^2 - 1|$의 임계점과 임곗값을 구하여라.

[풀이] 함수 $f(x) = |x^2 - 1|$의 도함수는

$$f'(x) = \begin{cases} 2x & x < -1 \ \text{또는} \ x > 1 \\ -2x & -1 < x < 1 \end{cases}$$

이다. 그러나 $f'(0) = 0$이고, 함수 $f(x)$는 $x = \pm 1$에서 미분불가능하다. 따라서 임계점은 $x = 0, \pm 1$이고, 임곗값은 각각 1, 0이다. ∎

예제 3.8 함수 $f(x) = \left(x^3 - x\right)^2$의 임계점을 구하여라.

[풀이] 함수 $f(x) = \left(x^3 - x\right)^2$은 모든 실수에서 미분이 가능하다. 그러므로 임계점은 도함숫값을 0으로 하는 점뿐이다. $f'(x) = 2\left(x^3 - x\right)\left(3x^2 - 1\right) = 0$으로부터 임계점은 $x = 0$, ± 1, $\pm \dfrac{1}{\sqrt{3}}$이다. ∎

예제 3.9 함수 $f(x) = \dfrac{x^2 + 16}{x - 1}$의 임계점과 극값을 구하여라.

[풀이] 주어진 함수는 정의역이 $\mathbb{R} - \{1\}$이고 정의역 내의 모든 점에서 미분이 가능하며 도함수는 $y' = \dfrac{x^2 - 2x - 16}{(x - 1)^2}$이다.

x	$\cdots$	$1 - \sqrt{17}$	$\cdots$	1	$\cdots$	$1 + \sqrt{17}$	$\cdots$
y'	$+$	0	$-$	$\times$	$-$	0	$+$
y	$\nearrow$	극대	$\searrow$	$\times$	$\searrow$	극소	$\nearrow$

따라서 $f(x)$의 임계점은 $1 \pm \sqrt{17}$이고, $f(1 - \sqrt{17}) = 2 - 2\sqrt{17}$은 극댓값, $f(1 + \sqrt{17}) = 2 + 2\sqrt{17}$은 극솟값이다.[6] ∎

예제 3.10 함수 $f(x) = x^{\frac{2}{3}}$의 임계점과 극값을 구하여라.

[풀이] $f(x) = x^{\frac{2}{3}}$의 도함수는 $f'(x) = \dfrac{2}{3}x^{-\frac{1}{3}}$이다. $x \neq 0$이면 $f'(x) \neq 0$이고, $f'(0)$은 정의되지 않으므로 임계점은 $x = 0$뿐이다. 그런데 $x \neq 0$인 모든 x에 대하여 $f(0) < f(x)$이므로 $f(0) = 0$은 극솟값이다.

---

6) 극댓값이 극솟값보다 작은 이유는 $x = 1$ 근처에서 일어나는 현상때문이다. 컴퓨터 시스템을 이용하여 그래프를 그려보면 금방 이해할 수 있을 것이다.

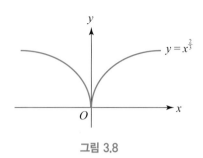

$$y = x^{\frac{2}{3}}$$

그림 3.8

연습문제 3.3

1. 다음 함수가 증가하는 구간과 감소하는 구간을 구하여라.

(1) $y = x^2 - 6x - 7$

(2) $y = (x^2 - 1)^3$

(3) $y = \dfrac{\sqrt{x}}{x^2 + 3}$

(4) $y = x^{\frac{3}{2}} - x^{\frac{1}{2}} \ (x > 0)$

2. $a > 0$이고 $b^2 < 3ac$일 때, 함수 $y = ax^3 + bx^2 + cx + d$는 모든 점에서 증가함을 증명하여라.

3. 함수 $f(x) = \dfrac{e^{x-1}}{x}$이 증가하는 구간을 찾고, 이를 이용하여 $e^{x-1} \geq x$을 만족하는 x의 범위를 구하여라.

4. 문제 1번의 함수에 대해 임계점을 모두 구하고, 그 점이 극대점인지, 극소점인지 혹은 극점이 아닌지 판정하여라.

5. 다음 함수의 극대점, 극소점을 구하여라.

(1) $f(x) = x^3 - 9x^2 + 15x - 5$

(2) $f(x) = \sqrt[3]{2x^3 - x^2 + 3x - 1}$

(3) $f(x) = \dfrac{1}{x^4 + 4}$

(4) $f(x) = x + x^{-1}$

(5) $f(x) = \sqrt{x} + \dfrac{1}{\sqrt{x}}$

(6) $f(x) = 2(x^2 - 1)(3x - 1)$

6. 함수 $f(x) = x^3(x + a)$의 극솟값이 $-\dfrac{27}{256}a^4$임을 증명하여라.

7. 함수 $f(x) = x^3 + ax^2 + b$가 임계점 $x = 2$, 임곗값 5를 갖도록 a, b를 결정하여라.

8. 곡선 $y = ax + bx^{-1}$이 임계점 $(2, 4)$를 갖도록 a, b를 결정하여라.

9. 두 함수 $y = f(x)$, $y = g(x)$가 모두 전 구간에서 미분가능한 증가함수일 때, 두 함수의 합성함수 $y = f(g(x))$도 전 구간에서 증가함수임을 증명하여라.

10. 두 함수 $y = f(x)$, $y = g(x)$가 모두 전 구간에서 미분가능한 감소함수일 때, 다음 함수가 증가함수인지, 감소함수인지 판정하여라.

(1) $f(x) + g(x)$ (2) $f(x)g(x)$

(3) $f(g(x))$ (4) $\dfrac{1}{f(x)}$

4절   곡선의 오목, 변곡점

앞 절에서 함수의 증감과 도함수의 관계에 대해 학습하였다. 도함수의 부호가 함수의 증감을 알려주지만, 함수의 증감만으로는 함수의 그래프의 모양을 자세히 표현할 수 없다. 이 절에서는 이계도함수를 이용하여 보다 많은 정보를 얻도록 한다.

함수 $f(x)$가 주어진 구간 위에서 일계도함수 $f'(x)$와 이계도함수 $f''(x)$를 갖는다고 하자. 그림 3.9에서 한 점 P가 곡선을 따라 A에서 B까지 움직일 때 곡선의 기울기, 즉 일계도함수 $f'(x)$는 증가상태에 있다. 이때 호 AB가 **위로 오목하다**(concave upward)라고 한다. 또 점 P가 B에서 C까지 움직일 때 곡선의 기울기, 즉 일계도함수 $f'(x)$는 감소상태에 있다. 이때 호 BC가 **아래로 오목하다**(concave downward)라고 한다.

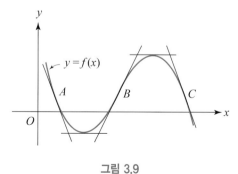

그림 3.9

참고 5 오목하다는 의미는 다음과 같은 기하적인 의미를 지닌다. 호 AB가 위로 오목하다고 하는 것은 호 AB가 선분 AB 아래에 있다는 의미이고, 호 BC가 아래로 오목하다고 하는 것은 호 BC가 선분 BC 위에 있다는 의미이다. 이를 그래프의 진행에서 이해하자면, 위로 오목한 호는 시계 반대방향으로, 아래로 오목한 호는 시계방향으로 휘어진다. 연습문제 9번을 통해 이 의미를 설명하도록 한다.

위의 그림 3.9의 점 B처럼 곡선이 위로 오목한 상태에서 아래로 오목한 상태로(또는 아래로 오목한 상태에서 위로 오목한 상태로) 바뀌기 시작하는 점을 그 곡선의 **변곡점**(point of inflection)이라 한다.[7] 함수 $f(x)$의 증감상태는 도함수 $f'(x)$에 의해서 판단할 수 있었던 것처럼 기울기, 즉 $f'(x)$의 증감상태는 이계도함수 $f''(x)$를 이용하여 판단할 수 있다. 다음 정리는 이계도함수를 이용하여 곡선의 오목성을 판별하는 것이다.

정리 3.4

함수 $f(x)$가 구간 I에서 $f'(x)$와 $f''(x)$를 가질 때 곡선 $y = f(x)$는

① 구간 I에서 $f''(x) > 0$이면 $y = f(x)$의 그래프는 구간 I에서 위로 오목하다.

② 구간 I에서 $f''(x) < 0$이면 $y = f(x)$의 그래프는 구간 I에서 아래로 오목하다.

③ x가 a를 지날 때 $f''(x)$의 부호가 바뀌면 점 $(a, f(a))$는 곡선 $y = f(x)$의 변곡점이다.[7]

[증명] 정리 3.1에 의해 $f''(x)$의 부호가 $f'(x)$의 증감을 결정한다.

예제 3.11 곡선 $y = x^3 - 6x^2 + 12$에서 위로 오목한 구간, 아래로 오목한 구간, 변곡점을 구하여라.

[풀이] 일계도함수와 이계도함수는 각각

$$y' = 3x^2 - 12x, \quad y'' = 6x - 12$$

이므로, 아래 표로부터 주어진 함수는 구간 $(-\infty, 2)$에서 아래로 오목하며, 구간 $(2, \infty)$에서 위로 오목하고, 변곡점은 $(2, -4)$임을 알 수 있다.

---

7) 증감의 경우는 함수의 특징이므로 극점은 함수에 대해 정의하였다. 요철의 경우는 곡선의 특징이므로 변곡점에 대해 정의하였다.

8) 표현의 편의를 위해 그래프의 변곡점의 x값을 함수 $y = f(x)$의 변곡점이라고 부르도록 하자.

x	$\cdots$	0	$\cdots$	2	$\cdots$	4	$\cdots$
y'	$+$	0	$-$	$-$	$-$	0	$+$
y''	$-$	$-$	$-$	0	$+$	$+$	$+$
y	↗	극대	↘	변곡	↘	극소	↗

∎

예제 3.12 곡선 $y = \dfrac{2x-1}{x+3}$ 이 위로 오목한 x의 범위와 아래로 오목한 x의 범위를 각각 구하여라.

[풀이] $f(x) = \dfrac{2x-1}{x+3}$ 라고 하면, $f(x)$는 $x \neq -3$인 실수에서 일계도함수와 이계도함수

$$f'(x) = \frac{2(x+3) - (2x-1)}{(x+3)^2} = \frac{7}{(x+3)^2} = 7(x+3)^{-2}$$

$$f''(x) = -14(x+3)^{-3}$$

를 갖는다. 따라서 $f'(x)$는 항상 양수이고, $f''(x)$는 $x = -3$을 기준으로 그 값이 바뀐다. 정리 3.1에 의해 곡선 $y = \dfrac{2x-1}{x+3}$는 항상 증가하며, 구간 $(-\infty, -3)$에서 위로 오목하고, 구간 $(-3, \infty)$에서 아래로 오목하다. 이 경우는 $x = 3$인 곡선 위의 점이 없으므로 변곡점을 정의하지 않는다.

x	$\cdots$	-3	$\cdots$
y'	$+$	$\times$	$+$
y''	$+$	$\times$	$-$

∎

참고 6 변곡점은 경우에 따라 이계도함수를 정의할 수 없는 점에 존재하는 경우가 있다. 예를 들면 곡선 $y = x^{\frac{1}{3}}$에서 $y' = \dfrac{1}{3}x^{-\frac{2}{3}}$, $y'' = -\dfrac{2}{9}x^{-\frac{5}{3}}$이다. $x = 0$에서 y''은 정의되지 않는다. 그러나 $x < 0$이면 $y'' > 0$이고 $x > 0$이면 $y'' < 0$임을 알 수 있다. 따라서 $(0, 0)$이 이 곡선의 변곡점이다.

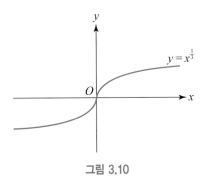

그림 3.10

$x = a$가 함수 $y = f(x)$의 극대점이면, $x = a$에서 도함수 $f'(x)$가 양에서 음으로 변한다. 만일 도함수가 연속이라면, 도함수가 감소하고 있다는 의미이므로, 이계노함수의 값이 음수이다. 따라서 일반적으로 곡선 $y = f(x)$는 극대점에서는 아래로 오목하다. 대칭적으로 극소점에서는 위로 오목하다. 이 사실을 이용하여 함수 $f(x)$의 극대, 극소를 판정할 수 있는 간편한 방법이 있다. 이를 이계도함수 판정법이라고 한다.

정리 3.5 이계도함수 판정법

함수 $f(x)$가 $x = a$ 근방에서 $f'(x)$와 $f''(x)$를 가질 때

① $f'(a) = 0$이고 $f''(a) < 0$이면 $f(a)$는 극댓값이다.

② $f'(a) = 0$이고 $f''(a) > 0$이면 $f(a)$는 극솟값이다.

예제 3.13 이계도함수 판정법을 이용하여 곡선 $y = x^3 - 3x + 1$의 극값을 구하여라.

[풀이] $f(x) = x^3 - 3x + 1$이라고 하면

$$f'(x) = 3x^2 - 3 = 3(x - 1)(x + 1)$$

로부터 임계점은 $x = \pm 1$이다. 또한

$$f''(x) = 6x, \quad f''(-1) = -6 < 0, \quad f''(1) = 6 > 0$$

이므로 정리 3.5에 의해 주어진 곡선은 $x = -1$에서 극댓값 $f(-1) = 3$을, $x = 1$에서 극솟값 $f(1) = -1$을 갖는다. ■

예제 3.14 곡선 $y = 3x^5 + 5x^4$의 임계점을 구하고 그래프의 개형을 그려라.

[풀이] 일계도함수와 이계도함수

$$y' = 15x^4 + 20x^3 = 5x^3 (3x + 4),$$
$$y'' = 60x^3 + 60x^2 = 60x^2 (x + 1)$$

로부터 임계점 $x = 0, -\dfrac{4}{3}$를 얻고 다음의 표를 만들 수 있다.

x	$\cdots$	$-\dfrac{4}{3}$	$\cdots$	-1	$\cdots$	0	$\cdots$
y'	$+$	0	$-$	$-$	$-$	0	$+$
y''	$-$	$-$	$-$	0	$+$	0	$+$
y	$\nearrow$	극대 $\left(\dfrac{256}{81}\right)$	$\searrow$	변곡	$\searrow$	극소 (0)	$\nearrow$

위의 표에서 $x = -\dfrac{4}{3}$에서 $y'' < 0$이므로 점 $x = -\dfrac{4}{3}$는 극대점이다. $x = 0$에서는 $y'' = 0$이지만 $x = 0$을 지나면서 y'의 부호가 음에서 양으로 변하므로 정리 3.3에 의해 점 $x = 0$은 극소점이고, x가 -1을 지나면서 증가할 때 y''의 부호가 변하므로 점 $x = -1$은 변곡점이다.

위의 극대점, 극소점, 변곡점과 몇 개의 추가점을 이용하여 그림 3.11과 같은 그래프를 얻는다.

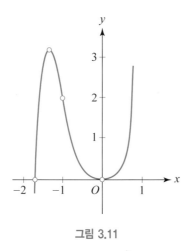

그림 3.11

∎

연습문제 3.4

1. 다음 함수의 도함수를 구하고, 도함수가 증가하는 구간과 감소하는 구간을 구하여라.

(1) $y = x^3 - x^2 + x - 1$

(2) $y = (x-1)^3 (x+1)^2$

(3) $y = x + x^{-1}$

(4) $y = \dfrac{1}{\sqrt{2x^2 - x}}$

2. 다음 곡선의 변곡점을 구하여라.

(1) $y = x^4 - 6x^2$

(2) $y = (x^2 - 1)^2$

(3) $y = x^2 - x^{-1}$

(4) $y = \dfrac{x^{\frac{1}{2}} + x^{-\frac{1}{2}}}{x^{\frac{1}{2}} - x^{-\frac{1}{2}}}$

3. 다음 곡선에서 위로 오목한 x의 범위를 구하여라.

(1) $y = x^3 - 3x^2 + 2x$

(2) $y = -(x^2 - 1)(x + 2)$

(3) $y = \dfrac{x^2 + 1}{x + 1}$

(4) $y = \sqrt{x^2 + x + 1}$

4. 다음 곡선의 임계점과 변곡점을 구하고 그래프를 그려라.

(1) $y = x^3 - x$

(2) $y = \dfrac{1}{3}x^3 - \dfrac{1}{2}x^2 - 2x$

(3) $y = (x^2 + 2x)^{\frac{3}{4}}$

(4) $y = \dfrac{(x + 1)^2}{x}$

5. 곡선 $y = x^3 - 6x^2 + 5x + 2$의 변곡점에서의 접선의 방정식을 구하여라.

6. 곡선 $y = x^2 + \sqrt{x}$의 변곡점에서의 법선의 방정식을 구하여라.

7. 곡선 $y = ax^3 + bx^2 + cx + d$이 점 $(1, 2)$에서 변곡점을 갖도록 a, b를 정하여라.

8. 곡선 $y = ax^3 + bx^2 + cx + d$가 임계점 $(0, 0)$, 변곡점 $(2, 4)$를 갖도록 a, b, c, d를 정하여라.

9. 곡선 $y = f(x)$ 위의 점 $(a, f(a))$에서의 접선의 방정식이 $y = mx + b$이다.

(1) $x = a$일 때, $f(x) - mx - b$의 함숫값과 일계도함숫값을 구하여라.

(2) $(a - \epsilon, \ a + \epsilon)$에서 $y = f(x)$의 이계도함수가 양의 값을 가질 때, $f(x) \geq mx + b$임을 증명하고 이 부등식의 의미를 그래프를 이용하여 설명하여라.

5절 최적화 : 극대, 극소의 응용

 자연과학, 공학, 사회과학 등에 관련된 문제는 대부분 최적화, 즉 주어진 함수가 최댓값과 최솟값을 가질 조건을 찾는 것이다. 이전 절에서 공부한 것처럼 최대점, 최소점은 극대점, 극소점의 하나이므로, 최대점, 최소점을 찾기 위해서는 먼저 극점을 찾아야 한다. 극점은 임계점의 한 종류이므로, 극점을 찾기 위해서는 일단 임계점을 찾은 뒤 그 점이 극점인지 아닌지를 판정하면 된다. 극점을 찾는 방법을 정리하면 다음과 같다.

1) 극댓값 또는 극솟값을 찾아야 하는 대상을 함수로 나타낸다.
2) 1)에서 나타낸 함수의 임계점을 찾는다.
3) 함수의 증감, 혹은 이계도함수 판정법을 이용하여 임곗값에서 극값의 형태를 판정한다.

예제 3.15 두 수의 합이 10이 되는 수로 그 각각의 제곱의 합이 최소가 되는 두 수를 구하여라.

[풀이] 구하는 수를 각각 x, $10 - x$라 하고 이들의 제곱의 합을 y라 하면

(1) $y = x^2 + (10 - x)^2 = 2x^2 - 20x + 100$

(2) $y' = 4x - 20$

(3) $4x - 20 = 0$을 풀면 $x = 5$이다. 그런데 $y''(5) > 0$이므로 y는 $x = 5$에서 극솟값과 최솟값을 갖는다. 따라서 구하고자 하는 두 수 모두 5이다. ∎

 예 3.15에서 제시된 함수는 최댓값을 갖지 않지만, 닫힌구간에서 정의되는 연속함수는 항상 최댓값과 최솟값을 갖는다. 이런 경우, 다음과 같이 최댓값과 최솟값을 찾을 수 있다.

1) 최댓값 또는 최솟값을 찾아야 하는 대상을 함수로 나타낸다.
2) 1)에서 얻은 함수의 도함수를 구하고, 그것을 0으로 놓고 그 방정식을 푼다.
3) ①~③에서의 함숫값을 구하고, 그중 가장 큰 값과 가장 작은 값을 최댓값, 최솟값으로 찾는다.
   ① 2)에서 구한 점
   ② 도함수가 정의되지 않는 점
   ③ 함수가 정의된 닫힌구간의 끝점

예제 3.16 반지름 r, 높이 h인 직원뿔에 내접하는 원기둥 중에서 부피가 가장 큰 것의 높이를 구하여라.

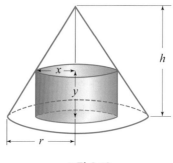

그림 3.12

[풀이] 내접하는 원기둥의 반지름과 높이를 각각 x, y라 하면 원기둥의 부피는 $V = \pi x^2 y$이다. V를 하나의 변수로 나타내기 위하여 그림 3.12에서 삼각형의 닮음비를 이용하면

$$\frac{x}{r} = \frac{h-y}{h}, \quad 즉 \quad y = \frac{h}{r}(r - x) \tag{3.3}$$

이므로, 부피를 x에 대한 함수로 나타내면

$$V = \frac{\pi h}{r}(rx^2 - x^3)$$

이다. 이때 x는 원뿔에 내접하는 원기둥의 밑면의 반지름이므로 $0 \le x \le r$을 만족하고, 따라서 부피함수는 닫힌구간에서 정의된 연속함수이다. 부피함수의 도함수는

$$\frac{dV}{dx} = \frac{\pi h}{r}(2rx - 3x^2) = \frac{\pi h x}{r}(2r - 3x)$$

이므로, 최대점의 후보점은 $x = 0$, $\frac{2r}{3}$, r다. 각각의 값에 대한 부피는 0, $\frac{4\pi r^2 h}{27}$, 0이므로, $x = \frac{2r}{3}$이 최대점이다.

이 결과를 식 (3.3)에 대입하면

$$y = \frac{h}{r}\left(r - \frac{2}{3}r\right) = \frac{1}{3}h$$

이므로, 주어진 조건에서 부피를 최대로 하는 원기둥의 높이는 $\frac{1}{3}h$이다. ∎

극대, 극소에 관한 문제를 풀 때 제곱근이 나타나는 경우가 있다. 만일 양숫값을 갖는 함수 $f(x)$가 $x = a$에서 최댓값, 최솟값을 가지면 함수 $(f(x))^2$, $(f(x))^3$ 등도 $x = a$에서 최댓값, 최

솟값을 갖는다는 사실을 이용하면 편리하다.

예제 3.17 타원 $\dfrac{x^2}{a^2} + \dfrac{y^2}{b^2} = 1$에 내접하는 최대 직사각형의 넓이를 구하여라. (단, a, $b > 0$)

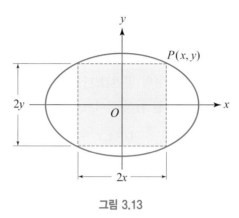

그림 3.13

[풀이] 그림 3.13에서와 같이 직사각형을 타원에 내접시키고 제1사분면에 있는 꼭짓점을 $P(x, y)$라고 하면, 그 직사각형의 넓이 $A = 4xy$로 표시된다. 점 $P(x, y)$는 타원의 방정식을 만족하므로

$$y = \frac{b}{a}\sqrt{a^2 - x^2}$$

이고, 따라서

$$A = \frac{4bx}{a}\sqrt{a^2 - x^2}$$

을 얻는다. A는 $0 \le x \le a$에서 정의되므로, 닫힌구간에서 정의된 함수이고 항상 최댓값과 최솟값을 갖는다. 또한, A^2이 최대일 때 A가 최대이므로, A^2을 대신 사용한다.

A^2에 대한 최대점의 후보인 끝점 $x = 0$, a 그리고 A^2을 x에 대해 미분하여

$$A^2 = \frac{16b^2 x^2}{a^2}\left(a^2 - x^2\right) = \frac{16b^2}{a^2}\left(a^2 x^2 - x^4\right)$$

$$\frac{d}{dx}(A^2) = \frac{16b^2}{a^2}\left(2a^2 x - 4x^3\right) = \frac{32b^2}{a^2}x\left(a^2 - 2x^2\right)$$

임계점 $x = \dfrac{a}{\sqrt{2}}$을 얻는다. 끝점에서의 함숫값은 0이고 임계점에서의 함숫값은 $A^2 = 4a^2 b^2$이므로, A의 최댓값은 $2ab$이다. ■

일반적으로 최대 또는 최소에 관한 문제를 풀 때는 최대(또는 최소)가 되어야 할 양을 하나의 변수에 관한 식으로 표시하는 것이 좋다. 그러나 다음의 예제와 같이 둘 또는 그 이상의 변수를 포함하는 음함수를 이용하여 해결할 수도 있다.

예제 3.18 그림 3.14와 같이 한 꼭짓점이 $(-1, 0)$이고 x축 대칭인 이등변삼각형이 타원 $4x^2 + y^2 = 4$에 내접하고 있다. 이 삼각형의 최대 넓이를 구하여라.

[풀이] 그림 3.14와 같이 이등변 삼각형의 밑변과 타원의 교점 중 y좌표가 음이 아닌 점을 $P(x, y)$라고 하면, $P(x, y)$는 타원 위의 점이므로

$$4x^2 + y^2 = 4 \tag{3.6}$$

를 만족한다. 이등변삼각형의 넓이를 A라고 하면,

$$A = (x + 1)y \tag{3.7}$$

이다. 이 경우 x는 -1부터 1까지의 값을 갖고 이에 대해 y값이 하나씩 대응되므로, A는 $x \in [-1, 1]$에서 정의된 함수라고 생각할 수 있다. 따라서 이 함수의 최대점은 끝점과 임계점 중에서 찾을 수 있다. 끝점 $x \pm 1$에서 $y = 0$이므로 삼각형의 넓이는 0이 되므로 최대점은 임계점임을 알 수 있다.

식 (3.6)과 (3.7)을 x에 대해 미분하면 다음과 같다.

$$\frac{dA}{dx} = y + (x + 1)\frac{dy}{dx}, \quad 8x + 2y\frac{dy}{dx} = 0 \tag{3.8}$$

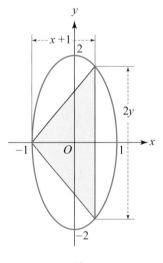

그림 3.14

임계점만 고려하면 되므로 $\dfrac{dA}{dx} = 0$이라 놓고, 식 (3.8)의 두 방정식에서 $\dfrac{dy}{dx}$를 소거하면

$$4x^2 + 4x = y^2$$

이 된다. 이 방정식과 식 (3.6)을 연립하여 풀면

$$4x^2 + 4x = 4 - 4y^2$$

이 되어 $x = \dfrac{1}{2}$, -1을 얻는다. $x = -1$이면 넓이가 0이므로 최댓값이 될 수 없다. $x = \dfrac{1}{2}$이면 $y = \sqrt{3}$이므로 넓이는 $\dfrac{3}{2}\sqrt{3}$이므로, 이 값이 최댓값이 된다. ■

연습문제 3.5

1. 구간 $[0, 1]$에서 주어진 함수의 최댓값과 최솟값을 구하여라.

   (1) $y = (x - 1)^{100}$ (2) $y = x + \dfrac{1}{x + 1}$

   (3) $y = \sqrt{x^2 + 1}$ (4) $y = \dfrac{x - 1}{x + 1}$

2. 구간 $0 \le x \le 3$에서 $f(x) = 2x^3 - 9x^2 + 12x$의 최댓값을 구하여라.

3. 곱이 64이고, 그 합이 최소가 되는 두 양수 m, n을 구하여라.

4. 직선 $y = x$ 위의 점에서 점 $(4, 1)$에 가장 가까운 점을 구하여라.

5. 한 점 P와 한 직선 L 사이의 거리는 P와 L 위의 점 Q 사이의 거리의 최솟값으로 정의한다. 이를 이용하여 점 $(0, 0)$과 직선 $y = mx + b$ 사이의 거리는 $\dfrac{|b|}{\sqrt{m^2 + 1}}$임을 증명하여라.

6. 포물선 $y = x^2$ 위의 점 중에서 (a) $k \le \dfrac{1}{2}$, (b) $k > \dfrac{1}{2}$일 때 점 $(0, k)$에 가장 가까운 것을 구하여라.

7. 직사각형의 토지를 울타리로 두르고, 그 내부에 가로변과 평행인 울타리를 한 개 추가하여 이 토지를 두 구획으로 나누고자 한다. 울타리의 총 길이가 800 m일 때, 이러한 토지 중 가장 큰 것의 가로와 세로를 구하여라.

8. 세 모서리의 길이가 x, $2x$, y인 직육면체의 겉넓이가 192 cm^{2}이다. 그 부피가 최대일 때 세 모서리의 길이를 각각 구하여라.

9. 빗변이 10인 직각삼각형 가운데 넓이가 최대인 것의 다른 두 변의 길이를 구하여라.

10. 세 변의 길이가 각각 6 cm인 사다리꼴이 있다. 그 넓이가 최대가 될 때 나머지 한 변의 길이를 구하여라.

11. 두 포물선 $y = 26 - x^2$과 $y = x^2 + 2$로 둘러싸인 도형에 내접하고 그 변이 좌표축에 평행하는 직사각형의 최대 넓이를 구하여라.

12. 반지름이 6 cm인 원에 내접하는 이등변삼각형의 최대 넓이를 구하여라.

13. 한 농민이 감자를 지금 수확하면 120 kg이 되고, kg당 1750원에 팔 수 있다. 그런데 수확은 매주 8 kg씩 증가하고, 가격은 매주 kg당 50원씩 떨어진다. 최대 이익을 얻으려면 몇 주 후에 수확하면 좋은가?

6절 선형근사와 미분

우리가 이미 다루었거나 앞으로 다룰 함수 중에 함숫값을 구하기 쉽지 않은 경우가 많다. 예를 들어 $y = \sqrt{x}$의 경우 $x = 4$인 경우에 함숫값이 2가 된다는 것을 쉽게 알 수 있지만, $x = 2$인 경우에 함숫값이 정확히 어느 정도인지 표현하기 쉽지 않다. 아마도 1.414213... 과 같은 소수를 외워본 경험이 있다면, 정확한 값을 알기는 어렵다는 걸 알 것이다. 이번 절에서는 근삿값을 구하는 손쉬운 방법으로, 접선을 사용하는 방법을 소개하고자 한다.

기본적인 아이디어는 $x = a$에서 함수 $f(x)$의 접선은 $x = a$ 근방에서 $f(x)$와 가장 모습이 비슷한 직선이라는 것이다. 즉, $x = a$ 근처에서 함수 $f(x)$의 근삿값으로 접선 $y - f(a) = f'(a)(x - a)$를 사용하려고 한다. 그림 3.15에서 보면, Q의 y좌표가 원래 함숫값이지만, 그 대신 같은 x좌표를 갖는 접선 위의 점 T의 y좌표를 근삿값으로 하겠다는 것이다. 구체적인 확인을 위해 $P(a,\ f(a))$와 $Q(a + \Delta x,\ f(a) + \Delta y)$를 곡선 $y = f(x)$ 위의 두 점이라 하자. 점 P에서의 미분계수는 접선 PT의 기울기와 같으므로 다음 식을 얻는다.

$$f(a + \Delta x) \approx f'(a)\big((a + \Delta x) - a\big) + f(a)$$

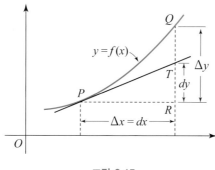

그림 3.15

[예9] $\sqrt{1.1}$의 근삿값을 구하기 위해 $x = 1$에서 $y = \sqrt{x}$와 가장 비슷하게 생긴 직선, 즉 $x = 1$
에서의 접선을 구한다. $y' = \dfrac{1}{2\sqrt{x}}$이므로, 접선의 방정식은 $y = \dfrac{1}{2}(x - 1) + 1$이다. 이
함수를 $y = \sqrt{x}$ 대신 사용하여 근삿값을 구하면,

$$\sqrt{1.1} \approx \frac{1}{2}(1.1 - 1) + 1 = 1.05$$

이다. ∎

이러한 개념은 해석학적으로 다음과 같이 말한다. $\epsilon' = \dfrac{\Delta y}{\Delta x} - f'(x)$ 라고 하면, $\Delta y = f'(x)\Delta x$
$+ \epsilon' \Delta x$이다. 한편, 함수 $y = f(x)$의 도함수는 도함수를 정의할 때, x, y의 증분의 비율의 극한
으로 정의하였다.

$$\lim_{\Delta x \to 0} \frac{\Delta y}{\Delta x} = \lim_{\Delta x \to 0} \frac{f(x + \Delta x) - f(x)}{\Delta x} = f'(x) \tag{3.10}$$

위의 문제에서 우리가 원하는 것은 Δx가 주어졌을 때 Δy를 구하는 것이다. Δy를 정확
히 구하는 것은 쉽지 않다. 하지만 이제 미분법을 배웠기 때문에 도함수를 구하는 것은 어렵
지 않다.

식 (3.10)에 극한의 정의를 적용하면, $|\Delta x| < \delta$이면

$$|\epsilon'| = \left| \frac{\Delta y}{\Delta x} - f'(x) \right| < \epsilon \tag{3.11}$$

을 만족하게 된다.

여기서 Δx가 작은 수이면 ϵ'도 작은 수이며, $\epsilon'\Delta x$는 더욱 작은 수이므로 $f'(x)\Delta x$를 Δy
의 근삿값으로 볼 수 있다. 따라서 $f(x + \Delta x) \approx f(x) + f'(x)\Delta x$가 성립한다.

이렇게 정확한 y의 증분을 접선을 이용하여 근삿값으로 표현한 것, $f'(x)\Delta x$를 $f(x)$의 미분 또는 y의 미분이라 부르고 기호 dy 또 $df(x)$로 나타낸다.

$$dy = df(x) = f'(x)\Delta x \tag{3.12}$$

그런데 $g(x) = x$라 하면, $g'(x) = 1$이므로 식 (3.12)에서 $dx = \Delta x$를 얻게 된다. 이와 같은 이유 때문에 독립변수 x의 미분 dx는 그 증분 Δx로 정의하고, 이를 이용하여 식 (3.12)를 다음과 같이 나타낸다.

$$dy = f'(x)\,dx$$

이를 그림 3.15에서 설명하면 다음과 같다.

$$dy = f'(x)\,dx = \frac{\overline{RT}}{\overline{PR}} \cdot \overline{PR} = \overline{RT}$$

곧 $dy(= \overline{RT})$는 dx에 대응하는 접선의 y 좌표의 증분이고, $\Delta y(= \overline{QR})$는 곡선의 y좌표의 증분이다.

정리하면, 미분가능한 함수 $f(x)$에 대해 $x = a$에서 $a + h$로 변하였다면 x의 증분, y의 증분, x의 미분, y의 미분은 각각 다음과 같다.

$$x \text{의 증분 } \Delta x = h, \ y \text{의 증분 } \Delta y = f(a + h) - f(a)$$
$$x \text{의 미분 } dx = h, \ y \text{의 미분 } dy = f'(a) \cdot h$$

참고 7 증분은 실제 함수의 변화량, 미분은 접선을 이용한 함수의 변화량의 근삿값이라 생각하면 편리하다.

예 10 $y = 3x^2$이면 $dy = 6x\,dx$이다. ∎

예제 3.19 x가 4에서 4.1로 변하였을 때 함수 $y = \sqrt{x}$에 대해 (1) x의 증분, (2) y의 증분, (3) x의 미분, (4) y의 미분을 각각 구하여라.

[풀이] (1) x의 증분 $\Delta x = 0.1$

(2) y의 증분 $\Delta y = f(a + \Delta x) - f(a) = \sqrt{4.1} - \sqrt{4} \approx 0.025$

(3) x의 미분 $dx = \Delta x = 0.1$

(4) y의 미분 $dy = f'(a)\Delta x = \dfrac{1}{2\sqrt{a}} \cdot \Delta x = \dfrac{1}{2\sqrt{4}} \cdot (0.1) = \dfrac{1}{40}$ ∎

예제 3.20 x가 1에서 1.2로 변하였을 때 함수 $y = x^2$의 (1) 변화율 $\dfrac{dy}{dx}$, (2) x의 미분 dx, (3) y의 미분 dy, (4) y의 미분 dy와 x의 미분 dx의 비를 구하여라.

[풀이] (1) $\left.\dfrac{dy}{dx}\right|_{x=1} = \left.y'\right|_{x=1} = \left.2x\right|_{x=1} = 2$

(2) $dx = \Delta x = 0.2$

(3) $dy = 2 \cdot (0.2) = 0.4$

(4) $\dfrac{dy}{dx} = \dfrac{0.4}{0.2} = 2$ ■

미분가능한 함수 $y = f(x)$에 대하여 $|\Delta x|$가 작을 때에는 Δy와 dy의 차는 매우 작으므로 함수의 증분 Δy의 근삿값으로서 미분 dy를 사용한다. 함수 $f(x)$의 증분 $\Delta f(x) = f(x + \Delta x) - f(x)$는 $|\Delta x|$가 작으면 근사적으로 $df(x)$와 같으므로 다음의 근사식을 얻는다.

$$f(x + \Delta x) \approx f(x) + df(x) = f(x) + f'(x)\Delta x$$

이 식은 점 x에서의 함숫값과 그 점에서의 변화율을 알면 그 점 근처에 있는 점에서의 함수의 값을 근사적으로 계산할 수 있음을 뜻한다.

예제 3.21 $y = x^4 - 2x^3 + 9x + 7$일 때 미분을 이용하여 $x = 1.997$에서 y의 근삿값을 구하라.

[풀이] 1.997은 $x = 2$에 증분 $\Delta x = dx = -0.003$을 더해서 얻은 값이라 생각할 수 있다. 따라서 $f(x) = x^4 - 2x^3 + 9x + 7$라고 하면 $f'(x) = 4x^3 - 6x^2 + 9$이므로 근사식

$$f(x + \Delta x) \approx f(x) + f'(x)\Delta x$$

로부터 다음과 같이 근삿값을 구한다.

$$f(1.997) \approx f(2) + f'(2)(-0.003) = 25 + 17(-0.003) = 24.949$$ ■

예제 3.22 미분을 이용하여 $\sqrt{98}$의 근삿값을 구하여라.

[풀이] $y = f(x) = \sqrt{x}$라 하면

$$f'(x) = \dfrac{1}{2\sqrt{x}}$$

이다. 이제 근사식에서 $x = 100$, $\Delta x = -2$를 취하면 다음을 얻는다.

$$\sqrt{98} \approx \sqrt{100} + \frac{1}{2\sqrt{100}} \cdot (-2) = \sqrt{100} - 0.1 = 9.9 \qquad \blacksquare$$

참고 8 (a) 미분은 오차의 계산에도 많이 쓰인다. 예를 들어 x의 값에 약간의 오차 Δx가 발생한다면, 이 오차가 증분의 역할을 하여 y값의 오차 Δy를 발생시킨다. 이러한 경우 미분 dy는 y의 오차의 근삿값이라고 생각할 수 있다.

(b) 오차를 계산할 때는 오차의 절대적인 크기도 중요하지만, 전체 크기에 대한 오차의 비율도 중요하다.[9] 이러한 경우를 고려하기 위해 dy가 y의 오차를 의미하는 경우 $\dfrac{dy}{y}$를 상대오차, $\dfrac{dy}{y} \times 100$을 백분비오차라고 정의한다.

예제 3.23 어떤 공의 반지름을 재었더니 5 cm이었다. 여기에 ± 0.02 cm의 오차가 있을 가능성이 있다. 이때 미분을 이용하여 공의 부피를 계산할 때 생기는 상대오차와 백분비오차를 구하여라.

[풀이] 공의 부피 $V = \dfrac{4}{3}\pi r^3$에서

$$dV = 4\pi r^2 \, dr$$

이고, $r = 5$, $dr = \pm 0.02$이므로

$$dV = 4\pi \cdot 5^2 \cdot (\pm 0.02) = \pm 2\pi$$

반지름 $r = 5$일 때 부피 $V = \dfrac{4}{3}\pi \cdot 5^3 = \dfrac{500}{3}\pi$이므로 상대오차는

$$\frac{dV}{V} = \frac{\pm 2\pi}{\dfrac{500\pi}{3}} = \pm 0.012$$

이고, 백분비오차는 $\pm 1.2\,\%$이다. $\qquad \blacksquare$

연습문제 3.6

1. 주어진 곡선 위의 점 $(a, f(a))$에서의 접선의 방정식을 구하고, 접선의 방정식에서 $x = b$에서의 함숫값을 구하여라.

   (1) $y = x^2 + 1$, $\quad a = 1$, $\quad b = 1.1$

---

9) 12 mm는 자동차를 생산할 때는 매우 작은 오차일 수 있지만, 반도체를 생산할 때는 매우 큰 오차일 수 있다.

(2) $y = \sqrt{x}$, $a = 4$, $b = 4.1$

(3) $y = \dfrac{1}{\sqrt{x}}$, $a = 9$, $b = 9.01$

(4) $y = \sqrt[3]{x}$, $a = 8$, $b = 7.99$

2. 두번 미분가능한 함수 $y = f(x)$의 이계도함수가 구간 $(a,\ b)$에서 음의 값을 가질 때, $x = a$에서 선형근사를 이용하여 얻은 $x = b$에서의 근삿값은 $f(b)$보다 크다는 것을 증명하여라.

3. 다음 함수의 미분 dy를 구하여라.

(1) $y = x^3 - 2x^2 + 5$ 　　　　　　(2) $y = \sqrt[3]{6x + 1}$

(3) $y = (x^2 + a)^2$ 　　　　　　　(4) $y = \dfrac{x\sqrt{x}}{x^2 + 1}$

4. 다음 함수에서 주어진 값에 대한 Δy와 dy를 구하여라.

(1) $y = x^4 - \dfrac{1}{2}x^2$; $x = 2$, $\Delta x = 0.1$

(2) $y = \dfrac{12.8}{x - 1}$; $x = 11$, $\Delta x = 0.24$

(3) $y = (x + 1)^3$; $x = -3$, $\Delta x = -0.003$

(4) $y = \dfrac{x}{2} + \dfrac{2}{x}$; $x = 2$, $\Delta x = 0.1$

5. 미분을 이용하여 다음 수의 근삿값을 구하여라.

(1) $\sqrt{27}$ 　　　　　　　　　　(2) $\sqrt[3]{61}$

(3) $\sqrt[4]{83.7}$ 　　　　　　　　(4) $\sqrt[3]{122}$

6. 반지름이 각각 4 cm와 4.05 cm인 두 구의 겉넓이의 차의 근삿값을 구하여라.

7. 한 변이 2 cm인 정사면체를 만드는데, 제작기에 오차가 생겨 모든 변의 길이에 0.01 cm의 오차가 생겼다. 이에 의해 발생하는 부피의 오차, 상대오차 그리고 백분비오차를 각각 구하여라.

8. 한 질점이 법칙 $s = t^{\frac{3}{2}}$에 따라 움직이고 있다. t가 4에서 4.04로 변할 때 속력의 변화에 대한 근삿값을 구하여라.

9. x의 백분비오차와 $\ln x$의 오차의 관계를 구하여라.

앞 절에서 접선을 이용하여 어떤 함수의 근삿값을 구하는 것에 대해 알아보았다. 이 절에서는 접선을 이용하여 어떤 방정식의 해의 근삿값을 구하는 것에 대해 알아보도록 한다.

예를 들어 방정식 $\cos x - x = 0$의 정확한 근을 찾는 것은 '불가능'하다.[10) 그러나 이러한 경우에도 근의 근삿값을 구하는 방법이 존재하는데, 이번 절에서 접선을 이용하는 뉴턴 방법에 대해 알아보도록 한다.

앞 절에서 접선을 주어진 함수 대신 사용한다고 설명하였다. 이러한 생각에서 출발하여 그림 3.16을 참고하자. 미분가능한 함수 $f(x)$로 만들어진 방정식 $f(x) = 0$의 해 r를 찾기 위해 우리가 제시할 수 있는 제1 근삿값 $x = a_1$을 정한다. 그렇다면 $y = f(x)$의 그래프는 점 P에서의 접선과 가까워지므로, 방정식 $f(x) = 0$의 해 r와 접선으로 만들어지는 방정식의 해 a_2가 가깝다고 생각할 수 있다.

점 $P(a_1, f(a_1))$에서의 곡선에 대한 접선의 방정식은 다음과 같다.

$$y - f(a_1) = f'(a_1)(x - a_1) \tag{3.13}$$

이 접선이 x축과 만나는 점을 Q라 하면, a_1이 r에 충분히 가까운 값일 때 일반적으로 점 Q의 x좌표 a_2는 a_1보다 좀 더 r에 가까운 근삿값이 된다. 따라서 식 (3.13)에 $x = a_2$, $y = 0$을 대입하여

$$a_2 = a_1 - \frac{f(a_1)}{f'(a_1)} \tag{3.14}$$

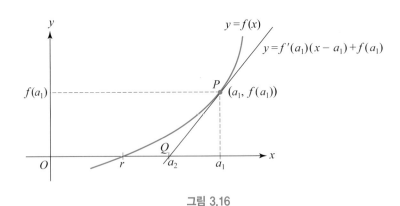

그림 3.16

---

10) 근이 없어서 찾을 수 없다는 의미가 아니다. 근의 존재성은 알지만 정확하게 어떤 값인지 설명하기 쉽지 않다.

을 얻는다. 이제 a_2을 제2 근삿값으로 생각하면 식 (3.15)를 써서 제3 근삿값

$$a_3 = a_2 - \frac{f(a_2)}{f'(a_2)}$$

을 얻는다. 이와 같이 공식 (3.15)를 반복하면

$$a_n = a_{n-1} - \frac{f(a_{n-1})}{f'(a_{n-1})} \tag{3.15}$$

이 되고, 이렇게 하여 얻은 수열 $\{a_n\}$은 r에 수렴하게 된다.[11] 이와 같은 방법으로 근의 근삿값을 구하는 방법을 뉴턴 방법이라고 한다.

참고 9 일반적으로 뉴턴 방법에 의해 얻어지는 근의 근삿값은 빠른 속도로 근 r에 수렴하지만, 그림 3.17의 경우처럼 제1 근삿값을 잘못 선택하면 뉴턴 방법을 적용해도 실제 근에 가까운 근삿값을 얻지 못하는 경우도 있다.

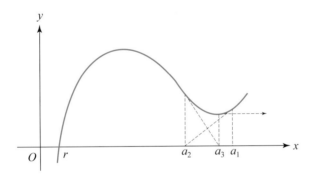

그림 3.17

예제 3.24 방정식 $x^2 - 2 = 0$에 뉴턴 방법을 적용하여, 제1 근삿값 $a_1 = 1$로부터 a_4를 구하여라.

[풀이] $f(x) = x^2 - 2$라고 하면 $f'(x) = 2x$이다. 방정식 $x^2 - 2 = 0$의 제1 근삿값을 $a_1 = 1$이라 하면

$$a_2 = a_1 - \frac{f(a_1)}{f'(a_1)} = 1 - \frac{1-2}{2} = 1.5$$

$$a_3 = a_2 - \frac{f(a_2)}{f'(a_2)} = 1.5 - \frac{(1.5)^2 - 2}{2 \times 1.5} \approx 1.41667$$

---

11) 약간의 조건이 필요하다. 도함수가 연속이 아니거나 최초의 근삿값을 잘못 잡으면 수렴하지 않는다.

$$a_4 = a_3 - \frac{f(a_3)}{f'(a_3)} = 1.41667 - \frac{(1.41667)^2 - 2}{2 \times 1.41667} \approx 1.41421$$

이다. 뉴턴 방법에 의해 얻은 수열 $\{a_n\}$이 방정식 $x^2 - 2 = 0$의 근 $\sqrt{2}$에 점차 가까워짐을 알 수 있다. ∎

연습문제 3.7

1. 그래프를 이용하여 다음 각 방정식에 대한 실근의 개수를 찾아라.

   (1) $3 \sin x - x = 0$

   (2) $e^{-x^2} - \ln x = 0$

   (3) $e^x + x^3 = 4x$

2. 뉴턴 방법을 써서 제2 근삿값을 구하고 계산기로 실제 값을 구해 비교해보아라.

   (1) $x^3 + 2x - 5 = 0, \quad a_1 = \dfrac{1}{2}$

   (2) $x^4 + x^3 + x^2 = 1, \quad a_1 = \dfrac{1}{2}$

   (3) $x^5 + x^3 + 2x = 5, \quad a_1 = 1$

3. 뉴턴 방법을 써서 $x = 0$에서의 제2 근삿값을 구하여라.

   (1) $\cos x - x = 0$

   (2) $e^{-x} - \ln(1 + x) = 0$

   (3) $2 \sin 2x - x = 1$

4장
초월함수의 미분법

DIFFERENTIAL AND INTEGRAL CALCULUS

대수함수가 아닌 함수를 초월함수(transcendental function)라고 한다. 삼각함수, 역삼각함수, 로그함수, 지수함수 등이 초월함수의 대표적인 예이다. 이 장에서는 삼각함수와 로그함수, 쌍곡선함수 그리고 이 함수들의 역함수를 살펴보고, 이 함수들의 기본적인 성질을 이용하여 이들의 도함수를 구하고 이를 응용하도록 한다.

1절 삼각함수의 도함수

삼각함수는 이전 장에서 학습한 대수함수와 미분법을 이용하여 구할 수 없는 초월함수이다. 따라서 가장 기본이 되는 $\sin x$의 도함수를 정의를 이용하여 계산하여야 한다. 이를 위해 다음 정리가 필요하다.

정리 4.1

라디안으로 표시된 각 θ가 0에 가까워질 때, $\dfrac{\sin\theta}{\theta}$의 값은 1에 가까워진다. 즉, 다음 극한이 성립한다.

$$\lim_{\theta \to 0} \frac{\sin\theta}{\theta} = 1$$

[증명] 그림 4.1에서 θ를 라디안으로 표시된 양의 예각이라고 하고, 선분 OB에 수직인 선분 PA, 원 O가 중심이고 반지름이 r인 원호 PB 그리고 점 P에서 호 PB에 접하는 선분 PC를 생각하자.

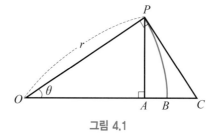

그림 4.1

그러면 기하학적으로 다음 부등식이 성립한다.

(삼각형 AOP의 넓이) < (부채꼴 BOP의 넓이) < (삼각형 COP의 넓이)　　　(4.1)

삼각법에 의하여 $\overline{OA} = r\cos\theta$, $\overline{AP} = r\sin\theta$, $\overline{PC} = r\tan\theta$이므로 이를 이용하여 식 (4.1)을 다시 쓰면

$$\frac{1}{2}r\cos\theta \cdot r\sin\theta < \frac{1}{2}r^2\theta < \frac{1}{2}r \cdot r\tan\theta \tag{4.2}$$

가 된다.[1] 식 (4.2)의 각 항을 $\dfrac{1}{2}r^2\sin\theta$로 나누고 각각 그 역수를 취하면 부등식

---

1) 여기서 θ는 라디안법으로 표기된 각이라 가정하였기 때문에 부채꼴의 넓이를 $\dfrac{1}{2}r^2\theta$로 표현할 수 있다.

$$\frac{1}{\cos\theta} > \frac{\sin\theta}{\theta} > \cos\theta$$

을 얻는다. 여기서 θ가 0에 가까워질 때 $\frac{\sin\theta}{\theta}$는 1에 가까워지는 두 값 사이에 있으므로, 조임정리에 의해

$$\lim_{\theta\to 0^+}\frac{\sin\theta}{\theta} = 1$$

이다. 또한, $\sin(-\theta) = -\sin\theta$이므로, 위의 관계식을 이용하면 다음과 같이 좌극한을 구할 수 있다.

$$\lim_{\theta\to 0^-}\frac{\sin\theta}{\theta} = \lim_{\theta\to 0^+}\frac{\sin(-\theta)}{-\theta} = \lim_{\theta\to 0^+}\frac{-\sin\theta}{-\theta} = \lim_{\theta\to 0^+}\frac{\sin\theta}{\theta} = 1$$

따라서 극한값은 1이다. ∎

예제 4.1 위의 정리를 이용하여 다음을 보여라.

$$\lim_{\theta\to 0}\frac{\cos\theta - 1}{\theta} = 0$$

[풀이] 위의 정리 4.1과 극한정리로부터 다음과 같이 계산할 수 있다.

$$\lim_{\theta\to 0}\frac{\cos\theta - 1}{\theta} = \lim_{\theta\to 0}\frac{\cos^2\theta - 1}{\theta(\cos\theta + 1)} = \lim_{\theta\to 0}\frac{-\sin^2\theta}{\theta(\cos\theta + 1)}$$

$$= -\lim_{\theta\to 0}\frac{\sin\theta}{\theta}\lim_{\theta\to 0}\frac{\sin\theta}{\cos\theta + 1} = -1\cdot 0$$

$$= 0$$

∎

정리 4.1과 예제 4.1을 이용하면 삼각함수 $\sin x$의 도함수를 구할 수 있다. 뿐만 아니라 삼각함수들은 서로 밀접한 연관성을 가지므로, $\sin x$의 도함수로부터 다른 삼각함수의 도함수를 계산할 수 있다. 다음은 삼각함수에 대한 미분공식을 종합한 것이다.

정리 4.2 삼각함수의 도함수

x가 라디안으로 표시된 각일 때, 삼각함수의 도함수는 다음과 같다.

① $\dfrac{d}{dx}\sin x = \cos x$　　　　② $\dfrac{d}{dx}\cos x = -\sin x$

$$③ \ \frac{d}{dx}\tan x = \sec^2 x \qquad\qquad ④ \ \frac{d}{dx}\cot x = \ \csc^2 x$$

$$⑤ \ \frac{d}{dx}\sec x = \sec x \tan x \qquad ⑥ \ \frac{d}{dx}\csc x = -\csc x \cot x$$

[증명] ① $f(x)=\sin x$이면 $f(x)$의 도함수는 정의에 의해 다음과 같이 계산된다.

$$f'(x) = \lim_{h\to 0}\frac{f(x+h)-f(x)}{h} = \lim_{h\to 0}\frac{\sin(x+h)-\sin x}{h}$$

$$= \lim_{h\to 0}\frac{\sin x \cos h + \cos x \sin h - \sin x}{h}$$

$$= \lim_{h\to 0}\left[\sin x\left(\frac{\cos h - 1}{h}\right) + \cos x\left(\frac{\sin h}{h}\right)\right]$$

$$= \sin x \cdot 0 + \cos x \cdot 1$$

$$= \cos x$$

② $\cos x = \sin\left(\frac{\pi}{2}-x\right)$이므로 연쇄법칙을 이용하여 미분할 수 있다.

$$\frac{d}{dx}\cos x = \frac{d}{dx}\sin\left(\frac{\pi}{2}-x\right) = \cos\left(\frac{\pi}{2}-x\right)\frac{d}{dx}\left(\frac{\pi}{2}-x\right) = -\sin x$$

③ $\tan x = \frac{\sin x}{\cos x}$이므로 나눗셈의 미분법에 의해 다음과 같이 도함수를 계산할 수 있다.

$$\frac{d}{dx}\tan x = \frac{\left(\frac{d}{dx}\sin x\right)\cos x - \sin x\left(\frac{d}{dx}\cos x\right)}{\cos^2 x}$$

$$= \frac{\cos^2 x + \sin^2 x}{\cos^2 x} = \frac{1}{\cos^2 x}$$

$$= \sec^2 x$$

④, ⑤, ⑥ $\sin x$, $\cos x$, $\tan x$의 도함수와 나눗셈의 미분법을 이용하여 구할 수 있다. ∎

참고 1 2장에서 배운 미분법은 일반적인 함수에 대해서도 성립한다. 합, 곱, 나눗셈의 미분법과 연쇄법칙 등 삼각함수를 비롯한 모든 초월함수에 적용할 수 있다.

예1 $y = \sin 7x$이면 $y' = \cos 7x \cdot (7x)' = 7\cos 7x$, $y'' = -49\sin 7x$이다. ∎

참고 2 각을 $x°$와 같이 육십분법으로 재었다고 하자. 그러면 $x° = \dfrac{\pi x}{180}$라디안이므로

$$\frac{d}{dx}\sin x° = \frac{d}{dx}\sin\frac{\pi x}{180} = \cos\frac{\pi x}{180} \cdot \frac{d}{dx}\left(\frac{\pi x}{180}\right) = \frac{\pi}{180}\cos x°$$

이다. 이러한 번거로움을 피하기 위하여 미적분학에서 삼각함수를 취급할 때 라디안법을 사용한다.

예제 4.2 $y = \tan^3 2x$일 때, $\dfrac{dy}{dx}$를 구하여라.

[풀이] 위의 미분 공식과 연쇄법칙에 의해 다음과 같이 계산할 수 있다.

$$\frac{dy}{dx} = 3\tan^2 2x \cdot \frac{d}{dx}(\tan 2x)$$
$$= 3\tan^2 2x \cdot \sec^2 2x \cdot \frac{d}{dx}(2x)$$
$$= 6\tan^2 2x \sec^2 2x \qquad\blacksquare$$

예제 4.3 $y = \sin 2x \sec x$일 때, $\dfrac{dy}{dx}$를 구하여라.

[풀이] 곱의 미분 공식을 사용하면 쉽게 결과를 얻을 수 있다.

$$\frac{dy}{dx} = (2\cos 2x)\sec x + \sin 2x\,(\sec x \tan x)$$
$$= 2\sec x\cos 2x + \sin 2x\sec x\tan x \qquad\blacksquare$$

참고 3 미분하기 전에 주어진 식을 가장 간단한 식으로 표시하는 것이 좋다. 위의 예제에서는 $\sin 2x = 2\sin x\cos x$이고, $\sec x = \dfrac{1}{\cos x}$이므로 주어진 방정식은 $y = 2\sin x$로 표시된다. 따라서 $y' = 2\cos x$이다.

예제 4.4 $y = \sin 5x \sin^5 x$일 때, $\dfrac{dy}{dx}$를 구하여라.

[풀이] 미분한 다음에 사인함수의 가법정리를 이용하면 간단히 할 수 있다.

$$\frac{dy}{dx} = (5\cos 5x)\sin^5 x + \sin 5x(5\sin^4 x\cos x)$$
$$= 5\sin^4 x(\sin x\cos 5x + \cos x\sin 5x)$$
$$= 5\sin^4 x\sin 6x \qquad\blacksquare$$

예제 4.5 $\sin x + \sin y = xy$일 때, $\dfrac{dy}{dx}$를 구하여라.

[풀이] 음함수의 미분법에 의해

$$\cos x + \cos y \frac{dy}{dx} = y + x\frac{dy}{dx}$$

가 된다. 따라서 도함수는 다음과 같다.

$$\frac{dy}{dx} = \frac{\cos x - y}{x - \cos y} \quad (x - \cos y \neq 0) \qquad \blacksquare$$

연습문제 4.1

1. 다음 극한을 구하여라.

(1) $\displaystyle\lim_{x \to 0} \frac{\sin 3x}{2x}$

(2) $\displaystyle\lim_{x \to 0} \frac{\sin^2 x}{x}$

(3) $\displaystyle\lim_{x \to 0} \frac{\tan x}{x}$

(4) $\displaystyle\lim_{x \to 0} x \cot x$

(5) $\displaystyle\lim_{x \to 0} \frac{\tan x}{\sin 2x}$

(6) $\displaystyle\lim_{x \to \pi} \frac{\tan x}{\sin 2x}$

(7) $\displaystyle\lim_{x \to 0} \frac{\sin(\sin x)}{\sin x}$

(8) $\displaystyle\lim_{x \to 0} \frac{\sin x}{x + \tan x}$

2. 다음을 증명하여라. (힌트: 분모와 분자에 $1 + \cos\theta$를 곱하여라.)

$$\lim_{\theta \to 0} \frac{1 - \cos\theta}{\theta^2} = \frac{1}{2}$$

3. $\sec x$, $\csc x$, $\cot x$의 도함수를 계산하여 정리 4.2를 완성하여라.

4. 다음 각 식에서 $\dfrac{dy}{dx}$를 구하여라.

(1) $y = 2\sin 3x$

(2) $y = \cos(x^2 + 1)$

(3) $y = 2\tan\left(\dfrac{x}{2}\right) - x$

(4) $y = 4\cot(3 - 2x)$

(5) $y = 2\cos x \sin 2x - x\cos 2x$

(6) $y = x\sin\left(1 - \dfrac{x^2}{2}\right) + \left(1 + \dfrac{x^2}{2}\right)\cos x$

(7) $y = \dfrac{\sin x}{2 + \cos x}$

(8) $y = \dfrac{1 - u}{1 + u}, \ u = \cos 2x$

(9) $y = \dfrac{1}{12} \sec^2 3x (\tan^2 3x - 1)$ (10) $x = \sec^2 y$

(11) $y = \tan(x + y)$ (12) $y = \sin 2u, \ u = \sec(x - 1)$

5. 다음 각 식에서 $\dfrac{d^2 y}{dx^2}$를 구하여라.

   (1) $y = x \sin x$ (2) $y = \cos^3 2x$

   (3) $y = \cos(3x^2 - 1)$ (4) $y = \sqrt{\dfrac{1 - \cos x}{1 + \cos x}}$

   (5) $y^2 - 1 = \tan^2 3x$ (6) $y = \tan x$

6. 수학적 귀납법을 이용하여 다음을 증명하여라.

$$\dfrac{d^n}{dx^n}(\sin x) = \sin\left(x + \dfrac{n\pi}{2}\right)$$

7. 곡선 $y = x \cos x$ 위의 점 $(\pi, -\pi)$에서 접선의 방정식과 법선의 방정식을 구하여라.

8. 함수 $f(x) = x + \sin x$의 극대점과 극소점, 변곡점을 구하여라.

9. 함수 $f(x) = \sin^2 x (0 \le x \le \pi)$가 증가하는 x의 범위를 구하여라.

10. $y = \sqrt{3} \sin x + \cos x$의 최대점과 최댓값을 구하여라.

11. $y = \cos x \sqrt{\sin x}$의 최댓값과 최솟값을 구하여라.

12. 선형근사를 이용하여 $\sin(0.01)$의 근삿값을 구하여라.

2절   역삼각함수의 도함수

함수 $y = \sin x$는 일대일 함수가 아니다. 따라서 이 함수의 역함수는 일반적으로 정의되지 않는다. 그러나 다음과 같이 정의역과 공역을 제한하면, 사인함수는 일대일대응이 되어 역함수를 갖는다.

$$f : \left[-\dfrac{\pi}{2}, \dfrac{\pi}{2}\right] \to [-1, 1], \quad f : x \mapsto \sin x$$

함수 $y = \sin x$의 역함수

$$f^{-1} : [-1,\ 1] \to \left[-\frac{\pi}{2},\ \frac{\pi}{2} \right], \quad f^{-1} : x \longmapsto y\,(\sin y = x)$$

를 역사인함수(arcsin)라 부르고 다음과 같이 나타낸다.

$$y = \arcsin x \quad \text{또는} \quad y = \sin^{-1} x$$

예2 $f(x) = \sin^{-1} x$일 때 $f(1) = \sin^{-1} 1 = \dfrac{\pi}{2}$, $f\left(\dfrac{1}{\sqrt{2}} \right) = \sin^{-1} \dfrac{1}{\sqrt{2}} = \dfrac{\pi}{4}$이다. ∎

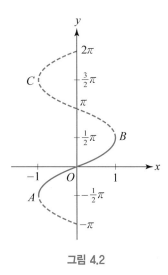

그림 4.2

함수 $y = \sin^{-1} x$의 그래프는 그림 4.2에서와 같이 사인곡선 $y = \sin x$를 직선 $y = x$에 대칭으로 옮긴 곡선을 $-\dfrac{\pi}{2} \le y \le \dfrac{\pi}{2}$인 범위로 제한한 것이다.

같은 방법으로 다른 삼각함수도 일대일 함수가 되도록 정의역을 제한하여 역삼각함수를 정의할 수 있다.

(역삼각함수)

- $y = \sin^{-1} x \Longleftrightarrow \sin y = x, \quad -\dfrac{\pi}{2} \le y \le \dfrac{\pi}{2}, \quad -1 \le x \le 1$

- $y = \cos^{-1} x \Longleftrightarrow \cos y = x, \quad 0 \le y \le \pi, \quad -1 \le x \le 1$

- $y = \tan^{-1}x \iff \tan y = x, \quad -\dfrac{\pi}{2} < y < \dfrac{\pi}{2}, \quad -\infty < x < \infty$

- $y = \csc^{-1}x \iff \csc y = x, \quad 0 < y \le \dfrac{\pi}{2}$ 또는 $\pi < y \le \dfrac{3\pi}{2}, \quad |x| \ge 1$

- $y = \sec^{-1}x \iff \sec y = x, \quad 0 \le y < \dfrac{\pi}{2}$ 또는 $\pi \le y < \dfrac{3\pi}{2}, \quad |x| \ge 1$

- $y = \cot^{-1}x \iff \cot y = x, \quad 0 < y < \pi, \quad -\infty < x < \infty$

예3 $\cos^{-1}\left(-\dfrac{1}{2}\right) = \dfrac{2\pi}{3}, \quad \tan^{-1}(-1) = -\dfrac{\pi}{4}, \quad \sec^{-1}(-2) = \dfrac{4}{3}\pi$ ∎

함수 $y = \sin^{-1}x$의 도함수를 구하려면 역함수의 미분법을 적용하면 된다. 혹은 이 함수를

$$\sin y = x, \quad -\dfrac{\pi}{2} \le y \le \dfrac{\pi}{2}$$

로 나타내고 음함수의 미분법을 사용하면

$$\cos y \, \dfrac{dy}{dx} = 1$$

이 된다. 삼각법에 의해

$$\cos y = \pm\sqrt{1 - \sin^2 y} = \pm\sqrt{1 - x^2}$$

이고, 여기서 $\cos y$는 $-\dfrac{\pi}{2}$와 $\dfrac{\pi}{2}$ 사이에 있는 y의 모든 값에 대하여 양수이므로 근호의 부호 $+$를 취한다. 따라서 도함수는 다음과 같다.

$$\dfrac{dy}{dx} = \dfrac{1}{\sqrt{1 - x^2}}$$

위와 비슷한 방법으로 다른 역삼각함수의 도함수를 구할 수 있다.

정리 4.3 **역삼각함수의 도함수**

① $\dfrac{d}{dx}\sin^{-1}x = \dfrac{1}{\sqrt{1 - x^2}}$ $\qquad\qquad (-1 < x < 1)$

② $\dfrac{d}{dx}\cos^{-1}x = -\dfrac{1}{\sqrt{1 - x^2}}$ $\qquad\quad\; (-1 < x < 1)$

③ $\dfrac{d}{dx}\tan^{-1}x = \dfrac{1}{1 + x^2}$ $\qquad\qquad\;\; (-\infty < x < \infty)$

④ $\dfrac{d}{dx}\cot^{-1}x = -\dfrac{1}{1+x^2}$ $\qquad\qquad (-\infty < x < \infty)$

⑤ $\dfrac{d}{dx}\sec^{-1}x = \dfrac{1}{x\sqrt{x^2-1}}$ $\qquad\qquad (|x| > 1)$

⑥ $\dfrac{d}{dx}\csc^{-1}x = -\dfrac{1}{x\sqrt{x^2-1}}$ $\qquad\qquad (|x| > 1)$

$\boxed{\text{예 4}}$ $y = \sin^{-1}2x$의 도함수는 다음과 같다.

$$\frac{dy}{dx} = \frac{1}{\sqrt{1-(2x)^2}}\,\frac{d}{dx}(2x)$$

$$= \frac{2}{\sqrt{1-4x^2}}$$ ■

$\boxed{\text{예 5}}$ $y = \sec^{-1}\sqrt{1+x^2}$의 도함수는 다음과 같다.

$$\frac{dy}{dx} = \frac{1}{\sqrt{1+x^2}\sqrt{(1+x^2)-1}}\,\frac{d}{dx}\sqrt{1+x^2} = \frac{x}{(1+x^2)|x|}$$

$$= \frac{1}{1+x^2}\quad (x > 0)$$ ■

$\boxed{\text{참고 4}}$ $x > 0$에 대하여 $y = \sec^{-1}\sqrt{1+x^2} = \tan^{-1}x$임을 그림 4.3에서 알 수 있으며, 따라서 예 5의 결과는 정리 4.3 ③을 이용하여 구할 수도 있다.

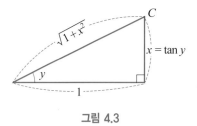

그림 4.3

$\boxed{\text{예제 4.6}}$ $y = \sqrt{a^2-x^2} - a\cos^{-1}\dfrac{x}{a}$일 때 $\dfrac{dy}{dx}$를 구하여라. (단, $a > 0$, $-a < x < a$)

[풀이] 연쇄법칙과 역삼각함수의 미분법을 이용하면 다음과 같다.

$$\frac{dy}{dx} = \frac{-2x}{2\sqrt{a^2 - x^2}} - a\left(-\frac{1}{\sqrt{1 - \dfrac{x^2}{a^2}}}\right)\frac{1}{a}$$

$$= \frac{-x + a}{\sqrt{a^2 - x^2}} = \sqrt{\frac{a - x}{a + x}} \quad (-a < x < a) \qquad \blacksquare$$

연습문제 4.2

1. 다음 값을 구하여라.

(1) $\sin^{-1} 0$ (2) $\tan^{-1}\sqrt{3}$

(3) $\sec^{-1}(-1)$ (4) $\sin^{-1}\dfrac{1}{2}$

(5) $\tan^{-1}(-1)$ (6) $\cot^{-1} 1$

2. $y = \cos^{-1} x$일 때, 다음 함수를 x에 대한 식으로 나타내어라.

(1) $\sin y$ (2) $\tan y$

(3) $\sin 2y$ (4) $\cos 2y$

3. $\cos(\sin^{-1} x) = \sqrt{1 - x^2}$ $(-1 \le x \le 1)$임을 보여라.

4. 다음을 간단히 하여라.

(1) $\cos^{-1}\dfrac{3}{5} + \cos^{-1}\dfrac{4}{5}$ (2) $\tan^{-1} 2 - \tan^{-1}(-3)$

(3) $\sin^{-1}\left(\sin\dfrac{2\pi}{3}\right)$ (4) $\cos(\tan^{-1} x)$

5. 음함수의 미분법을 이용하여 $\cos^{-1} x$, $\tan^{-1} x$, $\cot^{-1} x$, $\sec^{-1} x$, $\csc^{-1} x$의 도함수를 구하여라.

6. 역삼각함수의 이계도함수를 각각 구하여라.

7. 다음 함수의 도함수를 구하여라.

(1) $\tan^{-1}(3x + 1)$ (2) $\cos^{-1}(\sin x)$

(3) $\dfrac{x^2 - 1}{\tan^{-1} x + 1}$ (4) $\left(\cot^{-1} 2x\right)^2$

8. 다음 함수에 대해 $\dfrac{dy}{dx}$를 구하여라.

(1) $\sec^{-1}\left(\sqrt{x+1}\right)$

(2) $\tan^{-1}\dfrac{x}{a} + \tan^{-1}\dfrac{a}{x}, \ (a > 0)$

(3) $\cos^{-1}(x+1) = \sin^{-1}(y-1)$

(4) $y = \tan^{-1}\dfrac{1}{t+1}, \ x = \tan^{-1}\dfrac{t}{t+1}$

9. 곡선 $y = \sin^{-1}\sqrt{x}$ 위의 점 $\left(\dfrac{2}{4}, \dfrac{\pi}{3}\right)$에서의 법선의 방정식을 구하여라.

10. 선형근사를 이용하여 $\tan\theta = 0.1$이 되는 θ의 근삿값을 구하여라.

3절 로그함수의 도함수

상수 a가 1이 아닌 양수이면 지수함수 $y = a^x$는 증가함수이거나 감소함수이므로 일대일 함수이다.[2] 따라서 지수함수는 역함수를 가진다. 이를 밑이 a인 **로그함수**라 부르고 $\log_a x$로 표기한다.

$$y = \log_a x \iff x = a^y$$

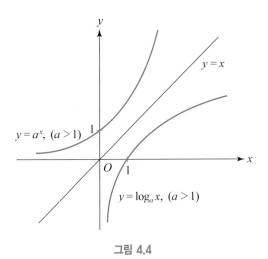

그림 4.4

---

2) 지수함수는 x가 자연수이면 a를 x번 곱한 것으로, 유리수이면 여러 번 곱한 수의 n제곱근으로 이해하고, x가 무리수인 경우는 유리수 값의 극한으로 이해한다.

다음 로그함수의 성질은 대응되는 지수함수의 성질로부터 얻어진다.

(로그함수의 성질)

$a > 0$, $a \neq 1$이면 $y = \log_a x$는 정의역 $(0, \infty)$에서 일대일이고 연속함수이다.

또한 $x, y > 0$이면 다음 성질들이 성립한다.

- $\log_a(xy) = \log_a x + \log_a y$
- $\log_a\left(\dfrac{x}{y}\right) = \log_a x - \log_a y$
- $\log_a(x^y) = y \log_a x$

로그함수의 도함수를 구하기 위해서는

$$\lim_{x \to 0}(1 + x)^{\frac{1}{x}} \tag{4.3}$$

의 극한값이 필요하다. 이 극한은 1장 참고 3에서 이미 소개한 자연상수 e이다.[3]

$$e = 2.71828 \cdots \tag{4.4}$$

수학에서는 두 종류의 로그가 많이 쓰인다. 하나는 10을 밑으로 하는 **상용로그**로서 큰 수의 계산에 많이 쓰인다. 다른 하나는 e를 밑으로 하는 로그로서 이론적 연구에서 주로 사용되는데, 이를 **자연로그**(natural logarithm)라 한다.

양수 x의 상용로그를 $\log x$으로 표시하고, x의 자연로그를 $\ln x$로 표시한다. 그 의미는 다음과 같다.

$$y = \log x \iff x = 10^y$$
$$y = \ln x \iff x = e^y$$

예제 4.7 $y = e^x - e^{-x}$일 때, x를 y로 표시하여라.

[풀이] 양변에 e^x를 곱하여 정리하면

$$(e^x)^2 - y(e^x) - 1 = 0$$

---

3) 수열의 극한과는 달리, 함수의 극한 (4.3)에 대해 수학적으로 증명하는 것은 매우 복잡하므로 이 교재에서는 증명을 생략하기로 한다.

이므로, 근의 공식에 의해

$$e^x = \frac{1}{2}\left(y \pm \sqrt{y^2 + 4}\right)$$

이다. 여기서 e^x는 모든 x에 대하여 양수이므로 복부호 중 $-$는 버린다. 이 결과의 양변에 자연로그를 취하면 원하는 결과를 얻는다.

$$x = \ln\left(\frac{y + \sqrt{y^2 + 4}}{2}\right) \qquad \blacksquare$$

함수 $y = \log_a x$의 도함수는 다음과 같이 구할 수 있다.

정리 4.4 **로그함수의 도함수 I**

$a > 0,\ a \neq 1$이면

$$\frac{d}{dx}\log_a x = \frac{\log_a e}{x} = \frac{1}{x \ln a}$$

[증명] 도함수의 정의와 식 (4.3)에 의해 다음과 같이 계산된다.

$$\begin{aligned}
\frac{d}{dx}\log_a x &= \lim_{h \to 0} \frac{\log_a(x+h) - \log_a x}{h} \\
&= \lim_{h \to 0} \frac{1}{h}\log_a\left(1 + \frac{h}{x}\right) \\
&= \lim_{t \to 0} \frac{1}{xt}\log_a(1 + t) \quad \left(t = \frac{h}{x}\right) \\
&= \frac{1}{x}\lim_{t \to 0}\log_a(1 + t)^{\frac{1}{t}} \\
&= \frac{\log_a e}{x} \qquad\qquad\qquad \blacksquare
\end{aligned}$$

예6 $y = \log_{10}\cos x$의 도함수는 다음과 같다.

$$y' = \frac{\log_{10} e}{\cos x}(\cos x)' = \frac{-(\log_{10} e)\sin x}{\cos x} = -(\log_{10} e)\tan x \qquad \blacksquare$$

$\ln e = \log_e e = 1$이므로 자연로그 함수의 도함수는 다음과 같다.

따름정리 4.5 로그함수의 도함수 II

$$\frac{d}{dx}\ln x = \frac{1}{x}$$

예7 (1) $y = \log(2x + 1)$이면 $\dfrac{dy}{dx} = 2\dfrac{\log e}{2x + 1}$ 이다.

(2) $y = \ln(\sin x)$이면

$$\frac{dy}{dx} = \frac{1}{\sin x}\frac{d}{dx}(\sin x) = \frac{\cos x}{\sin x} = \cot x$$

이다. ∎

예제 4.8 $y = \ln\left(x^3\dfrac{\sqrt{x-1}}{\sqrt{x+1}}\right)$ 일 때, $\dfrac{dy}{dx}$를 구하여라.

[풀이] 로그의 성질에 의하여 주어진 식을 다음과 같이 쓸 수 있다.

$$y = 3\ln x + \frac{1}{2}\ln(x-1) - \frac{1}{2}\ln(x+1)$$

따라서 로그함수의 미분법에 의해 원하는 결과를 얻는다.

$$\frac{dy}{dx} = \frac{3}{x} + \frac{1}{2(x-1)} - \frac{1}{2(x+1)} = \frac{3x^2+x-3}{x(x^2-1)}$$ ∎

참고 5 이제 제2장의 거듭제곱의 미분법이 모든 실수 α에 대해 성립함을 증명할 수 있다. $y = x^\alpha$라 하면

$$\ln y = \alpha \ln x$$

이므로 음함수의 미분법에 의해

$$\frac{1}{y}\frac{dy}{dx} = \frac{\alpha}{x}$$

이다. 따라서 거듭제곱함수의 도함수는 다음과 같다.

$$\frac{dy}{dx} = y\frac{\alpha}{x} = x^\alpha\frac{\alpha}{x} = \alpha x^{\alpha-1}$$

예8 $y = \ln f(x)$의 도함수는 $y' = \dfrac{f'(x)}{f(x)}$이다. ∎

1. 다음 각 식에서 x를 y로 나타내어라.

    (1) $y = 10^{5x}$ (2) $y = \ln 3x$

    (3) $y = \ln(\sin x)$ (4) $y = e^{3x} - 3e^{2x} + 3e^{x}$

2. 다음 방정식의 해를 구하여라.

    (1) $4\ln e^{2x} = 1$ (2) $e^{x} - 5e^{-x} = 4$

    (3) $2^{x} + 4^{x} = 8^{x}$ (4) $9^{x} - 3^{x+1} = 54$

3. 다음 각 함수를 미분하여라.

    (1) $y = \ln(x-1)^{3}$ (2) $y = \ln\dfrac{x}{1+x}$

    (3) $y = \ln\cos 3x$ (4) $y = \ln(\sec x + \tan x)$

    (5) $y = \sqrt{\ln x}$ (6) $y = (\ln\sin x)^{2}$

    (7) $y = \sqrt{x}\,\ln x$ (8) $y = \log_{2}(x^{3} - 2x + 3)$

4. 주어진 값에 대하여 $\dfrac{dy}{dx}$를 구하여라.

    (1) $y = \ln(x^{2} - 8),\ x = 4$ (2) $y = \ln(3x - 2),\ x = 2$

    (3) $y = \sin(\ln x),\ x = 1$ (4) $y = \tan^{-1}(\ln x),\ x = \dfrac{1}{e}$

5. 다음 함수의 이계도함수를 구하여라.

    (1) $y = x\ln x$ (2) $y = \ln\left(\dfrac{3}{x}\right)$

    (3) $y = \log_{10} x$ (4) $y = \left(\log_{2} x^{2}\right)^{3}$

6. $\ln(x^{2} + y^{2}) = 2\tan^{-1}\left(\dfrac{y}{x}\right)$일 때, y''를 구하여라.

7. 다음 함수의 증가와 감소, 오목성을 표로 나타내고, 극댓값과 극솟값을 구하여라.

    (1) $y = x - \ln x$ (2) $y = \ln(x^{2} + x + 1)$

    (3) $y = x^{2} + |\ln x|$ (4) $y = \dfrac{(1 - \ln x)}{x}$

8. 곡선 $y = \log_a x$ 위의 한 점 P에서 그은 접선이 원점을 지나고, 점 P에서 그은 법선과 y축의 교점이 $(0, 2e)$일 때, a의 값을 구하여라.

9. 다음 근삿값을 구하여라.

(1) $\ln 1.1$ (2) $\dfrac{1}{\ln(e - 0.01)}$ (3) $\sin(\ln(1.001))$

4절 지수함수의 도함수

지수함수 $y = a^x\,(a > 0,\ a \neq 1)$의 도함수는 다음과 같은 방법으로 구할 수 있다. 양변에 자연로그를 취하면

$$\ln y = x \ln a$$

이므로 음함수의 미분법을 적용하면

$$\frac{1}{y}\frac{dy}{dx} = \ln a$$

이다. 따라서 도함수는 다음과 같다.

$$\frac{dy}{dx} = a^x \ln a$$

정리 4.6 지수함수의 미분 I

$a > 0,\ a \neq 1$일 때 지수함수 $y = a^x$의 도함수는 다음과 같다.

$$\frac{d}{dx}a^x = a^x \ln a$$

위의 정리로부터 다음과 같은 따름정리를 얻는다.

따름정리 4.7 지수함수의 미분 II

$$\frac{d}{dx}e^x = e^x$$

예9 (1) $y = 2^{3x}$이면 $\dfrac{dy}{dx} = 2^{3x}(\ln 2) \cdot 3 = 2^{3x}\ln 8$이다.

(2) $y = e^{\tan 5x}$이면 $\dfrac{dy}{dx} = e^{\tan 5x}(\sec^2 5x) \cdot 5 = 5e^{\tan 5x}\sec^2 5x$이다. ∎

예제 4.9 $y = x^2 e^{-x}$의 그래프의 개형을 그려라.

[풀이] $x = 0$일 때 $y = 0$이고, 다른 모든 x의 값에 대하여 $y > 0$임은 명백하다. 그리고 도함수를 구하면

$$y' = 2xe^{-x} - x^2 e^{-x} = x(2-x)e^{-x}$$

이다. 구간 $(0,\,2)$에서는 $y' > 0$이므로 함수는 증가하고, 나머지 구간에서는 감소한다. 이계도함수를 구하면

$$y'' = 2e^{-x} - 2xe^{-x} - (2xe^{-x} - x^2 e^{-x})$$
$$= (x^2 - 4x + 2)e^{-x}$$

이다. 따라서 곡선은 구간 $(2 - \sqrt{2},\, 2 + \sqrt{2})$에서 아래로 오목하고, 나머지 구간에서는 위로 오목하다. 그래프는 그림 4.5와 같다.

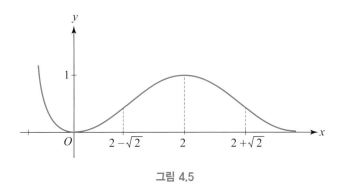

그림 4.5 ∎

복잡한 함수의 미분은 로그를 취하여 간단히 계산할 수 있는 경우가 있다. 다음의 예제에서와 같이 로그를 이용하여 도함수를 구하는 방법을 로그미분법(logarithmic differentiation)이라고 한다.

예제 4.10 $y = x^x$의 도함수를 구하여라.

[풀이] 로그미분법을 사용하기 위해 양변에 자연로그를 취하면

$$\ln y = x \ln x$$

이고, 이 결과에 음함수의 미분법을 적용하면

$$\frac{1}{y}\frac{dy}{dx} = \ln x + x\frac{1}{x}$$

이다. 따라서

$$\frac{dy}{dx} = x^x (1 + \ln x)$$

이다. ∎

예제 4.11 $y = \dfrac{(x-1)^{\frac{3}{2}}(x-3)^{\frac{1}{2}}}{(x-2)^2}$ 일 때, $\dfrac{dy}{dx}$ 를 구하여라.

[풀이] 양변에 자연로그를 취하면

$$\ln y = \frac{3}{2}\ln(x-1) + \frac{1}{2}\ln(x-3) - 2\ln(x-2)$$

가 되므로, 이를 미분하면

$$\frac{1}{y}\frac{dy}{dx} = \frac{3}{2(x-1)} + \frac{1}{2(x-3)} - \frac{2}{x-2}$$

$$= \frac{3(x^2 - 5x + 6) + (x^2 - 3x + 2) - 4(x^2 - 4x + 3)}{2(x-1)(x-2)(x-3)}$$

$$= -\frac{x-4}{(x-1)(x-2)(x-3)}$$

를 얻는다. 양변에 y를 곱하여 정리하면 도함수를 얻는다.

$$\frac{dy}{dx} = -\frac{(x-1)^{\frac{1}{2}}(x-4)}{(x-3)^{\frac{1}{2}}(x-2)^3}$$

∎

생물학, 화학 그리고 경제학 등의 문제에서는 시간에 대한 물질의 변화율이 그 물질의 양과

비례하는 경우가 있다. 예를 들면 이상적인 환경에서의 인구증가 또는 방사능 물질의 붕괴 같은 경우이다. 함수 $f(t)$가 시간 t에서 존재하는 물질의 양을 표시하는 함수라면, 이러한 법칙은 수학적으로 다음과 같이 설명할 수 있다.

$$f'(t) = kf(t) \qquad\qquad (4.5)$$

여기서 k는 상수이고 $t \geq 0$이다.

식 (4.5)로부터 함수 $f(t)$를 다음과 같이 구할 수 있다.

$$\frac{f'(t)}{f(t)} = k \quad\quad \text{따라서} \quad\quad \ln f(t) = kt + c$$

(위에서 $\ln f(t) = kt + c$를 미분하면, $\dfrac{f'(t)}{f(t)} = k$를 얻는다. 위 두 식의 관계는 3절의 예 8을 참고하되, 뒤에서 더 자세히 다루기로 한다.)

이 식의 양변에 지수함수를 적용하면 다음과 같다.

$$f(t) = Ae^{kt} \quad (A = e^c) \qquad\qquad (4.6)$$

상수 k가 양수이면 함수 $f(t)$는 증가함수이고 이때 k를 **지수성장률**이라 한다. k가 음수이면 $f(t)$는 감소함수이고 이때는 k를 **지수감쇠율**[4]이라 한다.

예제 4.12 시간에 따른 라듐의 감소는 지수함수를 따르고, 라듐의 반감기는 1600년이다. 100 mg 의 라듐 중에서 t년 후에 남는 라듐의 질량을 구하여라.

[풀이] 라듐의 반감기가 1600년이므로, 1600년 후에 처음 양의 반인 50 mg이 남는다. 이것을 식 (4.6)에 대입하면

$$100 = Ae^0, \quad 50 = Ae^{1600k}$$

이므로 $A = 100$, $e^{1600k} = \dfrac{1}{2}$이다. 따라서

$$1600k = \ln\frac{1}{2}, \quad k = \frac{-\ln 2}{1600} \approx -0.00043$$

---

4) '감소율'의 오타가 아니다! 여기서 성장–감쇠(growth-decay)는 외부의 작용보다는 스스로의 작용에 의해 세가 늘어나거나 줄어드는 현상을, 증가–감소(increse-decrese)는 일반적인 증감을 의미한다.

이다. 그러므로 t년 후에 남는 라듐의 질량은 다음과 같다.

$$f(t) = 100e^{-0.00043t}$$

∎

연습문제 4.4

1. 다음 각 함수를 미분하여라.

(1) $y = 5^{4x}$ (2) $y = 2^{x^2+x+1}$

(3) $y = 3^{\sin x}$ (4) $y = 7e^{-2x}$

(5) $y = e^{4x}$ (6) $y = \dfrac{e^x}{x}$

(7) $y = e^x(x^2 - 2x + 2)$ (8) $y = e^{\sin x}$

2. 주어진 x의 값에 대하여 $\dfrac{d^2 y}{dx^2}$ 을 구하여라.

(1) $y = e^{3x}, \quad x = 0.1$ (2) $y = x^2 e^x, \quad x = -1$

3. $e^x + e^y = e^{x+y}$ 이면, $\dfrac{dy}{dx} = -e^{y-x}$ 임을 증명하여라.

4. $x = 1$에서의 접선의 방정식을 구하여라.

(1) $y = \dfrac{e^x - e^{-x}}{e^x + e^{-x}}$ (2) $y = x^5 e^{-\sin \pi x}$

(3) $y = x^{x^2}$ (4) $y = x^{e^x}$

5. 다음 각 함수의 극댓값과 극솟값을 구하고, 아래로 오목한 구간을 구하여라.

(1) $y = e^{x^2-4x}$ (2) $y = e^x(x^2 - 3)$

(3) $y = -xe^{\frac{1}{x}}, \ (x > 0)$

6. 곡선 $y^2 = x \ln(2 - x)$의 개략적인 형태를 그려라.

7. 다음 각 함수의 그래프를 그려라.

(1) $y = e^{-x^2}$ (2) $y = xe^x$

(3) $y = e^{\frac{1}{x}}$ (4) $y = e^{\sin x}$

8. 다음 근삿값을 구하여라.

(1) $e^{0.1}$ (2) $\sqrt[3]{e^{0.01}}$ (3) $\tan^{-1}(e^{0.0001})$

9. 제1사분면에서 곡선 $y = e^{-x}$의 접선과 두 좌표축으로 만들어지는 삼각형의 최대 넓이를 구하여라.

10. 어떤 광물질의 화학적인 처리과정에서 그 광물질의 질량의 변화율은 현재 남아 있는 양에 비례한다. 100 kg의 광물질이 8시간 후에 70 kg이 되었다고 하면, 24시간 후에 그 광물질의 질량은 얼마인가?

5절   쌍곡선함수의 도함수

공학을 비롯한 미적분학을 이용하는 여러 분야에서 자연로그함수 $\ln x$와 지수함수 e^x가 많이 사용된다. 이 절에서는 공학 등에 많이 사용되는 다른 함수, 지수함수 e^x와 e^{-x}의 결합에 의해 정의되는 **쌍곡선함수**(hyperbolic function)라 하는 새로운 함수에 대하여 알아보기로 한다.

다음은 쌍곡선함수들의 정의이다.

정의 4.2 **쌍곡선함수**

① $\sinh x = \dfrac{e^x - e^{-x}}{2}$ ② $\cosh x = \dfrac{e^x + e^{-x}}{2}$

③ $\tanh x = \dfrac{\sinh x}{\cosh x}$ ④ $\text{sech } x = \dfrac{1}{\cosh x}$

⑤ $\text{csch } x = \dfrac{1}{\sinh x}$ ⑥ $\coth x = \dfrac{\cosh x}{\sinh x}$

위의 정의에서 $\sinh x$는 '쌍곡사인 x', $\cosh x$는 '쌍곡코사인 x'라고 읽는다. 나머지 쌍곡선함수도 같은 방법으로 읽는다.

정의 4.2에서 x 대신 $-x$를 대입하면

$$\sinh(-x) = -\sinh x, \quad \cosh(-x) = \cosh x$$

$$\tanh(-x) = -\tanh x$$

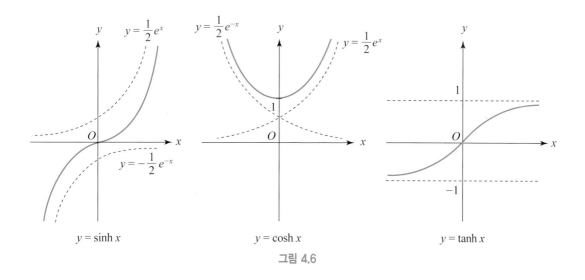

$y = \sinh x$ $y = \cosh x$ $y = \tanh x$

그림 4.6

를 얻는다. 따라서 $y = \cosh x$는 우함수이고, $y = \sinh x$와 $y = \tanh x$는 기함수이다.

쌍곡선함수의 정의로부터 다음 항등식이 성립함을 알 수 있다.

정리 4.8 **쌍곡선함수의 항등식**

① $\cosh^2 x - \sinh^2 x = 1$

② $\tanh^2 x + \operatorname{sech}^2 x = 1$

③ $\coth^2 x - \operatorname{csch}^2 x = 1$

④ $\sinh(x \pm y) = \sinh x \cosh y \pm \cosh x \sinh y$

⑤ $\cosh(x \pm y) = \cosh x \cosh y \pm \sinh x \sinh y$

⑥ $\tanh(x \pm y) = \dfrac{\tanh x \pm \tanh y}{1 \pm \tanh x \tanh y}$

[증명] 정리의 증명은 쌍곡선함수의 정의로부터 쉽게 얻을 수 있다. 여기에는 ①과 ④의 증명
만 기술하기로 한다.

① 쌍곡코사인함수와 쌍곡사인함수의 정의로부터 다음이 성립한다.

$$\cosh^2 x - \sin^2 x = \left(\frac{e^x + e^{-x}}{2}\right)^2 - \left(\frac{e^x - e^{-x}}{2}\right)^2$$

$$= \frac{e^{2x} + 2 + e^{-2x}}{4} - \frac{e^{2x} - 2 + e^{-2x}}{4}$$

$$= 1$$

④ 쌍곡사인함수와 쌍곡코사인함수의 합과 차로부터

$$\cosh x + \sinh x = e^x, \quad \cosh x - \sinh x = e^{-x}$$

이다. 그러므로 다음과 같은 합의 공식을 얻는다.

$$\sinh(x+y) = \frac{e^{x+y} - e^{-(x+y)}}{2} = \frac{e^x e^y - e^{-x} e^{-y}}{2}$$

$$= \frac{1}{2}[(\cosh x + \sinh x)(\cosh y + \sinh y) - (\cosh x - \sinh x)(\cosh y - \sinh y)]$$

$$= \sinh x \cosh y + \cosh x \sinh y \qquad ■$$

참고 6 실수 t에 대하여 점 $P(\cosh t, \sinh t)$는 정리 4.8의 ①로부터 $\cosh^2 t - \sinh^2 t = 1$이므로 쌍곡선 $x^2 - y^2 = 1$ 위에 놓인다.[5]

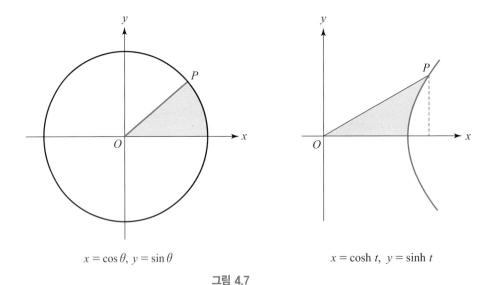

$x = \cos\theta, \ y = \sin\theta$ $x = \cosh t, \ y = \sinh t$

그림 4.7

5) 이렇게 쌍곡선 위의 점을 매개화하기 때문에 쌍곡사인함수, 쌍곡코사인함수라 이름 짓게 되었다.

예 10 $\tanh x = \dfrac{3}{5}$일 때, 정리 4.8의 ②로부터 $\operatorname{sech} x = \pm\sqrt{1-\tanh^2 x}$이다. 그런데 $\cosh x > 0$

이므로 $\operatorname{sech} x > 0$이다. 따라서 다음을 얻는다.

$$\operatorname{sech} x = \sqrt{1-\tanh^2 x} = \sqrt{1-\left(\dfrac{3}{5}\right)^2} = \dfrac{4}{5},$$

$$\cosh x = \dfrac{1}{\operatorname{sech} x} = \dfrac{5}{4},$$

$$\sinh x = \tanh x \cosh x = \dfrac{3}{4}$$ ■

쌍곡선함수의 도함수는 쌍곡선함수의 정의로부터 쉽게 구할 수 있다. 예를 들어 $\sinh x$의 도함수는 다음과 같이 계산할 수 있다.

$$\dfrac{d(\sinh x)}{dx} = \dfrac{d}{dx}\left(\dfrac{e^x - e^{-x}}{2}\right)$$

$$= \left(\dfrac{e^x + e^{-x}}{2}\right) = \cosh x$$

다음 정리의 증명은 연습문제로 남긴다.

정리 4.9 쌍곡선함수의 도함수

① $\dfrac{d}{dx}\sinh x = \cosh x$ ② $\dfrac{d}{dx}\cosh x = \sinh x$

③ $\dfrac{d}{dx}\tanh x = \operatorname{sech}^2 x$ ④ $\dfrac{d}{dx}\operatorname{csch} x = -\operatorname{csch} x \coth x$

⑤ $\dfrac{d}{dx}\operatorname{sech} x = -\operatorname{sech} x \tanh x$ ⑥ $\dfrac{d}{dx}\coth x = -\operatorname{csch}^2 x$

예 11 $f(x) = \sinh(3x^2)$이라 하면 $f(x)$의 도함수는 연쇄법칙에 의해 다음과 같이 구할 수 있다.

$$f'(x) = \left(\sinh(3x^2)\right)' = \cosh(3x^2)\cdot\left(3x^2\right)'$$

$$= 6x\cosh(3x^2)$$ ■

1. 다음 값을 구하여라.

    (1) $\sinh 0$ (2) $\cosh(-1)$

    (3) $\tanh 0$ (4) $\operatorname{sech}\sqrt{2}$

    (5) $\operatorname{csch}(-\ln 3)$ (6) $\coth(\ln\sqrt{2})$

2. $\sinh x = 2$일 때 다음을 구하여라.

    (1) $\cosh x$ (2) $\sinh(2x)$

3. 다음을 간단히 하여라.

    (1) $\sinh(\ln x)$ (2) $\tanh(\ln x)$

4. 다음 식을 증명하여라.

    (1) $\cosh(x+y) = \cosh x \cosh y + \sinh x \sinh y$

    (2) $\sinh 2x = 2\sinh x \cosh x$

    (3) $\cosh 2x = \cosh^2 x + \sinh^2 x$

    (4) $\tanh 2x = \dfrac{2\tanh x}{1+\tanh^2 x}$

5. 정리 4.8 (쌍곡선함수의 성질)의 증명을 마무리하여라.

6. 정리 4.9 (쌍곡선함수의 도함수)의 증명을 마무리하여라.

7. 다음 부등식을 증명하여라.

$$\cosh x > \frac{e^{|x|}}{2} \quad (x \in \mathbb{R})$$

8. 다음 함수의 도함수를 구하여라.

    (1) $f(x) = \sinh x + \cosh 2x$ (2) $f(x) = (\sinh x)(\cosh x)$

    (3) $f(x) = (\tanh x + \operatorname{sech} x)^2$ (4) $f(x) = \sinh(\sin x)$

    (5) $f(x) = \cosh\sqrt{x}$ (6) $f(x) = \sinh^2\sqrt{1-x^2}$

    (7) $f(x) = \cosh(\tanh x)$ (8) $f(x) = \operatorname{sech}(\ln\sqrt{x})$

9. 함수 $y = \sinh x$, $y = \cosh x$의 그래프의 개형이 그림 4.6과 같음을 증감과 오목성을 이용

하여 살펴보아라.

10. 함수 $f(x) = \cosh\dfrac{x}{x^2+1}$의 최댓값과 최솟값을 구하여라.

11. $\sinh 0.001$의 근삿값을 구하여라.

6절 역쌍곡선함수의 도함수

그림 4.6에 나타난 것처럼 쌍곡사인함수는 실수 전체에서 정의된 증가함수이다. 또한 쌍곡사인함수는 실수 전체를 치역으로 갖기 때문에 실수 $\mathbb{R}$를 정의역으로 하는 역함수를 갖는다. 이러한 쌍곡사인함수의 역함수를 **역쌍곡사인함수**라 하고 $\sinh^{-1}x$로 나타낸다. 다른 쌍곡선함수도 삼각함수에서처럼 정의역을 적절히 제한하면 역함수를 가질 수 있다.

$$y = \sinh^{-1}x \iff x = \sinh y \quad (-\infty < x,\ y < \infty)$$

$$y = \cosh^{-1}x \iff x = \cosh y \quad (x \geq 1,\ y \geq 0)$$

$$y = \tanh^{-1}x \iff x = \tanh y \quad (-1 < x < 1,\ -\infty < y < \infty)$$

쌍곡선함수가 지수함수에 의하여 정의되었으므로 역쌍곡선함수는 다음과 같이 로그함수로 나타낼 수 있다.

정리 4.10 역쌍곡선함수

① $\sinh^{-1}x = \ln\left(x + \sqrt{x^2+1}\right)$ $\quad (-\infty < x < \infty)$

② $\cosh^{-1}x = \ln\left(x + \sqrt{x^2-1}\right)$ $\quad (x \geq 1)$

③ $\tanh^{-1}x = \dfrac{1}{2}\ln\dfrac{1+x}{1-x}$ $\quad (|x| < 1)$

④ $\coth^{-1}x = \dfrac{1}{2}\ln\dfrac{x+1}{x-1}$ $\quad (|x| > 1)$

⑤ $\operatorname{sech}^{-1}x = \ln\left(\dfrac{1}{x} + \sqrt{\dfrac{1}{x^2}-1}\right)$ $\quad (0 < x \leq 1)$

⑥ $\operatorname{csch}^{-1}x = \ln\left(\dfrac{1}{x} + \sqrt{\dfrac{1}{x^2}+1}\right)$ $\quad (x \neq 0)$

[증명] 여기서는 식 ①과 ③에 대해서만 증명하기로 한다. 나머지도 같은 방법으로 증명할 수 있다.

① $y = \sinh^{-1}x$는 다음 관계식과 동치이다.

$$x = \sinh y = \frac{e^y - e^{-y}}{2}$$

각 항에 $2e^y$을 곱한 후 정리하면

$$(e^y)^2 - 2x(e^y) - 1 = 0$$

을 얻는다. 근의 공식을 적용하면

$$e^y = x \pm \sqrt{x^2 + 1}$$

이다. 여기서 e^y는 모든 실숫값에 대하여 양수이므로 $x - \sqrt{x^2 + 1}$는 무시한다. 마지막으로 양변에 로그를 취하면 원하는 결과를 얻는다.

$$\sinh^{-1}x = y = \ln\left(x + \sqrt{x^2 + 1}\right), \quad (-\infty < x < \infty)$$

③ $y = \tanh^{-1}x$이면 $x = \tanh y$이므로

$$x = \frac{e^y - e^{-y}}{e^y + e^{-y}}$$

이다. 위 식의 분자, 분모에 e^y를 곱한 후 정리하면

$$x(e^{2y} + 1) = e^{2y} - 1, \quad e^y = \sqrt{\frac{1 + x}{1 - x}}$$

이다. 따라서

$$\tanh^{-1}x = y = \frac{1}{2}\ln\left(\frac{1 + x}{1 - x}\right) \quad (|x| < 1)$$

이다. ■

정리 4.10으로부터 다음 역쌍곡선함수의 도함수를 얻는다.

정리 4.11 **역쌍곡선함수의 도함수**

① $\dfrac{d}{dx}\sinh^{-1}x = \dfrac{1}{\sqrt{x^2 + 1}}$ $(-\infty < x < \infty)$

② $\dfrac{d}{dx}\cosh^{-1}x = \dfrac{1}{\sqrt{x^2 - 1}}$ $(x > 1)$

---

③ $\dfrac{d}{dx}\tanh^{-1}x = \dfrac{1}{1-x^2}$ $\qquad\qquad (|x| < 1)$

④ $\dfrac{d}{dx}\coth^{-1}x = \dfrac{1}{1-x^2}$ $\qquad\qquad (|x| > 1)$

⑤ $\dfrac{d}{dx}\operatorname{sech}^{-1}x = \dfrac{-1}{x\sqrt{1-x^2}}$ $\qquad\qquad (0 < x < 1)$

⑥ $\dfrac{d}{dx}\operatorname{csch}^{-1}x = \dfrac{-1}{\sqrt{x^2(1+x^2)}}$ $\qquad\qquad (x \neq 0)$

[증명] ① 정리 4.10에 의해

$$\sinh^{-1}x = \ln\left(x + \sqrt{x^2+1}\right) \quad (-\infty < x < \infty)$$

이므로

$$\frac{d}{dx}\sinh^{-1}x = \frac{1}{x + \sqrt{x^2+1}}\left(1 + \frac{x}{\sqrt{x^2+1}}\right)$$

$$= \frac{1}{\sqrt{x^2+1}} \quad (-\infty < x < \infty)$$

이다. 나머지도 같은 방법으로 증명할 수 있다. ∎

참고 7 역쌍곡선함수의 도함수는 정리 4.10의 공식을 사용하지 않고도 구할 수 있다. 예를 들면 $\sinh^{-1}x$의 도함수를 구하기 위하여 $y = \sinh^{-1}x$라 두면 $\sinh y = x$이다. 양변을 x에 대하여 미분하면 다음과 같다.

$$\cosh y \, \frac{dy}{dx} = 1$$

$\cosh^2 y = \sinh^2 y + 1$에서 $\cosh y \geq 1$이므로 $\cosh y = \sqrt{\sinh^2 y + 1}$을 얻는다. 따라서

$$\frac{dy}{dx} = \frac{1}{\cosh y} = \frac{1}{\sqrt{\sinh^2 y + 1}} = \frac{1}{\sqrt{x^2+1}}$$ ∎

예12 $y = \tanh^{-1}(\sin x)$의 도함수는 합성함수의 미분법에 의해 다음과 같다.

$$y' = \frac{1}{1-\sin^2 x}(\sin x)' = \frac{\cos x}{\cos^2 x} = \sec x$$ ∎

1. $\cosh^{-1}x = \ln\left(x + \sqrt{x^2 - 1}\right)$임을 보여라. 그리고 $x \geq 1$이어야 함을 설명하여라.

2. $x \geq 1$에 대하여 다음 식이 성립함을 보여라.

$$\sinh^{-1}\sqrt{x^2 - 1} = \cosh^{-1}x$$

3. 정리 4.10의 역쌍곡선함수의 정의를 이용하여 $\sinh^{-1}x$ 이외의 역쌍곡선함수의 도함수를 구하여 정리 4.11을 완성하여라.

4. 음함수 $y^2 + y + 1 = \cosh^{-1}x$에 대해 dy/dx를 구하여라.

5. 다음 함수의 도함수를 구하여라.

(1) $f(x) = \left(\sinh^{-1}x\right)\left(\cosh^{-1}x\right)$ (2) $f(x) = \cosh^{-1}\left(2x^3\right)$

(3) $f(x) = \tanh^{-1}\left(\sinh x\right)$ (4) $f(x) = \sqrt{\coth^{-1}x^2}$

(5) $f(x) = \dfrac{\tanh^{-1}x}{\sinh^{-1}x}$ (6) $f(x) = \ln\left(\tanh^{-1}x\right)$

(7) $f(x) = e^{\cosh^{-1}(2x^3)}$ (8) $f(x) = \coth^{-1}\left(\ln\left(x^2 + 1\right)\right)$

6. 곡선 $y = \tanh^{-1}\left(\sinh x\right)$의 점 $(0, 1)$에서의 접선과 법선이 방정식을 구하여라.

5장

평균값 정리와 부정형의 극한

DIFFERENTIAL AND INTEGRAL CALCULUS

프랑스의 수학자 로피탈(L'Hospital, 1661~1704)은 1696년 최초의 미적분학 교재로 여겨지는 그의 저서 '무한소의 해석[1]'에서 0/0형태의 부정형에 대한 극한값을 구하는 법칙을 기술하였다. 이 장에서는 평균값 정리와 이를 이용하여 설명할 수 있는 로피탈의 법칙을 공부하고, 로피탈의 법칙을 이용하여 여러 가지 형태의 부정형에 대한 극한값의 계산방법에 대하여 알아본다.

---

1) 로피탈의 법칙은 "Analyse des infinement petits"에서 최초로 소개되었지만, 로피탈이 발견한 것은 아니다. 로피탈은 요한 베르누이에게 연봉 300프랑에 그의 업적을 제공받는 계약을 맺고, 그 결과를 모아 자신의 이름으로 이 책을 출판하면서 베르누이의 '도움'에 감사한다는 글을 남겼다. 이에 격분한 베르누이가 로피탈의 사후에 이러한 거래를 공개적으로 밝혔다. 하지만 로피탈의 수학적 재능이 인정받은 데 비해 베르누이는 여러 가지 문제로 인해 수학적으로 신뢰받지 못했기 때문에 그의 주장이 받아들여지지 않았다. 하지만 1921년 샤페이틀린(Schafheitlin)이 로피탈의 저서 출간 이전에 작성된 베르누이의 강의록을 발견하면서 그의 주장이 힘을 얻게 되었다.

1절 평균값 정리

 x축 위의 두 점 A와 B가 매끄러운 곡선에 의하여 연결되고 이 곡선 위의 모든 점에서의 접선이 x축과 수직이 아닐 때, 접선이 x축에 평행이 되는 점 P가 곡선 위에 적어도 하나 존재한다는 것은 기하학적으로 명백하다(그림 5.1 참고).

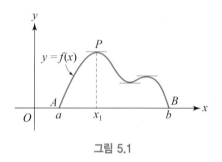

그림 5.1

이러한 기하학적인 사실은 프랑스의 수학자 롤(Rolle, 1652~1719)에 의해 증명되었다.

정리 5.1 롤의 정리

함수 $f(x)$가 닫힌구간 $[a, b]$에서 연속이고, 열린구간 (a, b)에서 미분가능하며, $f(a) = f(b) = 0$이라고 하자. 그러면 a와 b 사이에 $f'(x_1) = 0$인 점 x_1이 적어도 하나 존재한다.

[증명] ① $f(x)$가 구간 $[a, b]$에서 항상 0이면, 구간 (a, b)의 모든 점에서 $f'(x) = 0$이므로 정리는 증명된다.

② $f(x)$가 구간 $[a, b]$의 한 점에서라도 0이 아니면, 정리 1.11(극값정리)에 의해 $f(x)$는 닫힌구간 $[a, b]$에서 반드시 최댓값과 최솟값을 갖는다. 이들 최댓값과 최솟값을 각각 M, m이라 하면, 적어도 하나는 0이 아니다. 만약 $f(x_1) = M \neq 0$, $x_1 \in (a, b)$이면 $f(x_1)$은 극댓값임이 명백하다. 따라서 $f'(x_1) = 0$이다(정리 3.3 참고). 유사한 논리로 $f(x_2) = m \neq 0$, $x_2 \in (a, b)$이면 $f(x_2)$는 극솟값이고 $f'(x_2) = 0$이다. ■

 기하학적으로 롤의 정리와 유사한 경우가 그림 5.2에 나타나 있다. 두 점 A와 B를 연결한 매끄러운 곡선이 연속이고 A와 B 사이의 각 점에서 x축에 수직이 아닌 접선을 가지면 현 AB와 평행한 접선을 갖는 점 P가 A와 B 사이의 곡선 위에 존재하여야 한다.

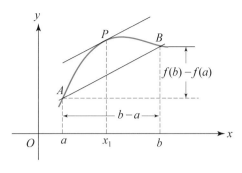

그림 5.2

이것이 롤의 정리를 일반화한 평균값 정리이다.

정리 5.2 **평균값 정리**

함수 $f(x)$가 닫힌구간 $[a, b]$에서 연속이고 열린구간 (a, b)에서 미분가능하면,

$$\frac{f(b)-f(a)}{b-a} = f'(x_1), \quad a < x_1 < b \tag{5.1}$$

를 만족하는 값 x_1이 적어도 하나 존재한다.

[증명] 함수

$$F(x) = f(x) - \left[\frac{f(b)-f(a)}{b-a}(x-a) + f(a)\right]$$

를 생각하자. $f(x)$가 닫힌구간 $[a, b]$에서 연속이므로 $F(x)$도 구간 $[a, b]$에 연속이고, $f(x)$가 열린구간 (a, b)에서 미분가능하므로 $F(x)$도 구간 (a, b)에서 미분가능하다. 그리고 $F(a) = F(b) = 0$이다.

따라서 구간 $[a, b]$에서 $F(x)$에 롤의 정리를 적용할 수 있고, 그 결과 $F'(x_1) = 0$이 되는 x_1이 구간 (a, b)에 존재한다. 그런데

$$F'(x) = f'(x) - \frac{f(b)-f(a)}{b-a}$$

이므로,

$$0 = f'(x_1) - \frac{f(b)-f(a)}{b-a} \implies f'(x_1) = \frac{f(b)-f(a)}{b-a}$$

이다. ∎

예제 5.1 함수 $f(x) = x^3 - 2x^2 + 3x - 2$에 대해 닫힌구간 [0, 2]에서 평균값 정리를 만족하는 점 x_1을 구하여라.

[풀이] 함수 $f(x)$는 모든 실수에서 연속이고 미분가능하므로, 구간 [0, 2]에서 평균값 정리를 만족하는 점이 존재한다. 주어진 함수에서

$$f'(x) = 3x^2 - 4x + 3, \quad f(0) = -2, \quad f(2) = 4$$

이므로 식 (5.1)로부터

$$3x_1^2 - 4x_1 + 3 = \frac{f(2) - f(0)}{2 - 0} = 3$$

이 성립한다. 따라서 평균값 정리를 만족하는 점은 $x_1 = \frac{4}{3}$이다. ■

따름정리 5.3

구간 $a < x < b$에서 도함수 $f'(x)$의 최댓값과 최솟값이 각각 M'과 m'일 때, 부등식

$$(b - a)m' \leq f(b) - f(a) \leq (b - a)M'$$

이 성립한다.

[증명] 식 (5.1)로부터

$$m' \leq \frac{f(b) - f(a)}{b - a} = f'(x_0) \leq M'$$

를 얻는다. 모든 항에 양수 $(b - a)$를 곱하면 원하는 결과를 얻는다. ■

예 1 $f(x) = \sin x$이면, $f'(x) = \cos x$이다. 그러므로 $f'(x)$의 최댓값과 최솟값은 각각 $M' = 1, m' = -1$이다. 이 결과를 식 (5.3)에 대입하면, 모든 수 a, b에 대하여 다음 부등식을 얻는다.

$$|\sin b - \sin a| \leq |b - a|$$

■

참고 1 식 (5.1)은

$$f(b) = f(a) + (b - a)f'(x_1)$$

과 같이 변형할 수 있다. 이 식에서 b를 $a + h$로, x_1을 $a + \theta h$로 바꿔주면 평균값 정리의 또 다른 형태인

$$f(a + h) = f(a) + hf'(a + \theta h), \quad 0 < \theta < 1$$

를 얻는다. 위의 식에서 h가 충분히 작은 수이면, $a + \theta h$는 a와 거의 같아지므로 3장에서 얻은 증분과 미분의 관계를 확인할 수 있다.

$$f(a + h) \approx f(a) + hf'(a) \tag{5.2}$$

예2 $f(x) = \sqrt{x}$이면 $f'(x) = \dfrac{1}{2\sqrt{x}}$이다. 식 (5.2)를 이용하면 $\sqrt{102}$의 근삿값을 구할 수 있다.

$$\sqrt{102} \approx \sqrt{100} + 2\left(\frac{1}{2\sqrt{100}}\right) = 10 + 0.1 = 10.1 \qquad \blacksquare$$

미분법을 배우면서 가장 먼저 증명한 것은 상수함수의 도함수는 0이라는 것이었다. 평균값 정리를 쓰면 이 결과의 역을 증명할 수 있고, 이로부터 도함수가 서로 같은 두 함수 사이의 관계를 알 수 있다.

정리 5.4

함수 $f(x)$가 닫힌구간 $[a, b]$의 모든 x에 대하여 $f'(x) = 0$이면, $f(x)$는 구간 $[a, b]$에서 상수함수이다.

[증명] t를 $a < t \le b$인 임의의 점이라 하자. 함수 $f(x)$는 닫힌구간 $[a, b]$에서 미분가능하므로, $f(x)$는 $[a, t]$에서 연속이고, (a, t)에서 미분가능하다. 그러므로 평균값 정리에 의하여

$$f(t) - f(a) = f'(x_1)(t - a)$$

를 만족하는 수 x_1이 a와 t 사이에 존재한다. 그런데 가정에 의하여 $f'(x_1) = 0$이므로 $f(t) = f(a)$이다. 그러므로 $f(x)$는 구간 $[a, b]$에서 동일한 값 $f(a)$를 갖는다. 즉 $f(x)$는 상수함수이다. $\blacksquare$

따름정리 5.5

닫힌구간 $[a, b]$의 모든 x에 대하여, $f'(x) = g'(x)$이면 $f(x) = g(x) + c$ (c는 상수)이다.

[증명] $F(x) = f(x) - g(x)$라고 하면

$$F'(x) = f'(x) - g'(x) = 0, \quad x \in [a, b]$$

이므로 정리 5.4에 의해 $F(x)$는 상수함수이다. $\blacksquare$

다음 정리는 평균값 정리의 확장된 형태로 프랑스 수학자 코시에 의해 증명되었는데, 다음 절에서 로피탈의 정리를 증명하는 데 가장 중요한 재료가 될 것이다.

정리 5.6 **코시의 평균값 정리**

함수 $f(x)$, $g(x)$가 닫힌구간 $[a, b]$에서 연속이고, 열린구간 (a, b)에서 미분가능하고, 또 $g'(x) \neq 0$이면, a와 b 사이에

$$\frac{f(b) - f(a)}{g(b) - g(a)} = \frac{f'(x_1)}{g'(x_1)}, \quad a < x_1 < b$$

을 만족하는 $x = x_1$이 적어도 하나 존재한다.

[**증명**] 이 정리는 평균값 정리의 증명과 같은 방법으로 증명할 수 있다. 함수

$$F(x) = f(x) - f(a) - \frac{f(b) - f(a)}{g(b) - g(a)} \big(g(x) - g(a) \big) \tag{5.3}$$

를 생각하자. $a < x < b$에 대하여 $g'(x) \neq 0$이므로 평균값 정리로부터 $g(a) \neq g(b)$이다(만일 $g(b) = g(a)$라면, 평균값 정리에 의해 그 구간 안의 어떤 x에 대하여 $g'(x) = 0$이 되어야 하기 때문이다).

$F(x)$의 정의와 $f(x)$, $g(x)$에 대한 가정에 의해, $F(x)$는 닫힌구간 $[a, b]$에서 연속이고 열린구간 (a, b)에서 미분가능하다. 또 $F(a) = 0$, $F(b) = 0$이다. 그러므로 롤의 정리에 의해 $F'(x_1) = 0$, $a < x_1 < b$인 x_1이 존재한다. 식 (5.3)을 미분하고 $x = x_1$이라 놓으면

$$F'(x_1) = f'(x_1) - \frac{f(b) - f(a)}{g(b) - g(a)} g'(x_1) = 0$$

을 얻는다. 그런데 $g'(x_1) \neq 0$이므로 양변을 $g'(x_1)$으로 나누면 원하는 결과를 얻는다. ■

연습문제 5.1

---

1. 다음 각 함수에 대하여 평균값 정리를 만족하는 점 x_1을 구하여라. x_1이 존재하지 않으면 그 이유를 설명하여라.

   (1) $f(x) = x^2, \quad a = 2, b = 3$ (2) $f(x) = \ln x, \quad a = 1, b = e$

(3) $f(x) = 3x^2 + 2x$, $a = 0$, $b = 2$ (4) $f(x) = x^{\frac{2}{3}}$, $a = -1$, $b = 1$

2. 모든 실수 a, b에 대하여 $|\cos b - \cos a| \le |b - a|$이 성립함을 보여라.

3. 함수 $f(x) = e^x$에 대해 구간 $[0, h]$ 위에서 평균값 정리를 적용하여, 다음 부등식이 성립함을 보여라.

$$h < e^h - 1 < he^h, \quad (h \ne 0)$$

4. 다음 부등식이 성립함을 보여라.

(1) $\dfrac{h}{1 + h^2} < \tan^{-1} h < h$, $(h > 0)$

(2) $\dfrac{1}{b} < \dfrac{\ln b}{b - 1} < 1$, $(b > 1)$

5. 다음 함수에 대해 코시의 평균값 정리를 만족하는 점 x_1을 구하여라.

(1) $f(x) = x^2$, $g(x) = 2x$, $a = 0$, $b = 1$

(2) $f(x) = \dfrac{1}{x}$, $g(x) = 2x$, $a = \dfrac{1}{2}$, $b = 1$

(3) $f(x) = \sin x$, $g(x) = \cos x$, $a = 0$, $b = \dfrac{\pi}{2}$

6. 한 운전자가 서울에서 부산까지 400 km를 두 시간 반 만에 주파하였다. 도로에서 시속 120 km를 초과하면 범칙금을 낸다고 할 때, 이 운전자가 반드시 범칙금을 내야 함을 증명하여라.

2절 부정형과 로피탈의 법칙(I)

두 함수 $f(x)$, $g(x)$에 대하여 극한

$$\lim_{x \to a} \frac{f(x)}{g(x)} \tag{5.4}$$

을 구하는 경우

$$\lim_{x \to a} f(x) = 0, \quad \lim_{x \to a} g(x) = 0 \tag{5.5}$$

이거나

$$\lim_{x \to a} f(x) = \pm\infty, \quad \lim_{x \to a} g(x) = \pm\infty \tag{5.6}$$

의 형태인 경우 식 (5.4)의 극한은 존재할 수도 있고, 존재하지 않을 수도 있다. 이때 식 (5.5) 형태의 극한을 $\dfrac{0}{0}$형의 부정형, 식 (5.6) 형태의 극한을 $\dfrac{\infty}{\infty}$형의 부정형이라 한다.

예3 다음의 극한은 $\dfrac{0}{0}$형의 부정형으로 다양한 형태의 극한값을 갖는다.

$$\lim_{x \to 0} \frac{x^2}{x} = 0, \quad \lim_{x \to 0} \frac{2x}{3x} = \frac{2}{3}, \quad \lim_{x \to 0} \frac{x}{x^3} = \infty \qquad \blacksquare$$

다음 정리는 이러한 형태의 부정형의 극한 계산에 매우 유용한 방법이다.

정리 5.7 **로피탈의 법칙**

함수 $f(x)$, $g(x)$가 $x = a$를 포함하는 열린구간 $I(x = a$는 제외할 수 있다)에서 미분가능하고, I에서 $g'(x) \neq 0$이라고 하자. 만일

$$\lim_{x \to a} f(x) = 0, \quad \lim_{x \to a} g(x) = 0 \quad \text{또는} \quad \lim_{x \to a} f(x) = \pm\infty, \quad \lim_{x \to a} g(x) = \pm\infty$$

이고 $\displaystyle\lim_{x \to a} \dfrac{f'(x)}{g'(x)}$의 값이 존재하면, 다음 등식이 성립한다.

$$\lim_{x \to a} \frac{f(x)}{g(x)} = \lim_{x \to a} \frac{f'(x)}{g'(x)} \tag{5.7}$$

[증명] 여기서는 부정형 $\dfrac{0}{0}$에 대한 증명만 하기로 한다. $\displaystyle\lim_{x \to a} f(x) = 0$, $\displaystyle\lim_{x \to a} g(x) = 0$이므로 $f(a) = 0$, $g(a) = 0$이라고 정의하면, 함수 f와 g는 모두 a에서 연속이다. $x \in I$, $x > a$라 하면 f와 g는 $[a, x]$에서 연속이고, (a, x)에서 미분가능하다. 그러므로 코시의 평균값 정리에 의해

$$\frac{f(x) - f(a)}{g(x) - g(a)} = \frac{f'(x_1)}{g'(x_1)} \quad (a < x_1 < x)$$

인 x_1이 존재한다. 그러나 $f(a) = 0$, $g(a) = 0$이므로

$$\frac{f(x)}{g(x)} = \frac{f'(x_1)}{g'(x_1)}$$

이 된다. 이제 $x \to a^+$일 때 $x_1 \to a^+$이므로, 다음 결과를 얻는다.

$$\lim_{x \to a^+} \frac{f(x)}{g(x)} = \lim_{x \to a^+} \frac{f'(x)}{g'(x)}$$

이와 같은 방법으로 $x \to a^-$인 경우도 식 (5.7)이 성립함을 보일 수 있으므로 증명이 완료된다. ∎

참고 2 로피탈의 법칙은 좌극한, 우극한 또는 무한대로의 극한($x \to \pm\infty$)에서도 유효하다.

예제 5.2 $\lim\limits_{x \to 0} \dfrac{\tan x}{x}$의 값을 구하여라.

[풀이] 극한은 $\dfrac{0}{0}$형의 부정형이므로, 로피탈의 법칙을 적용하면

$$\lim_{x \to 0} \frac{\tan x}{x} = \lim_{x \to 0} \frac{\sec^2 x}{1} = 1$$

이 된다. ∎

로피탈의 법칙을 적용한 결과가 다시 부정형의 분수식이면 그 과정을 반복할 수 있다.

예제 5.3 $\lim\limits_{x \to \infty} \dfrac{x^2}{e^x}$의 값을 구하여라.

[풀이] 극한은 $\dfrac{\infty}{\infty}$형의 부정형이므로, 로피탈의 법칙을 적용하면

$$\lim_{x \to \infty} \frac{x^2}{e^x} = \lim_{x \to \infty} \frac{2x}{e^x} = \lim_{x \to \infty} \frac{2}{e^x} = 0$$

이 된다. ∎

극한을 계산할 때, 로피탈의 법칙을 사용하는 것이 항상 원하는 결과를 가져오는 것은 아니다. 로피탈의 법칙을 사용하려 할 때는 먼저 로피탈의 법칙을 적용할 수 있는 경우인가를 확인해야 한다. 또 로피탈의 법칙을 적용할 수 있는 경우에도 식을 적절히 변형시켜야 할 때도 있다.

예 4 극한 $\lim\limits_{x \to \pi^-} \dfrac{\sin x}{1 - \cos x}$의 값을 구하기 위해 로피탈의 법칙을 적용하면

$$\lim_{x \to \pi^-} \frac{\sin x}{1 - \cos x} = \lim_{x \to \pi^-} \frac{\cos x}{\sin x} = -\infty$$

일 것 같지만, 이 경우 $x \to \pi^-$에 따라 $\sin x \to 0$이지만 $1 - \cos x$는 0에 접근하지 않

으므로 로피탈의 법칙을 적용하는 것은 적절치 않다. 실제로 위의 극한은 로피탈의 법직을 적용하지 않고 다음과 같이 구할 수 있다.

$$\lim_{x \to \pi^-} \frac{\sin x}{1 - \cos x} = \frac{\displaystyle\lim_{x \to \pi^-} \sin x}{\displaystyle\lim_{x \to \pi} (1 - \cos x)} = \frac{0}{1 - (-1)} = 0 \qquad \blacksquare$$

예제 5.4 $\displaystyle\lim_{x \to 0^+} \frac{e^{-\frac{1}{x}}}{x}$의 값을 구하여라.

[풀이] 로피탈의 법칙을 바로 적용하면

$$\lim_{x \to 0^+} \frac{e^{-\frac{1}{x}}}{x} = \lim_{x \to 0^+} \frac{\frac{1}{x^2} e^{-\frac{1}{x}}}{1} = \lim_{x \to 0^+} \frac{e^{-\frac{1}{x}}}{x^2}$$

가 되어, 아무리 로피탈의 법칙을 반복하여 사용해도 결과를 얻지 못한다. 그러나 $z = \dfrac{1}{x}$이라 두고 로피탈 법칙을 적용하여 다음과 같이 극한을 계산할 수 있다.

$$\lim_{x \to 0^+} \frac{e^{-\frac{1}{x}}}{x} = \lim_{z \to \infty} \frac{z}{e^z} = \lim_{z \to \infty} \frac{1}{e^z} = 0 \qquad \blacksquare$$

연습문제 5.2

1. 로피탈의 정리가 $\dfrac{0}{0}$의 부정형에 대해 성립한다고 할 때, $\dfrac{\infty}{\infty}$의 부정형에 대해서도 성립함을 증명하여라. (힌트: $F(x) = \dfrac{1}{f(x)}$, $G(x) = \dfrac{1}{g(x)}$를 이용하여라.)

2. 다음 극한값을 구하여라.

   (1) $\displaystyle\lim_{x \to 2} \frac{x^3 - x^2 - 4}{x^2 - 4}$

   (2) $\displaystyle\lim_{x \to 0} \frac{a - \sqrt{a^2 - x^2}}{x}$ $(a > 0)$

   (3) $\displaystyle\lim_{x \to 0} \frac{e^x - e^{-x}}{\tan x}$

   (4) $\displaystyle\lim_{x \to a} \frac{\sin x - \sin a}{x - a}$

   (5) $\displaystyle\lim_{x \to 0} \frac{\tan 2x}{2 \sin^2 \sqrt{x}}$

   (6) $\displaystyle\lim_{x \to 0} \frac{\sin^{-1} x}{x}$

3. 다음 극한값을 구하여라.

   (1) $\displaystyle\lim_{x \to 0} \frac{\sinh x}{x}$

   (2) $\displaystyle\lim_{x \to 0} \frac{1 - \operatorname{sech} x}{x}$

(3) $\displaystyle\lim_{x \to 0} \frac{\tan x - x}{x - \sin x}$

(4) $\displaystyle\lim_{x \to \infty} \frac{\ln x}{x^n} \ (n > 0)$

(5) $\displaystyle\lim_{x \to 0} \frac{x - \sin x}{x^3}$

(6) $\displaystyle\lim_{x \to 0} \frac{1 - \cosh x}{\sin^2 x}$

4. 다음 극한값을 구하여라.

(1) $\displaystyle\lim_{x \to 0} \frac{\sinh^{-1} x}{x}$

(2) $\displaystyle\lim_{x \to 0} \frac{\operatorname{csch}^{-1} x}{\dfrac{1}{x}}$

(3) $\displaystyle\lim_{x \to \infty} \frac{\tanh^{-1} x}{\tan^{-1} x}$

3절 부정형과 로피탈의 법칙(II)

우리는 앞 절에서 가장 기본적인 부정형 $\dfrac{0}{0}$, $\dfrac{\infty}{\infty}$의 극한값을 구하는 방법에 대해 알아보았다. 부정형은 이외에도

$$0 \cdot \infty, \quad \infty - \infty, \quad 0^0, \quad \infty^0, \quad 1^\infty$$

의 형태를 생각할 수 있다. 이러한 형태의 극한값은 주어진 함수를 $\dfrac{0}{0}$ 또는 $\dfrac{\infty}{\infty}$형의 부정형으로 바꾼 후 로피탈의 법칙을 적용하여 구할 수 있다.

■ 부정형 $0 \cdot \infty$

$\displaystyle\lim_{x \to a} f(x) = 0$, $\displaystyle\lim_{x \to a} g(x) = \pm\infty$이면 극한 $\displaystyle\lim_{x \to a} f(x)g(x)$은 $0 \cdot \infty$형의 부정형이다.

예5 $\displaystyle\lim_{x \to 0} x^2\left(\frac{1}{x}\right) = 0, \quad \lim_{x \to 0} x\left(\frac{1}{x}\right) = 1, \quad \lim_{x \to 0^+} x\left(\frac{1}{x^2}\right) = \infty$

부정형 $0 \cdot \infty$에서 곱 fg를 분수식

$$fg = \frac{f}{\dfrac{1}{g}} \quad \text{또는} \quad fg = \frac{g}{\dfrac{1}{f}}$$

라 쓰고, 여기에 로피탈의 법칙을 적용하여 구할 수 있다.

예6 (1) $\displaystyle\lim_{x \to \infty} xe^{-x} = \lim_{x \to \infty} \frac{x}{e^x} = \lim_{x \to \infty} \frac{1}{e^x} = 0$

$$(2) \ \lim_{x \to 0} \sin 3x \cdot \cot 2x = \lim_{x \to 0} \frac{\sin 3x}{\tan 2x} = \lim_{x \to 0} \frac{3 \cos 3x}{2 \sec^2 2x} = \frac{3}{2} \qquad \blacksquare$$

■ 부정형 $\infty - \infty$

$\displaystyle\lim_{x \to a} f(x) = \infty$, $\displaystyle\lim_{x \to a} g(x) = \infty$이면 극한 $\displaystyle\lim_{x \to a}(f(x) - g(x))$는 $\infty - \infty$형의 부정형이다. 이 경우 대수적인 방법으로 그 차를 분수식으로 고치고 여기에 로피탈의 법칙을 적용하여 구한다.

예7 $\displaystyle\lim_{x \to 0}(\csc x - \cot x) = \lim_{x \to 0} \frac{1 - \cos x}{\sin x} = \lim_{x \to 0} \frac{\sin x}{\cos x} = 0 \qquad \blacksquare$

참고3 부정형 $\infty - \infty$는 그 지수의 극한값을 구함으로써 쉽게 계산할 수 있는 경우가 있다.

예를 들어 $\displaystyle\lim_{x \to \infty}(x - \ln x)$의 극한값을 구하려면 $y = x - \ln x$라 놓고

$$e^y = e^{x - \ln x} = \frac{e^x}{e^{\ln x}} = \frac{e^x}{x}$$

의 극한값을 구하면

$$\lim_{x \to \infty} e^y = \lim_{x \to \infty} \frac{e^x}{x} = \lim_{x \to \infty} \frac{e^x}{1} = \infty$$

이고, $e^y \to \infty$일 때 $y \to \infty$이므로 다음 결과를 얻는다.

$$\lim_{x \to \infty}(x - \ln x) = \infty \qquad \blacksquare$$

■ 부정형 0^0, ∞^0, 1^∞

극한

$$\lim_{x \to a}\left[f(x) \right]^{g(x)}$$

에서는 다음의 다양한 부정형이 생긴다.

1) $\displaystyle\lim_{x \to a} f(x) = 0$, $\displaystyle\lim_{x \to a} g(x) = 0$ (0^0형)

2) $\displaystyle\lim_{x \to a} f(x) = \infty$, $\displaystyle\lim_{x \to a} g(x) = 0$ (∞^0형)

3) $\displaystyle\lim_{x \to a} f(x) = 1$, $\displaystyle\lim_{x \to a} g(x) = \infty$ (1^∞형)

이 경우에는 자연로그를 취하여 식을 변형시킨다. 즉,

$$y = \left[f(x) \right]^{g(x)}, \qquad \ln y = g(x) \ln f(x)$$

이때 $\lim\limits_{x \to a} \ln y = k$이면 $\ln\left(\lim\limits_{x \to a} y\right) = k$이므로, 다음을 얻는다.

$$\lim_{x \to a} y = e^k$$

예제 5.5 $\lim\limits_{x \to 0^+} x^x$의 값을 구하여라.

[풀이] 이 극한은 0^0형의 부정형이다. 그러므로 $y = x^x$이라 두고 자연로그를 취하면

$$\ln y = x \ln x = \frac{\ln x}{\dfrac{1}{x}}$$

이고

$$\lim_{x \to 0^+} \ln y = \lim_{x \to 0^+} \frac{\ln x}{\dfrac{1}{x}} = \lim_{x \to 0^+} \frac{\dfrac{1}{x}}{-\dfrac{1}{x^2}} = \lim_{x \to 0^+} (-x) = 0$$

이다. 따라서 다음 결과를 얻는다.

$$\lim_{x \to 0^+} x^x = \lim_{x \to 0^+} y = e^0 = 1 \qquad \blacksquare$$

예제 5.6 $\lim\limits_{x \to 0^+} (1 - \sin x)^{\frac{1}{x}}$의 값을 구하여라.

[풀이] 주어진 함수는 $x \to 0^+$일 때 부정형 1^∞를 가진다. 그러므로 $y = (1 - \sin x)^{\frac{1}{x}}$라 쓰면

$$\lim_{x \to 0^+} \ln y = \lim_{x \to 0^+} \frac{\ln(1 - \sin x)}{x} = \lim_{x \to 0^+} \frac{-\cos x}{1 - \sin x} = -1$$

이다. 따라서 다음 결과를 얻는다.

$$\lim_{x \to 0^+} (1 - \sin x)^{\frac{1}{x}} = e^{-1} = \frac{1}{e} \qquad \blacksquare$$

연습문제 5.3

1. 다음 극한값을 구하여라.

(1) $\lim\limits_{x \to 0^+} x \ln x$

(2) $\lim\limits_{x \to 0} x \csc 2x$

(3) $\lim\limits_{x \to 0^+} x e^{\frac{1}{x}}$

(4) $\lim\limits_{x \to 0} \csc x \sin^{-1} x$

(5) $\displaystyle\lim_{x \to \frac{\pi}{2}} \tan x \, \tan 2x$

(6) $\displaystyle\lim_{x \to \frac{\pi}{2}} (\sec x - \tan x)$

(7) $\displaystyle\lim_{x \to 1} \left(\frac{1}{x-1} - \frac{1}{\ln x} \right)$

(8) $\displaystyle\lim_{x \to \frac{\pi}{2}} \left(x - \frac{\pi}{2} \right)(\tan 5x - \tan x)$

(9) $\displaystyle\lim_{x \to 0} (\csc x - \csc 2x)$

(10) $\displaystyle\lim_{x \to 0} \left(\frac{1}{x} - \frac{1}{\sin x} \right)$

(11) $\displaystyle\lim_{x \to \infty} (e^x - x)$

(12) $\displaystyle\lim_{x \to 0} \left(\frac{1}{\sin^2 x} - \frac{1}{x^2} \right)$

2. 다음 극한값을 구하여라.

(1) $\displaystyle\lim_{x \to \infty} x^{\frac{1}{x}}$

(2) $\displaystyle\lim_{x \to 0^+} (\sin x)^x$

(3) $\displaystyle\lim_{x \to \infty} \left(\frac{x}{x-2} \right)^x$

(4) $\displaystyle\lim_{x \to 0} (1 + \tan x)^{\frac{1}{x}}$

(5) $\displaystyle\lim_{x \to \infty} \left(1 - \frac{1}{x^3} \right)^x$

(6) $\displaystyle\lim_{x \to \infty} (e^x + x)^{\frac{1}{x}}$

(7) $\displaystyle\lim_{x \to \infty} \left(\cos\left(\frac{2}{x} \right) \right)^{x^2}$

(8) $\displaystyle\lim_{x \to 0} (1 + ax)^{\frac{b}{x}}$

(9) $\displaystyle\lim_{x \to 0^+} (1 + x)^{\ln x}$

(10) $\displaystyle\lim_{x \to 0} \left(e^{\frac{x^2}{2}} \cos x \right)^{\frac{4}{x^4}}$

3. 임의의 다항식 $p(x)$에 대해 다음을 증명하여라.

$$\lim_{x \to \infty} p(x)e^{-x} = 0$$

4. $p > 0$이면, 다음이 성립함을 보여라.

$$\lim_{x \to \infty} \frac{\ln x}{x^p} = 0$$

5. 함수 $f(x)$의 도함수가 연속함수일 때, 다음 등식이 성립함을 증명하여라.

$$\lim_{h \to 0} \frac{f(x+h) - f(x-h)}{2h} = f'(x)$$

6장
적분

DIFFERENTIAL AND INTEGRAL CALCULUS

이 장에서는 미분의 역과정이라 할 수 있는 부정적분과, 영역의 넓이 및 극한의 개념으로 설명되는 정적분을 정의하고, 적분의 계산에 필요한 몇 가지 공식과 기본적인 정리에 대해 알아본다. 적분은 미분과 밀접한 연관성이 있으며, 미적분학의 기본정리는 이 두 개념을 통합하는 이론이다. 적분은 평면에서의 영역의 넓이, 공간도형의 부피, 곡선의 길이를 계산하는 데 이용될 뿐만 아니라 수학, 통계학, 공학 등의 여러 분야에서도 광범위하게 사용된다.

1절 부정적분

앞에서는 주어진 함수의 도함수를 구하는 문제를 생각하였다. 이 장에서는 반대로 주어진 함수를 도함수로 갖는 함수를 구하는 방법, 즉 함수 $f(x)$에 대해 $F'(x) = f(x)$인 함수 $F(x)$를 찾는 방법에 대해 알아본다. 이때 $F(x)$를 함수 $f(x)$의 **역도함수**(antiderivative)라고 한다. 예 컨대 x^3은 $3x^2$의 역도함수 가운데 하나이다. $3x^2$의 역도함수 중에는 $x^3 + 1$, $x^3 - 1$, $x^3 + 5$ 등 여러 가지가 있으며, 임의의 상수 C에 대하여 $x^3 + C$의 형태의 함수는 모두 $3x^2$의 역도함수 가 된다. 실제로 F와 G가 함수 f의 역도함수들이면

$$G'(x) - F'(x) = f(x) - f(x) = 0$$

이므로 $G(x) - F(x) = C$이다. 따라서 함수 $f(x)$의 한 역도함수가 $F(x)$이면 $f(x)$의 모든 역도 함수는 $F(x) + C$ (C는 임의의 상수)의 형태로 쓸 수 있다. 이 관계를

$$\int f(x)\, dx = F(x) + C \quad (C\text{는 임의의 상수})$$

로 나타내기로 한다. 여기서 $\int$를 적분기호, $f(x)$를 **피적분함수**(integrand), $F(x)$를 **특수적분** (particular integral), C는 **적분상수**(integral constant), $F(x) + C$를 $f(x)$의 **부정적분**이라고 한 다. 그리고 $f(x)$의 부정적분을 구하는 것을 $f(x)$를 **적분한**다고 한다.

적분 계산에서 자주 쓰이는 기본적인 적분 공식은 다음과 같다. 이 부정적분의 공식들은 우 변의 함수들을 미분하여 쉽게 보일 수 있다.

- $\displaystyle\int x^n dx = \dfrac{x^{n+1}}{n+1} + C \ (n \neq -1)$
- $\displaystyle\int \dfrac{1}{x} dx = \ln|x| + C$

- $\displaystyle\int \sin x\, dx = -\cos x + C$
- $\displaystyle\int \cos x\, dx = \sin x + C$

- $\displaystyle\int \sec^2 x\, dx = \tan x + C$
- $\displaystyle\int \csc^2 x\, dx = -\cot x + C$

- $\displaystyle\int \sec x \tan x\, dx = \sec x + C$
- $\displaystyle\int \csc x \cot x\, dx = -\csc x + C$

- $\displaystyle\int e^x dx = e^x + C$
- $\displaystyle\int a^x dx = \dfrac{a^x}{\ln a} + C$

- $\displaystyle\int \sinh x\, dx = \cosh x + C$
- $\displaystyle\int \cosh x\, dx = \sinh x + C$

$$\cdot \int \frac{1}{\sqrt{1-x^2}}\,dx = \sin^{-1}x + C \qquad\qquad \cdot \int \frac{1}{x^2+1}\,dx = \tan^{-1}x + C$$

$$\cdot \int \frac{1}{\sqrt{x^2+1}}\,dx = \sinh^{-1}x + C \qquad\qquad \cdot \int \frac{1}{\sqrt{x^2-1}}\,dx = \cosh^{-1}x + C$$

예1 (1) $\dfrac{d}{dx}\left(\dfrac{x^{n+1}}{n+1}\right) = \dfrac{1}{n+1}(n+1)x^n = x^n$ 이므로

$$\int x^n\,dx = \frac{x^{n+1}}{n+1} + C$$

이다.

(2) $(\sin x)' = \cos x$ 이므로

$$\int \cos x\,dx = \sin x + C$$

(3) $f(x) = \ln|x|$ 로 두면

$$f(x) = \begin{cases} \ln x, & x > 0 \\ \ln(-x), & x < 0 \end{cases}$$

이다. 두 영역에서 각각 미분을 구하면

$$f'(x) = \begin{cases} \dfrac{1}{x}, & x > 0 \\[2mm] \dfrac{1}{-x}(-1) = \dfrac{1}{x}, & x < 0 \end{cases}$$

이다. 따라서

$$\int \frac{1}{x}\,dx = \ln|x| + C, \quad x \neq 0$$ ∎

다음의 부정적분에 대한 공식은 미분에 대한 기본 공식으로부터 유도된다.

정리 6.1

함수 f와 g의 부정적분이 존재할 때 다음이 성립한다.

① $\displaystyle\int k f(x)\,dx = k \int f(x)\,dx$ (k는 상수)

② $\displaystyle\int [f(x) \pm g(x)]\,dx = \int f(x)\,dx \pm \int g(x)\,dx$

예제 6.1 $\int \left(x^3 + 2\sqrt{x} + 3\sin x \right) dx$를 구하여라.

[풀이] 부정적분을 구하면 다음과 같다.

$$\int \left(x^3 + 2\sqrt{x} + 3\sin x \right) dx = \int x^3 dx + 2\int x^{\frac{1}{2}} dx - 3 \int (-\sin x) dx$$

$$= \frac{1}{4} x^4 + \frac{4}{3} x^{\frac{3}{2}} - 3\cos x + C \qquad \blacksquare$$

예제 6.2 $\int \frac{\left(1 + 3\sqrt{x} \right)^2}{\sqrt{x}} dx$를 구하여라.

[풀이] 부정적분을 구하면 다음과 같다.

$$\int \frac{\left(1 + 3\sqrt{x} \right)^2}{\sqrt{x}} dx = \int (1 + 6\sqrt{x} + 9x)\, x^{-\frac{1}{2}} dx$$

$$= \int \left(x^{-\frac{1}{2}} + 6 + 9x^{\frac{1}{2}} \right) dx$$

$$= 2x^{\frac{1}{2}} + 6x + 9 \cdot \frac{2}{3} x^{\frac{3}{2}} + C$$

$$= 2\sqrt{x} + 6x + 6x\sqrt{x} + C \qquad \blacksquare$$

함수 $f(x)$의 부정적분은 임의의 상수를 포함하고 있다. 이것은 f의 임의의 두 역도함수의 그래프가 서로 수직방향으로 평행이동한 것을 알 수 있다. 특수적분 $F(x)$는 $y = F(x)$의 한 점 x에서의 y값이 주어지면 유일하게 결정된다.

예제 6.3 곡선 $y = f(x)$ 위의 점 (x, y)에서의 접선의 기울기가 $3x^2 - 3$이다. 이 곡선이 점 $(1, -1)$을 지날 때 이 곡선의 식을 구하여라.

[풀이] 곡선 $y = f(x)$ 위의 점 (x, y)에서의 접선의 기울기는

$$\frac{dy}{dx} = f'(x) = 3x^2 - 3$$

이므로

$$f(x) = \int (3x^2 - 3)\, dx = x^3 - 3x + C$$

가 된다. 한편 곡선이 점 $(1, -1)$을 지나므로

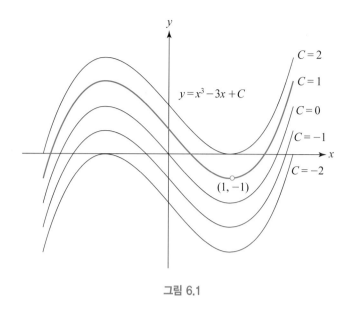

$$y = x^3 - 3x + C$$

$$C = 2$$
$$C = 1$$
$$C = 0$$
$$C = -1$$
$$C = -2$$

$$(1, -1)$$

그림 6.1

$$-1 = f(1) = -2 + C, \quad C = 1$$

이다. 따라서 구하는 곡선은 $y = x^3 - 3x + 1$이다(그림 6.1 참조). ■

역도함수는 움직이는 물체의 운동방정식을 분석하는 데 유용하게 사용된다. 직선을 따라 움직이는 물체의 위치함수가 $s(t)$이면 그 속도함수는 $v(t) = s'(t)$이다. 이로부터 위치함수가 속도함수의 역도함수로 주어짐을 알 수 있다. 그리고 가속도함수는 $a(t) = v'(t)$이므로 속도함수는 가속도함수의 역도함수가 됨을 알 수 있다. 만약 가속도함수 $a(t)$를 알고 있고, 물체의 초기위치 $s(0)$과 초기속도 $v(0)$가 주어져 있으면 이 물체의 위치함수 $s(t)$는 두번의 역도함수를 구하여 결정할 수 있다.

예제 6.4 한 물체가 4 m/s²의 등가속도로 직선 위를 움직이고 있다. $t = 0$일 때 이 물체의 위치는 $s = 2$ m이고, 그 속도는 $v = -3$ m/s이다. 이 물체의 위치함수를 구하여라.

[풀이] 가속도는 $a(t) = v'(t) = 4$이므로

$$v(t) = 4t + C_1$$

이고, $v(0) = -3$이므로 $C_1 = -3$이다. 따라서 속도함수는

$$v(t) = 4t - 3\,(\text{m/s})$$

이다. 그리고 $s'(t) = v(t)$이므로 $v(t)$의 역도함수를 구하면

$$s(t) = 2t^2 - 3t + C_2$$

를 얻는다. 여기서 $s(0) = 2$이므로 $C_2 = 2$이다. 따라서 물체의 위치함수는

$$s(t) = 2t^2 - 3t + 2\,(\text{m})$$

이다.　■

연습문제 6.1

1. 다음 부정적분을 구하여라.

(1) $\displaystyle\int (3x - 2)^2\,dx$

(2) $\displaystyle\int \frac{1}{x^3}\,dx$

(3) $\displaystyle\int \frac{3 + 2x^2}{x^2}\,dx$

(4) $\displaystyle\int \frac{1}{x\sqrt{2x}}\,dx$

(5) $\displaystyle\int (x\sqrt{x} - 5)^2\,dx$

(6) $\displaystyle\int \frac{x^3 - 1}{x - 1}\,dx$

(7) $\displaystyle\int \sqrt[3]{3x}\,dx$

(8) $\displaystyle\int \sqrt{x + 2}\,dx$

(9) $\displaystyle\int (\sin x + 2\cos x)\,dx$

(10) $\displaystyle\int \left(\sec^2 x + \frac{1}{1 + x^2}\right)dx$

(11) $\displaystyle\int (\sinh x + \cosh x)\,dx$

(12) $\displaystyle\int \left(\frac{2}{\sqrt{1 - x^2}} + \frac{3}{\sqrt{x^2 + 1}}\right)dx$

2. 다음 조건을 만족하는 함수 $f(x)$를 구하여라.

(1) $f'(x) = (x + 1)(x + 2)$;　$f(-3) = -\dfrac{3}{2}$

(2) $f'(x) = x^2\sqrt{x}$;　$f(1) = 0$

(3) $f'(x) = \dfrac{x^2 - 4}{x^2}$;　$f(4) = 1$

(4) $f'(x) = (2 - x)^3$; $f(-2) = 10$

3. $y'' = 6x - 2$이며, 점 $(0, 1)$과 $(1, 3)$을 지나는 곡선의 식 $y = f(x)$를 구하여라.

4. 그래프 $y = f(x)$ 위의 점 $(1, 2)$에서의 접선이 수평이고 $y'' = x$인 함수 $f(x)$를 구하여라.

5. $y'' = 2x + 6$이며 $y(0) = -2$, $y'(0) = 1$인 함수 $y = f(x)$를 구하여라.

6. 모든 실수 x에 대하여 $f'(x) = f(x)$가 성립하고, $f(0) = 2$인 함수 $f(x)$를 구하여라.

7. 함수 $f(x)$는 모든 점에서 연속이고

$$f'(x) = \begin{cases} 1, & x < 1 \\ 3x, & x > 1 \end{cases}$$

이다. $f(0) = 5$일 때 $f(x)$를 구하여라.

8. 직선 위를 움직이는 물체의 가속도함수가 $a(t) = 2t + 3$ m/s^{2}이다. 시각 $t = 0$일 때 이 물체의 위치는 $s(0) = 3$ m이고, 그 속도는 $v(0) = -5$ m/s일 때 이 물체의 위치함수 $s(t)$를 구하여라.

9. 지면에서의 높이가 200 m인 탑의 꼭대기에서 초속 40 m의 속도로 위쪽 수직방향으로 돌을 던졌다. 이 돌이 지면에 닿을 때까지 걸리는 시간을 구하여라(중력가속도는 $a(t) = -10$ m/s^{2}이고 공기저항은 무시함).

10. 어떤 자동차는 정지상태에서 시속 100 km로 가속하는 데 10초가 걸린다. 자동차의 가속도가 일정하다고 가정할 때, 이 자동차의 가속도와 10초 동안의 주행거리를 구하여라.

11. 비행기가 착륙한 후 t초 경과한 때의 속도가 $v(t) = 180 - 18t$ m/s$(0 \le t \le 10)$이다. 비행기가 착륙한 후 정지할 때까지의 지상에서의 이동거리를 구하여라.

■ 시그마 기호

정적분을 정의할 때는 많은 항의 합이 나타난다. 이러한 합을 표기하는 편리한 방법으로 다음의 시그마 기호(Σ)를 사용한다.

정의 6.1

n개의 항 a_1, a_2, $\cdots$, a_n의 합은

$$\sum_{i=1}^{n} a_i = a_1 + a_2 + \cdots + a_n$$

로 나타낸다.

예2 시그마 기호를 사용하는 예들은 다음과 같다.

(1) $\displaystyle\sum_{i=1}^{5} i = 1 + 2 + 3 + 4 + 5 = 15$

(2) $\displaystyle\sum_{j=0}^{4} (j + 1) = 1 + 2 + 3 + 4 + 5 = 15$

(3) $\displaystyle\sum_{k=2}^{7} k^2 = 2^2 + 3^2 + 4^2 + 5^2 + 6^2 + 7^2 = 139$

(4) $\displaystyle\sum_{k=1}^{n} \frac{1}{k} = 1 + \frac{1}{2} + \frac{1}{3} + \cdots + \frac{1}{n-1} + \frac{1}{n}$

정리 6.2

시그마 기호에 대하여 다음 법칙들이 성립한다.

① $\displaystyle\sum_{i=1}^{n} ca_i = c\sum_{i=1}^{n} a_i$ (c는 상수)

② $\displaystyle\sum_{i=1}^{n} (a_i \pm b_i) = \sum_{i=1}^{n} a_i \pm \sum_{i=1}^{n} b_i$

다음의 합의 공식이 성립한다.

① $\displaystyle\sum_{i=1}^{n} c = cn$ ② $\displaystyle\sum_{i=1}^{n} i = \frac{n(n+1)}{2}$

③ $\displaystyle\sum_{i=1}^{n} i^2 = \frac{n(n+1)(2n+1)}{6}$ ④ $\displaystyle\sum_{i=1}^{n} i^3 = \left[\frac{n(n+1)}{2}\right]^2$

[증명] ③의 증명만 보이기로 한다. 구하는 합을 $S = \displaystyle\sum_{i=1}^{n} i^2$라 두고, 다음의 합을 구하면

$$\sum_{i=1}^{n}\left[(i+1)^3 - i^3\right] = (2^3 - 1^3) + (3^3 - 2^3) + (4^3 - 3^3) + \cdots + \left[(n+1)^3 - n^3\right]$$

$$= (n+1)^3 - 1^3 = n^3 + 3n^2 + 3n$$

이다. 한편 위의 합을 또 다른 방법으로 구하면

$$\sum_{i=1}^{n}\left[(i+1)^3 - i^3\right] = \sum_{i=1}^{n}\left[3i^2 + 3i + 1\right]$$

$$= 3\sum_{i=1}^{n} i^2 + 3\sum_{i=1}^{n} i + \sum_{i=1}^{n} 1$$

$$= 3S + 3\frac{n(n+1)}{2} + n$$

$$= 3S + \frac{3}{2}n^2 + \frac{5}{2}n$$

이므로

$$n^3 + 3n^2 + 3n = 3S + \frac{3}{2}n^2 + \frac{5}{2}n$$

이 성립한다. 이 등식에서 S에 대하여 풀면

$$S = \frac{2n^3 + 3n^2 + n}{6} = \frac{n(n+1)(2n+1)}{6}$$

이 된다. ∎

예제 6.5 극한 $\displaystyle\lim_{n\to\infty} \sum_{i=1}^{n} \frac{1}{n}\left[\left(\frac{i}{n}\right)^2 + 2\frac{i}{n} + 3\right]$을 구하여라.

[풀이] 합의 공식들을 이용하면

$$\sum_{i=1}^{n} \frac{1}{n}\left[\left(\frac{i}{n}\right)^2 + 2\frac{i}{n} + 3\right] = \frac{1}{n^3}\sum_{i=1}^{n} i^2 + \frac{2}{n^2}\sum_{i=1}^{n} i + \frac{1}{n}\sum_{i=1}^{n} 3$$

$$= \frac{1}{n^3}\frac{n(n+1)(2n+1)}{6} + \frac{2}{n^2}\frac{n(n+1)}{2} + \frac{1}{n}(3n)$$

$$= \frac{1}{6}\left(1 + \frac{1}{n}\right)\left(2 + \frac{1}{n}\right) + \left(1 + \frac{1}{n}\right) + 3$$

$$= \frac{1}{6}\left(1 + \frac{1}{n}\right)\left(2 + \frac{1}{n}\right) + \frac{1}{n} + 4$$

를 얻는다. 따라서 구하는 극한은

$$\lim_{n \to \infty} \sum_{i=1}^{n} \frac{1}{n}\left[\left(\frac{i}{n}\right)^2 + 2\frac{i}{n} + 3\right] = \frac{1}{6} \cdot 1 \cdot 2 + 4 = \frac{13}{3}$$

이다. ■

■ 영역의 넓이

다각형의 넓이는 직사각형이나 삼각형과 같은 기본 도형으로 분할하여, 각 기본 도형의 넓이를 합하여 구할 수 있다. 그러나 곡선으로 둘러싸인 일반적인 영역에 대하여는 이와 같은 방법으로는 넓이를 구할 수 없다. 곡선으로 둘러싸인 일반적인 도형의 넓이를 구하는 방법은 주어진 영역을 기본 도형과 비슷한 여러 개의 소영역으로 나누고, 각 소영역에 근사된 기본 도형들의 넓이의 합을 구함으로서 전체 영역의 넓이의 근삿값을 구한 후, 기본 도형들의 넓이의 합과 영역의 넓이의 오차가 한없이 줄어들 수 있도록 소영역을 세분하여 주어진 영역의 넓이를 구하는 것이다.

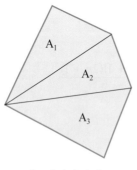

$A = A_1 + A_2 + A_3$

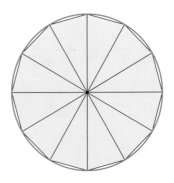

원의 넓이 ≈ 삼각형들의 넓이의 합

그림 6.2

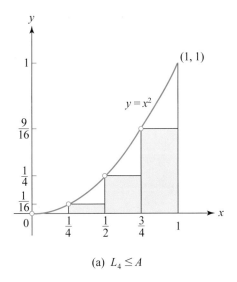 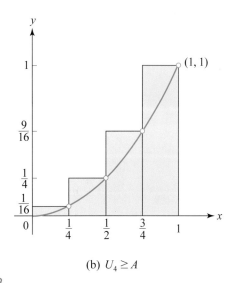

(a) $L_4 \leq A$ (b) $U_4 \geq A$

그림 6.3

이 과정을 좀더 구체적으로 설명하기 위하여 포물선 $y = x^2$과 x축 및 직선 $x = 1$로 둘러싸인 영역의 넓이 A를 구해 보기로 한다. 그림 6.3과 같이 구간 $[0, 1]$을 n개의 같은 길이를 갖는 소구간으로 나누면 각 소구간의 길이는 $\dfrac{1}{n}$이고, 각 분점은

$$0, \ \frac{1}{n}, \ \frac{2}{n}, \ \cdots, \ \frac{n-1}{n}, \ \frac{n}{n} = 1$$

이다. 이 분점들에서 y의 값을 구하면

$$0^2, \ \left(\frac{1}{n}\right)^2, \ \left(\frac{2}{n}\right)^2, \ \cdots, \ \left(\frac{n-1}{n}\right)^2, \ \left(\frac{n}{n}\right)^2$$

이다.

그림 6.3과 같이 각 소구간 위에서 높이가 그 소구간의 왼쪽 끝점에서의 함숫값인 직사각형을 만들고, 이 직사각형들의 넓이의 합을 구하면

$$
\begin{aligned}
L_n &= \frac{1}{n}\left(\frac{0}{n}\right)^2 + \frac{1}{n}\left(\frac{1}{n}\right)^2 + \frac{1}{n}\left(\frac{2}{n}\right)^2 + \cdots + \frac{1}{n}\left(\frac{n-1}{n}\right)^2 \\
&= \sum_{i=0}^{n-1} \frac{1}{n}\left(\frac{i}{n}\right)^2 = \frac{1}{n^3}\sum_{i=0}^{n-1} i^2 \\
&= \frac{1}{n^3}\frac{(n-1)n(2n-1)}{6} \\
&= \frac{1}{6}\left(1 - \frac{1}{n}\right)\left(2 - \frac{1}{n}\right)
\end{aligned}
$$

이다. 같은 방법으로 각 소구간 위에서 높이가 그 소구간의 오른쪽 끝점에서의 함숫값인 직사각형을 만들고, 그 직사각형들의 넓이의 합을 구하면

$$U_n = \frac{1}{n}\left(\frac{1}{n}\right)^2 + \frac{1}{n}\left(\frac{2}{n}\right)^2 + \frac{1}{n}\left(\frac{3}{n}\right)^2 + \cdots + \frac{1}{n}\left(\frac{n}{n}\right)^2$$

$$= \frac{1}{n^3}\sum_{i=1}^{n} i^2$$

$$= \frac{1}{n^3}\frac{n(n+1)(2n+1)}{6}$$

$$= \frac{1}{6}\left(1+\frac{1}{n}\right)\left(2+\frac{1}{n}\right)$$

이다. 함수 $y = x^2$은 구간 [0, 1]에서 증가함수이므로 각 소구간의 왼쪽 끝점에서 그 소구간에서의 함수의 최솟값, 오른쪽 끝점에서 그 소구간에서의 함수의 최댓값을 가진다. 따라서 영역의 넓이 A에 대하여

$$L_n \leq A \leq U_n$$

의 부등식이 성립한다. 그런데

$$\lim_{n \to \infty} L_n = \frac{1}{3} = \lim_{n \to \infty} U_n$$

이므로 구하는 영역의 넓이는 $A = \frac{1}{3}$이다. 위 예에서 소개된 방식으로 영역의 넓이를 구하는 방법을 **구분구적법**이라 한다.

연습문제 6.2

1. 시그마 기호를 사용하여 다음을 나타내어라.

(1) $a_1 + a_2^2 + a_3^3 + a_4^4 + a_5^5$

(2) $a_1 b_1 + a_2 b_2 + a_3 b_3 + a_4 b_4$

(3) $a_1(b_1 + b_2 + b_3) + a_2(b_1 + b_2 + b_3) + a_3(b_1 + b_2 + b_3)$

2. 다음 합을 구하여라.

(1) $\displaystyle\sum_{i=1}^{3}(2^i + i^2)$

(2) $\displaystyle\sum_{j=0}^{3}(j+1)(j+2)$

(3) $\displaystyle\sum_{n=1}^{4}\frac{(-1)^{n-1}}{n}$

(4) $\displaystyle\sum_{k=1}^{10}\frac{1}{k(k+1)}$

(5) $\displaystyle\sum_{i=1}^{3}\left(\sum_{j=1}^{2}(i+1)j\right)$

(6) $\displaystyle\sum_{j=1}^{2}\left(\sum_{i=1}^{3}(i+1)j\right)$

3. $\displaystyle\sum_{i=1}^{n}a_i = 2$, $\displaystyle\sum_{i=1}^{n}b_i = 3$일 때 다음을 구하여라.

(1) $\displaystyle\sum_{i=1}^{n}5a_i$

(2) $\displaystyle\sum_{i=1}^{n}(a_i + b_i)$

(3) $\displaystyle\sum_{i=1}^{n}(a_i - b_i)$

(4) $\displaystyle\sum_{i=1}^{n}(4a_i + 5b_i)$

4. 다음 합을 구하여라.

(1) $\displaystyle\sum_{i=1}^{10}(2i+3)$

(2) $\displaystyle\sum_{i=1}^{10}(i^2 + 2i + 1)$

(3) $\displaystyle\sum_{i=1}^{10}i(i+1)$

(4) $\displaystyle\sum_{i=1}^{10}i(i+1)(i+2)$

5. 다음 극한을 구하여라.

(1) $\displaystyle\lim_{n\to\infty}\sum_{i=1}^{n}\frac{2}{n}\left[\left(\frac{2i}{n}\right)^2 + \frac{2i}{n} + 2\right]$

(2) $\displaystyle\lim_{n\to\infty}\sum_{i=1}^{n}\frac{1}{n}\left[\left(\frac{i}{n}\right)^3 + \left(\frac{i}{n}\right)^2 + \frac{i}{n} + 1\right]$

6. 구분구적법으로 구간 $[a, b]$에서 주어진 함수의 그래프와 x축 사이에 놓이는 영역의 넓이를 구하여라.

(1) $y = -2x + 3$, $[a, b] = [0, 1]$

(2) $y = 4 - x^2$, $[a, b] = [0, 2]$

(3) $y = x^3$, $[a, b] = [0, 1]$

(4) $y = e^x$, $[a, b] = [0, 1]$

함수 $f(x)$가 닫힌구간 $[a, b]$에서 유계라고 하자. 즉 모든 $x \in [a, b]$에 대하여

$$|f(x)| \leq M$$

인 $M > 0$이 존재한다고 하자. 닫힌구간에서 유계인 함수가 반드시 최댓값, 최솟값을 갖는 것은 아니지만 그 구간에서 함숫값의 상한과 하한은 항상 존재한다.

정적분을 정의하기 위해 몇 가지 용어에 대한 정의가 필요하다. 구간 $[a, b]$에서

$$a = x_0 < x_1 < x_2 < \cdots < x_{n-1} < x_n = b$$

를 만족하는 집합

$$P = \{x_0, \ x_1, \ x_2, \ \cdots, \ x_n\}$$

을 구간 $[a, b]$의 **분할**(partition)이라고 한다. 구간 $[a, b]$는 분할 P에 의해 n개의 소구간

$$[x_0, \ x_1], [x_1, \ x_2], [x_2, \ x_3], \cdots, [x_{n-1}, \ x_n]$$

으로 나뉜다. 분할 P에서 i번째 소구간의 길이는

$$\Delta x_i = x_i - x_{i-1}$$

로 쓰고, 가장 긴 소구간의 길이는 $\|P\|$로 나타낸다. 즉

$$\|P\| = \max\{\Delta x_1, \Delta x_2, \cdots, \Delta x_n\}$$

이다. 함수 $f(x)$가 닫힌구간 $[a, b]$에서 유계인 함수이고

$$P = \{x_0, \ x_1, \ x_2, \cdots, \ x_n\}$$

이 $[a, b]$의 분할일 때

$$m_i = \inf\{f(x) \mid x_{i-1} \leq x \leq x_i\}$$

$$M_i = \sup\{f(x) \mid x_{i-1} \leq x \leq x_i\}$$

이라고 하자.

$$U(f, P) = \sum_{i=1}^{n} M_i \Delta x_i$$

를 함수 f의 분할 P에 대한 **상합**(upper sum), 그리고

$$L(f, P) = \sum_{i=1}^{n} m_i \Delta x_i$$

를 함수 f의 분할 P에 대한 **하합**(lower sum)이라고 한다.

또 $x_i^*(i = 1, 2, \cdots, n)$을 구간 $[x_{i-1}, x_i]$에 속하는 임의의 점이라고 할 때

$$R(f, P) = \sum_{i=1}^{n} f(x_i^*) \Delta x_i$$

를 함수 f의 분할 P에 대한 **리만합**(Riemann sum)이라고 한다.

위의 정의에 의하면 모든 $i(i = 1, 2, \cdots, n)$에 대하여

$$m_i \leq f(x_i^*) \leq M_i, \quad \Delta x_i > 0$$

이므로

$$L(f, P) \leq R(f, P) \leq U(f, P)$$

가 성립한다.

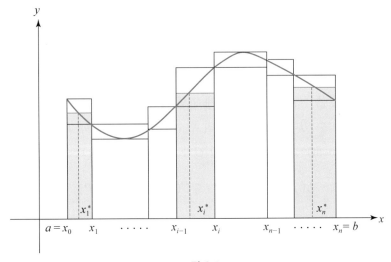

그림 6.4

예제 6.6 함수 $f(x) = x^2$, 구간 $[0, 1]$의 분할 $P = \left\{0, \dfrac{1}{4}, \dfrac{1}{2}, 1\right\}$ 및 각 소구간에서 택한 점 $x_1^* = \dfrac{1}{7}$, $x_2^* = \dfrac{2}{7}$, $x_3^* = \dfrac{4}{7}$에 대하여 함수 f의 상합, 하합 및 리만합을 구하여라.

[풀이] 분할 P에 의해 나누어지는 세개의 소구간 $\left[0, \dfrac{1}{4}\right]$, $\left[\dfrac{1}{4}, \dfrac{1}{2}\right]$, $\left[\dfrac{1}{2}, 1\right]$에 대하여

$$\Delta x_1 = \frac{1}{4}, \ \Delta x_2 = \frac{1}{4}, \ \Delta x_3 = \frac{1}{2}$$

$$M_1 = \frac{1}{4^2}, \ M_2 = \frac{1}{2^2}, \ M_3 = 1$$

$$m_1 = 0, \ m_2 = \frac{1}{4^2}, \ m_3 = \frac{1}{2^2}$$

이고, 주어진 세 점에서의 함숫값은

$$f(x_1^*) = \left(\frac{1}{7}\right)^2, \quad f(x_2^*) = \left(\frac{2}{7}\right)^2, \quad f(x_3^*) = \left(\frac{4}{7}\right)^2$$

이므로 f의 상합, 하합 및 리만합은 각각

$$U(f, P) = \sum_{i=1}^{3} M_i \Delta x_i = \frac{1}{16} \cdot \frac{1}{4} + \frac{1}{4} \cdot \frac{1}{4} + 1 \cdot \frac{1}{2} = \frac{37}{64}$$

$$L(f, P) = \sum_{i=1}^{3} m_i \Delta x_i = 0 \cdot \frac{1}{4} + \frac{1}{16} \cdot \frac{1}{4} + \frac{1}{4} \cdot \frac{1}{2} = \frac{9}{64}$$

$$R(f, P) = \sum_{i=1}^{3} f(x_i^*) \Delta x_i = \frac{1}{49} \cdot \frac{1}{4} + \frac{4}{49} \cdot \frac{1}{4} + \frac{16}{49} \cdot \frac{1}{2} = \frac{37}{196}$$

이다. ■

분할 P에 몇 개의 점을 추가하여 분점이 더 많은 새로운 분할을 얻을 수 있다. 그러므로 주어진 분할에 충분히 많은 점들을 각 소구간에 고르게 추가하면 각 소구간의 길이가 모두 아주 작아지는 분할을 만들 수 있다. 구간 $[a, b]$의 두 분할 P와 Q 사이에 $P \subset Q$의 관계가 있으면 Q를 P의 **세분**(refinement)이라고 한다. 분할 Q가 P의 세분이면 $\|Q\| \leq \|P\|$이고

$$L(f, P) \leq L(f, Q) \leq U(f, Q) \leq U(f, P)$$

이 성립함을 알 수 있다(연습문제 6번). 이제 구간 $[a, b]$의 모든 소구간의 길이가 한없이 작아지도록 분할을 세분해가면, 즉

$$P_1 \subset P_2 \subset P_3 \subset \cdots$$

이면

$$\|P_1\| \geq \|P_2\| \geq \|P_3\| \geq \cdots$$

$$L(f, P_1) \leq L(f, P_2) \leq L(f, P_3) \leq \cdots \leq U(f, P_3) \leq U(f, P_2) \leq U(f, P_1)$$

이 성립한다. 이때 $[a, b]$의 분할을 한없이 세분해 나갈 때, f의 상합 $U(f, P_n)$과 하합 $L(f, P_n)$이 같은 값으로 수렴할 것인가라는 문제를 생각하게 된다. 그리고 이 문제는 영역의 넓이가 잘 정의될 수 있는가라는 문제와 밀접한 연관성이 있음을 보았다.

> **정의 6.3**
>
> 함수 f가 구간 $[a, b]$에서 유계이고, 임의의 $\epsilon > 0$에 대하여 구간 $[a, b]$의 어떤 분할 P가 존재하여
>
> $$U(f, P) - L(f, P) < \epsilon$$
>
> 을 만족할 때, 함수 f는 구간 $[a, b]$에서 **적분가능하다**(integrable)라고 한다.

주어진 구간에서 유계인 함수가 모두 적분가능한 것은 아니다. 다음은 적분 불가능한 함수의 예이다.

예제 6.7 다음 함수 $f(x)$는 구간 $[0, 1]$에서 적분가능하지 않음을 보여라.

$$f(x) = \begin{cases} 1, & x\text{는 유리수} \\ 0, & x\text{는 무리수} \end{cases}$$

[풀이] $P = \{x_0, x_1, \cdots, x_n\}$가 구간 $[0, 1]$의 임의의 분할이라고 하자. 각 소구간 $[x_{i-1}, x_i]$에는 유리수와 무리수가 항상 공존하므로

$$M_i = \sup\{f(x) \mid x_{i-1} \leq x \leq x_i\} = 1$$

$$m_i = \inf\{f(x) \mid x_{i-1} \leq x \leq x_i\} = 0$$

이다. 따라서

$$L(f, P) = \sum_{i=1}^{n} m_i \Delta x_i = \sum_{i=1}^{n} 0 \cdot \Delta x_i = 0$$

$$U(f, P) = \sum_{i=1}^{n} M_i \Delta x_i = \sum_{i=1}^{n} 1 \cdot \Delta x_i = 1 - 0 = 1$$

이다. 그러므로 구간 [0, 1]의 임의의 분할 P에 대하여 항상

$$U(f, P) - L(f, P) = 1$$

이 된다. 특별히 $\epsilon = \dfrac{1}{2}$을 택하면

$$U(f, P) - L(f, P) < \epsilon$$

을 만족하는 구간 [0, 1]의 분할 P가 존재할 수 없으므로, 함수 f는 구간 [0, 1]에서 적분가능하지 않다. ■

매번 정적분의 정의에 의해 적분가능성을 판정하는 것은 번거로운 일이다. 다음의 정리는 주어진 함수의 적분가능성을 판정할 수 있는 중요한 결과들이다. 이 정리의 증명은 이 책의 수준보다 높은 지식을 요구하므로 생략한다.

> **정리 6.4**
>
> 함수 $f(x)$가 닫힌구간 $[a, b]$에서 연속이면, $f(x)$는 이 구간 $[a, b]$에서 적분가능하다.

> **정리 6.5**
>
> 함수 $f(x)$가 닫힌구간 $[a, b]$에서 유계일 때, $f(x)$가 $[a, b]$에서 적분가능하기 위한 필요충분조건은 리만합의 극한 $\lim\limits_{\|P\| \to 0} \sum\limits_{i=1}^{n} f(x_i^*) \Delta x_i$가 존재하는 것이다.

참고 1 극한 $\lim\limits_{\|P\| \to 0} \sum\limits_{i=1}^{n} f(x_i^*) \Delta x_i = I$의 정확한 의미는 다음과 같다.

임의의 수 $\epsilon > 0$에 대하여 적당한 $\delta > 0$가 존재하여 $\|P\| < \delta$를 만족하는 구간 $[a, b]$의 모든 분할 P와 각 소구간 $[x_{i-1}, x_i]$에서 택한 임의의 점 x_i^*에 대하여

$$\left| \sum_{i=1}^{n} f(x_i^*) \Delta x_i - I \right| < \epsilon$$

이 성립한다.

> **정의 6.4**
>
> 함수 f가 구간 $[a, b]$에서 적분가능할 때, 구간 $[a, b]$의 분할 P에 대한 f의 리만합의 극한값을
>
> $$\lim_{\|P\| \to 0} \sum_{i=1}^{n} f(x_i^*) \Delta x_i = \int_a^b f(x)\, dx$$
>
> 로 나타내고, 구간 $[a, b]$에서의 f의 **정적분**이라고 한다.

참고 2 정적분에서

$$\int_a^a f(x)\, dx = 0, \qquad \int_b^a f(x)\, dx = -\int_a^b f(x)\, dx$$

로 정의한다.

정적분의 계산에서는 구간 $[a, b]$를 소구간으로 나눌 때 정규분할, 즉 모든 소구간의 길이가 동일한 분할을 택하는 것이 편리하다. 이 경우에는

$$\Delta x = \Delta x_1 = \cdots = \Delta x_n = \frac{b-a}{n}$$

이고

$$x_0 = a, \, x_1 = a + \Delta x, \, \cdots, \, x_i = a + i\Delta x, \, \cdots, \, x_n = b$$

가 된다. 그리고 $\|P\| = \Delta x = \dfrac{b-a}{n}$이므로 $n \to \infty$와 $\|P\| \to 0$은 동치이고

$$\int_a^b f(x)\, dx = \lim_{\|P\| \to 0} \sum_{i=1}^{n} f(x_i^*) \Delta x_i$$

$$= \lim_{n \to \infty} \sum_{i=1}^{n} f(x_i^*) \Delta x$$

가 성립한다. 여기서 특별히 x_i^*를 소구간 $[x_{i-1}, x_i]$의 오른쪽 끝점으로 각각 택하면

$$x_i^* = x_i = a + i\Delta x = a + i\frac{b-a}{n}$$

이므로, 정적분 계산에 대한 다음의 공식을 얻을 수 있다.

정리 6.6

함수 $f(x)$가 구간 $[a, b]$에서 적분가능하면

$$\int_a^b f(x)\,dx = \lim_{n \to \infty} \sum_{i=1}^n f(x_i)\Delta x \tag{6.1}$$

이다. 여기서 $\Delta x = \dfrac{b-a}{n}$, $x_i = a + i\Delta x$이다.

예제 6.8 리만합의 극한으로 정적분 $\displaystyle\int_0^1 x^2\,dx$를 구하여라.

[풀이] $f(x) = x^2$는 연속함수이므로, 구간 $[0, 1]$에서 적분가능하다. 구간 $[0, 1]$의 정규분할에서

$$\Delta x = \frac{1-0}{n} = \frac{1}{n}, \quad x_i = i\Delta x = \frac{i}{n}$$

이므로

$$\int_0^1 x^2\,dx = \lim_{n \to \infty} \sum_{i=1}^n f(x_i)\Delta x = \lim_{n \to \infty} \sum_{i=1}^n \left(\frac{i}{n}\right)^2 \frac{1}{n}$$

$$= \lim_{n \to \infty} \frac{1}{n^3} \sum_{i=1}^n i^2 = \lim_{n \to \infty} \frac{1}{n^3} \frac{n(n+1)(2n+1)}{6}$$

$$= \frac{1}{3}$$

이다. ■

연습문제 6.3

1. 다음 함수의 주어진 분할에 대한 상합, 하합 및 리만합을 구하여라.

(1) $f(x) = 2x + 1$, $P = \{0, 0.5, 1, 1.5, 2, 2.5, 3\}$, $x_i^* = x_{i-1}$

(2) $f(x) = x^2 + 1$, $P = \{1, 1.5, 2, 2.5, 3\}$, $x_i^* = x_i$

(3) $f(x) = \dfrac{1}{x}$, $P = \{1, 2, 3, 4\}$, $x_i^* = \dfrac{x_{i-1} + x_i}{2}$

2. 리만합의 극한(정리 6.6)을 이용하여 다음 정적분을 구하여라.

(1) $\displaystyle\int_0^3 (2x+1)\,dx$ 　　　　　(2) $\displaystyle\int_0^3 (3x^2+1)\,dx$

(3) $\displaystyle\int_a^b x^2\,dx$ 　　　　　(4) $\displaystyle\int_a^b e^x\,dx$

3. 다음 수열의 극한을 정적분으로 나타내어라.

(1) $a_n = \dfrac{1}{n^3}\left(1^2 + 2^2 + 3^2 + \cdots + n^2\right)$

(2) $a_n = \dfrac{1}{n+1} + \dfrac{1}{n+2} + \cdots + \dfrac{1}{2n}$

(3) $a_n = \dfrac{1}{n\sqrt{n}}\left(\sqrt{1} + \sqrt{2} + \cdots + \sqrt{n}\right)$

(4) $a_n = \dfrac{1}{\sqrt{n^2+n}} + \dfrac{1}{\sqrt{n^2+2n}} + \cdots + \dfrac{1}{\sqrt{n^2+n^2}}$

(5) $a_n = \dfrac{1}{n} + \dfrac{1}{\sqrt{n^2+1^2}} + \dfrac{1}{\sqrt{n^2+2^2}} + \cdots + \dfrac{1}{\sqrt{n^2+(n-1)^2}}$

4. 구간 $[a,\,b]$에서 다음 극한을 정적분으로 나타내어라.

(1) $\displaystyle\lim_{\|P\|\to 0} \sum_{i=1}^{n} \left[(x_i^*)^2 + 3x_i^* + 2\right]\Delta x_i, \quad [a,\,b] = [0,\,1]$

(2) $\displaystyle\lim_{\|P\|\to 0} \sum_{i=1}^{n} \sin x_i^* \Delta x_i, \quad [a,\,b] = [0,\,\pi]$

5. 다음 극한을 정적분으로 나타내어라.

(1) $\displaystyle\lim_{n\to\infty} \sum_{i=1}^{n} \frac{4}{n}\sqrt{1 + \frac{2i}{n}}$

(2) $\displaystyle\lim_{n\to\infty} \sum_{i=1}^{n} \left[2\left(1 + \frac{2i}{n}\right)^3 + 4\right]\frac{2}{n}$

6. 구간 $[a,\,b]$의 두 분할 P와 Q에 대하여, 분할 Q가 P의 세분일 때 다음이 성립함을 보여라.

$$L(f,\,P) \leq L(f,\,Q) \leq U(f,\,Q) \leq U(f,\,P)$$

4절   정적분의 성질

이 절에서는 정적분의 성질, 미분과 적분의 관계 및 부정적분을 이용하여 정적분을 계산할 수 있는 미적분학의 기본정리에 대해 알아본다.

정리 6.7

함수 $f(x)$와 $g(x)$가 모두 구간 $[a, b]$에서 연속이면 다음이 성립한다.

① $\displaystyle\int_a^b cf(x)\,dx = c\int_a^b f(x)\,dx$ (c는 상수)

② $\displaystyle\int_a^b [f(x) \pm g(x)]\,dx = \int_a^b f(x)\,dx \pm \int_a^b g(x)\,dx$

③ $\displaystyle\int_a^b f(x)\,dx = \int_a^c f(x)\,dx + \int_c^b f(x)\,dx$ $(a < c < b)$

[증명] ②에서 합의 법칙만 증명하기로 한다. 먼저 f와 g가 모두 구간 $[a, b]$에서 연속이므로 $f + g$도 이 구간에서 연속이다. 따라서 $f + g$는 구간 $[a, b]$에서 적분가능하다. 정규분할에서 x_i^*를 소구간 $[x_{i-1}, x_i]$의 오른쪽 끝점으로 각각 택하면, 즉 $x_i^* = x_i$이면, 정리 6.6에 의하여 다음이 성립한다.

$$\int_a^b [f(x) + g(x)]\,dx = \lim_{n \to \infty} \sum_{i=1}^n [f(x_i) + g(x_i)]\Delta x$$

$$= \lim_{n \to \infty} \left[\sum_{i=1}^n f(x_i)\Delta x + \sum_{i=1}^n g(x_i)\Delta x \right]$$

$$= \lim_{n \to \infty} \sum_{i=1}^n f(x_i)\Delta x + \lim_{n \to \infty} \sum_{i=1}^n g(x_i)\Delta x$$

$$= \int_a^b f(x)\,dx + \int_a^b g(x)\,dx$$ ∎

정리 6.8

함수 $f(x)$와 $g(x)$가 모두 구간 $[a, b]$에서 연속이면 다음이 성립한다.

① 구간 $[a, b]$에서 $f(x) \geq 0$이면, $\displaystyle\int_a^b f(x)\,dx \geq 0$이다.

② 구간 $[a, b]$에서 $f(x) \leq g(x)$이면, $\displaystyle\int_a^b f(x)\,dx \leq \int_a^b g(x)\,dx$이다.

---

③ $\left| \int_a^b f(x)\,dx \right| \leq \int_a^b |f(x)|\,dx$

[증명] ③의 부등식만 증명하기로 한다. 함수 f가 연속이므로 $|f|$도 연속이고, 적분가능하다. 구간 $[a, b]$의 모든 점 x에서

$$-|f(x)| \leq f(x) \leq |f(x)|$$

이므로, ②의 부등식에 의해

$$-\int_a^b |f(x)|\,dx \leq \int_a^b f(x)\,dx \leq \int_a^b |f(x)|\,dx$$

가 된다. 따라서 $\left| \int_a^b f(x)\,dx \right| \leq \int_a^b |f(x)|\,dx$ 가 증명된다. ∎

정리 6.9 적분의 평균값 정리

함수 $f(x)$가 구간 $[a, b]$에서 연속이면

$$\frac{1}{b-a} \int_a^b f(x)\,dx = f(c)$$

가 되는 상수 c가 구간 $[a, b]$에 존재한다.

[증명] $f(x)$가 닫힌구간 $[a, b]$에서 연속이므로, 구간 $[a, b]$에서 f의 최댓값 M과 f의 최솟값 m이 존재한다. 그러면

$$m(b-a) \leq \int_a^b f(x)\,dx \leq M(b-a)$$

가 성립하므로

$$m \leq \frac{1}{b-a} \int_a^b f(x)\,dx \leq M$$

이다. 만일 $m = M$이면 f는 상수함수이므로, 정리는 자명하게 성립한다. 그리고 $m < M$이면 중간값 정리에 의해

$$f(c) = \frac{1}{b-a} \int_a^b f(x)\,dx$$

인 c가 구간 $[a, b]$에 존재한다. ∎

참고 3 구간 $[a, b]$에서 함수 f가 적분가능할 때

$$f_{avg} = \frac{1}{b-a} \int_a^b f(x) \, dx \tag{6.2}$$

를 구간 $[a, b]$에서의 f의 **평균값**이라고 한다.

정리 6.10

함수 $f(x)$가 구간 $[a, b]$에서 적분가능하면, 함수

$$F(x) = \int_a^x f(t) \, dt$$

는 $[a, b]$에서 연속이다.

[증명] 함수 $f(x)$는 $[a, b]$에서 적분가능하므로, 정의에 의하여 $f(x)$는 $[a, b]$에서 유계이다. 따라서 $[a, b]$의 모든 x에 대하여

$$|f(x)| \leq M$$

인 상수 M이 존재한다. 먼저 x_0를 (a, b)의 임의의 점이라 하고, $x_0 + h$가 구간 (a, b)에 속하도록 h를 충분히 작게 택하면

$$\left| F(x_0 + h) - F(x_0) \right| = \left| \int_a^{x_0+h} f(t) \, dt - \int_a^{x_0} f(t) \, dt \right|$$

$$= \left| \int_{x_0}^{x_0+h} f(t) \, dt \right|$$

$$\leq \int_{x_0}^{x_0+h} |f(t)| \, dx \leq M|h|$$

이다. $h \to 0$일 때 $M|h| \to 0$이므로

$$\lim_{h \to 0} \left(F(x_0 + h) - F(x_0) \right) = 0$$

이다. 따라서 $F(x)$는 구간 (a, b)의 임의의 점 x_0에서 연속이다. 만약 $x_0 = a$ 또는 $x_0 = b$일 때는 한쪽 극한을 사용하여 $F(x)$가 x_0에서 연속임을 같은 방법으로 보일 수 있다. 그러므로 $F(x)$는 구간 $[a, b]$에서 연속이다. ∎

정리 6.11 미분적분학의 기본정리 I

함수 $f(x)$가 구간 $[a, b]$에서 연속일 때

$$F(x) = \int_a^x f(t)\,dt$$

로 정의되는 함수 $F(x)$는 구간 (a, b)에서 미분가능하고

$$F'(x) = f(x)$$

이다.

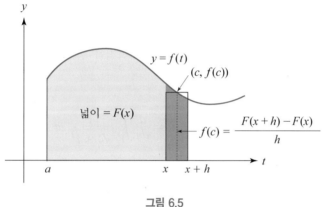

그림 6.5

[증명] x가 구간 (a, b)의 임의의 점이라고 하고, $x + h$가 구간 (a, b)에 속하도록 h를 충분히 작게 택하면

$$\frac{F(x + h) - F(x)}{h} = \frac{1}{h}\left(\int_a^{x+h} f(t)\,dt - \int_a^x f(t)\,dt \right)$$

$$= \frac{1}{h} \int_x^{x+h} f(t)\,dt$$

이다. 함수 f가 $[a, b]$에서 연속이므로 적분의 평균값 정리에 의해

$$\frac{1}{h} \int_x^{x+h} f(t)\,dt = f(c)$$

인 c가 x와 $x + h$ 사이에 존재한다(여기서 c는 h에 따라 달라짐에 유의하자). $h \to 0$일 때 $c \to x$이고, $f(x)$가 연속함수이므로, $h \to 0$일 때 $f(c) \to f(x)$이다. 따라서

$$F'(x) = \lim_{h \to 0} \frac{F(x+h) - F(x)}{h} - f(x)$$

이다.

예3 함수 $F(x) = \int_0^x \sqrt{t^2 + 1}\, dt$ 에서 미적분학의 기본정리 I을 적용하면

$$F'(x) = \sqrt{x^2 + 1}$$

이다.

예제 6.9 $\dfrac{d}{dx} \displaystyle\int_1^{x^3} \dfrac{1}{\sqrt{1 + t^2}}\, dt$ 를 구하여라.

[풀이] 여기서 미적분학의 기본정리 I과 미분의 연쇄법칙을 함께 이용한다. $u = x^3$이라 두고 미분을 구하면

$$\frac{d}{dx} \int_1^{x^3} \frac{1}{\sqrt{1 + t^2}}\, dt = \frac{d}{du} \int_1^{u} \frac{1}{\sqrt{1 + t^2}}\, dt \cdot \frac{du}{dx}$$

$$= \frac{1}{\sqrt{1 + u^2}} \cdot \frac{du}{dx}$$

$$= \frac{3x^2}{\sqrt{1 + x^6}}$$

이다.

정리 6.12 **미분적분학의 기본정리 II**

함수 $f(x)$가 $[a, b]$에서 연속이고, 함수 F가 f의 역도함수, 즉 $F' = f$이면

$$\int_a^b f(x)\, dx = F(b) - F(a)$$

이다.

[증명] 미분적분학의 기본정리 I에 의하여 함수

$$G(x) = \int_a^x f(t)\, dt$$

는 f의 한 역도함수이다. 따라서 적당한 상수 C에 대하여

$$G(x) = F(x) + C$$

가 된다. 한편 $G(b) - G(a) = F(b) - F(a)$이고 $G(a) = 0$이므로

$$\int_a^b f(x)\,dx = G(b) = F(b) - F(a)$$

가 성립한다. ∎

참고 4 $F(b) - F(a)$를 $\left[F(x)\right]_a^b$와 같이 쓰기로 한다.

예제 6.10 정적분 $\displaystyle\int_{-1}^{2} x^2\,dx$를 구하여라.

[풀이] 함수 $f(x) = x^2$은 구간 $[-1, 2]$에서 연속이고, $F(x) = \dfrac{1}{3}x^3$는 f의 역도함수이다. 미분적분학의 기본정리 II에 의해

$$\int_{-1}^{2} x^2\,dx = \left[\frac{1}{3}x^3\right]_{-1}^{2}$$
$$= \frac{8}{3} - \frac{1}{3}(-1) = 3$$

이다. ∎

예제 6.11 구간 $[0, 2]$에서 함수 $f(x) = x^3 - 3x + 2$의 평균값을 구하여라.

[풀이] 구간 $[0, 2]$에서 f의 적분을 구하면

$$\int_0^2 f(x)\,dx = \int_0^2 \left(x^3 - 3x + 2\right)dx$$
$$= \left[\frac{1}{4}x^4 - \frac{3}{2}x^2 + 2x\right]_0^2 = 2$$

가 된다. 따라서 구간 $[0, 2]$에서 f의 평균값은

$$f_{avg} = \frac{1}{2-0}\int_0^2 f(x)\,dx = 1$$

이다(그림 6.6 참조).

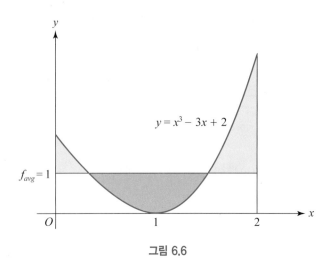

그림 6.6

예제 6.12 함수 $f(x) = |x|$일 때 $F(x) = \int_0^x f(t)\, dt$를 구하여라.

[풀이] 먼저 $x \geq 0$이면 구간 $[0, x]$에서 $f(t) = t$이므로

$$F(x) = \int_0^x t\, dt = \left[\frac{1}{2} t^2 \right]_0^x = \frac{1}{2} x^2$$

이다. 한편 $x < 0$일 때는 구간 $[x, 0]$에서 $f(t) = -t$이므로

$$F(x) = \int_0^x f(t)\, dt = -\int_x^0 f(t)\, dt = -\int_x^0 (-t)\, dt = \left[\frac{1}{2} t^2 \right]_x^0 = -\frac{1}{2} x^2$$

이다. 따라서

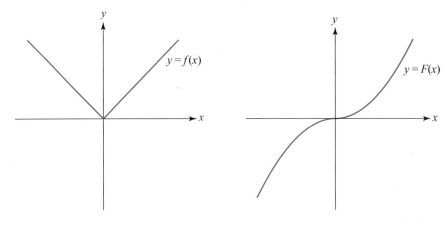

그림 6.7

$$F(x) = \begin{cases} \dfrac{1}{2}x^2 & x \geq 0 \\[3mm] -\dfrac{1}{2}x^2 & x < 0 \end{cases}$$

이다. ∎

참고 5 위 예제에서 함수 $f(x)$는 $x = 0$에서 미분이 가능하지 않지만, 함수 $F(x)$는 모든 점에서 미분가능하고 $F'(0) = f(0) = 0$임을 알 수 있다.

연습문제 6.4

1. 주어진 함수 $F(x)$의 도함수를 구하여라.

(1) $F(x) = \displaystyle\int_0^x (t^2 + 1)^5 \, dt$ 　　　　(2) $F(x) = \displaystyle\int_x^1 \sqrt{t^2 + 1} \, dt$

(3) $F(x) = \displaystyle\int_x^2 \sin^3 u \, du$ 　　　　(4) $F(x) = \displaystyle\int_{x^2}^x \frac{u}{u^2 + 1} \, du$

2. 다음 정적분을 구하여라.

(1) $\displaystyle\int_{-1}^2 (2x + 3) \, dx$ 　　　　(2) $\displaystyle\int_0^1 (x^3 + 2x^2 - 3x + 1) \, dx$

(3) $\displaystyle\int_0^a \left(\sqrt{a} - \sqrt{x} \right)^2 dx$ 　　　　(4) $\displaystyle\int_0^\pi (\sin x + \cos x) \, dx$

(5) $\displaystyle\int_{-3}^{-2} x(x + 1)^2 \, dx$ 　　　　(6) $\displaystyle\int_2^5 \left(x^2 + \frac{1}{x^2} \right) dx$

(7) $\displaystyle\int_{-1}^2 (2|x| - x) \, dx$ 　　　　(8) $\displaystyle\int_{-3}^2 \left| x^2 + x - 2 \right| dx$

3. a와 b가 모두 양수일 때 다음을 보여라.

$$\int_1^a \frac{du}{u} + \int_1^b \frac{du}{u} = \int_1^{ab} \frac{du}{u}$$

4. 부등식 $1 \leq \sqrt{1 + x^2} \leq 1 + x^2$을 이용하여 $1 \leq \displaystyle\int_0^1 \sqrt{1 + x^2} \, dx \leq \dfrac{4}{3}$가 성립함을 보여라.

5. $f(x) = \displaystyle\int_1^x \frac{dt}{t + \sqrt{t^2 - 1}}$ 이라고 할 때, $x \geq 1$이면 $\dfrac{1}{2}\ln x \leq f(x) \leq \ln x$가 성립함을 보여라.

6. 주어진 구간에서 함수 f의 평균값을 구하여라.

  (1) 구간 $[0, 2]$에서 $f(x) = x^3 + 2x + 1$

  (2) 구간 $[1, e]$에서 $f(x) = \dfrac{1}{x}$

  (3) 구간 $[0, \pi]$에서 $f(x) = \sin x$

7. 다음이 성립하는 상수 k가 구간 $[a, b]$에서의 함수 f의 평균값임을 보여라.

$$\int_a^b \big(f(x) - k\big)\, dx = \int_a^b \big(k - f(x)\big)\, dx$$

8. $\displaystyle \int_0^x f(t)\, dt = x \sin x$일 때 $f(x)$를 구하여라.

9. $\displaystyle \int_1^{2x} f(t)\, dt = x^4 + x^2 - \dfrac{5}{16}$일 때 $f(x)$를 구하여라.

10. 극한 $\displaystyle \lim_{x \to 0} \dfrac{1}{x} \int_0^x \sqrt{t^4 + t^2 + 1}\, dt$를 구하여라.

11. 극한 $\displaystyle \lim_{x \to \infty} \dfrac{\displaystyle\int_0^{x^2} \sqrt{t^2 + 1}\, dt}{x^4}$를 구하여라.

12. 함수 f는 구간 $[a, b]$에서 연속이고, 함수 g는 구간 $[a, b]$에서 연속이며 $g \geq 0$일 때

$$\int_a^b f(x)\, g(x)\, dx = f(c) \int_a^b g(x)\, dx$$

가 되는 c가 구간 $[a, b]$에 존재함을 보여라.

5절 치환적분

치환적분법은 합성함수의 미분법으로부터 유도되는 적분법이다. 이 절에서는 피적분함수를 적절한 함수로 치환하여 앞에서 배운 적분 공식을 이용하거나, 이미 적분 방법을 알고 있는 함수의 적분으로 바꾸어 적분을 구하는 방법에 대해서 알아본다.

> **정리 6.13** 치환적분 ─────────
>
> 함수 $u = g(x)$가 미분가능하고, 함수 f가 g의 치역에서 연속이면
>
> $$\int f\big(g(x)\big)g'(x)\,dx = \int f(u)\,du$$
>
> 가 성립한다.

[증명] 함수 F를 f의 역도함수라 하자. 즉 $F' = f$. 미분의 연쇄법칙을 적용하면

$$\frac{d}{dx}F\big(g(x)\big) = F'\big(g(x)\big)\cdot g'(x)$$
$$= f\big(g(x)\big)\cdot g'(x)$$

이다. 따라서

$$\int f\big(g(x)\big)g'(x)\,dx = F\big(g(x)\big) + C$$
$$= F(u) + C$$
$$= \int f(u)\,du$$

가 된다. ■

치환적분을 사용하여 적분할 때에는 다음의 단계에 따라 적분을 구한다.

1) 먼저 $u = g(x)$와 $du = g'(x)\,dx$를 대입하여 주어진 적분을 $\int f(u)\,du$ 형태로 바꾼다.

2) 그 다음에 $\int f(u)\,du$를 구한다.

3) 단계 2에서 구한 적분에서 u를 $g(x)$로 바꾸어 원래 변수 x의 함수로 나타낸다.

예제 6.13 부정적분 $\displaystyle\int \frac{x^2}{x^3 - 1}\,dx$를 구하여라.

[풀이] $u = x^3 - 1$로 두면 $du = 3x^2\,dx$이므로, 구하는 적분은

$$\int \frac{x^2}{x^3 - 1}\,dx = \frac{1}{3}\int \frac{1}{u}\,du = \frac{1}{3}\ln|u| + C$$
$$= \frac{1}{3}\ln|x^3 - 1| + C$$

이다. ■

예제 6.14 부정적분 $\displaystyle\int \frac{e^{2x} + 1}{\sqrt{e^{2x} + 2x + 1}}\, dx$ 를 구하여라.

[풀이] $u = e^{2x} + 2x + 1$로 두면 $du = 2(e^{2x} + 1)\, dx$이다. 따라서

$$\int \frac{e^{2x} + 1}{\sqrt{e^{2x} + 2x + 1}}\, dx = \frac{1}{2} \int \frac{1}{\sqrt{u}}\, du = \sqrt{u} + C = \sqrt{e^{2x} + 2x + 1} + C$$

이다. ∎

피적분함수가 $\sqrt[n]{g(x)}$ 형의 항을 가지면 $u = \sqrt[n]{g(x)}$ 의 치환을 이용하면 적분을 구하는 데 효과적이다.

예제 6.15 부정적분 $\displaystyle\int \frac{x^2}{\sqrt{2 - 3x}}\, dx$ 를 구하여라.

[풀이] 치환 $u = \sqrt{2 - 3x}$ 을 이용하면

$$x = \frac{2}{3} - \frac{1}{3}u^2, \quad dx = -\frac{2}{3}u\, du$$

이므로, 구하는 적분은

$$\begin{aligned}
\int \frac{x^2}{\sqrt{2 - 3x}}\, dx &= \int \frac{\left(\frac{2}{3} - \frac{1}{3}u^2\right)^2}{u}\left(-\frac{2}{3}u\right) du \\
&= -\frac{2}{3} \int \left(\frac{4}{9} - \frac{4}{9}u^2 + \frac{1}{9}u^4\right) du \\
&= -\frac{2}{3} \left[\frac{4}{9}u - \frac{4}{27}u^3 + \frac{1}{45}u^5\right] + C \\
&= -\frac{2}{27} \left[4\sqrt{2 - 3x} - \frac{4}{3}(2 - 3x)^{\frac{3}{2}} + \frac{1}{5}(2 - 3x)^{\frac{5}{2}}\right] + C
\end{aligned}$$

이다. ∎

참고 6 $x^{\frac{1}{m}}$과 $x^{\frac{1}{n}}$을 동시에 포함하는 적분은 지수의 분모 m, n의 최소공배수 r를 찾아 $u = x^{\frac{1}{r}}$ 로 치환하면 적분이 용이하다.

예제 6.16 적분 $\int \dfrac{1}{\sqrt{x} + \sqrt[4]{x^3}}\,dx$를 구하여라.

[풀이] $u = x^{\frac{1}{4}}$으로 두면

$$x = u^4,\ \ \sqrt{x} = u^2,\ \ \sqrt[4]{x^3} = u^3,\ \ dx = 4u^3\,du$$

이므로, 구하는 적분은 다음과 같다.

$$\int \frac{dx}{\sqrt{x} + \sqrt[4]{x^3}} = \int \frac{4u^3}{u^2 + u^3}\,du = 4\int \frac{u}{1+u}\,du$$

$$= 4\int \left(1 - \frac{1}{1+u}\right) du = 4u - 4\ln|1+u| + C$$

$$= 4\sqrt[4]{x} - 4\ln\left(1 + \sqrt[4]{x}\right) + C \qquad\blacksquare$$

치환적분법은 정적분에 대하여서도 적용할 수 있다. 이 때에는 치환에 따른 적분구간의 변화에 유의하여야 한다.

정리 6.14

도함수 g'이 구간 $[a,\ b]$에서 연속이고, 함수 f가 g의 치역에서 연속이면

$$\int_a^b f\big(g(x)\big)\,g'(x)\,dx = \int_{g(a)}^{g(b)} f(u)\,du$$

가 성립한다.

[증명] 함수 F를 f의 역도함수라고 하면

$$\frac{d}{dx} F\big(g(x)\big) = F'\big(g(x)\big) \cdot g'(x) = f\big(g(x)\big) \cdot g'(x)$$

이므로

$$\int_a^b f\big(g(x)\big) g'(x)\,dx = \Big[F\big(g(x)\big)\Big]_a^b = F\big(g(b)\big) - F\big(g(a)\big)$$

이다. 한편

$$\int_{g(a)}^{g(b)} f(u)\,du = \Big[F(u)\Big]_{g(a)}^{g(b)} = F\big(g(b)\big) - F\big(g(a)\big)$$

가 되어 증명이 완료된다. $\qquad\blacksquare$

예제 6.17 정적분 $\int_0^{\frac{\pi}{2}} \cos^3 x \sin x \, dx$를 구하여라.

[풀이] $u = \cos x$로 두면 $du = -\sin x \, dx$이다. 또 $x = 0$일 때 $u = 1$, $x = \frac{\pi}{2}$일 때 $u = 0$이므로

$$\int_0^{\frac{\pi}{2}} \cos^3 x \sin x \, dx = -\int_1^0 u^3 \, du = \left[\frac{u^4}{4} \right]_0^1 = \frac{1}{4}$$

이다. ∎

예제 6.18 정적분 $\int_1^4 \frac{e^{\sqrt{x}}}{\sqrt{x}} \, dx$를 구하여라.

[풀이] $u = \sqrt{x}$로 두면 $du = \frac{1}{2\sqrt{x}} \, dx$이다. 또 $x = 1$일 때 $u = 1$, $x = 4$일 때 $u = 2$이므로

$$\int_1^4 \frac{e^{\sqrt{x}}}{\sqrt{x}} \, dx = \int_1^2 2e^u \, du = \left[2e^u \right]_1^2 = 2(e^2 - e)$$

이다. ∎

예제 6.19 정적분 $\int_0^2 \frac{x}{\sqrt{x+1}} \, dx$를 구하여라.

[풀이] $u = \sqrt{x+1}$로 두면 $x = u^2 - 1$, $dx = 2u \, du$이고 $x = 0$일 때 $u = 1$, $x = 2$일 때 $u = \sqrt{3}$ 이므로, 구하는 적분은 다음과 같다.

$$\int_0^2 \frac{x}{\sqrt{x+1}} dx = \int_1^{\sqrt{3}} \frac{(u^2 - 1)}{u} 2u \, du$$

$$= 2\int_1^{\sqrt{3}} (u^2 - 1) \, du$$

$$= 2\left[\frac{1}{3} u^3 - u \right]_1^{\sqrt{3}} = \frac{4}{3} \quad ∎$$

연습문제 6.5

1. 다음 부정적분을 구하여라.

    (1) $\int \sqrt{3x+1} \, dx$ (2) $\int \frac{1}{5-2x} \, dx$

(3) $\displaystyle\int 2^{3x+1}\,dx$

(4) $\displaystyle\int x^2 e^{x^3}\,dx$

(5) $\displaystyle\int \frac{\sqrt{x}}{1+x\sqrt{x}}\,dx$

(6) $\displaystyle\int \left(1-\frac{1}{x}\right)^2 dx$

(7) $\displaystyle\int e^{\sin\theta}\cos\theta\,d\theta$

(8) $\displaystyle\int \frac{\sec^2\theta}{\tan\theta}\,d\theta$

(9) $\displaystyle\int \frac{\ln x}{x}\,dx$

(10) $\displaystyle\int \frac{1+\cos x}{x+\sin x}\,dx$

(11) $\displaystyle\int x\sqrt{x+4}\,dx$

(12) $\displaystyle\int x\sqrt{x^2+4}\,dx$

(13) $\displaystyle\int \frac{1}{x-\sqrt{x}}\,dx$

(14) $\displaystyle\int \frac{1}{x-\sqrt[3]{x}}\,dx$

(15) $\displaystyle\int \frac{\sqrt{x^2-1}}{x}\,dx$

(16) $\displaystyle\int \frac{x}{\sqrt[4]{1+2x}}\,dx$

2. 다음 정적분을 구하여라.

(1) $\displaystyle\int_1^2 \frac{x+2}{x^2+4x}\,dx$

(2) $\displaystyle\int_0^1 \frac{\tan^{-1}x}{1+x^2}\,dx$

(3) $\displaystyle\int_{\frac{1}{2}}^2 x^{-2}e^{\frac{1}{x}}\,dx$

(4) $\displaystyle\int_2^5 \frac{x+1}{x-1}\,dx$

(5) $\displaystyle\int_1^3 x^3\sqrt{x^2-1}\,dx$

(6) $\displaystyle\int_4^9 \frac{1}{\sqrt{x-1}}\,dx$

(7) $\displaystyle\int_{-1}^0 x^2\sqrt{x+1}\,dx$

(8) $\displaystyle\int_0^7 \frac{1}{1+\sqrt[3]{x+1}}\,dx$

3. 연속함수 f에 대하여 $\displaystyle\int_1^5 f(x)\,dx = 3$일 때, 정적분 $\displaystyle\int_0^2 f(2x+1)\,dx$의 값을 구하여라.

4. 구간 $[1, 3]$에서 $f(x) \geq 0$인 연속함수 f에 대하여 $\displaystyle\int_1^3 f(x)\,dx = 1$일 때 다음을 보여라.

$$\int_1^9 f(\sqrt{x})\,dx \leq 6$$

5. 연속함수 f가 우함수, 즉 $f(-x) = f(x)$일 때 다음을 보여라.

$$\int_{-a}^a f(x)\,dx = 2\int_0^a f(x)\,dx$$

6. 연속함수 f가 기함수, 즉 $f(-x) = -f(x)$일 때 다음을 보여라.

$$\int_{-a}^{a} f(x)\,dx = 0$$

7. f가 연속함수일 때 정적분 $\displaystyle\int_{-1}^{1} x f(x^2)\,dx$ 의 값을 구하여라.

8. 연속함수 f에 대하여 $f(a-x) = f(x)$가 성립할 때 $\displaystyle\int_0^a f(x)\,dx = 2\int_0^{\frac{a}{2}} f(x)\,dx$ 임을 보여라.

9. f가 연속함수일 때 $\displaystyle\int_0^{\frac{\pi}{2}} f(\sin x)\,dx = \int_0^{\frac{\pi}{2}} f(\cos x)\,dx$ 임을 보여라.

6절 역삼각함수로 되는 적분

역삼각함수의 미분으로부터 유도되는 가장 유용한 적분 공식은 다음과 같다.

$$\int \frac{1}{\sqrt{1-x^2}}\,dx = \sin^{-1}x + C \tag{6.3}$$

$$\int \frac{1}{x^2+1}\,dx = \tan^{-1}x + C \tag{6.4}$$

예제 6.20 다음 부정적분을 구하여라(단 $a > 0$).

(1) $\displaystyle\int \frac{1}{\sqrt{a^2-x^2}}\,dx$ 　　　　　　(2) $\displaystyle\int \frac{1}{x^2+a^2}\,dx$

[풀이] (1) 먼저 피적분함수를 식 (6.3)의 형태로 변형하면

$$\int \frac{1}{\sqrt{a^2-x^2}}\,dx = \int \frac{1}{a\sqrt{1-\dfrac{x^2}{a^2}}}\,dx = \frac{1}{a}\int \frac{1}{\sqrt{1-\left(\dfrac{x}{a}\right)^2}}\,dx$$

가 된다. 여기서 $u = \dfrac{x}{a}$로 두면 $dx = a\,du$이므로, 구하는 적분은 다음과 같다.

$$\int \frac{1}{\sqrt{a^2 - x^2}}\, dx = \int \frac{1}{\sqrt{1 - u^2}}\, du$$

$$= \sin^{-1} u + C$$

$$= \sin^{-1}\left(\frac{x}{a}\right) + C$$

(2) 같은 방법으로 피적분함수를 식 (6.4)의 형태로 변형하면

$$\int \frac{1}{x^2 + a^2}\, dx = \int \frac{1}{a^2\left(\dfrac{x^2}{a^2} + 1\right)}\, dx = \frac{1}{a^2}\int \frac{1}{\left(\dfrac{x}{a}\right)^2 + 1}\, dx$$

가 된다. 여기서 $u = \dfrac{x}{a}$로 두면 $dx = a\, du$이므로, 구하는 적분은 다음과 같다.

$$\int \frac{1}{x^2 + a^2}\, dx = \frac{1}{a}\int \frac{1}{u^2 + 1}\, du$$

$$= \frac{1}{a}\tan^{-1} u + C$$

$$= \frac{1}{a}\tan^{-1}\left(\frac{x}{a}\right) + C \qquad \blacksquare$$

예제 6.20으로부터 다음의 적분 공식을 얻는다.

$$\int \frac{1}{\sqrt{a^2 - x^2}}\, dx = \sin^{-1}\left(\frac{x}{a}\right) + C \tag{6.5}$$

$$\int \frac{1}{x^2 + a^2}\, dx = \frac{1}{a}\tan^{-1}\left(\frac{x}{a}\right) + C \tag{6.6}$$

예제 6.21 부정적분 $\displaystyle\int \frac{e^x}{3 + e^{2x}}\, dx$를 구하여라.

[풀이] 먼저 $u = e^x$로 두면 $du = e^x\, dx$이므로

$$\int \frac{e^x}{3 + e^{2x}}\, dx = \int \frac{1}{3 + u^2}\, du$$

가 된다. 따라서 구하는 적분은 다음과 같다.

$$\int \frac{e^x}{3 + e^{2x}}\, dx = \int \frac{1}{u^2 + \left(\sqrt{3}\,\right)^2}\, du$$

$$= \frac{1}{\sqrt{3}} \tan^{-1} \frac{u}{\sqrt{3}} + C$$

$$= \frac{1}{\sqrt{3}} \tan^{-1} \frac{e^x}{\sqrt{3}} + C \qquad ■$$

예제 6.22 정적분 $\displaystyle\int_{-1}^{1} \frac{dx}{\sqrt{4 - 3x^2}}$ 를 구하여라.

[풀이] 식 (6.5)의 형태로 피적분함수를 변형하여 적분하면 다음과 같다.

$$\int_{-1}^{1} \frac{dx}{\sqrt{4 - 3x^2}} = \frac{1}{\sqrt{3}} \int_{-\sqrt{3}}^{\sqrt{3}} \frac{du}{\sqrt{2^2 - u^2}} \qquad (u = \sqrt{3}\,x,\ du = \sqrt{3}\,dx)$$

$$= \frac{1}{\sqrt{3}} \left[\sin^{-1} \frac{u}{2} \right]_{-\sqrt{3}}^{\sqrt{3}}$$

$$= \frac{1}{\sqrt{3}} \left[\sin^{-1}\left(\frac{\sqrt{3}}{2}\right) - \sin^{-1}\left(-\frac{\sqrt{3}}{2}\right) \right]$$

$$= \frac{1}{\sqrt{3}} \left(\frac{\pi}{3} + \frac{\pi}{3} \right) = \frac{2\sqrt{3}}{9} \pi \qquad ■$$

예제 6.23 부정적분 $\displaystyle\int \frac{2x - 1}{2x^2 - 6x + 5}\, dx$ 를 구하여라.

[풀이] $\dfrac{d}{dx}\left(2x^2 - 6x + 5\right) = 4x - 6$ 이므로, 주어진 적분을

$$\int \frac{2x - 1}{2x^2 - 6x + 5}\, dx = \frac{1}{2} \int \frac{4x - 6}{2x^2 - 6x + 5}\, dx + \int \frac{2}{2x^2 - 6x + 5}\, dx$$

의 형태로 쓰고, 두 적분을 각각 계산하면

$$\int \frac{4x - 6}{2x^2 - 6x + 5}\, dx = \int \frac{du}{u} \qquad (u = 2x^2 - 6x + 5,\ du = (4x - 6)\, dx)$$

$$= \ln|u| + C = \ln\left| 2x^2 - 6x + 5 \right| + C$$

$$\int \frac{2}{2x^2 - 6x + 5}\, dx = \int \frac{1}{\left(x - \frac{3}{2}\right)^2 + \left(\frac{1}{2}\right)^2}\, dx$$

$$= \int \frac{1}{u^2 + \left(\frac{1}{2}\right)^2} \, du \qquad \left(u = x - \frac{3}{2}, \, du = dx\right)$$

$$= 2\tan^{-1} 2u + C = 2\tan^{-1} 2\left(x - \frac{3}{2}\right) + C$$

이다. 따라서 구하는 적분은 다음과 같다.

$$\int \frac{2x-1}{2x^2-6x+5} \, dx = \frac{1}{2}\ln\left|2x^2-6x+5\right| + 2\tan^{-1} 2\left(x - \frac{3}{2}\right) + C \qquad \blacksquare$$

역쌍곡선함수의 미분

$$\frac{d}{dx}\sinh^{-1}x = \frac{1}{\sqrt{x^2+1}}, \quad \frac{d}{dx}\cosh^{-1}x = \frac{1}{\sqrt{x^2-1}}$$

으로부터 유도되는 유용한 적분 공식은 다음과 같다.

$$\int \frac{1}{\sqrt{x^2+a^2}} \, dx = \sinh^{-1}\left(\frac{x}{a}\right) + C \quad (a > 0) \tag{6.7}$$

$$\int \frac{1}{\sqrt{x^2-a^2}} \, dx = \cosh^{-1}\left(\frac{x}{a}\right) + C \quad (a > 0) \tag{6.8}$$

참고 7 위 적분 공식은 예제 6.20과 유사한 방법으로 유도된다. 예를 들면

$$\int \frac{1}{\sqrt{x^2+a^2}} \, dx = \frac{1}{a}\int \frac{1}{\sqrt{\left(\frac{x}{a}\right)^2+1}} \, dx$$

$$= \frac{1}{a}\int \frac{a}{\sqrt{u^2+1}} \, du \qquad \left(u = \frac{x}{a}, \, du = \frac{1}{a}\,dx\right)$$

$$= \sinh^{-1}u + C$$

$$= \sinh^{-1}\left(\frac{x}{a}\right) + C$$

가 된다. $\blacksquare$

예제 6.24 다음 부정적분을 구하여라.

(1) $\displaystyle\int \frac{1}{\sqrt{4x^2+9}}\,dx$ 　　　　　　 (2) $\displaystyle\int \frac{1}{\sqrt{x^2+2x}}\,dx$

[풀이] (1) $\displaystyle\int \frac{1}{\sqrt{4x^2+9}}\,dx = \frac{1}{2}\int \frac{1}{\sqrt{x^2+\left(\frac{3}{2}\right)^2}}\,dx = \frac{1}{2}\sinh^{-1}\left(\frac{2}{3}x\right) + C$

(2) $\displaystyle\int \frac{1}{\sqrt{x^2+2x}}\,dx = \int \frac{1}{\sqrt{(x+1)^2-1}}\,dx$

$\displaystyle\qquad\qquad\qquad = \int \frac{1}{\sqrt{u^2-1}}\,du \qquad (u = x+1,\, du = dx)$

$\displaystyle\qquad\qquad\qquad = \cosh^{-1}u + C$

$\displaystyle\qquad\qquad\qquad = \cosh^{-1}(x+1) + C$

예제 6.25 정적분 $\displaystyle\int_0^2 \frac{2x+3}{\sqrt{x^2+4}}\,dx$를 구하여라.

[풀이] 먼저 주어진 적분을 두 적분의 합으로 표현하면

$$\int_0^2 \frac{2x+3}{\sqrt{x^2+4}}\,dx = \int_0^2 \frac{2x}{\sqrt{x^2+4}}\,dx + \int_0^2 \frac{3}{\sqrt{x^2+4}}\,dx$$

이 된다. 두 적분을 각각 구하면

$$\int_0^2 \frac{2x}{\sqrt{x^2+4}}\,dx = \int_4^8 \frac{1}{\sqrt{u}}\,du \qquad (u = x^2+4,\, du = 2x\,dx)$$

$$= \left[2\sqrt{u}\,\right]_4^8 = 4\sqrt{2} - 4$$

$$\int_0^2 \frac{3}{\sqrt{x^2+2^2}}\,dx = 3\left[\sinh^{-1}\frac{x}{2}\right]_0^2$$

$$= 3\left(\sinh^{-1}1 - \sinh^{-1}0\right)$$

$$= 3\ln\left(1+\sqrt{2}\right)$$

이다. 따라서 구하는 적분값은 다음과 같다.

$$\int_0^2 \frac{2x+3}{\sqrt{x^2+4}}\,dx = 4(\sqrt{2}-1) + 3\ln\left(1+\sqrt{2}\right)$$

1. 다음 부정적분을 구하여라.

(1) $\displaystyle\int \frac{1}{\sqrt{4-x^2}}\,dx$

(2) $\displaystyle\int \frac{1}{x^2+9}\,dx$

(3) $\displaystyle\int \frac{1}{15+2x-x^2}\,dx$

(4) $\displaystyle\int \frac{1}{\sqrt{x^2-9}}\,dx$

(5) $\displaystyle\int \frac{x}{\sqrt{9x^2-1}}\,dx$

(6) $\displaystyle\int \frac{e^x}{\sqrt{1-e^{2x}}}\,dx$

(7) $\displaystyle\int \frac{1}{(x+1)\sqrt{x}}\,dx$

(8) $\displaystyle\int \frac{2x^3}{x^2+1}\,dx$

(9) $\displaystyle\int \frac{1}{x^2-x-2}\,dx$

(10) $\displaystyle\int \frac{1}{x^2+2x+5}\,dx$

(11) $\displaystyle\int \frac{2x+1}{x^2+2x+2}\,dx$

(12) $\displaystyle\int \frac{2x-3}{\sqrt{x^2+x+2}}\,dx$

2. 다음 정적분을 구하여라.

(1) $\displaystyle\int_6^9 \frac{1}{\sqrt{x^2-9}}\,dx$

(2) $\displaystyle\int_0^{\frac{1}{6}} \frac{1}{\sqrt{1-9x^2}}\,dx$

(3) $\displaystyle\int_1^3 \frac{1}{\sqrt{x^2-2x+5}}\,dx$

(4) $\displaystyle\int_{\ln 2}^{\ln 3} \frac{1}{e^x-e^{-x}}\,dx$

7장
적분의 응용

DIFFERENTIAL AND INTEGRAL CALCULUS

적분은 다양한 분야에서 널리 사용되며 많은 응용성을 가지고 있다. 이 장에서 적분을 이용하여 곡선 사이에 놓이는 영역의 넓이, 회전체를 포함한 입체들의 체적, 곡선의 길이 및 회전 곡면의 넓이를 구하는 방법들에 대하여 공부한다. 그리고 정적분의 정확한 값을 구하지 못하는 경우에 사용하는 적분의 수치적 방법에 대해서도 공부한다.

1절   곡선 사이 영역의 넓이

이 절에서는 적분의 응용으로 두 함수의 그래프 사이에 놓여 있는 영역의 넓이를 구하는 문제를 생각한다. 먼저 두 곡선 $y = f(x)$, $y = g(x)$와 두 직선 $x = a$, $x = b$로 둘러싸인 영역 S의 넓이를 구하는 문제를 생각한다. 여기서 함수 f와 g는 구간 $[a,\ b]$에서 모두 연속이고 $f(x) \geq g(x)$이다. 그림 7.1과 같이 각 소구간의 길이가 $\Delta x = \dfrac{b - a}{n}$인 구간 $[a,\ b]$의 정규분할을 이용하여 영역 S를 n개의 소영역으로 나누고, 각 소영역은 밑변이 Δx, 높이가 $f(x_i^*) - g(x_i^*)$인 직사각형으로 근접시킨다. 여기서 x_i^*는 구간 $[x_{i-1}, x_i]$의 임의의 점이다. 이때 리만합

$$\sum_{i=1}^{n} \left[f(x_i^*) - g(x_i^*) \right] \Delta x$$

는 영역 S의 넓이의 근삿값이고, 이 근삿값은 n이 커짐에 따라 영역 S의 넓이에 수렴하게 된다. 따라서 주어진 영역의 넓이는

$$A = \lim_{n \to \infty} \sum_{i=1}^{n} \left[f(x_i^*) - g(x_i^*) \right] \Delta x$$

이다. 이때 $f - g$가 연속함수이므로, 이 극한은 수렴하고

$$\lim_{n \to \infty} \sum_{i=1}^{n} \left[f(x_i^*) - g(x_i^*) \right] \Delta x = \int_a^b \left[f(x) - g(x) \right] dx$$

이다.

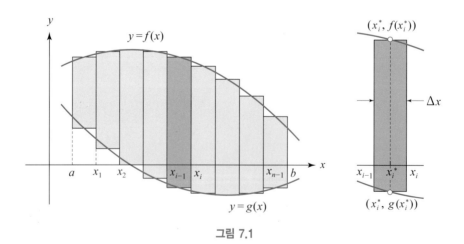

그림 7.1

> **정리 7.1** 두 곡선 사이 영역의 넓이 ──────────
>
> 함수 f와 g가 구간 $[a, b]$에서 모두 연속이고, $f(x) \geq g(x)$일 때, 곡선 $y = f(x)$, $y = g(x)$
> 와 직선 $x = a, x = b$로 둘러싸인 영역의 넓이는
>
> $$A = \int_a^b \big(f(x) - g(x) \big)\, dx \tag{7.1}$$
>
> 이다.

예제 7.1 곡선 $y = -x^2 + 2$와 직선 $y = x$로 둘러싸인 부분의 넓이를 구하여라.

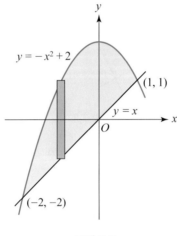

그림 7.2

[풀이] 먼저 주어진 포물선과 직선의 교점들을 구하기 위하여, 식 $y = -x^2 + 2$와 $y = x$를 연립하여 풀면

$$-x^2 - x + 2 = -(x - 1)(x + 2) = 0$$

이 되어, 교점은 $(-2, -2)$와 $(1, 1)$이다. 구간 $[-2, 1]$에서 $-x^2 + 2 \geq x$이므로, 구하는 영역의 넓이는

$$A = \int_{-2}^1 \big[(-x^2 + 2) - x \big]\, dx = \int_{-2}^1 (-x^2 - x + 2)\, dx$$

$$= \Big[-\frac{1}{3}x^3 - \frac{1}{2}x^2 + 2x \Big]_{-2}^1$$

$$= \left(-\frac{1}{3} - \frac{1}{2} + 2 \right) - \left(\frac{8}{3} - \frac{4}{2} - 4 \right) = \frac{9}{2}$$

이다.　　　　　　　　　　　　　　　　　　　　　　　　　　　　　　　　　　　　　■

예제 7.2 　포물선 $y^2 = 4x$와 직선 $2x - y = 12$로 둘러싸인 영역의 넓이를 구하여라.

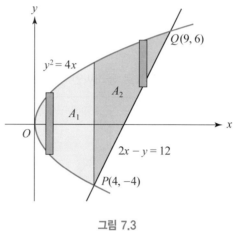

그림 7.3

[풀이] 먼저 주어진 포물선과 직선의 교점들을 구하기 위하여, 식 $y^2 = 4x$와 $2x - y = 12$를 연립하여 풀면

$$(2x - 12)^2 - 4x = 4(x - 4)(x - 9) = 0$$

이 되어, 교점은 $(4, -4)$와 $(9, 6)$이다. 이 경우 두 구간 $[0, 4]$와 $[4, 9]$에서 주어진 영역의 경계를 결정하는 함수가 서로 다르므로, 그림 7.3과 같이 주어진 영역을 두 영역으로 나누어서 각각의 영역의 넓이를 구하면

$$A_1 = \int_0^4 \left[(\sqrt{4x}) - (-\sqrt{4x}) \right] dx$$

$$= 4 \int_0^4 x^{\frac{1}{2}} dx = 4 \left[\frac{2}{3} x^{\frac{3}{2}} \right]_0^4 = \frac{64}{3}$$

$$A_2 = \int_4^9 \left[(\sqrt{4x}) - (2x - 12) \right] dx$$

$$= \left[\frac{4}{3} x^{\frac{3}{2}} - x^2 + 12x \right]_4^9 = \frac{61}{3}$$

이다. 따라서 구하는 영역의 넓이는

$$A = A_1 + A_2 = \frac{125}{3}$$

이다.

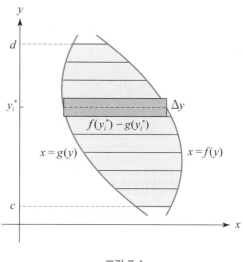

그림 7.4

예제 7.2에서는 x와 y의 역할을 서로 바꾸어 x를 y의 함수로 생각하여 영역의 넓이를 구하는 것이 편리하다. 일반적으로 어떤 영역이 곡선 $x = f(y)$, $x = g(y)$와 직선 $y = c$, $y = d$로 둘러싸여 있고, 구간 $[c, d]$에서 f와 g가 모두 연속이고, $f(y) \geq g(y)$이면 이 영역의 넓이는

$$A = \int_c^d \big(f(y) - g(y)\big)\, dy \tag{7.2}$$

이다.

예제 7.3 예제 7.2에서 주어진 영역의 넓이를 식 (7.2)를 이용하여 구하여라.

[풀이] 주어진 직선과 포물선을 각각 y에 대한 함수로 나타내면

$$x = \frac{1}{4}y^2, \quad x = \frac{1}{2}y + 6$$

이다. 이때 주어진 두 곡선의 교점은 (4, −4), (9, 6)이고, 구간 [−4, 6]의 모든 y에 대하여 $\frac{1}{2}y + 6 \geq \frac{1}{4}y^2$이 성립한다. 따라서 주어진 영역의 넓이는

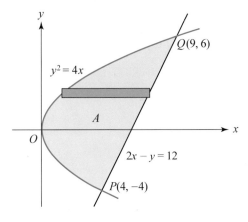

그림 7.5

$$A = \int_{-4}^{6} \left[\left(\frac{y}{2} + 6 \right) - \left(\frac{y^2}{4} \right) \right] dy$$

$$= \left[-\frac{1}{12}y^3 + \frac{1}{4}y^2 + 6y \right]_{-4}^{6} = \frac{125}{3}$$

이다.　　　　　　　　　　　　　　　　　　　　　　　　　　　■

연습문제 7.1

1. 다음 주어진 곡선, 직선들 및 x축으로 둘러싸인 영역의 넓이를 구하여라.

    (1) $y = x^3 + 3x^2$, $x = 0$, $x = 2$　　　(2) $y = x^3$, $x = -1$, $x = 1$

    (3) $y = \sin x$, $x = 0$, $x = \pi$　　　(4) $y = e^x + e^{2x}$, $x = 0$, $x = 1$

2. 다음에 주어진 두 곡선으로 둘러싸인 영역의 넓이를 구하여라.

    (1) $y = x^2$, $y = 2x$　　　(2) $y^2 = 2x$, $y = x - 4$

    (3) $y = x^3$, $y = 4x^2$　　　(4) $x = y^2$, $y = x^2$

    (5) $y = \frac{1}{x}$, $x + y = \frac{5}{2}$　　　(6) $y = \frac{4}{\pi}x$, $y = \tan x$

3. 다음에 주어진 세 곡선으로 둘러싸인 영역의 넓이를 구하여라.

    (1) $x + 2y = 2$, $y - x = 1$, $2x + y = 7$

(2) $y = 3x,\ y = -x,\ 3x + 7y = 24$

4. 다음에 주어진 곡선으로 둘러싸인 부분의 넓이를 구하여라.

(1) $y = \dfrac{2}{x-3},\ y = 0,\ x = 4,\ x = 5$

(2) $y = \dfrac{4}{\sqrt{1-2x}},\ y = 0,\ x = -4,\ x = 0$

(3) $y = \dfrac{x^2+1}{x+1},\ y = 0,\ x = 0,\ x = 2$

(4) $y = \dfrac{x}{1+\sqrt{x}},\ y = 0,\ x = 4$

(5) $y = \sin x,\ y = \cos x,\ x = 0,\ x = \dfrac{\pi}{2}$

5. 두 좌표축들과 곡선 $\sqrt{x} + \sqrt{y} = \sqrt{a}\ (a > 0)$로 둘러싸인 부분의 넓이를 구하여라.

6. 세 꼭짓점이 $(0, 0)$, $(6, 18)$, $(7, 14)$인 삼각형의 넓이를 적분을 이용하여 구하여라.

7. 포물선 $y = x^2$과 $y = 1$로 둘러싸인 영역이 수평선 $y = k$에 의해 같은 넓이를 갖는 두 개의 영역으로 나누어지는 k의 값을 구하여라.

8. 포물선 $y = x - x^2$과 x축으로 둘러싸인 영역이 직선 $y = ax$에 의해 같은 넓이를 갖는 두 개의 영역으로 나누어지는 a의 값을 구하여라.

2절 입체의 부피

공간상의 일반적인 입체의 부피를 구하기 전에, 먼저 원주형 입체(generalized cylinder)의 부피부터 시작하자. 원주형 입체는 그림 7.6에서 보듯이 서로 평행이고 합동인 두 밑면에 대하여, 밑면과 수직인 방향으로 두 밑면의 서로 대응되는 점들을 잇는 선분에 놓이는 점들로 구성되는 도형이다. 밑면의 넓이가 A이고 높이가 h인 원주형 입체의 부피는

$$V = Ah$$

로 정의된다. 특히 밑면이 반지름이 r인 원이면 이 원주형 입체는 원기둥이 되고, 그 부피 $V = Ah = \pi r^2 h$이다.

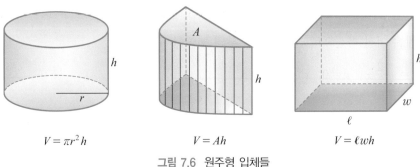

$$V = \pi r^2 h \qquad\qquad V = Ah \qquad\qquad V = \ell w h$$

그림 7.6 원주형 입체들

원주형 입체가 아닌 일반적인 입체 S의 부피를 구할 때는 S를 평판 형태의 얇은 조각으로 나누고, 각 조각은 원주형 입체로 근사시켜 그 부피를 구하고, 이 원주형 입체의 부피들을 합하여 입체 S의 부피를 추정한다. 이때 조각의 수를 한없이 늘려서 입체 S의 부피를 구한다. 이 과정을 좀 더 자세히 설명하기 위하여 입체 S가 $x = a$와 $x = b$ 사이에 놓인다고 가정하고, 구간 $[a, b]$의 임의의 점 x에 대하여 x축에 수직이고 x축 위의 좌표가 x인 점을 지나는 평면을 P_x하자. 이 때 평면 P_x에 의한 입체 S의 절단면의 넓이를 $A(x)$라 하면, 구간 $[a, b]$의 값 x가 변함에 따라 절단면의 넓이가 변하므로 $A(x)$는 구간 $[a, b]$에서 정의되는 함수가 된다.

이제, 그림 7.7과 같이 구간 $[a, b]$의 정규분할

$$P : a = x_0 < x_1 < x_2 < \cdots < x_n = b$$

을 생각하고, 각 분점 x_i에서 x축에 수직인 평면으로 입체 S를 자르면 얇은 평판들이 생긴다. 이 분할에서 점 x_i^*을 소구간 $[x_{i-1}, x_i]$에서 택하면, 소구간 $[x_{i-1}, x_i]$에서의 평판은 밑면의

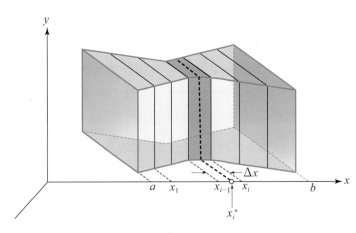

그림 7.7

넓이가 $A(x_i^*)$, 높이가 $\Delta x = x_i - x_{i-1}$인 원주형 입체와 근사하다. 이 평판의 부피 $V(S_i)$를 원주형 입체의 부피 ΔV_i를 이용하여 근사적으로 구하면

$$V(S_i) \approx \Delta V_i = A(x_i^*)\Delta x$$

이고, 입체도형 S의 전체 부피는 근사적으로

$$V = \sum_{i=1}^{n} V(S_i) \approx \sum_{i=1}^{n} \Delta V_i = \sum_{i=1}^{n} A(x_i^*)\Delta x$$

이다. 만약 $A(x)$가 구간 $[a, b]$에서 연속이면, $\Delta x \to 0$일 때 극한 $\sum_{i=1}^{n} A(x_i^*)\Delta x$가 수렴하며, 입체도형 S의 부피는 다음과 같이 S의 단면의 넓이에 대한 적분으로 주어진다.

정리 7.2 **입체 도형의 부피**

$x = a$와 $x = b$ 사이에 놓이는 입체 도형 S의 단면의 넓이 함수 $A(x)$가 연속이면, S의 부피는

$$V = \int_a^b A(x)\, dx \tag{7.3}$$

이다.

예제 7.4 밑면의 반지름이 r, 높이가 h인 원뿔의 부피를 구하여라.

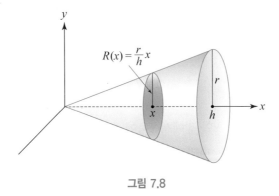

그림 7.8

[풀이] 그림 7.8과 같이 원뿔의 꼭짓점은 원점에 놓여 있고, 밑면인 원의 중심이 x축에 놓인다고 하자. 이때 x축의 좌표가 $x(0 \leq x \leq h)$인 점에서 x축에 수직인 평면으로 원뿔을 자를 때 생기는 단면은 항상 원이다. 이 원의 반지름은

$$R(x) = \frac{r}{h}x$$

이므로 단면의 넓이는

$$A(x) = \pi\left[R(x)\right]^2 = \pi\left(\frac{r}{h}\right)^2 x^2$$

이다. 따라서 원뿔의 부피는

$$V = \int_0^h A(x)\,dx = \int_0^h \frac{\pi r^2}{h^2}\,x^2\,dx$$

$$= \frac{\pi r^2}{h^2}\left[\frac{1}{3}x^3\right]_0^h = \frac{1}{3}\pi r^2 h$$

이다.   ■

예제 7.4에서 본 원뿔은 회전체의 한 예로서, 직각삼각형 영역을 그의 한 밑변을 중심으로 회전시킬 때 생긴다. 일반적으로, 연속함수 $y = f(x)$와 x축 및 직선 $x = a$, $x = b$로 둘러싸인 영역을 x축 둘레로 회전시킬 때 생기는 회전체의 부피를 구하여 보자.

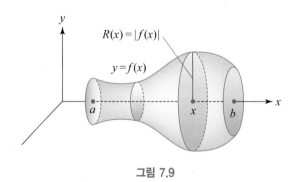

그림 7.9

그림 7.9와 같이 x축의 좌표가 x인 점에서 x축에 수직인 평면으로 자른 회전체의 단면은 반지름이 $R(x) = |f(x)|$인 원판이다. 따라서 단면의 넓이는

$$A(x) = \pi\left[R(x)\right]^2 = \pi\left[f(x)\right]^2$$

이므로 회전체의 부피에 대한 다음 공식을 얻는다.

정리 7.3 회전체의 부피

함수 $f(x)$가 구간 $[a, b]$에서 연속일 때, 곡선 $y = f(x)$, x축과 두 직선 $x = a, x = b$로 둘러싸인 영역을 x축 둘레로 회전시킬 때 생기는 회전체의 부피는

$$V = \pi \int_a^b \left[f(x) \right]^2 dx \tag{7.4}$$

이다.

참고 1 연속함수 $x = g(y)$, y축과 두 직선 $y = c, y = d$로 둘러싸인 영역을 y축 둘레로 회전시킬 때 생기는 회전체의 부피는

$$V = \pi \int_c^d \left[g(y) \right]^2 dy \tag{7.5}$$

이다.

예제 7.5 곡선 $y = \dfrac{1}{2}x^3$과 직선 $y = 0, x = 1$에 의해 둘러싸인 영역을 x축 둘레로 회전시킬 때 생기는 회전체의 부피를 구하여라.

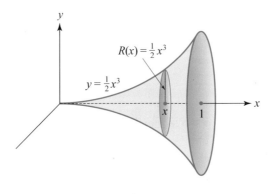

그림 7.10

[풀이] 식 (7.4)를 이용하여 회전체의 부피를 구하면 다음과 같다.

$$V = \pi \int_0^1 \left(\frac{1}{2}x^3 \right)^2 dx = \frac{\pi}{4} \int_0^1 x^6 dx$$

$$= \frac{\pi}{4} \left[\frac{1}{7}x^7 \right]_0^1 = \frac{\pi}{28}$$

예제 7.6 곡선 $y = x^2$과 직선 $x = 0$, $y = 4$에 의해 둘러싸인 부분을 y축 둘레로 회전시킬 때 생기는 회전체의 부피를 구하여라.

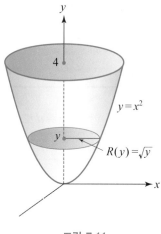

그림 7.11

[풀이] y축 둘레의 회전이므로, 곡선 $y = x^2$을 x의 함수로 표현하면 $x = \sqrt{y}$이다. 따라서 구하는 회전체의 부피는

$$V = \pi \int_0^4 \left(\sqrt{y} \right)^2 dy = \pi \left[\frac{1}{2} y^2 \right]_0^4 = 8\pi$$

이다. ■

예제 7.7 곡선 $y = \frac{1}{2} x^2$과 직선 $y = x$로 둘러싸인 영역을 x축 둘레로 회전시킬 때 생기는 회전체의 부피를 구하여라.

[풀이] 먼저 곡선 $y = \frac{1}{2} x^2$과 직선 $y = x$의 두 교점은 $(0, 0)$과 $(2, 2)$이다. 이때 x축의 좌표가 $x (0 \leq x \leq 2)$인 점에서 회전축에 수직인 평면으로 회전체를 자를 때 생기는 단면은 외부 반지름이 $R(x) = x$, 내부 반지름이 $r(x) = \frac{1}{2} x^2$인 두 원에 의해 둘러싸인 환형이다. 따라서 단면의 넓이는

$$A(x) = \pi [R(x)]^2 - \pi [r(x)]^2 = \pi x^2 - \pi \left(\frac{1}{2} x^2 \right)^2$$

이므로, 구하는 회전체의 부피는

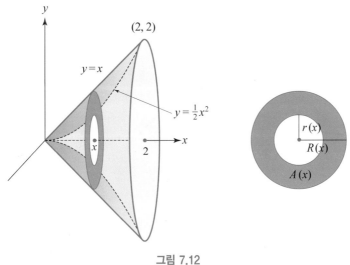

그림 7.12

$$V = \int_0^2 A(x)\,dx = \pi \int_0^2 \left(x^2 - \frac{1}{4}x^4 \right) dx$$

$$= \pi \left[\frac{1}{3}x^3 - \frac{1}{20}x^5 \right]_0^2 = \frac{16}{15}\pi$$

이다. ∎

예제 7.8 예제 7.7에서 주어진 영역을 직선 $x = 2$ 둘레로 회전시킬 때 생기는 회전체의 부피를 구하여라.

[풀이] 이 경우에도 회전축에 수직인 평면으로 자를 때 생기는 회전체의 단면은 환형이지만, 회전축의 y좌표가 $y(0 \leq y \leq 2)$인 점에서 회전축에 수직인 평면으로 회전체를 자를 때 생기는 단면의 외부 반지름과 내부 반지름은 각각

$$R(y) = 2 - y, \quad r(y) = 2 - \sqrt{2y}$$

이다. 따라서 단면의 넓이는

$$A(y) = \pi \left[R(y) \right]^2 - \pi \left[r(y) \right]^2 = \pi (2 - y)^2 - \pi \left(2 - \sqrt{2y} \right)^2$$

이므로, 구하는 회전체의 부피는

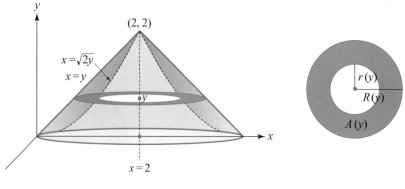

그림 7.13

$$V = \int_0^2 A(y)dy = \pi \int_0^2 \left[(2-y)^2 - (2-\sqrt{2y})^2 \right] dy$$

$$= \pi \int_0^2 \left(y^2 - 6y + 4\sqrt{2}\sqrt{y} \right) dy$$

$$= \pi \left[\frac{1}{3}y^3 - 3y^2 + \frac{8\sqrt{2}}{3}y^{\frac{3}{2}} \right]_0^2 = \frac{4}{3}\pi$$

이다. ■

예제 7.9 반지름이 3인 원기둥을 그림 7.14와 같이 두 평면으로 잘라 쐐기 모양의 입체를 얻었다. 한 평면은 원기둥의 축에 수직이고, 다른 평면은 앞의 평면과 원기둥의 지름을 따라 만나며, 두 평면이 이루는 각은 30°이다. 이 입체의 부피를 구하여라.

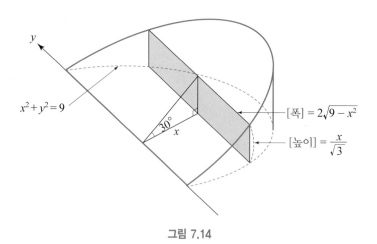

그림 7.14

[**풀이**] 두 평면의 교선을 y축이라고 하면 x축에 수직인 절단면은 그림 7.14와 같이 직사각형 이고, 그 넓이는

$$A(x) = [\text{높이}] \times [\text{폭}] = \left(\frac{1}{\sqrt{3}}x\right)\left(2\sqrt{9-x^2}\right)$$

이므로 주어진 입체의 부피는

$$V = \int_0^3 A(x)\,dx = \int_0^3 \frac{2}{\sqrt{3}}x\sqrt{9-x^2}\,dx$$

로 주어진다. 여기서 $u = 9 - x^2$으로 치환하면 $du = -2x\,dx$, $x = 0$일 때 $u = 9$, $x = 3$ 일 때 $u = 0$이므로 주어진 입체의 부피는

$$V = \frac{1}{\sqrt{3}}\int_0^9 \sqrt{u}\,du$$

$$= \frac{2}{3\sqrt{3}}\left[u^{\frac{3}{2}}\right]_0^9 = 6\sqrt{3}$$

이다. ∎

연습문제 7.2

1. 다음 곡선으로 둘러싸인 영역을 x축 둘레로 회전시킬 때 생기는 회전체의 부피를 구하 여라.

   (1) $y = x^3$, $y = 0$, $x = 2$ (2) $y = x^2$, $y = 2x$

   (3) $y = 2x + 1$, $y = 0$, $x = 1$, $x = 2$ (4) $y = x - x^2$, $y = 0$

   (5) $y = e^x$, $y = 0$, $x = 0$, $x = 1$ (6) $y = \dfrac{1}{\sqrt{x+1}}$, $y = 0$, $x = 0$, $x = 3$

2. 다음 곡선으로 둘러싸인 영역을 y축 둘레로 회전시킬 때 생기는 회전체의 부피를 구하 여라.

   (1) $y = x^3$, $x = 0$, $y = 8$ (2) $y = x^2$, $y = x$

   (3) $y = x^2$, $y = 4$ (4) $x = y^2 - 1$, $x = 0$

3. 다음 곡선으로 둘러싸인 영역을 주어진 축 둘레로 회전시킬 때 생기는 회전체의 부피를 구하여라.

(1) $y^2 = 4x$, $x = 4$; 회전축 $x = 4$

(2) $y = x^2$, $y^2 = x$; 회전축 $x = -1$

(3) $y = x^2$, $y = 0$, $x = 1$; 회전축 $y = 1$

(4) $y = \sqrt{x}$, $y = 0$, $x = 4$; 회전축 $y = -1$

4. 적분을 이용하여 반지름 r인 구의 부피를 구하여라.

5. 타원 $\dfrac{x^2}{a^2} + \dfrac{y^2}{b^2} = 1$을 x축 둘레로 회전시킬 때 생기는 입체의 부피를 구하여라.

6. 세 모서리가 서로 수직이고, 그 길이가 각각 a, b, c인 사면체의 부피를 구하여라.

7. 밑면은 넓이가 A인 정사각형이고 높이는 h인 피라미드의 부피가 $V = \dfrac{1}{3}hA$임을 보여라.

3절   원주각법에 의한 회전체의 부피

회전체의 부피는 경우에 따라서 원주각법(cylinderical shell method)을 이용하면 좀 더 편리하게 계산할 수 있다. 이제 연속함수 $y = f(x)$와 두 직선 $x = a$, $x = b$와 x축으로 둘러싸인 부분을 y축을 회전축으로 하여 회전시킬 때 생기는 회전체의 부피를 원주각법에 의하여 구하는 법을 생각하자.

먼저 내부 반지름이 r_1, 외부 반지름이 r_2, 높이가 h인 원주각(그림 7.15의 오른쪽 그림 참조)의 부피는 외부 원기둥의 부피에서 내부 원기둥의 부피를 뺀 것이므로

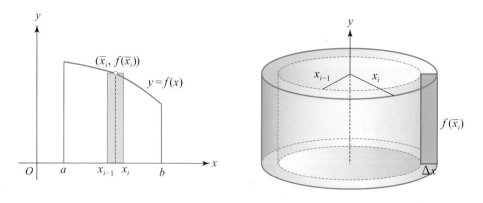

그림 7.15

$$V = \pi r_2^2 h - \pi r_1^2 h$$

$$= \pi (r_2 + r_1)(r_2 - r_1)h$$

$$= 2\pi \frac{r_1 + r_2}{2} h(r_2 - r_1)$$

이다. 여기서 원주각의 두께를 $\Delta r = r_2 - r_1$, 원주각의 평균 반지름을 $\bar{r} = \frac{r_1 + r_2}{2}$로 두면 원주각의 부피는

$$V = 2\pi \bar{r} h \Delta r$$

로 나타낼 수 있다. 즉

$$V = 2\pi \times [\text{평균 반지름}] \times [\text{높이}]] \times [\text{두께}]$$

이다.

이제 일반적인 회전체의 부피를 구하기 위하여 구간 $[a, b]$의 정규분할

$$P : a = x_0 < x_1 < x_2 < \cdots < x_n = b$$

의 각 소구간 $[x_{i-1}, x_i]$에서 $\bar{x}_i$을 소구간의 중점, 즉 $\bar{x}_i = \frac{x_{i-1} + x_i}{2}$이라고 하자. 여기서 밑변이 $[x_{i-1}, x_i]$이고 높이가 $f(\bar{x}_i)$인 직사각형을 y축 둘레로 회전시키면 평균 반지름이 $\bar{x}_i$, 높이가 $f(\bar{x}_i)$, 두께가 $\Delta x = x_i - x_{i-1}$인 원주각이 생기고, 그 부피는

$$\Delta V_i = 2\pi \bar{x}_i f(\bar{x}_i) \Delta x$$

이다. 회전체의 부피 V를 원주각들의 부피의 합으로 근사시키면

$$V \approx \sum_{i=1}^{n} \Delta V_i = \sum_{i=1}^{n} 2\pi \bar{x}_i f(\bar{x}_i) \Delta x$$

가 된다. 만약 $f(x)$가 구간 $[a, b]$에서 연속이면, $\Delta x \to 0$일 때 극한 $\sum_{i=1}^{n} 2\pi \bar{x}_i f(\bar{x}_i) \Delta x$가 수렴하므로 회전체의 부피는

$$V = \lim_{\Delta x \to 0} \sum_{i=1}^{n} 2\pi \bar{x}_i f(\bar{x}_i) \Delta x$$

$$= \int_a^b 2\pi x f(x) \, dx$$

이다.

정리 7.4 원주각법에 의한 회전체의 부피

연속함수 $y = f(x)$가 구간 $[a, b]$에서 $f(x) \geq 0$일 때, $y = f(x)$와 두 직선 $x = a$, $x = b$ 및 x축으로 둘러싸인 영역을 y축 둘레로 회전시킬 때 생기는 회전체의 부피는

$$V = \int_a^b 2\pi x f(x) dx \quad (0 \leq a < b) \tag{7.6}$$

이다.

참고 2 원주각법에 의한 부피 V의 공식에서 $2\pi x f(x)$항은 반지름이 x, 높이가 $f(x)$인 원통의 겉넓이로서, 원주각법에 의한 회전체의 부피는 구간 $[a, b]$에서 이러한 원통들의 겉넓이의 적분으로 이해할 수 있다. 즉

$$V = \int_a^b 2\pi \,[\text{원통의 반지름}]\, [\text{원통의 높이}] \, dx$$

참고 3 연속함수 $x = g(y)$가 구간 $[c, d]$에서 $g(y) \geq 0$일 때, $x = g(y)$와 두 직선 $y = c$, $y = d$ 및 y축으로 둘러싸인 부분을 x축 둘레로 회전시킬 때 생기는 회전체의 부피는

$$V = \int_c^d 2\pi y g(y) \, dy \quad (0 \leq c < d) \tag{7.7}$$

이다.

예제 7.10 곡선 $y = x - x^2$과 x축으로 둘러싸인 영역을 y축 둘레로 회전시킬 때 생기는 회전체의 부피를 구하여라.

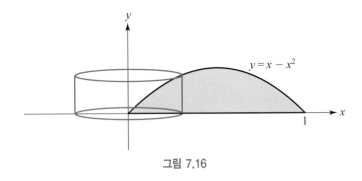

그림 7.16

[풀이] 곡선 $y = x - x^2$은 x축과 $x = 0$, 1에서 만난다. 따라서 회전체의 부피는

$$V = \int_0^1 2\pi x(x - x^2)\,dx = 2\pi \int_0^1 (x^2 - x^3)\,dx$$

$$= 2\pi \left[\frac{1}{3}x^3 - \frac{1}{4}x^4 \right]_0^1$$

$$= \frac{\pi}{6}$$

이다. ▪

예제 7.11 원주각법을 이용하여 곡선 $y = \frac{1}{2}x^2$과 x축 및 직선 $x = 2$로 둘러싸인 영역을 x축 둘레로 회전시킬 때 생기는 회전체의 부피를 구하여라.

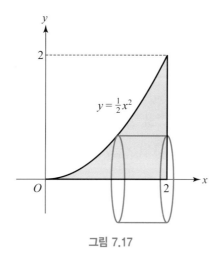

그림 7.17

[풀이] 회전축이 x축이므로 원주각법에 의한 체적은 y에 대한 적분으로 나타난다. 그러므로 곡선 $y = \frac{1}{2}x^2$를 $x = \sqrt{2y}$의 형태로 표현하자. 그림 7.17과 같이 적분구간 $[0, 2]$에 있는 한 점 y에서 주어지는 수평 선분을 x축 둘레로 회전할 때 생기는 원통은 그 반지름이 y, 높이가 $2 - \sqrt{2y}$임을 알 수 있다. 따라서 구하는 회전체의 부피는

$$V = \int_0^2 2\pi y\left(2 - \sqrt{2y} \right)dy = 2\pi \int_0^2 \left(2y - \sqrt{2}\, y^{\frac{3}{2}} \right)dy$$

$$= 2\pi \left[y^2 - \frac{2\sqrt{2}}{5} y^{\frac{5}{2}} \right]_0^2 = \frac{8}{5}\pi$$

이다. ▪

예제 7.12 곡선 $y = x^2 - 2$와 직선 $y = x$으로 둘러싸인 영역을 직선 $x = -1$ 둘레로 회전시킬 때 생기는 회전체의 부피를 구하여라.

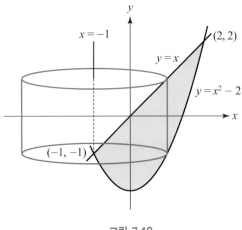

그림 7.18

[풀이] 포물선 $y = x^2 - 2$와 직선 $y = x$의 교점을 구하면 $(-1, -1)$과 $(2, 2)$이다. 그림 7.18과 같이 적분구간 $[-1, 2]$에 있는 한 점 x에서 주어지는 수직 선분을 $x = -1$ 둘레로 회전할 때 생기는 원통은 그 반지름이 $x - (-1)$, 높이가 $x - (x^2 - 2)$임을 알 수 있다. 따라서 구하는 회전체의 부피는

$$V = \int_{-1}^{2} 2\pi(x+1)(x-x^2+2)\,dx$$

$$= 2\pi \int_{-1}^{2} (-x^3 + 3x + 2)\,dx$$

$$= 2\pi \left[-\frac{1}{4}x^4 + \frac{3}{2}x^2 + 2x \right]_{-1}^{2} = \frac{27}{2}\pi$$

이다. ∎

연습문제 7.3

1. 다음 곡선으로 둘러싸인 영역을 y축 둘레로 회전시킬 때 생기는 회전체의 부피를 원주각법을 사용하여 구하여라.

   (1) $y = \sqrt{x}$, $y = 0$, $x = 1$ 　　　　(2) $y = x^2$, $y = 2x$

(3) $y = x + x^2$, $y = 0$ (4) $y = 1 - \dfrac{3}{x}$, $y = 0$, $x = 1$

2. 다음 곡선으로 둘러싸인 영역을 x축 둘레로 회전시킬 때 생기는 회전체의 부피를 원주각법을 사용하여 구하여라.

(1) $x = y^2 - 1$, $x = 0$ (2) $y = x^2$, $x = 0$, $y = 4$

(3) $y = x^2$, $y = x$ (4) $y = \sqrt{x}$, $y = 0$, $x + 2y = 3$

3. 다음 곡선으로 둘러싸인 영역을 주어진 축 둘레로 회전시킬 때 생기는 회전체의 부피를 편리한 방법으로 구하여라.

(1) $y = x^2 - x - 2$, $y = 0$; 회전축 $x = -2$

(2) $(x-1)^2 + y^2 = 1$; 회전축 $y = 0$

(3) $y = x^2 - 6$, $y = x$; 회전축 $y = 3$

(4) $y = e^{-x^2}$, $y = 0$, $x = 0$, $x = 1$; 회전축 $x = 0$

(5) $y = x^2$, $y = 4x - x^2$; 회전축 $x = 4$

(6) $\sqrt{x} + \sqrt{y} = 1$, $x = 0$, $y = 0$; 회전축 $y = 0$

4. 원주각법을 이용하여 밑면의 반지름이 r, 높이가 h인 원뿔의 부피를 구하여라.

5. 원주각법을 이용하여 반지름 r인 구의 부피를 구하여라.

4절   곡선의 길이와 회전 곡면의 넓이

■ 곡선의 길이

먼저 연속함수 $y = f(x)$의 그래프가 그림 7.19와 같이 주어질 때, $x = a$에서 $x = b$까지 사이에 놓여 있는 $y = f(x)$의 곡선 C의 길이를 구하는 문제를 생각하자.

구간 $[a, b]$의 분할

$$P : a = x_0 < x_1 < x_2 < \cdots < x_n = b$$

에 대하여 $y_i = f(x_i)$ 그리고 $P_i = (x_i, y_i)$라 하자. 소구간 $[x_{i-1}, x_i]$에서의 곡선 $y = f(x)$의 길

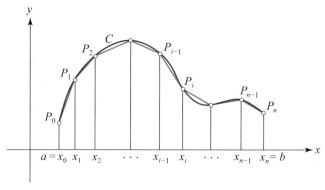

그림 7.19

이 $L(C_i)$를 두 점 P_{i-1}과 P_i을 잇는 선분의 길이를 이용하여 근사적으로 구하면

$$L(C_i) \approx \Delta L_i = |P_{i-1}P_i|$$

이고, 곡선 C 전체의 길이 L는 근사적으로

$$L = \sum_{i=1}^{n} L(C_i) \approx \sum_{i=1}^{n} \Delta L_i = \sum_{i=1}^{n} |P_{i-1}P_i|$$

이다. 만약 $\|P\| \to 0$일 때 극한 $\sum_{i=1}^{n} |P_{i-1}P_i|$이 수렴하면, 이 곡선 C의 길이는 다음과 같이 주어진다.

$$L = \lim_{\|P\| \to 0} \sum_{i=1}^{n} |P_{i-1}P_i| \tag{7.8}$$

이제 식 (7.8)에 대한 공식을 유도하기 위하여, 도함수 $f'(x)$가 구간 $[a, b]$에서 연속이라고 가정하자. 먼저

$$\Delta x_i = x_i - x_{i-1}, \quad \Delta y_i = y_i - y_{i-1}$$

로 두면

$$|P_{i-1}P_i| = \sqrt{(\Delta x_i)^2 + (\Delta y_i)^2} = \sqrt{1 + \left(\frac{\Delta y_i}{\Delta x_i}\right)^2} \, \Delta x_i$$

이다. 평균값 정리를 적용하여

$$\frac{\Delta y_i}{\Delta x_i} = f'(x_i^*), \quad (x_{i-1} < x_i^* < x_i)$$

로 쓰면

$$|P_{i-1}P_i| = \sqrt{1 + \left[f'(x_i^*)\right]^2}\, \Delta x_i$$

가 된다. 따라서 곡선 C의 길이는

$$L = \lim_{\|P\| \to 0} \sum_{i=1}^{n} |P_{i-1}P_i| = \lim_{\|P\| \to 0} \sum_{i=1}^{n} \sqrt{1 + \left[f'(x_i^*)\right]^2}\, \Delta x_i$$

이다. 이제 $f'(x)$가 연속이므로 $\|P\| \to 0$일 때 극한 $\displaystyle\sum_{i=1}^{n} \sqrt{1 + \left[f'(x_i^*)\right]^2}\, \Delta x_i$가 수렴하고, 곡선 C의 길이는 다음과 같이 주어진다.

정리 7.5 **곡선의 길이**

$f'(x)$가 구간 $[a, b]$에서 연속이면, $x = a$와 $x = b$ 사이의 곡선 $y = f(x)$의 길이는

$$L = \int_a^b \sqrt{1 + \left[f'(x)\right]^2}\, dx \tag{7.9}$$

이다.

참고 4 곡선의 길이 공식에서

$$ds = \sqrt{(dx)^2 + (dy)^2} = \sqrt{1 + \left(\frac{dy}{dx}\right)^2}\, dx = \sqrt{1 + \left(\frac{dx}{dy}\right)^2}\, dy$$

로 두면, $x = a$와 $x = b$ 사이의 곡선 $y = f(x)$의 길이는

$$L = \int_a^b ds = \int_a^b \sqrt{1 + \left(\frac{dy}{dx}\right)^2}\, dx$$

로 쓸 수 있고, $y = c$와 $y = d$ 사이의 곡선 $x = g(y)$의 길이는

$$L = \int_c^d ds = \int_c^d \sqrt{1 + \left(\frac{dx}{dy}\right)^2}\, dy$$

로 쓸 수 있다.

예제 7.13 $x = 1$과 $x = 2$ 사이의 곡선 $y = \dfrac{x^4}{4} + \dfrac{1}{8x^2}$의 길이를 구하여라.

[풀이] $\dfrac{dy}{dx} = x^3 - \dfrac{1}{4x^3}$이므로 곡선의 길이 L은

$$L = \int_1^2 \sqrt{1 + \left(\frac{dy}{dx}\right)^2}\, dx = \int_1^2 \sqrt{1 + \left(x^3 - \frac{1}{4x^3}\right)^2}\, dx$$

$$= \int_1^2 \sqrt{\left(x^3 + \frac{1}{4x^3}\right)^2}\, dx = \int_1^2 \left(x^3 + \frac{1}{4x^3}\right) dx$$

$$= \left[\frac{1}{4}x^4 - \frac{1}{8x^2}\right]_1^2 = \frac{123}{32}$$

이다. ■

예제 7.14 두 점 $(1, 0)$과 $(8, 3)$ 사이의 곡선 $(y + 1)^3 = x^2$의 길이를 구하여라.

[풀이] 먼저 주어진 곡선을 $x = g(y)$의 형태로 나타내고, $x \geq 0$인 부분을 택하면

$$x = (y + 1)^{\frac{3}{2}}, \quad \frac{dx}{dy} = \frac{3}{2}(y + 1)^{\frac{1}{2}}$$

이므로 곡선의 길이는

$$L = \int_0^3 \sqrt{1 + \left(\frac{dx}{dy}\right)^2}\, dy = \int_0^3 \sqrt{1 + \frac{9}{4}(y + 1)}\, dy$$

$$= \frac{1}{2}\int_0^3 \sqrt{9y + 13}\, dy$$

로 주어진다. 여기서 $u = 9y + 13$으로 치환하면 $du = 9dy$, $y = 0$일 때 $u = 13$, $y = 3$일 때 $u = 40$이므로

$$L = \frac{1}{18}\int_{13}^{40} \sqrt{u}\, du = \frac{1}{18}\left[\frac{2}{3}u^{\frac{3}{2}}\right]_{13}^{40}$$

$$= \frac{1}{27}\left(80\sqrt{10} - 13\sqrt{13}\right)$$

이다. ■

■ 회전 곡면의 넓이

회전 곡면은 곡선을 회전축 둘레로 회전시킬 때 생기는 곡면이다. 회전 곡면의 넓이를 구하는 과정을 살펴보기로 한다.

그림 7.20과 같이 길이가 ℓ인 선분을 주어진 회전축 둘레로 회전시킬 때 생기는 회전 곡

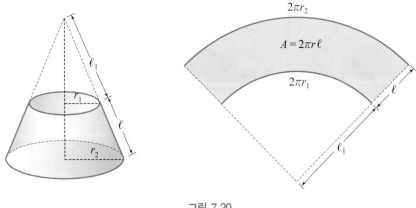

그림 7.20

면(원뿔대)의 겉넓이를 구하는 문제를 먼저 생각한다. 원뿔대를 잘라서 펼치면 오른쪽 그림과 같은 부채꼴을 만들 수 있고, 원뿔대의 겉넓이 A를 색칠한 부채꼴 영역의 넓이를 이용하여 구하면

$$A = \frac{1}{2}(2\pi r_2)(\ell_1 + \ell) - \frac{1}{2}(2\pi r_1)\ell_1$$
$$= \pi \left[(r_2 - r_1)\ell_1 + r_2 \ell \right]$$

이다. 여기서 r_1은 원뿔대의 위쪽 반지름, r_2는 아래쪽 반지름이다. 그리고 비례식

$$\frac{\ell_1}{r_1} = \frac{\ell_1 + \ell}{r_2}$$

에 의해

$$(r_2 - r_1)\ell_1 = r_1 \ell$$

이 성립하므로

$$A = \pi(r_1 + r_2)\ell$$

이다. 여기서 $r = \dfrac{r_1 + r_2}{2}$, 즉 r가 원뿔대의 평균반지름이면, 원뿔대의 겉넓이는

$$A = 2\pi r \ell \tag{7.10}$$

로 주어짐을 알 수 있다.

이제 구간 $[a, b]$에서 곡선 $y = f(x)$를 x축 둘레로 회전시킬 때 생기는 회전 곡면 S의 넓이를 구하는 문제를 생각한다. 먼저 구간 $[a, b]$에서 $f(x) \geq 0$이고 도함수 $f'(x)$가 연속이라고

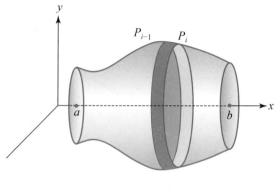

그림 7.21

가정하고, 곡선의 길이를 구하는 방법과 같은 방식으로 구간 $[a, b]$의 분할

$$P : a = x_0 < x_1 < x_2 < \cdots < x_n = b$$

에 대하여 $y_i = f(x_i)$, $P_i = (x_i, y_i)$ 그리고

$$\Delta x_i = x_i - x_{i-1}, \ \ \Delta y_i = y_i - y_{i-1}$$

라 하자. 소구간 $[x_{i-1}, x_i]$에서의 회전 곡면 S_i의 넓이 $A(S_i)$는 선분 $P_{i-1}P_i$를 x축 둘레로 회전시킬 때 생기는 원뿔대의 넓이 ΔA_i를 이용하여 근사적으로 구하면

$$A(S_i) \approx \Delta A_i = 2\pi \frac{y_{i-1} + y_i}{2} \left| P_{i-1}P_i \right|$$

$$= 2\pi \frac{1}{2}[f(x_{i-1}) + f(x_i)] \sqrt{(\Delta x_i)^2 + (\Delta y_i)^2}$$

$$= 2\pi \frac{1}{2}[f(x_{i-1}) + f(x_i)] \sqrt{1 + \left(\frac{\Delta y_i}{\Delta x_i}\right)^2} \Delta x_i$$

이다. 위 식에서 함수 f의 연속성을 이용하여

$$\frac{1}{2}[f(x_{i-1}) + f(x_i)] = f(\tilde{x}_i), \ \ \ (x_{i-1} \leq \tilde{x}_i \leq x_i)$$

로 쓰고, 평균값 정리를 이용하여

$$\frac{\Delta y_i}{\Delta x_i} = f'(x_i^*), \ \ \left(x_{i-1} < x_i^* < x_i\right)$$

로 나타낼 수 있다. 따라서

$$A(S_i) \approx \Delta A_i = 2\pi f(\tilde{x}_i) \sqrt{1 + \left[f'(x_i^*) \right]^2} \, \Delta x_i$$

이고, 회전 곡면 전체의 넓이는

$$A = \sum_{i=1}^{n} A(S_i) = \lim_{\|P\| \to 0} \sum_{i=1}^{n} 2\pi f(\tilde{x}_i) \sqrt{1 + \left[f'(x_i^*) \right]^2} \, \Delta x_i$$

이다. 이제 $\|P\| \to 0$일 때 극한 $\sum_{i=1}^{n} 2\pi f(\tilde{x}_i) \sqrt{1 + \left[f'(x_i^*) \right]^2} \, \Delta x_i$가 수렴하므로, 회전 곡면의 넓이 A는 다음과 같이 주어진다.

정리 7.6 **회전 곡면의 넓이**

구간 $[a, b]$에서 $f(x) \geq 0$이고 $f'(x)$가 연속이면, $x = a$와 $x = b$ 사이의 곡선 $y = f(x)$를 x축 둘레로 회전시킬 때 생기는 회전 곡면의 넓이는

$$A = \int_a^b 2\pi f(x) \sqrt{1 + \left[f'(x) \right]^2} \, dx \tag{7.11}$$

이다.

참고 5 회전 곡면의 넓이 공식에서

$$ds = \sqrt{(dx)^2 + (dy)^2} = \sqrt{1 + \left(\frac{dy}{dx}\right)^2} \, dx = \sqrt{1 + \left(\frac{dx}{dy}\right)^2} \, dy$$

로 두면, 곡선 $y = f(x)$, $a \leq x \leq b$를 x축 둘레로 회전시킬 때 생기는 회전 곡면의 넓이는

$$A = \int_a^b 2\pi y \, ds = \int_a^b 2\pi y \sqrt{1 + \left(\frac{dy}{dx}\right)^2} \, dx$$

로 쓸 수 있고, 곡선 $x = g(y)$, $c \leq y \leq d$를 y축 둘레로 회전시킬 때 생기는 회전 곡면의 넓이는

$$A = \int_c^d 2\pi x \, ds = \int_c^d 2\pi x \sqrt{1 + \left(\frac{dx}{dy}\right)^2} \, dy$$

로 쓸 수 있다.

예제 7.15 두 점 $(0, 0)$과 $\left(1, \dfrac{1}{3}\right)$ 사이의 곡선 $y = \dfrac{1}{3}x^3$을 x축 둘레로 회전시킬 때 생기는 회전 곡면의 넓이를 구하여라.

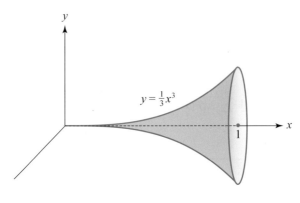

$y = \dfrac{1}{3}x^3$

1

그림 7.22

[풀이] $\dfrac{dy}{dx} = x^2$ 이므로, 회전 곡면의 넓이는

$$A = \int_0^1 2\pi y \sqrt{1 + \left(\frac{dy}{dx}\right)^2}\, dx$$

$$= \frac{2\pi}{3} \int_0^1 x^3 \sqrt{1 + x^4}\, dx$$

로 주어지고, $u = 1 + x^4$으로 치환하면 $du = 4x^3 dx$, $x = 0$일 때 $u = 1$, $x = 1$일 때 $u = 2$이므로

$$A = \frac{\pi}{6} \int_1^2 \sqrt{u}\, du$$

$$= \frac{\pi}{9} \left[u^{\frac{3}{2}} \right]_1^2$$

$$= \frac{\pi}{9} \left[2\sqrt{2} - 1 \right]$$

이다. ■

예제 7.16 두 점 $(0, 0)$과 $(2, 4)$ 사이의 곡선 $y = x^2$을 y축 둘레로 회전시킬 때 생기는 회전 곡면의 넓이를 구하여라.

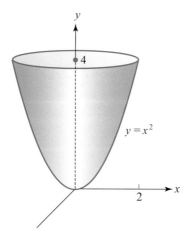

그림 7.23

[풀이] $x = \sqrt{y}$, $\dfrac{dx}{dy} = \dfrac{1}{2\sqrt{y}}$ 이므로, 회전 곡면의 넓이는

$$A = \int_0^4 2\pi x \sqrt{1 + \left(\frac{dx}{dy}\right)^2}\, dy$$

$$= 2\pi \int_0^4 \sqrt{y}\,\sqrt{1 + \frac{1}{4y}}\, dy = 2\pi \int_0^4 \sqrt{y + \frac{1}{4}}\, dy$$

$$= \frac{4\pi}{3}\left[\left(y + \frac{1}{4}\right)^{\frac{3}{2}}\right]_0^4 = \frac{\pi}{6}\left(17\sqrt{17} - 1\right)$$

이다. ■

예제 7.17 반지름이 r인 구면의 넓이가 $A = 4\pi r^2$임을 보여라.

[풀이] 구면은 반원 $y = \sqrt{r^2 - x^2}$ $(-r \leq x \leq r)$를 x축 둘레로 회전시켜 얻을 수 있다. 미분을 구하면

$$\frac{dy}{dx} = \frac{1}{2}\frac{-2x}{\sqrt{r^2 - x^2}} = \frac{-x}{\sqrt{r^2 - x^2}}$$

이므로, 구면의 넓이는

$$A = \int_{-r}^r 2\pi y \sqrt{1 + \left(\frac{dy}{dx}\right)^2}\, dx$$

$$= 2\pi \int_{-r}^r \sqrt{r^2 - x^2}\,\sqrt{1 + \frac{x^2}{r^2 - x^2}}\, dx$$

$$= 2\pi \int_{-r}^{r} \sqrt{r^2 - x^2} \, \sqrt{\frac{r^2 - x^2 + x^2}{r^2 - x^2}} \, dx$$

$$= 2\pi \int_{-r}^{r} r \, dx = 2\pi(2r)(r) = 4\pi r^2$$

이다. ■

연습문제 7.4

1. 다음 곡선의 길이를 구하여라.

(1) $y = x\sqrt{x}, \quad 0 \le x \le \dfrac{4}{3}$ (2) $y = e^x, \quad 0 \le x \le 1$

(3) $y = \dfrac{e^x + e^{-x}}{2}, \quad 0 \le x \le 1$ (4) $y = \ln(1 - x^2), \quad 0 \le x \le \dfrac{1}{2}$

(5) $8x = y^4 + 2y^{-2}, \quad 1 \le y \le 2$

2. 두 점 $(0, 0)$과 $(4, 8)$ 사이의 곡선 $y^2 = x^3$의 길이를 구하여라.

3. 주어진 곡선을 x축 둘레로 회전시킬 때 생기는 회전 곡면의 넓이를 구하여라.

(1) $y = 2x, \quad 0 \le x \le 1$ (2) $y = \sqrt{x + 1}, \quad 0 \le x \le 3$

(3) $y = 1 + \sqrt{1 - x^2}, \quad 0 \le x \le 1$ (4) $x^2 + y^2 = 9, \quad -2 \le x \le 2$

4. 주어진 곡선을 y축 둘레로 회전시킬 때 생기는 회전 곡면의 넓이를 구하여라.

(1) $y = x^2, \quad 0 \le x \le 1$

(2) $x = 2\sqrt{4 - y}, \quad 0 \le y \le \dfrac{15}{4}$

(3) $y = \dfrac{1}{2}x^2 + 1, \quad 0 \le x \le 2\sqrt{2}$

(4) $y = \dfrac{x^4}{4} + \dfrac{1}{8x^2}, \quad 1 \le x \le 2$

5. 타원 $\dfrac{x^2}{a^2} + \dfrac{y^2}{b^2} = 1$을 x축 둘레로 회전시킬 때 생기는 회전 곡면의 넓이를 구하여라($a > b$).

지금까지 정적분

$$\int_a^b f(x)\,dx$$

를 구할 때, 미적분학의 기본 정리

$$\int_a^b f(x)\,dx = F(b) - F(a) \quad (F'(x) = f(x))$$

를 주로 사용하여 계산하였다. 그러나 이 방법은 역도함수 $F(x)$를 비교적 쉽게 구할 수 있을 때 사용할 수 있는 방법이다. 하지만 많은 경우에 주어진 함수의 역도함수를 구하는 것은 매우 어렵고, 심지어 우리가 알고 있는 초등함수(다항식, 유리함수, 지수함수, 로그함수, 삼각함수와 역삼각함수, 쌍곡선함수 등)로 표현하는 것이 불가능한 경우도 있다. 다음 적분들은 그러한 경우의 몇몇 예들이다.

$$\int_0^1 e^{-x^2}\,dx, \quad \int_0^\pi \sin(x^2)\,dx, \quad \int_{-1}^1 \sqrt{1 + x^3}\,dx$$

이러한 경우에는 정적분의 값을 구하는 다른 접근법이 필요하다. 이 절에서는 정적분의 근삿값을 수치적으로 구하는 방법들에 대하여 알아본다.

■ 사다리꼴 공식

사다리꼴의 공식에서는 피적분함수 $f(x)$를 일차다항식, 즉 직선으로 근사시켜 적분의 근삿값을 구하는 방법이다. 두 점 $(a, f(a))$와 $(b, f(b))$를 지나는 일차다항식은

$$P_1(x) = \frac{f(b) - f(a)}{b - a}(x - a) + f(a)$$

이므로, 구간 $[a, b]$에서 $P_1(x)$의 적분을 구하면

$$T_1(f) = \int_a^b P_1(x)\,dx = (b - a)\left[\frac{f(a) + f(b)}{2}\right] \tag{7.12}$$

가 되어 그림 7.24에서 주어진 사다리꼴의 넓이가 된다. 함수 $f(x)$가 직선에 가까우면

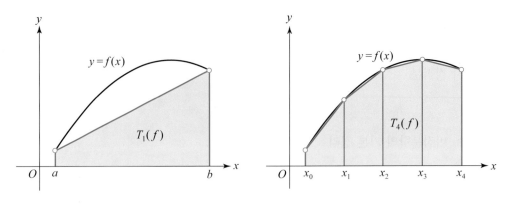

그림 7.24

$$\int_a^b f(x)\, dx \approx T_1(f)$$

가 된다. 일반적인 함수 $f(x)$에 대해서는 구간 $[a, b]$를 여러 개의 소구간으로 나누고, 각 소구간에서 식 (7.12)를 적용하여 적분의 근삿값을 구한다. 이때 소구간의 길이가 줄어들수록 적분에 대한 좋은 근삿값을 얻을 수 있다.

이 방식에 대한 일반적인 공식을 유도하기 위하여, 구간 $[a, b]$를 정규분할을 사용하여 n등분하자. 그러면 각 소구간의 길이는 $h = \dfrac{b-a}{n}$이고, 이 분할의 분점들은

$$x_0 = a, \ x_1 = a + h, \ \cdots, \ x_i = a + ih, \ \cdots, \ x_n = b$$

가 된다. 구간 $[a, b]$에서의 적분을 소구간에서의 적분들의 합으로 나타내면

$$\int_a^b f(x)\, dx = \int_{x_0}^{x_1} f(x)\, dx + \int_{x_1}^{x_2} f(x)\, dx + \cdots + \int_{x_{n-1}}^{x_n} f(x)\, dx$$

가 되고, 각 소구간에서 식 (7.12)를 적용하면

$$\int_a^b f(x)\,dx \approx \frac{h}{2}\left[\, f(x_0) + f(x_1)\,\right] + \frac{h}{2}\left[\, f(x_1) + f(x_2)\,\right]$$
$$+ \cdots + \frac{h}{2}\left[\, f(x_{n-1}) + f(x_n)\,\right]$$

을 얻는다. 위 식의 우변을 정리하면 다음의 적분에 대한 사다리꼴 공식을 얻을 수 있다.

(적분에 대한 사다리꼴 공식)

$$\int_a^b f(x)\, dx \approx T_n(f) = h\left[\frac{1}{2}f(x_0) + f(x_1) + f(x_2) + \cdots + f(x_{n-1}) + \frac{1}{2}f(x_n)\right]$$

여기서 $h = \dfrac{b-a}{n}$, $x_i = a + ih$이다.

예제 7.18 $n = 4$인 경우의 사다리꼴 공식 $T_4(f)$를 사용하여 $\displaystyle\int_0^1 \frac{1}{x+1}\, dx$의 근삿값을 구하여라.

[풀이] $h = \dfrac{1-0}{4} = \dfrac{1}{4}$, $x_i = \dfrac{1}{4}i$이므로

$$\int_0^1 \frac{1}{x+1}\, dx \approx T_4(f)$$

$$= h\left[\frac{1}{2}f(x_0) + f(x_1) + f(x_2) + f(x_3) + \frac{1}{2}f(x_4)\right]$$

$$= \frac{1}{4}\left[\frac{1}{2}f(0) + f\left(\frac{1}{4}\right) + f\left(\frac{1}{2}\right) + f\left(\frac{3}{4}\right) + \frac{1}{2}f(1)\right]$$

$$= \frac{1}{4}\left(\frac{1}{2} + \frac{4}{5} + \frac{2}{3} + \frac{4}{7} + \frac{1}{2}\cdot\frac{1}{2}\right) \approx 0.697024$$

이다. 한편, 주어진 적분의 정확한 값을 계산하면

$$\int_0^1 \frac{1}{x+1}\, dx = \left[\ln(x+1)\right]_0^1 = \ln 2 \approx 0.693147$$

을 얻는다. 따라서 사다리꼴 공식 $T_4(f)$에 의한 적분의 근삿값에 대한 오차는

$$E_4 = \left[T_4(f) - \int_0^1 \frac{1}{x+1}\, dx\right] \approx 0.697024 - 0.693147 = 0.003877$$

이다. ∎

일반적으로 구간 $[a, b]$의 소구간의 개수 n이 증가하면, 즉 소구간의 길이 h가 줄어들면 사다리꼴 공식 $T_n(f)$에 의한 적분의 근삿값은 실제 적분값에 가까워진다. 이때 주어진 오차 이내에서 적분의 근삿값을 구하기 위한 n을 결정할 때는 다음의 정리를 이용할 수 있다. 이 정리의 증명은 생략한다.

> **정리 7.7**
>
> $M = \max\limits_{a \le x \le b} \left| f''(x) \right|$이면, 사다리꼴 공식 $T_n(f)$에 의한 적분의 근삿값 계산에서 발생하는 오차에 대하여 다음이 성립한다.
>
> $$E_n = \left| T_n(f) - \int_a^b f(x)\,dx \right| \le \frac{M(b-a)}{12} h^2$$
>
> 여기서 $h = \dfrac{b-a}{n}$이다.

예제 7.19 사다리꼴 공식 $T_n(f)$에 의한 적분 $\int_0^1 \sqrt{1+x^2}\,dx$의 근삿값 계산에서 10^{-4}의 오차 이내에서 적분값을 구할 수 있는 n의 값을 구하여라.

[풀이] $f(x) = \sqrt{1+x^2}$이라고 두고, 미분을 하면

$$f'(x) = \frac{x}{\sqrt{1+x^2}}, \quad f''(x) = \frac{1}{\left(1+x^2\right)^{\frac{3}{2}}}$$

이다. $M = \max\limits_{0 \le x \le 1} \left| f''(x) \right| = 1$이고 $h = \dfrac{1-0}{n} = \dfrac{1}{n}$이므로

$$E_n = \left| T_n(f) - \int_a^b f(x)\,dx \right| \le \frac{M(b-a)}{12} h^2 = \frac{1}{12} h^2 = \frac{1}{12n^2}$$

이 된다. 그러므로 오차가 10^{-4} 보다 작게 하려면

$$\frac{1}{12n^2} \le 10^{-4}, \quad 즉 \ n \ge \frac{100}{\sqrt{12}} \approx 28.9$$

인 자연수 n을 택해야 된다. 따라서 n이 29 이상인 자연수이면 오차를 10^{-4} 보다 작게 할 수 있다. ∎

■ Simpson의 공식

적분의 근삿값을 구할 때, 피적분함수 $f(x)$를 일차다항식으로 근사시키는 대신, 이차다항식, 즉 포물선으로 근사시키면 더욱 정확한 적분의 근삿값을 얻을 수 있다. 이를 위하여 먼저 평면상의 세 점을 지나는 이차다항식의 적분에 대한 다음의 공식이 필요하다.

보조정리 7.8

$c = \dfrac{a+b}{2}$일 때, $P_2(x)$가 세 점 $(a, f(a))$, $(c, f(c))$, $(b, f(b))$를 지나는 이차다항식이면

$$\int_a^b P_2(x)\,dx = \frac{h}{3}\left[f(a) + 4f(c) + f(b)\right] \tag{7.13}$$

이다. 여기서 $h = c - a = b - c$이다.

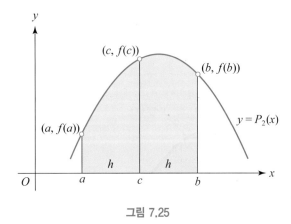

그림 7.25

[증명] 이차다항식 $P_2(x)$를

$$P_2(x) = D + E(x - c) + F(x - c)^2 \tag{7.14}$$

으로 나타내고, 구간 $[a, b]$에서 $P_2(x)$에 대한 적분을 구하면

$$\int_a^b P_2(x)\,dx = \int_{c-h}^{c+h}\left[D + E(x - c) + F(x - c)^2\right]dx$$

$$= 2Dh + \frac{2}{3}Fh^3 = \frac{h}{3}\left(6D + 2Fh^2\right)$$

이 된다. 식 (7.14)에 $x = a, c, b$를 차례로 대입하면

$$\begin{cases} f(a) = D - Eh + Fh^2 \\ f(c) = D \\ f(b) = D + Eh + Fh^2 \end{cases}$$

이므로

$$f(a) + 4f(c) + f(b) = 6D + 2Fh^2$$

이 된다. 따라서

$$\int_a^b P_2(x)\,dx = \frac{h}{3}\big[\, f(a) + 4f(c) + f(b) \,\big]$$

가 성립한다. ∎

예1 포물선 $y = P_2(x)$가 세 점 $(1, 3)$, $(2, 2)$, $(3, 4)$를 지나면

$$\int_1^3 P_2(x)\,dx = \frac{1}{3}(3 + 4 \cdot 2 + 4) = 5$$

이다. ∎

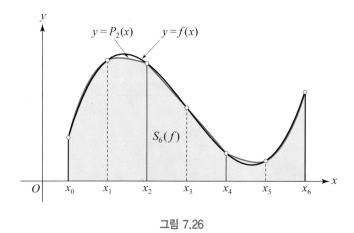

그림 7.26

이제 그림 7.26과 같이, 구간 $[a, b]$를 정규분할을 사용하여 n등분한다. 단, 여기에서 n은 짝수이다. 구간 $[a, b]$에서의 적분을 연속되는 2개씩의 소구간에서의 적분들의 합으로 나타내면

$$\int_a^b f(x)\,dx = \int_{x_0}^{x_2} f(x)\,dx + \int_{x_2}^{x_4} f(x)\,dx + \cdots + \int_{x_{n-2}}^{x_n} f(x)\,dx$$

가 된다. 이제 $h = \dfrac{b-a}{n}$로 두고 연속되는 두 소구간에서 식 (7.13)을 적용하면

$$\int_a^b f(x)\,dx \approx \frac{h}{3}\big[\, f(x_0) + 4f(x_1) + f(x_2) \,\big] + \frac{h}{3}\big[\, f(x_2) + 4f(x_3) + f(x_4) \,\big] + \cdots$$

$$+ \frac{h}{3}\big[\, f(x_{n-2}) + 4f(x_{n-1}) + f(x_n) \,\big]$$

을 얻는다. 위 식의 우변을 정리하면 다음의 적분에 대한 Simpson의 공식을 얻을 수 있다.

(Simpson의 공식)

$$\int_a^b f(x)\,dx \approx S_n(f) = \frac{h}{3}[f(x_0) + 4f(x_1) + 2f(x_2) + 4f(x_3) + 2f(x_4) + \cdots$$

$$+ 2f(x_{n-2}) + 4f(x_{n-1}) + f(x_n)]$$

여기서 n은 짝수이고, $h = \dfrac{b-a}{n}$, $x_i = a + ih$이다.

예제 7.20 $n = 4$일 때 Simpson의 공식에 의해 $\displaystyle\int_0^1 \frac{1}{x+1}\,dx$의 근삿값을 구하여라.

[풀이] 예제 7.18에서 얻은 값들을 사용하여 Simpson의 공식에 대입하면

$$\int_0^1 \frac{1}{x+1}\,dx \approx S_4(f)$$

$$= \frac{h}{3}\left[f(x_0) + 4f(x_1) + 2f(x_2) + 4f(x_3) + f(x_4)\right]$$

$$= \frac{1}{4}\cdot\frac{1}{3}\left[f(0) + 4f\left(\frac{1}{4}\right) + 2f\left(\frac{1}{2}\right) + 4f\left(\frac{3}{4}\right) + f(1)\right]$$

$$= \frac{1}{12}\left(1 + 4\cdot\frac{4}{5} + 2\cdot\frac{2}{3} + 4\cdot\frac{4}{7} + \frac{1}{2}\right)$$

$$= 0.693254$$

이다. Simpson의 공식에 의한 적분의 근삿값의 오차

$$E_4 = \left| S_4(f) - \int_0^1 \frac{1}{x+1}\,dx \right|$$

$$= \left| 0.693254 - \ln 2 \right| \approx 0.000107$$

이다. ∎

참고 6 위 예제의 결과를 예제 7.18과 비교하면 Simpson의 공식을 써서 구한 근삿값이 사다리꼴 공식에 의한 것보다 참값에 훨씬 가까움을 알 수 있다.

Simpson의 공식을 사용하여 주어진 오차 이내에서 적분의 근삿값을 구하기 위한 n을 결정

할 때는 다음의 정리를 이용할 수 있다. 이 정리의 증명은 생략한다.

정리 7.9

$M = \max\limits_{a \le x \le b} \left| f^{(4)}(x) \right|$이면, Simpson의 공식 $S_n(f)$에 의한 적분의 근삿값 계산에서 발생하는 오차에 대하여 다음이 성립한다.

$$E_n = \left| S_n(f) - \int_a^b f(x)\,dx \right| \le \frac{M(b-a)}{180} h^4$$

여기서 $h = \dfrac{b-a}{n}$ 이다.

예제 7.21 Simpson의 공식 $S_n(f)$에 의한 적분 $\displaystyle\int_1^2 \frac{1}{x}\,dx$의 근삿값 계산에서 10^{-4}의 오차 이내에 적분값을 구할 수 있는 n의 값을 구하여라.

[풀이] $f(x) = \dfrac{1}{x}$이라고 두면

$$f'(x) = -x^{-2}, \ f''(x) = 2x^{-3}, \ f^{(3)}(x) = -6x^{-4}, \ f^{(4)}(x) = 24x^{-5}$$

이다. $M = \max\limits_{1 \le x \le 2} \left| f^{(4)}(x) \right| = 24$이고 $h = \dfrac{b-a}{n} = \dfrac{1}{n}$이므로

$$E_n = \left| S_n(f) - \int_a^b f(x)dx \right| \le \frac{M(b-a)}{180} h^4 = \frac{24}{180} h^4 = \frac{2}{15n^4}$$

가 성립한다. 따라서 오차가 10^{-4} 보다 작게 하려면

$$\frac{2}{15n^4} \le 10^{-4}, \quad \text{즉} \quad n \ge 10 \sqrt[4]{\frac{2}{15}} \approx 6.043$$

인 짝수 n을 택하면 된다. 그러므로 n이 8 이상의 짝수이면 오차를 10^{-4} 보다 작게 할 수 있다. ■

연습문제 7.5

1. 사다리꼴 공식 $T_n(f)$에 의하여 다음 적분의 근삿값을 구하고, 미적분학의 기본 정리를 이용하여 얻은 정확한 적분값과 비교하여라.

(1) $\displaystyle\int_0^1 x^2\,dx;\ n=4$ (2) $\displaystyle\int_0^2 \frac{1}{\sqrt{1+x}}\,dx;\ n=4$

2. Simpson의 공식 $S_n(f)$에 의하여 다음 적분의 근삿값을 구하고, 미적분학의 기본 정리를 이용하여 얻은 정확한 적분값과 비교하여라.

(1) $\displaystyle\int_0^2 x^3\,dx;\ n=4$ (2) $\displaystyle\int_0^4 \frac{1}{1+x^2}\,dx;\ n=4$

3. 사다리꼴 공식 $T_n(f)$에 의한 다음 적분의 근삿값 계산에서 10^{-4}의 오차 이내에 적분값을 구할 수 있는 n의 값을 구하여라.

(1) $\displaystyle\int_0^1 \sqrt{x+1}\,dx$ (2) $\displaystyle\int_0^1 e^{-x^2}\,dx$

4. Simpson의 공식 $S_n(f)$에 의한 다음 적분의 근삿값 계산에서 10^{-4}의 오차 이내에 적분값을 구할 수 있는 n의 값을 구하여라.

(1) $\displaystyle\int_0^2 \frac{1}{\sqrt{x+1}}\,dx$ (2) $\displaystyle\int_0^1 e^{x^2}\,dx$

5. 세 점 $(2, 4)$, $(4, 1)$, $(6, 3)$을 지나는 이차다항식 $P_2(x)$에 대하여 $\displaystyle\int_2^6 P_2(x)\,dx$를 구하여라.

6. 함수 f에 대한 다음 표에서 Simpson의 공식을 사용하여 $\displaystyle\int_0^8 f(x)\,dx$의 값을 추정하여라.

x	0	2	4	6	8
$f(x)$	5	6	4	2	3

8장

적분법

DIFFERENTIAL AND INTEGRAL CALCULUS

지금까지는 적분 공식을 직접 사용하거나 기본적인 치환을 통해 적분을 변형하여 적분하는 방법을 다루었으나, 많은 경우에 이와 같은 방법으로는 적분을 구할 수 없다. 이 장에서는 보다 다양한 형태의 적분을 구할 수 있는 부분적분법, 삼각함수의 적분법, 부분분수에 의한 유리함수의 적분법, 삼각치환 등의 적분 방법들에 대하여 공부한다.

곱의 미분공식

$$\left(f(x)g(x)\right)' = f'(x)g(x) + f(x)g'(x)$$

에서 양변을 적분하여 정리하면 다음을 얻는다.

$$\int f(x)g'(x)\,dx = f(x)\,g(x) - \int f'(x)g(x)\,dx \qquad (8.1)$$

이 식을 이용하여 적분하는 방법을 **부분적분법**(integration by parts)이라고 한다. 위 식에서 $u = f(x)$, $v = g(x)$로 두면, $du = f'(x)\,dx$, $dv = g'(x)\,dx$가 되어 부분적분 공식을 다음과 같이 간단하게 나타낼 수 있다.

$$\int u\,dv = uv - \int v\,du \qquad (8.2)$$

참고 1 부분적분법에서는 $\int u\,dv$의 계산보다 $\int v\,du$의 계산이 쉬워지도록 u와 dv를 적절하게 선택하는 것이 중요하다.

예제 8.1 부정적분 $\displaystyle\int xe^x\,dx$를 구하여라.

[풀이] 부분적분법을 사용하기 위하여

$$u = x, \qquad dv = e^x\,dx$$
$$du = dx, \quad v = e^x$$

로 두면, 구하는 적분은

$$\int xe^x\,dx = xe^x - \int e^x\,dx = xe^x - e^x + C$$

이다.

예제 8.2 부정적분 $\displaystyle\int \ln x\,dx$를 구하여라.

[풀이] $\int \ln x \, dx$를 $\int \ln x \cdot 1 \, dx$로 볼 수 있으므로

$$u = \ln x, \qquad dv = dx$$

$$du = \frac{1}{x} dx, \qquad v = x$$

에 의해 구하는 적분은

$$\int \ln x \, dx = x \ln x - \int x \cdot \frac{1}{x} dx$$

$$= x \ln x - x + C$$

이다. ∎

예제 8.3 부정적분 $\int x^2 \cos 2x \, dx$를 구하여라.

[풀이] 먼저

$$u = x^2, \qquad dv = \cos 2x \, dx$$

$$du = 2x \, dx, \qquad v = \frac{1}{2} \sin 2x$$

로 두면

$$\int x^2 \cos 2x \, dx = \frac{1}{2} x^2 \sin 2x - \int x \sin 2x \, dx$$

를 얻는다. 위 식의 우변에 있는 적분에서 부분적분법을 다시 한 번 적용하기 위하여

$$u = x, \qquad dv = \sin 2x \, dx$$

$$du = dx, \qquad v = -\frac{1}{2} \cos 2x$$

로 두면

$$\int x \sin 2x \, dx = -\frac{1}{2} x \cos 2x + \frac{1}{2} \int \cos 2x \, dx$$

$$= -\frac{1}{2} x \cos 2x + \frac{1}{4} \sin 2x + C$$

이다. 따라서

$$\int x^2 \cos 2x \, dx = \frac{1}{2} x^2 \sin 2x + \frac{1}{2} x \cos 2x - \frac{1}{4} \sin 2x + C$$

이다. ∎

부정적분 $\displaystyle\int e^x \sin x \, dx$를 구하여라.

[풀이] 먼저

$$u = e^x, \qquad dv = \sin x \, dx$$
$$du = e^x \, dx, \qquad v = -\cos x$$

에 의해

$$\int e^x \sin x \, dx = -e^x \cos x + \int e^x \cos x \, dx$$

를 얻는다. 위 식의 우변에 있는 적분을 구하기 위해

$$u = e^x, \qquad dv = \cos x \, dx$$
$$du = e^x \, dx, \qquad v = \sin x$$

라 두면

$$\int e^x \cos x \, dx = e^x \sin x - \int e^x \sin x \, dx$$

이 된다. 따라서

$$\int e^x \sin x \, dx = -e^x \cos x + \left[e^x \sin x - \int e^x \sin x \, dx \right]$$

의 관계식이 성립한다. 여기에서 구하는 적분에 대하여 방정식을 풀면

$$\int e^x \sin x \, dx = \frac{1}{2} e^x (\sin x - \cos x) + C$$

를 얻는다. ∎

부분적분법 공식과 미적분학의 기본정리 II를 결합하면 다음의 정적분에 대한 부분적분법 공식을 얻는다.

$$\int_a^b f(x) g'(x) \, dx = \left[f(x) g(x) \right]_a^b - \int_a^b f'(x) g(x) \, dx \tag{8.3}$$

예제 8.5 정적분 $\displaystyle\int_1^e (x^2 + 1) \ln x \, dx$를 구하여라.

[풀이] 부분적분법을 적용하기 위하여

$$u = \ln x, \quad dv = (x^2 + 1)dx$$

$$du = \frac{1}{x}, \quad v = \frac{x^3}{3} + x$$

로 두면, 구하는 적분은

$$\int_1^e (x^2 + 1)\ln x \, dx = \left[\left(\frac{x^3}{3} + x \right) \ln x \right]_1^e - \int_1^e \left(\frac{x^2}{3} + 1 \right) dx$$

$$= \frac{e^3}{3} + e - \left[\frac{x^3}{9} + x \right]_1^e$$

$$= \frac{2}{9} e^3 + \frac{10}{9}$$

이다.   ■

예제 8.6 적분 $\displaystyle\int_0^{\frac{\sqrt{3}}{2}} \sin^{-1} x \, dx$ 를 구하여라.

[풀이] $\displaystyle\int \sin^{-1} x \, dx$ 를 $\displaystyle\int \sin^{-1} x \cdot 1 \, dx$ 로 쓰고

$$u = \sin^{-1} x, \quad dv = dx$$

$$du = \frac{dx}{\sqrt{1 - x^2}}, \quad v = x$$

라 두면

$$\int_0^{\frac{\sqrt{3}}{2}} \sin^{-1} x \, dx = \left[x \sin^{-1} x \right]_0^{\frac{\sqrt{3}}{2}} - \int_0^{\frac{\sqrt{3}}{2}} \frac{x}{\sqrt{1 - x^2}} \, dx$$

$$= \frac{\sqrt{3}}{2} \frac{\pi}{3} - \int_0^{\frac{\sqrt{3}}{2}} \frac{x}{\sqrt{1 - x^2}} \, dx$$

를 얻는다. 위 식의 우변에 있는 적분을 구하기 위하여 $u = 1 - x^2$ 으로 치환하면 $du = -2x \, dx$, $x = 0$일 때 $u = 1$, $x = \frac{\sqrt{3}}{2}$일 때 $u = \frac{1}{4}$이므로

$$\int_0^{\frac{\sqrt{3}}{2}} \frac{x}{\sqrt{1 - x^2}} \, dx = \int_{\frac{1}{4}}^1 \frac{1}{2\sqrt{u}} \, du = \left[\sqrt{u} \right]_{\frac{1}{4}}^1 = \frac{1}{2}$$

이다. 따라서 구하는 적분의 값은

$$\int_0^{\frac{\sqrt{3}}{2}} \sin^{-1}x \, dx = \frac{\sqrt{3}}{6}\pi - \frac{1}{2}$$

이다.

[별해] $y = \sin^{-1}x$로 치환하면 $x = \sin y$, $dx = \cos y \, dy$, $x = 0$일 때 $y = 0$, $x = \frac{\sqrt{3}}{2}$일 때 $y = \frac{\pi}{3}$이므로

$$\int_0^{\frac{\sqrt{3}}{2}} \sin^{-1}x \, dx = \int_0^{\frac{\pi}{3}} y \cos y \, dy$$

가 된다. 우변의 적분에서 부분적분법을 적용하기 위하여

$$u = y, \qquad dv = \cos y \, dy$$
$$du = dy, \quad v = \sin y$$

로 두면, 구하는 적분은

$$\int_0^{\frac{\sqrt{3}}{2}} \sin^{-1}x \, dx = \int_0^{\frac{\pi}{3}} y \cos y \, dy$$

$$= \left[y \sin y \right]_0^{\frac{\pi}{3}} - \int_0^{\frac{\pi}{3}} \sin y \, dy$$

$$= \frac{\pi}{3} \frac{\sqrt{3}}{2} - \left[-\cos y \right]_0^{\frac{\pi}{3}} = \frac{\sqrt{3}}{6}\pi - \frac{1}{2}$$

이다. ∎

참고 2 예제 8.6의 별해의 전개 과정을 기하학적으로 설명하기 위하여 그림 8.1에 주어진 직사각형 영역을 곡선 $y = \sin^{-1}x$에 의해 두 영역으로 나누고, 각 영역의 넓이를 적분으로 표현하여 보면

$$\int_0^{\frac{\sqrt{3}}{2}} \sin^{-1}x \, dx + \int_0^{\frac{\pi}{3}} \sin y \, dy = \frac{\sqrt{3}}{2} \cdot \frac{\pi}{3}$$

이므로, 다음의 관계식이 성립함을 알 수 있다.

$$\int_0^{\frac{\sqrt{3}}{2}} \sin^{-1}x \, dx = \frac{\sqrt{3}}{2} \cdot \frac{\pi}{3} - \int_0^{\frac{\pi}{3}} \sin y \, dy$$

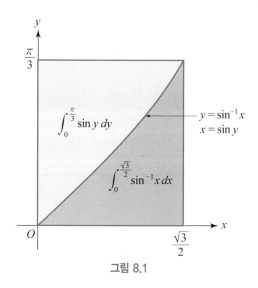

그림 8.1

부분적분법은 다음 예제에서 보는 바와 같이, 차수가 높은 피적분함수를 보다 차수가 낮은 피적분함수의 적분으로 변환하는 공식, 즉 점화 공식(reduction formula)을 유도하는 데에도 사용된다.

예제 8.7 다음 점화 공식을 증명하여라.

$$\int \sin^n x \, dx = -\frac{1}{n} \sin^{n-1} x \cos x + \frac{n-1}{n} \int \sin^{n-2} x \, dx, \quad n > 0$$

[풀이] 부분적분법을 적용하기 위하여

$$u = \sin^{n-1} x, \qquad\qquad dv = \sin x \, dx$$
$$du = (n-1)\sin^{n-2} x \cdot \cos x \, dx, \quad v = -\cos x$$

로 두면

$$\int \sin^n x \, dx = \left(\sin^{n-1} x\right)(-\cos x) - \int (-\cos x)(n-1)\sin^{n-2} x \cdot \cos x \, dx$$

$$= -\sin^{n-1} x \cdot \cos x + (n-1) \int \sin^{n-2} x \cdot \cos^2 x \, dx$$

$$= -\sin^{n-1} x \cdot \cos x + (n-1) \int \sin^{n-2} x \, dx - (n-1) \int \sin^n x \, dx$$

이다. 우변의 마지막 항을 좌변으로 이항하고, 양변을 n으로 나누면 주어진 점화 공식을 얻을 수 있다. ■

$\sin x$에 대한 점화식에서 $\sin\left(\dfrac{\pi}{2}-x\right)=\cos x$를 이용하면 $\cos x$에 대한 점화식을 얻을 수 있다. 즉, $x = \dfrac{\pi}{2} - y$, $dx = -dy$로 두면

$$-\int \sin^n \left(\frac{\pi}{2}-y\right) dy = -\frac{1}{n}\sin^{n-1}\left(\frac{\pi}{2}-y\right)\cos\left(\frac{\pi}{2}-y\right) - \frac{n-1}{n}\int \sin^{n-2}\left(\frac{\pi}{2}-y\right) dy$$

이 성립하므로 코사인에 대한 다음의 점화 공식을 얻을 수 있다.

$$\int \cos^n y\, dy = \frac{1}{n}\cos^{n-1} y \sin y + \frac{n-1}{n}\int \cos^{n-2} y\, dy$$

연습문제 8.1

1. 부분적분법을 이용하여 다음 적분을 구하여라.

(1) $\displaystyle\int (2x+3)e^{-x}\, dx$

(2) $\displaystyle\int x^2 e^x\, dx$

(3) $\displaystyle\int x\cos x\, dx$

(4) $\displaystyle\int x^2 \sin 2x\, dx$

(5) $\displaystyle\int x\sqrt{x+1}\, dx$

(6) $\displaystyle\int x^3\sqrt{1+x^2}\, dx$

(7) $\displaystyle\int x^5\sqrt{1+x^2}\, dx$

(8) $\displaystyle\int x^2 \ln x\, dx$

(9) $\displaystyle\int (\ln x)^2\, dx$

(10) $\displaystyle\int \sin(\ln x)\, dx$

(11) $\displaystyle\int e^{-x}\cos 2x\, dx$

(12) $\displaystyle\int_0^{\frac{1}{2}} \cos^{-1}x\, dx$

(13) $\displaystyle\int_0^3 \ln\sqrt{x+1}\, dx$

(14) $\displaystyle\int_0^1 \tan^{-1}x\, dx$

2. 함수 $f(x)$가 일대일 함수이고, 그 도함수 $f'(x)$가 연속함수일 때 다음이 성립함을 보여라.

$$\int_a^b f(x)\, dx + \int_{f(a)}^{f(b)} f^{-1}(x)\, dx = bf(b) - af(a)$$

3. $f(x) = x^3 + x - 1$이고 $g = f^{-1}$일 때, 정적분 $\displaystyle\int_1^9 g(x)\, dx$의 값을 구하여라.

4. 다음 점화 공식을 증명하여라.

(1) $\displaystyle\int \tan^n x\,dx = \frac{\tan^{n-1}x}{n-1} - \int \tan^{n-2}x\,dx \ \ (n > 1)$

(2) $\displaystyle\int \sec^n x\,dx = \frac{\sec^{n-2}x \tan x}{n-1} + \frac{n-2}{n-1}\int \sec^{n-2}x\,dx \ \ (n > 1)$

(3) $\displaystyle\int x^n \sin ax\,dx = \frac{x^n \cos ax}{a} + \frac{n}{a}\int x^{n-1}\cos ax\,dx$

(4) $\displaystyle\int x^n \cos ax\,dx = \frac{x^n \sin ax}{a} - \frac{n}{a}\int x^{n-1}\sin ax\,dx$

(5) $\displaystyle\int x^n e^{ax}\,dx = \frac{x^n e^{ax}}{a} - \frac{n}{a}\int x^{n-1}e^{ax}\,dx$

(6) $\displaystyle\int x^m (\ln x)^n\,dx = \frac{x^{m+1}(\ln x)^n}{m+1} - \frac{n}{m+1}\int x^m (\ln x)^{n-1}dx \ \ (m \neq -1)$

2절 삼각함수의 적분

이 절에서는 보다 다양한 형태의 삼각함수의 적분에 대하여 공부한다. 먼저 비교적 간단한 형태의 삼각함수 적분부터 시작하기로 한다.

예제 8.8 다음 부정적분을 구하여라.

(1) $\displaystyle\int \tan x\,dx$　　　　　　(2) $\displaystyle\int \sec x\,dx$

[풀이] (1) $\displaystyle\int \tan x\,dx = \int \frac{\sin x}{\cos x}\,dx$

$\displaystyle\qquad\qquad = -\int \frac{1}{u}\,du \qquad (u = \cos x,\ du = -\sin x\,dx)$

$\displaystyle\qquad\qquad = -\ln|u| + C = \ln|\sec x| + C$

(2) $\displaystyle\int \sec x\,dx = \int \frac{\sec^2 x + \sec x \tan x}{\sec x + \tan x}\,dx$

$\displaystyle\qquad\qquad = \int \frac{du}{u} \qquad (u = \sec x + \tan x,\ du = (\sec x \tan x + \sec^2 x)\,dx)$

$\displaystyle\qquad\qquad = \ln|u| + C = \ln|\sec x + \tan x| + C$ ∎

일반적으로 피적분함수가 $\sin x$의 거듭제곱과 $\cos x$의 거듭제곱을 포함하는 경우, 하나의 인수는 $\sin x$, 나머지는 $\cos x$의 거듭제곱, 또는 하나의 인수는 $\cos x$, 나머지는 $\sin x$의 거듭제곱으로 표현하면 치환적분을 이용하여 적분을 하는 것이 가능하다.

■ $\int \sin^m x \cos^n x \, dx$ 유형의 적분

• $\sin x$의 지수가 홀수인 경우:

$$\int \sin^{2k+1} x \cos^n x \, dx = \int \left(\sin^2 x\right)^k \cos^n x \sin x \, dx$$

$$= \int \left(1 - \cos^2 x\right)^k \cos^n x \sin x \, dx$$

• $\cos x$의 지수가 홀수인 경우:

$$\int \sin^m x \cos^{2k+1} x \, dx = \int \sin^m x \left(\cos^2 x\right)^k \cos x \, dx$$

$$= \int \sin^m x \left(1 - \sin^2 x\right)^k \cos x \, dx$$

• $\sin x$와 $\cos x$의 지수가 모두 짝수인 경우:

$$\sin^2 x = \frac{1 - \cos 2x}{2}, \quad \cos^2 x = \frac{1 + \cos 2x}{2}$$

을 이용하여 $\cos x$의 지수가 홀수인 경우로 전환한다.

예제 8.9 다음 부정적분을 구하여라.

(1) $\int \sin^3 x \, dx$ \qquad (2) $\int \sin^2 x \cos^5 x \, dx$ \qquad (3) $\int \sin^2 x \cos^2 x \, dx$

[풀이] (1) $\int \sin^3 x \, dx = \int \left(1 - \cos^2 x\right) \sin x \, dx$

$$= -\int \left(1 - u^2\right) du \quad (u = \cos x,\ du = -\sin x \, dx)$$

$$= -u + \frac{1}{3} u^3 + C$$

$$= -\cos x + \frac{1}{3} \cos^3 x + C$$

(2) $\displaystyle\int \sin^2 x \cos^5 x \, dx = \int \sin^2 x \left(1 - \sin^2 x\right)^2 \cos x \, dx$

$$= \int u^2 \left(1 - u^2\right)^2 du \qquad (\, u = \sin x, \; du = \cos x \, dx \,)$$

$$= \int \left(u^2 - 2u^4 + u^6\right) du$$

$$= \frac{1}{3} u^3 - \frac{2}{5} u^5 + \frac{1}{7} u^7 + C$$

$$= \frac{1}{3} \sin^3 x - \frac{2}{5} \sin^5 x + \frac{1}{7} \sin^7 x + C$$

(3) $\displaystyle\int \sin^2 x \cos^2 x \, dx = \int \frac{1 - \cos 2x}{2} \, \frac{1 + \cos 2x}{2} \, dx$

$$= \frac{1}{4} \int \left(1 - \cos^2 2x\right) dx$$

$$= \frac{1}{4} \int \left(1 - \frac{1 + \cos 4x}{2}\right) dx$$

$$= \frac{1}{8} \int \left(1 - \cos 4x\right) dx$$

$$= \frac{1}{8} \left(x - \frac{1}{4} \sin 4x\right) + C \qquad \blacksquare$$

피적분함수가 $\tan x$의 거듭제곱과 $\sec x$의 거듭제곱을 포함하는 경우는 다음과 같은 방법으로 적분을 한다.

■ $\displaystyle\int \tan^m x \sec^n x \, dx$ 유형의 적분

• $\tan x$의 지수가 홀수인 경우:

$$\int \tan^{2k+1} x \sec^n x \, dx = \int \left(\tan^2 x\right)^k \sec^{n-1} x (\sec x \tan x) dx$$

$$= \int \left(\sec^2 x - 1\right)^k \sec^{n-1} x (\sec x \tan x) dx$$

• $\sec x$의 지수가 짝수인 경우:

$$\int \tan^m x \sec^{2k} x \, dx = \int \tan^m x \left(\sec^2 x\right)^{k-1} \sec^2 x \, dx$$

$$= \int \tan^m x \left(1 + \tan^2 x\right)^{k-1} \sec^2 x \, dx$$

예제 8.10 다음 부정적분을 구하여라.

$$(1) \int \tan^3 x \sec^3 x \, dx \qquad\qquad (2) \int \tan^2 x \sec^4 x \, dx$$

[풀이] (1)
$$\int \tan^3 x \sec^3 x \, dx = \int \tan^2 x \sec^2 x (\sec x \tan x) \, dx$$

$$= \int (\sec^2 x - 1) \sec^2 x (\sec x \tan x) \, dx$$

$$= \int (u^2 - 1) u^2 \, du \qquad (u = \sec x, \ du = \sec x \tan x \, dx)$$

$$= \frac{u^5}{5} - \frac{u^3}{3} + C = \frac{1}{5} \sec^5 x - \frac{1}{3} \sec^3 x + C$$

(2)
$$\int \tan^2 x \sec^4 x \, dx = \int \tan^2 x \sec^2 x \sec^2 x \, dx$$

$$= \int \tan^2 x (1 + \tan^2 x) \sec^2 x \, dx$$

$$= \int u^2 (1 + u^2) \, du \qquad (u = \tan x, \ du = \sec^2 x \, dx)$$

$$= \frac{1}{3} u^3 + \frac{1}{5} u^5 + C = \frac{1}{3} \tan^3 x + \frac{1}{5} \tan^5 x + C \qquad ■$$

참고 4 위의 방법이 적용되지 않는 유형의 적분은 다음 방법을 사용한다.

(a) $\sec x$ 항 없이 $\tan x$ 항만 있는 경우는 항등식 $\tan^2 x = \sec^2 x - 1$을 적절히 사용하여 적분을 한다.

(b) $\tan x$의 지수 m이 짝수이고, $\sec x$의 지수 n이 홀수인 경우는 피적분함수를 $\sec x$의 항으로 모두 표현하고, $\sec x$의 거듭제곱은 부분적분을 이용하여 적분한다.

예제 8.11 부정적분 $\int \tan^4 x \, dx$를 구하여라.

[풀이]
$$\int \tan^4 x \, dx = \int \tan^2 x (\sec^2 x - 1) \, dx$$

$$= \int (\tan^2 x \sec^2 x - \tan^2 x) \, dx$$

$$= \int (\tan^2 x \sec^2 x - \sec^2 x + 1) \, dx$$

$$= \frac{1}{3} \tan^3 x - \tan x + x + C \qquad ■$$

예제 8.12 $\int \sec^3 x \, dx$를 구하여라.

[풀이] 부분적분법을 적용하기 위하여

$$u = \sec x, \qquad\qquad dv = \sec^2 x \, dx$$
$$du = \sec x \tan x \, dx, \qquad v = \tan x$$

로 두면

$$\int \sec^3 x \, dx = \sec x \tan x - \int \sec x \tan^2 x \, dx$$

가 된다. $\tan^2 x = \sec^2 x - 1$이므로

$$\int \sec^3 x \, dx = \sec x \tan x - \int \sec^3 x \, dx + \int \sec x \, dx$$

$$= \sec x \tan x - \int \sec^3 x \, dx + \ln|\sec x + \tan x|$$

를 얻는다. 위 식에서 구하는 적분에 대하여 풀면

$$\int \sec^3 x \, dx = \frac{1}{2}\left(\sec x \tan x + \ln|\sec x + \tan x| \right) + C$$

이다. ∎

두 각이 서로 다른 삼각함수의 곱

$$\sin \alpha x \cos \beta x, \quad \sin \alpha x \sin \beta x, \quad \cos \alpha x \cos \beta x$$

를 포함하는 적분은 아래의 변환을 이용하여 적분할 수 있다.

■ $\int \sin \alpha x \cos \beta x \, dx$와 비슷한 유형의 적분

곱을 합으로 고치는 다음 삼각항등식을 이용하여 적분한다.

$$\sin A \cos B = \frac{1}{2}\left[\sin(A - B) + \sin(A + B) \right]$$

$$\sin A \sin B = \frac{1}{2}\left[\cos(A - B) - \cos(A + B) \right]$$

$$\cos A \cos B = \frac{1}{2}\left[\cos(A - B) + \cos(A + B) \right]$$

예제 8.13 다음 적분을 구하여라.

(1) $\displaystyle\int \sin 3x \cos 4x\, dx$ 　　　　　　　 (2) $\displaystyle\int \cos 5x \cos 3x\, dx$

[풀이] (1) $\displaystyle\int \sin 3x \cos 4x\, dx = \frac{1}{2}\int \left[\sin(-x) + \sin 7x\right] dx$

$$= \frac{1}{2}\int \left[-\sin x + \sin 7x\right] dx$$

$$= \frac{1}{2}\cos x - \frac{1}{14}\cos 7x + C$$

(2) $\displaystyle\int \cos 5x \cos 3x\, dx = \frac{1}{2}\int \left[\cos 2x + \cos 8x\right] dx$

$$= \frac{1}{4}\sin 2x + \frac{1}{16}\sin 8x + C$$ ■

연습문제 8.2

1. 다음 적분을 구하여라.

(1) $\displaystyle\int \cos\frac{3}{2}x\, dx$ 　　　　　　 (2) $\displaystyle\int \frac{1}{x^2}\sin\frac{\pi}{x}\, dx$

(3) $\displaystyle\int \sec 4x \tan 4x\, dx$ 　　　　　 (4) $\displaystyle\int \cot\frac{1}{2}x\, dx$

(5) $\displaystyle\int \sin^3 x \cos^3 x\, dx$ 　　　　　 (6) $\displaystyle\int \cos^2\frac{1}{2}x\, dx$

(7) $\displaystyle\int \sec^n x \tan x\, dx$ 　　　　　 (8) $\displaystyle\int \tan^2\frac{3}{4}x\, dx$

(9) $\displaystyle\int \sin 3x \cos 5x\, dx$ 　　　　　 (10) $\displaystyle\int \csc^4\frac{3}{2}x\, dx$

(11) $\displaystyle\int \tan^4\frac{1}{2}x\, dx$ 　　　　　 (12) $\displaystyle\int \frac{1}{1-\sin x}\, dx$

(13) $\displaystyle\int \sqrt{1+\cos x}\, dx$ 　　　　　 (14) $\displaystyle\int \frac{\sin x}{1+\sin x}\, dx$

(15) $\displaystyle\int_0^{\frac{\pi}{2}} \sin^3 x\, dx$ 　　　　　 (16) $\displaystyle\int_{-\frac{\pi}{4}}^{\frac{\pi}{4}} \sec^6 x\, dx$

(17) $\displaystyle\int_{\frac{\pi}{6}}^{\frac{\pi}{2}} \frac{\sin 2x}{\sin x}\, dx$ (18) $\displaystyle\int_{0}^{\pi} \frac{\cos^2 x}{1+\sin x}\, dx$

2. 구간 $[0, \pi]$에서 x축과 곡선 $y = \sin^2 x$에 의해 둘러싸인 영역의 넓이를 구하여라.

3. 문제 2번에서의 영역을 x축 둘레로 회전시킬 때 생기는 회전체의 부피를 구하여라.

4. n이 1보다 큰 정수일 때

$$\int \tan^n u\, du = \frac{\tan^{n-1} u}{n-1} - \int \tan^{n-2} u\, du$$

임을 증명하여라.

3절 유리함수의 적분

두 다항함수 $P(x)$와 $Q(x)$의 분수식 $f(x) = \dfrac{P(x)}{Q(x)}$으로 정의되는 함수를 유리함수(rational function)라고 한다. 이 절에서는 유리함수를 적분이 비교적 용이한 부분분수들의 합으로 표현하여 적분을 구하는 방법에 대하여 공부한다. 예를 들어 유리함수 $f(x) = \dfrac{5x-7}{x^2-3x+2}$을 부분분수의 합으로 표현하면

$$\frac{5x-7}{x^2-3x+2} = \frac{2}{x-1} + \frac{3}{x-2}$$

이 된다. 이 부분분수들을 이용하여 적분을 구하면

$$\int \frac{5x-7}{x^2-3x+2} dx = \int \frac{2}{x-1} dx + \int \frac{3}{x-2} dx$$

$$= 2\ln|x-1| + 3\ln|x-2| + C$$

가 된다.

이제 일반적인 유리함수 $f(x) = \dfrac{P(x)}{Q(x)}$를 부분분수의 합으로 표현하는 방법, 즉 **부분분수법**에 대하여 알아보기로 한다. 먼저, 부분분수법에서는 $P(x)$의 차수가 $Q(x)$의 차수보다 높거나 같은 경우에는 $P(x)$를 $Q(x)$로 나누어 분자의 차수가 분모의 차수보다 낮은 진분수로 표현하

는 것이 필요하다. 즉

$$f(x) = \frac{P(x)}{Q(x)} = S(x) + \frac{R(x)}{Q(x)}$$

로 나타낸다. 여기서 $S(x)$와 $R(x)$는 다항식이고, $R(x)$의 차수는 $Q(x)$의 차수보다 낮다.

예1 유리함수 $f(x) = \dfrac{x^3 + 3x + 5}{x^2 + 1}$ 에서 분자를 분모로 나누어 몫과 나머지를 구하면

$$\frac{x^3 + 3x + 5}{x^2 + 1} = x + \frac{2x + 5}{x^2 + 1}$$

이고, 여기서 $\dfrac{2x + 5}{x^2 + 1}$는 진분수이다. ∎

유리분수식의 적분에서는 주어진 분수식을 간단한 분수식의 합으로 고치는 일이 중요하다. 이와 같이 하는 것을 '주어진 분수식을 부분분수식으로 분해한다'고 한다. 이 부분분수식으로 분해하는 과정은 다음과 같다.

임의의 진분수식 $\dfrac{P(x)}{Q(x)}$는 아래와 같은 방법으로 부분분수식으로 분해할 수 있다.

- 분모의 인수: $Q(x)$를 일차인수들 $px + q$와 기약이차인수들 $ax^2 + bx + c$의 곱으로 나타낸다.
- 일차인수: $(px + q)^n$의 각 인수에 대하여 n개의 부분분수식의 합

$$\frac{A_1}{px + q} + \frac{A_2}{(px + q)^2} + \cdots + \frac{A_n}{(px + q)^n}$$

으로 나타낸다.
- 이차인수: $(ax^2 + bx + c)^m$의 각 인수에 대하여 m개의 부분분수식의 합

$$\frac{A_1 x + B_1}{ax^2 + bx + c} + \frac{A_2 x + B_2}{(ax^2 + bx + c)^2} + \cdots + \frac{A_m x + B_m}{(ax^2 + bx + c)^m}$$

으로 나타낸다.

참고5 위에서 기약이차인수란 실수 계수를 갖는 두 일차식의 인수로 분해될 수 없는 것을 말한다.

예제 8.14 $\displaystyle\int \frac{x^2 + 2x - 2}{x^3 - 4x}\, dx$ 를 구하여라.

[풀이] 유리식의 분모의 인수들을 구하면 다음과 같이 나타낼 수 있다.

$$\frac{x^2 + 2x - 2}{x^3 - 4x} = \frac{x^2 + 2x - 2}{x(x+2)(x-2)} = \frac{A}{x} + \frac{B}{x+2} + \frac{C}{x-2} \qquad (8.4)$$

여기서 A, B, C는 결정해야 할 상수들이다. 위 식의 우변을 통분하면

$$x^2 + 2x - 2 = A(x+2)(x-2) + Bx(x-2) + Cx(x+2) \qquad (8.5)$$

의 관계식을 얻는다. 여기서 상수들을 결정하기 위해 다음의 두 가지 방법을 사용할 수 있다.

(1) [계수비교법] 식 (8.5)의 우변을 계산하여 정리하면

$$x^2 + 2x - 2 = A(x+2)(x-2) + Bx(x-2) + Cx(x+2)$$
$$= (A + B + C)x^2 - 2(B - C)x - 4A$$

이므로, 다음 연립방정식을 얻는다.

$$\begin{cases} A + B + C = 1 \\ -2B + 2C = 2 \\ -4A = -2 \end{cases}$$

이 방정식을 풀면, $A = \dfrac{1}{2}$, $B = -\dfrac{1}{4}$, $C = \dfrac{3}{4}$이 된다.

(2) [대입법] 식 (8.5)는 임의의 실수 x에 대하여 성립하므로, 식 (8.5)에 $x = 0, -2, 2$를 차례로 대입하여 상수들을 다음과 같이 구할 수 있다.

$$x = 0: \qquad -2 = -4A, \quad A = \frac{1}{2}$$
$$x = -2: \qquad -2 = 8B, \qquad B = -\frac{1}{4}$$
$$x = 2: \qquad 6 = 8C, \qquad C = \frac{3}{4}$$

이제, 이 상수들의 값을 식 (8.4)에 대입한 후 적분하면

$$\int \frac{x^2 + 2x - 2}{x^3 - 4x}\,dx = \int \left[\frac{1}{2}\frac{1}{x} - \frac{1}{4}\frac{1}{x+2} + \frac{3}{4}\frac{1}{x-2} \right]dx$$

$$= \frac{1}{2}\ln|x| - \frac{1}{4}\ln|x+2| + \frac{3}{4}\ln|x-2| + C$$

$$= \frac{1}{4}\ln\left| \frac{x^2(x-2)^3}{x+2} \right| + C$$

이다. ■

예제 8.15 부정적분 $\displaystyle\int \frac{x^4 - x^3 + 2x^2 - 4x + 1}{x^3 - 2x^2 + x}\,dx$ 를 구하여라.

[풀이] 유리식이 진분수가 아니므로 나눗셈을 하면

$$\frac{x^4 - x^3 + 2x^2 - 4x + 1}{x^3 - 2x^2 + x} = x + 1 + \frac{3x^2 - 5x + 1}{x^3 - 2x^2 + x}$$

이 된다. 위 식의 분모를 인수분해하면

$$x^3 - 2x^2 + x = x(x-1)^2$$

이므로, 부분분수법에 의해

$$\frac{3x^2 - 5x + 1}{x(x-1)^2} = \frac{A}{x} + \frac{B}{x-1} + \frac{C}{(x-1)^2}$$

로 두면

$$3x^2 - 5x + 1 = A(x-1)^2 + Bx(x-1) + Cx$$

$$= (A+B)x^2 + (-2A - B + C)x + A$$

을 얻는다. 계수비교법에 의하여 상수들을 결정하면

$$A = 1, \quad B = 2, \quad C = -1$$

이다. 따라서 구하는 적분은

$$\int \frac{x^4 - x^3 + 2x^2 - 4x + 1}{x^3 - 2x^2 + x}\,dx = \int \left[(x+1) + \frac{1}{x} + \frac{2}{x-1} - \frac{1}{(x-1)^2} \right]dx$$

$$= \frac{1}{2}x^2 + x + \ln|x| + 2\ln|x-1| + \frac{1}{x-1} + C$$

이다. ■

예제 8.16 $\displaystyle\int \frac{x^2+2x-10}{x^2\left(x^2+4x+5\right)}dx$를 구하여라.

[풀이] 분모의 인수 x^2+4x+5는 기약이차인수이므로, 부분분수법에 의해

$$\frac{x^2+2x-10}{x^2\left(x^2+4x+5\right)}=\frac{A}{x}+\frac{B}{x^2}+\frac{Cx+D}{x^2+4x+5}$$

로 두면

$$x^2+2x-10=Ax\left(x^2+4x+5\right)+B\left(x^2+4x+5\right)+(Cx+D)x^2$$
$$=(A+C)x^3+(4A+B+D)x^2+(5A+4B)x+5B$$

를 얻는다. 계수비교법에 의하여 상수들을 결정하면

$$A=2,\quad B=-2,\quad C=-2,\quad D=-5$$

이다. 따라서

$$\int \frac{x^2+2x-10}{x^2\left(x^2+4x+5\right)}dx=\int\left[\frac{2}{x}-\frac{2}{x^2}-\frac{2x+5}{x^2+4x+5}\right]dx$$

이다. 여기에서

$$\int \frac{2x+5}{x^2+4x+5}dx=\int \frac{2x+4}{x^2+4x+5}dx+\int \frac{1}{(x+2)^2+1}dx$$
$$=\ln\left|x^2+4x+5\right|+\tan^{-1}(x+2)+C$$

를 얻는다 . 따라서 구하는 적분은

$$\int \frac{x^2+2x-10}{x^2\left(x^2+4x+5\right)}dx=2\ln|x|+\frac{2}{x}-\ln\left|x^2+4x+5\right|-\tan^{-1}(x+2)+C$$

이다.

예제 8.17 $\displaystyle\int \frac{x^3+x+2}{x(x^2+1)^2}dx$를 구하여라.

[풀이] 부분분수법에 의해

$$\frac{x^3+x+2}{x(x^2+1)^2}=\frac{A}{x}+\frac{Bx+C}{x^2+1}+\frac{Dx+E}{(x^2+1)^2}$$

로 두면

$$x^3 + x + 2 = A(x^2 + 1)^2 + (Bx + C)x(x^2 + 1) + (Dx + E)x$$

을 얻는다. 상수 A, B, C, D는 앞의 예제와 같은 방법으로 구할 수 있으나, 다음의 방법으로 구하면 보다 쉽다. 먼저 위 식에서 $x = 0$을 대입하면 $A = 2$를 얻는다. 이제 $A = 2$를 대입하고 양변을 x로 나누어 정리하면

$$-2x^3 + x^2 - 4x + 1 = (Bx + C)(x^2 + 1) + (Dx + E)$$

을 얻는다. 이로부터 위 식의 좌변을 $x^2 + 1$로 나누면 몫은 $Bx + C$, 나머지는 $Dx + E$임을 알 수 있다. 한편

$$-2x^3 + x^2 - 4x + 1 = (-2x + 1)(x^2 + 1) - 2x$$

이므로

$$Bx + C = -2x + 1, \quad Dx + E = -2x$$

가 된다. 따라서 구하는 적분은

$$\int \frac{x^3 + x + 2}{x(x^2 + 1)^2} dx = \int \left[\frac{2}{x} - \frac{2x - 1}{x^2 + 1} - \frac{2x}{(x^2 + 1)^2} \right] dx$$

$$= 2\ln|x| - \ln|x^2 + 1| + \tan^{-1} x + \frac{1}{x^2 + 1} + C$$

이다. ∎

연습문제 8.3

1. 다음 적분을 구하여라.

(1) $\displaystyle\int \frac{dx}{x^2 + 2x}$

(2) $\displaystyle\int \frac{x^2 + x + 2}{x^2 - 1} dx$

(3) $\displaystyle\int \frac{3x^2 - x + 1}{x^3 - x^2} dx$

(4) $\displaystyle\int \frac{(x - 1)}{x(x + 1)^2} dx$

(5) $\displaystyle\int \frac{dx}{x + x^3}$

(6) $\displaystyle\int \frac{4}{x^4 - 1} dx$

(7) $\displaystyle\int \frac{(x^2 - 4x - 4)}{(x - 2)(x^2 + 4)}\,dx$

(8) $\displaystyle\int \frac{8}{x(x^2 + 2)^2}\,dx$

(9) $\displaystyle\int \frac{x^3 - 6x^2 + 1}{x(x^2 - 1)}\,dx$

(10) $\displaystyle\int \frac{(8x^3 + 13)}{(x + 2)(4x^2 + 1)}\,dx$

(11) $\displaystyle\int \frac{x}{(x + 1)(x + 2)}\,dx$

(12) $\displaystyle\int \frac{1}{e^{3x} + e^x}\,dx$

(13) $\displaystyle\int \frac{5x^2 - 3x + 18}{x(9 - x^2)}\,dx$

(14) $\displaystyle\int_2^3 \frac{4x}{(x - 1)(x^2 - 1)}\,dx$

(15) $\displaystyle\int_0^1 \frac{1}{1 + x^3}\,dx$

(16) $\displaystyle\int_0^1 \frac{x^2 + 3x + 1}{x^4 + x^2 + 1}\,dx$

2. 구간 $[0, 5]$에서 곡선 $y = \dfrac{5 - x}{x^2 + 1}$와 $y = 0$으로 둘러싸인 영역의 넓이를 구하여라.

3. 문제 2에서의 영역을 x축 둘레로 회전시킬 때 생기는 회전체의 부피를 구하여라.

4. 곡선 $y = \dfrac{4 - x}{(x + 2)^2}$로 둘러싸인 제1사분면의 부분을 x축 둘레로 회전시킬 때 얻어지는 회전체의 부피를 구하여라.

4절 삼각치환

피적분함수가 $\sqrt{a^2 - x^2}$, $\sqrt{a^2 + x^2}$, $\sqrt{x^2 - a^2}$ 등의 항을 포함하는 함수일 때, 아래와 같이 치환하면 적분을 쉽게 할 수 있는 경우가 있다. 이 치환에 의하여 피적분함수는 삼각함수를 포

▶ **삼각치환표**

표현	치환	변환
$\sqrt{a^2 - x^2}$	$x = a\sin\theta \left(-\dfrac{\pi}{2} \le \theta \le \dfrac{\pi}{2}\right)$	$\sqrt{a^2 - x^2} = a\cos\theta,\ dx = a\cos\theta\,d\theta$
$\sqrt{a^2 + x^2}$	$x = a\tan\theta \left(-\dfrac{\pi}{2} < \theta < \dfrac{\pi}{2}\right)$	$\sqrt{a^2 + x^2} = a\sec\theta,\ dx = a\sec^2\theta\,d\theta$
$\sqrt{x^2 - a^2}$	$x = a\sec\theta$ $\left(0 \le \theta < \dfrac{\pi}{2} \text{ 또는 } \pi \le \theta < \dfrac{3\pi}{2}\right)$	$\sqrt{x^2 - a^2} = a\tan\theta,\ dx = a\sec\theta\tan\theta\,d\theta$

함하게 되는데, 이와 같은 방법을 **삼각치환법**이라고 한다.

예제 8.18 $\displaystyle\int \frac{x^2}{\sqrt{4-x^2}}\,dx$를 구하여라.

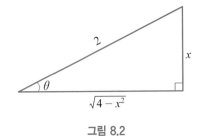

그림 8.2

[풀이] 삼각치환표에 의하여 $x = 2\sin\theta\left(-\dfrac{\pi}{2} \le \theta \le \dfrac{\pi}{2}\right)$로 두면

$$\sqrt{4-x^2} = \sqrt{4-4\sin^2\theta} = \sqrt{4\cos^2\theta} = 2\cos\theta, \quad dx = 2\cos\theta\,d\theta$$

이므로

$$\int \frac{x^2}{\sqrt{4-x^2}}\,dx = \int \frac{4\sin^2\theta}{2\cos\theta}(2\cos\theta)\,d\theta = 4\int \sin^2\theta\,d\theta$$

$$= 4\int \frac{1-\cos 2\theta}{2}\,d\theta = 2(\theta - \sin\theta\cos\theta) + C$$

이다. 그림 8.2에서 $\sin\theta = \dfrac{x}{2}$, $\cos\theta = \dfrac{\sqrt{4-x^2}}{2}$이므로, 구하는 적분은

$$\int \frac{x^2}{\sqrt{4-x^2}}\,dx = 2\sin^{-1}\frac{x}{2} - \frac{1}{2}x\sqrt{4-x^2} + C$$

이다.

예제 8.19 $\displaystyle\int \frac{dx}{\sqrt{a^2+x^2}} = \ln\left|x + \sqrt{a^2+x^2}\right| + C \ (a>0)$임을 보여라.

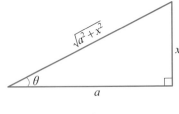

그림 8.3

[풀이] $x = a \tan \theta \left(-\dfrac{\pi}{2} < \theta < \dfrac{\pi}{2} \right)$로 치환하면

$$\sqrt{a^2 + x^2} = a \sec \theta, \quad dx = a \sec^2 \theta \, d\theta$$

이므로

$$\int \frac{dx}{\sqrt{a^2 + x^2}} = \int \frac{a \sec^2 \theta}{a \sec \theta} \, d\theta = \int \sec \theta \, d\theta = \ln|\sec \theta + \tan \theta| + C$$

이고, 그림 8.3으로부터

$$\sec \theta = \frac{\sqrt{a^2 + x^2}}{a}, \quad \tan \theta = \frac{x}{a}$$

이므로, 구하는 적분은

$$\int \frac{dx}{\sqrt{a^2 + x^2}} = \ln\left| \frac{\sqrt{a^2 + x^2}}{a} + \frac{x}{a} \right| + C_1 = \ln\left| x + \sqrt{a^2 + x^2} \right| - \ln a + C_1$$

$$= \ln\left| x + \sqrt{a^2 + x^2} \right| + C$$

이다. ■

참고 6 위의 예제에서

$$\int \frac{dx}{\sqrt{a^2 + x^2}} = \ln\left| x + \sqrt{a^2 + x^2} \right| + C$$

$$= \sinh^{-1}\left(\frac{x}{a} \right) + C_1$$

으로 나타낼 수도 있다.

예제 8.20 $\displaystyle\int \frac{dx}{\sqrt{x^2 + 2x}}$를 구하여라.

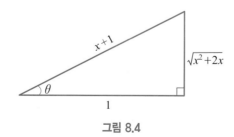

그림 8.4

[풀이] $\sqrt{x^2+2x} = \sqrt{(x+1)^2-1}$ 이므로 삼각치환표에 의하여 $x+1 = \sec\theta\left(0 \le \theta < \dfrac{\pi}{2}\right.$ 또는 $\left. \pi \le \theta < \dfrac{3\pi}{2}\right)$ 로 두면

$$\sqrt{x^2+2x} = \tan\theta, \quad dx = \sec\theta\tan\theta\, d\theta$$

임을 알 수 있다. 따라서

$$\int \frac{dx}{\sqrt{x^2+2x}} = \int \frac{\sec\theta\tan\theta}{\tan\theta} d\theta = \int \sec\theta\, d\theta$$

$$= \ln|\sec\theta + \tan\theta| + C$$

이고, 그림 8.4로부터

$$\sec\theta = x+1, \quad \tan\theta = \sqrt{x^2+2x}$$

이므로, 구하는 적분은

$$\int \frac{dx}{\sqrt{x^2+2x}} = \ln\left|x+1+\sqrt{x^2+2x}\right| + C$$

이다. ∎

예제 8.21 타원 $\dfrac{x^2}{a^2} + \dfrac{y^2}{b^2} = 1$ 에 의하여 둘러싸인 영역의 넓이를 구하여라.

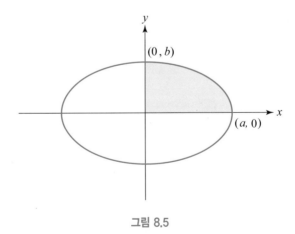

그림 8.5

[풀이] 먼저 타원은 x축과 y축에 대하여 모두 대칭이므로, 타원 영역 전체의 넓이 A는 제1사분면에 속하는 영역의 넓이의 4배이다. 타원식을 $y \ge 0$에 대하여 풀면

$$y = b\sqrt{1 - \frac{x^2}{a^2}} = \frac{b}{a}\sqrt{a^2 - x^2}$$

이므로, 타원 영역의 넓이를 적분으로 나타내면

$$A = 4\int_0^a \frac{b}{a}\sqrt{a^2 - x^2}\,dx$$

이다. 이 적분에서 $x = a\sin\theta$로 두면 $dx = a\cos\theta\,d\theta$, $x = 0$일 때 $\theta = 0$, $x = a$일 때 $\theta = \frac{\pi}{2}$이므로

$$A = 4\frac{b}{a}\int_0^a \sqrt{a^2 - x^2}\,dx$$

$$= 4\frac{b}{a}\int_0^{\frac{\pi}{2}} a\cos\theta \cdot a\cos\theta\,d\theta$$

$$= 4ab\int_0^{\frac{\pi}{2}} \cos^2\theta\,d\theta$$

$$= 4ab\int_0^{\frac{\pi}{2}} \frac{1 + \cos 2\theta}{2}\,d\theta$$

$$= 2ab\left[\theta + \frac{1}{2}\sin 2\theta\right]_0^{\frac{\pi}{2}} = \pi ab$$

를 얻는다. ∎

연습문제 8.4

1. 다음 적분을 구하여라.

(1) $\displaystyle\int \sqrt{4 - x^2}\,dx$

(2) $\displaystyle\int \sqrt{2x - x^2}\,dx$

(3) $\displaystyle\int \frac{1}{x^2\sqrt{x^2 - 4}}\,dx$

(4) $\displaystyle\int \frac{\sqrt{9 - x^2}}{x^4}\,dx$

(5) $\displaystyle\int \frac{1}{x^2\sqrt{9 + x^2}}\,dx$

(6) $\displaystyle\int \frac{1}{\sqrt{(4x^2 - 9)^3}}\,dx$

(7) $\displaystyle\int \frac{x^2}{\sqrt{x^2+9}}\,dx$

(8) $\displaystyle\int \frac{1}{\sqrt{x^2+2x+2}}\,dx$

(9) $\displaystyle\int \frac{1}{x^4\sqrt{x^2+3}}\,dx$

(10) $\displaystyle\int \frac{1}{x^3\sqrt{x^2-9}}\,dx$

(11) $\displaystyle\int_0^2 x^2\sqrt{4-x^2}\,dx$

(12) $\displaystyle\int_0^{\ln 2} \frac{e^x}{\sqrt{1+e^{2x}}}\,dx$

2. 치환 $x=a\sinh u$를 이용하여 다음 적분 공식을 유도하여라.

$$\int \frac{1}{\sqrt{x^2+a^2}}\,dx = \sinh^{-1}\left(\frac{x}{a}\right) + C \quad (a>0)$$

3. 치환 $x=a\cosh u$를 이용하여 다음 적분 공식을 유도하여라.

$$\int \frac{1}{\sqrt{x^2-a^2}}\,dx = \cosh^{-1}\left(\frac{x}{a}\right) + C \quad (a>0)$$

4. 원 $x^2+y^2=4$의 내부 영역 중 직선 $x=1$의 우측에 놓이는 부분의 넓이를 구하여라.

5. 점 $(0,0)$과 $(1,1)$ 사이의 포물선 $y=x^2$의 길이를 구하여라.

6. 점 $(0,1)$과 $(1,e)$ 사이의 곡선 $y=e^x$의 길이를 구하여라.

7. 점 $(1,1)$와 $(4,2)$ 사이의 곡선 $y=\sqrt{x}$를 x축 주위로 회전시킬 때 생기는 회전곡면의 넓이를 구하여라.

8. 원 $(x-2)^2+y^2=1$의 내부 영역을 y축 주위로 회전할 때 생기는 회전체의 부피를 구하여라.

5절 반각치환법과 유리화

$\sin x,\ \cos x$ 등의 삼각함수를 포함하는 적분은 치환

$$u=\tan\frac{x}{2}$$

에 의해 u의 유리함수의 적분으로 고칠 수 있는 경우가 있다. 위의 치환에서 $x=2\tan^{-1}u$이

므로

$$dx = \frac{2}{1+u^2}\,du$$

이고

$$\sin x = 2\sin\frac{x}{2}\cos\frac{x}{2} = \frac{2\sin\frac{x}{2}\cos\frac{x}{2}}{\cos^2\frac{x}{2}+\sin^2\frac{x}{2}}$$

$$= \frac{2\tan\frac{x}{2}}{1+\tan^2\frac{x}{2}} = \frac{2u}{1+u^2},$$

$$\cos x = \cos^2\frac{x}{2}-\sin^2\frac{x}{2} = \frac{\cos^2\frac{x}{2}-\sin^2\frac{x}{2}}{\cos^2\frac{x}{2}+\sin^2\frac{x}{2}}$$

$$= \frac{1-\tan^2\frac{x}{2}}{1+\tan^2\frac{x}{2}} = \frac{1-u^2}{1+u^2}$$

이 된다. 위 식으로부터 $\sin x$와 $\cos x$의 유리함수를 u의 유리함수로 변환하여 적분하는 것이 가능하다. 이러한 방법으로 적분을 구하는 것을 반각치환법이라고 한다.

(반각치환법)

$u = \tan\dfrac{x}{2}$로 치환하면

$$\sin x = \frac{2u}{1+u^2},\ \ \cos x = \frac{1-u^2}{1+u^2},\ \ dx = \frac{2}{1+u^2}\,du \tag{8.6}$$

가 된다.

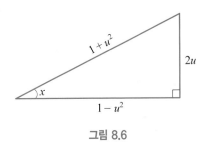

그림 8.6

예제 8.22 $\int \dfrac{dx}{3 + 5\cos x}$ 를 구하여라.

[풀이] 반각치환법을 이용하기 위하여 $u = \tan \dfrac{x}{2}$라 두면

$$dx = \frac{2}{1 + u^2}\,du, \quad \cos x = \frac{1 - u^2}{1 + u^2}$$

이므로

$$\int \frac{1}{3 + 5\cos x}\,dx = \int \frac{\dfrac{2}{1 + u^2}\,du}{3 + 5\left(\dfrac{1 - u^2}{1 + u^2}\right)}$$

$$= \int \frac{1}{4 - u^2}\,du = \frac{1}{4}\int \left(\frac{1}{u + 2} - \frac{1}{u - 2}\right)du$$

가 된다. 따라서

$$\int \frac{1}{3 + 5\cos x}\,dx = \frac{1}{4}\ln\left|\frac{u + 2}{u - 2}\right| + C = \frac{1}{4}\ln\left|\frac{\tan\dfrac{x}{2} + 2}{\tan\dfrac{x}{2} - 2}\right| + C$$

이다.
■

연습문제 8.5

1. 반각치환을 사용하여 다음 적분을 구하여라.

(1) $\displaystyle\int \frac{1}{1 - \cos x}\,dx$ 　　　　　(2) $\displaystyle\int \frac{1}{2 + \sin x}\,dx$

(3) $\displaystyle\int \frac{1}{\sin x - \cos x}\,dx$ 　　　　(4) $\displaystyle\int \frac{\cos x}{1 + \sin x}\,dx$

(5) $\displaystyle\int_0^{\frac{\pi}{2}} \frac{1}{1 + \sin x + \cos x}\,dx$ 　　(6) $\displaystyle\int_0^{\frac{\pi}{4}} \frac{2}{1 + \tan x}\,dx$

2. 반각치환을 사용하여 다음 공식을 유도하여라.

(1) $\displaystyle\int \frac{1}{1 - \sin ax}\,dx = \frac{1}{a}\tan\left(\frac{\pi}{4} + \frac{ax}{2}\right) + C$

(2) $\displaystyle\int \frac{1}{1+\cos ax}\,dx = \frac{1}{a}\tan\frac{ax}{2} + C$

(3) $\displaystyle\int \sec x\,dx = \ln\left|\frac{1+\tan\dfrac{x}{2}}{1-\tan\dfrac{x}{2}}\right| + C$

6절 이상적분

지금까지 정적분 $\displaystyle\int_a^b f(x)\,dx$를 정의할 때 적분의 구간 $[a,\ b]$는 유한하고, 함수 f는 구간 $[a,\ b]$에서 유계라고 가정하였다. 이 절에서는 적분의 개념을 확장하여 적분구간이 무한인 경우 또는 함수 f가 유계가 아닌 경우까지 포함하여 다룬다. 이러한 경우의 적분을 **이상적분**(improper integral)이라고 한다.

정의 8.1

적분구간이 무한인 경우에는 이상적분은 다음과 같이 정의한다.

① 함수 f가 $[a,\ \infty)$에서 연속일 때

$$\int_a^\infty f(x)\,dx = \lim_{b\to\infty}\int_a^b f(x)\,dx$$

② 함수 f가 $(-\infty,\ b]$에서 연속일 때

$$\int_{-\infty}^b f(x)\,dx = \lim_{a\to-\infty}\int_a^b f(x)\,dx$$

③ 함수 f가 $(-\infty,\ \infty)$에서 연속일 때

$$\int_{-\infty}^\infty f(x)\,dx = \int_{-\infty}^c f(x) + \int_c^\infty f(x)\,dx$$

위 정의에서 ①과 ②의 경우에 우변의 극한값이 존재하면, 이 이상적분은 **수렴한다**(converge)고 하고, 그 극한값을 이상적분의 값으로 정의한다. 극한값이 존재하지 않으면 이상적분은 **발산한다**(diverge)고 한다. ③의 경우에는 우변의 두 이상적분이 모두 수렴할 때 좌변의 이상적분이 수렴한다고 한다.

예제 8.23 다음 이상적분의 수렴, 발산을 결정하여라.

(1) $\displaystyle\int_{1}^{\infty} \frac{1}{x}\,dx$
(2) $\displaystyle\int_{-\infty}^{0} e^x\,dx$

[풀이] (1) $\displaystyle\int_{1}^{\infty} \frac{1}{x}\,dx = \lim_{b\to\infty}\int_{1}^{b}\frac{1}{x}\,dx = \lim_{b\to\infty}\Big[\ln x\Big]_{1}^{b}$

$$= \lim_{b\to\infty}\big(\ln b - \ln 1\big) = \infty$$

이므로 이상적분은 발산한다.

(2) $\displaystyle\int_{-\infty}^{0} e^x\,dx = \lim_{a\to-\infty}\int_{a}^{0} e^x\,dx = \lim_{a\to-\infty}\Big[e^x\Big]_{a}^{0}$

$$= \lim_{a\to-\infty}\big(1 - e^a\big) = 1$$

이므로 이상적분은 수렴한다.

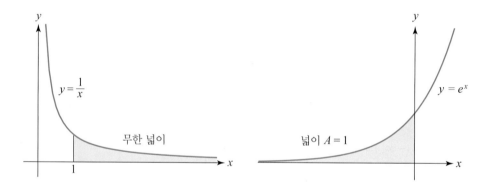

그림 8.7

예제 8.24 이상적분 $\displaystyle\int_{-\infty}^{\infty} \frac{1}{x^2+1}\,dx$를 구하여라.

[풀이] 먼저 $c = 0$을 기준으로 하여 주어진 이상적분을 두 이상적분의 합으로 나타내면

$$\int_{-\infty}^{\infty} \frac{1}{x^2+1}\,dx = \int_{-\infty}^{0} \frac{1}{x^2+1}\,dx + \int_{0}^{\infty} \frac{1}{x^2+1}\,dx$$

이 되고, 두 이상적분을 각각 구하면

$$\int_{-\infty}^{0} \frac{1}{x^2+1}\,dx = \lim_{a \to -\infty} \int_{a}^{0} \frac{1}{x^2+1}\,dx$$

$$= \lim_{a \to -\infty} \left[\tan^{-1}x\right]_{a}^{0}$$

$$= \lim_{a \to -\infty} (\tan^{-1}0 - \tan^{-1}a) = \frac{\pi}{2}$$

$$\int_{0}^{\infty} \frac{1}{x^2+1}\,dx = \lim_{b \to \infty} \int_{0}^{b} \frac{1}{x^2+1}\,dx$$

$$= \lim_{b \to \infty} \left[\tan^{-1}x\right]_{0}^{b}$$

$$= \lim_{b \to \infty} (\tan^{-1}b - \tan^{-1}0) = \frac{\pi}{2}$$

를 얻는다. 따라서 주어진 이상적분은 수렴하고 그 값은

$$\int_{-\infty}^{\infty} \frac{1}{x^2+1}\,dx = \frac{\pi}{2} + \frac{\pi}{2} = \pi$$

이다. ■

예제 8.25 이상적분 $\int_{1}^{\infty} \frac{1}{x^p}\,dx$가 수렴하는 p의 값을 결정하여라.

[풀이] 예제 8.23에서 $p=1$일 때 이상적분은 발산함을 보였기 때문에, $p \neq 1$이라고 가정하고 이상적분을 구하면

$$\int_{1}^{\infty} \frac{1}{x^p}\,dx = \lim_{b \to \infty} \int_{1}^{b} \frac{1}{x^p}\,dx$$

$$= \lim_{b \to \infty} \left[\frac{x^{-p+1}}{-p+1}\right]_{1}^{b}$$

$$= \lim_{b \to \infty} \frac{1}{1-p}\left[\frac{1}{b^{p-1}} - 1\right]$$

이다. 여기서 $p > 1$이면 $p-1 > 0$이므로 $\lim_{b \to \infty} \frac{1}{b^{p-1}} = 0$이 된다. 그러나 $p < 1$이면 $p-1 < 0$이므로 $\lim_{b \to \infty} \frac{1}{b^{p-1}} = \infty$이 된다. 따라서 $p > 1$일 때 이상적분은 수렴하고, $p \leq 1$일 때 이상적분은 발산한다. ■

함수 f가 적분구간에서 불연속인 경우에는 이상적분은 다음과 같이 정의한다.

① 함수 f가 $(a, b]$에서 연속이고 $x = a$에서 불연속이면

$$\int_a^b f(x)\,dx = \lim_{c \to a^+} \int_c^b f(x)\,dx$$

② 함수 f가 $[a, b)$에서 연속이고 $x = b$에서 불연속이면

$$\int_a^b f(x)\,dx = \lim_{c \to b^-} \int_a^c f(x)\,dx$$

③ 함수 f가 $[a, c) \cup (c, b]$에서 연속이고 $x = c$에서 불연속이면

$$\int_a^b f(x)\,dx = \int_a^c f(x)\,dx + \int_c^b f(x)\,dx$$

적분구간이 무한인 경우와 마찬가지로, 위의 정의에서 우변의 극한값이 존재하면 그 이상적분은 수렴한다(converge)고 하고, 극한값이 존재하지 않으면 발산한다(diverge)고 한다.

예제 8.26 다음 이상적분의 수렴, 발산을 결정하여라.

(1) $\displaystyle\int_0^1 \frac{1}{\sqrt{x}}\,dx$ 　　　　　　　　(2) $\displaystyle\int_0^1 \frac{1}{1-x}\,dx$

[풀이] (1) $\displaystyle\int_0^1 \frac{1}{\sqrt{x}}\,dx = \lim_{c \to 0^+} \int_c^1 \frac{1}{\sqrt{x}}\,dx = \lim_{c \to 0^+} \left[2\sqrt{x} \right]_c^1$

$$= \lim_{c \to 0^+} \left(2 - 2\sqrt{c} \right) = 2$$

이므로 이상적분은 수렴한다.

(2) $\displaystyle\int_0^1 \frac{1}{1-x}\,dx = \lim_{c \to 1^-} \int_0^c \frac{1}{1-x}\,dx$

$$= \lim_{c \to 1^-} \left[-\ln|1 - x| \right]_0^c$$

$$= \lim_{c \to 1^-} \left(-\ln|1 - c| + \ln 1 \right) = \infty$$

이므로 이상적분은 발산한다.

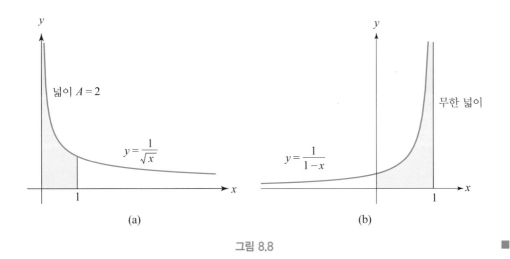

그림 8.8

예제 8.27 이상적분 $\displaystyle\int_{-1}^{1} \frac{1}{x^2}\,dx$의 수렴, 발산을 결정하여라.

[풀이] 함수 $f(x) = \dfrac{1}{x^2}$은 $x = 0$에서 불연속이므로 $x = 0$을 기준으로 이상적분을 나누면

$$\int_{-1}^{1} \frac{1}{x^2}\,dx = \int_{-1}^{0} \frac{1}{x^2}\,dx + \int_{0}^{1} \frac{1}{x^2}\,dx$$

이다. 이때

$$\int_{-1}^{0} \frac{1}{x^2}\,dx = \lim_{c \to 0^-} \int_{-1}^{c} \frac{1}{x^2}\,dx$$

$$= \lim_{c \to 0^-} \left[-\frac{1}{x} \right]_{-1}^{c} = \infty$$

이므로 이상적분 $\displaystyle\int_{-1}^{0} \frac{1}{x^2}\,dx$는 발산한다. 따라서 이상적분 $\displaystyle\int_{-1}^{1} \frac{1}{x^2}\,dx$는 발산한다.

(참고 7) 앞의 예제에서 불연속인 점을 고려하지 않은 다음의 계산은 틀린 것이다.

$$\int_{-1}^{1} \frac{1}{x^2}\,dx = \left[-\frac{1}{x} \right]_{-1}^{1} = -2$$

예제 8.28 반지름이 r인 원 $x^2 + y^2 = r^2$의 둘레의 길이가 $2\pi r$임을 보여라.

[풀이] 주어진 원의 방정식을 $y \geq 0$에 대하여 풀면

$$y = \sqrt{r^2 - x^2}$$

이므로, 제1사분면에 속하는 원호의 길이를 생각하여 원둘레의 길이 L를 구하면

$$L = 4 \int_0^r \sqrt{1 + \left(\frac{dy}{dx}\right)^2}\, dx$$

$$= 4 \int_0^r \sqrt{1 + \left(\frac{-2x}{2\sqrt{r^2 - x^2}}\right)^2}\, dx$$

$$= 4r \int_0^r \frac{1}{\sqrt{r^2 - x^2}}\, dx$$

이다. 여기서 적분은 피적분함수가 $x = r$에서 불연속이므로 이상적분을 사용하여 구해야 한다. 그러므로

$$\int_0^r \frac{1}{\sqrt{r^2 - x^2}}\, dx = \lim_{c \to r^-} \int_0^c \frac{1}{\sqrt{r^2 - x^2}}\, dx$$

$$= \lim_{c \to r^-} \left[\sin^{-1}\left(\frac{x}{r}\right)\right]_0^c$$

$$= \sin^{-1} 1 - \sin^{-1} 0 = \frac{\pi}{2}$$

가 된다. 따라서 원둘레의 총 길이는 $L = 4r \cdot \dfrac{\pi}{2} = 2\pi r$이다. ∎

때로는 이상적분을 직접 계산할 수는 없지만 그것의 수렴, 발산 여부가 중요한 경우가 있다. 다음 정리는 이상적분의 수렴, 발산을 판정하는 데 유용하게 사용할 수 있는 결과이다. 이 정리의 증명은 생략한다.

정리 8.1 **이상적분의 비교판정법**

함수 f와 g가 모두 구간 $[a, \infty)$에서 연속이고, 모든 $x \geq a$에 대하여 $0 \leq f(x) \leq g(x)$이라 하자.

① 이상적분 $\displaystyle\int_a^\infty g(x)\, dx$가 수렴하면 $\displaystyle\int_a^\infty f(x)\, dx$도 수렴한다.

② 이상적분 $\displaystyle\int_a^\infty f(x)\, dx$가 발산하면 $\displaystyle\int_a^\infty g(x)\, dx$도 발산한다.

예제 8.29 다음 이상적분의 수렴, 발산을 결정하여라.

(1) $\displaystyle\int_1^\infty \frac{x}{x^3+1}\,dx$ 　　　　　　(2) $\displaystyle\int_1^\infty \frac{1+e^{-\sqrt{x}}}{x}\,dx$

[풀이] (1) 구간 $[1,\infty)$에서 $0 \le \dfrac{x}{x^3+1} \le \dfrac{1}{x^2}$이고, $\displaystyle\int_1^\infty \frac{1}{x^2}\,dx$가 수렴하기 때문에 이상적분

$\displaystyle\int_1^\infty \frac{x}{x^3+1}\,dx$도 수렴한다.

(2) 구간 $[1,\infty)$에서 $0 \le \dfrac{1}{x} \le \dfrac{1+e^{-\sqrt{x}}}{x}$이고, $\displaystyle\int_1^\infty \frac{1}{x}\,dx$가 발산하기 때문에 이상적분

$\displaystyle\int_1^\infty \frac{1+e^{-\sqrt{x}}}{x}\,dx$도 발산한다. ■

연습문제 8.6

1. 다음 이상적분의 수렴, 발산을 판정하고, 수렴하면 그 값을 구하여라.

(1) $\displaystyle\int_1^\infty \frac{1}{x^3}\,dx$ 　　　　　　(2) $\displaystyle\int_{-\infty}^1 e^x\,dx$

(3) $\displaystyle\int_1^\infty \frac{1}{(x+1)(x+2)}\,dx$ 　　　(4) $\displaystyle\int_{-\infty}^\infty \frac{x}{1+x^2}\,dx$

(5) $\displaystyle\int_0^1 \frac{1}{\sqrt{1-x}}\,dx$ 　　　　　(6) $\displaystyle\int_0^{\frac{\pi}{2}} \tan\theta\,d\theta$

(7) $\displaystyle\int_0^\infty \frac{1}{(x+1)\sqrt{x}}\,dx$ 　　　(8) $\displaystyle\int_0^1 x\ln x\,dx$

(9) $\displaystyle\int_{-\infty}^\infty \frac{1}{e^x+e^{-x}}\,dx$ 　　　(10) $\displaystyle\int_2^\infty \frac{1}{x(\ln x)^2}\,dx$

2. 이상적분 $\displaystyle\int_0^1 \frac{1}{x^p}\,dx$가 수렴하는 p의 값을 결정하여라.

3. 곡선 $y=\sqrt{x}\,e^{-x^2}$과 x축 사이의 영역 중 $x \ge 0$인 부분을 x축 둘레로 회전시킬 때 생기는 회전체의 부피를 구하여라.

4. (가브리엘 나팔) 곡선 $y=\dfrac{1}{x}$과 x축 사이의 영역 중 $x \ge 1$인 부분을 x축 둘레로 회전시킬 때 생기는 회전체의 부피는 유한하지만, 그 겉넓이는 무한함을 보여라.

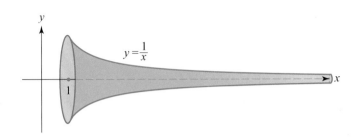

5. 곡선 $x^{\frac{2}{3}} + y^{\frac{2}{3}} = 1$의 길이를 구하여라.

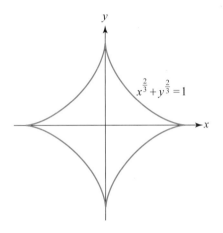

6. 비교판정법을 이용하여 다음 이상적분의 수렴, 발산을 결정하여라.

(1) $\displaystyle\int_0^1 \frac{1}{\sqrt{x + x^4}}\, dx$

(2) $\displaystyle\int_1^\infty \frac{1}{\sqrt{x + x^4}}\, dx$

(3) $\displaystyle\int_0^1 \frac{1}{\sqrt[3]{2x - x^2}}\, dx$

(4) $\displaystyle\int_1^\infty e^{-x^2}\, dx$

9장
무한급수

DIFFERENTIAL AND INTEGRAL CALCULUS

무한히 많은 수들의 합을 무한급수 또는 간단히 급수라고 한다. 이 장에서는 급수의 합의 존재 여부와 합이 존재할 경우 합을 계산할 수 있는 기본적인 이론들을 공부한다. 이 급수의 이론들을 이용하면 다양한 형태의 함수들을 다항식으로 근사시켜 연구할 수 있다. 급수의 합은 수열의 극한과 밀접한 연관이 있다. 따라서 수열의 기본적인 이론들을 복습하여 익힐 필요가 있다.

수열 $\{a_n\}$에 대하여

$$a_1 + a_2 + a_3 + \cdots + a_n + \cdots \qquad (9.1)$$

와 같은 수열의 합을 급수(series)라고 한다. 급수에 나타난 $a_1, a_2, a_3, \cdots$ 을 각각 급수의 항 (term)이라 하고, 항의 수가 유한인 경우를 유한급수(finite series), 항의 수가 무한인 경우를 무한급수(infinite series)라 한다. 이 장에서는 무한급수에 대하여 알아본다. 편의상 무한급수 를 간단히 급수라 부르기로 한다.

급수에 포함된 항의 일반적인 형태를 급수의 일반항이라 하고, 보통 n을 포함하는 식으로 나 타낸다. 무한급수 (9.1)을 일반항을 이용하여 기호로 다음과 같이 나타낸다.

$$\sum_{n=1}^{\infty} a_n = a_1 + a_2 + a_3 + \cdots + a_n + \cdots$$

예1 급수

$$1 - \frac{1}{2} + \frac{1}{3} - \frac{1}{4} + \cdots$$

에서

$$a_1 = \frac{1}{1}, \quad a_2 = -\frac{1}{2}, \quad a_3 = \frac{1}{3}, \quad a_4 = -\frac{1}{4}, \cdots$$

이므로 일반항은

$$a_n = (-1)^{n+1} \frac{1}{n}$$

이다. 따라서 위의 급수를 다음과 같이 나타낼 수 있다.

$$\sum_{n=1}^{\infty} (-1)^{n+1} \frac{1}{n}$$

급수 (9.1)의 처음 n개의 항들의 합을 S_n으로 나타내며, 이를 주어진 급수의 부분합(partial sum)이라 한다. 즉

$$S_1 = a_1$$
$$S_2 = a_1 + a_2$$
$$S_3 = a_1 + a_2 + a_3$$

$$\vdots$$

$$S_n = a_1 + a_2 + a_3 + \cdots + a_n = \sum_{i=1}^{n} a_i$$

으로 정의되고, 이 부분합들은 하나의 수열 $\{S_n\}$을 만든다. 부분합의 수열 $\{S_n\}$이 수렴할 때, 즉 $\lim_{n \to \infty} S_n = S$이면, 급수 $\sum_{n=1}^{\infty} a_n$은 수렴한다(converge)고 하고 다음과 같이 나타낸다.

$$\sum_{n=1}^{\infty} a_n = S$$

이때 극한값 S를 급수 $\sum_{n=1}^{\infty} a_n$의 합(sum)이라 부른다. 부분합의 수열 $\{S_n\}$이 발산할 때 급수 $\sum_{n=1}^{\infty} a_n$은 발산한다(diverge)고 한다.

예제 9.1 급수 $\sum_{n=1}^{\infty} \dfrac{1}{n(n+1)}$이 수렴함을 보이고, 그 합을 구하여라.

[풀이] 부분합 S_n을 구하면

$$\begin{aligned} S_n &= \sum_{k=1}^{n} \frac{1}{k(k+1)} \\ &= \sum_{k=1}^{n} \left(\frac{1}{k} - \frac{1}{k+1} \right) \\ &= \left(1 - \frac{1}{2}\right) + \left(\frac{1}{2} - \frac{1}{3}\right) + \cdots + \left(\frac{1}{n-1} - \frac{1}{n}\right) + \left(\frac{1}{n} - \frac{1}{n+1}\right) \\ &= 1 - \frac{1}{n+1} \end{aligned}$$

이다. 부분합의 수열 $\{S_n\}$의 극한값을 구하면

$$\lim_{n \to \infty} S_n = \lim_{n \to \infty} \left(1 - \frac{1}{n+1} \right) = 1$$

이 된다. 따라서 주어진 급수는 수렴하고, 그 합은 다음과 같다.

$$\sum_{n=1}^{\infty} \frac{1}{n(n+1)} = 1$$

예제 9.2 급수 $\sum_{n=1}^{\infty} \dfrac{1}{\sqrt{n}}$이 발산함을 보여라.

[풀이] 부분합 S_n에 대하여

$$S_n = 1 + \frac{1}{\sqrt{2}} + \frac{1}{\sqrt{3}} + \cdots + \frac{1}{\sqrt{n}} \geq \frac{n}{\sqrt{n}} = \sqrt{n}$$

이 성립하므로

$$\lim_{n \to \infty} S_n \geq \lim_{n \to \infty} \sqrt{n} = \infty$$

이 된다. 따라서 주어진 급수는 발산한다. ∎

■ 기하급수의 합

상수 $a \neq 0$, r에 대하여 각 항이 바로 직전의 항에 r를 곱해서 얻어지는 급수

$$\sum_{n=1}^{\infty} ar^{n-1} = a + ar + ar^2 + \cdots + ar^{n-1} + \cdots \tag{9.2}$$

을 초항이 a, 공비(common ratio)가 r인 기하급수(geometric series)라 한다. 이 급수의 부분합을 구하면

$$S_n = a + ar + ar^2 + \cdots + ar^{n-1} = \begin{cases} na, & r = 1 \\ \dfrac{a(1 - r^n)}{1 - r}, & r \neq 1 \end{cases}$$

이므로 급수 $\sum_{n=1}^{\infty} ar^{n-1}$의 합은 다음과 같이 결정된다.

1) $|r| < 1$일 때: $\lim\limits_{n \to \infty} r^n = 0$이므로 $\lim\limits_{n \to \infty} S_n = \dfrac{a}{1 - r}$이다.

2) $r = 1$일 때: $S_n = na$이므로 $\lim\limits_{n \to \infty} S_n$은 존재하지 않는다.

3) $r = -1$일 때: n이 짝수이면 $S_n = 0$, n이 홀수이면 $S_n = a$이므로 $\lim\limits_{n \to \infty} S_n$은 존재하지 않는다.

4) $|r| > 1$일 때: 수열 $\{r^n\}$이 발산하므로, $\lim\limits_{n \to \infty} S_n$은 존재하지 않는다.

따라서 기하급수는 공비가 $|r| < 1$일 때만 수렴하며, 그 합은 다음과 같다.

$$\sum_{n=1}^{\infty} ar^{n-1} = \frac{a}{1 - r}, \quad (|r| < 1)$$

예2 기하급수

$$\frac{1}{2} + \frac{1}{4} + \frac{1}{8} + \frac{1}{16} + \frac{1}{32} + \cdots = \sum_{n=1}^{\infty} \left(\frac{1}{2}\right)^n$$

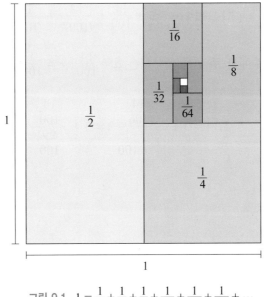

그림 9.1 $1 = \frac{1}{2} + \frac{1}{4} + \frac{1}{8} + \frac{1}{16} + \frac{1}{32} + \frac{1}{64} + \cdots$

에서 초항 $a = \frac{1}{2}$, 공비 $r = \frac{1}{2}$이므로 그 합은

$$S = \frac{\frac{1}{2}}{1 - \frac{1}{2}} = 1$$

이다(그림 9.1 참조). ∎

예3 기하급수

$$4 + \frac{8}{3} + \frac{16}{9} + \frac{32}{27} + \frac{64}{81} + \cdots = \sum_{n=1}^{\infty} 4\left(\frac{2}{3}\right)^{n-1}$$

에서 초항 $a = 4$, 공비 $r = \frac{2}{3}$이므로 그 합은 다음과 같다.

$$S = \frac{4}{1 - \frac{2}{3}} = 12$$

∎

예제 9.3 순환소수 $3.\overline{14} = 3.141414\cdots$를 분수로 나타내어라.

[풀이] 먼저 주어진 순환소수를 급수로 나타내면

$$3.141414\cdots = 3 + \frac{14}{100} + \frac{14}{(100)^2} + \frac{14}{(100)^3} + \cdots$$

가 된다. 위 급수에서 두 번째 항부터는 $a = \frac{14}{100}$, $r = \frac{1}{100}$인 기하급수이다. 따라서

$$3.\overline{14} = 3 + \frac{\frac{14}{100}}{1 - \frac{1}{100}} = 3 + \frac{\frac{14}{100}}{\frac{99}{100}} = \frac{311}{99}$$

이다. ■

연습문제 9.1

1. 다음 급수를 $\sum$ 기호를 써서 나타내어라.

(1) $1 + \frac{1}{4} + \frac{1}{9} + \frac{1}{16} + \cdots$
(2) $\frac{3}{1 \cdot 2} - \frac{5}{3 \cdot 4} + \frac{7}{5 \cdot 6} - \frac{9}{7 \cdot 8} + \cdots$

2. 다음 급수의 수렴, 발산을 판정하고, 수렴하는 경우 그 합을 구하여라.

(1) $1 - 1 + 1 - 1 + \cdots$
(2) $4 - \frac{8}{3} + \frac{16}{9} - \frac{32}{27} + \cdots$

(3) $\displaystyle\sum_{n=1}^{\infty} \frac{1}{n(n+2)}$
(4) $\displaystyle\sum_{n=1}^{\infty} \frac{3}{(2n-1)(2n+1)}$

(5) $\displaystyle\sum_{n=1}^{\infty} 3\left(\frac{4}{5}\right)^{n-1}$
(6) $\displaystyle\sum_{n=1}^{\infty} \ln \frac{n}{n+1}$

3. 다음 순환소수를 분수로 나타내어라.

(1) $0.\overline{7}$
(2) $0.\overline{12}$
(3) $0.12\overline{345}$

4. 다음 급수가 수렴하는 x값을 결정하고, 그 때의 급수의 합을 구하여라.

(1) $\displaystyle\sum_{n=0}^{\infty} \left(\frac{x}{2}\right)^n$
(2) $\displaystyle\sum_{n=1}^{\infty} (x-1)^n$
(3) $\displaystyle\sum_{n=1}^{\infty} \frac{(x-2)^n}{3^n}$

5. 어떤 급수 $\displaystyle\sum_{n=1}^{\infty} a_n$의 부분합은

$$S_n = \frac{n-2}{n+1}$$

이다. 이때 a_n과 급수 $\displaystyle\sum_{n=1}^{\infty} a_n$의 합을 구하여라.

6. 공을 지면에서 높이가 h인 지점에서 떨어뜨리면 $0.6h$만큼 튀어 오른다고 하자. 처음에 높이가 2 m인 지점에서 공을 떨어뜨릴 때 공이 움직이는 총 이동거리를 구하여라.

2절 급수의 수렴에 관한 정리

이 절에서는 급수의 수렴, 발산에 대한 기본적인 이론들을 공부한다. 다음 정리는 급수가 수렴하기 위한 필요 조건에 대한 것이다.

정리 9.1

급수 $\displaystyle\sum_{n=1}^{\infty} a_n$이 수렴하면 $\displaystyle\lim_{n\to\infty} a_n = 0$이다.

[증명] 급수 $\displaystyle\sum_{n=1}^{\infty} a_n$의 부분합을 S_n이라 하면

$$a_n = S_n - S_{n-1}$$

이 성립한다. 이 급수의 합을 S라 하면

$$\lim_{n\to\infty} S_n = \lim_{n\to\infty} S_{n-1} = S$$

이므로

$$\lim_{n\to\infty} a_n = \lim_{n\to\infty} (S_n - S_{n-1})$$
$$= \lim_{n\to\infty} S_n - \lim_{n\to\infty} S_{n-1} = S - S = 0$$

이 된다. ∎

정리 9.1에서 $\displaystyle\lim_{n\to\infty} a_n = 0$일지라도 급수 $\displaystyle\sum_{n=1}^{\infty} a_n$은 발산할 수 있다. 다음은 그러한 급수의 예이다.

예4 (조화급수) 급수

$$\sum_{n=1}^{\infty} \frac{1}{n} = 1 + \frac{1}{2} + \frac{1}{3} + \cdots + \frac{1}{n} + \cdots$$

에서

$$\lim_{n \to \infty} \frac{1}{n} = 0$$

이지만, 이 급수는 발산한다. 이 급수를 조화급수(harmonic series)라 하는데, 조화급수가 발산한다는 것은 다음과 같이 보일 수 있다.

$$S_1 = 1 = 1 + 0\left(\frac{1}{2}\right)$$

$$S_2 = 1 + \frac{1}{2} = 1 + 1\left(\frac{1}{2}\right)$$

$$S_4 = 1 + \frac{1}{2} + \left(\frac{1}{3} + \frac{1}{4}\right)$$

$$> 1 + \frac{1}{2} + \left(\frac{1}{4} + \frac{1}{4}\right) = 1 + 2\left(\frac{1}{2}\right)$$

$$S_8 = 1 + \frac{1}{2} + \left(\frac{1}{3} + \frac{1}{4}\right) + \left(\frac{1}{5} + \frac{1}{6} + \frac{1}{7} + \frac{1}{8}\right)$$

$$> 1 + \frac{1}{2} + \left(\frac{1}{4} + \frac{1}{4}\right) + \left(\frac{1}{8} + \frac{1}{8} + \frac{1}{8} + \frac{1}{8}\right)$$

$$= 1 + 3\left(\frac{1}{2}\right)$$

같은 방법으로 $S_{16} > 1 + 4\left(\frac{1}{2}\right)$, $S_{32} > 1 + 5\left(\frac{1}{2}\right)$이 되고 일반적으로

$$S_{2^n} > 1 + n\left(\frac{1}{2}\right)$$

이 성립한다. 여기서 $\lim_{n \to \infty} S_{2^n} \geq \lim_{n \to \infty}\left[1 + n\left(\frac{1}{2}\right)\right] = \infty$이므로 수열 $\{S_n\}$은 발산한다. 따라서 조화급수는 발산한다.

따름정리 9.2 발산판정법

$\lim_{n \to \infty} a_n$이 존재하지 않거나 $\lim_{n \to \infty} a_n \neq 0$인 급수 $\sum_{n=1}^{\infty} a_n$은 발산한다.

예5 급수 $\sum_{n=1}^{\infty} \frac{n}{2n-1}$에서

$$\lim_{n \to \infty} a_n = \lim_{n \to \infty} \frac{n}{2n-1} = \frac{1}{2} \neq 0$$

이므로 이 급수는 발산한다. ∎

급수 $\displaystyle\sum_{n=1}^{\infty} a_n$에서 모든 n에 대하여 $a_n \geq 0$일 때 이 급수를 **양항급수**라 한다. 다음의 정리는 양항급수의 수렴판정법 가운데 하나이다.

> **정리 9.3**
>
> 양항급수 $\displaystyle\sum_{n=1}^{\infty} a_n$의 부분합 S_n이 모든 n에 대하여 어떤 상수 K보다 작으면 이 급수는 수렴하며, 급수의 합은 K보다 크지 않다.

[증명] 부분합 $S_n = a_1 + a_2 + \cdots + a_n$에 대하여 $a_i \geq 0$이므로 $S_{n+1} \geq S_n$이 성립한다. 그리고 모든 n에 대하여 $S_n \leq K$이므로, 수열 $\{S_n\}$은 위로 유계인 증가수열이다. 그러므로 $\{S_n\}$은 수렴하며(정리 1.1), 그 극한값은 $S = \displaystyle\lim_{n \to \infty} S_n = \sup\{S_n\}$이다. 따라서 이 급수는 수렴하며, 그 합 S는 K보다 작거나 같다. ∎

예 6 양항급수

$$\sum_{n=1}^{\infty} \frac{1}{n!} = 1 + \frac{1}{2!} + \frac{1}{3!} + \cdots + \frac{1}{n!} + \cdots$$

에서 모든 자연수 n에 대하여

$$S_n = 1 + \frac{1}{2!} + \frac{1}{3!} + \cdots + \frac{1}{n!}$$

$$\leq 1 + \frac{1}{2} + \frac{1}{2^2} + \cdots + \frac{1}{2^{n-1}}$$

$$< \sum_{n=1}^{\infty} \left(\frac{1}{2}\right)^{n-1} = 2$$

이므로, 정리 9.3에 의해 이 급수는 수렴하고, 그 합 S는 2보다 작다. ∎

급수의 수렴 여부는 주어진 급수의 부분합에 의해 만들어지는 수열의 극한의 존재 여부로 결정된다. 수열의 극한 정리로부터 다음의 정리를 얻는다.

급수 $\displaystyle\sum_{n=1}^{\infty} a_n$과 $\displaystyle\sum_{n=1}^{\infty} b_n$이 모두 수렴하고 k가 상수일 때 다음이 성립한다.

① $\displaystyle\sum_{n=1}^{\infty} ka_n = k\sum_{n=1}^{\infty} a_n$

② $\displaystyle\sum_{n=1}^{\infty} (a_n + b_n) = \sum_{n=1}^{\infty} a_n + \sum_{n=1}^{\infty} b_n$

③ $\displaystyle\sum_{n=1}^{\infty} (a_n - b_n) = \sum_{n=1}^{\infty} a_n - \sum_{n=1}^{\infty} b_n$

[증명] ② 부분합 $S_n = \displaystyle\sum_{i=1}^{n} a_i$, $T_n = \displaystyle\sum_{i=1}^{n} b_i$, $U_n = \displaystyle\sum_{i=1}^{n} (a_i + b_i)$에서

$$S_n + T_n = \sum_{i=1}^{n} a_i + \sum_{i=1}^{n} b_i = \sum_{i=1}^{n} (a_i + b_i) = U_n$$

이고 $\displaystyle\lim_{n\to\infty} S_n$과 $\displaystyle\lim_{n\to\infty} T_n$이 존재하므로

$$\sum_{n=1}^{\infty} (a_n + b_n) = \lim_{n\to\infty} U_n$$
$$= \lim_{n\to\infty} (S_n + T_n)$$
$$= \lim_{n\to\infty} S_n + \lim_{n\to\infty} T_n$$
$$= \sum_{n=1}^{\infty} a_n + \sum_{n=1}^{\infty} b_n$$

이다. ①과 ③은 유사하게 증명할 수 있다. ∎

예제 9.4 급수 $\displaystyle\sum_{n=1}^{\infty} \left(\frac{2}{3^n} + \frac{5}{n(n+1)}\right)$의 합을 구하여라.

[풀이] 급수 $\displaystyle\sum_{n=1}^{\infty} \frac{1}{3^n}$는 초항 $a = \dfrac{1}{3}$, 공비 $r = \dfrac{1}{3}$인 기하급수이므로

$$\sum_{n=1}^{\infty} \frac{1}{3^n} = \frac{\dfrac{1}{3}}{1 - \dfrac{1}{3}} = \frac{1}{2}$$

이고, 예제 9.1에서

$$\sum_{n=1}^{\infty} \frac{1}{n(n+1)} = 1$$

을 구하였으므로, 정리 9.4에 의해 주어진 급수는 수렴하고, 그 합은

$$\sum_{n=1}^{\infty}\left(\frac{2}{3^n} + \frac{5}{n(n+1)}\right) = 2\sum_{n=1}^{\infty}\frac{1}{3^n} + 5\sum_{n=1}^{\infty}\frac{1}{n(n+1)}$$

$$= 2 \cdot \frac{1}{2} + 5 \cdot 1 = 6$$

이다.

연습문제 9.2

1. 다음 급수의 일반항을 구하고 수렴, 발산을 판정하여라.

(1) $1 + \frac{1}{4} + 1 + \frac{1}{9} + 1 + \frac{1}{16} + \cdots$

(2) $\frac{1}{2} - \frac{4}{5} + \frac{9}{10} - \frac{16}{17} + \frac{25}{26} - \cdots$

2. 다음 급수의 합을 구하여라.

(1) $\displaystyle\sum_{n=1}^{\infty}\left[3\left(\frac{1}{2}\right)^n - 2\left(\frac{1}{3}\right)^n\right]$
(2) $\displaystyle\sum_{n=1}^{\infty}\left(\frac{2}{4n^2-1} - \frac{1}{3^n}\right)$

3. 다음 급수의 수렴, 발산을 판정하여라.

(1) $\displaystyle\sum_{n=1}^{\infty}\frac{e^n}{n^3}$
(2) $\displaystyle\sum_{n=1}^{\infty}\frac{5^n}{7^n}$

(3) $\displaystyle\sum_{n=1}^{\infty}\frac{n^3+5}{7n^3+2n}$
(4) $\displaystyle\sum_{n=1}^{\infty}(-1)^n\frac{n^2-5}{5n^2-n}$

(5) $\displaystyle\sum_{n=1}^{\infty}\left(1+\frac{1}{n}\right)^n$
(6) $\displaystyle\sum_{n=1}^{\infty}\frac{n+3}{\sqrt{1+n^2}}$

(7) $\displaystyle\sum_{n=1}^{\infty}\frac{1}{\sqrt{n}+\sqrt{n+1}}$
(8) $\displaystyle\sum_{n=1}^{\infty}\frac{n!}{e^n}$

4. 급수 $\displaystyle\sum_{n=1}^{\infty} a_n$은 수렴하고 $\displaystyle\sum_{n=1}^{\infty} b_n$이 발산할 때 급수 $\displaystyle\sum_{n=1}^{\infty} (a_n + b_n)$이 발산함을 보여라.

일반적으로 급수의 부분합을 구하는 것은 쉬운 일이 아니다. 그러므로 부분합을 구하지 않고 급수의 수렴, 발산을 알 수 있다면 매우 편리한 방법이 될 수 있다. 다음은 이상적분을 이용한 급수의 수렴, 발산판정법으로 이것을 적분판정법(integral test)이라 한다.

정리 9.5　**적분판정법**

f가 $[1, \infty)$에서 양이고, 감소하는 연속함수로서 $a_n = f(n)$이면 다음이 성립한다.

① 이상적분 $\displaystyle\int_1^\infty f(x)\,dx$가 수렴하면 급수 $\displaystyle\sum_{n=1}^\infty a_n$도 수렴한다.

② 이상적분 $\displaystyle\int_1^\infty f(x)\,dx$가 발산하면 급수 $\displaystyle\sum_{n=1}^\infty a_n$도 발산한다.

[증명] 그림 9.2와 같이 구간 $[1, n]$을 $n-1$개의 단위 구간들로 나누고, 그래프 $y = f(x)$ 아래에서 접하는 직사각형들의 넓이와 그래프 $y = f(x)$의 아래쪽 영역의 넓이를 비교하면

$$a_2 + a_3 + \cdots + a_n \le \int_1^n f(x)\,dx$$

를 얻는다. 같은 방식으로

$$\int_1^n f(x)\,dx \le a_1 + a_2 + \cdots + a_{n-1}$$

이 성립한다.

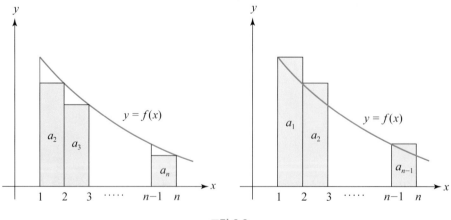

그림 9.2

① 이상적분 $\int_1^\infty f(x)\,dx$가 수렴하면, 부등식

$$S_n = a_1 + (a_2 + \cdots + a_n) \le a_1 + \int_1^n f(x)\,dx \le a_1 + \int_1^\infty f(x)\,dx$$

가 모든 자연수 n에 대하여 성립하므로 부분 수열 $\{S_n\}$은 위로 유계이다. 한편 $a_n = f(n) \ge 0$이므로 $\{S_n\}$는 증가수열이다. 따라서 급수 $\sum_{n=1}^\infty a_n$는 수렴한다.

② 이상적분 $\int_1^\infty f(x)\,dx$가 발산한다고 하자. f가 양의 함수이므로

$$\lim_{n \to \infty} \int_1^n f(x)\,dx = \infty$$

이 성립한다. 그러면 부등식

$$\int_1^n f(x)\,dx \le a_1 + a_2 + \cdots + a_{n-1} = S_{n-1}$$

에서 $\lim_{n \to \infty} S_n = \lim_{n \to \infty} S_{n-1} = \infty$이 된다. 따라서 급수 $\sum_{n=1}^\infty a_n$는 발산한다. ∎

예제 9.5 적분판정법을 이용하여 급수 $\sum_{n=1}^\infty \dfrac{1}{n^2+1}$이 수렴함을 보여라.

[풀이] 함수 $f(x) = \dfrac{1}{x^2+1}$은 구간 $[1, \infty)$에서 양이고, 감소하는 연속함수이며, $f(n) = \dfrac{1}{n^2+1}$이다. 함수 f의 이상적분을 구하면

$$\begin{aligned}
\int_1^\infty \frac{1}{x^2+1}\,dx &= \lim_{b \to \infty} \int_1^b \frac{1}{x^2+1}\,dx \\
&= \lim_{b \to \infty} \Big[\tan^{-1}x \Big]_1^b \\
&= \lim_{b \to \infty} \Big[\tan^{-1}b - \frac{\pi}{4} \Big] \\
&= \frac{\pi}{2} - \frac{\pi}{4} = \frac{\pi}{4}
\end{aligned}$$

가 된다. 따라서 적분판정법에 의해 주어진 급수는 수렴한다. ∎

예제 9.6 적분판정법을 이용하여, 다음 조화급수가 발산함을 보여라.

$$\sum_{n=1}^\infty \frac{1}{n} = 1 + \frac{1}{2} + \frac{1}{3} + \cdots + \frac{1}{n} + \cdots$$

[풀이] 조화급수를 나타내는 함수는 $f(x) = \dfrac{1}{x}$ 이고, f는 $[1, \infty)$에서 양이고, 연속이며, 감소한다. 이상적분은

$$\int_1^\infty \frac{1}{x}\, dx = \lim_{b \to \infty} \int_1^b \frac{1}{x}\, dx = \lim_{b \to \infty} \left[\ln x \right]_1^b = \lim_{b \to \infty} \left(\ln b - \ln 1 \right) = \infty$$

가 되어 발산한다. 따라서 적분판정법에 의해 조화급수도 발산한다. ∎

예제 9.7 다음 급수가 $p > 1$일 때 수렴하고, $p \leq 1$일 때 발산함을 보여라.

$$\sum_{n=1}^\infty \frac{1}{n^p} = 1 + \frac{1}{2^p} + \frac{1}{3^p} + \cdots + \frac{1}{n^p} + \cdots$$

[풀이] (1) $p < 0$이면 $\displaystyle\lim_{n \to \infty} \frac{1}{n^p} = \infty$이고, $p = 0$이면 $\displaystyle\lim_{n \to \infty} \frac{1}{n^p} = 1$이므로, $p \leq 0$일 때는 모두 발산판정법에 의해 급수는 발산한다.

(2) $p > 0$일 때 함수 $f(x) = \dfrac{1}{x^p}$은 구간 $[1, \infty)$에서 양이고, 연속이며, 감소하고 $f(n) = \dfrac{1}{n^p}$이다. 적분판정법을 적용하기 위하여 이상적분을 구하면

$$\int_1^\infty \frac{1}{x^p}\, dx = \lim_{b \to \infty} \left[\frac{x^{-p+1}}{-p+1} \right]_1^b = \lim_{b \to \infty} \frac{1}{1-p} \left[b^{1-p} - 1 \right] \quad (p \neq 1)$$

이 된다. 따라서

- **$p > 1$인 경우**: $1 - p < 0$이므로 $\displaystyle\lim_{b \to \infty} b^{1-p} = 0$이다. 이상적분이 수렴함으로 이 급수는 수렴한다.
- **$0 < p < 1$인 경우**: $1 - p > 0$이므로 $\displaystyle\lim_{b \to \infty} b^{1-p} = \infty$이다. 이상적분이 발산함으로 이 급수는 발산한다.
- **$p = 1$인 경우**: 이 급수는 조화급수로 발산한다. ∎

참고 1 예제 9.7과 같은 형태의 급수를 p-급수라 한다. p-급수는 $p > 1$일 때에만 수렴한다. 예를 들면, 급수 $\displaystyle\sum_{n=1}^\infty \frac{1}{n\sqrt{n}}$ 은 $p = \dfrac{3}{2}$인 경우로 수렴하지만, 급수 $\displaystyle\sum_{n=1}^\infty \frac{1}{\sqrt{n}}$ 은 $p = \dfrac{1}{2}$인 경우로 발산한다.

참고 2 급수에서 처음 몇 개의 항은 급수의 수렴, 발산에는 영향을 미치지 않으므로, 적분

판정법에서 함수 f가 적당한 양의 정수 m에 대하여 구간 $[m, \infty)$에서 적분판정법의 조건들을 만족하여도 적분판정법은 성립한다.

예제 9.8 급수 $\displaystyle\sum_{n=1}^{\infty} \frac{n}{n^2 + 4}$ 의 수렴, 발산을 판정하여라.

[풀이] 함수 $f(x) = \dfrac{x}{x^2 + 4}$ 가 감소하는지를 알아보기 위해 도함수를 구하면

$$f'(x) = \frac{x^2 + 4 - 2x^2}{(x^2 + 4)^2} = \frac{4 - x^2}{(x^2 + 4)^2}$$

이 되어, $x > 2$일 때 $f'(x) < 0$이다. 따라서 f는 $[2, \infty)$에서 감소하고, 연속이며, $f(n) = \dfrac{n}{n^2 + 4}$ 이므로 적분판정법의 조건들을 만족한다. 이상적분을 구하면

$$\int_2^{\infty} \frac{x}{x^2 + 4}\, dx = \lim_{b \to \infty} \int_2^b \frac{x}{x^2 + 4} dx$$

$$= \lim_{b \to \infty} \left[\frac{1}{2} \ln(x^2 + 4) \right]_2^b$$

$$= \lim_{b \to \infty} \left[\frac{1}{2} \ln(b^2 + 4) - \frac{1}{2} \ln 8 \right] = \infty$$

가 되어 주어진 급수는 발산한다. ∎

연습문제 9.3

1. 적분판정법을 이용하여 다음 급수의 수렴, 발산을 판정하여라.

(1) $\displaystyle\sum_{n=1}^{\infty} \frac{1}{2n - 1}$

(2) $\displaystyle\sum_{n=1}^{\infty} \frac{1}{\sqrt{n} + 1}$

(3) $\displaystyle\sum_{n=1}^{\infty} \frac{1}{n(n + 1)}$

(4) $\displaystyle\sum_{n=1}^{\infty} \frac{n}{n^2 + n}$

(5) $\displaystyle\sum_{n=1}^{\infty} \frac{\ln n}{n}$

(6) $\displaystyle\sum_{n=1}^{\infty} \frac{1}{n^2} \sin \frac{\pi}{n}$

(7) $\displaystyle\sum_{n=2}^{\infty} \frac{1}{n \ln n}$

(8) $\displaystyle\sum_{n=2}^{\infty} \frac{1}{n(\ln n)^2}$

(9) $\displaystyle\sum_{n=1}^{\infty} \frac{n^2}{1+n^3}$ (10) $\displaystyle\sum_{n=1}^{\infty} \frac{1}{n^2+2n+2}$

2. 급수 $\displaystyle\sum_{n=2}^{\infty} \frac{1}{n(\ln n)^p}$ 가 수렴하기 위한 p의 값을 구하여라.

3. 그림 9.2를 이용하여 다음 부등식을 보여라.

(1) $2\sqrt{n+1} - 2 \le 1 + \dfrac{1}{\sqrt{2}} + \dfrac{1}{\sqrt{3}} + \cdots + \dfrac{1}{\sqrt{n}} \le 2\sqrt{n} - 1$

(2) $\ln(n+1) \le 1 + \dfrac{1}{2} + \dfrac{1}{3} + \cdots + \dfrac{1}{n} \le 1 + \ln n$

(3) $1 \le \displaystyle\sum_{n=1}^{\infty} \dfrac{1}{n^2} \le 2$

4절 비교판정법

주어진 급수를 수렴 또는 발산을 이미 알고 있는 어떤 급수와 비교함으로써 급수의 수렴, 발산을 판정하는 방법을 비교판정법(comparison test)이라고 한다.

정리 9.6 비교판정법

급수 $\displaystyle\sum_{n=1}^{\infty} a_n$, $\displaystyle\sum_{n=1}^{\infty} b_n$ 이 양항급수이고, 모든 자연수 n에 대해 $a_n \le b_n$이면 다음이 성립한다.

① $\displaystyle\sum_{n=1}^{\infty} b_n$이 수렴하면 $\displaystyle\sum_{n=1}^{\infty} a_n$도 수렴한다.

② $\displaystyle\sum_{n=1}^{\infty} a_n$이 발산하면 $\displaystyle\sum_{n=1}^{\infty} b_n$도 발산한다.

[증명] ① $S_n = \displaystyle\sum_{k=1}^{n} a_k$ 라 하면

$$S_n \le \sum_{k=1}^{n} b_k \le \sum_{k=1}^{\infty} b_k$$

이고, 주어진 급수가 양항급수이므로 수열 $\{S_n\}$은 유계인 증가수열이다. 그러므로 $\displaystyle\sum_{n=1}^{\infty} a_n$은 수렴한다.

②는 ①의 대우 명제이므로 성립한다. ■

예제 9.9 급수 $\displaystyle\sum_{n=1}^{\infty}\frac{1}{n+2^n}$ 의 수렴, 발산을 판정하여라.

[풀이] 모든 자연수 n에 대하여

$$\frac{1}{n+2^n} < \frac{1}{2^n}$$

이고, 급수 $\displaystyle\sum_{n=1}^{\infty}\frac{1}{2^n}$ 은 공비 $r=\dfrac{1}{2}$ 인 기하급수로 수렴하므로 비교판정법에 의하여 주어진 급수는 수렴한다. ∎

예제 9.10 급수 $\displaystyle\sum_{n=1}^{\infty}\frac{n^2+3}{2n^3-n^2}$ 의 수렴, 발산을 판정하여라.

[풀이] 모든 자연수 n에 대해

$$\frac{n^2+3}{2n^3-n^2} > \frac{n^2}{2n^3} = \frac{1}{2n}$$

이고, 급수 $\displaystyle\sum_{n=1}^{\infty}\frac{1}{2n}$ 은 발산하므로 비교판정법에 의하여 주어진 급수는 발산한다. ∎

참고 3 (a) 급수의 처음 몇 개의 항은 급수의 수렴, 발산에는 영향을 미치지 않으므로, 비교판정법에서 조건 '모든 자연수 n에 대해 $a_n \le b_n$'은 '충분히 큰 모든 자연수 n에 대해 $a_n \le b_n$'으로 대치할 수 있다.

(b) p-급수와 기하급수는 비교판정법에서 비교의 대상으로 자주 사용된다.

예7 급수 $\displaystyle\sum_{n=1}^{\infty}\frac{\ln n}{n}$ 은 자연수 $n \ge 3$에 대해

$$\frac{\ln n}{n} > \frac{1}{n}$$

이고, $\displaystyle\sum_{n=1}^{\infty}\frac{1}{n}$ 이 발산하므로 $\displaystyle\sum_{n=1}^{\infty}\frac{\ln n}{n}$ 도 발산한다. ∎

예제 9.11 $\displaystyle\sum_{n=1}^{\infty}a_n$ 이 수렴하는 양항급수이면, 급수 $\displaystyle\sum_{n=1}^{\infty}a_n^2$ 은 수렴함을 보여라.

[풀이] 급수 $\displaystyle\sum_{n=1}^{\infty}a_n$ 은 수렴하므로, 정리 9.1에 의하여 $\displaystyle\lim_{n\to\infty}a_n = 0$ 이다. 이로부터 적당히 큰 자연수 N을 택하면 $n \ge N$인 모든 n에 대하여 $a_n < 1$이 된다. 따라서 $n \ge N$일 때 $a_n^2 \le a_n$이 성립하고 급수 $\displaystyle\sum_{n=1}^{\infty}a_n$ 이 수렴하므로, 비교판정법에 의하여 급수 $\displaystyle\sum_{n=1}^{\infty}a_n^2$ 도 수렴한다. ∎

1. 다음 급수의 수렴, 발산을 판정하여라.

   (1) $\displaystyle\sum_{n=1}^{\infty} \frac{1}{n \cdot 2^n}$ 　　　　　　　(2) $\displaystyle\sum_{n=1}^{\infty} \frac{1}{(2n)^n}$

   (3) $\displaystyle\sum_{n=1}^{\infty} \frac{\sqrt{n}}{2n-1}$ 　　　　　　　(4) $\displaystyle\sum_{n=1}^{\infty} \frac{n^2+2n}{\sqrt{n^7+3}}$

   (5) $\displaystyle\sum_{n=1}^{\infty} \frac{1}{(n+1)\sqrt{n}}$ 　　　　　　(6) $\displaystyle\sum_{n=2}^{\infty} \frac{1}{(\ln n)^2}$

2. 다음 급수의 수렴, 발산을 판정하여라.

   (1) $\displaystyle\sum_{n=1}^{\infty} \frac{1}{2n^2-n}$ 　　　　　　　(2) $\displaystyle\sum_{n=1}^{\infty} \frac{\ln n}{n^2}$

   (3) $\displaystyle\sum_{n=1}^{\infty} \frac{1+\cos n}{3^n}$ 　　　　　　(4) $\displaystyle\sum_{n=1}^{\infty} \frac{n!}{(2n)!}$

3. 모든 자연수 n에 대하여 $a_n > 0$, $a_n \neq 1$이고 $\displaystyle\sum_{n=1}^{\infty} a_n$이 수렴하면, 다음 급수가 수렴함을 보여라.

   (1) $\displaystyle\sum_{n=1}^{\infty} \frac{a_n}{1+a_n}$ 　　　　　　　(2) $\displaystyle\sum_{n=1}^{\infty} \frac{a_n}{1-a_n}$

4. 두 양항급수 $\displaystyle\sum_{n=1}^{\infty} a_n$과 $\displaystyle\sum_{n=1}^{\infty} b_n$이 모두 수렴할 때, 급수 $\displaystyle\sum_{n=1}^{\infty} a_n b_n$이 수렴함을 보여라.

5. 두 양항급수 $\displaystyle\sum_{n=1}^{\infty} a_n$과 $\displaystyle\sum_{n=1}^{\infty} b_n$이 모두 수렴할 때, 급수 $\displaystyle\sum_{n=1}^{\infty} \sqrt{a_n}\sqrt{b_n}$이 수렴함을 보여라.

6. 양항급수 $\displaystyle\sum_{n=1}^{\infty} a_n$이 수렴할 때, 급수 $\displaystyle\sum_{n=1}^{\infty} \frac{\sqrt{a_n}}{n}$이 수렴함을 보여라.

7. 양항급수 $\displaystyle\sum_{n=1}^{\infty} a_n$이 수렴하고 수열 $\{b_n\}$의 극한값이 $\displaystyle\lim_{n \to \infty} b_n = L > 0$일 때, 급수 $\displaystyle\sum_{n=1}^{\infty} a_n b_n$이 수렴함을 보여라.

5절 비판정법 및 근판정법

비판정법(ratio test)은 급수의 인접한 두 항의 비 $\dfrac{a_{n+1}}{a_n}$에 대한 극한값이 존재하는 경우, 그 값을 이용하여 수렴, 발산을 판정하는 방법이다.

정리 9.7 비판정법

양항급수 $\displaystyle\sum_{n=1}^{\infty} a_n$에서

$$\lim_{n \to \infty} \frac{a_{n+1}}{a_n} = R$$

이면 다음이 성립한다.

① $R < 1$이면 이 급수는 수렴한다.

② $R > 1$($R = \infty$ 포함)이면 이 급수는 발산한다.

[증명] ① $R < 1$이므로 $R < r < 1$인 실수 r가 존재한다. 극한값이 $\displaystyle\lim_{n \to \infty} \frac{a_{n+1}}{a_n} = R < r$이므로, 적당히 큰 자연수 N을 택하면 $n \geq N$인 모든 n에 대하여 $\dfrac{a_{n+1}}{a_n} < r$가 된다. 따라서

$$\frac{a_{N+1}}{a_N} < r, \quad \text{즉 } a_{N+1} < ra_N,$$

$$\frac{a_{N+2}}{a_{N+1}} < r, \quad \text{즉 } a_{N+2} < ra_{N+1} < r^2 a_N$$

$$\frac{a_{N+3}}{a_{N+2}} < r, \quad \text{즉 } a_{N+3} < ra_{N+2} < r^3 a_N$$

이므로 급수

$$a_{N+1} + a_{N+2} + \cdots + a_{N+m} + \cdots \tag{9.3}$$

의 각 항은 급수

$$a_N r + a_N r^2 + \cdots + a_N r^m + \cdots \tag{9.4}$$

의 대응되는 항보다 작다. 한편 기하급수 (9.4)의 공비가 $r < 1$이므로 이 급수는 수렴한다. 따라서 비교판정법에 의하여 급수 (9.3)도 수렴하고, 또한 급수 (9.3)에 $a_1 + a_2 + \cdots + a_N$을 더한 급수 $\displaystyle\sum_{n=1}^{\infty} a_n$도 수렴한다.

② 극한값이 $R = \displaystyle\lim_{n \to \infty} \frac{a_{n+1}}{a_n} > 1$이므로 적당히 큰 자연수 N을 택하면 $n \geq N$인 모든 n

에 대하여 $\dfrac{a_{n+1}}{a_n} > 1$이 된다. 그러면

$$0 < a_N < a_{N+1} < a_{N+2} < \cdots$$

이 성립하므로 $\displaystyle\lim_{n \to \infty} a_n \neq 0$이다. 따라서 발산판정법에 의해 급수 $\displaystyle\sum_{n=1}^{\infty} a_n$은 발산한다. ∎

참고 4 $R = 1$이면 비판정법으로는 급수의 수렴, 발산을 결정할 수 없다. p-급수 $\displaystyle\sum_{n=1}^{\infty} \dfrac{1}{n^p}$에 대하여 비판정법을 적용하면

$$\frac{a_{n+1}}{a_n} = \left(\frac{n}{n+1}\right)^p = \left(1 - \frac{1}{n+1}\right)^p$$

이므로

$$\lim_{n \to \infty} \frac{a_{n+1}}{a_n} = \lim_{n \to \infty}\left(1 - \frac{1}{n+1}\right)^p = 1$$

이다. 즉 p의 값에 상관없이 항상 $R = 1$이다. 그러나 p-급수는 $p > 1$일 때 수렴하고, $p \leq 1$일 때 발산함을 알고 있다. 따라서 $R = 1$인 경우 비판정법으로는 급수의 수렴, 발산을 판정할 수 없음을 알 수 있다. 이 경우는 다른 판정법을 사용하여야 한다.

예8 급수 $\displaystyle\sum_{n=1}^{\infty} \dfrac{n+2}{2^n}$에서 $a_n = \dfrac{n+2}{2^n}$라 하면

$$\lim_{n \to \infty} \frac{a_{n+1}}{a_n} = \lim_{n \to \infty} \frac{\dfrac{n+3}{2^{n+1}}}{\dfrac{n+2}{2^n}} = \lim_{n \to \infty} \frac{1}{2} \cdot \frac{n+3}{n+2} = \frac{1}{2} < 1$$

이므로, 이 급수는 비판정법에 의해 수렴한다. ∎

예제 9.12 급수 $\displaystyle\sum_{n=1}^{\infty} \dfrac{n!}{10^{2n-1}}$의 수렴, 발산을 판정하여라.

[풀이] $a_n = \dfrac{n!}{10^{2n-1}}$이라 하면

$$\lim_{n \to \infty} \frac{a_{n+1}}{a_n} = \lim_{n \to \infty} \frac{\dfrac{(n+1)!}{10^{2n+1}}}{\dfrac{n!}{10^{2n-1}}} = \lim_{n \to \infty} \frac{n+1}{100} = \infty$$

이므로, 이 급수는 비판정법에 의해 발산한다. ∎

다음의 근판정법(root test)은 n제곱을 포함하는 급수의 수렴, 발산을 결정하는 데 유용하게 사용할 수 있는 판정법이다. 이 정리의 증명은 비판정법의 증명과 비슷하므로 생략한다.

정리 9.8 근판정법

양항급수 $\displaystyle\sum_{n=1}^{\infty} a_n$에서

$$\lim_{n \to \infty} \sqrt[n]{a_n} = R$$

이면 다음이 성립한다.

① $R < 1$이면 이 급수는 수렴한다.

② $R > 1$ ($R = \infty$ 포함)이면 이 급수는 발산한다.

예제 9.13 급수 $\displaystyle\sum_{n=1}^{\infty} \left(\frac{3n-2}{7n+5}\right)^n$의 수렴 여부를 판정하여라.

[풀이] $a_n = \left(\dfrac{3n-2}{7n+5}\right)^n$이라 하면,

$$\lim_{n \to \infty} a_n^{\frac{1}{n}} = \lim_{n \to \infty} \frac{3n-2}{7n+5} = \frac{3}{7} < 1$$

이므로, 이 급수는 근판정법에 의해 수렴한다. ■

연습문제 9.5

1. 다음 급수의 수렴, 발산을 판정하여라.

(1) $\displaystyle\sum_{n=1}^{\infty} \frac{n^2+1}{2^n}$　　　　　　(2) $\displaystyle\sum_{n=1}^{\infty} \frac{1}{(2n-1)(2n+1)}$

(3) $\displaystyle\sum_{n=1}^{\infty} \frac{n}{\sqrt{n^3+2n}}$　　　　　(4) $\displaystyle\sum_{n=1}^{\infty} \frac{(2n)!}{(n!)^2}$

(5) $\displaystyle\sum_{n=1}^{\infty} \frac{2^n}{n!}$　　　　　　　(6) $\displaystyle\sum_{n=1}^{\infty} \frac{n!}{n^n}$

2. 다음 급수의 수렴, 발산을 판정하여라.

(1) $\displaystyle\sum_{n=1}^{\infty} \left(\frac{2n^2+2n}{3n^2+1}\right)^n$　　　　　(2) $\displaystyle\sum_{n=1}^{\infty} n \sin\left(\frac{1}{n^2}\right)$

(3) $\displaystyle\sum_{n=1}^{\infty} \frac{2n-1}{3n+2}$

(4) $\displaystyle\sum_{n=1}^{\infty} \left[n^2 \sin\left(\frac{n}{2n^3+3}\right) \right]^n$

(5) $\displaystyle\sum_{n=1}^{\infty} \frac{\sin^2 n}{2^n}$

(6) $\displaystyle\sum_{n=2}^{\infty} \frac{1}{2^{\ln n}}$

3. 다음과 같이 주어지는 급수 $\displaystyle\sum_{n=1}^{\infty} a_n$의 수렴, 발산을 판정하여라.

$$a_1 = 1, \quad a_{n+1} = \frac{2n+1}{3n+2}\, a_n \quad (n \geq 1)$$

6절 교대급수와 절대수렴

양의 항과 음의 항이 교대로 나타나는 급수를 교대급수(alternating series)라 한다.
예를 들면

$$\sum_{n=1}^{\infty} (-1)^{n-1} \frac{1}{n} = 1 - \frac{1}{2} + \frac{1}{3} - \frac{1}{4} + \frac{1}{5} + \cdots$$

$$\sum_{n=1}^{\infty} (-1)^{n} \frac{1}{2^n} = -\frac{1}{2} + \frac{1}{4} - \frac{1}{8} + \frac{1}{16} - \frac{1}{32} \cdots$$

은 모두 교대급수이다.

정리 9.9 교대급수판정법

교대급수

$$\sum_{n=1}^{\infty} (-1)^{n-1} a_n = a_1 - a_2 + a_3 - \cdots - a_{2n} + a_{2n+1} - \cdots \qquad (9.5)$$

에서 다음 두 조건

① 모든 자연수 n에 대하여 $a_{n+1} \leq a_n$

② $\displaystyle\lim_{n \to \infty} a_n = 0$

이 성립하면 이 교대급수는 수렴한다.

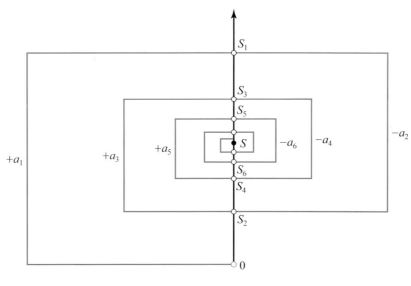

그림 9.3

[증명] 교대급수 (9.5)의 처음 $2n$개의 항의 합은 다음의 두 가지 형태로 나타낼 수 있다.

$$S_{2n} = (a_1 - a_2) + (a_3 - a_4) + \cdots + (a_{2n-1} - a_{2n}) \tag{9.6}$$

$$S_{2n} = a_1 - (a_2 - a_3) - \cdots - (a_{2n-2} - a_{2n-1}) - a_{2n} \tag{9.7}$$

모든 자연수 n에 대하여 $a_n \geq a_{n+1}$이 성립하므로 식 (9.6)에 의해

$$0 \leq S_2 \leq S_4 \leq S_6 \cdots \leq S_{2n} \leq \cdots$$

이 된다. 한편 식 (9.7)을 보면 모든 n에 대하여 $S_{2n} \leq a_1$임을 알 수 있다. 따라서 $\{S_{2n}\}$은 위로 유계인 증가수열이므로 $\{S_{2n}\}$는 수렴한다. $\lim\limits_{n \to \infty} S_{2n} = S$라 하자. 또한 $\lim\limits_{n \to \infty} a_n = 0$이므로

$$\lim_{n \to \infty} S_{2n+1} = \lim_{n \to \infty} (S_{2n} + a_{2n+1})$$

$$= \lim_{n \to \infty} S_{2n} + \lim_{n \to \infty} a_{2n+1} = S$$

가 성립함을 알 수 있다. 즉 $\lim\limits_{n \to \infty} S_{2n} = \lim\limits_{n \to \infty} S_{2n+1} = S$이므로, $\lim\limits_{n \to \infty} S_n = S$가 되어 주어진 교대급수는 수렴한다(그림 9.3 참조). ∎

예제 9.14 급수 $\sum\limits_{n=1}^{\infty} (-1)^{n-1} \dfrac{1}{n}$이 수렴함을 보여라.

[**풀이**] 위 급수는 교대급수이고, 교대급수판정법의 두 조건

(1) 모든 자연수 n에 대하여 $\dfrac{1}{n} > \dfrac{1}{n+1}$

(2) $\lim\limits_{n \to \infty} \dfrac{1}{n} = 0$

이 성립함으로, 이 교대급수는 수렴한다.   ∎

예제 9.15 급수 $\displaystyle\sum_{n=1}^{\infty} (-1)^n \dfrac{\ln n}{n}$ 이 수렴함을 보여라.

[**풀이**] 위 급수는 교대급수이다. $a_n = \dfrac{\ln n}{n}$에 대하여 교대급수판정법의 두 조건이 성립함을 보인다. 먼저 $f(x) = \dfrac{\ln x}{x}$라 두고, 그 도함수를 구하면

$$f'(x) = \frac{x\dfrac{1}{x} - \ln x}{x^2} = \frac{1 - \ln x}{x^2}$$

이므로, $x > e$일 때 $f'(x) < 0$이다. 그러므로 $n \geq 3$일 때 $a_{n+1} < a_n$이 성립함을 알 수 있다. 다음으로 로피탈의 법칙을 이용하면

$$\lim_{x \to \infty} \frac{\ln x}{x} = \lim_{x \to \infty} \frac{1}{x} = 0$$

이므로 $\lim\limits_{n \to \infty} a_n = \lim\limits_{n \to \infty} \dfrac{\ln n}{n} = 0$이 된다. 따라서 주어진 교대급수는 수렴한다.   ∎

교대급수에서는 급수의 합 S와 부분합 S_n 사이의 오차를 다음 정리에 의해 쉽게 계산할 수 있다.

정리 9.10

수렴하는 교대급수 $\displaystyle\sum_{n=1}^{\infty} (-1)^{n-1} a_n$에서 $a_{n+1} \leq a_n$의 조건이 성립할 때, 급수의 합 S와 부분합 S_n의 차 R_n에 대하여

$$|R_n| = |S - S_n| \leq a_{n+1}$$

이 성립한다.

[**증명**] 급수의 합 S와 부분합 S_n의 차를

$$R_n = S - S_n = (-1)^n a_{n+1} + (-1)^{n+1} a_{n+2} + (-1)^{n+2} a_{n+3} + (-1)^{n+3} a_{n+4} + \cdots$$

$$= (-1)^n \{ a_{n+1} - a_{n+2} + a_{n+3} - a_{n+4} + \cdots \}$$

로 나타내고, $a_{n+1} \leq a_n$의 조건을 이용하면

$$|R_n| = |S - S_n| = (a_{n+1} - a_{n+2}) + (a_{n+3} - a_{n+4}) + \cdots$$

$$= a_{n+1} - (a_{n+2} - a_{n+3}) - (a_{n+4} - a_{n+5}) + \cdots$$

$$\leq a_{n+1}$$

이 성립한다. ∎

예제 9.16 급수 $\sum_{n=1}^{\infty} (-1)^{n-1} \dfrac{1}{n^4}$의 합을 10^{-4} 오차 이내에서 구하여라.

[풀이] 주어진 급수는 교대급수판정법을 만족하므로 수렴하고, 정리 9.10을 적용하면 다음을 얻는다.

$$|R_9| = |S - S_9| \leq \frac{1}{10^4} = 10^{-4}$$

따라서 급수의 합을 10^{-4} 오차 이내로 구하면

$$S \approx S_9 = 1 - \frac{1}{2^4} + \frac{1}{3^4} - \frac{1}{4^4} + \frac{1}{5^4} - \frac{1}{6^4} + \frac{1}{7^4} - \frac{1}{8^4} + \frac{1}{9^4} = 0.947092$$

이다. ∎

주어진 급수 $\sum_{n=1}^{\infty} a_n$에 대하여

$$\sum_{n=1}^{\infty} |a_n| = |a_1| + |a_2| + |a_3| + \cdots$$

은 원래 급수의 각 항에 절댓값을 취하여 얻어지는 급수이다. 이 급수 $\sum_{n=1}^{\infty} |a_n|$이 수렴할 때, 원래 급수 $\sum_{n=1}^{\infty} a_n$은 **절대수렴**(absolutely convergent)한다고 한다. 급수 $\sum_{n=1}^{\infty} a_n$이 수렴하지만, $\sum_{n=1}^{\infty} |a_n|$이 발산하는 경우에는 급수 $\sum_{n=1}^{\infty} a_n$은 **조건부수렴**(conditionally convergent)한다고 한다.

예9 교대급수 $\displaystyle\sum_{n=1}^{\infty}(-1)^{n-1}\dfrac{1}{2^{n-1}}$에서

$$\sum_{n=1}^{\infty}\left|(-1)^{n-1}\dfrac{1}{2^{n-1}}\right|=\sum_{n=1}^{\infty}\dfrac{1}{2^{n-1}}$$

이 공비 $r=\dfrac{1}{2}$인 기하급수로서 수렴하므로, 이 교대급수는 절대수렴한다. ■

예10 교대급수 $\displaystyle\sum_{n=1}^{\infty}(-1)^{n-1}\dfrac{1}{n}$은 수렴하지만 $\displaystyle\sum_{n=1}^{\infty}\left|(-1)^{n-1}\dfrac{1}{n}\right|=\sum_{n=1}^{\infty}\dfrac{1}{n}$이 발산하므로, 이 교대급수는 조건부수렴한다. ■

위 예에서 보면 급수가 수렴하지만 절대수렴하지 않을 수 있다. 그러나 다음 정리에서 절대수렴하는 급수는 반드시 수렴함을 알 수 있다.

정리 9.11

절대수렴하는 급수 $\displaystyle\sum_{n=1}^{\infty}a_n$은 수렴한다.

[증명] 모든 자연수 n에 대해 $-|a_n|\le a_n\le|a_n|$이므로

$$0\le a_n+|a_n|\le 2|a_n|$$

이 성립한다. 여기서 $\displaystyle\sum_{n=1}^{\infty}a_n$이 절대수렴하므로 $\displaystyle\sum_{n=1}^{\infty}2|a_n|$이 수렴한다. 그리고 비교판정법에 의해 $\displaystyle\sum_{n=1}^{\infty}(a_n+|a_n|)$도 수렴한다. 그러므로 수렴하는 두 급수의 차

$$\sum_{n=1}^{\infty}a_n=\sum_{n=1}^{\infty}(a_n+|a_n|)-\sum_{n=1}^{\infty}|a_n|$$

이 수렴한다. ■

예제 9.17 급수 $\displaystyle\sum_{n=1}^{\infty}\dfrac{\sin n}{n^2}$이 수렴함을 보여라.

[풀이] $a_n=\dfrac{\sin n}{n^2}$이라 하면

$$|a_n|=\left|\dfrac{\sin n}{n^2}\right|=\dfrac{|\sin n|}{n^2}\le\dfrac{1}{n^2}$$

이고, 급수 $\displaystyle\sum_{n=1}^{\infty}\dfrac{1}{n^2}$이 $p=2$인 p-급수로 수렴하므로 비교판정법에 의해 $\displaystyle\sum_{n=1}^{\infty}\left|\dfrac{\sin n}{n^2}\right|$이

수렴한다. 따라서 급수 $\displaystyle\sum_{n=1}^{\infty}\frac{\sin n}{n^2}$ 이 절대수렴하므로, 정리 9.11에 의하여 주어진 급수는 수렴한다. ∎

정리 9.11을 이용하면 양항급수가 아닌 일반적인 급수에도 비판정법과 근판정법을 적용할 수 있다.

예제 9.18 급수 $\displaystyle\sum_{n=1}^{\infty}(-1)^n\frac{n^3}{2^n}$ 이 수렴함을 보여라.

[풀이] $a_n = (-1)^n\dfrac{n^3}{2^n}$ 이라 하면

$$\lim_{n\to\infty}\left|\frac{a_{n+1}}{a_n}\right| = \lim_{n\to\infty}\left|\frac{(-1)^{n+1}\dfrac{(n+1)^3}{2^{n+1}}}{(-1)^n\dfrac{n^3}{2^n}}\right| = \lim_{n\to\infty}\frac{1}{2}\left(1+\frac{1}{n}\right)^3 = \frac{1}{2}$$

이므로, 급수 $\displaystyle\sum_{n=1}^{\infty}(-1)^n\frac{n^3}{2^n}$ 은 절대수렴한다. 그러므로 정리 9.11에 의해 이 급수는 수렴한다. ∎

연습문제 9.6

1. 다음 급수에 대하여 절대수렴, 조건부수렴, 발산을 판정하여라.

(1) $\displaystyle\sum_{n=1}^{\infty}(-1)^{n+1}\frac{n+1}{2^n}$

(2) $\displaystyle\sum_{n=1}^{\infty}(-1)^{n+1}\frac{n+1}{2n+1}$

(3) $\displaystyle\sum_{n=1}^{\infty}(-1)^n\frac{1}{\sqrt{n}}$

(4) $\displaystyle\sum_{n=1}^{\infty}(-1)^{n+1}\frac{n}{n^2+1}$

(5) $\displaystyle\sum_{n=1}^{\infty}(-1)^{n+1}e^{\frac{1}{n}}$

(6) $\displaystyle\sum_{n=2}^{\infty}(-1)^{n+1}\frac{1}{n\ln n}$

(7) $\displaystyle\sum_{n=2}^{\infty}(-1)^n\frac{\ln n}{n}$

(8) $\displaystyle\sum_{n=1}^{\infty}\frac{\sin\dfrac{\pi}{4}n}{n^2+1}$

(9) $\displaystyle\sum_{n=1}^{\infty}\frac{(-3)^n}{n5^{n+1}}$

(10) $\displaystyle\sum_{n=1}^{\infty}\frac{\cos n\pi}{\sqrt{n}}$

(11) $\displaystyle\sum_{n=1}^{\infty}(-1)^n \frac{n!}{n^n}$ (12) $\displaystyle\sum_{n=1}^{\infty}\frac{(-1)^n n!}{2^n}$

2. 다음 급수의 합을 주어진 오차 E 이내에서 구하여라.

(1) $\displaystyle\sum_{n=1}^{\infty}(-1)^{n-1}\frac{1}{n^2}$ $(E=0.01)$ (2) $\displaystyle\sum_{n=1}^{\infty}(-1)^{n-1}\frac{1}{n!}$ $(E=0.01)$

(3) $\displaystyle\sum_{n=1}^{\infty}(-1)^n \frac{2^n}{n!}$ $(E=0.01)$ (4) $\displaystyle\sum_{n=1}^{\infty}(-1)^n \frac{1}{2^n n!}$ $(E=0.001)$

3. 두 급수 $\displaystyle\sum_{n=1}^{\infty}a_n$과 $\displaystyle\sum_{n=1}^{\infty}b_n$이 모두 수렴하는 경우 $\displaystyle\sum_{n=1}^{\infty}a_n b_n$이 수렴하는지 알아보아라.

4. $\displaystyle\sum_{n=1}^{\infty}a_n$이 수렴하고 $\displaystyle\sum_{n=1}^{\infty}b_n$이 절대수렴하면, $\displaystyle\sum_{n=1}^{\infty}a_n b_n$이 절대수렴함을 보여라.

5. 급수 $\displaystyle\sum_{n=1}^{\infty}a_n$이 절대수렴할 때 $\left|\displaystyle\sum_{n=1}^{\infty}a_n\right| \leq \displaystyle\sum_{n=1}^{\infty}|a_n|$이 성립함을 보여라.

10장
테일러 급수

DIFFERENTIAL AND INTEGRAL CALCULUS

테일러 급수는 영국의 수학자 Brook Taylor(1685~1731)가 1715년 발표한 그의 저서 'Methodus incrementorum(증분법)'에 수록되어 있다. 초월함수의 경우 정확한 함숫값을 계산하는 것이 사실상 불가능한 경우도 있지만 초월함수를 테일러 급수로 나타낼 수 있다면 원하는 수준의 정확도를 갖는 근삿값을 구할 수 있다. 이 장에서는 주어진 함수를 테일러 급수로 나타내는 방법과 테일러 급수를 이용한 근삿값의 계산법에 관해 알아본다.

수열 a_0, a_1, a_2, $\cdots$와 변수 x를 포함하는 급수

$$\sum_{n=0}^{\infty} a_n x^n = a_0 + a_1 x + a_2 x^2 + \cdots \tag{10.1}$$

을 멱급수(power series)라고 하고 상수 a_n을 멱급수의 계수(coefficient)라고 한다. 좀 더 일반적으로

$$\sum_{n=0}^{\infty} a_n (x-a)^n = a_0 + a_1 (x-a) + a_2 (x-a)^2 + \cdots \tag{10.2}$$

의 형태의 급수를 멱급수, 또는 $x = a$에서의 멱급수라고 한다. 멱급수 (10.1)은 $x = 0$에서의 멱급수이다.

멱급수에서 변수 x가 고정된 값을 가지면 멱급수는 상수를 항으로 갖는 무한급수이므로 급수의 수렴판정법을 이용하여 수렴 여부를 알 수 있다. 멱급수는 변수 x가 어떤 값을 갖는가에 따라 수렴할 수도 있고 발산할 수도 있다.

예를 들어 계수 a_n이 모두 1이면 멱급수 (10.1)은 기하급수

$$\sum_{n=0}^{\infty} x^n = 1 + x + x^2 + \cdots \tag{10.3}$$

으로 $-1 < x < 1$일 때는 수렴하고, $|x| \geq 1$일 때는 발산한다.

멱급수의 합은 함수

$$f(x) = \sum_{n=0}^{\infty} a_n x^n \tag{10.4}$$

로 생각할 수 있고, 이 함수의 정의역은 멱급수가 수렴하는 점 x들의 집합이다. 위의 기하급수 (10.3)의 합은 함수

$$f(x) = \sum_{n=0}^{\infty} x^n = 1 + x + x^2 + \cdots = \frac{1}{1-x} \tag{10.5}$$

로 나타낼 수 있고, 이 함수의 정의역은 $\{x \mid -1 < x < 1\}$이다.

주어진 멱급수가 수렴하는 점들의 집합을 알아보는 것은 의미있는 일이다. $x = a$에서의 멱급수 (10.2)가 수렴하는 점들의 집합은 $x = a$를 중심으로 하는 구간의 형태로 나타난다. 멱급수의 수렴구간을 찾는 데에는 급수의 비판정법이 자주 이용된다.

예제 10.1 다음 멱급수가 수렴하는 x의 범위를 구하여라.

$$\sum_{n=1}^{\infty} (-1)^{n-1} \frac{x^n}{n} = x - \frac{x^2}{2} + \frac{x^3}{3} - \cdots$$

[풀이] $a_n = (-1)^{n-1} \frac{x^n}{n}$이라 하면,

$$\lim_{n \to \infty} \left| \frac{a_{n+1}}{a_n} \right| = \lim_{n \to \infty} \left| \frac{x^{n+1}}{n+1} \cdot \frac{n}{x^n} \right| = \lim_{n \to \infty} \left| \frac{n}{n+1} \cdot x \right| = |x|$$

를 얻는다. 그러므로 이 급수는 비판정법에 의해 $|x| < 1$이면 수렴하고, $|x| > 1$이면 $\lim_{n \to \infty} a_n \neq 0$이므로 발산한다. 그리고 $x = 1$ 또는 $x = -1$일 때에는 비판정법으로 판정할 수 없으므로 이에 대응하는 급수

$$1 - \frac{1}{2} + \frac{1}{3} - \frac{1}{4} + \cdots, \quad -1 - \frac{1}{2} - \frac{1}{3} - \frac{1}{4} - \cdots$$

의 수렴 여부는 다른 방법으로 판정해야 한다. 위의 첫 번째 급수는 교대급수판정법에 의하여 수렴함을 알 수 있고, 두 번째 급수는 조화급수의 각 항에 -1을 곱한 것과 같으므로 발산한다. 따라서 주어진 급수가 수렴하는 x의 범위는 $-1 < x \leq 1$ 이다. ∎

멱급수 $\sum_{n=0}^{\infty} a_n (x-a)^n$은 $n \geq 1$일 때 $x = a$에서 $a_n (x-a)^n$이 모두 0이므로 a_0으로 수렴한다. 그러므로 모든 멱급수 $\sum_{n=0}^{\infty} a_n (x-a)^n$은 적어도 한 점 $x = a$에서 수렴한다.

예제 10.2 다음 멱급수가 수렴하는 x의 범위를 구하여라.

$$\sum_{n=0}^{\infty} n! x^n = 1 + x + 2!x^2 + 3!x^3 + \cdots$$

[풀이] $a_n = n! x^n$이라 하면, 0이 아닌 모든 점 x에서

$$\lim_{n \to \infty} \left| \frac{a_{n+1}}{a_n} \right| = \lim_{n \to \infty} \left| \frac{(n+1)!x^{n+1}}{n!x^n} \right| = \lim_{n \to \infty} (n+1)|x| = \infty$$

이다. 따라서 주어진 멱급수는 $x = 0$에서만 수렴한다. ∎

예제 10.3 멱급수로 정의된 함수 $f(x) = \sum_{n=1}^{\infty} \frac{(x-1)^n}{n^2}$의 정의역을 구하여라.

[**풀이**] 함수 $f(x)$의 정의역은 주어진 멱급수의 수렴구간과 같다. $a_n = \dfrac{(x-1)^n}{n^2}$이라 하면,

$$\lim_{n \to \infty} \left| \frac{a_{n+1}}{a_n} \right| = \lim_{n \to \infty} \left| \frac{n^2 (x-1)^{n+1}}{(n+1)^2 (x-1)^n} \right| = \lim_{n \to \infty} \left| \frac{n^2}{(n+1)^2} (x-1) \right|$$

$$= |x-1|$$

이다. 따라서 주어진 멱급수는 $|x-1| < 1$일 때 수렴하고 $|x-1| > 1$일 때 발산한다. 또 주어진 멱급수는 $|x-1| = 1$일 때 수렴한다. 그러므로 주어진 멱급수가 수렴하는 구간은 $[0, 2]$이고, 멱급수로 주어진 함수 $f(x)$의 정의역은 $\{x \mid 0 \le x \le 2\}$이다. ∎

앞에서 말한 것처럼 멱급수가 수렴하는 점 x의 집합은 구간의 형태이다. 이 사실이 일반적으로 성립하는 것은 다음의 정리로부터 알 수 있다. 다음의 정리 10.1은 $x = a$에서의 멱급수에 대해서도 성립한다.

정리 10.1

멱급수 $\displaystyle\sum_{n=0}^{\infty} a_n x^n$이

① $x_0 (x_0 \ne 0)$에서 수렴하면, $|x| < |x_0|$인 모든 점 x에서 절대수렴한다.

② $x_0 (x_0 \ne 0)$에서 발산하면, $|x| > |x_0|$인 모든 점 x에서 발산한다.

[**증명**] 먼저 급수 $\displaystyle\sum_{n=0}^{\infty} a_n x_0^n$이 수렴하고 $|x| < |x_0|$라고 가정하자. 정리 9.1에 의해 $\displaystyle\lim_{n \to \infty} a_n x_0^n = 0$이므로 충분히 큰 자연수 n에 대해 $|a_n x_0^n| < 1$이고,

$$|a_n x^n| = |a_n x_0^n| \left| \frac{x}{x_0} \right|^n < \left| \frac{x}{x_0} \right|^n$$

이다. 그런데 $|x| < |x_0|$인 모든 실수 x에 대해 $\displaystyle\sum_{n=0}^{\infty} \left| \frac{x}{x_0} \right|^n$은 수렴한다. 따라서 비교판정법에 의해 멱급수 $\displaystyle\sum_{n=0}^{\infty} a_n x^n$은 절대수렴한다.

급수 $\displaystyle\sum_{n=0}^{\infty} a_n x_0^n$이 발산한다고 가정하자. 만약 멱급수 $\displaystyle\sum_{n=0}^{\infty} a_n x^n$이 $|x| > |x_0|$인 실수 x에서 수렴한다고 하면 ①에 의해 x_0에서도 수렴해야 한다. 이는 가정에 모순이므로 $\displaystyle\sum_{n=0}^{\infty} a_n x^n$은 $|x| > |x_0|$인 모든 점에서 발산한다. ∎

위의 사실로부터 다음의 정리를 얻을 수 있다. 정리의 증명은 생략한다.

> **정리 10.2**
>
> 멱급수 $\sum\limits_{n=0}^{\infty} a_n(x-a)^n$은 다음 세 가지 가운데 하나를 만족한다.
>
> ① 멱급수는 $x = a$에서만 수렴한다.
>
> ② 멱급수는 모든 x에 대하여 수렴한다.
>
> ③ 적당한 $R > 0$이 존재하여 멱급수는 $|x-a| < R$인 x에 대하여 수렴하고, $|x-a| > R$ 인 x에 대하여는 발산한다.

정리 10.2의 ③에서처럼 멱급수 $\sum\limits_{n=0}^{\infty} a_n(x-a)^n$이 $|x-a| < R$일 때 수렴하고, $|x-a| > R$ 일 때 발산하면, R을 멱급수의 **수렴반경**(radius of convergence)이라 한다. 편의상 ①에서처럼 멱급수가 $x = a$에서만 수렴할 경우 수렴반경을 $R = 0$으로, ②에서와 같이 모든 x에서 수렴할 경우 수렴반경을 $R = \infty$로 나타내기로 한다.

멱급수 $\sum\limits_{n=0}^{\infty} a_n(x-a)^n$가 수렴하는 x의 범위는 a를 중심으로 하는 구간 형태이므로, 멱급 수가 수렴하는 x의 범위를 멱급수의 **수렴구간**(interval of convergence)이라 한다. 멱급수 $\sum\limits_{n=0}^{\infty} a_n(x-a)^n$의 수렴반경이 $0 < R < \infty$이면 수렴구간은 $(a-R, a+R)$를 포함하며, 구간 의 양끝점 $x = a - R$, $x = a + R$에서 주어진 급수는 수렴할 수도, 발산할 수도 있으므로 수렴 구간은

$$(a-R,\ a+R),\quad (a-R,\ a+R],\quad [a-R,\ a+R),\quad [a-R,\ a+R]$$

가운데 한 가지 형태이다. 수렴반경 $R = 0$일 때의 수렴구간은 $[a, a] = \{a\}$[1]이고, 수렴반경이 $R = \infty$일 때의 수렴구간은 $(-\infty, \infty)$이다.

예제 10.4 멱급수 $\sum\limits_{n=1}^{\infty} (-1)^n \dfrac{(x+1)^n}{2^n n^2}$의 수렴구간을 구하여라.

[풀이] $a_n = (-1)^n \dfrac{(x+1)^n}{2^n n^2}$이라 하면

$$\lim_{n \to \infty} \left| \frac{a_{n+1}}{a_n} \right| = \lim_{n \to \infty} \frac{|x+1|^{n+1} 2^n n^2}{2^{n+1}(n+1)^2 |x+1|^n} = \lim_{n \to \infty} \frac{|x+1|}{2\left(1+\frac{1}{n}\right)^2} = \frac{|x+1|}{2}$$

---

1) $[a, a] = \{a\}$를 퇴화된 구간(degenerated interval)이라고 한다.

이므로, 주어진 멱급수는 $\dfrac{|x+1|}{2} < 1$이면 수렴하고, $\dfrac{|x+1|}{2} > 1$이면 발산한다. 즉, 수렴반경은 $R = 2$이다. 그러므로 수렴구간은 $(-1-2, -1+2)$를 포함하며, 구간의 끝점

(1) $x = -3$에서 $\displaystyle\sum_{n=1}^{\infty} \dfrac{1}{n^2}$은 p-급수 판정법에 의해 수렴하고,

(2) $x = 1$에서 $\displaystyle\sum_{n=1}^{\infty} (-1)^n \dfrac{1}{n^2}$은 수렴하는 교대급수이므로

주어진 멱급수의 수렴구간은 $[-3, 1]$이다. ∎

예제 10.5 다음 멱급수의 수렴반경과 수렴구간을 구하여라.

$$\sum_{n=0}^{\infty} \frac{x^n}{n!} = 1 + x + \frac{x^2}{2!} + \frac{x^3}{3!} + \cdots$$

[풀이] $a_n = \dfrac{x^n}{n!}$이라 하면

$$\lim_{n \to \infty} \left| \frac{a_{n+1}}{a_n} \right| = \lim_{n \to \infty} \left| \frac{x^{n+1}}{(n+1)!} \cdot \frac{n!}{x^n} \right|$$

$$= \lim_{n \to \infty} \left| \frac{x}{n+1} \right| = 0$$

이다. 즉, 변수 x의 값에 관계없이 $\displaystyle\lim_{n \to \infty} \left| \dfrac{a_{n+1}}{a_n} \right| = 0 < 1$이므로 비판정법에 의해 주어진 멱급수는 모든 실수 x에 대하여 수렴한다. 그러므로 주어진 멱급수의 수렴반경은 $R = \infty$이고 수렴구간은 $(-\infty, \infty)$이다. ∎

이제 주어진 함수를 멱급수로 나타내는 방법에 대하여 생각해보기로 한다. 주어진 함수를 멱급수로 나타내는 것은 e^x, $\sin x$와 같은 초월함수의 근삿값을 찾거나, 부정적분을 찾기 어려운 함수를 포함하는 미분방정식의 해를 구하는 데 유용하기 때문이다. 주어진 함수를 멱급수로 나타낼 때에는 기하급수나 이의 미분, 적분을 활용할 수 있다.

기하급수

$$\sum_{n=0}^{\infty} x^n = 1 + x + x^2 + \cdots$$

은 구간 $-1 < x < 1$에서 $\dfrac{1}{1-x}$로 수렴한다. 즉,

$$\frac{1}{1-x} = 1 + x + x^2 + \cdots, \ |x| < 1 \tag{10.6}$$

이다. 위 식 (10.6)을 이용하여 주어진 함수를 멱급수로 나타내는 방법을 살펴보기로 한다.

예1 함수 $f(x) = \dfrac{x}{1+x^2}$ 를 $x = 0$에서의 멱급수로 나타내기 위하여 식 (10.6)에서 x 대신에 $-x^2$을 대입하면

$$\frac{1}{1+x^2} = 1 - x^2 + x^4 - \cdots, \ \left(\left|-x^2\right| < 1\right)$$

이므로 $f(x)$는 멱급수

$$\begin{aligned} f(x) = \frac{x}{1+x^2} &= x\left(1 - x^2 + x^4 - \cdots\right) \\ &= x - x^3 + x^5 - x^7 + \cdots \\ &= \sum_{n=0}^{\infty}(-1)^n x^{2n+1} \end{aligned}$$

로 나타낼 수 있고, 위 멱급수는 $\left|-x^2\right| < 1$일 때만 수렴하므로 수렴구간은 $(-1, 1)$이다. ∎

예제 10.6 함수 $f(x) = \dfrac{2}{x+3}$ 을 $x = 0$에서의 멱급수로 나타내어라.

[풀이] 주어진 함수를 변형하여 식 (10.6)을 적용하면

$$\begin{aligned} f(x) = \frac{2}{3\left(1+\dfrac{x}{3}\right)} &= \frac{2}{3}\frac{1}{1-\left(-\dfrac{x}{3}\right)} \\ &= \frac{2}{3}\sum_{n=0}^{\infty}\left(-\frac{x}{3}\right)^n = \sum_{n=0}^{\infty}(-1)^n \frac{2}{3^{n+1}}x^n \end{aligned}$$

을 얻고 수렴구간은 $\left|-\dfrac{x}{3}\right| < 1$, 즉 $-3 < x < 3$이다. ∎

멱급수의 합 $f(x) = \displaystyle\sum_{n=0}^{\infty}a_n(x-a)^n$은 멱급수의 수렴구간을 정의역으로 하는 함수이다. 멱급수로 정의된 함수는 다항식의 미분, 적분과 같이 각각의 항을 미분, 적분하여 얻을 수 있다. 이러한 이유에서 멱급수의 미분과 적분을 각각 항별미분, 항별적분(term-by-term differentiation and integration)이라고 한다. 정리 증명은 생략한다.

수렴반경이 $R > 0$인 멱급수 $\sum_{n=0}^{\infty} a_n (x-a)^n$에 대하여

$$f(x) = \sum_{n=0}^{\infty} a_n (x-a)^n, \quad |x-a| < R$$

으로 정의된 함수 $f(x)$는 구간 $(a-R, a+R)$에서 미분가능하고, 부정적분을 가지며

① $f'(x) = a_1 + 2a_2(x-a) + 3a_3(x-a)^2 + \cdots = \sum_{n=1}^{\infty} n a_n (x-a)^{n-1}$ (10.7)

② $\displaystyle\int f(x)dx = C + a_0(x-a) + \frac{1}{2}a_1(x-a)^2 + \frac{1}{3}a_2(x-a)^3 + \cdots$

$$= C + \sum_{n=0}^{\infty} \frac{a_n}{n+1}(x-a)^{n+1} \tag{10.8}$$

이다.

참고 1 정리 10.3의 식 (10.7), (10.8)은 각각

$$f'(x) = \frac{d}{dx}\left(\sum_{n=0}^{\infty} a_n (x-a)^n \right) = \sum_{n=0}^{\infty} \frac{d}{dx}\left[a_n (x-a)^n \right]$$

$$\int f(x)\, dx = \int \left(\sum_{n=0}^{\infty} a_n (x-a)^n \right) dx = \sum_{n=0}^{\infty} \left(\int a_n (x-a)^n dx \right)$$

로 이해할 수 있다.

참고 2 정리 10.3으로부터 멱급수로 정의된 함수는 미분가능한 함수이므로 연속함수임을 알 수 있다. 또한 식 (10.7)과 (10.8)로 주어진 멱급수의 수렴반경은 원래의 멱급수의 수렴반경과 같이 R이다. 그러므로 수렴반경이 $R > 0$인 $x = a$에서의 멱급수로 정의된 함수는 구간 $(a-R, a+R)$에서 무한 번 미분가능한 함수이다.

정리 10.3을 이용하여 몇 가지 형태의 함수를 멱급수로 바꿀 수 있다.

예2 기하급수의 합으로 정의된 함수

$$\frac{1}{1-x} = 1 + x + x^2 + x^3 + \cdots = \sum_{n=0}^{\infty} x^n \quad (-1 < x < 1)$$

에서, 양변을 미분하면 함수 $f(x) = \dfrac{1}{(1-x)^2}$을 멱급수

$$f(x) = \frac{1}{(1-x)^2} = \frac{d}{dx}\left(\frac{1}{1-x}\right) = \frac{d}{dx}\left(\sum_{n=0}^{\infty} x^n\right) = \sum_{n=0}^{\infty}\frac{d}{dx}x^n$$

$$= \sum_{n=1}^{\infty} nx^{n-1} = \sum_{n=0}^{\infty}(n+1)x^n \qquad (10.9)$$

로 바꿀 수 있다. 식 (10.9)의 멱급수의 수렴반경은 1이며, 구간 $(-1, 1)$에서 $f(x)$는 미분가능하므로 다시 한 번 양변을 미분하여

$$f'(x) = \frac{2}{(1-x)^3} = \sum_{n=1}^{\infty} n(n+1)x^{n-1} = \sum_{n=0}^{\infty}(n+1)(n+2)x^n$$

을 얻을 수 있다. 위의 멱급수 $\sum_{n=0}^{\infty}(n+1)(n+2)x^n$의 수렴반경도 $R = 1$이다. ∎

예제 10.7 구간 $(-1, 1)$에서 멱급수 $\sum_{n=1}^{\infty}\frac{x^n}{n}$으로 나타낼 수 있는 함수 $f(x)$를 구하여라.

[풀이] 주어진 멱급수의 수렴반경은 $R = 1$이므로 $f(x) = \sum_{n=1}^{\infty}\frac{x^n}{n}$, $x \in (-1, 1)$이라 하고 양변을 미분하면

$$f'(x) = \sum_{n=1}^{\infty} x^{n-1} = \frac{1}{1-x}, \quad -1 < x < 1$$

이다. 따라서

$$f(x) = \int \frac{1}{1-x}dx = -\ln(1-x) + C$$

이다. 그런데 $f(0) = 0$이므로 $C = 0$이다. 따라서 $f(x) = -\ln(1-x)$, $(-1 < x < 1)$이다. ∎

예제 10.8 구간 $(-1, 1)$에서 함수 $f(x) = \tan^{-1}x$를 멱급수로 나타내어라.

[풀이] $f'(x) = \frac{1}{1+x^2}$이고, 구간 $(-1, 1)$에서

$$f'(x) = \frac{1}{1+x^2} = 1 - x^2 + x^4 - x^6 + \cdots$$

이므로 정리 10.3에 의해

$$f(x) = \tan^{-1}x = \int\left(1 - x^2 + x^4 - x^6 + \cdots\right)dx$$

$$= \left(x - \frac{x^3}{3} + \frac{x^5}{5} - \frac{x^7}{7} + \cdots\right) + C$$

이다. 여기서 $f(0) = \tan^{-1}0 = 0 = C$이므로

$$f(x) = \tan^{-1}x = \sum_{n=0}^{\infty} (-1)^n \frac{x^{2n+1}}{2n+1}, \quad (-1 < x < 1)$$

이다. ■

연습문제 10.1

1. 다음 멱급수의 수렴구간을 구하여라.

(1) $\displaystyle\sum_{n=0}^{\infty} 2^n x^n$

(2) $\displaystyle\sum_{n=0}^{\infty} (n+1)x^n$

(3) $\displaystyle\sum_{n=0}^{\infty} (-1)^n \frac{x^{2n+1}}{(2n+1)!}$

(4) $\displaystyle\sum_{n=1}^{\infty} \frac{x^{n-1}}{\sqrt{n}}$

(5) $\displaystyle\sum_{n=0}^{\infty} \frac{x^{2n+1}}{2n+1}$

(6) $\displaystyle\sum_{n=1}^{\infty} \frac{1}{n}(x-1)^n$

(7) $\displaystyle\sum_{n=0}^{\infty} \frac{(x+3)^n}{3^n}$

(8) $\displaystyle\sum_{n=1}^{\infty} \frac{(2x-1)^n}{3^n\sqrt{n}}$

2. 다음 함수를 주어진 점 $x = a$에서의 멱급수로 나타내고 수렴반경을 구하여라.

(1) $f(x) = \dfrac{1}{1-x^2}$ $(a = 0)$

(2) $f(x) = \dfrac{1}{x-2}$ $(a = 1)$

(3) $f(x) = \ln(1+x)$ $(a = 0)$

(4) $f(x) = \dfrac{x}{9+x^2}$ $(a = 0)$

(5) $f(x) = \dfrac{2}{3-x}$ $(a = 2)$

(6) $f(x) = \dfrac{1+x}{1-x}$ $(a = 0)$

3. α가 양의 정수일 때 멱급수 $\displaystyle\sum_{n=0}^{\infty} \frac{(n!)^{\alpha}}{(\alpha n)!} x^n$의 수렴반경을 구하여라.

4. 다음 부정적분을 $x = 0$에서의 멱급수로 나타내고, 멱급수의 수렴반경을 구하여라.

(1) $\displaystyle\int \frac{x}{1-x^2}\, dx$

(2) $\displaystyle\int \frac{x^2}{1+x^4}\, dx$

(3) $\displaystyle\int x^2 \ln(1+x)\, dx$

(4) $\displaystyle\int \frac{1}{1+x^3}\, dx$

5. 기하급수 $\displaystyle\sum_{n=0}^{\infty} x^n$의 합을 이용하여 다음 급수의 합을 구하여라.

(1) $\displaystyle\sum_{n=1}^{\infty} nx^n \ (|x|<1)$　　　(2) $\displaystyle\sum_{n=2}^{\infty} n(n-1)x^n \ (|x|<1)$

(3) $\displaystyle\sum_{n=1}^{\infty} \frac{n}{2^n}$　　　(4) $\displaystyle\sum_{n=2}^{\infty} \frac{n^2-n}{2^n}$　　　(5) $\displaystyle\sum_{n=1}^{\infty} \frac{n^2}{2^n}$

6. 멱급수를 이용하여 다음 적분의 소수점 다섯째 자리에서 반올림한 값을 구하여라.

(1) $\displaystyle\int_0^{0.5} \frac{1}{1+x^7}\,dx$　　　(2) $\displaystyle\int_0^{0.4} \ln(1+x^4)\,dx$

7. 급수 $1 + \dfrac{2}{3}x + \dfrac{4}{9}x^2 + \dfrac{8}{27}x^3 + \cdots$ 로 나타낼 수 있는 함수와 그 함수의 정의역을 구하여라.

2절　테일러 급수

앞 절에서 기하급수를 이용하여 몇 가지 함수를 멱급수로 나타낼 수 있음을 알았다. 이 절에서는 모든 계수의 도함수를 갖는 함수를 멱급수로 나타내는 방법에 관해 알아본다. 함수 $f(x)$가 $x=a$에서 멱급수

$$f(x) = c_0 + c_1(x-a) + c_2(x-a)^2 + \cdots + c_n(x-a)^n + \cdots, \ |x-a|<R \quad (10.10)$$

으로 나타내어질 수 있다고 가정하자. 식 (10.10)이 함수 $f(x)$을 나타내는 멱급수이므로 계수 $c_0, c_1, c_2, \cdots, c_n, \cdots$ 은 함수 $f(x)$에 의해 결정된다.

계수 $c_0, c_1, c_2, \cdots, c_n, \cdots$ 을 결정하기 위해서 먼저 식 (10.10)에서 $x=a$으로 두면

$$c_0 = f(a)$$

임을 알 수 있다. 또 식 (10.10)의 양변을 차례로 미분하면

$$f'(x) = c_1 + 2c_2(x-a) + 3c_3(x-a)^2 + \cdots.$$

$$f''(x) = 2!c_2 + 3\cdot 2c_3(x-a) + 4\cdot 3c_4(x-a)^2 + \cdots,$$

$$f'''(x) = 3!c_3 + 4\cdot 3\cdot 2c_4(x-a) + 5\cdot 4\cdot 3c_5(x-a)^2 + \cdots,$$

$$\cdots$$

이고, 위의 각 식에 $x=a$를 대입하여

$$f'(a) = c_1, \quad f''(a) = 2!c_2, \quad f'''(a) = 3!c_3, \cdots$$

을 얻는다.

위의 과정을 반복하여

$$f^{(n)}(a) = n!c_n$$

을 얻을 수 있으므로 계수 c_n은

$$c_n = \frac{f^{(n)}(a)}{n!} \tag{10.11}$$

임을 알 수 있다. 관례에 따라 $0! = 1$, $f^{(0)} = f$라 하면 위 식 (10.11)은 $n = 0$에 대해서도 성립한다. 이 사실로부터 다음의 정리를 얻는다.

정리 10.4

만일 함수 $f(x)$를 멱급수

$$f(x) = \sum_{n=0}^{\infty} c_n(x - a)^n, \quad |x - a| < R$$

으로 나타낼 수 있다면 계수 c_n은

$$c_n = \frac{f^{(n)}(a)}{n!}$$

로 주어진다.

함수 $f(x)$를 $x = a$에서 멱급수로 나타낼 수 있다면, 정리 10.4로부터

$$f(x) = f(a) + f'(a)(x - a) + \frac{f''(a)}{2!}(x - a)^2 + \cdots$$

$$= \sum_{n=0}^{\infty} \frac{f^{(n)}(a)}{n!}(x - a)^n \tag{10.12}$$

와 같은 형태임을 알 수 있다. 앞의 급수 (10.12)를 함수 $f(x)$의 $x = a$에서의 테일러 급수(Taylor series of f at $x = a$)라고 한다. 테일러 급수의 특별한 경우로 $x = 0$에서의 테일러 급수

$$\sum_{n=0}^{\infty} \frac{f^{(n)}(0)}{n!} x^n = f(0) + f'(0)x + \frac{f''(0)}{2!}x^2 + \cdots \tag{10.13}$$

을 함수 $f(x)$의 맥클로린 급수(Maclaurin series)라고 한다.

[참고 3] 정리 10.4는 함수 $f(x)$가 $x = a$ 근방에서 멱급수로 나타낼 수 있으면 그 멱급수는 테일러 급수라는 것을 의미한다. 이 절과 다음 절에서 다루게 될 함수들은 모두 멱급수로 나타낼 수 있는 함수들이다. 어떤 함수가 멱급수의 형태로 나타낼 수 있는가에 대해서는 뒤의 4절에서 공부하기로 한다.

[예제 10.9] $f(x) = e^x$의 맥클로린 급수와 수렴구간을 구하여라.

[풀이] 함수 $f(x)$를 미분하면 $f'(x) = e^x$이므로 모든 자연수 n에 대하여

$$f^{(n)}(x) = e^x, \quad f^{(n)}(0) = e^0 = 1$$

이다. 따라서 식 (10.13)에 의하여 $f(x) = e^x$의 맥클로린 급수는

$$e^x = 1 + x + \frac{x^2}{2!} + \frac{x^3}{3!} + \cdots + \frac{x^n}{n!} + \cdots$$

$$= \sum_{n=0}^{\infty} \frac{x^n}{n!}$$

이다. 수렴구간을 구하기 위해 $a_n = \dfrac{x^n}{n!}$라 하면

$$\lim_{n \to \infty} \left| \frac{a_{n+1}}{a_n} \right| = \lim_{n \to \infty} \left| \frac{x^{n+1}}{(n+1)!} \frac{n!}{x^n} \right|$$

$$= \lim_{n \to \infty} \frac{|x|}{n+1} = 0$$

따라서 이 급수는 모든 x에 대하여 수렴한다.[2]

[예제 10.10] $f(x) = \sin x$의 맥클로린 급수를 구하여라.

[풀이] 함수 $f(x)$를 반복하여 미분하면

---

2) 멱급수 $1 + x + \dfrac{x^2}{2!} + \dfrac{x^3}{3!} + \cdots$이 모든 x에서 수렴하지만 그것이 이 멱급수의 합이 e^x라는 것을 의미하는 것은 아니다. 다시말해 함수 $f(x)$의 테일러급수 $\sum_{n=0}^{\infty} \dfrac{f^{(n)}(a)}{n!}(x-a)^n$이 $f(x)$에 수렴하지 않는 경우도 있다. 그럼에도 불구하고 $e^x = 1 + x + \dfrac{x^2}{2!} + \dfrac{x^3}{3!} + \cdots$로 표기한 것은 참고 3에서 언급한 것처럼 10.2, 3절에서 다루는 함수들이 멱급수로 나타낼 수 있는 것들이기 때문이다. 이들 함수가 멱급수로 나타낼 수 있음은 10.4절과 10.4절의 연습문제 1에서 알 수 있다.

$$f'(x) = \cos x, \ f''(x) = -\sin x, \ f'''(x) = -\cos x, \ f^{(4)}(x) = \sin x, \cdots$$

이므로, $x = 0$에서

$$f(0) = 0, \ f'(0) = 1, \ f''(0) = 0, \ f'''(0) = -1, \ f^{(4)}(0) = 0, \cdots$$

이다. 이들을 식 (10.13)에 대입하면 $f(x) = \sin x$의 맥클로린 급수

$$\sin x = x - \frac{x^3}{3!} + \frac{x^5}{5!} - \frac{x^7}{7!} + \cdots$$

$$= \sum_{n=0}^{\infty} (-1)^n \frac{x^{2n+1}}{(2n+1)!}$$

을 얻을 수 있다. 비판정법을 이용하여 이 급수가 모든 x에 대하여 수렴함을 보일 수 있다. ∎

예제 10.11 $f(x) = e^x$를 $x = 1$에서의 테일러 급수로 전개하여라.

[풀이] 함수 $f(x) = e^x$의 도함수는 $f^{(n)}(x) = e^x \ (n = 1, 2, 3, \cdots)$이므로 $x = 1$에서의 테일러 급수는

$$e^x = \sum_{n=0}^{\infty} \frac{f^{(n)}(1)}{n!}(x-1)^n = \sum_{n=0}^{\infty} \frac{e}{n!}(x-1)^n$$

$$= e\left(1 + (x-1) + \frac{1}{2!}(x-1)^2 + \cdots\right)$$

이다. 위 급수의 수렴반경 $R = \infty$이다. ∎

예제 10.12 $f(x) = \cos x$의 $x = \pi$에서의 테일러 급수를 구하여라.

[풀이] $f(x)$를 반복하여 미분하면

$$f'(x) = -\sin x, \ f''(x) = -\cos x, \ f'''(x) = \sin x, \ f^{(4)}(x) = \cos x, \cdots$$

이고,

$$f(\pi) = -1, \ f'(\pi) = 0, \ f''(\pi) = 1, \ f'''(\pi) = 0, \ f^{(4)}(\pi) = -1, \cdots$$

이므로 $f(x) = \cos x$의 $x = \pi$에서의 테일러 급수는

$$\cos x = -1 + \frac{1}{2!}(x-\pi)^2 - \frac{1}{4!}(x-\pi)^4 + \cdots$$

$$= \sum_{n=0}^{\infty} (-1)^{n+1} \frac{(x-\pi)^{2n}}{(2n)!}$$

이다. $f(x) = \cos x$의 $x = \pi$에서의 테일러 급수는 모든 x에서 수렴한다. ■

정리 10.3에 의해 수렴구간에서 맥클로린 급수는 항별미분과 항별적분이 가능하다. 이 사실을 이용하면 맥클로린 급수를 알고 있는 함수의 미분 또는 부정적분에 해당하는 함수의 맥클로린 급수를 찾을 수 있다.

예3 급수

$$\sin x = x - \frac{x^3}{3!} + \frac{x^5}{5!} - \frac{x^7}{7!} + \cdots$$

의 수렴반경 $R = \infty$이므로 구간 $(-\infty, \infty)$에서 미분가능하고

$$\cos x = (\sin x)' = 1 - \frac{x^2}{2!} + \frac{x^4}{4!} - \frac{x^6}{6!} + \cdots$$

$$= \sum_{n=0}^{\infty} (-1)^n \frac{x^{2n}}{(2n)!}$$

이고, 이 멱급수도 모든 실수 x에 대하여 수렴한다. ■

예4 급수

$$\frac{1}{1+x} = 1 - x + x^2 - \cdots, \quad |x| < 1$$

에서 양변을 적분하면

$$\ln(1+x) = C + x - \frac{1}{2}x^2 + \frac{1}{3}x^3 - \cdots$$

을 얻는다. 위 식에 $x = 0$을 대입하면 $C = 0$임을 알 수 있다. 따라서 $\ln(1+x)$의 맥클로린 급수는

$$\ln(1+x) = x - \frac{1}{2}x^2 + \frac{1}{3}x^3 - \cdots, \quad |x| < 1$$

이다. ■

■ 이항급수

p가 임의로 주어진 실수일 때 함수 $f(x) = (1+x)^p$의 맥클로린 급수에 대해 알아 보자. 함수 $f(x)$를 반복하여 미분하면

$$f'(x) = p(1+x)^{p-1},$$
$$f''(x) = p(p-1)(1+x)^{p-2},$$
$$\vdots$$
$$f^{(n)}(x) = p(p-1)(p-2)\cdots(p-n+1)(1+x)^{p-n},$$
$$\vdots$$

이고, $x = 0$일 때

$$f(0) = 1,$$
$$f'(0) = p,$$
$$f''(0) = p(p-1),$$
$$\vdots$$
$$f^{(n)}(0) = p(p-1)(p-2)\cdots(p-n+1),$$
$$\vdots$$

을 얻는다. 그러므로 $f(x) = (1+x)^p$의 맥클로린 급수는

$$f(x) = (1+x)^p$$
$$= 1 + px + \frac{p(p-1)}{2!}x^2 + \cdots + \frac{p(p-1)\cdots(p-n+1)}{n!}x^n + \cdots \quad (10.14)$$

이다. 이 급수를 이항급수(binomial series)라고 한다.

이항급수 (10.14)의 수렴구간을 구하기 위하여 a_n을 급수의 n번째 항이라 하면

$$\left|\frac{a_{n+1}}{a_n}\right| = \left|\frac{p(p-1)\cdots(p-n+1)(p-n)x^{n+1}}{(n+1)!} \cdot \frac{n!}{p(p-1)\cdots(p-n+1)x^n}\right|$$
$$= \frac{|p-n|}{n+1}|x|$$

이므로

$$\lim_{n \to \infty} \left| \frac{a_{n+1}}{a_n} \right| = \lim_{n \to \infty} \frac{|p-n|}{n+1} |x| = |x|$$

이다. 따라서 이항급수 (10.14)는 $|x| < 1$일 때 수렴한다.

여기서 실수 p와 양의 정수 n에 대하여

$$\binom{p}{n} = \frac{p(p-1) \cdots (p-n+1)}{n!}, \quad \binom{p}{0} = 1$$

로 정의하면 앞의 사실로부터 다음의 정리를 얻는다.

정리 10.5

p가 실수이고, $|x| < 1$이면,

$$(1+x)^p = 1 + px + \frac{p(p-1)}{2!}x^2 + \cdots + \frac{p(p-1) \cdots (p-n+1)}{n!}x^n + \cdots = \sum_{n=0}^{\infty} \binom{p}{n} x^n$$

이다.

예제 10.13 $f(x) = \sqrt{1+x}$의 이항급수를 구하고, 이 급수의 처음 네 항을 이용하여 $\sqrt{\dfrac{3}{2}}$의 근삿값을 구하여라.

[풀이] $p = \dfrac{1}{2}$인 경우의 이항급수를 이용하면

$$(1+x)^{\frac{1}{2}} = 1 + \frac{1}{2}x + \frac{\frac{1}{2} \cdot -\frac{1}{2}}{2!}x^2 + \frac{\frac{1}{2} \cdot -\frac{1}{2} \cdot -\frac{3}{2}}{3!}x^3 + \frac{\frac{1}{2} \cdot -\frac{1}{2} \cdot -\frac{3}{2} \cdot -\frac{5}{2}}{4!}x^4 \cdots$$

$$= 1 + \frac{1}{2}x - \frac{1}{2^2 \cdot 2!}x^2 + \frac{1 \cdot 3}{2^3 \cdot 3!}x^3 - \frac{1 \cdot 3 \cdot 5}{2^4 \cdot 4!}x^4 + \cdots$$

$$+ (-1)^{n-1} \frac{1 \cdot 3 \cdot 5 \cdots (2n-3)}{2^n \cdot n!}x^n + \cdots$$

을 얻는다. $\sqrt{\dfrac{3}{2}}$의 근삿값을 구하기 위하여 $x = \dfrac{1}{2}$를 위 급수에 대입하면

$$\sqrt{\frac{3}{2}} \approx 1 + \frac{1}{4} - \frac{1}{32} + \frac{1}{128} = 1.22656 \approx 1.23$$

을 얻는다.

연습문제 10.2

1. 다음 함수의 맥클로린 급수와 맥클로린 급수의 수렴구간을 구하여라.

   (1) e^{-x}

   (2) $\cos 2x$

   (3) $\ln(2+x)$

   (4) $\dfrac{1}{(1+x)^2}$

   (5) $\dfrac{1}{(1+2x)^4}$

   (6) $\dfrac{1}{\sqrt{1+x}}$

2. 맥클로린 급수의 처음 4개의 항을 이용하여 다음 값의 근삿값을 구하여라.

   (1) $\sqrt{2}$

   (2) $\sin 1$

   (3) e

   (4) $\ln 2$

3. 다음 함수의 주어진 점에서의 테일러 급수를 구하여라.

   (1) $\ln x,\ x = 2$

   (2) $e^{2x},\ x = 3$

   (3) $\sqrt{x},\ x = 2$

   (4) $\dfrac{1}{x},\ x = 1$

4. 다음에서 두 번째 함수에 대응하는 맥클로린 급수로부터 첫 번째 함수의 맥클로린 급수를 구하여라.

   (1) $\ln(1-x)\,;\ \dfrac{-1}{1-x}$

   (2) $\sec^2 x\,;\ \tan x$

   (3) $\tan^{-1} x\,;\ \dfrac{1}{1+x^2}$

   (4) $\ln\left(x+\sqrt{1+x^2}\,\right)\,;\ \dfrac{1}{\sqrt{1+x^2}}$

5. 다음 함수의 맥클로린 급수와 도함숫값 $f^{(15)}(0)$을 구하여라.

   (1) $f(x) = \dfrac{x}{1+x^2}$

   (2) $f(x) = \tan^{-1}(x^2)$

6. 함수 $f(x) = \displaystyle\int_0^x (e^{-t^2} - 1)\,dt$의 맥클로린 급수를 구하여라.

7. $f(x) = \dfrac{1}{\sqrt{4-x}}$의 맥클로린 급수와 맥클로린 급수의 수렴반경을 구하여라.

3절 멱급수의 연산

앞 절에서 몇 가지 중요한 함수의 맥클로린 급수와 맥클로린 급수의 수렴반경을 구하였다. 이미 알고 있는 함수의 맥클로린 급수로부터 관련된 함수의 맥클로린 급수를 쉽게 구할 수 있는 경우도 있다. 예를 들어 $\sin x^2$과 같은 함수의 맥클로린 급수는 $\sin y$에 관한 맥클로린 급수에서 y 대신에 x^2을 대입하여 구할 수 있다.

예5 앞의 예제 10.10에서 $f(x) = \sin x$의 맥클로린 급수는

$$f(x) = \sin x = x - \frac{x^3}{3!} + \frac{x^5}{5!} - \frac{x^7}{7!} + \cdots$$

임을 알았다. 그러므로 $\sin x^2$의 맥클로린 급수는

$$\sin x^2 = f(x^2) = x^2 - \frac{x^6}{3!} + \frac{x^{10}}{5!} - \frac{x^{14}}{7!} + \cdots$$

이다. ■

다음의 표는 몇 가지 중요한 함수의 맥클로린 급수와 수렴반경을 정리한 것이다.

$$\frac{1}{1-x} = \sum_{n=0}^{\infty} x^n = 1 + x + x^2 + x^3 + x^4 + \cdots \qquad R = 1$$

$$\sin x = \sum_{n=0}^{\infty} (-1)^n \frac{x^{2n+1}}{(2n+1)!} = x - \frac{x^3}{3!} + \frac{x^5}{5!} - \frac{x^7}{7!} + \cdots \qquad R = \infty$$

$$\cos x = \sum_{n=0}^{\infty} (-1)^n \frac{x^{2n}}{(2n)!} = 1 - \frac{1}{2!}x^2 + \frac{1}{4!}x^4 - \cdots \qquad R = \infty$$

$$e^x = \sum_{n=0}^{\infty} \frac{x^n}{n!} = 1 + x + \frac{x^2}{2!} + \frac{x^3}{3!} + \cdots \qquad R = \infty$$

$$\ln(1+x) = \sum_{n=1}^{\infty} (-1)^{n-1} \frac{x^n}{n} = x - \frac{x^2}{2} + \frac{x^3}{3} - \frac{x^4}{4} + \cdots \qquad R = 1$$

$$\tan^{-1} x = \sum_{n=0}^{\infty} (-1)^n \frac{x^{2n+1}}{2n+1} = x - \frac{x^3}{3} + \frac{x^5}{5} - \frac{x^7}{7} + \cdots \qquad R = 1$$

$$\sin^{-1} x = \sum_{n=0}^{\infty} \frac{(2n)!\, x^{2n+1}}{(2^n n!)^2 (2n+1)} = x + \frac{x^3}{2 \cdot 3} + \frac{1 \cdot 3}{2 \cdot 4 \cdot 5} x^5 + \cdots \qquad R = 1$$

$$(1+x)^p = \sum_{n=0}^{\infty} \binom{p}{n} x^n \qquad\qquad R=1$$

$$= 1 + px + \frac{p(p-1)}{2!}x^2 + \cdots + \frac{p(p-1)\cdots(p-n+1)}{n!}x^n + \cdots$$

예제 10.14 멱급수를 이용하여 정적분 $\displaystyle\int_0^1 e^{-x^2}\,dx$ 의 오차범위 $\dfrac{1}{100}$ 안에서 근삿값을 구하여라.

[풀이] e^x 의 맥클로린 급수에서 x 대신 $-x^2$ 을 대입하면,

$$e^{-x^2} = 1 - x^2 + \frac{x^4}{2!} - \frac{x^6}{3!} + \frac{x^8}{4!} - \cdots$$

을 얻는다. 그러므로 정리 10.3에 의해

$$\int_0^1 e^{-x^2}\,dx = \int_0^1 \left(1 - x^2 + \frac{x^4}{2!} - \frac{x^6}{3!} + \frac{x^8}{4!} - \cdots\right)dx$$

$$= \left[x - \frac{x^3}{3} + \frac{x^5}{5\cdot 2!} - \frac{x^7}{7\cdot 3!} + \frac{x^9}{9\cdot 4!} - \cdots\right]_0^1$$

$$= 1 - \frac{1}{3} + \frac{1}{10} - \frac{1}{42} + \frac{1}{216} - \cdots$$

이다. 위의 급수는 교대급수이므로

$$\left| \int_0^1 e^{-x^2}\,dx - \left(1 - \frac{1}{3} + \frac{1}{10} - \frac{1}{42}\right)\right| < \frac{1}{216} < \frac{1}{100}$$

이다. 따라서 원하는 근삿값은

$$\int_0^1 e^{-x^2}\,dx \approx 1 - \frac{1}{3} + \frac{1}{10} - \frac{1}{42} \approx 0.743$$

이다. ■

두 멱급수를 더하거나 빼면 그 결과는 다항식의 합이나 곱에서와 같은 형태로 나타난다. 두 멱급수를 곱하거나 나눌 때에도 다항식에서와 같은 방법으로 계산할 수 있다.

정리 10.6

두 멱급수

$$f(x) = \sum_{n=0}^{\infty} a_n x^n, \qquad g(x) = \sum_{n=0}^{\infty} b_n x^n$$

가 동시에 수렴하는 구간에서 두 멱급수의 합과 곱은 멱급수

$$f(x) + g(x) = \sum_{n=0}^{\infty} (a_n + b_n) x^n,$$

$$f(x) \cdot g(x) = \sum_{n=0}^{\infty} c_n x^n$$

로 나타낼 수 있다. 여기서 $c_n = \sum_{j=0}^{n} a_{n-j} b_j$ 이다.

예6 아래의 두 멱급수는 모든 실수에서 수렴한다.

$$e^x = 1 + x + \frac{x^2}{2!} + \frac{x^3}{3!} + \cdots,$$

$$\cos x = 1 - \frac{x^2}{2!} + \frac{x^4}{4!} - \frac{x^6}{6!} + \cdots$$

그러므로 정리 10.6에 의해 두 함수의 곱 $e^x \cos x$는 멱급수

$$e^x \cos x = \left(1 + x + \frac{x^2}{2!} + \frac{x^3}{3!} + \cdots \right)\left(1 - \frac{x^2}{2!} + \frac{x^4}{4!} - \frac{x^6}{6!} + \cdots \right)$$

$$= 1 + x - \frac{x^3}{3} - \frac{1}{6}x^4 + \cdots$$

로 나타낼 수 있고, 이 멱급수는 모든 실수에서 수렴한다. ■

두 멱급수 $f(x) = \sum_{n=0}^{\infty} a_n x^n$, $g(x) = \sum_{n=0}^{\infty} b_n x^n$의 수렴반경이 각각 R_f, R_g이면, $f \pm g$, fg는 정리 10.6을 이용하여 구간 $(-R, R)$에서 멱급수로 나타낼 수 있다. 여기서 $R = \min\{R_f, R_g\}$ 이다. 또 $|x| < R$에서 $g(x) \neq 0$이면 함수 $\dfrac{f(x)}{g(x)}$를 멱급수로 나타낼 수 있고, 멱급수는 다항식의 나눗셈과 같은 방법으로 찾을 수 있다.

예7 $\sin x$와 $\cos x$를 각각 멱급수로 나타내면

$$\sin x = \sum_{n=0}^{\infty} (-1)^n \frac{1}{(2n+1)!} x^{2n+1},$$

$$\cos x = \sum_{n=0}^{\infty} (-1)^n \frac{1}{(2n)!} x^{2n}$$

이고, $|x| < \dfrac{\pi}{2}$일 때 $\cos x \neq 0$이므로

$$\tan x = \frac{\sin x}{\cos x} = \frac{x - \dfrac{x^3}{3!} + \dfrac{x^5}{5!} + \cdots}{1 - \dfrac{x^2}{2!} + \dfrac{x^4}{4!} - \cdots}, \quad |x| < \frac{\pi}{2} \qquad (10.15)$$

으로 쓸 수 있고, 식 (10.15)를 계산하면

$$
\begin{array}{r}
x + \dfrac{1}{3}x^3 + \dfrac{2}{15}x^5 + \cdots \\[1ex]
\hline
1 - \dfrac{1}{2}x^2 + \dfrac{1}{24}x^4 - \cdots \,\big)\, x - \dfrac{1}{6}x^3 + \dfrac{1}{120}x^5 - \cdots \\[2ex]
x - \dfrac{1}{2}x^3 + \dfrac{1}{24}x^5 - \cdots \\[1ex]
\hline
\dfrac{1}{3}x^3 - \dfrac{1}{30}x^5 + \cdots \\[2ex]
\dfrac{1}{3}x^3 - \dfrac{1}{6}x^5 + \cdots \\[1ex]
\hline
\dfrac{2}{15}x^5 + \cdots
\end{array}
$$

이므로 $\tan x$는 멱급수

$$\tan x = x + \frac{1}{3}x^3 + \frac{2}{15}x^5 + \cdots, \quad |x| < \frac{\pi}{2}$$

로 나타낼 수 있다. ■

연습문제 10.3

1. 함수 $f(x) = \cos\sqrt{x}$ 의 맥클로린 급수와 수렴구간을 구하여라.

2. 다음 함수를 맥클로린 급수로 전개하고 그 수렴구간을 구하여라.

(1) $\dfrac{1}{2}(e^x + e^{-x})$ (2) $e^{-x}\cos x$

(3) $(1 + x^2)\sin^{-1}x$ (4) $\dfrac{1 + x^2}{1 - x}$

3. 맥클로린 급수를 이용하여 다음 극한값을 구하여라.

(1) $\displaystyle\lim_{x \to 0}\dfrac{\sin x - x}{x^3}$ (2) $\displaystyle\lim_{x \to 0}\dfrac{e^{x^3} - 1}{x^3}$

(3) $\displaystyle\lim_{x \to 0}\dfrac{\ln(1 + x) - x}{x^2}$ (4) $\displaystyle\lim_{x \to 0}\dfrac{\tan x - x}{x^3}$

4. 다음 함수의 맥클로린 급수의 0이 아닌 처음 세 항을 구하여라.

(1) $\sec x$ (2) $e^x \tan^{-1}x$

5. 함수 $e^{\cos x}$를 맥클로린 급수

$$e\left(1 - \dfrac{1}{2}x^2 + \dfrac{1}{6}x^4 - \dfrac{31}{720}x^6 + \cdots\right)$$

로 나타낼 수 있음을 보여라. (힌트: $\cos x = 1 - z$라 놓고 $z = \dfrac{x^2}{2!} - \dfrac{x^4}{4!} + \dfrac{x^6}{6!} - \cdots$임을 이용하라.)

4절 테일러의 정리

2절의 참고 3에서 말한 것처럼 함수 $f(x)$의 $x = a$에서의 테일러 급수가

$$\sum_{n=0}^{\infty}\dfrac{f^{(n)}(a)}{n!}(x - a)^n = f(a) + f'(a)(x - a) + \dfrac{f''(a)}{2!}(x - a)^2 + \cdots \qquad (10.16)$$

의 형태를 갖는다는 것이 멱급수 (10.16)이 $f(x)$로 수렴하는 것을 의미하는 것은 아니다. 이 절에서는 $f(x)$의 $x = a$에서의 테일러 급수 (10.16)이 함수 $f(x)$에 수렴하기 위한 조건 즉,

$$f(x) = f(a) + f'(a)(x - a) + \dfrac{f''(a)}{2!}(x - a)^2 + \cdots$$

이 성립하기 위한 조건에 대해 알아본다. 멱급수 (10.16)이 $f(x)$에 수렴한다는 것은 부분합

$$T_n(x) = \sum_{k=0}^{n} \frac{f^{(k)}(a)}{k!}(x-a)^k$$

$$(10.17)$$

$$= f(a) + f'(a)(x-a) + \frac{f''(a)}{2!}(x-a)^2 + \cdots + \frac{f^{(n)}(a)}{n!}(x-a)^n$$

로 정의된 수열 $\{T_n(x)\}$가 $f(x)$로 수렴하는 것이다. 즉,

$$f(x) = \lim_{n \to \infty} T_n(x)$$

이면 $f(x)$의 $x=a$에서의 테일러 급수 (10.16)이 $f(x)$에 수렴하는 것이다.

위의 식 (10.17)를 $f(x)$의 $x=a$에서의 n차 테일러 다항식(Taylor polynomial)이라고 한다. 또 함수 $f(x)$와 테일러 다항식의 차

$$R_n(x) = f(x) - T_n(x)$$

$$(10.18)$$

을 테일러 급수의 나머지 항(remainder of Taylor series)이라고 한다.

만일 $\lim\limits_{n \to \infty} R_n(x) = 0$이면,

$$\lim_{n \to \infty} T_n(x) = \lim_{n \to \infty} \left[f(x) - R_n(x) \right] = f(x)$$

이므로 다음의 정리가 성립한다.

정리 10.7

구간 $|x-a| < R$에서 $\lim\limits_{n \to \infty} R_n(x) = 0$이면,

$$f(x) = \lim_{n \to \infty} T_n(x) = \sum_{n=0}^{\infty} \frac{f^{(n)}(a)}{n!}(x-a)^n, \quad |x-a| < R$$

이다.

구간 $|x-a| < R$에서 무한 번 미분가능한 함수 $f(x)$의 $x=a$에서 테일러 급수의 나머지 항의 극한 $\lim\limits_{n \to \infty} R_n(x)$를 구할 때 다음의 정리를 이용할 수 있다.

함수 $f(x)$가 구간 $|x-a| < R$에서 연속인 $n+1$계도함수를 가지면, 임의의 점 $x \in (a-R, a+R)$에 대해

$$R_n(x) = \frac{f^{(n+1)}(c)}{(n+1)!}(x-a)^{n+1} \tag{10.19}$$

을 만족하는 점 c가 a와 x 사이에 존재한다.

[증명] 나머지 항 $R_n(x)$의 정의로부터

$$R_n(x) = f(x) - f(a) - f'(a)(x-a) - \frac{f''(a)}{2!}(x-a)^2 - \cdots - \frac{f^{(n)}(a)}{n!}(x-a)^n$$

이다. 여기서 x를 고정하고 새로운 함수 $F(t)$를

$$\begin{aligned} F(t) = f(x) - f(t) - f'(t)(x-t) - \frac{f''(t)}{2!}(x-t)^2 - \cdots \\ - \frac{f^{(n)}(t)}{n!}(x-t)^n - R_n(x)\frac{(x-t)^{n+1}}{(x-a)^{n+1}} \end{aligned} \tag{10.20}$$

로 정의하면 $F(t)$는 미분가능한 함수이고, $F(a) = F(x) = 0$이다. 따라서 롤(Rolle)의 정리에 의해 $F'(c) = 0$인 점 c가 a와 x 사이에 존재한다.

식 (10.20)를 t에 관해서 미분하면

$$F'(t) = -\frac{f^{(n+1)}(t)}{n!}(x-t)^n + R_n(x)(n+1)\frac{(x-t)^n}{(x-a)^{n+1}}$$

을 얻는다. 위의 식에 $t = c$를 대입하면 $F'(c) = 0$이므로

$$R_n(x) = \frac{f^{(n+1)}(c)}{(n+1)!}(x-a)^{n+1}$$

이다. ∎

식 (10.19)의 나머지 항에서 c는 a와 x 사이에 있는 어떤 수이기 때문에 $R_n(x)$의 정확한 값을 구할 수 없다. 그러나 a와 x 사이에서 식 (10.19)의 절댓값을 최대로 하는 c를 택함으로써 $|R_n(x)|$의 최대 한계를 구할 수 있다. 정리 10.8에서 $n=0$이면 식 (10.19)는 평균값 정리와 같게 된다.

예8 함수 $f(x) = \sin x$의 $x = 0$에서의 테일러 급수

$$x - \frac{x^3}{3!} + \frac{x^5}{5!} - \frac{x^7}{7!} + \cdots$$

는 모든 x에서 수렴한다. 또 $\left| f^{(n+1)}(x) \right| = \left| \cos x \right|$ 또는 $\left| f^{n+1}(x) \right| = \left| \sin x \right|$이므로

$$\lim_{n \to \infty} \left| R_n(x) \right| = \lim_{n \to \infty} \left| \frac{f^{(n+1)}(c)}{(n+1)!} x^{n+1} \right| \le \lim_{n \to \infty} \frac{1}{(n+1)!} \left| x \right|^{n+1} = 0$$

이므로 정리 10.7에 의해 $f(x) = \sin x$의 $x = 0$에서의 테일러 급수는 모든 실수 x에서 $\sin x$에 수렴한다. 즉,

$$\sin x = x - \frac{x^3}{3!} + \frac{x^5}{5!} - \frac{x^7}{7!} + \cdots, \quad x \in \mathbb{R}$$

이다. ∎

정리 10.8을 이용하여 테일러 급수의 나머지 항의 극한 $\lim_{n \to \infty} R_n(x)$를 구할 때에는 $f(x)$ 모든 계수의 도함수에 대한 정보가 필요하기 때문에 극한의 계산이 번거로울 수 있다. 다음의 정리를 이용하면 좀 더 편리하게 나머지 항의 극한을 계산할 수 있다. 정리의 증명은 생략한다.

정리 10.9 **테일러의 부등식** ────────

$\left| x - a \right| < R$일 때 $\left| f^{(n+1)}(x) \right| \le M$이면 테일러 급수의 나머지 항 $R_n(x)$는 부등식

$$\left| R_n(x) \right| \le \frac{M}{(n+1)!} \left| x - a \right|^{n+1}, \quad \left| x - a \right| < R \tag{10.21}$$

을 만족한다.

예제 10.15 $f(x) = e^x$의 맥클로린 급수가 모든 x에서 $f(x)$로 수렴함을 보여라.

[풀이] $f(x)$의 맥클로린 급수는

$$1 + x + \frac{x^2}{2!} + \frac{x^3}{3!} + \cdots \tag{10.22}$$

이고 수렴반경은 $R = \infty$이다. 또 $f^{(n+1)}(x) = e^x$이므로 임의의 양의 실수 R에 대해 $\left| x \right| \le R$일 때 $\left| f^{(n+1)}(x) \right| = e^x \le e^R$이므로 정리 10.9에 의해 나머지 항은 부등식

$$| R_n(x) | \le \frac{e^R}{(n+1)!} | x |^{n+1}, \ \ | x | \le R$$

을 만족한다. 따라서 모든 $| x | \le R$에 대해

$$\lim_{n \to \infty} | R_n(x) | \le \lim_{n \to \infty} \frac{e^R}{(n+1)!} | x |^{n+1} = 0$$

이다. 그러므로 정리 10.7에 의해 급수 (10.22)는 $| x | \le R$인 모든 x에 대해 $f(x)$에 수렴한다. 즉,

$$e^x = 1 + x + \frac{x^2}{2!} + \frac{x^3}{3!} + \cdots, \ \ x \in \mathbb{R}$$

이다. ■

예제 10.16 맥클로린 급수를 이용하여 $\sqrt{e}$ 의 근삿값을 정확도 $\frac{1}{1000}$ 범위에서 구하여라.

[풀이] $f(x) = e^x$의 맥클로린 급수는

$$e^x = 1 + x + \frac{x^2}{2!} + \cdots + \frac{x^n}{n!} + R_n(x)$$

로 나타낼 수 있고, 정리 10.8에 의해

$$R_n \left(\frac{1}{2} \right) = \frac{f^{(n+1)}(c)}{(n+1)!} \left(\frac{1}{2} \right)^{n+1} = \frac{e^c}{(n+1)!} \left(\frac{1}{2} \right)^{n+1}, \ \ 0 < c < \frac{1}{2}$$

이다. 그런데

$$R_3 \left(\frac{1}{2} \right) = \frac{e^c}{4!} \left(\frac{1}{2} \right)^4 > 0.002, \ \ \ R_4 \left(\frac{1}{2} \right) = \frac{e^c}{5!} \left(\frac{1}{2} \right)^5 < \frac{2}{5!} \left(\frac{1}{2} \right)^5 < \frac{1}{1000}$$

이므로 원하는 근삿값은

$$\sqrt{e} = e^{\frac{1}{2}} \approx 1 + \frac{1}{2} + \frac{1}{2!} \left(\frac{1}{2} \right)^2 + \frac{1}{3!} \left(\frac{1}{2} \right)^3 + \frac{1}{4!} \left(\frac{1}{2} \right)^4$$

$$= 1.6484375$$

이다. ■

1. 다음 함수 $f(x)$의 맥클로린 급수가 주어진 구간에서 $f(x)$로 수렴함을 보여라.

   (1) $f(x) = \dfrac{1}{1-x}$, $|x| < 1$ (2) $f(x) = \cos x$, $-\infty < x < \infty$

   (3) $f(x) = \ln(1+x)$, $|x| < 1$ (4) $f(x) = \tan^{-1}x$, $|x| \leq 1$

   (5) $f(x) = \sin^{-1}x$, $|x| \leq 1$ (6) $f(x) = (1+x)^p$, $|x| < 1$

2. 다음 각 경우의 근삿값을 구하여라.

   (1) e^x에 대한 맥클로린 급수의 처음 다섯 항을 이용하여 $\sqrt[3]{e}$의 값

   (2) $\sqrt{1-x}$에 대한 맥클로린 급수의 처음 세 항을 이용하여 $\sqrt{0.98}$의 값

   (3) $\sin^{-1}x$에 대한 맥클로린 급수의 처음 세 항을 이용하여 $\sin^{-1}\left(\dfrac{1}{3}\right)$의 값

3. 맥클로린 급수를 이용하여 다음 값을 소수점 이하 셋째 자리까지 구하여라.

   (1) $\sqrt{e}$ (2) $\sin 1$

   (3) $\sin^{-1}\dfrac{1}{4}$ (4) $\tan(0.3)$

4. 다음 적분의 근삿값을 소수점 이하 셋째 자리까지 구하여라.

   (1) $\displaystyle\int_0^1 \frac{\sin x}{x}\,dx$ (2) $\displaystyle\int_0^{0.5} \frac{1-e^{-x}}{x}\,dx$

   (3) $\displaystyle\int_0^1 \sin^2 x\,dx$ (4) $\displaystyle\int_0^{\frac{2}{3}} \sqrt{1-x^3}\,dx$

   (5) $\displaystyle\int_0^{\frac{1}{3}} \left(\frac{e^{-x^2}}{\sqrt{1-x^2}}\right)dx$ (6) $\displaystyle\int_0^{\frac{1}{4}} e^x \ln(1+x)\,dx$

5. 다음 급수의 합을 구하여라.

   (1) $\displaystyle\sum_{n=0}^{\infty}\left(\frac{1}{2^n} - \frac{1}{3^n}\right)$ (2) $\displaystyle\sum_{n=0}^{\infty}\frac{3^n}{5^n n!}$

   (3) $\displaystyle\sum_{n=1}^{\infty}(-1)^{n-1}\frac{1}{2^n n}$ (4) $\displaystyle\sum_{n=0}^{\infty}(-1)^n\frac{\pi^{2n}}{(2n)!}$

6. 함수 $f(x)$에 대해 다음에 답하여라.

$$f(x) = \begin{cases} e^{-1/x^2}, & x \neq 0 \\ 0, & x = 0 \end{cases}$$

(1) $f(x)$의 맥클로린 급수를 구하여라.

(2) 위 (1)의 맥클로린 급수는 $f(x)$에 수렴하는가?

11장
매개변수방정식과 극좌표계

DIFFERENTIAL AND INTEGRAL CALCULUS

지금까지 평면상의 곡선은 독립변수 x와 종속변수 y의 직접적인 관계(주로 $y = f(x)$의 형식)를 이용하여 나타내었다. 이 장에는 매개변수 t를 이용하여 $x = g(t)$, $y = h(t)$의 형식으로 곡선을 기술하는 방법에 대하여 공부한다. 평면상의 두 점 사이의 관계가 각이나 거리로 쉽게 표현되는 경우에는 점의 위치를 각도와 거리를 사용하여 나타내는 극좌표계가 편리하다. 극좌표계를 이용하여 평면상의 곡선을 나타내고, 직교좌표계와 극좌표계 사이의 전환관계에 대해서도 알아본다.

1절 매개변수방정식

평면상의 곡선을 공통변수 t의 함수로

$$x = f(t), \quad y = g(t) \tag{11.1}$$

와 같이 나타낼 때 식 (11.1)을 이 곡선의 매개변수방정식(parametric equation)이라 하며, 공통변수 t를 매개변수라 한다. 방정식 (11.1)에서 t를 소거하면 x와 y를 포함하는 방정식을 얻게 되는데, 이것을 그 곡선의 직교방정식 또는 카테시안(Cartesian)방정식이라 부른다.

예1 매개변수방정식 $x = 2\sin t$, $y = 3\cos t$에서 매개변수 t를 소거하면

$$\left(\frac{x}{2}\right)^2 + \left(\frac{y}{3}\right)^2 = \sin^2 t + \cos^2 t = 1$$

이므로, 이 매개변수방정식이 나타내는 곡선은 타원이다. ∎

참고1 매개변수방정식에 의해 주어지는 곡선과 그 매개변수방정식에서 얻은 직교방정식에 의해 주어지는 곡선이 반드시 일치하는 것은 아니다. 그 예로 매개변수방정식 $x = \sin^2 t$, $y = \cos^2 t$는 점 $(0, 1)$에서 점 $(1, 0)$까지의 선분을 표시하고, 이에 대응하는 직교방정식 $x + y = 1$은 직선 전체를 나타낸다.

예제 11.1 매개변수방정식 $x = 2t + 1$, $y = 4t^2 - 4t - 3$이 나타내는 곡선의 개형을 그려라.

[풀이] 매개변수 t의 몇 개의 값을 매개변수방정식에 대입하여 x와 y의 값을 구한 후, 표로 만들면 다음과 같다.

t	-1	$-\dfrac{1}{2}$	0	$\dfrac{1}{2}$	1	$\dfrac{3}{2}$	2
x	-1	0	1	2	3	4	5
y	5	0	-3	-4	-3	0	5

이 표를 이용하여 (x, y) 좌표 점들을 차례로 연결하면 다음 곡선을 얻을 수 있다. 실제로 주어진 매개변수방정식에서 매개변수 t를 소거하여 직교방정식으로 나타내면

$$y = 4\left[\frac{1}{2}(x - 1)\right]^2 - 4\frac{1}{2}(x - 1) - 3 = x^2 - 4x$$

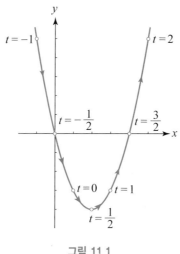

그림 11.1

가 되어, 주어진 매개변수방정식이 나타내는 곡선은 포물선 $y = x^2 - 4x$이다. ∎

예제 11.2 원이 직선 위를 회전하며 이동할 때, 원주상의 고정된 한 점 P가 그리는 자취를 사이클로이드(cycloid)라 한다. 사이클로이드의 매개변수방정식을 구하여라.

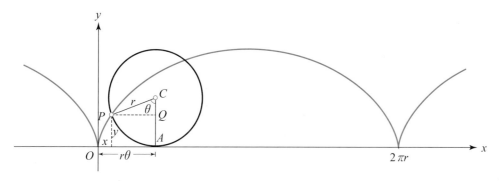

그림 11.2 사이클로이드

[풀이] 반지름이 r인 원 위의 점 P가 원점에서 출발하여 x축을 따라 오른쪽 방향으로 굴러간다고 하자. 원이 θ라디안만큼 회전하였을 때, 원이 x축 위에 놓이는 점을 A라고 하면

$$|OA| = \text{원호 } AP \text{의 길이} = r\theta$$

이다. 따라서 그림 11.2에서 보듯이 점 $P(x, y)$의 좌표는

$$x = |OA| - |PQ| = r\theta - r\sin\theta,$$

$$y = |AC| - |QC| = r - r\cos\theta$$

로 주어진다. 따라서 θ를 매개변수로 하는 사이클로이드의 매개변수방정식은

$$x = r(\theta - \sin\theta), \quad y = r(1 - \cos\theta)$$

이다. ∎

예제 11.3 데카르트 엽선(folium of Descartes)

$$x^3 + y^3 - 6xy = 0 \tag{11.2}$$

에 대한 매개변수방정식을 구하여라.

[풀이] x와 y에 관한 대수방정식이 두 가지의 다른 차수의 항을 포함하면, 이에 대응하는 매개변수방정식은 일반적으로 y 대신에 tx를 대입함으로써 구할 수 있다. 이와 같이 하면 식 (11.2)는

$$x^3 + t^3 x^3 - 6tx^2 = 0$$

이 된다. 이 식을 x^2으로 나누고 x에 관하여 풀면

$$x = \frac{6t}{1 + t^3}$$

를 얻는다. $y = tx$이므로 데카르트 엽선의 매개변수방정식은

$$x = \frac{6t}{1 + t^3}, \quad y = \frac{6t^2}{1 + t^3} \tag{11.3}$$

이다. 여기서 t는 매개변수이다. 이 매개변수방정식이 나타내는 곡선을 그리면 다음의 그림과 같다.

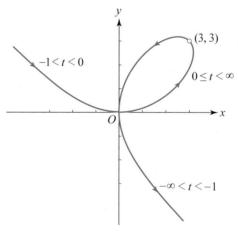

그림 11.3 데카르트의 엽선 $x^3 + y^3 - 6xy = 0$

■ 매개변수방정식에 관한 도함수

매개변수방정식 $x = f(t)$, $y = g(t)$에서 도함수 $\dfrac{dy}{dx}$를 구하기 위하여, 먼저 $f(t)$와 $g(t)$가 미분가능한 함수라고 가정하자.

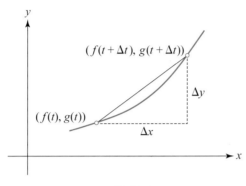

그림 11.4

그림 11.4와 같이

$$\frac{\Delta y}{\Delta x} = \frac{g(t + \Delta t) - g(t)}{f(t + \Delta t) - f(t)}$$

로 나타내고, $f(t)$가 연속함수이므로 $\Delta t \to 0$일 때 $\Delta x \to 0$임을 이용하면

$$\frac{dy}{dx} = \lim_{\Delta x \to 0} \frac{\Delta y}{\Delta x}$$

$$= \lim_{\Delta t \to 0} \frac{g(t + \Delta t) - g(t)}{f(t + \Delta t) - f(t)}$$

$$= \lim_{\Delta t \to 0} \frac{\dfrac{g(t + \Delta t) - g(t)}{\Delta t}}{\dfrac{f(t + \Delta t) - f(t)}{\Delta t}}$$

$$= \frac{g'(t)}{f'(t)} = \frac{\dfrac{dy}{dt}}{\dfrac{dx}{dt}} \ (\text{단}, \ f'(t) \neq 0)$$

가 된다. 이를 정리하면 다음과 같다.

정리 11.1

매개변수방정식 $x = f(t)$, $y = g(t)$에서, f와 g가 미분가능하고 $f'(t) \neq 0$일 때

$$\frac{dy}{dx} = \frac{\dfrac{dy}{dt}}{\dfrac{dx}{dt}} = \frac{g'(t)}{f'(t)} \tag{11.4}$$

이다.

예2 매개변수방정식 $x = 3t - 2$, $y = 2t^2 + 3$에서

$$\frac{dy}{dx} = \frac{\dfrac{dy}{dt}}{\dfrac{dx}{dt}} = \frac{4t}{3}$$

이다. ∎

예제 11.4 사이클로이드의 매개변수방정식

$$x = 6(\theta - \sin\theta), \quad y = 6(1 - \cos\theta)$$

에서 $\theta = \dfrac{\pi}{3}$인 점에서의 접선의 방정식을 구하여라.

[풀이] 먼저

$$\frac{dy}{dx} = \frac{\dfrac{dy}{d\theta}}{\dfrac{dx}{d\theta}} = \frac{6\sin\theta}{6(1 - \cos\theta)} = \frac{\sin\theta}{1 - \cos\theta}$$

이므로, $\theta = \dfrac{\pi}{3}$인 점에서의 접선의 기울기는

$$m = \frac{dy}{dx} = \frac{\sin\dfrac{\pi}{3}}{1 - \cos\dfrac{\pi}{3}} = \sqrt{3}$$

이다. 그리고 $\theta = \dfrac{\pi}{3}$일 때의 점의 위치를 구하면

$$x = 6\left(\frac{\pi}{3} - \sin\frac{\pi}{3}\right) = 2\pi - 3\sqrt{3},$$

$$y = 6\left(1 - \cos\frac{\pi}{3}\right) = 3$$

이다. 따라서 이 접선의 방정식은 다음과 같다.

$$y = \sqrt{3}\left(x - 2\pi + 3\sqrt{3}\right) + 3$$

매개변수방정식에서 이계도함수 $\dfrac{d^2 y}{dx^2}$는 식 (11.4)에서 y 대신 $\dfrac{dy}{dx}$을 대입함으로써 다음과 같이 구할 수 있다.

$$\frac{d^2 y}{dx^2} = \frac{d}{dx}\left(\frac{dy}{dx}\right) = \frac{\dfrac{d}{dt}\left(\dfrac{dy}{dx}\right)}{\dfrac{dx}{dt}}$$

예제 11.5 매개변수방정식 $x = \dfrac{6t}{1+t^3}$, $y = \dfrac{6t^2}{1+t^3}$에 의해 나타나는 곡선 C에 대하여 다음을 구하여라(그림 11.3 참조).

(1) 곡선 C 위의 점 $(3, 3)$에서의 접선의 방정식

(2) 접선이 수평인 곡선 C 위의 점들

(3) 곡선 C가 위로 오목인 t의 범위

[풀이] (1) $t = 1$일 때 $(x, y) = (3, 3)$이고

$$\frac{dy}{dx} = \frac{\dfrac{dy}{dt}}{\dfrac{dx}{dt}} = \frac{\dfrac{12t(1+t^3) - 6t^2(3t^2)}{(1+t^3)^2}}{\dfrac{6(1+t^3) - 6t(3t^2)}{(1+t^3)^2}} = \frac{t(2 - t^3)}{1 - 2t^3}$$

이므로, 점 $(3, 3)$에서의 접선의 기울기는

$$m = \frac{dy}{dx}\bigg|_{t=1} = -1$$

이다. 따라서 $(3, 3)$에서의 접선의 방정식은 $y = -x + 6$이다.

(2) 곡선 C가 수평접선을 가지면 $\dfrac{dy}{dx} = 0$이 성립하므로 $t(2 - t^3) = 0$이 되어야 한다. 따라서 $t = 0$와 $\sqrt[3]{2}$일 때, 즉 $(0, 0)$과 $\left(2\sqrt[3]{2},\ 2\sqrt[3]{4}\right)$에서 수평접선을 갖는다.

(3) 곡선 C에서 위로 오목인 구간을 구하기 위하여 매개변수방정식에 대한 이계도함수를 구하면

$$\frac{d^2 y}{dx^2} = \frac{\dfrac{d}{dt}\left(\dfrac{dy}{dx}\right)}{\dfrac{dx}{dt}} = \frac{\dfrac{(2 - 4t^3)(1 - 2t^3) - t(2 - t^3)(-6t^2)}{(1 - 2t^3)^2}}{\dfrac{6(1+t^3) - 6t(3t^2)}{(1+t^3)^2}} = \frac{(1 + t^3)^4}{3(1 - 2t^3)^3}$$

이다. 따라서 $1 - 2t^3 > 0$일 때 $\dfrac{d^2y}{dx^2} > 0$이므로, $t < \dfrac{1}{\sqrt[3]{2}}$ $(t \neq -1)$일 때 곡선 C는 위로 오목하다. ∎

연습문제 11.1

1. 다음 매개변수방정식이 나타내는 곡선의 개형을 그리고, 매개변수를 소거하여 직교방정식으로 나타내어라.

   (1) $x = 1 + t$, $y = 2 + 3t$ (2) $x = 3 - t$, $y = t^2 - 2$

   (3) $x = \sin\theta$, $y = \cos\theta$ (4) $x = 2\cos\theta$, $y = 3\sin\theta$

   (5) $x = \sec\theta$, $y = \tan\theta$ (6) $x = \cos^2\theta$, $y = \cos\theta\sin\theta$

2. 다음 매개변수방정식에 대하여 $\dfrac{dy}{dx}$, $\dfrac{d^2y}{dx^2}$를 구하여라.

   (1) $x = t^3 + 1$, $y = t^2 + 1$ (2) $x = \dfrac{1}{t - 1}$, $y = \dfrac{t}{t^2 - 1}$

   (3) $x = \dfrac{2}{1 + t^2}$, $y = \dfrac{2}{t(1 + t^2)}$ (4) $x = 1 - \ln t$, $y = t - \ln t$

   (5) $x = \cos\theta$, $y = \sin\theta$ (6) $x = \theta - \sin\theta$, $y = 1 - \cos\theta$

3. 다음 매개변수방정식 곡선에서 주어진 점에서의 접선의 방정식을 구하여라.

   (1) $x = t^2 - 2t$, $y = t^3 - 3t$; $t = 2$ (2) $x = e^t$, $y = 2e^{-t}$; $t = 0$

4. 다음 매개변수방정식 곡선에서 극대점, 극소점이 되는 매개변수 t의 값을 구하여라.

   (1) $x = t^2 + 3t + 2$, $y = t^2 - 1$ (2) $x = 3\cos t$, $y = 4\sin t$

5. 다음 곡선을 나타내는 매개변수방정식을 구하고, 그 곡선의 개형을 그려라.

   (1) $x^2 + y^3 = 4xy$ (2) $x^2 + 2xy + 4y^2 = 8x$

6. 구간 $[a, b]$에서 곡선 $y = F(x)$와 x축 사이에 놓이는 영역의 넓이는

$$A = \int_a^b F(x)\,dx$$

로 주어진다. 곡선 $y = F(x)$가 매개변수방정식 $x = f(t)$, $y = g(t)$ $(\alpha \leq t \leq \beta)$로 나타낼

수 있을 때는 영역의 넓이를 다음과 같은 방법으로도 구할 수 있다.

$$A = \int_a^b y \, dx = \int_\alpha^\beta g(t) f'(t) \, dt$$

(1) 타원의 매개변수방정식을 이용하여 타원 $\dfrac{x^2}{a^2} + \dfrac{y^2}{b^2} = 1$ 내부 영역의 넓이를 구하여라.

(2) 사이클로이드

$$x = 6(\theta - \sin\theta), \quad y = 6(1 - \cos\theta)$$

의 한 반원형 호와 x축 사이에 놓이는 영역의 넓이를 구하여라.

2절 매개변수방정식에 대한 곡선의 길이

이 절에서는 매개변수방정식

$$x = f(t), \quad y = g(t), \quad a \le t \le b$$

로 주어지는 곡선 C의 길이를 구하는 방법에 대해 알아본다.

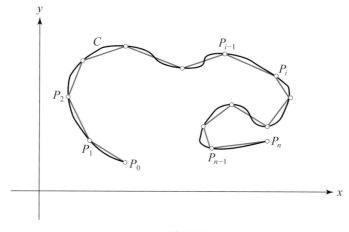

그림 11.5

먼저, 구간 $[a, b]$의 분할

$$P : a = t_0 < t_1 < t_2 < \cdots < t_n = b$$

에 대하여, 각 분할점 t_i에 대응하는 곡선 C 위의 점을 $P_i = \big(f(t_i), g(t_i)\big)$라고 하자. 각 소구

간의 길이가 모두 충분히 작으면, 곡선 C의 길이는

$$L \approx \sum_{i=1}^{n} |P_{i-1}P_i|$$

이다. 이제 이웃하는 두 점 P_{i-1}과 P_i 사이의 거리는

$$|P_{i-1}P_i| = \sqrt{(f(t_i) - f(t_{i-1}))^2 + (g(t_i) - g(t_{i-1}))^2}$$

이므로, 각 소구간 $[t_{i-1}, t_i]$에서 함수 f와 g에 대해 평균값 정리를 각각 적용하면, 구간 (t_{i-1}, t_i) 안에 적당한 점 c_i^*와 d_i^*가 존재하여

$$f(t_i) - f(t_{i-1}) = f'(c_i^*)(t_i - t_{i-1}) = f'(c_i^*)\Delta t_i$$

$$g(t_i) - g(t_{i-1}) = g'(d_i^*)(t_i - t_{i-1}) = g'(d_i^*)\Delta t_i$$

가 된다. 따라서

$$|P_{i-1}P_i| = \sqrt{(f'(c_i^*)\Delta t_i)^2 + (g'(d_i^*)\Delta t_i)^2} = \sqrt{(f'(c_i^*))^2 + (g'(d_i^*))^2}\,\Delta t_i$$

이므로

$$L \approx \sum_{i=1}^{n} |P_{i-1}P_i| = \sum_{i=1}^{n} \sqrt{(f'(c_i^*))^2 + (g'(d_i^*))^2}\,\Delta t_i$$

가 성립한다. 도함수 $f'(t)$와 $g'(t)$가 구간 $[a, b]$에서 연속이면, $\|P\| \to 0$일 때 극한 $\sum_{i=1}^{n} \sqrt{(f'(c_i^*))^2 + (g'(d_i^*))^2}\,\Delta t_i$이 수렴하고, 곡선의 길이는

$$L = \int_a^b \sqrt{(f'(t))^2 + (g'(t))^2}\,dt$$

로 주어진다.

정리 11.2 **매개변수방정식으로 주어지는 곡선의 길이**

곡선 C가 매개변수방정식

$$x = f(t), \quad y = g(t), \quad a \le t \le b$$

로 주어지고, 도함수 $f'(t)$와 $g'(t)$가 구간 $[a, b]$에서 연속이면 곡선 C의 길이는

$$L = \int_a^b \sqrt{\left(\frac{dx}{dt}\right)^2 + \left(\frac{dy}{dt}\right)^2}\,dt \tag{11.5}$$

이다.

예제 11.6 반지름이 r인 원의 둘레의 길이를 구하여라.

[풀이] 반지름이 r인 원은 매개변수방정식으로

$$x = r\cos t, \quad y = r\sin t, \quad 0 \le t \le 2\pi$$

로 나타낼 수 있다.

$$\frac{dx}{dt} = -r\sin t, \quad \frac{dy}{dx} = r\cos t$$

이므로, 원주의 길이는

$$L = \int_0^{2\pi} \sqrt{(-r\sin t)^2 + (r\cos t)^2}\, dt = \int_0^{2\pi} r\, dt = 2\pi r$$

이다. ∎

예제 11.7 사이클로이드 $x = r(\theta - \sin\theta)$, $y = r(1 - \cos\theta)$의 한 반원형 호의 길이를 구하여라.

[풀이] 사이클로이드의 한 반원형 호에 대한 θ의 범위는 $0 \le \theta \le 2\pi$이고

$$\frac{dx}{d\theta} = r(1 - \cos\theta), \quad \frac{dy}{d\theta} = r\sin\theta$$

이므로, 한 반원형 호의 길이는

$$L = \int_0^{2\pi} \sqrt{\left(\frac{dx}{d\theta}\right)^2 + \left(\frac{dy}{d\theta}\right)^2}\, d\theta$$

$$= \int_0^{2\pi} \sqrt{r^2(1 - \cos\theta)^2 + r^2\sin^2\theta}\, d\theta$$

$$= r\int_0^{2\pi} \sqrt{2(1 - \cos\theta)}\, d\theta$$

이다. 위 적분에서 삼각함수의 반각 공식을 이용하면

$$\sqrt{2(1 - \cos\theta)} = \sqrt{4\sin^2\frac{\theta}{2}} = 2\sin\frac{\theta}{2}$$

이므로, 구하는 곡선의 길이는

$$L = 2r \int_0^{2\pi} \sin \frac{\theta}{2} \, d\theta = 2r \left[-2 \cos \frac{\theta}{2} \right]_0^{2\pi} = 8r$$

이다.　　　　　　　　　　　　　　　　　　　　　　　　　　　　　　　　　■

연습문제 11.2

1. 매개변수방정식 $x = t$, $y = t^2$; $0 \leq t \leq 2$로 주어지는 곡선의 길이를 구하여라.

2. 매개변수방정식 $x = t^2$, $y = t^3$; $0 \leq t \leq 1$로 주어지는 곡선의 길이를 구하여라.

3. 매개변수방정식 $x = \theta - \sin\theta$, $y = 1 - \cos\theta$; $0 \leq \theta \leq 2\pi$로 주어지는 곡선의 길이를 구하여라.

4. 매개변수방정식 $x = \cos^2\theta$, $y = \cos\theta\sin\theta$; $0 \leq \theta \leq 2\pi$로 주어지는 곡선의 길이를 구하여라.

5. 매개변수방정식 $x = \cos^3\theta$, $y = \sin^2\theta$; $0 \leq \theta \leq 2\pi$로 주어지는 곡선의 길이를 구하여라.

6. 곡선 C가 매개변수방정식 $x = f(t)$, $y = g(t) \geq 0$, $a \leq t \leq b$로 주어지고, 도함수 $f'(t)$와 $g'(t)$가 구간 $[a, b]$에서 연속일 때, 곡선 C를 x축 둘레로 회전시킬 때 생기는 회전곡면의 넓이는 다음과 같다.

$$A = \int_a^b 2\pi y \sqrt{\left(\frac{dx}{dt}\right)^2 + \left(\frac{dy}{dt}\right)^2} \, dt$$

(1) 반지름이 r인 구면의 넓이를 구하여라.

(2) 타원 $x = a\cos\theta$, $y = b\sin\theta$을 x축 둘레로 회전시킬 때 생기는 회전곡면의 넓이를 구하여라.

(3) 사이클로이드 $x = 2(\theta - \sin\theta)$, $y = 2(1 - \cos\theta)$의 한 반원형 호를 x축 둘레로 회전시킬 때 생기는 회전곡면의 넓이를 구하여라.

3절 극좌표

평면상의 점의 위치를 각도와 거리를 이용하여 나타내는 것이 극좌표계다. 두 점 사이의 관계가 각이나 거리로 쉽게 표현되는 경우에는 극좌표계가 직교좌표계보다 편리하다. 이 절에서는 극좌표계를 이용하여 평면 위의 도형들을 나타내는 방법을 공부하고, 직교좌표계와 극좌표계 사이의 전환관계에 대해 알아본다.

평면에서 **극점**(또는 원점)이라 불리는 한 점 O를 잡고, 점 O로부터 시작하는 반직선 OX를 그리고, 이것을 극축이라 하자. 평면상의 점 P의 위치는 거리 $r = |OP|$와 극축과 직선 OP 사이의 각 θ를 알면 구할 수 있다. 이때 순서쌍 (r, θ)를 점 P의 **극좌표**(polar coordinates)라 한다. 관습적으로 θ는 극축을 기준선으로 하여 시계바늘이 도는 반대방향으로 측정되면 양의 각이고, 시계바늘이 도는 방향으로 측정되면 음의 각이다.

직교좌표계와는 다르게, 극좌표계에서는 주어진 점에 대한 각은 유일하게 결정되는 것은 아니다. 예를 들어 $P(r, \theta) = P\left(2, \frac{\pi}{4}\right)$인 점은 $P(r, \theta) = P\left(2, -\frac{7\pi}{4}\right)$으로도 나타낼 수 있다. 그리고 극좌표계에서는

$$P(-r, \theta) = P(r, \theta + \pi)$$

로 정의하여, r이 음수인 경우까지 확장하여 정의할 수 있다. 점 $P\left(-1, \frac{\pi}{4}\right)$는 $P\left(1, \frac{\pi}{4}\right)$의 원점에 대해 대칭인 점 $P\left(1, \frac{5\pi}{4}\right)$를 나타낸다.

극축을 그림 11.6에서처럼 직교좌표계의 양의 x축과 일치시키면, 극좌표 (r, θ)와 직교좌표 (x, y) 사이의 관계는 다음과 같다.

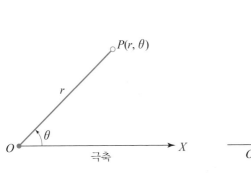
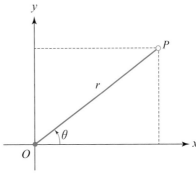

그림 11.6

$$x = r\cos\theta, \qquad y = r\sin\theta$$

위 식을 이용하면 극좌표계를 직교좌표계로 변환할 수 있다. 직교좌표계를 극좌표계로 변환할 때는 다음의 관계식을 이용할 수 있다.

$$r^2 = x^2 + y^2, \qquad \tan\theta = \frac{y}{x}$$

예3 극좌표가 $(r,\,\theta) = \left(2,\,\dfrac{\pi}{6}\right)$인 점을 직교좌표로 나타내면

$$(x,\,y) = \left(2\cos\frac{\pi}{6},\, 2\sin\frac{\pi}{6}\right) = (\sqrt{3},\,1)$$

이 된다. ■

예4 직교좌표로 $(x,\,y) = (1,\,1)$인 점을 극좌표로 나타내기 위해

$$r^2 = x^2 + y^2 = 2,$$

$$\theta = \tan^{-1}\frac{y}{x} = \tan^{-1}1 = \frac{\pi}{4}$$

를 이용하면, $r = \sqrt{2}$에 해당하는 각은

$$\frac{\pi}{4},\ \frac{\pi}{4} \pm 2\pi,\ \frac{\pi}{4} \pm 4\pi,\ \cdots$$

$r = -\sqrt{2}$에 해당하는 각은

$$-\frac{3\pi}{4},\ -\frac{3\pi}{4} \pm 2\pi,\ -\frac{3\pi}{4} \pm 4\pi,\ \cdots$$

이다. 따라서 주어진 점을 나타내는 극좌표는 다음과 같다.

$$\left(\sqrt{2},\,\frac{\pi}{4} + 2n\pi\right)\text{와}\left(-\sqrt{2},\,-\frac{3\pi}{4} + 2n\pi\right) \qquad (n = 0,\ \pm1,\ \pm2,\ \cdots)$$ ■

극좌표계에서의 $r,\,\theta$로 나타내어진 방정식 $r = f(\theta)$ 또는 $F(r,\,\theta) = 0$을 극방정식이라고 한다.

예제 11.8 원 $(x-1)^2 + y^2 = 1$에 대한 극방정식을 구하여라.

[풀이] 주어진 식의 좌변을 전개하여 정리하면

$$x^2 + y^2 - 2x = 0$$

이 된다. 여기서 $x = r\cos\theta$, $y = r\sin\theta$를 대입하면

$$r^2 - 2r\cos\theta = 0$$

이므로, 주어진 원을 나타내는 극방정식은 $r = 2\cos\theta$이다. ∎

예제 11.9 극방정식 $r = \dfrac{1}{1 + \cos\theta}$을 직교방정식으로 나타내어라.

[풀이] 주어진 극방정식을 변형하면 $r = 1 - r\cos\theta$이므로, 양변을 제곱하면

$$r^2 = (1 - r\cos\theta)^2$$

이 성립한다. $r^2 = x^2 + y^2$와 $x = r\cos\theta$의 관계식을 이용하면

$$x^2 + y^2 = (1 - x)^2$$

이므로, 위 식을 정리하면 직교방정식 $y^2 = -2x + 1$을 얻을 수 있다. ∎

연습문제 11.3

1. 직교좌표로 주어진 다음 점들의 극좌표 (r, θ)를 $r > 0$, $0 \le \theta < 2\pi$ 범위에서 구하여라.

   (1) $(1, 1)$ \qquad\qquad (2) $(2\sqrt{3}, -2)$

   (3) $(0, 1)$ \qquad\qquad (4) $\left(\dfrac{1}{2}, \dfrac{\sqrt{3}}{2}\right)$

2. 극좌표로 주어진 다음 점들의 직교좌표 (x, y)를 구하여라.

   (1) $\left(1, \dfrac{\pi}{2}\right)$ \qquad\qquad (2) $\left(\sqrt{2}, \dfrac{\pi}{4}\right)$

   (3) $\left(-2, \dfrac{\pi}{3}\right)$ \qquad\qquad (4) $\left(-\sqrt{2}, \dfrac{\pi}{6}\right)$

3. 다음 직교방정식을 극방정식으로 나타내어라.

   (1) $x = 1$ \qquad\qquad (2) $y = 2$

   (3) $x^2 + y^2 = 4$ \qquad\qquad (4) $y = x$

(5) $x^2 = 4y + 4$ (6) $x^2 + (y - 2)^2 = 4$

4. 다음 극방정식을 직교방정식으로 나타내어라.

(1) $r = 4$ (2) $\theta = \dfrac{\pi}{3}$

(3) $r = \sec\theta$ (4) $r = 2\sin\theta$

(5) $r = \cos\theta$ (6) $r\cos\left(\theta + \dfrac{\pi}{6}\right) = 2$

(7) $r = \dfrac{1}{1 - \cos\theta}$ (8) $r = \dfrac{1}{1 + \sin\theta}$

4절   극방정식의 그래프

극방정식 $r = f(\theta)$, 보다 일반적으로 $F(r, \theta) = 0$의 그래프는 주어진 극방정식을 만족하는 점 (r, θ)들로 구성되는 곡선이다. 이 절에서는 다양한 형태의 극방정식의 그래프를 그리는 방법에 대하여 공부한다.

예제 11.10 다음 극방정식이 나타내는 곡선을 그려라.

(1) $r = 2$ (2) $\theta = \dfrac{\pi}{4}$

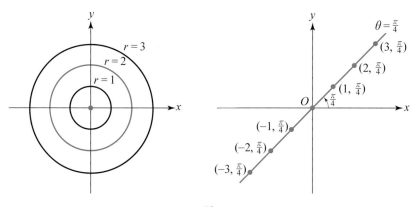

그림 11.7

[풀이] (1) 극방정식 $r = 2$가 나타내는 곡선은 $(2, \theta)$꼴의 모든 점들로 이루어져 있고, 극좌표계에서 r의 값은 원점까지의 거리를 표시하므로 곡선 $r = 2$는 중심이 O, 반지름이

2인 원을 나타낸다.

(2) 극방정식 $\theta = \dfrac{\pi}{4}$가 나타내는 곡선은 $\left(r, \dfrac{\pi}{4} \right)$꼴의 모든 점으로 구성되므로, 원점을 지나며 극축과 이루는 각이 $\dfrac{\pi}{4}$인 직선이다. 이 직선 위의 점들은 $r > 0$일 때는 제1사분면에 놓이고, $r < 0$일 때는 제3사분면에 놓인다. ■

일반적인 극방정식의 그래프의 개형을 그리기 위해서는 $r = f(\theta)$를 계산하기 편리한 몇 개의 θ값에 대하여 r의 값을 구하고, 이에 대응하는 점 (r, θ)를 좌표평면에 나타낸다. 그리고 이 점들을 연결하여 곡선을 그리면 된다.

예제 11.11 극방정식 $r = \sin\theta$의 그래프를 그리고, 이 곡선에 대한 직교방정식을 구하여라.

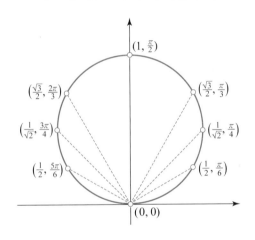

그림 11.8 원 $r = \sin\theta$

[풀이] 극방정식 $r = f(\theta) = \sin\theta$에서 $f(\theta)$를 계산하기에 편리한 몇 개의 θ값에 대하여 r의 값을 구하여 표를 만들면 다음과 같다.

θ	0	$\dfrac{\pi}{6}$	$\dfrac{\pi}{4}$	$\dfrac{\pi}{3}$	$\dfrac{\pi}{2}$	$\dfrac{2\pi}{3}$	$\dfrac{3\pi}{4}$	$\dfrac{5\pi}{6}$	π
r	0	$\dfrac{1}{2}$	$\dfrac{1}{\sqrt{2}}$	$\dfrac{\sqrt{3}}{2}$	1	$\dfrac{\sqrt{3}}{2}$	$\dfrac{1}{\sqrt{2}}$	$\dfrac{1}{2}$	0

여기에서 구간 $0 \le \theta \le \pi$만 고려해도 충분한 것은 $\sin(\theta + \pi) = -\sin\theta$의 관계에 의해

$$(f(\theta + \pi),\ \theta + \pi) = (-f(\theta),\ \theta + \pi) = (f(\theta),\ \theta)$$

이므로, 구간 $0 \le \theta \le \pi$와 $\pi \le \theta \le 2\pi$에서 나타나는 곡선은 서로 같기 때문이다. 이

표에서 구한 점을 연결하여 곡선을 그리면 원이 됨을 짐작할 수 있다. 실제로 주어진 극방정식을 식교방정식으로 바꾸어 보면 이를 확인할 수 있다. 먼저 극방정식 $r = \sin\theta$ 의 양변에 r를 곱하면 $r^2 = r\sin\theta$를 얻는다. 여기서 $r^2 = x^2 + y^2$과 $y = r\sin\theta$의 관계식을 이용하면 직교방정식

$$x^2 + y^2 = y \quad 즉 \quad x^2 + \left(y - \frac{1}{2}\right)^2 = \frac{1}{4}$$

을 얻는다. 즉 이 극곡선은 중심이 $\left(0, \frac{1}{2}\right)$이고 반지름이 $\frac{1}{2}$인 원을 나타냄을 알 수 있다. ■

예제 11.12 극방정식 $r = \sin 2\theta$의 그래프를 그려라.

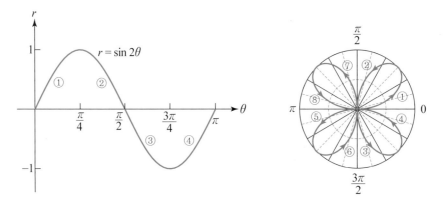

그림 11.9 4엽장미 곡선 $r = \sin 2\theta$

[풀이] 주어진 극방정식이 나타내는 곡선을 알아보기 위하여 먼저 직교좌표계에서 $r = f(\theta)$ $= \sin 2\theta$의 그래프를 그린다(그림 11.9의 왼쪽 그림). 구간 $0 \le \theta \le \frac{\pi}{4}$에서 $f(\theta)$는 0 에서 1로 증가하는 함수이므로, 이에 대응하는 부분을 극좌표계에서 그리면 각이 0에서 $\frac{\pi}{4}$로 증가함에 따라 원점으로부터의 거리는 0에서 1로 증가함을 알 수 있다(그림에서 ①에 해당). 같은 방법으로 구간 $\frac{\pi}{4} \le \theta \le \frac{\pi}{2}$에 해당하는 곡선을 그리면, 각이 $\frac{\pi}{4}$ 에서 $\frac{\pi}{2}$로 증가함에 따라 원점으로부터의 거리는 1에서 0으로 감소함을 알 수 있다(그림에서 ②에 해당). 구간 $\frac{\pi}{2} \le \theta \le \frac{3\pi}{4}$에서 r의 값이 0에서 −1로 감소하고 그 값이 음수이므로, 각이 증가함에 따라 원점으로부터의 거리는 증가하나, 이 곡선은 제2사분면에 놓이지 않고 원점에 대해 대칭인 제4사분면에 놓인다(그림에서 ③에 해당). 유사한

방법으로 구간 $\dfrac{3\pi}{4} \le \theta \le \pi$에 해당하는 부분의 곡선을 그린다. 구간 $\pi \le \theta \le 2\pi$에서 $\sin 2(\theta + \pi) = \sin 2\theta$의 관계에 의해

$$\left(f(\theta + \pi),\ \theta + \pi \right) = \left(f(\theta),\ \theta + \pi \right) = \left(-f(\theta),\ \theta \right)$$

이므로, 구간 $\pi \le \theta \le 2\pi$에서 나타나는 곡선은 구간 $0 \le \theta \le \pi$에서 나타나는 곡선을 원점에 대하여 대칭이동하여 구할 수 있다. 이렇게 하여 완성된 곡선은 4개의 고리를 가지고 있으며, 이 곡선을 4엽장미 곡선이라고 부른다. ■

예제 11.13 극방정식 $r = 1 + \cos\theta$의 그래프를 그려라.

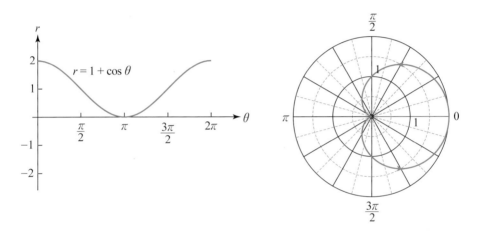

그림 11.10 심장형 곡선 $r = 1 + \cos\theta$

[풀이] 예제 11.12에서처럼 직교좌표계에서 $r = f(\theta) = 1 + \cos\theta$의 그래프를 그려보면, 구간 $0 \le \theta \le \pi$에서 $f(\theta)$는 2에서 0으로 감소하는 함수이고, 구간 $\pi \le \theta \le 2\pi$에서 $f(\theta)$는 0에서 2로 증가하는 함수임을 알 수 있다(그림 11.10의 왼쪽 그림). 이를 이용하여 극방정식의 그래프를 그리면 각 θ가 0에서 π로 증가함에 따라 원점으로부터의 거리 r는 2에서 0으로 감소하고, 그 이후 θ가 2π가 될 때까지 r이 증가함을 알 수 있다. 이렇게 하여 그려진 곡선은 심장과 유사한 모습을 가지는데, 이 곡선을 심장형 곡선(cardioid)이라 부른다. ■

참고 2 예제 11.13의 심장형 곡선은 리마송(limacon) $r = 1 + b\cos\theta$에서 $b = 1$인 경우이다. 그림 11.11은 b의 값에 따라 리마송의 형태가 변하는 모습을 보여주고 있다. $b = 1$

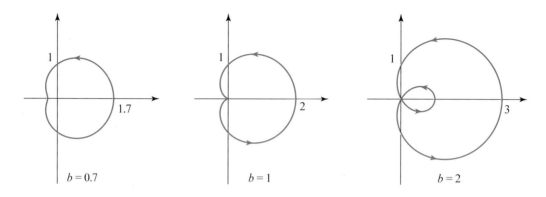

그림 11.11 리마송 $r = 1 + b\cos\theta$

을 기준으로 그 전후의 모습을 살펴보면, b의 값이 1로 증가함에 따라 오목한 곳이 점점 뾰족해진다. $b = 1$일 때 심장형 곡선이 되고, b의 값이 1을 지나면서 이 뾰족한 점이 내부의 고리로 바뀌는 것을 알 수 있다.

참고 3 그림 11.12에서 곡선 $r^2 = 4\sin 2\theta$를 그릴 때 $\dfrac{\pi}{2} < \theta < \pi$, $\dfrac{3\pi}{2} < \theta < 2\pi$인 θ에 대해서는 $\sin 2\theta < 0$이므로, 주어진 극방정식을 만족하는 r가 존재하지 않는다. 따라서 이 경우에는 극방정식의 그래프가 제2사분면과 제4사분면에서는 나타나지 않는다.

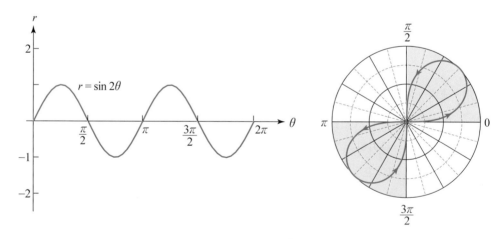

그림 11.12 연주형 곡선 $r^2 = 4\sin 2\theta$

이 책에서 자주 사용되는 극방정식의 유형과 그 그래프를 정리하면 다음과 같다.

심장형 $r = a(1 \pm \sin\theta), \quad r = a(1 \pm \cos\theta)$

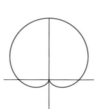 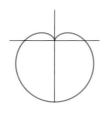 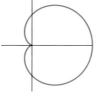 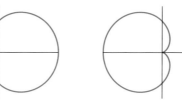

$r = 1 + \sin\theta$ $r = 1 - \sin\theta$ $r = 1 + \cos\theta$ $r = 1 - \cos\theta$

리마송 $r = a(1 \pm 2\sin\theta), \quad r = a(1 \pm 2\cos\theta)$

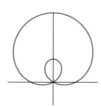 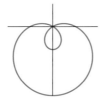 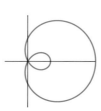 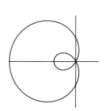

$r = 1 + 2\sin\theta$ $r = 1 - 2\sin\theta$ $r = 1 + 2\cos\theta$ $r = 1 - 2\cos\theta$

장미형 $r = a\sin n\theta, \quad r = a\cos n\theta$

$r = \sin 2\theta$ $r = \sin 3\theta$ $r = \cos 2\theta$ $r = \cos 3\theta$

원 $r = a\sin\theta, \quad r = a\cos\theta$ 연주형 $r^2 = a\sin 2\theta, \quad r^2 = a\cos 2\theta$

$r = \sin\theta$ $r = \cos\theta$ $r^2 = \sin 2\theta$ $r^2 = \cos 2\theta$

그림 11.13

점 $P(r, \theta)$가 극방정식

$$r = f(\theta) \tag{11.6}$$

가 나타내는 곡선 C 위의 한 점이라 하자. 점 P에서의 곡선의 기울기를 구하기 위하여, 점 P를 직교좌표로 나타내면

$$x = r\cos\theta = f(\theta)\cos\theta, \quad y = r\sin\theta = f(\theta)\sin\theta$$

이다. 위 식은 매개변수가 θ인 매개변수방정식으로 생각할 수 있고

$$\frac{dx}{d\theta} = \frac{dr}{d\theta}\cos\theta - r\sin\theta$$

$$\frac{dy}{d\theta} = \frac{dr}{d\theta}\sin\theta + r\cos\theta$$

이다. 따라서 곡선의 기울기는 다음과 같이 주어진다.

$$\frac{dy}{dx} = \frac{\dfrac{dy}{d\theta}}{\dfrac{dx}{d\theta}} = \frac{\dfrac{dr}{d\theta}\sin\theta + r\cos\theta}{\dfrac{dr}{d\theta}\cos\theta - r\sin\theta} \tag{11.7}$$

예제 11.14 극방정식 $r = 1 + \sin\theta$에서 $\theta = \dfrac{2\pi}{3}$일 때 접선의 기울기를 구하여라.

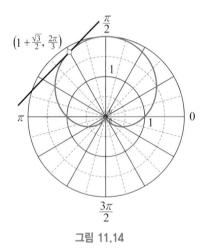

그림 11.14

[풀이] 식 (11.7)을 이용하면

$$\frac{dy}{dx} = \frac{\dfrac{dy}{d\theta}}{\dfrac{dx}{d\theta}} = \frac{\dfrac{dr}{d\theta}\sin\theta + r\cos\theta}{\dfrac{dr}{d\theta}\cos\theta - r\sin\theta}$$

$$= \frac{\cos\theta\sin\theta + (1+\sin\theta)\cos\theta}{\cos\theta\cos\theta - (1+\sin\theta)\sin\theta}$$

이므로, $\theta = \dfrac{2\pi}{3}$일 때 접선의 기울기는

$$m = \frac{-\dfrac{1}{2}\cdot\dfrac{\sqrt{3}}{2} + \left(1+\dfrac{\sqrt{3}}{2}\right)\cdot\left(-\dfrac{1}{2}\right)}{\dfrac{1}{2}\cdot\dfrac{1}{2} - \left(1+\dfrac{\sqrt{3}}{2}\right)\dfrac{\sqrt{3}}{2}}$$

$$= \frac{-\sqrt{3} - (2+\sqrt{3})}{1 - (2+\sqrt{3})\sqrt{3}} = 1$$

이다. ∎

연습문제 11.4

1. 다음 곡선의 개형을 그려라.

(1) $r = 4$ (2) $\theta = \dfrac{\pi}{3}$

(3) $r = \theta$ (4) $r = \sin 4\theta$

(5) $r = 1 + 2\cos\theta$ (6) $r = 2 + \sin\theta$

(7) $r = \cos\theta$ (8) $r^2 = 4\cos 2\theta$

2. 극방정식 $r = 2\cos\theta$이 나타내는 곡선이 점 $(1, 0)$을 중심으로 하고 반지름이 1인 원임을 보여라.

3. 다음 직교방정식을 극방정식으로 나타내어라.

(1) $y = 3$ (2) $2xy = 1$

4. 주어진 점에서의 접선의 기울기를 구하여라.

(1) $r = \tan\theta$; $\theta = \dfrac{\pi}{4}$ (2) $r = 1 + \sin\theta$; $\theta = \dfrac{\pi}{3}$

(3) $r = \cos 2\theta$; 원점   (4) $r = 4\sin\theta$; $\theta = \dfrac{\pi}{6}$

5절 극좌표계에서의 넓이와 길이

이 절에서는 극방정식으로 주어진 영역의 넓이와 곡선의 길이를 구하는 방법에 관해 알아본다. 먼저 반지름이 r, 중심각이 $\Delta\theta$인 부채꼴의 넓이를 ΔA라고 하면 비례식 $\Delta\theta : 2\pi = \Delta A : \pi r^2$에 의해

$$\Delta A = \pi r^2 \frac{\Delta\theta}{2\pi} = \frac{1}{2} r^2 \Delta\theta \tag{11.8}$$

임을 알 수 있다.

그림 11.15에서 R을 곡선 $r = f(\theta)$와 반직선들 $\theta = \alpha$와 $\theta = \beta$로 둘러싸인 영역이라 하자. 여기서 함수 f는 연속이며 양의 값을 갖는 것으로 가정한다. $P = \{\theta_0,\ \theta_1,\ \cdots,\ \theta_n\}$을 구간 $\alpha \le \theta \le \beta$의 분할이라 하면, 반직선들 $\theta = \theta_i$는 영역 R를 n개의 소영역들로 나누고, 분할 P에 의한 각 소영역의 중심각은 $\Delta\theta_i = \theta_i - \theta_{i-1}$이다. 각 소구간 $[\theta_{i-1},\ \theta_i]$에서 한 점 θ_i^*를 택하면, i번째 소영역의 넓이 ΔA_i는 중심각이 $\Delta\theta_i$이고 반지름이 $f(\theta_i^*)$인 부채꼴의 넓이로 근사된다. 따라서 식 (11.8)로부터

$$\Delta A_i \approx \frac{1}{2}\big[f(\theta_i^*)\big]^2 \Delta\theta_i$$

이므로, 주어진 영역의 넓이는

$$A = \sum_{i=1}^{n} \Delta A_i \approx \sum_{i=1}^{n} \frac{1}{2}\big[f(\theta_i^*)\big]^2 \Delta\theta_i \tag{11.9}$$

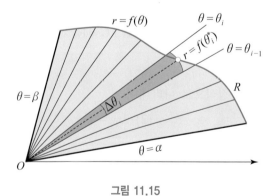

그림 11.15

이다. 함수 $f(\theta)$가 구간 $[\alpha, \beta]$에서 연속이므로, $\|P\| \to 0$일 때 극한 $\sum\limits_{i=1}^{n} \dfrac{1}{2}[f(\theta_i^*)]^2 \Delta\theta_i$가 수렴하고, 영역의 넓이는

$$A = \lim_{\|P\| \to 0} \sum_{i=1}^{n} \frac{1}{2}[f(\theta_i^*)]^2 \Delta\theta_i = \int_{\alpha}^{\beta} \frac{1}{2}[f(\theta)]^2 \, d\theta$$

이다.

정리 11.3 **극좌표에서의 넓이**

극방정식 $r = f(\theta)$에서 함수 f가 구간 $[\alpha, \beta]$에서 연속이고, $f(\theta) \geq 0$일 때
영역 $R = \{(r, \theta) \,|\, \alpha \leq \theta \leq \beta, \, 0 \leq r \leq f(\theta)\}$의 넓이는

$$A = \int_{\alpha}^{\beta} \frac{1}{2}\left[f(\theta)\right]^2 d\theta = \int_{\alpha}^{\beta} \frac{1}{2} r^2 \, d\theta$$

이다.

예제 11.15 4엽장미 곡선 $r = 2\cos 2\theta$에서 한 고리로 둘러싸인 부분의 넓이를 구하여라.

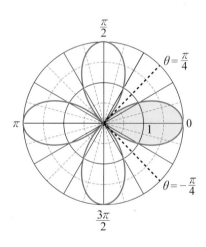

그림 11.16 사엽장미 곡선 $r = 2\cos 2\theta$

[풀이] 그림 11.16에서 색칠한 부분의 영역은 주어진 극곡선에서 $\theta = -\dfrac{\pi}{4}$부터 $\theta = \dfrac{\pi}{4}$까지에 해당하므로, 주어진 영역의 넓이를 구하면 다음과 같다.

$$A = \int_{-\frac{\pi}{4}}^{\frac{\pi}{4}} \frac{1}{2} r^2 \, d\theta$$

$$= \int_{-\frac{\pi}{4}}^{\frac{\pi}{4}} 2 \cos^2 2\theta \, d\theta$$

$$= \int_{-\frac{\pi}{4}}^{\frac{\pi}{4}} (1 + \cos 4\theta) \, d\theta$$

$$= \left[\theta + \frac{1}{4} \sin 4\theta \right]_{-\frac{\pi}{4}}^{\frac{\pi}{4}} = \frac{\pi}{2}$$ ∎

예제 11.16 원 $r = 3 \cos \theta$의 내부와 심장형 $r = 1 + \cos \theta$의 외부에 놓여 있는 영역의 넓이를 구하여라.

[풀이] 두 극곡선의 교점을 구하기 위하여

$$3 \cos \theta = 1 + \cos \theta$$

로 두면, $\cos \theta = \frac{1}{2}$이므로 $\theta = -\frac{\pi}{3}, \frac{\pi}{3}$이다(두 극곡선이 모두 원점을 지나므로 원점도 교점이 된다). 그림 11.17에서 보듯이 주어진 영역의 넓이는 $\theta = -\frac{\pi}{3}$와 $\theta = \frac{\pi}{3}$ 사이에 있는 원 내부의 넓이에서 $\theta = -\frac{\pi}{3}$와 $\theta = \frac{\pi}{3}$ 사이의 있는 심장형 곡선 내부의 넓이를 빼서 구할 수 있다. 따라서 주어진 영역의 넓이는

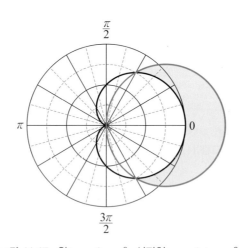

그림 11.17 원: $r = 3 \cos \theta$, 심장형: $r = 1 + \cos \theta$

$$A = \frac{1}{2} \int_{-\frac{\pi}{3}}^{\frac{\pi}{3}} (3\cos\theta)^2 \, d\theta - \frac{1}{2} \int_{-\frac{\pi}{3}}^{\frac{\pi}{3}} (1 + \cos\theta)^2 \, d\theta$$

$$= \frac{1}{2} \int_{-\frac{\pi}{3}}^{\frac{\pi}{3}} \left[(3\cos\theta)^2 - (1 + \cos\theta)^2 \right] d\theta$$

$$= \int_{0}^{\frac{\pi}{3}} \left(8\cos^2\theta - 2\cos\theta - 1 \right) d\theta$$

$$= \int_{0}^{\frac{\pi}{3}} \left(3 + 4\cos 2\theta - 2\cos\theta \right) d\theta$$

$$= \left[3\theta + 2\sin 2\theta - 2\sin\theta \right]_{0}^{\frac{\pi}{3}} = \pi$$

이다. ■

이제 극방정식 $r = f(\theta)\ (\alpha \le \theta \le \beta)$로 주어진 곡선의 길이를 구하는 방법에 대하여 알아보자. 극곡선 $r = f(\theta)$를 θ를 매개변수로 하는 곡선의 매개변수방정식

$$x = r\cos\theta = f(\theta)\cos\theta, \qquad y = r\sin\theta = f(\theta)\sin\theta$$

로 나타내고, 미분을 구하면

$$\frac{dx}{d\theta} = \frac{dr}{d\theta}\cos\theta - r\sin\theta, \qquad \frac{dy}{d\theta} = \frac{dr}{d\theta}\sin\theta + r\cos\theta$$

이므로

$$\left(\frac{dx}{d\theta} \right)^2 + \left(\frac{dy}{d\theta} \right)^2 = \left(\frac{dr}{d\theta} \right)^2 \cos^2\theta - 2r\frac{dr}{d\theta}\cos\theta\sin\theta + r^2\sin^2\theta$$

$$+ \left(\frac{dr}{d\theta} \right)^2 \sin^2\theta + 2r\frac{dr}{d\theta}\sin\theta\cos\theta + r^2\cos^2\theta$$

$$= \left(\frac{dr}{d\theta} \right)^2 + r^2$$

이다. 따라서 매개변수방정식에 대한 호의 길이의 공식 (11.5)를 적용하면, 극곡선의 길이는

$$L = \int_{\alpha}^{\beta} \sqrt{ \left(\frac{dx}{d\theta} \right)^2 + \left(\frac{dy}{d\theta} \right)^2 } \, d\theta = \int_{\alpha}^{\beta} \sqrt{ r^2 + \left(\frac{dr}{d\theta} \right)^2 } \, d\theta$$

로 주어진다.

정리 11.4 **극곡선의 길이**

극방정식 $r = f(\theta)$에서 도함수 $f'(\theta)$가 구간 $[\alpha, \beta]$에서 연속이면, 극곡선 $r = f(\theta)$ $(\alpha \le \theta \le \beta)$의 길이는 다음과 같다.

$$L = \int_\alpha^\beta \sqrt{r^2 + \left(\frac{dr}{d\theta}\right)^2}\, d\theta$$

예제 11.17 심장형 곡선 $r = 2(1 - \cos\theta)$의 길이를 구하여라.

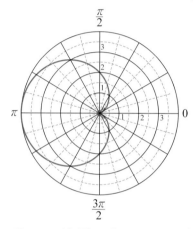

그림 11.18 심장형 곡선 $r = 2(1 - \cos\theta)$

[풀이] 주어진 곡선의 대칭성을 고려하여 길이를 구하면

$$
\begin{aligned}
L &= 2\int_0^\pi \sqrt{r^2 + \left(\frac{dr}{d\theta}\right)^2}\, d\theta \\
&= 2\int_0^\pi \sqrt{\left[2(1 - \cos\theta)\right]^2 + (2\sin\theta)^2}\, d\theta \\
&= 2\int_0^\pi \sqrt{8 - 8\cos\theta}\, d\theta \\
&= 4\sqrt{2}\int_0^\pi \sqrt{1 - \cos\theta}\, d\theta \\
&= 8\int_0^\pi \sin\frac{\theta}{2}\, d\theta \\
&= \left[-16\cos\frac{\theta}{2}\right]_0^\pi = 16
\end{aligned}
$$

이다(그림 11.18 참조). ■

연습문제 11.5

1. 다음 극곡선에 의해 둘러싸인 영역의 넓이를 구하여라.

   (1) $r = 1 + \sin\theta$ (2) $r = \cos\theta$

   (3) $r = 3 - \cos\theta$ (4) $r^2 = 4\sin 2\theta$

2. 다음 극곡선에서 하나의 고리로 둘러싸인 부분의 넓이를 구하여라.

   (1) $r = \sin 2\theta$ (2) $r = \sin 3\theta$

   (3) $r = \cos 4\theta$ (4) $r = 1 + 2\cos\theta$ (내부 고리)

3. 다음 영역의 넓이를 구하여라.

   (1) $r = 1$의 내부와 $r = \sin\theta$의 외부에 놓이는 영역

   (2) $r = 1$의 내부와 $r = 1 + \cos\theta$의 외부에 놓이는 영역

   (3) $r = 1 + \cos\theta$의 내부와 $r = \sin\theta$의 외부에 놓이는 영역

   (4) $r = \cos\theta$와 $r = \sin\theta$의 공통 내부 영역

   (5) $r = 1 + 2\cos\theta$의 큰 고리의 내부와 작은 고리의 외부에 놓이는 영역

4. 다음 극곡선의 길이를 구하여라.

   (1) $r = \theta$; $0 \le \theta \le 2\pi$

   (2) $r = \sin\theta$; $0 \le \theta \le 2\pi$

   (3) $r = 1 + \cos\theta$; $0 \le \theta \le 2\pi$

   (4) $r = \cos^2\dfrac{\theta}{2}$; $0 \le \theta \le 2\pi$

12장
공간과 벡터

DIFFERENTIAL AND INTEGRAL CALCULUS

벡터는 물리학이나 공학에서 유용하게 쓰이는 중요한 수학적 도구 가운데 하나이다. 공간에서 기하학적인 문제를 다룰 때 벡터의 개념을 이용하면 문제를 단순화시킬 수 있을 뿐만 아니라 계산의 효율을 높일 수 있다. 이 장에서는 벡터의 수학적 구조에 대해 알아보고, 벡터를 이용하여 공간에서 직선, 평면 및 곡면을 나타내고 이와 관련하여 점과 직선, 점과 평면 사이의 거리 문제 등을 공부하기로 한다.

1절 삼차원 좌표계

평면에서 한 점의 위치를 결정하기 위해서 두 수의 순서쌍 (a, b)가 필요했던 것처럼 공간에서 한 점의 위치를 결정하기 위해서는 세 수의 순서쌍 (a, b, c)가 필요하다. 이를 위해서 고정된 한 점 O와 O를 지나는 방향을 갖는 서로 수직인 세 직선을 선택한다. 이때 고정된 점 O를 원점, 세 직선을 좌표축(coordinate axes)이라고 하고 각각을 x축, y축, z축이라고 부른다. z축의 양의 방향은 오른손의 법칙에 의해 결정된다. 즉, 엄지를 제외한 오른손 네 손가락을 x축의 양의 방향에서 y축의 양의 방향으로 회전할 때 오른손 엄지손가락이 향하는 방향을 z축의 양의 방향으로 정한다.

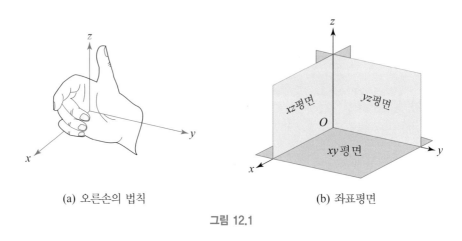

(a) 오른손의 법칙　　　　　　　　　　　　(b) 좌표평면

그림 12.1

두 개의 좌표축을 포함하는 평면을 좌표평면(coordinate plane)이라 하며, x축과 y축을 포함하는 좌표평면을 xy평면, y축과 z축을 포함하는 좌표평면을 yz평면, x축과 z축을 포함하는 좌표평면을 xz평면이라고 부른다.

P가 공간상의 한 점일 때 yz평면, xz평면, xy평면에서 방향을 고려한 P까지의 거리를 차례

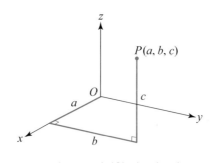

그림 12.2 삼차원 직교좌표계

로 a, b, c라고 하면, 점 P의 위치는 (a, b, c)로 나타내고, (a, b, c)를 점 P의 직교좌표라 부른다. 이때 a, b, c를 각각 점 P의 x좌표, y좌표, z좌표라고 한다. 이와 같은 방법으로 공간상의 점의 위치를 나타내는 체계를 3차원 직교좌표계라고 한다.

좌표평면은 공간을 8개의 부분공간으로 나누며, 좌표가 모두 양인 영역을 제1팔분공간(first octant)이라 한다. 그러나 다른 부분공간에 대하여는 몇 번째 팔분공간이라고 말하지는 않는다.

평면에서의 두 점 사이의 거리를 구할 때와 마찬가지로 삼차원 공간에서의 거리도 피타고라스의 정리를 이용하여 구할 수 있다.

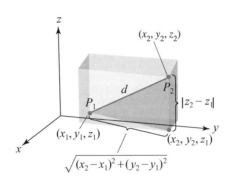

그림 12.3 공간에서 두 점 사이의 거리

정리 12.1 두 점 사이의 거리 ────

공간상의 두 점 $P_1(x_1, y_1, z_1)$과 $P_2(x_2, y_2, z_2)$ 사이의 거리는

$$d = |\overline{P_1 P_2}| = \sqrt{(x_2 - x_1)^2 + (y_2 - y_1)^2 + (z_2 - z_1)^2} \tag{12.1}$$

이다.

예1 정리 12.1에 의해 두 점 $(2, -2, 1)$과 $(3, 0, -1)$ 사이의 거리는

$$d = \sqrt{(3 - 2)^2 + (0 + 2)^2 + (-1 - 1)^2} = 3$$

이다. ■

예제 12.1 중심이 $C(a, b, c)$이고 반지름이 $r > 0$인 구의 방정식을 구하여라.

[풀이] 구는 중심 C로부터의 거리가 r인 점들의 집합이다. 그러므로 점 $P(x, y, z)$가 구 위의

점이 되기 위한 필요충분조건은

$$|\overline{CP}| = r$$

이다. 따라서 중심이 $C(a, b, c)$이고 반지름이 $r > 0$인 구의 방정식은

$$(x - a)^2 + (y - b)^2 + (z - c)^2 = r^2$$

이다. ■

예제 12.2 식 $x^2 + y^2 + z^2 - 2x + 4y + 6z = 2$가 구를 나타냄을 보이고, 구의 중심과 반지름을 구하여라.

[풀이] 주어진 식을 완전제곱의 형태로 바꾸어 정리하면

$$(x - 1)^2 + (y + 2)^2 + (z + 3)^2 = 16$$

이므로, 주어진 식은 중심이 $(1, -2, -3)$이고 반지름이 4인 구를 나타낸다. ■

연습문제 12.1

1. 두 점 P와 Q 사이의 거리를 구하여라.
   (1) $P(1, 2, -4)$, $Q(-1, -3, -1)$
   (2) $P(-3, 2, -4)$, $Q(1, 0, -1)$
   (3) $P(4, 0, 3)$, $Q(3, -2, 5)$

2. 두 점 $P(1, -2, 3)$, $Q(3, 2, 5)$로부터 같은 거리에 있는 점들을 나타내는 방정식을 구하여라.

3. 두 점 $P_1(1, -2, 3)$과 $P_2(3, 6, -1)$로부터 거리의 비가 $1 : 2$가 되는 점들을 나타내는 식을 구하여라.

4. 다음에 주어진 중심과 반지름을 갖는 구의 방정식을 구하여라.
   (1) 중심 $(0, 2, 1)$, 반지름 3
   (2) 중심 $(-3, 1, -2)$, 반지름 2
   (3) 중심 $(1, 2, -3)$, 반지름 $\sqrt{3}$

5. 다음 방정식으로 주어진 구의 중심과 반지름을 구하여라.

(1) $x^2 + y^2 + z^2 = 2y$

(2) $x^2 + y^2 + z^2 - 2x - 4y + 2z = 1$

(3) $3x^2 + 3y^2 + 3z^2 - 6x + 12y = 21$

2절 벡터

물리적인 양의 기본 측정치는 스칼라와 벡터로 나뉘어진다. 스칼라는 질량, 길이, 일, 온도 등과 같이 크기만으로 결정되는 양을, 벡터는 변위, 속도, 힘 등과 같이 크기와 방향으로 결정되는 양을 말한다.

벡터는 기하학적으로 유향선분, 즉 화살표가 붙은 선분으로 표시되며, 화살표의 방향은 벡터의 방향을, 선분의 길이는 벡터의 크기를 나타낸다. 벡터는 시점에 관계없이 같은 크기와 같은 방향을 가지면 동일한 벡터로 간주한다. 따라서 모든 벡터는 그 벡터와 크기와 방향이 같고 원점을 시점으로 하는 벡터와 같다고 할 수 있다. 그러므로 벡터를 표현할 때 그 벡터의 종점만 나타내면 충분하다. 평면 또는 삼차원 공간의 벡터는 그 벡터의 종점의 좌표로 나타낼 수 있으나, 점의 좌표와 혼동을 피하기 위해 다음의 정의 12.1처럼 표기한다. 점 P_1을 시점으로 하고 P_2를 종점으로 하는 벡터는 $\overrightarrow{P_1 P_2}$로 표기하거나, $\mathbf{v}$와 같이 굵은 인쇄체로 나타낸다.

정의 12.1 벡터의 표기

① 원점을 시점으로 하고 (a_1, a_2)를 종점으로 하는 2차원 벡터 $\mathbf{a}$는 $\mathbf{a} = \langle a_1, a_2 \rangle$로,

② 원점을 시점으로 하고 (a_1, a_2, a_3)을 종점으로 하는 3차원 벡터 $\mathbf{a}$는 $\mathbf{a} = \langle a_1, a_2, a_3 \rangle$로 표시하며,

③ 수 $a_i \, (i = 1, 2, 3)$을 벡터 $\mathbf{a}$의 **성분**(component)이라 한다.

예를 들어 점 $P_1(1, 3)$을 시점으로 하고 $P_2(4, 5)$를 종점으로 하는 벡터는 $\overrightarrow{P_1 P_2}$로 나타내고, 벡터 $\overrightarrow{P_1 P_2}$는 그림 12.4에서 보는 것처럼 원점을 시점으로 하고 점 $P(3, 2)$를 종점으로 하는 벡터 $\overrightarrow{OP} = \langle 3, 2 \rangle$와 크기와 방향이 같다. 그러므로 두 벡터는 같은 것으로 간주하고 $\overrightarrow{P_1 P_2} = \langle 3, 2 \rangle$로 나타낸다.

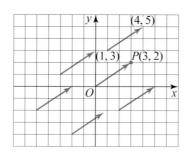

그림 12.4 같은 벡터

일반적으로 $P_1(x_1, y_1, z_1)$을 시점으로 하고 $P_2(x_2, y_2, z_2)$를 종점으로 하는 벡터 **a**는

$$\mathbf{a} = \overrightarrow{P_1 P_2} = \langle x_2 - x_1, \ y_2 - y_1, \ z_2 - z_1 \rangle$$

로 나타낼 수 있다.

벡터의 크기는 벡터를 나타내는 유향선분의 길이로 정의하였으므로 거리공식 (12.1)에 의해 구할 수 있다. 벡터 **a**의 크기는 $\|\mathbf{a}\|$로 나타낸다.

(벡터의 크기)

- 2차원 벡터 $\mathbf{a} = \langle a_1, a_2 \rangle$의 크기는 $\|\mathbf{a}\| = \sqrt{a_1^2 + a_2^2}$이다.
- 3차원 벡터 $\mathbf{a} = \langle a_1, a_2, a_3 \rangle$의 크기는 $\|\mathbf{a}\| = \sqrt{a_1^2 + a_2^2 + a_3^2}$이다.

크기가 0인 벡터는 영벡터 $\mathbf{0} = \langle 0, 0 \rangle$(또는 $\langle 0, 0, 0 \rangle$)뿐이다. 영벡터는 방향을 갖지 않는 유일한 벡터이다.

예2 벡터 $\mathbf{a} = \langle 2, -3, 1 \rangle$의 크기는 $\|\mathbf{a}\| = \sqrt{2^2 + (-3)^2 + 1^2} = \sqrt{14}$이다. ■

■ 벡터의 연산

두 벡터의 대응하는 성분이 모두 같으면 두 벡터는 같다고 말한다. 예를 들어 삼차원 벡터 $\mathbf{a} = \langle a_1, a_2, a_3 \rangle$, $\mathbf{b} = \langle b_1, b_2, b_3 \rangle$가 서로 같기 위한 필요충분조건은

$$a_i = b_i, \quad i = 1, 2, 3$$

이고, 두 벡터가 서로 같으면 $\mathbf{a} = \mathbf{b}$로 나타낸다. 벡터의 합은 대응하는 성분의 합을 성분으로 갖는 벡터이며, 벡터에 스칼라를 곱하는 것은 벡터의 각 성분에 스칼라를 곱하여 얻은 벡

터로 정의한다.

정의 12.2 벡터의 합과 스칼라 곱

벡터 $\mathbf{a} = \langle a_1, a_2, a_3 \rangle$, $\mathbf{b} = \langle b_1, b_2, b_3 \rangle$와 스칼라 α에 대하여 합과 스칼라 곱은 다음과 같이 정의한다.

① 두 벡터의 합 $\mathbf{a} + \mathbf{b}$

$$\mathbf{a} + \mathbf{b} = \langle a_1, a_2, a_3 \rangle + \langle b_1, b_2, b_3 \rangle = \langle a_1 + b_1, a_2 + b_2, a_3 + b_3 \rangle$$

② 스칼라 곱 $\alpha \mathbf{a}$

$$\alpha \mathbf{a} = \alpha \langle a_1, a_2, a_3 \rangle = \langle \alpha a_1, \alpha a_2, \alpha a_3 \rangle$$

특별히 $\alpha = -1$인 경우 스칼라 곱 $(-1)\mathbf{a}$를 $-\mathbf{a}$로 나타낸다. 따라서 $\mathbf{a} = \langle a_1, a_2, a_3 \rangle$, $\mathbf{b} = \langle b_1, b_2, b_3 \rangle$일 때, 두 벡터의 차 $\mathbf{a} - \mathbf{b}$는

$$\mathbf{a} - \mathbf{b} = \mathbf{a} + (-\mathbf{b}) = \langle a_1, a_2, a_3 \rangle + \langle -b_1, -b_2, -b_3 \rangle$$

$$= \langle a_1 - b_1, a_2 - b_2, a_3 - b_3 \rangle$$

와 같이 계산할 수 있다.

이차원 벡터의 합과 스칼라 곱도 삼차원 벡터에서와 같은 방법으로 정한다. 즉,

$$\mathbf{a} + \mathbf{b} = \langle a_1, a_2 \rangle + \langle b_1, b_2 \rangle = \langle a_1 + b_1, a_2 + b_2 \rangle,$$

$$\alpha \mathbf{a} = \alpha \langle a_1, a_2 \rangle = \langle \alpha a_1, \alpha a_2 \rangle$$

로 정의한다.

다음 벡터의 성질들은 정의 12.2와 실수의 연산법칙으로부터 쉽게 증명될 수 있다. 증명은 연습문제로 남긴다.

(벡터의 성질)

$\mathbf{a}$, $\mathbf{b}$, $\mathbf{c}$가 삼차원(또는 이차원) 벡터이고, α, β가 스칼라일 때 다음이 성립한다.

- $\mathbf{a} + \mathbf{b} = \mathbf{b} + \mathbf{a}$
- $(\mathbf{a} + \mathbf{b}) + \mathbf{c} = \mathbf{a} + (\mathbf{b} + \mathbf{c})$
- $\mathbf{a} + \mathbf{0} = \mathbf{a}$
- $\mathbf{a} + (-\mathbf{a}) = \mathbf{0}$
- $\alpha(\mathbf{a} + \mathbf{b}) = \alpha \mathbf{a} + \alpha \mathbf{b}$
- $(\alpha + \beta)\mathbf{a} = \alpha \mathbf{a} + \beta \mathbf{a}$
- $1\mathbf{a} = \mathbf{a}$
- $(\alpha \beta)\mathbf{a} = \alpha(\beta \mathbf{a})$

예제 12.3 $\mathbf{a} = \langle 2, -1, 0 \rangle$, $\mathbf{b} = \langle 4, 0, 3 \rangle$일 때 $\|2\mathbf{a} + \mathbf{b}\|$를 구하여라.

[풀이] $2\mathbf{a} + \mathbf{b} = \langle 4, -2, 0 \rangle + \langle 4, 0, 3 \rangle = \langle 8, -2, 3 \rangle$이므로

$$\|2\mathbf{a} + \mathbf{b}\| = \sqrt{64 + 4 + 9} = \sqrt{77}$$

이다. ■

크기가 1인 벡터를 단위벡터(unit vector)라고 한다. $\mathbb{R}^3$의 단위벡터 가운데

$$\mathbf{i} = \langle 1, 0, 0 \rangle, \quad \mathbf{j} = \langle 0, 1, 0 \rangle, \quad \mathbf{k} = \langle 0, 0, 1 \rangle$$

를 $\mathbb{R}^3$의 **표준기저벡터**(standard basis vectors)라고 한다. $\mathbb{R}^3$의 모든 벡터는 표준기저벡터에 의해 표현될 수 있다. 벡터 $\mathbf{a} = \langle a_1, a_2, a_3 \rangle$는 표준기저벡터를 이용하여

$$
\begin{aligned}
\mathbf{a} = \langle a_1, a_2, a_3 \rangle &= \langle a_1, 0, 0 \rangle + \langle 0, a_2, 0 \rangle + \langle 0, 0, a_3 \rangle \\
&= a_1 \langle 1, 0, 0 \rangle + a_2 \langle 0, 1, 0 \rangle + a_3 \langle 0, 0, 1 \rangle \\
&= a_1 \mathbf{i} + a_2 \mathbf{j} + a_3 \mathbf{k}
\end{aligned}
\tag{12.2}
$$

와 같이 쓸 수 있다. 앞의 식 (12.2)에 의해 a_1, a_2, a_3를 성분으로 갖는 삼차원 벡터 $\mathbf{a}$는

$$\mathbf{a} = \langle a_1, a_2, a_3 \rangle \quad \text{또는} \quad \mathbf{a} = a_1 \mathbf{i} + a_2 \mathbf{j} + a_3 \mathbf{k} \tag{12.3}$$

로 나타낼 수 있다.

예3 벡터 $\mathbf{a} = 2\mathbf{i} + 3\mathbf{j} - 4\mathbf{k}$, $\mathbf{b} = 3\mathbf{i} - 4\mathbf{j} + 5\mathbf{k}$일 때 벡터 $2\mathbf{a} - 3\mathbf{b}$를 표준기저벡터를 이용하여 나타내면

$$
\begin{aligned}
2\mathbf{a} - 3\mathbf{b} &= 2(2\mathbf{i} + 3\mathbf{j} - 4\mathbf{k}) - 3(3\mathbf{i} - 4\mathbf{j} + 5\mathbf{k}) \\
&= 4\mathbf{i} + 6\mathbf{j} - 8\mathbf{k} - 9\mathbf{i} + 12\mathbf{j} - 15\mathbf{k} \\
&= -5\mathbf{i} + 18\mathbf{j} - 23\mathbf{k}
\end{aligned}
$$

이다. ■

벡터 $\mathbf{a}$가 영벡터가 아니면, $\mathbf{a}$와 방향이 같은 단위벡터는

$$\mathbf{u} = \frac{1}{\|\mathbf{a}\|}\mathbf{a} = \frac{\mathbf{a}}{\|\mathbf{a}\|} \tag{12.4}$$

이다.

예제 12.4 벡터 $2\mathbf{i} - \mathbf{j} - 2\mathbf{k}$와 같은 방향을 갖는 단위벡터 $\mathbf{u}$를 구하여라.

[풀이] 주어진 벡터의 크기는

$$\|2\mathbf{i} - \mathbf{j} - 2\mathbf{k}\| = \|\langle 2, -1, -2 \rangle\| = \sqrt{2^2 + (-1)^2 + (-2)^2} = \sqrt{9} = 3$$

이므로, 식 (12.4)에 의하여 주어진 벡터와 같은 방향을 갖는 단위벡터는

$$\mathbf{u} = \frac{1}{3}(2\mathbf{i} - \mathbf{j} - 2\mathbf{k}) = \frac{2}{3}\mathbf{i} - \frac{1}{3}\mathbf{j} - \frac{2}{3}\mathbf{k}$$

이다. ∎

연습문제 12.2

1. 다음 벡터들을 성분으로 표시하여라.
   (1) $A(2, -4)$, $B(-3, -1)$일 때 $\overrightarrow{AB}$
   (2) $A(-3, 2, -4)$, $B(1, 0, -1)$일 때 $\overrightarrow{AB}$
   (3) 점 $(3, 1, -2)$에서 원점을 향하는 벡터

2. 벡터 $\mathbf{a} = \langle a_1, a_2, a_3 \rangle$, $\mathbf{b} = \langle b_1, b_2, b_3 \rangle$와 스칼라 α에 대해 다음을 보여라.
   (1) $\mathbf{a} + \mathbf{b} = \mathbf{b} + \mathbf{a}$ (2) $\alpha(\mathbf{a} + \mathbf{b}) = \alpha\mathbf{a} + \alpha\mathbf{b}$

3. 다음 벡터들을 $\mathbf{v} = v_1\mathbf{i} + v_2\mathbf{j} + v_3\mathbf{k}$ 형식으로 표시하여라.
   (1) $A(2, 1, 0)$, $B(0, -3, 5)$일 때 $\overrightarrow{AB}$
   (2) $A(1, 0, -3)$, $B(4, -2, 1)$일 때 $\overrightarrow{BA}$
   (3) $\mathbf{a} = \langle 1, 2, -2 \rangle$, $\mathbf{b} = \langle 2, -1, 1 \rangle$일 때 $4\mathbf{a} - 3\mathbf{b}$

4. 다음에 주어진 벡터에 대해 $\mathbf{a} + 3\mathbf{b}$, $2\mathbf{a} + 4\mathbf{b}$, $\|\mathbf{a} + 3\mathbf{b}\|$를 구하여라.
   (1) $\mathbf{a} = \langle -1, -2, 0 \rangle$, $\mathbf{b} = \langle 4, 3, -1 \rangle$
   (2) $\mathbf{a} = 2\mathbf{i} - 3\mathbf{j} + 2\mathbf{k}$, $\mathbf{b} = -2\mathbf{i} - \mathbf{j}$
   (3) $\mathbf{a} = \langle -1, 4, 5 \rangle$, $\mathbf{b} = \langle 4, 2, 7 \rangle$

5. 다음 벡터 $\mathbf{a}$와 방향이 같은 단위벡터 $\mathbf{u}$를 구하여라.
   (1) $\mathbf{a} = \langle -3, 0, 4 \rangle$ (2) $\mathbf{a} = \mathbf{i} - 3\mathbf{j} + 6\mathbf{k}$

6. 점 B의 직교좌표가 $(-1, 1, 3)$일 때, $\overrightarrow{AB} = 3\mathbf{i} - 2\mathbf{j} + \mathbf{k}$를 만족하는 점 A를 구하여라.

7. $\mathbf{a} = 2\mathbf{i} - \mathbf{j}$, $\mathbf{b} = \mathbf{i} + \mathbf{j}$일 때 벡터 $\mathbf{i}$와 $\mathbf{j}$를 $\mathbf{a}$와 $\mathbf{b}$의 항으로 표현하여라.

3절 내적

앞 절에서 벡터의 합과 스칼라 곱에 대해 알아보았다. 이제 두 벡터의 곱에 대해 알아보자. 벡터의 곱은 두 가지의 형태, 내적과 외적으로 구분할 수 있다. 이 절에서는 내적에 대해 공부한다.

정의 12.3 내적

두 벡터 $\mathbf{a} = \langle a_1, a_2, a_3 \rangle$, $\mathbf{b} = \langle b_1, b_2, b_3 \rangle$의 내적(inner product)은 $\mathbf{a} \cdot \mathbf{b}$로 나타내며

$$\mathbf{a} \cdot \mathbf{b} = a_1 b_1 + a_2 b_2 + a_3 b_3 \tag{12.5}$$

로 정의한다.

위의 정의 12.3에서 보는 것처럼 두 벡터 $\mathbf{a}$, $\mathbf{b}$의 내적은 대응하는 성분의 곱을 더한 것이므로 벡터가 아닌 스칼라양이다. 이런 이유에서 내적을 스칼라 곱(scalar product)이라고 부르기도 한다. 일반적으로 n차원 벡터 $\mathbf{a} = \langle a_1, a_2, \cdots, a_n \rangle$, $\mathbf{b} = \langle b_1, b_2, \cdots, b_n \rangle$의 내적은 위의 정의 12.3에서와 같이

$$\mathbf{a} \cdot \mathbf{b} = \sum_{i=1}^{n} a_i b_i = a_1 b_1 + a_2 b_2 + \cdots + a_n b_n \tag{12.6}$$

로 정의한다.

예4 벡터 $\mathbf{a} = \mathbf{i} - 2\mathbf{j} + 5\mathbf{k}$, $\mathbf{b} = 3\mathbf{i} - 2\mathbf{k}$의 내적은

$$\mathbf{a} \cdot \mathbf{b} = \langle 1, -2, 5 \rangle \cdot \langle 3, 0, -2 \rangle = 1 \cdot 3 + (-2) \cdot 0 + 5 \cdot (-2) = -7$$

이다. ■

벡터의 내적은 몇 가지의 연산 법칙을 따르며, 이들은 실수의 연산 법칙에서 쉽게 이끌어 낼 수 있다. 다음의 정리는 일반적인 n차원 벡터의 연산에서 성립하지만 여기서는 3차원 벡터의 경우만을 기술한다.

정리 12.2

a, **b**, **c**가 삼차원 벡터이고 α가 스칼라이면 다음이 성립한다.

① $\mathbf{a} \cdot \mathbf{a} = \|\mathbf{a}\|^2$ ② $\mathbf{a} \cdot \mathbf{b} = \mathbf{b} \cdot \mathbf{a}$

③ $\mathbf{a} \cdot (\mathbf{b} + \mathbf{c}) = \mathbf{a} \cdot \mathbf{b} + \mathbf{a} \cdot \mathbf{c}$ ④ $(\alpha \mathbf{a}) \cdot \mathbf{b} = \alpha(\mathbf{a} \cdot \mathbf{b}) = \mathbf{a} \cdot (\alpha \mathbf{b})$

⑤ $\mathbf{0} \cdot \mathbf{a} = 0$

[증명] $\mathbf{a} = \langle a_1, a_2, a_3 \rangle$, $\mathbf{b} = \langle b_1, b_2, b_3 \rangle$, $\mathbf{c} = \langle c_1, c_2, c_3 \rangle$라 하면,

① $\mathbf{a} \cdot \mathbf{a} = a_1^2 + a_2^2 + a_3^2 = \|\mathbf{a}\|^2$,

③ $\mathbf{a} \cdot (\mathbf{b} + \mathbf{c}) = \langle a_1, a_2, a_3 \rangle \cdot \langle b_1 + c_1, b_2 + c_2, b_3 + c_3 \rangle$

$\qquad\qquad = a_1 b_1 + a_1 c_1 + a_2 b_2 + a_2 c_2 + a_3 b_3 + a_3 c_3$

$\qquad\qquad = (a_1 b_1 + a_2 b_2 + a_3 b_3) + (a_1 c_1 + a_2 c_2 + a_3 c_3)$

$\qquad\qquad = \mathbf{a} \cdot \mathbf{b} + \mathbf{a} \cdot \mathbf{c}$

이다. 나머지 증명은 연습문제로 남긴다. ■

두 벡터 **a**, **b**의 내적은 두 벡터의 사잇각을 이용하여 나타낼 수도 있다. 그림 12.5에서와 같이 θ를 두 벡터 $\mathbf{a} = \overrightarrow{OA}$, $\mathbf{b} = \overrightarrow{OB}$의 사잇각($0 \leq \theta \leq \pi$)이라고 하면 다음의 정리가 성립한다. 두 벡터 **a**, **b**가 나란하면 $\theta = 0$(또는 π)이다. 다음의 정리는 물리학에서 내적의 정의로 사용되기도 한다.

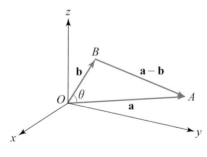

그림 12.5

정리 12.3

영벡터가 아닌 두 벡터 **a**, **b**의 사잇각을 θ라고 하면

$$\mathbf{a} \cdot \mathbf{b} = \|\mathbf{a}\| \|\mathbf{b}\| \cos \theta \qquad (12.7)$$

이다.

[증명] 그림 12.5의 삼각형 OAB에서 코사인 법칙을 적용하면

$$\left|\overline{AB}\right|^2 = \left|\overline{OA}\right|^2 + \left|\overline{OB}\right|^2 - 2\left|\overline{OA}\right|\left|\overline{OB}\right|\cos\theta$$

이다. 여기서 $\left|\overline{OA}\right| = \|\mathbf{a}\|$, $\left|\overline{OB}\right| = \|\mathbf{b}\|$, $\left|\overline{AB}\right| = \|\mathbf{a}-\mathbf{b}\|$이므로 위의 식은

$$\|\mathbf{a}-\mathbf{b}\|^2 = \|\mathbf{a}\|^2 + \|\mathbf{b}\|^2 - 2\|\mathbf{a}\|\|\mathbf{b}\|\cos\theta \tag{12.8}$$

로 고쳐 쓸 수 있다. 정리 12.2의 식 (1)과 (3)에 의해

$$\|\mathbf{a}-\mathbf{b}\|^2 = (\mathbf{a}-\mathbf{b})\cdot(\mathbf{a}-\mathbf{b}) = \mathbf{a}\cdot\mathbf{a} - \mathbf{a}\cdot\mathbf{b} - \mathbf{b}\cdot\mathbf{a} + \mathbf{b}\cdot\mathbf{b} \tag{12.9}$$
$$= \|\mathbf{a}\|^2 - 2\mathbf{a}\cdot\mathbf{b} + \|\mathbf{b}\|^2$$

이다. 식 (12.8), (12.9)로부터

$$\mathbf{a}\cdot\mathbf{b} = \|\mathbf{a}\|\|\mathbf{b}\|\cos\theta$$

를 얻는다. ■

$\boxed{\text{예 5}}$ 두 벡터 $\mathbf{a}$, $\mathbf{b}$의 크기가 각각 3, 8이고 사잇각이 $\dfrac{\pi}{4}$일 때 내적 $\mathbf{a}\cdot\mathbf{b}$는

$$\mathbf{a}\cdot\mathbf{b} = \|\mathbf{a}\|\|\mathbf{b}\|\cos\theta = 3\cdot 8\cdot\frac{\sqrt{2}}{2} = 12\sqrt{2}$$

이다. ■

정리 12.3과 내적의 정의로부터 두 벡터의 사잇각을 구할 수 있다. 영벡터가 아닌 두 벡터 $\mathbf{a}$, $\mathbf{b}$의 사잇각을 θ라고 하면

$$\cos\theta = \frac{\mathbf{a}\cdot\mathbf{b}}{\|\mathbf{a}\|\|\mathbf{b}\|} \tag{12.10}$$

이다.

$\boxed{\text{예제 12.5}}$ 벡터 $\mathbf{a} = \langle 2,\,1,\,-1\rangle$과 $\mathbf{b} = \langle 1,\,2,\,1\rangle$의 사잇각을 구하여라.

[풀이] 두 벡터의 크기는 각각

$$\|\mathbf{a}\| = \sqrt{2^2 + 1^2 + (-1)^2} = \sqrt{6},$$
$$\|\mathbf{b}\| = \sqrt{1^2 + 2^2 + 1^2} = \sqrt{6}$$

이고, 내적은

$$\mathbf{a}\cdot\mathbf{b} = 2\cdot 1 + 1\cdot 2 + (-1)\cdot 1 = 3$$

이므로, 식 (12.10)으로부터

$$\cos\theta = \frac{\mathbf{a}\cdot\mathbf{b}}{\|\mathbf{a}\|\|\mathbf{b}\|} = \frac{3}{6} = \frac{1}{2}$$

이다. 따라서 $\mathbf{a}$와 $\mathbf{b}$의 사잇각은 $\theta = \dfrac{\pi}{3}$이다. ∎

두 벡터 $\mathbf{a}$, $\mathbf{b}$의 방향이 같으면 $\theta = 0$, $\cos 0 = 1$이므로

$$\mathbf{a}\cdot\mathbf{b} = \|\mathbf{a}\|\|\mathbf{b}\|$$

이고, 방향이 반대이면 $\theta = \pi$, $\cos\pi = -1$이므로

$$\mathbf{a}\cdot\mathbf{b} = -\|\mathbf{a}\|\|\mathbf{b}\|$$

이다. 벡터 $\mathbf{a}$와 $\mathbf{b}$의 사잇각이 $\theta = \dfrac{\pi}{2}$이면 두 벡터 $\mathbf{a}$와 $\mathbf{b}$는 수직(orthogonal)이라고 한다. 두 벡터 $\mathbf{a}$와 $\mathbf{b}$가 수직이면,

$$\mathbf{a}\cdot\mathbf{b} = \|\mathbf{a}\|\|\mathbf{b}\|\cos\frac{\pi}{2} = 0$$

이다. 역으로 내적이 0이면 두 벡터 중의 적어도 하나가 영벡터이거나 또는 두 벡터가 수직이다.

위의 사실로부터 다음을 얻는다.

(두 벡터의 수직)
영벡터가 아닌 두 벡터 $\mathbf{a}$, $\mathbf{b}$가 수직이기 위한 필요충분조건은

$$\mathbf{a}\cdot\mathbf{b} = 0$$

이다.

예6 $\mathbf{a} = 2\mathbf{i} - \mathbf{j} + 6\mathbf{k}$, $\mathbf{b} = 3\mathbf{i} - \mathbf{k}$이면 두 벡터의 내적이

$$\mathbf{a}\cdot\mathbf{b} = (2)(3) + (-1)(0) + (6)(-1) = 0$$

이므로 두 벡터 $\mathbf{a}$, $\mathbf{b}$는 서로 수직이다. ∎

$\mathbb{R}^3$의 표준기저벡터 $\mathbf{i}$, $\mathbf{j}$, $\mathbf{k}$는 단위벡터이고 서로 수직이므로

$$\mathbf{i}\cdot\mathbf{i} = \mathbf{j}\cdot\mathbf{j} = \mathbf{k}\cdot\mathbf{k} = 1, \quad \mathbf{i}\cdot\mathbf{j} = \mathbf{j}\cdot\mathbf{k} = \mathbf{k}\cdot\mathbf{i} = 0$$

이다.

벡터 **a**가 영벡터가 아닐 때 **a** · **b** = **a** · **c**이면 앞의 정리 12.2의 (3)에 의해 **a** · (**b** − **c**) = 0이다. 따라서 벡터 **b** − **c**는 영벡터이거나 **a**에 수직이다. 즉, **a** · **b** = **a** · **c**가 꼭 **b** = **c**임을 의미하는 것은 아니다.

■ 방향각과 방향여현

영벡터가 아닌 벡터 **a** = ⟨a_1, a_2, a_3⟩의 **방향각**(direction angles)은 그림 12.6에서와 같이 **a**가 양의 x축, y축 및 z축과 이루는 각 α, β, γ를 말한다.

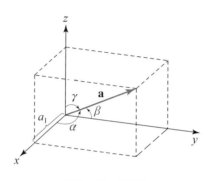

그림 12.6 방향각

또 이들 방향각의 코사인값 $\cos\alpha$, $\cos\beta$, $\cos\gamma$를 벡터 **a**의 **방향여현**(direction cosines)이라 한다. **i**, **j**, **k**를 $\mathbb{R}^3$의 표준기저벡터라고 할 때 삼차원 벡터 **a**의 방향각은 α, β, γ는 차례로 **a**와 **i**, **j**, **k**의 사잇각이므로 **a**의 방향여현은 식

$$\cos\alpha = \frac{\mathbf{a} \cdot \mathbf{i}}{\|\mathbf{a}\|\|\mathbf{i}\|} = \frac{a_1}{\|\mathbf{a}\|},$$

$$\cos\beta = \frac{\mathbf{a} \cdot \mathbf{j}}{\|\mathbf{a}\|\|\mathbf{j}\|} = \frac{a_2}{\|\mathbf{a}\|},$$

$$\cos\gamma = \frac{\mathbf{a} \cdot \mathbf{k}}{\|\mathbf{a}\|\|\mathbf{k}\|} = \frac{a_3}{\|\mathbf{a}\|}$$

를 이용하여 계산할 수 있다. 앞의 세 식으로부터

$$\cos^2\alpha + \cos^2\beta + \cos^2\gamma = \left(\frac{a_1}{\|\mathbf{a}\|}\right)^2 + \left(\frac{a_2}{\|\mathbf{a}\|}\right)^2 + \left(\frac{a_3}{\|\mathbf{a}\|}\right)^2$$
$$= 1$$

이고,

$$\mathbf{a} = \langle a_1,\ a_2,\ a_3 \rangle = \langle \|\mathbf{a}\| \cos\alpha,\ \|\mathbf{a}\| \cos\beta,\ \|\mathbf{a}\| \cos\gamma \rangle$$

$$= \|\mathbf{a}\| \langle \cos\alpha,\ \cos\beta,\ \cos\gamma \rangle$$

로 쓸 수 있으므로

$$\frac{1}{\|\mathbf{a}\|}\mathbf{a} = \langle \cos\alpha,\ \cos\beta,\ \cos\gamma \rangle \tag{12.11}$$

이다. 위의 식 (12.11)은 방향여현이 $\mathbf{a}$와 방향이 같은 단위벡터의 성분이 됨을 말하고 있다.

예제 12.6 벡터 $\mathbf{a} = \langle 2,\ -1,\ 1 \rangle$의 방향각을 구하여라.

[풀이] $\|\mathbf{a}\| = \sqrt{2^2 + (-1)^2 + 1^2} = \sqrt{6}$이므로 방향여현은

$$\cos\alpha = \frac{2}{\sqrt{6}}, \quad \cos\beta = -\frac{1}{\sqrt{6}}, \quad \cos\gamma = \frac{1}{\sqrt{6}}$$

이다. 그러므로 방향각은

$$\alpha = \cos^{-1}\left(\frac{2}{\sqrt{6}}\right), \quad \beta = \cos^{-1}\left(-\frac{1}{\sqrt{6}}\right), \quad \gamma = \cos^{-1}\left(\frac{1}{\sqrt{6}}\right)$$

이다. ■

■ 벡터사영

두 벡터 $\mathbf{a}$, $\mathbf{b}$가 영벡터가 아닐 때 그림 12.7에서처럼 벡터 $\mathbf{a}$를 $\mathbf{b}$ 위로 사영시켜 얻은 벡터를 $\mathbf{a}$의 $\mathbf{b}$ 위로의 **벡터사영**(vector projection)이라 하고, $\text{proj}_{\mathbf{b}}\mathbf{a}$로 나타낸다. 두 벡터 $\mathbf{a}$, $\mathbf{b}$의 사잇각을 θ라 하면 $\text{proj}_{\mathbf{b}}\mathbf{a}$의 크기는

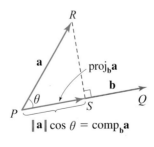

그림 12.7 벡터사영

$$\| \text{proj}_{\mathbf{b}} \mathbf{a} \| = \| \mathbf{a} \| \, | \cos \theta |$$

이고, $\text{proj}_{\mathbf{b}} \mathbf{a}$의 방향은 θ가 예각이면 $\dfrac{\mathbf{b}}{\| \mathbf{b} \|}$, 둔각이면 $-\dfrac{\mathbf{b}}{\| \mathbf{b} \|}$와 같은 방향이다. 그러므로 $\mathbf{a}$의 $\mathbf{b}$ 위로의 벡터사영은

$$\text{proj}_{\mathbf{b}} \mathbf{a} = (\| \mathbf{a} \| \cos \theta) \frac{\mathbf{b}}{\| \mathbf{b} \|}$$

에 의해 구할 수 있다. 위 식은 정리 12.3에 의해

$$\text{proj}_{\mathbf{b}} \mathbf{a} = (\| \mathbf{a} \| \cos \theta) \frac{\mathbf{b}}{\| \mathbf{b} \|} = \left(\frac{\| \mathbf{a} \| \| \mathbf{b} \| \cos \theta}{\| \mathbf{b} \|} \right) \frac{\mathbf{b}}{\| \mathbf{b} \|}$$

$$= \left(\frac{\mathbf{a} \cdot \mathbf{b}}{\| \mathbf{b} \|} \right) \frac{\mathbf{b}}{\| \mathbf{b} \|} = \left(\frac{\mathbf{a} \cdot \mathbf{b}}{\| \mathbf{b} \|^2} \right) \mathbf{b}$$

로 쓸 수 있다. 벡터 $\mathbf{a}$의 $\mathbf{b}$ 위로의 벡터사영 $\text{proj}_{\mathbf{b}} \mathbf{a}$에 대해 $\| \mathbf{a} \| \cos \theta$를 $\mathbf{a}$의 $\mathbf{b}$ 방향으로의 스칼라 성분이라 하고, $\text{comp}_{\mathbf{b}} \mathbf{a}$로 표시한다. 앞의 사실은 다음과 같이 요약할 수 있다.

(벡터사영)

$\mathbf{a}, \mathbf{b}$가 영벡터가 아닐 때 $\mathbf{a}$의 $\mathbf{b}$ 위로의 벡터사영은

$$\text{proj}_{\mathbf{b}} \mathbf{a} = \left(\frac{\mathbf{a} \cdot \mathbf{b}}{\| \mathbf{b} \|^2} \right) \mathbf{b}$$

이고, $\mathbf{a}$의 $\mathbf{b}$방향으로의 스칼라 성분은

$$\text{comp}_{\mathbf{b}} \mathbf{a} = \| \mathbf{a} \| \cos \theta = \frac{\mathbf{a} \cdot \mathbf{b}}{\| \mathbf{b} \|}$$

이다.

예7 $\mathbf{a} = \langle 6, 3, 2 \rangle$, $\mathbf{b} = \langle 1, -2, -2 \rangle$일 때, $\mathbf{a}$의 $\mathbf{b}$ 위로의 벡터사영은

$$\text{proj}_{\mathbf{b}} \mathbf{a} = \left(\frac{\mathbf{a} \cdot \mathbf{b}}{\| \mathbf{b} \|^2} \right) \mathbf{b} = -\frac{4}{9} \langle 1, -2, -2 \rangle = \left\langle -\frac{4}{9}, \frac{8}{9}, \frac{8}{9} \right\rangle$$

이고, 스칼라 성분은

$$\text{comp}_{\mathbf{b}} \mathbf{a} = \| \mathbf{a} \| \cos \theta = \frac{\mathbf{a} \cdot \mathbf{b}}{\| \mathbf{b} \|} = -\frac{4}{3}$$

이다.

예제 12.7 $\mathbf{a} = -2\mathbf{i} + 3\mathbf{j} - \mathbf{k}$, $\mathbf{b} = 3\mathbf{j} - 2\mathbf{k}$일 때, $\mathbf{a}$의 $\mathbf{b}$ 위로의 벡터사영을 구하여라.

[풀이] $\mathbf{a} \cdot \mathbf{b} = 11$, $\|\mathbf{b}\| = \sqrt{13}$이므로

$$\text{proj}_{\mathbf{b}}\, \mathbf{a} = \left(\frac{\mathbf{a} \cdot \mathbf{b}}{\|\mathbf{b}\|^2} \right) \mathbf{b} = \frac{33}{13}\mathbf{j} - \frac{22}{13}\mathbf{k}$$

이다. ∎

연습문제 12.3

1. 벡터 $\mathbf{a}$, $\mathbf{b}$의 내적 $\mathbf{a} \cdot \mathbf{b}$를 구하여라.

   (1) $\mathbf{a} = \langle 2,\ 1,\ 4 \rangle$, $\mathbf{b} = \langle 3,\ -2,\ 1 \rangle$ (2) $\mathbf{a} = -2\mathbf{i} + 4\mathbf{j} + 7\mathbf{k}$, $\mathbf{b} = 3\mathbf{i} - 4\mathbf{j}$

   (3) $\mathbf{a} = \langle -2,\ 2,\ 1 \rangle$, $\mathbf{b} = \langle 3,\ 0,\ 6 \rangle$ (4) $\mathbf{a} = \langle 3,\ -1,\ 2 \rangle$, $\mathbf{b} = \langle 1,\ -2,\ 2 \rangle$

2. $\mathbf{a} = \langle a_1,\ a_2,\ a_3 \rangle$, $\mathbf{b} = \langle b_1,\ b_2,\ b_3 \rangle$이고, α는 실수일 때 다음을 보여라.

   (1) $\mathbf{a} \cdot \mathbf{b} = \mathbf{b} \cdot \mathbf{a}$ (2) $(\alpha\mathbf{a}) \cdot \mathbf{b} = \mathbf{a} \cdot (\alpha\mathbf{b})$

3. $\mathbf{a}$, $\mathbf{b}$, $\mathbf{c}$는 모두 $\mathbb{R}^3$의 벡터이다. 다음 중 의미가 없는 표현을 구하여라.

   (1) $(\mathbf{a} \cdot \mathbf{b}) \cdot \mathbf{c}$ (2) $(\mathbf{a} \cdot \mathbf{b})\mathbf{c}$

   (3) $\|\mathbf{a}\|(\mathbf{b} \cdot \mathbf{c})$ (4) $\mathbf{a} \cdot (\mathbf{b} + \mathbf{c})$

   (5) $\mathbf{a} \cdot \mathbf{b} + \mathbf{c}$ (6) $\|\mathbf{a}\| \cdot (\mathbf{b} + \mathbf{c})$

4. 세 점 $A\,(1, 2, 3)$, $B\,(6, 1, 5)$, $C\,(-1, -2, 0)$을 꼭짓점으로 하는 삼각형의 세 각의 크기를 구하여라.

5. 다음 두 벡터의 사잇각을 구하여라.

   (1) $\langle 2,\ -1,\ 0 \rangle$, $\langle 3,\ 1,\ 1 \rangle$ (2) $\langle 0,\ 1,\ 3 \rangle$, $\langle 4,\ -1,\ -1 \rangle$

   (3) $4\mathbf{i} - 3\mathbf{j} + \mathbf{k}$, $2\mathbf{i} - \mathbf{k}$ (4) $\mathbf{i} + 2\mathbf{j} - 2\mathbf{k}$, $4\mathbf{i} - \mathbf{j} + 2\mathbf{k}$

6. 다음 벡터들의 방향각을 구하여라.

   (1) $\mathbf{a} = \langle -1,\ -2,\ -4 \rangle$ (2) $\mathbf{a} = \mathbf{i} - \mathbf{j} - 3\mathbf{k}$

   (3) $\mathbf{a} = \langle 2,\ 1,\ -4 \rangle$ (4) $\mathbf{a} = 3\mathbf{i} - \mathbf{j} - 2\mathbf{k}$

7. 다음 두 벡터의 사잇각 θ와 벡터사영 $\text{proj}_{\mathbf{b}}\,\mathbf{a}$를 구하여라.

(1) $\mathbf{a} = \langle -3,\, 0,\, 2 \rangle,\quad \mathbf{b} = \langle -1,\, -2,\, -4 \rangle$

(2) $\mathbf{a} = 3\mathbf{i} - \mathbf{j} + 2\mathbf{k},\quad \mathbf{b} = 3\mathbf{i} - 2\mathbf{j} - \mathbf{k}$

8. 두 벡터 $\mathbf{a}$, $\mathbf{b}$에 대하여 다음이 성립함을 보여라.

(1) $|\mathbf{a} \cdot \mathbf{b}| \leq \|\mathbf{a}\| \|\mathbf{b}\|$ 　　　　　(2) $\|\mathbf{a} + \mathbf{b}\| \leq \|\mathbf{a}\| + \|\mathbf{b}\|$

(3) $\|\mathbf{a} + \mathbf{b}\|^2 + \|\mathbf{a} - \mathbf{b}\|^2 = 2\|\mathbf{a}\|^2 + 2\|\mathbf{b}\|^2$

9. 영벡터가 아닌 두 벡터 $\mathbf{a}$, $\mathbf{b}$가 서로 수직이면 다음이 성립함을 보여라.

$$\|\mathbf{a} + \mathbf{b}\|^2 = \|\mathbf{a}\|^2 + \|\mathbf{b}\|^2$$

10. 두 벡터 $\mathbf{a}$, $\mathbf{b}$에 대하여 $\|\mathbf{a} + \mathbf{b}\| = 3$, $\|\mathbf{a} - \mathbf{b}\| = 2$일 때, 내적 $\mathbf{a} \cdot \mathbf{b}$를 구하여라.

11. 꼭짓점이 $A\,(0,\, 0)$, $B\,(3,\, 0)$, $C\,(3,\, 4)$, $D\,(0,\, 4)$인 직사각형의 두 대각선의 사잇각을 구하여라.

4절 　외적

영벡터가 아니며 나란하지 않은 두 벡터는 하나의 평면을 결정한다. 이 평면에 수직인 벡터를 찾는 것은 물리학과 공학에서 의미 있는 문제이다. 공간상의 두 벡터 $\mathbf{a}$, $\mathbf{b}$의 외적(outer product)은 두 벡터에 동시에 수직인 벡터로 3차원 벡터에 대해서만 정의된다. 내적이 스칼라양이었던 것에 반하여 외적은 벡터량이기 때문에 **벡터적**(vector product)이라고 부르기도 하며, $\mathbf{a}$, $\mathbf{b}$의 외적은 $\mathbf{a} \times \mathbf{b}$로 나타낸다.

> **정의 12.4** 외적
>
> $\mathbb{R}^3$의 두 벡터 $\mathbf{a} = \langle a_1,\, a_2,\, a_3 \rangle$, $\mathbf{b} = \langle b_1,\, b_2,\, b_3 \rangle$의 외적은
>
> $$\mathbf{a} \times \mathbf{b} = \langle a_2 b_3 - a_3 b_2,\, a_3 b_1 - a_1 b_3,\, a_1 b_2 - a_2 b_1 \rangle \tag{12.12}$$
>
> 로 정의한다.

행렬식을 이용하면 식 (12.12)를 좀 더 쉽게 기억할 수 있다. 크기가 2×2인 행렬의 행렬식은

$$\begin{vmatrix} a & b \\ c & d \end{vmatrix} = ad - bc$$

로 정의된다. 크기가 3×3인 행렬의 행렬식은

$$\begin{vmatrix} a_1 & a_2 & a_3 \\ b_1 & b_2 & b_3 \\ c_1 & c_2 & c_3 \end{vmatrix} = a_1 \begin{vmatrix} b_2 & b_3 \\ c_2 & c_3 \end{vmatrix} - a_2 \begin{vmatrix} b_1 & b_3 \\ c_1 & c_3 \end{vmatrix} + a_3 \begin{vmatrix} b_1 & b_2 \\ c_1 & c_2 \end{vmatrix} \tag{12.13}$$

와 같이 계산할 수 있다. 식 (12.12)는

$$\mathbf{a} \times \mathbf{b} = \begin{vmatrix} a_2 & a_3 \\ b_2 & b_3 \end{vmatrix} \mathbf{i} - \begin{vmatrix} a_1 & a_3 \\ b_1 & b_3 \end{vmatrix} \mathbf{j} + \begin{vmatrix} a_1 & a_2 \\ b_1 & b_2 \end{vmatrix} \mathbf{k} \tag{12.14}$$

로 나타낼 수 있으므로 식 (12.13), (12.14)로부터 두 벡터 $\mathbf{a}$, $\mathbf{b}$의 외적은

$$\mathbf{a} \times \mathbf{b} = \begin{vmatrix} \mathbf{i} & \mathbf{j} & \mathbf{k} \\ a_1 & a_2 & a_3 \\ b_1 & b_2 & b_3 \end{vmatrix} \tag{12.15}$$

로 쓸 수 있다.[1] 위의 식 (12.15)를 이용하면 편리하게 외적을 계산할 수 있다.

예8 $\mathbf{a} = \langle 1, -3, 2 \rangle$, $\mathbf{b} = \langle 2, 0, 1 \rangle$일 때 두 벡터 $\mathbf{a}$, $\mathbf{b}$의 외적은 식 (12.15)를 이용하여

$$\mathbf{a} \times \mathbf{b} = \begin{vmatrix} \mathbf{i} & \mathbf{j} & \mathbf{k} \\ 1 & -3 & 2 \\ 2 & 0 & 1 \end{vmatrix} = \begin{vmatrix} -3 & 2 \\ 0 & 1 \end{vmatrix} \mathbf{i} - \begin{vmatrix} 1 & 2 \\ 2 & 1 \end{vmatrix} \mathbf{j} + \begin{vmatrix} 1 & -3 \\ 2 & 0 \end{vmatrix} \mathbf{k}$$

$$= (-3 - 0)\mathbf{i} - (1 - 4)\mathbf{j} + (0 + 6)\mathbf{k}$$

$$= -3\mathbf{i} + 3\mathbf{j} + 6\mathbf{k}$$

임을 알 수 있다.

다음의 두 정리로부터 외적의 특징적인 성질을 알 수 있다.

---

1) 행렬은 실수를 원으로 갖지만 여기서는 편의를 위해 벡터 $\mathbf{i}$, $\mathbf{j}$, $\mathbf{k}$를 행렬의 원으로 간주하였다.

정리 12.4

두 벡터 **a**, **b**의 외적 **a** × **b**는 **a**와 **b**에 모두 수직이다.

[증명] $\mathbf{a} = \langle a_1, a_2, a_3 \rangle$, $\mathbf{b} = \langle b_1, b_2, b_3 \rangle$라 하면, 벡터 **a** × **b**와 **a**의 내적은

$$(\mathbf{a} \times \mathbf{b}) \cdot \mathbf{a} = \left(\begin{vmatrix} a_2 & a_3 \\ b_2 & b_3 \end{vmatrix} \mathbf{i} - \begin{vmatrix} a_1 & a_3 \\ b_1 & b_3 \end{vmatrix} \mathbf{j} + \begin{vmatrix} a_1 & a_2 \\ b_1 & b_2 \end{vmatrix} \mathbf{k} \right) \cdot (a_1 \mathbf{i} + a_2 \mathbf{j} + a_3 \mathbf{k})$$

$$= \begin{vmatrix} a_2 & a_3 \\ b_2 & b_3 \end{vmatrix} a_1 - \begin{vmatrix} a_1 & a_3 \\ b_1 & b_3 \end{vmatrix} a_2 + \begin{vmatrix} a_1 & a_2 \\ b_1 & b_2 \end{vmatrix} a_3$$

$$= a_1 (a_2 b_3 - a_3 b_2) - a_2 (a_1 b_3 - a_3 b_1) + a_3 (a_1 b_2 - a_2 b_1)$$

$$= a_1 a_2 b_3 - a_1 b_2 a_3 - a_1 a_2 b_3 + b_1 a_2 a_3 + a_1 b_2 a_3 + b_1 a_2 a_3$$

$$= 0$$

이므로 벡터 **a** × **b**는 **a**에 수직이다. 같은 방법으로 $(\mathbf{a} \times \mathbf{b}) \cdot \mathbf{b} = 0$임을 보일 수 있다. 따라서 **a** × **b**는 **a**와 **b**에 모두 수직이다. ∎

벡터 **a** × **b**의 방향은 오른손의 법칙에 따라 결정된다. 즉 엄지를 제외한 오른손 네 손가락을 **a**에서 **b** 방향으로 회전시킬 때 엄지손가락이 향하는 방향이 **a** × **b**의 방향이다.

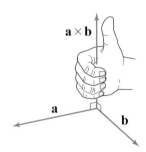

그림 12.8 벡터 **a** × **b**의 방향

그러므로 벡터 **b** × **a**는 **a** × **b**와 크기는 같지만 방향은 반대이다. 즉,

$$\mathbf{b} \times \mathbf{a} = -(\mathbf{a} \times \mathbf{b})$$

이다. 위에서 알 수 있는 것처럼 외적은 교환법칙을 만족하지 않으므로 외적을 계산할 때는 곱하는 벡터의 순서에 유의해야 한다.

정리 12.5

두 벡터 $\mathbf{a}$, $\mathbf{b}$의 사잇각을 $\theta\,(0 \le \theta \le \pi)$라고 하면

$$\|\mathbf{a} \times \mathbf{b}\| = \|\mathbf{a}\|\,\|\mathbf{b}\|\sin\theta \tag{12.16}$$

이다.

[증명] $\mathbf{a} = \langle a_1,\ a_2,\ a_3 \rangle$, $\mathbf{b} = \langle b_1,\ b_2,\ b_3 \rangle$라 하면, 외적과 벡터의 크기의 정의로부터

$$
\begin{aligned}
\|\mathbf{a} \times \mathbf{b}\|^2 &= \left(a_2 b_3 - a_3 b_2\right)^2 + \left(a_3 b_1 - a_1 b_3\right)^2 + \left(a_1 b_2 - a_2 b_1\right)^2 \\
&= a_2^2 b_3^2 - 2a_2 a_3 b_2 b_3 + a_3^2 b_2^2 + a_3^2 b_1^2 - 2a_1 a_3 b_1 b_3 + a_1^2 b_3^2 \\
&\quad + a_1^2 b_2^2 - 2a_1 a_2 b_1 b_2 + a_2^2 b_1^2 \\
&= \left(a_1^2 + a_2^2 + a_3^2\right)\left(b_1^2 + b_2^2 + b_3^2\right) - \left(a_1 b_1 + a_2 b_2 + a_3 b_3\right)^2 \\
&= \|\mathbf{a}\|^2 \|\mathbf{b}\|^2 - (\mathbf{a} \cdot \mathbf{b})^2 \\
&= \|\mathbf{a}\|^2 \|\mathbf{b}\|^2 - \|\mathbf{a}\|^2 \|\mathbf{b}\|^2 \cos^2\theta \\
&= \|\mathbf{a}\|^2 \|\mathbf{b}\|^2 \left(1 - \cos^2\theta\right) \\
&= \|\mathbf{a}\|^2 \|\mathbf{b}\|^2 \sin^2\theta
\end{aligned}
$$

이다. 그런데 $0 \le \theta \le \pi$일 때 $\sin\theta \ge 0$이므로

$$\|\mathbf{a} \times \mathbf{b}\| = \|\mathbf{a}\|\,\|\mathbf{b}\|\sin\theta$$

이다. ■

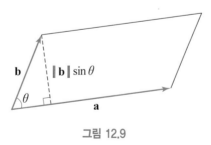

그림 12.9

정리 12.5에 의하면, 그림 12.9에서 보는 것처럼 외적 $\mathbf{a} \times \mathbf{b}$의 크기는 기하학적으로 두 벡터 $\mathbf{a}$, $\mathbf{b}$에 의해 결정되는 평행사변형의 넓이와 같다.

예제 12.8 3차원 공간상의 세 점 $P_1(2, 2, 0)$, $P_2(-1, 0, 2)$, $P_3(0, 4, 3)$을 꼭짓점으로 하는 삼각형의 넓이 A를 구하여라.

[풀이] $\mathbf{a} = \overrightarrow{P_1 P_2}$, $\mathbf{b} = \overrightarrow{P_1 P_3}$로 두면

$$\mathbf{a} = \langle -3, -2, 2 \rangle, \quad \mathbf{b} = \langle -2, 2, 3 \rangle$$

이고, 두 벡터의 외적은

$$\mathbf{a} \times \mathbf{b} = \langle -10, 5, -10 \rangle$$

이다. 그러므로 삼각형의 넓이는

$$A = \frac{1}{2} \| \mathbf{a} \times \mathbf{b} \| = \frac{1}{2} \sqrt{(-10)^2 + 5^2 + (-10)^2} = \frac{15}{2}$$

이다. ∎

두 벡터 $\mathbf{a}$, $\mathbf{b}$가 평행이면 사잇각은 $\theta = 0$ 또는 $\theta = \pi$이므로, 식 (12.16)으로부터

$$\mathbf{a} \times \mathbf{b} = \mathbf{0}$$

이다. 역으로 외적이 영벡터이면 두 벡터 중의 적어도 하나가 영벡터이거나 두 벡터가 서로 평행하다.

표준기저벡터 $\mathbf{i}$, $\mathbf{j}$, $\mathbf{k}$에 대한 외적은

$$\mathbf{i} \times \mathbf{i} = \mathbf{j} \times \mathbf{j} = \mathbf{k} \times \mathbf{k} = \mathbf{0},$$

$$\mathbf{i} \times \mathbf{j} = -(\mathbf{j} \times \mathbf{i}) = \mathbf{k}, \quad \mathbf{j} \times \mathbf{k} = -(\mathbf{k} \times \mathbf{j}) = \mathbf{i}, \quad \mathbf{k} \times \mathbf{i} = -(\mathbf{i} \times \mathbf{k}) = \mathbf{j}$$

이다.

다음은 외적과 관련한 연산법칙을 정리한 것이다. 이 성질들은 외적의 정의를 이용하여 증명할 수 있다.

정리 12.6

$\mathbf{a}$, $\mathbf{b}$, $\mathbf{c}$가 $\mathbb{R}^3$의 벡터이고 α가 스칼라이면 다음이 성립한다.

① $\mathbf{a} \times \mathbf{b} = -\mathbf{b} \times \mathbf{a}$

② $(\alpha\mathbf{a}) \times \mathbf{b} = \alpha(\mathbf{a} \times \mathbf{b}) = \mathbf{a} \times (\alpha\mathbf{b})$

③ $\mathbf{a} \times (\mathbf{b} + \mathbf{c}) = \mathbf{a} \times \mathbf{b} + \mathbf{a} \times \mathbf{c}$

④ $(\mathbf{a} + \mathbf{b}) \times \mathbf{c} = \mathbf{a} \times \mathbf{c} + \mathbf{b} \times \mathbf{c}$

⑤ $\mathbf{a} \cdot (\mathbf{b} \times \mathbf{c}) = (\mathbf{a} \times \mathbf{b}) \cdot \mathbf{c}$

⑥ $\mathbf{a} \times (\mathbf{b} \times \mathbf{c}) = (\mathbf{a} \cdot \mathbf{c})\mathbf{b} - (\mathbf{a} \cdot \mathbf{b})\mathbf{c}$

[증명] 여기서는 ⑤만 증명하기로 한다. 나머지도 외적의 정의를 이용하면 비슷한 방법으로 증명할 수 있다. $\mathbf{a} = \langle a_1,\ a_2,\ a_3 \rangle$, $\mathbf{b} = \langle b_1,\ b_2,\ b_3 \rangle$, $\mathbf{c} = \langle c_1,\ c_2,\ c_3 \rangle$라 하면, 내적과 외적의 정의에 의해

$$\mathbf{a} \cdot (\mathbf{b} \times \mathbf{c}) = a_1(b_2 c_3 - b_3 c_2) + a_2(b_3 c_1 - b_1 c_3) + a_3(b_1 c_2 - b_2 c_1)$$
$$= a_1 b_2 c_3 - a_1 b_3 c_2 + a_2 b_3 c_1 - a_2 b_1 c_3 + a_3 b_1 c_2 - a_3 b_2 c_1$$
$$= (a_2 b_3 - a_3 b_2)c_1 + (a_3 b_1 - a_1 b_3)c_2 + (a_1 b_2 - a_2 b_1)c_3$$
$$= (\mathbf{a} \times \mathbf{b}) \cdot \mathbf{c}$$

이다. ∎

위의 정리 12.6의 ⑤의 곱 $\mathbf{a} \cdot (\mathbf{b} \times \mathbf{c})$를 벡터 $\mathbf{a}$, $\mathbf{b}$, $\mathbf{c}$의 **스칼라 삼중곱**(scalar triple product)이라 부른다. 스칼라 삼중곱은 식

$$\mathbf{a} \cdot (\mathbf{b} \times \mathbf{c}) = a_1(b_2 c_3 - b_3 c_2) + a_2(b_3 c_1 - b_1 c_3) + a_3(b_1 c_2 - b_2 c_1)$$

와 식 (12.13)으로부터 행렬식

$$\mathbf{a} \cdot (\mathbf{b} \times \mathbf{c}) = \begin{vmatrix} a_1 & a_2 & a_3 \\ b_1 & b_2 & b_3 \\ c_1 & c_2 & c_3 \end{vmatrix} \tag{12.17}$$

로 쓸 수 있다.

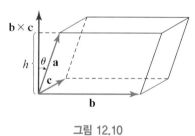

그림 12.10

스칼라 삼중곱은 벡터 $\mathbf{a}$, $\mathbf{b}$, $\mathbf{c}$에 의하여 결정되는 평행육면체의 부피와 관련이 있다. 그림 12.10에서 평행사변형인 밑면의 넓이는 $A = \|\mathbf{b} \times \mathbf{c}\|$이다. θ를 $\mathbf{a}$와 $\mathbf{b} \times \mathbf{c}$의 사잇각이라 하면 평행육면체의 높이는 $h = \|\mathbf{a}\||\cos \theta|$이다. 따라서 평행육면체의 부피는 정리 12.3에 의해

$$V = Ah = \|\mathbf{b} \times \mathbf{c}\| \|\mathbf{a}\| |\cos \theta| = |\mathbf{a} \cdot (\mathbf{b} \times \mathbf{c})|$$

이다. 이로부터 다음의 정리를 얻는다.

> **정리 12.7**
>
> $\mathbb{R}^3$의 세 벡터 $\mathbf{a}$, $\mathbf{b}$, $\mathbf{c}$에 의해 결정되는 평행육면체의 부피 V는 $\mathbf{a}$, $\mathbf{b}$, $\mathbf{c}$의 스칼라 삼중곱의 크기와 같다. 즉
>
> $$V = \left| \mathbf{a} \cdot (\mathbf{b} \times \mathbf{c}) \right| \tag{12.18}$$
>
> 이다.

예제 12.9 세 벡터 $\mathbf{a} = \langle 1, 4, -7 \rangle$, $\mathbf{b} = \langle 2, -1, 4 \rangle$, $\mathbf{c} = \langle 1, 2, 0 \rangle$에 의해 결정되는 평행육면체의 부피를 구하여라.

[풀이] 평행육면체의 부피를 계산하기 위해서 (12.18)을 이용하자.

$$\mathbf{a} \cdot (\mathbf{b} \times \mathbf{c}) = \begin{vmatrix} 1 & 4 & -7 \\ 2 & -1 & 4 \\ 1 & 2 & 0 \end{vmatrix} = 1 \begin{vmatrix} -1 & 4 \\ 2 & 0 \end{vmatrix} - 4 \begin{vmatrix} 2 & 4 \\ 1 & 0 \end{vmatrix} - 7 \begin{vmatrix} 2 & -1 \\ 1 & 2 \end{vmatrix}$$

$$= 1(-8) - 4(-4) - 7(5) = -27$$

이므로 세 벡터 $\mathbf{a}$, $\mathbf{b}$, $\mathbf{c}$에 의하여 결정되는 평행육면체의 부피는 $V = 27$이다. ■

연습문제 12.4

1. 다음 두 벡터의 외적 $\mathbf{a} \times \mathbf{b}$를 구하여라.

   (1) $\mathbf{a} = \langle -3, -2, 4 \rangle$, $\mathbf{b} = \langle 3, 0, 1 \rangle$

   (2) $\mathbf{a} = \langle 2, 3, 0 \rangle$, $\mathbf{b} = \langle -1, 2, 1 \rangle$

   (3) $\mathbf{a} = 3\mathbf{i} - 2\mathbf{j} - \mathbf{k}$, $\mathbf{b} = \mathbf{i} - 4\mathbf{j} + 5\mathbf{k}$

   (4) $\mathbf{a} = -2\mathbf{i} - \mathbf{j}$, $\mathbf{b} = -3\mathbf{i} - \mathbf{j} - 2\mathbf{k}$

2. 주어진 벡터의 외적 $\mathbf{a} \times \mathbf{b}$를 구하고 외적이 $\mathbf{a}$, $\mathbf{b}$에 모두 수직임을 보여라.

   (1) $\mathbf{a} = \langle 2, 1, -3 \rangle$, $\mathbf{b} = \langle 1, -2, 1 \rangle$

   (2) $\mathbf{a} = 2\mathbf{i} + \mathbf{j} - \mathbf{k}$, $\mathbf{i} - 3\mathbf{j} - 2\mathbf{k}$

3. 다음 두 벡터 **a**, **b**에 동시에 수직인 단위벡터를 모두 구하여라.

    (1) $\mathbf{a} = \langle 1, -1, 1 \rangle, \quad \mathbf{b} = \langle 0, 3, 3 \rangle$

    (2) $\mathbf{a} = \mathbf{i} + \mathbf{j} + \mathbf{k}, \quad \mathbf{b} = 2\mathbf{i} + \mathbf{j} - 3\mathbf{k}$

4. 임의의 벡터 $\mathbf{a} = \langle a_1, a_2, a_3 \rangle$에 대해 $\mathbf{a} \times \mathbf{a} = \mathbf{0}$임을 보여라.

5. 영벡터가 아닌 두 벡터 **a**, **b**가 나란하기 위한 필요충분조건이 $\mathbf{a} = t\mathbf{b}$를 만족하는 실수 t가 존재하는 것임을 보여라.

6. $\mathbf{a} \cdot \mathbf{b} = \sqrt{3}$, $\mathbf{a} \times \mathbf{b} = \langle 1, 2, 2 \rangle$일 때 **a**, **b**의 사잇각을 구하여라.

7. 다음 세 점을 꼭짓점으로 하는 삼각형의 넓이를 구하여라.

    (1) $A(1, 0, 0), \quad B(0, 2, 0), \quad C(0, 0, 3)$

    (2) $A(0, 0, 0), \quad B(1, -1, 1), \quad C(1, 2, 1)$

8. 점 $(1, 1, 1), (2, 3, 4), (6, 5, 2), (7, 7, 5)$가 평행사변형의 꼭짓점임을 보이고, 이 평행사변형의 넓이를 구하여라.

9. 세 벡터 $2\mathbf{i} - \mathbf{j} + \mathbf{k}, \mathbf{i} - 3\mathbf{j} - 2\mathbf{k}, 3\mathbf{i} + 2\mathbf{j} + 5\mathbf{k}$가 한 평면 위에 있음을 보여라.

10. 세 벡터 $\mathbf{i} + \mathbf{j} + \mathbf{k}, 2\mathbf{i} - \mathbf{j} - 3\mathbf{k}, 3\mathbf{j} - \mathbf{k}$에 의해 결정되는 평행육면체의 부피를 구하여라.

11. 꼭짓점이 $(0, 0, 0), (3, 0, 0), (0, 5, 1), (3, 5, 1), (2, 0, 5), (5, 0, 5), (2, 5, 6), (5, 5, 6)$인 평행육면체의 부피를 구하여라.

12. 벡터 **u**, **v**가 서로 수직이면 $\|\mathbf{u} \times \mathbf{v}\| = \|\mathbf{u}\|\|\mathbf{v}\|$임을 보여라.

5절 직선의 방정식

삼차원 공간의 직선 L은 L 위의 한 점 $P_0(x_0, y_0, z_0)$와 L의 방향에 의해 결정된다. 삼차원 공간에서 직선의 방향은 벡터에 의하여 나타낼 수 있다. **v**를 L과 평행한 벡터라 하자. $P(x, y, z)$를 L 위의 한 점이라 하고, $\mathbf{r}_0$을 원점 O에서 P_0를 연결하는 벡터, **r**를 원점에서 점 P를 연결하는 벡터라고 하자($\mathbf{r}_0$, **r**를 점 P_0와 P의 **위치벡터**(position vector)라고 한다). 그림

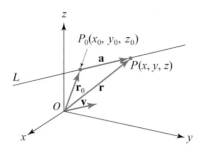

그림 12.11 직선의 방정식

12.11에서와 같이 $\mathbf{a}$를 P_0를 시점, P를 종점으로 하는 벡터라고 하면,

$$\mathbf{r} = \mathbf{r}_0 + \mathbf{a}, \qquad \mathbf{r} - \mathbf{r}_0 = \mathbf{a}$$

이다. 그런데 $\mathbf{a}$와 $\mathbf{v}$가 평행이므로 $\mathbf{a} = t\mathbf{v}$를 만족하는 스칼라 t가 존재한다(연습문제 12.4의 5번 참고). 따라서 직선 L의 벡터방정식은

$$\mathbf{r} = \mathbf{r}_0 + t\mathbf{v}, \quad -\infty < t < \infty \tag{12.19}$$

이다. t가 양의 값을 가질 때 $\mathbf{a}$의 위치와 t가 음숫값을 가질 때의 위치는 점 P_0을 중심으로 서로 다른 쪽에 있는 L 위의 점이 대응된다.

　L과 나란한 방향을 갖는 벡터를 $\mathbf{v} = \langle a, \ b, \ c \rangle$라고 하면, $t\mathbf{v} = \langle ta, \ tb, \ tc \rangle$이다. 또 $\mathbf{r} = \langle x, y, z \rangle$와 $\mathbf{r}_0 = \langle x_0, y_0, z_0 \rangle$으로 쓸 수 있으므로 벡터방정식 (12.19)는

$$\langle x, y, z \rangle = \langle x_0 + ta, \ y_0 + tb, \ z_0 + tc \rangle, \quad -\infty < t < \infty \tag{12.20}$$

로 쓸 수 있다.

　두 벡터가 서로 같을 필요충분조건은 대응하는 성분들이 같은 것이다. 그러므로 식 (12.20)으로부터 $t \in \mathbb{R}$일 때 방정식

$$x = x_0 + at, \quad y = y_0 + bt, \quad z = z_0 + ct \tag{12.21}$$

를 얻는다. 위의 방정식 (12.21)을 만족하는 점 x, y, z를 좌표로 하는 공간상의 점 (x, y, z)들의 집합은 점 (x_0, y_0, z_0)를 지나고, 벡터 $\langle a, \ b, \ c \rangle$와 나란한 직선 L 위의 점들이다. 식 (12.21)을 직선 L의 **매개방정식**(parametric equation)이라 부른다. 매개변수 t의 각 값은 직선 L 위의 점 (x, y, z)의 위치를 결정한다.

예제 12.10 점 $(2, 1, -3)$을 지나고 벡터 $\langle 3, 0, 2 \rangle$와 평행한 직선의 벡터방정식과 매개방정식을 구하여라.

[풀이] $\mathbf{r}_0 = \langle 2, 1, -3 \rangle$, $\mathbf{v} = \langle 3, 0, 2 \rangle$라 하면

$$\langle x, y, z \rangle = \mathbf{r} = \mathbf{r}_0 + t\mathbf{v} = \langle 2, 1, -3 \rangle + t\langle 3, 0, 2 \rangle$$

$$= \langle 2 + 3t, 1, -3 + 2t \rangle, \quad t \in \mathbb{R}$$

이고, 매개방정식은

$$x = 2 + 3t, \quad y = 1, \quad z = -3 + 2t, \quad t \in \mathbb{R}$$

이다. ∎

벡터 $\mathbf{v} = \langle a, b, c \rangle$가 직선 L과 나란한 벡터일 때, $\mathbf{v}$의 성분 a, b, c를 직선 L의 **방향수** (direction numbers)라고 한다. a, b, c가 직선 L의 방향수이면 벡터 $\mathbf{v}$와 나란한 벡터는 모두 직선 L과 나란하므로 αa, αb, $\alpha c (\alpha \neq 0)$는 모두 직선 L의 방향수이다.

직선 L을 나타내는 또 다른 방법은 방정식 (12.21)에서 매개변수 t를 소거하는 것이다. a, b, c가 모두 0이 아니면, 각각의 방정식을 t에 대하여 풀어

$$\frac{x - x_0}{a} = \frac{y - y_0}{b} = \frac{z - z_0}{c} \tag{12.22}$$

를 얻는다. 이 방정식을 직선 L의 **대칭방정식**(symmetric equation)이라 부른다. 방정식 (12.22)의 분모에 나타난 수 a, b, c는 L의 방향수이다.

a, b, c 중의 어느 하나가 0인 경우에도 t를 소거할 수 있다. 예를 들면, $a = 0$일 때 L의 대칭방정식은

$$x = x_0, \quad \frac{y - y_0}{b} = \frac{z - z_0}{c}$$

와 같이 쓸 수 있다. 위의 대칭방정식은 직선 L이 평면 $x = x_0$ 위에 놓여 있음을 의미한다.

예제 12.11 (1) 점 $A(3, 1, 2)$와 $B(2, -1, -4)$를 지나는 직선의 매개방정식과 대칭방정식을 구하여라.

(2) 이 직선이 xy평면과 만나는 점을 찾아라.

[풀이] 점 A에서 B를 연결하는 벡터를 $\mathbf{v}$라고 하면

(1) 직선은 벡터

$$\mathbf{v} = \overrightarrow{AB} = \langle -1, -2, -6 \rangle$$

과 평행하다. 또 직선이 점 (3, 1, 2)를 지나므로, 매개방정식은

$$x = 3 - t, \quad y = 1 - 2t, \quad z = 2 - 6t, \quad t \in \mathbb{R}$$

이고, 대칭방정식은

$$\frac{x-3}{-1} = \frac{y-1}{-2} = \frac{z-2}{-6}$$

이다.

(2) 주어진 직선은 $z = 0$일 때 xy평면과 만난다. 따라서 대칭방정식에서 $z = 0$이라 놓으면,

$$\frac{x-3}{-1} = \frac{y-1}{-2} = \frac{1}{3}$$

을 얻는다. 이로부터 $x = \dfrac{8}{3}$, $y = \dfrac{1}{3}$이 얻어지므로, 위의 직선은 점 $\left(\dfrac{8}{3}, \dfrac{1}{3}, 0 \right)$에서 xy평면과 만난다. ■

방정식 $\dfrac{x-x_0}{a} = \dfrac{y-y_0}{b} = \dfrac{z-z_0}{c}$ 로 주어진 직선 L과 직선 밖의 한 점 $P(x, y, z)$ 사이의 거리를 구하는 방법에 대해 알아보자. $P_0 (x_0, y_0, z_0)$를 주어진 직선 위의 한 점이라고 하고, 그림 12.12에서 보는 것처럼 $\mathbf{v}$를 직선과 나란한 벡터, θ를 $\overrightarrow{P_0 P}$와 $\mathbf{v}$의 사잇각이라고 하면 직선 L과 점 P 사이의 거리 D는

$$D = \left\| \overrightarrow{P_0 P} \right\| \sin \theta$$

이다. 그런데 정리 12.5에 의해

$$\| \mathbf{v} \| \left\| \overrightarrow{P_0 P} \right\| \sin \theta = \left\| \mathbf{v} \times \overrightarrow{P_0 P} \right\|$$

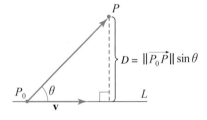

그림 12.12 점과 직선 사이의 거리

이므로 직선 L과 직선 밖의 한 점 P 사이의 거리는 식

$$D = \left\| \overrightarrow{P_0 P} \right\| \sin \theta = \frac{\left\| \mathbf{v} \times \overrightarrow{P_0 P} \right\|}{\left\| \mathbf{v} \right\|} \tag{12.23}$$

로 구할 수 있다.

예제 12.12 점 $P(1, 2, -1)$과 직선 $x = \dfrac{y - 2}{-2} = \dfrac{z - 1}{5}$ 사이의 거리를 구하여라.

[풀이] 주어진 직선의 방향수는 1, −2, 5이므로 $\mathbf{v} = \langle 1, -2, 5 \rangle$는 직선과 평행한 벡터이다. 직선 위의 한 점으로 $P_0(0, 2, 1)$를 택하면 $\overrightarrow{P_0 P} = \langle 1, 0, -2 \rangle$이므로 식 (12.23)에 의해

$$D = \frac{\left\| \mathbf{v} \times \overrightarrow{P_0 P} \right\|}{\left\| \mathbf{v} \right\|} = \frac{\left\| \langle 4, 7, 2 \rangle \right\|}{\sqrt{30}}$$

$$= \frac{\sqrt{69}}{\sqrt{30}} = \frac{\sqrt{23}}{\sqrt{10}}$$

이다. ∎

연습문제 12.5

1. 다음 두 점을 지나는 직선과 평행한 단위벡터를 구하여라.

   (1) $(2, 0, -1)$, $(4, -2, 3)$ (2) $(1, 3, 4)$, $(-2, 3, 7)$

2. 다음 두 점을 지나는 직선의 벡터방정식을 구하여라.

   (1) $(1, 3, -2)$, $(2, 2, 0)$ (2) $(-1, 3, 4)$, $(4, 3, 9)$

3. 두 점 $(2, 4, -3)$, $(3, -1, 1)$을 지나는 직선의 매개방정식과 대칭방정식을 구하여라.

4. 두 점 $(1, 3, -2)$, $(2, 1, 0)$을 잇는 선분의 방정식을 구하여라.

5. 두 점 $(1, 3, 2)$, $(3, 4, -1)$을 지나는 직선이 두 점 $(-1, 0, 3)$, $(3, 2, -3)$를 지나는 직선과 평행함을 보여라.

6. 점 $(0, 2, -1)$을 지나고 매개방정식이

$$x = 1 + 2t, \quad y = 3t, \quad z = 5 - 7t$$

인 직선과 평행한 직선의 대칭방정식을 구하여라.

7. 다음 직선의 매개방정식을 구하여라.

(1) 점 $(5, -3, -4)$를 지나고 벡터 $\mathbf{v} = \langle 2, -1, 3 \rangle$에 평행인 직선

(2) 점 $(1, -3, 0)$를 지나고 벡터 $\mathbf{v} = \langle 1, -1, 5 \rangle$에 평행인 직선

8. 다음 두 직선 L_1, L_2가 서로 만나는지를 알아보고, 만나는 경우 교점을 구하여라.

(1) $\begin{cases} L_1: x = 1 + t, \ y = -2 + 2t, \ z = 2 - t \\ L_2: x = 2s, \ y = 3 + s, \ z = 4 + 3s \end{cases}$

(2) $\begin{cases} L_1: \dfrac{x-1}{2} = \dfrac{y+1}{1} = \dfrac{z-3}{3} \\ L_2: \dfrac{x-5}{1} = \dfrac{y-4}{2} = \dfrac{z-2}{-2} \end{cases}$

9. 점 $P(1, 0, -1)$과 직선 $L: x = 1 + t, \ y = 2 - t, \ z = -3 + 2t$ 사이의 거리를 구하여라.

10. 평행한 두 직선 L_1, L_2 사이의 거리를 구하여라.

$$L_1: \frac{x-1}{2} = \frac{y-2}{-1} = \frac{z+1}{1}, \quad L_2: \frac{x+1}{4} = \frac{y-1}{-2} = \frac{z+2}{2}$$

11. 주어진 두 직선 L_1, L_2 사이의 거리를 구하여라.

$$L_1: \frac{x}{1} = \frac{y}{2} = \frac{z-6}{3}, \quad L_2: \frac{x}{3} = \frac{y}{2} = \frac{z}{1}$$

6절 평면의 방정식

삼차원 공간 $\mathbb{R}^3$에서 평면은 평면 위의 한 점 $P_0(x_0, y_0, z_0)$와 이 평면에 수직인 벡터 $\mathbf{n}$에 의하여 결정된다. 이때 벡터 $\mathbf{n}$을 이 평면의 **법선벡터**(normal vector)라고 한다. $P(x, y, z)$를 평면 위의 임의의 점이라 하고, $\mathbf{r}_0$와 $\mathbf{r}$을 점 P_0와 P의 위치벡터라 하면 벡터 $\mathbf{r} - \mathbf{r}_0$은 벡터 $\overrightarrow{P_0P}$를 나타낸다(그림 12.13). 법선벡터 $\mathbf{n}$은 주어진 평면 위의 모든 벡터에 수직이다. 특히, 벡터 $\mathbf{n}$은 $\mathbf{r} - \mathbf{r}_0$와 수직이므로,

$$\mathbf{n} \cdot (\mathbf{r} - \mathbf{r}_0) = 0 \tag{12.24}$$

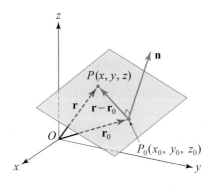

그림 12.13 평면의 방정식

또는

$$\mathbf{n} \cdot \mathbf{r} = \mathbf{n} \cdot \mathbf{r}_0 \qquad (12.25)$$

이다.

방정식 (12.24), (12.25)를 평면의 벡터방정식이라 부른다. 평면의 벡터방정식에서 $\mathbf{n} = \langle a, b, c \rangle$, $\mathbf{r} = \langle x, y, z \rangle$, $\mathbf{r}_0 = \langle x_0, y_0, z_0 \rangle$이라 쓰면, 벡터방정식 (12.24)는

$$\langle a,\ b,\ c \rangle \cdot \langle x - x_0,\ y - y_0,\ z - z_0 \rangle = 0$$

또는

$$a(x - x_0) + b(y - y_0) + c(z - z_0) = 0 \qquad (12.26)$$

이 된다. 방정식 (12.26)을 점 (x_0, y_0, z_0)을 지나고, 법선벡터가 $\mathbf{n} = \langle a,\ b,\ c \rangle$인 평면의 방정식이라고 한다.

방정식 (12.26)에서 상수항을 $d = ax_0 + by_0 + cz_0$라 하면 식 (12.26)은

$$ax + by + cz = d \qquad (12.27)$$

와 같이 고쳐 쓸 수 있다. 방정식 (12.27)은 법선벡터가 $\langle a,\ b,\ c \rangle$인 평면을 나타낸다.

예제 12.13 점 $(5,\ 1,\ -2)$를 지나고 법선벡터가 $\mathbf{n} = \langle 2,\ -1,\ 3 \rangle$인 평면의 방정식을 구하여라.

[풀이] 방정식 (12.26)에서 $a = 2$, $b = -1$, $c = 3$로 놓고 $x_0 = 5$, $y_0 = 1$, $z_0 = -2$라고 하면, 평면의 방정식

$$2(x - 5) - (y - 1) + 3(z + 2) = 0,$$

또는

$$2x - y + 3z = 3$$

을 얻는다. ∎

예제 12.14 세 점 $P(1, -3, 0)$, $Q(2, 0, -1)$과 $R(-2, 1, 1)$을 지나는 평면의 방정식을 구하여라.

[풀이] $\overrightarrow{PQ}$와 $\overrightarrow{PR}$에 대응되는 벡터를 $\mathbf{a}$, $\mathbf{b}$라고 하면

$$\mathbf{a} = \langle 1, 3, -1 \rangle, \quad \mathbf{b} = \langle -3, 4, 1 \rangle$$

이다. $\mathbf{a}$와 $\mathbf{b}$가 모두 구하려는 평면에 놓여 있고 이들의 외적 $\mathbf{a} \times \mathbf{b}$는 구하려는 평면과 직교하므로, $\mathbf{a} \times \mathbf{b}$를 법선벡터로 택할 수 있다. 따라서 법선벡터는

$$\mathbf{n} = \mathbf{a} \times \mathbf{b} = \begin{vmatrix} \mathbf{i} & \mathbf{j} & \mathbf{k} \\ 1 & 3 & -1 \\ -3 & 4 & 1 \end{vmatrix} = 7\mathbf{i} + 2\mathbf{j} + 13\mathbf{k}$$

이고, 평면의 방정식은

$$7(x - 1) + 2(y + 3) + 13z = 0,$$

또는

$$7x + 2y + 13z = 1$$

이다. ∎

만일 두 평면의 법선벡터가 나란하다면 두 평면은 나란하다. 두 평면이 나란하지 않으면 두 평면의 교점들은 직선을 이룬다. 두 평면이 나란하지 않을 때 두 평면의 사잇각은 두 평면의 법선벡터의 사잇각으로 정의한다.

예제 12.15 (1) 두 평면 $2x - y + 3z = 5$와 $x + 2y - 3z = 5$의 사잇각을 구하여라.

(2) 이들 두 평면의 교선 L의 대칭방정식을 구하여라.

[풀이] 두 평면의 법선벡터 $\mathbf{n}_1 = \langle 2, -1, 3 \rangle$, $\mathbf{n}_2 = \langle 1, 2, -3 \rangle$은 나란하지 않으므로 두 평면은 한 직선에서 만난다.

(1) 두 평면의 법선벡터의 사잇각을 θ라 하면, 정리 12.3에 의하여

$$\cos \theta = \frac{\mathbf{n}_1 \cdot \mathbf{n}_2}{\| \mathbf{n}_1 \| \| \mathbf{n}_2 \|} = \frac{2(1) + (-1)(2) + 3(-3)}{\sqrt{4 + 1 + 9}\sqrt{1 + 4 + 9}} = -\frac{9}{14}$$

이므로, 두 평면의 사잇각은

$$\theta = \cos^{-1}\left(-\frac{9}{14}\right)$$

이다.

(2) 직선 L 위의 한 점을 구하기 위하여, 두 평면의 방정식에서 $z = 0$이라 두면 방정식

$$2x - y = 5, \quad x + 2y = 5$$

을 얻는다. 이 방정식의 해는 $x = 3$, $y = 1$이고 직선 L은 xy평면 위의 점 $(3, 1, 0)$을 지난다. 또 직선 L은 두 평면에 모두 속하므로, L은 두 평면의 법선벡터에 동시에 수직이다. 따라서 L에 평행인 벡터 $\mathbf{v}$는 외적

$$\mathbf{v} = \mathbf{n}_1 \times \mathbf{n}_2 = \begin{vmatrix} \mathbf{i} & \mathbf{j} & \mathbf{k} \\ 2 & -1 & 3 \\ 1 & 2 & -3 \end{vmatrix} = -3\mathbf{i} + 9\mathbf{j} + 5\mathbf{k}$$

로 주어지므로, L의 대칭방정식은

$$\frac{x-3}{-3} = \frac{y-1}{9} = \frac{z}{5}$$

이다. ■

예제 12.16 점 $P_1(x_1, y_1, z_1)$에서 평면 $ax + by + cz = d$까지의 거리 D를 구하여라.

[풀이] $P_0(x_0, y_0, z_0)$을 주어진 평면 위의 임의의 점이라 하고, $\mathbf{b}$를 $\overrightarrow{P_0 P_1}$에 대응하는 벡터라 하면,

$$\mathbf{b} = \langle x_1 - x_0, \ y_1 - y_0, \ z_1 - z_0 \rangle$$

이다. 그림 12.14에서와 같이 θ를 벡터 $\mathbf{b}$와 주어진 평면의 법선벡터 $\mathbf{n} = \langle a, b, c \rangle$의 사잇각이라고 하면, P_1에서 평면까지의 거리 D는

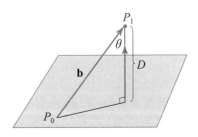

그림 12.14 한 점과 평면 사이의 거리

$$D = \|\mathbf{b}\| |\cos\theta| = \frac{|\mathbf{n} \cdot \mathbf{b}|}{\|\mathbf{n}\|}$$

이므로

$$D = \frac{|a(x_1 - x_0) + b(y_1 - y_0) + c(z_1 - z_0)|}{\sqrt{a^2 + b^2 + c^2}}$$

$$= \frac{|(ax_1 + by_1 + cz_1) - (ax_0 + by_0 + cz_0)|}{\sqrt{a^2 + b^2 + c^2}}$$

이다. 그런데 P_0가 평면 위의 점이므로 $ax_0 + by_0 + cz_0 = d$이다. 따라서 거리는

$$D = \frac{|ax_1 + by_1 + cz_1 - d|}{\sqrt{a^2 + b^2 + c^2}} \tag{12.28}$$

이다. ■

예제 12.17 나란한 두 평면 $10x + 2y - 2z = 5$와 $5x + y - z = 1$ 사이의 거리를 구하여라.

[풀이] 두 평면의 법선벡터는 각각 $\langle 10, 2, -2 \rangle$와 $\langle 5, 1, -1 \rangle$로 평행하므로, 두 평면도 평행하다. 두 평면 사이의 거리 D는, 한 평면 위의 임의의 점과 이 점으로부터 다른 평면까지의 거리와 같다. 첫 번째 평면의 방정식에서 $y = z = 0$이라 두면 $10x = 5$를 얻는다. 따라서 $\left(\frac{1}{2}, 0, 0\right)$은 평면 $10x + 2y - 2z = 5$ 위의 한 점이다. 점 $\left(\frac{1}{2}, 0, 0\right)$과 평면 $5x + y - z = 1$ 사이의 거리는 식 (12.28)에 의하여

$$D = \frac{\left|5\left(\frac{1}{2}\right) + 1(0) - 1(0) - 1\right|}{\sqrt{5^2 + 1^2 + (-1)^2}} = \frac{\frac{3}{2}}{3\sqrt{3}} = \frac{\sqrt{3}}{6}$$

이다. ■

연습문제 12.6

1. 점 $(1, -2, 3)$을 지나고 법선벡터가 $\mathbf{n} = \langle 1, 2, 3 \rangle$인 평면의 방정식을 구하여라.

2. 평면 $6x - 3y - 2z = 0$에 평행하고, 점 $(-1, 3, -5)$를 지나는 평면의 방정식을 구하여라.

3. 직선 $\dfrac{x-2}{2} = \dfrac{y-1}{-1} = \dfrac{z+1}{2}$과 점 $(1, -1, 3)$을 포함하는 평면의 방정식을 구하여라.

4. 두 점 $(2, -1, 2)$와 $(3, 2, -1)$을 지나는 직선에 수직이고, 점 $(4, -2, 1)$을 지나는 평면의 방정식을 구하여라.

5. 세 점 $(3, -1, -4)$, $(-2, 2, 1)$, $(0, 4, -1)$을 지나는 평면의 방정식을 구하여라.

6. 두 평면 $x + 4y - z = 5$, $y + z = 2$의 사잇각을 구하여라.

7. 원점으로부터 평면 $ax + by + cz + d = 0$까지의 거리 D는

$$D = \frac{|d|}{\sqrt{a^2 + b^2 + c^2}}$$

임을 증명하여라. 이를 이용하여 원점에서 평면 $2x + 3y - 6z = 12$까지의 거리를 구하여라.

8. 점 $P(1, -1, 2)$에서 평면 $2x - y + 2z = 3$ 사이의 거리를 구하여라.

9. 두 평면 $x - 2y + 2z = 5$, $3x - 6y + 6z = 2$ 사이의 거리를 구하여라.

10. 두 점 $(1, -2, 1)$, $(1, 0, 2)$의 평면 $x + y + z = 1$ 위의 수선의 발 사이의 거리를 구하여라.

11. 두 평면 $x + y + 4z = 6$, $2x - 3y - 2z = 2$의 교선이 각 좌표평면과 만나는 점을 구하여라.

12. 직선 $x = 2 - t$, $y = 2t$, $z = 1 + t$과 평면 $2x - y + 3z = 8$이 만나는 점을 구하여라.

13. 평면 $2x + 3y = 7$ 위의 한 점 $(2, 1, 3)$에서 이 평면에 수직인 직선의 방정식을 구하여라.

14. 직선 $\dfrac{x}{3} = \dfrac{y}{1}$, $z = 0$과 평면 $x + 2y = 7$의 사잇각을 구하여라.

15. 두 평면 $x + y - 2z = 5$, $x - 2y + 4z = 2$의 교선의 대칭방정식을 구하여라.

16. 두 평면 $2x + y - 2z = 4$, $3x - 4y + z = 5$의 교선과 점 $(1, -1, 0)$을 포함하는 평면의 방정식을 구하여라.

7절 곡면의 방정식

일반적으로 세 변수 x, y, z를 포함하는 방정식은 공간에서 한 곡면을 나타낸다. 이 절에서는 몇 가지 기본적인 곡면의 형태에 대해 알아본다.

하나의 직선이 고정된 한 직선에 평행을 유지하면서 평면 위에 고정된 곡선을 따라 움직일 때 생기는 곡면을 **주면**(cylinder)이라고 한다. 고정된 곡선을 따라 움직여 주면을 만드는 직선을 **모선**(ruling line)이라 부른다. 예를 들어 원통 $x^2 + y^2 = 1$은 z축에 평행한 직선을 평면 위의 곡선 $x^2 + y^2 = 1$을 따라 움직일 때 생기는 주면이다. 이때 z축에 평행한 직선은 주면 $x^2 + y^2 = 1$의 모선이다.

[예9] 방정식 $\sqrt{y} + \sqrt{z} = 1$은 x를 포함하지 않으므로 yz평면에 평행인 모든 평면 $x = k$와 평면 $x = k$ 위에서 곡선 $\sqrt{y} + \sqrt{z} = 1$을 교선으로 갖는다. 그러므로 주어진 방정식의 그래프는 yz평면 위의 곡선 $\sqrt{y} + \sqrt{z} = 1$을 지나고 x축에 평행인 직선들의 모음이다 (그림 12.15).

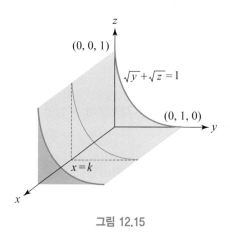

그림 12.15

곡면의 개략적인 형태를 그리기 위해서는 변수의 범위, 좌표축과의 교점, 좌표 평면과의 교선, 좌표축과 나란한 평면과 곡면의 교선, 그리고 원점, 좌표축, 좌표평면에 대한 대칭성 등을 살펴보는 것이 도움이 된다.

[예제 12.18] 곡면 $\dfrac{x^2}{4} + \dfrac{y^2}{16} + \dfrac{z^2}{9} = 1$의 개형을 그려라.

[풀이] 변수 두 개씩을 차례로 0으로 놓으면 곡면은 x, y, z축과 각각 $x = \pm 2$, $y = \pm 4$, $z = \pm 3$

에서 만남을 알 수 있다. 또 변수 x, y, z를 차례로 0으로 놓으면 yz, xz, xy 평면과의 교선이 타원

$$\frac{y^2}{16} + \frac{z^2}{9} = 1, \quad \frac{x^2}{4} + \frac{z^2}{9} = 1, \quad \frac{x^2}{4} + \frac{y^2}{16} = 1$$

임을 알 수 있다.

좀 더 일반적으로 xy 평면과 나란한 평면 $z = k\,(\,|\,k\,| \leq 3)$과 곡면의 교선은

$$\frac{x^2}{4} + \frac{y^2}{16} = 1 - \frac{k^2}{9}$$

으로 타원이다. 마찬가지로 yz, xz 평면과 나란한 평면 $x = k$, $y = k$와의 교선은 각각 타원

$$\frac{y^2}{16} + \frac{z^2}{9} = 1 - \frac{k^2}{4}, \quad |\,k\,| \leq 2,$$

$$\frac{x^2}{4} + \frac{z^2}{9} = 1 - \frac{k^2}{16}, \quad |\,k\,| \leq 4$$

이다. 위의 사실들로부터 주어진 곡면은 그림 12.16(a)와 같은 타원곡면(ellipsoid)임을 알 수 있다.

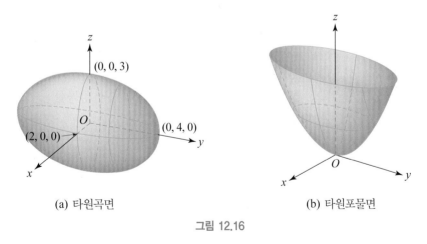

(a) 타원곡면   (b) 타원포물면

그림 12.16

예제 12.19 곡면 $z = x^2 + 4y^2$의 개략적인 형태를 그려라.

[풀이] xy 평면 위의 모든 점에서 $z \geq 0$이므로 주어진 곡면은 xy 평면보다 위에 나타나며

$x = 0$일 때, $z = 4y^2$이므로 곡면이 yz평면과 만나는 교선은 포물선이다. 또 yz평면과 나란한 평면 $x = k$와의 교선은 $z = 4y^2 + k^2$으로 아래로 볼록한 포물선이다. 한편 xy평면과 나란한 평면 $z = k$와의 교선은 타원 $x^2 + 4y^2 = k$이다. 위의 사실로부터 곡면 $z = x^2 + 4y^2$은 그림 12.16(b)와 같은 형태로 타원포물면(elliptic paraboloid)임을 알 수 있다. ■

■ 이차곡면

변수 x, y, z를 포함하는 이차방정식의 그래프를 이차곡면(quadratic surface)이라고 한다. 이차곡면을 나타내는 일반적인 방정식은

$$Ax^2 + By^2 + Cz^2 + Dxy + Exz + Fyz + Gx + Hy + Iz + J = 0 \qquad (12.29)$$

이다. 여기서 A, B, C, $\cdots$, J는 상수이다. 이차곡면은 방정식 (12.29)의 계수의 형태에 따라 타원곡면, 일엽쌍곡면, 이엽쌍곡면, 타원뿔면, 타원포물면, 쌍곡포물면의 형태로 나타난다. 그림 12.17은 이차곡면의 여섯 가지 형태이다.

예10 방정식 $4x^2 - 3y^2 + 12z^2 + 12 = 0$은

$$4x^2 - 3y^2 + 12z^2 = -12,$$

$$\frac{y^2}{4} - \frac{x^2}{3} - z^2 = 1$$

로 고쳐 쓸 수 있고, 곡면의 그래프는 $z = 0$일 때 xy평면과 쌍곡선 $\dfrac{y^2}{4} - \dfrac{x^2}{3} = 1$을 교선으로 갖고, $y = 0$일 때는 $\dfrac{x^2}{3} + z^2 = -1$이므로 xz평면과 만나지 않으며, $x = 0$일 때 yz평면과 쌍곡선 $\dfrac{y^2}{4} - z^2 = 1$을 교선으로 갖는다. 그러므로 주어진 이차방정식의 그래프는 y축을 중심으로 하는 이엽쌍곡면이다. ■

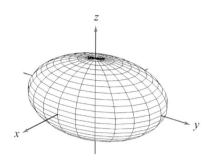

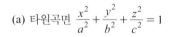

(a) 타원곡면 $\dfrac{x^2}{a^2} + \dfrac{y^2}{b^2} + \dfrac{z^2}{c^2} = 1$

(b) 일엽쌍곡면 $\dfrac{x^2}{a^2} + \dfrac{y^2}{b^2} - \dfrac{z^2}{c^2} = 1$

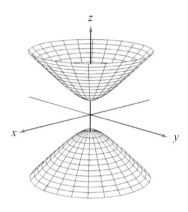

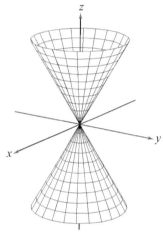

(c) 이엽쌍곡면 $\dfrac{z^2}{c^2} - \dfrac{x^2}{a^2} - \dfrac{y^2}{b^2} = 1$

(d) 타원뿔면 $\dfrac{x^2}{a^2} + \dfrac{y^2}{b^2} - \dfrac{z^2}{c^2} = 0$

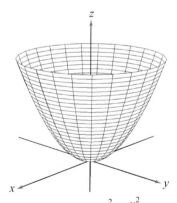

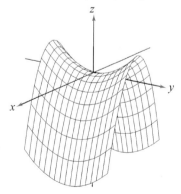

(e) 타원포물면 $z = \dfrac{x^2}{a^2} + \dfrac{y^2}{b^2}$

(f) 쌍곡포물면 $z = \dfrac{y^2}{b^2} - \dfrac{x^2}{a^2}$

그림 12.17 이차곡면

1. 그림 12.17을 참고하여 다음 곡면의 개형을 그려라.

   (1) $x^2 + 4y^2 + 16z^2 = 64$ (2) $x^2 + 4y^2 + 16z^2 = 64z$

   (3) $x + 4y^2 + z^2 = 0$ (4) $2z = 8 - x^2 - y^2$

   (5) $x^2 - 4y^2 + 9z^2 = 36$ (6) $x^2 - 4y^2 + 9z^2 = 0$

   (7) $2x + z^2 = 4$ (8) $x^2 + y^2 = 2(x + y)$

   (9) $x^2 = y^2 + z^2 + 4$ (10) $4y^2 - x - 9z^2 = 36$

2. 곡면 $z = \dfrac{1}{2}x^2 + \dfrac{1}{4}y^2$이 다음 평면과 만나서 생기는 타원의 단축과 장축의 길이, 초점의 좌표를 구하여라.

   (1) $z = 2$ (2) $z = 8$

3. 다음 방정식의 그래프로 둘러싸인 영역을 그림으로 나타내어라.

   (1) $z = 2\sqrt{x^2 + y^2}$, $z = 2$ (2) $x^2 + y^2 = 1$, $x + z = 2$, $z = 0$

4. 곡선 $y = x^2$을 y축을 중심으로 회전시켜 얻은 곡면의 방정식을 찾아라.

5. 직선 $x = 3y$를 x축을 중심으로 회전시켜 얻은 곡면의 방정식을 찾아라.

13장
편미분

DIFFERENTIAL AND INTEGRAL CALCULUS

지금까지는 주로 하나의 변수를 갖는 함수의 성질에 대해 공부했다. 그러나 현실에서 접하는 대부분의 현상들은 하나 이상의 요인에 의해 그 특성이 결정되는 경우가 많기 때문에, 실제 일어나는 현상들을 수리적으로 모델링하고 분석하기 위해서는 두 개 이상의 변수를 갖는 함수에 대해 알아야 할 필요가 있다. 이 장에서는 두 개 이상의 독립변수를 갖는 함수인 다변수함수와 이의 편미분을 정의하고, 이들의 응용으로써 다변수함수의 극값, 접평면 등에 대해 알아보기로 한다.

원기둥의 부피 V는 원기둥의 반지름 r과 높이 h에 의해 결정된다. 부피 V는 r과 h, 두 개의 변수를 갖는 함수로 $V = f(r, h) = \pi r^2 h$로 나타낼 수 있다. 이와 같이 두 개 이상의 독립변수를 갖는 함수를 다변수함수라고 한다.

집합 $D \subset \mathbb{R}^2$가 평면 위의 영역일 때, 이 영역에 있는 각각의 점 (x, y)에 대하여 하나의 실수 z를 결정하는 대응 관계를 영역 D에서 정의된 **이변수함수**라고 하며

$$z = f(x, y)$$

와 같이 나타낸다. 이때 집합 D를 함수 f의 **정의역**이라 하고, f에 의해 결정되는 z들의 집합을 f의 **치역**이라고 한다.

같은 방법으로 n 순서쌍 $(x_1, x_2, \cdots, x_n)$에 대하여 한 실수 y가 결정되는 대응관계를 n **변수함수**라 하며

$$y = f(x_1, x_2, \cdots, x_n)$$

으로 나타낸다.

다변수함수에서도 정의역에 대한 특별한 언급이 없는 경우 함수가 정의될 수 있는 최대 영역을 정의역으로 한다.

예1 이변수함수 $f(x, y) = \dfrac{\ln(1 + x - y)}{x - 2}$의 정의역 D는 $1 + x - y > 0$이며, $x - 2 \neq 0$인 영역이므로

$$D = \{(x, y) \in \mathbb{R}^2 \,|\, 1 + x - y > 0, \, x \neq 2\}$$

이고, 정의역 안의 점 $(3, 2)$에서 f의 함숫값은

$$f(3, 2) = \frac{\ln(1 + 3 - 2)}{3 - 2} = \ln 2$$

이다. ■

일반적으로 이변수함수의 그래프는 다음의 정의에서 보는 것처럼 삼차원 공간에서 곡면의 형태로 나타나기 때문에 그 개형을 그리는 것이 쉽지 않을 때가 많다. 지도의 등고선을 보고 지형을 추측할 수 있는 것처럼 같은 함숫값을 갖는 정의역 위의 점들을 선으로 연결하면, 이변수함수의 그래프의 형태를 짐작할 수 있다.

> **정의 13.1**

f가 D에서 정의된 이변수함수일 때

$$S = \{(x, y, z) \in \mathbb{R}^3 \mid z = f(x, y), (x, y) \in D\}$$

를 f의 그래프라 하고, $f(x, y) = k$(k는 상수)가 되는 평면 위의 점 (x, y)들의 집합을 f의 등위곡선(level curve)이라 한다.

[예2] 이변수함수

$$f(x, y) = \sqrt{4 - x^2 - y^2}$$

에서 f의 정의역은 $D = \{(x, y) \in \mathbb{R}^2 \mid x^2 + y^2 \leq 4\}$이고, f의 치역은 $\{z \mid 0 \leq z \leq 2\}$이다. 그래프를 그리기 위해 식 $z = \sqrt{4 - x^2 - y^2}$의 양변을 제곱하면 $x^2 + y^2 + z^2 = 4$를 얻는다. 그런데 $z \geq 0$이므로 f의 그래프는 중심이 원점이고, 반지름이 2인 구의 위쪽 반구면이다. f의 등위곡선들은

$$\sqrt{4 - x^2 - y^2} = k, \quad x^2 + y^2 = 4 - k^2 \ \ (0 \leq k \leq 2)$$

이다. 아래 그림 13.1은 f의 그래프와 $k = 0, 1, 2$일 때의 등위곡선이다.

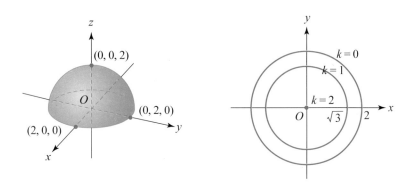

그림 13.1 $f(x, y) = \sqrt{4 - x^2 - y^2}$의 그래프와 등위곡선

연습문제 13.1

1. 함수 $f(x, y) = x^2 + 2xy - 2y^2$에서 다음을 구하여라.

   (1) $f(1, -1)$ (2) $f(2, -3)$

(3) $f(x+h, y)$　　　　　　　(4) $f(x, y+h)$

2. 다음 함수의 정의역과 치역을 구하여라.

(1) $f(x, y) = 2x + y$　　　　　(2) $f(x, y) = x^2 - y^2$

(3) $f(x, y) = \dfrac{\sqrt{1 - x^2 - y^2}}{x + y}$　　　(4) $f(x, y) = \ln(x - y^2)$

3. 다음 함수의 그래프의 개형을 그려라.

(1) $f(x, y) = x^2 + y^2$　　　　(2) $f(x, y) = \sqrt{x^2 + y^2}$

(3) $f(x, y) = 4 - x^2$　　　　　(4) $f(x, y) = 2x + 3y$

4. 다음 함수에 대한 등위곡선을 그려라.

(1) $f(x, y) = x^2 + 4y^2$ $(k = 4)$　(2) $f(x, y) = xy$ $(k = 1)$

(3) $f(x, y) = y - x^2$ $(k = 2)$　　(4) $f(x, y) = x + 2y$ $(k = 3)$

2절　다변수함수의 극한과 연속

이제 다변수함수에서의 극한과 연속에 대하여 생각해보기로 한다. 정의역 위에서 점 (x, y)를 점 (x_0, y_0)에 가깝게 보낼 때 (x, y)가 (x_0, y_0)에 가까이 가는 경로에 무관하게 함숫값 $f(x, y)$가 고정된 실숫값 A에 접근하면, (x_0, y_0)에서 함수 $f(x, y)$의 극한이 A라고 한다. 이것을 엄밀하게 정의하면 다음과 같다.

정의 13.2

임의의 $\epsilon > 0$에 대하여 $0 < \sqrt{(x - x_0)^2 + (y - y_0)^2} < \delta$이면

$$|f(x, y) - A| < \epsilon$$

를 만족하는 $\delta > 0$가 존재하면, (x, y)가 (x_0, y_0)에 접근할 때 $f(x, y)$의 극한값이 A라고 하고 기호로는

$$\lim_{(x, y) \to (x_0, y_0)} f(x, y) = A$$

로 나타낸다.

위의 정의 13.2에서 조건 $0 < \sqrt{(x - x_0)^2 + (y - y_0)^2} < \delta$는 (x, y)가 (x_0, y_0)에 가까이 있는 점임을 말하는 것으로 $(x, y) = (x_0, y_0)$를 뜻하는 것은 아니다.

예제 13.1 정의 13.2를 이용하여 $f(x, y) = x + 2y$일 때 $\displaystyle\lim_{(x, y) \to (1, 2)} f(x, y) = 5$임을 보여라.

[풀이] 임의의 ϵ에 대해 $0 < \sqrt{(x - 1)^2 + (y - 2)^2} < \delta$이면 $|f(x, y) - 5| < \epsilon$을 만족하는 $\delta > 0$가 존재함을 보여야 한다. 그런데

$$\begin{aligned} |f(x, y) - 5| &= |(x + 2y) - 5| \\ &= |(x - 1) + 2(y - 2)| \\ &\leq |x - 1| + 2|y - 2| \end{aligned}$$

이고, $0 < \sqrt{(x - 1)^2 + (y - 2)^2} < \delta < 1$이라고 가정하면

$$|x - 1| < \delta, \quad |y - 2| < \delta$$

이므로

$$|f(x, y) - 5| < |x - 1| + 2|y - 2| < \delta + 2\delta = 3\delta$$

를 얻는다. 따라서 주어진 $\epsilon > 0$에 대하여 $\delta = \min\left\{1, \dfrac{\epsilon}{3}\right\}$를 택하면

$$0 < \sqrt{(x - 1)^2 + (y - 2)^2} < \delta$$

일 때

$$|f(x, y) - 5| < 3\delta < 3\frac{\epsilon}{3} = \epsilon$$

이 성립된다. 따라서

$$\lim_{(x, y) \to (1, 2)} (x + 2y) = 5$$

이다. ■

이변수함수에 대한 극한의 정의는 일변수함수의 경우와 비슷하다. 그러나 유의해야 할 점은 (x_0, y_0)에서 극한값을 갖기 위해서는 (x, y)가 정의역 위의 어떤 경로를 따라 (x_0, y_0)에 접근하든 항상 극한이 존재하고 또 이들 극한값들이 모두 같아야 한다는 것이다. 다시 말하면, 점 (x, y)가 경로 C_1, C_2을 따라 점 (x_0, y_0)에 접근할 때 $f(x, y)$의 극한값 중 어느 하나

라도 존재하지 않거나, 모두 존재하고 그 값이 순서대로 A_1, A_2이라 할 때 $A_1 \neq A_2$이면 극한 $\displaystyle\lim_{(x,\,y) \to (x_0,\,y_0)} f(x, y)$는 존재하지 않는 것이다.

예3 함수 $f(x, y) = \dfrac{x^2 - y^2}{x^2 + y^2}$에서 $\displaystyle\lim_{(x,\,y) \to (0,\,0)} f(x, y)$는 존재하지 않는다. 이는 $(0, 0)$에 접근하는 경로에 따라 극한값이 서로 다른 경우가 있기 때문이다. 점 (x, y)가 x축을 따라 $(0, 0)$에 접근할 때 $y = 0$이므로

$$\lim_{(x,\,y) \to (0,\,0)} f(x, y) = \lim_{x \to 0} \frac{x^2}{x^2} = 1$$

이고, 점 (x, y)가 y축을 따라 $(0, 0)$에 접근할 때 $x = 0$이므로

$$\lim_{(x,\,y) \to (0,\,0)} f(x, y) = \lim_{y \to 0} \frac{-y^2}{y^2} = -1$$

로 $(0, 0)$에 접근하는 경로에 따라 다른 극한값을 갖는다. ∎

이변수함수에 대한 연속성도 일변수함수에서와 마찬가지로 극한을 이용하여 정의한다.

정의 13.3

함수 $f(x, y)$가 평면 위의 점 (x_0, y_0)와 그 근방에서 정의되고,

$$\lim_{(x,\,y) \to (x_0,\,y_0)} f(x, y) = f(x_0, y_0) \tag{13.1}$$

일 때, $f(x, y)$는 (x_0, y_0)에서 **연속**(continuous)이라고 한다.

$z = f(x, y)$를 만족하는 공간 안의 점 (x, y, z)들, 즉 $z = f(x, y)$의 그래프는 일반적으로 한 곡면을 나타낸다. 기하학적으로 함수 $z = f(x, y)$가 점 (x_0, y_0)에서 연속이라는 것은 점 (x_0, y_0) 근방에서 독립변수를 충분히 작게 변화시킴으로써 함숫값의 변화를 임의로 작게 할 수 있음을 뜻한다. 그림 13.2는 x, y의 증분 Δx와 Δy를 작게 하면 함숫값의 변화 Δz도 작게 할 수 있음을 보여준다. 함수 $f(x, y)$가 xy평면 위의 정의역 위의 모든 점에서 연속이면 $f(x, y)$는 **연속함수**(continuous function)라고 한다.

예4 예제 13.1에서 살펴본 함수 $f(x, y) = x + 2y$는 평면 위의 모든 점에서 정의되었고,

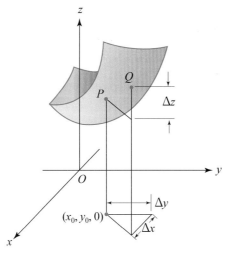

그림 13.2

$$\lim_{(x,\, y) \to (1,\, 2)} f(x,\, y) = 5 = f(1,\, 2)$$

이므로 점 $(1,\, 2)$에서 연속이다.   ■

[참고 1] 일변수함수에 대한 극한 정리(정리 1.4)는 이변수인 경우에도 동일하게 성립한다. 따라서 연속함수들의 합, 차, 곱, 몫, 거듭제곱 등으로 만들어지는 함수는 이 함수들의 정의되는 영역에서 연속함수이다. 특히 이변수의 다항함수와 다항함수의 몫으로 정의된 유리함수는 함수가 정의되는 모든 점에서 연속이다.

[예제 13.2] 함수

$$f(x,\, y) = \begin{cases} \dfrac{xy}{x^2 + y^2}, & (x,\, y) \neq (0,\, 0) \\ 0, & (x,\, y) = (0,\, 0) \end{cases}$$

가 연속이 되는 영역을 구하여라.

[풀이] 유리함수 $\dfrac{xy}{x^2 + y^2}$는 $(0,\, 0)$을 제외한 모든 점에서 연속이다. 그러나 $f(x,\, y)$는 $(0,\, 0)$에서 정의되었지만, 극한값을 갖지 않는다. 왜냐하면 $(x,\, y)$가 x축을 따라 $(0,\, 0)$에 접근할 때에는

$$\lim_{(x,\,y)\to(0,\,0)} f(x,\,y) = \lim_{x\to0}\frac{0}{x^2} = 0$$

이지만, $(x,\,y)$가 직선 $y = x$를 따라 $(0,\,0)$에 접근할 때에는

$$\lim_{(x,\,y)\to(0,\,0)} f(x,\,y) = \lim_{x\to0}\frac{x^2}{x^2+x^2} = \frac{1}{2}$$

이므로 접근하는 경로에 따라 극한값이 다르기 때문이다. 그러므로 $f(x,\,y)$는 $(0,\,0)$에서 연속이 아니고, $f(x,\,y)$가 연속인 영역은 $\mathbb{R}^2 - \{(0,\,0)\}$이다. ■

연습문제 13.2

1. 이변수함수의 극한의 정의를 이용하여 다음을 보여라.

(1) $\displaystyle\lim_{(x,\,y)\to(1,\,2)} x = 1$ 　　　　　　(2) $\displaystyle\lim_{(x,\,y)\to(1,\,-3)} 2y = -6$

2. $f(x,\,y) = x^2 - y^2$에 대하여 $|f(x,\,y) - f(0,\,0)| < 0.01$이 되려면 점 $(x,\,y)$는 원점에 얼마나 가까워져야 하는가?

3. 이변수함수 $f(x,\,y) = \sqrt{\dfrac{x-y}{x+y}}$의 정의역을 찾아라.

4. 다음과 같이 정의된 함수 $f(x,\,y)$가 연속함수가 되도록 h를 결정하여라.

$$f(x,\,y) = \begin{cases} \dfrac{\sin(x-y)}{x-y}, & x \neq y \\[2mm] h, & x = y \end{cases}$$

5. 다음 극한을 구하여라.

(1) $\displaystyle\lim_{(x,\,y)\to(1,\,2)} (x + 2y)$ 　　　　(2) $\displaystyle\lim_{(x,\,y)\to(0,\,0)} (x^2 + y^2)$

(3) $\displaystyle\lim_{(x,\,y)\to(0,\,0)} \frac{x^2 y^2}{x^2 + y^2}$ 　　　　(4) $\displaystyle\lim_{(x,\,y)\to(0,\,0)} \frac{xy^2}{x^2 + y^2}$

6. 다음 함수의 극한을 구하여라. 극한이 존재하지 않으면 그 이유를 말하여라.

(1) $\displaystyle\lim_{(x,\,y)\to(0,\,0)} \frac{x+y}{x^2 + y}$ 　　　　(2) $\displaystyle\lim_{(x,\,y)\to(1,\,1)} \frac{xy-1}{1 + xy}$

(3) $\displaystyle \lim_{(x, y) \to (0, 0)} \frac{x^2 + \sin^2 y}{2x^2 + y^2}$ (4) $\displaystyle \lim_{(x, y) \to (0, 0)} \frac{xy}{\sqrt{x^2 + y^2}}$

7. 다음 함수들이 연속이 되는 평면 위의 영역을 구하여라.

(1) $f(x, y) = \dfrac{x - y}{x + y}$ (2) $f(x, y) = \dfrac{1}{y - x^2}$

(3) $f(x, y) = \begin{cases} \dfrac{x^2 y}{x^2 + y^2}, & (x, y) \neq (0, 0) \\[3mm] 0, & (x, y) = (0, 0) \end{cases}$

(4) $f(x, y) = \begin{cases} \dfrac{xy^2}{x^2 + y^4}, & (x, y) \neq (0, 0) \\[3mm] 0, & (x, y) = (0, 0) \end{cases}$

8. 함수 $f(x, y) = \tan^{-1} \dfrac{y}{x}$가 연속인 영역을 찾아라.

3절   편도함수

점 (x_0, y_0)가 이변수함수 $z = f(x, y)$의 정의역에 속할 때, 함수 $f(x, y)$에서 $y = y_0$을 고정시키면 x만을 변수로 갖는 함수

$$g(x) = f(x, y_0)$$

을 정의할 수 있다. $g(x)$가 $x = x_0$에서 미분가능할 때, $g'(x_0)$를 점 (x_0, y_0)에서 x에 관한 f의 **편미분계수**(partial derivative)라 하고

$$f_x(x_0, y_0)$$

로 나타낸다.

미분계수의 정의에 의하여

$$g'(x_0) = \lim_{h \to 0} \frac{g(x_0 + h) - g(x_0)}{h}$$

$$= \lim_{h \to 0} \frac{f(x_0 + h, y_0) - f(x_0, y_0)}{h}$$

이다. 같은 방법으로 점 (x_0, y_0)에서 y에 관한 f의 편미분계수는 $x = x_0$를 고정하여 얻는 함수 $h(y) = f(x_0, y)$의 $y = y_0$에서의 미분계수로 정의한다.

정의 13.4 **편도함수**

이변수함수 $f(x, y)$의 x, y에 대한 **편도함수**는 각각 f_x, f_y로 나타내고

$$f_x(x, y) = \lim_{h \to 0} \frac{f(x+h, y) - f(x, y)}{h} \tag{13.2}$$

$$f_y(x, y) = \lim_{h \to 0} \frac{f(x, y+h) - f(x, y)}{h} \tag{13.3}$$

로 정의한다.

이변수함수 $z = f(x, y)$의 편도함수를 나타내는데, 다음의 여러 가지 기호가 사용된다.

$$f_x(x, y) = f_x = z_x = \frac{\partial z}{\partial x} = \frac{\partial f}{\partial x} = D_x f,$$

$$f_y(x, y) = f_y = z_y = \frac{\partial z}{\partial y} = \frac{\partial f}{\partial y} = D_y f$$

앞의 설명과 정의 13.4에서 볼 수 있는 것처럼 함수 $z = f(x, y)$의 x에 대한 편도함수는 변수 y를 고정하여 얻은 x만의 일변수함수 $g(x)$의 상미분으로[1] 정의하였다. 그러므로 $z = f(x, y)$의 x에 관한 편도함수를 구할 때에는 변수 y를 상수로 간주하고 x에 관하여 미분하면 된다. 마찬가지로 $z = f(x, y)$의 y에 관한 편도함수는 변수 x를 상수로 간주하고, y에 관하여 미분하여 구할 수 있다.

예제 13.3 $f(x, y) = x^2 + 3xy - 4y^2$의 편미분계수 $f_x(1, 2)$와 $f_y(1, 2)$를 구하여라.

[풀이] y를 상수로 생각하고 x에 관하여 미분하면

$$f_x(x, y) = 2x + 3y$$

를 얻는다. 따라서 편미분계수는

$$f_x(1, 2) = 2 \cdot 1 + 3 \cdot 2 = 8$$

---

1) 일변수함수의 미분을 말하며 편미분과 구별하기 위해 사용된다.

이다. 같은 방법으로 x를 상수로 생각하고 y에 관하여 미분하면

$$f_y(x, y) = 3x - 8y$$

이고,

$$f_y(1, 2) = 3 \cdot 1 - 8 \cdot 2 = -13$$

이다.

예제 13.4 $z = \dfrac{x^3 - y^3}{xy}$일 때, $x\dfrac{\partial z}{\partial x} + y\dfrac{\partial z}{\partial y} = z$임을 보여라.

[풀이] $z = x^2 y^{-1} - x^{-1} y^2$으로 고쳐 쓰고, x, y에 대하여 편미분하면

$$\frac{\partial z}{\partial x} = 2xy^{-1} + x^{-2} y^2, \quad \frac{\partial z}{\partial y} = -x^2 y^{-2} - 2x^{-1} y$$

이므로

$$x\frac{\partial z}{\partial x} + y\frac{\partial z}{\partial y} = 2x^2 y^{-1} + x^{-1} y^2 - x^2 y^{-1} - 2x^{-1} y^2$$

$$= x^2 y^{-1} - x^{-1} y^2 = z$$

이다.

편도함수의 기하학적 의미를 살펴보자. 함수 $z = f(x, y)$의 그래프가 그림 13.3과 같은 곡면 S를 나타낸다고 가정하자. 점 (x_0, y_0)가 f의 정의역에 속하고 $z_0 = f(x_0, y_0)$이면, $P(x_0, y_0, z_0)$는 곡면 위에 있는 점이다. 함수 $z = f(x, y)$에서 변수 y를 y_0로 고정하면 곡선 $z = f(x, y_0)$는 f의 그래프와 평면 $y = y_0$의 교선이다. 이 곡선을 C_1이라고 하자. 같은 방법으로 변수 x를 x_0로 고정하여 얻은 곡선을 C_2라고 하자. 두 곡선은 모두 점 P를 지난다.

그런데 곡선 C_1은 함수 $z = g(x) := f(x, y_0)$의 그래프이고, C_2는 $z = h(y) := f(x_0, y)$의 그래프이며,

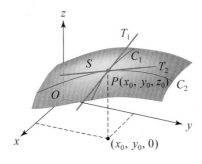

그림 13.3 편도함수의 기하학적 의미

$$f_x(x_0, y_0) = g'(x_0), \quad f_y(x_0, y_0) = h'(y_0)$$

이므로, 편미분계수 $f_x(x_0, y_0)$와 $f_y(x_0, y_0)$는 점 $P(x_0, y_0, z_0)$에서 곡선 C_1, C_2의 접선 T_1, T_2의 기울기를 의미한다.

이는 $z = f(x, y)$의 편미분 $f_x = \dfrac{\partial z}{\partial x}$는 y가 고정되었을 때 x에 대한 z의 변화율, 즉 곡면의 x축 방향의 기울기를, $f_y = \dfrac{\partial z}{\partial y}$는 x가 고정되었을 때 y에 대한 z의 변화율, 즉 곡면의 y축 방향의 기울기를 의미하는 것이다.

예5 함수 $f(x, y) = -\dfrac{x^2}{2} - y^2 + \dfrac{25}{8}$의 편도함수는

$$f_x(x, y) = -x, \quad f_y(x, y) = -2y$$

이고, 점 $\left(\dfrac{1}{2}, 1\right)$에서의 편미분계수는

$$f_x\left(\dfrac{1}{2}, 1\right) = -\dfrac{1}{2}, \quad f_y\left(\dfrac{1}{2}, 1\right) = -2$$

이다. 그러므로 $z = -\dfrac{x^2}{2} - y^2 + \dfrac{25}{8}$로 주어진 곡면 위의 점 $\left(\dfrac{1}{2}, 1, 2\right)$에서 곡면의 x축 방향의 기울기는 $-\dfrac{1}{2}$이고, y축 방향의 기울기는 -2이다. 이로부터 주어진 곡면은 점 $\left(\dfrac{1}{2}, 1, 2\right)$에서 x축 양의 방향으로 감소상태에 있고, y축의 양의 방향으로도 감소상태에 있음을 알 수 있다. ■

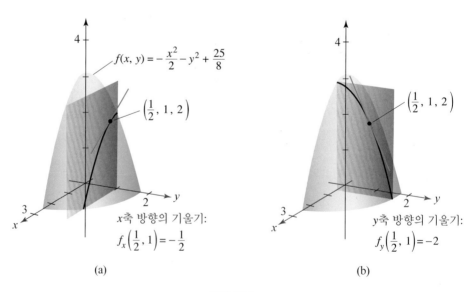

그림 13.4

예제 13.5 강철판 위의 점 (x, y)에서의 온도가 함수 $T(x, y) = 500 - 0.6x^2 - 1.5y^2$로 주어졌다고 할 때 점 $(2, 3)$에서 x축, y축 방향으로의 온도의 변화율을 구하여라.

[풀이] 함수 T의 편도함수는

$$T_x = -1.2x, \quad T_y = -3y$$

이고, 점 $(2, 3)$에서 편미분계수는

$$T_x(2, 3) = -2.4, \quad T_y(2, 3) = -9$$

이므로 x축, y축 방향으로의 온도의 변화율은 각각 -2.4, -9이다. ■

n개의 변수를 갖는 함수 $w = f(x_1, x_2, \cdots, x_n)$의 각 변수에 대한 편도함수는

$$\frac{\partial w}{\partial x_i} = \lim_{h \to 0} \frac{f(x_1, \cdots, x_{i-1}, x_i + h, x_{i+1}, \cdots, x_n) - f(x_1, \cdots, x_i, \cdots, x_n)}{h}$$

로 정의한다. 그러므로 i번째 변수 x_i에 관한 편도함수 f_{x_i}는 x_i를 제외한 나머지 변수를 모두 상수로 생각하고 x_i에 관하여 미분하여 얻을 수 있다.

예제 13.6 삼변수함수 $f(x, y, z) = \sin(xy) + \ln(xz^2)$의 편도함수 f_x, f_y, f_z를 구하여라.

[풀이] 편도함수 f_x를 구하기 위하여 변수 y, z를 상수로 간주하고 x에 관하여 미분하면

$$f_x = y \cos xy + \frac{z^2}{xz^2} = y \cos xy + \frac{1}{x}$$

를 얻는다. 비슷한 방법으로

$$f_y = x \cos xy, \quad f_z = \frac{2}{z}$$

임을 알 수 있다. ■

함수 $z = f(x, y)$의 편도함수 또한 x와 y의 함수이므로 이것을 다시 편미분할 수 있다. 이 편도함수가 존재하면 이것을 이계편도함수(second partial derivative)라 하고 다음과 같이 나타낸다.

$$f_{xx} = z_{xx} = \frac{\partial}{\partial x}\left(\frac{\partial z}{\partial x}\right) = \frac{\partial^2 z}{\partial x^2} = \frac{\partial^2 f}{\partial x^2},$$

$$f_{yy} = z_{yy} = \frac{\partial}{\partial y}\left(\frac{\partial z}{\partial y}\right) = \frac{\partial^2 z}{\partial y^2} = \frac{\partial^2 f}{\partial y^2},$$

$$f_{xy} = z_{xy} = \frac{\partial}{\partial y}\left(\frac{\partial z}{\partial x}\right) = \frac{\partial^2 z}{\partial y\,\partial x} = \frac{\partial^2 f}{\partial y\,\partial x},$$

$$f_{yx} = z_{yx} = \frac{\partial}{\partial x}\left(\frac{\partial z}{\partial y}\right) = \frac{\partial^2 z}{\partial x\,\partial y} = \frac{\partial^2 f}{\partial x\,\partial y}$$

[예6] $f(x, y) = x^3 y + 4xy^2$일 때

$$f_x = 3x^2 y + 4y^2, \quad f_y = x^3 + 8xy$$

이고, 이계편도함수는

$$f_{xx} = 6xy, \quad f_{xy} = 3x^2 + 8y, \quad f_{yx} = 3x^2 + 8y, \quad f_{yy} = 8x$$

이다.　　　　　　　　　　　　　　　　　　　　　　　　　　■

[참고2] 위의 예 6에서 $f_{xy} = f_{yx}$이다. 일반적으로 열린집합 $U \subset \mathbb{R}^2$에서 $f(x, y)$의 편도함수 f_{xy}와 f_{yx}가 모두 연속이면 U 위의 모든 점에서 $f_{xy} = f_{yx}$이다.[2] 이는 삼변수 이상의 다변수함수에서도 성립한다.

　편미분의 응용 문제에서는 일계편도함수와 이계편도함수가 주로 사용된다. 그러나 도함수가 계속 존재하면 삼계 이상의 고계편도함수도 정의될 수 있다. 예를 들어 이계편도함수 f_{xy}의 x에 관한 편도함수가 존재할 때 삼계편도함수 f_{xyx}는

$$f_{xyx} = (f_{xy})_x = \frac{\partial}{\partial x}\left(\frac{\partial^2 z}{\partial y\,\partial x}\right) = \frac{\partial^3 z}{\partial x\,\partial y\,\partial x}$$

에 의해 계산한다.

[예7] 삼변수함수 $f(x, y, z) = x^3 y^2 + xy^4 z^3$의 사계편도함수 f_{xyyz}는

$$f_x = 3x^2 y^2 + y^4 z^3, \quad f_{xy} = 6x^2 y + 4y^3 z^3, \quad f_{xyy} = 6x^2 + 12y^2 z^3$$

---

2) 이를 클레오의 정리(Clairaut's Theorem)라고 한다.

으로부터

$$f_{xyyz} = 36y^2z^2$$

이다. ∎

연습문제 13.3

1. 다음 함수의 일계편도함수를 모두 구하여라.

(1) $f(x, y) = x^3 + 2xy^2 + y^3$ 　　　(2) $z = \dfrac{x - y}{x + y}$

(3) $z = x \sin(y - x)$ 　　　(4) $f(x, y) = x^2 e^x y$

(5) $z = \tan^{-1} \dfrac{y}{x}$ 　　　(6) $f(x, y) = \ln\left(\dfrac{y}{x} - \dfrac{x}{y}\right)$

(7) $f(x, y, z) = xy + yz + zx$ 　　　(8) $f(x, y, z) = x \sin \dfrac{x}{y + z}$

2. $F(x, y) = \ln(x^2 y - xy^2)$일 때, $F_x(3, 2)$, $F_y(3, 2)$를 구하여라.

3. $z = e^{-y} \cos(x - y)$일 때, $z_x + z_y + z = 0$임을 보여라.

4. 곡면 $z = 1 - (x - 1)^2 - (y - 2)^2$ 위의 점 $(1, 2, 1)$에서 x축, y축 방향의 곡면의 기울기를 구하여라.

5. 다음 함수의 이계편도함수를 모두 구하여라.

(1) $f(x, y) = x^2 + xy + x^3 y^4$ 　　　(2) $f(x, y) = xy^2 + \sqrt{x}\, y$

(3) $f(x, y) = \ln(x^2 + y^2)$ 　　　(4) $f(x, y) = x \sin(2x + 3y)$

6. $z = \tan^{-1} \dfrac{2xy}{x^2 - y^2}$일 때, $z_{xx} + z_{yy} = 0$임을 보여라.

7. $z = \dfrac{x + y}{x - y}$일 때, $\dfrac{\partial^2 z}{\partial x \partial y} = \dfrac{\partial^2 z}{\partial y \partial x}$임을 보여라.

8. 다음 함수의 지정된 편도함수를 구하여라.

(1) $f(x, y) = x^3 y^4 + 2x^4 y$; f_{xxy} 　　　(2) $f(x, y, z) = \sin(xy + 3z)$; f_{xyz}

9. 다음 함수의 편도함수 $\dfrac{\partial z}{\partial x}$, $\dfrac{\partial z}{\partial y}$ 를 구하여라.

(1) $z = f(x) + g(x)$ (2) $z = f(x + y)$

(3) $z = f(x)g(y)$ (4) $z = f(xy)$

10. $f(x,\, y,\, z) = ye^x + x \ln z$ 일 때 $f_{xzz} = f_{zxz} = f_{zzx}$ 임을 보여라.

11. 편미분방정식

$$\frac{\partial^2 u}{\partial x^2} + \frac{\partial^2 u}{\partial y^2} = 0$$

를 라플라스방정식(Laplace's equation)이라고 한다. 함수 $u(x,\, y) = e^x \sin y$ 가 라플라스 방정식의 해가 될 수 있음을 보여라.

12. 함수 $u = \dfrac{1}{\sqrt{x^2 + y^2 + z^2}}$ 가 삼차원 라플라스방정식 $u_{xx} + u_{yy} + u_{zz} = 0$ 의 해가 됨을 보여라.

4절   함수의 증분과 전미분

이변수함수 $z = f(x,\, y)$ 에서 x 가 x_0 에서 $x_0 + \Delta x$ 로 y 가 y_0 에서 $y_0 + \Delta y$ 로 변할 때 z 의 변화량

$$\Delta z = f(x_0 + \Delta x,\, y_0 + \Delta y) - f(x_0,\, y_0) \tag{13.4}$$

를 z 의 증분(increment)이라고 한다. 다시 말하면 z 의 증분 Δz 는 점 $(x,\, y)$ 가 $(x + \Delta x,\, y + \Delta y)$ 로 변할 때 함숫값의 변화한 양을 나타낸다.

예8 $z = 2x^2 + 3y^2$ 의 증분은

$$\Delta z = 2(x + \Delta x)^2 + 3(y + \Delta y)^2 - 2x^2 - 3y^2$$

$$= 4x\Delta x + 6y\Delta y + 2(\Delta x)^2 + 3(\Delta y)^2$$

이다. ∎

$z = f(x, y)$와 일계편도함수 f_x, f_y가 점 (x_0, y_0) 근방에서 연속이면

$$\Delta z = f_x(x_0, y_0)\Delta x + f_y(x_0, y_0)\Delta y + \epsilon_1 \Delta x + \epsilon_2 \Delta y \qquad (13.5)$$

이다. 여기서 ϵ_1과 ϵ_2는

$$\lim_{(\Delta x, \Delta y) \to (0, 0)} \epsilon_1 = 0, \qquad \lim_{(\Delta x, \Delta y) \to (0, 0)} \epsilon_2 = 0$$

을 만족하는 값이다.

[증명] 앞의 식 (13.4)는

$$\Delta z = f(x + \Delta x, y + \Delta y) - f(x, y + \Delta y) + f(x, y + \Delta y) - f(x, y) \qquad (13.6)$$

와 같고, $z = f(x, y)$가 점 (x_0, y_0)의 근방에서 연속이므로, 평균값 정리에 의해

$$f(x_0 + \Delta x, y_0 + \Delta y) - f(x_0, y_0 + \Delta y) = f_x(x_0 + \theta_1 \Delta x, y_0 + \Delta y)\Delta x,$$

$$f(x_0, y_0 + \Delta y) - f(x_0, y_0) = f_y(x_0, y_0 + \theta_2 \Delta y)\Delta y$$

를 만족하는 θ_1, θ_2 $(0 < \theta_1, \theta_2 < 1)$가 존재한다. 따라서 식 (13.6)은

$$\Delta z = f_x(x_0 + \theta_1 \Delta x, y_0 + \Delta y)\Delta x + f_y(x_0, y_0 + \theta_2 \Delta y)\Delta y \qquad (13.7)$$

로 쓸 수 있다. 주어진 조건에서 편도함수 f_x, f_y는 (x_0, y_0) 근방에서 연속이므로

$$f_x(x_0 + \theta_1 \Delta x, y_0 + \Delta y) = f_x(x_0, y_0) + \epsilon_1, \qquad (13.8)$$

$$f_y(x_0, y_0 + \theta_2 \Delta y) = f_y(x_0, y_0) + \epsilon_2 \qquad (13.9)$$

를 만족하는

$$\lim_{(\Delta x, \Delta y) \to (0, 0)} \epsilon_1 = 0, \qquad \lim_{(\Delta x, \Delta y) \to (0, 0)} \epsilon_2 = 0$$

인 ϵ_1과 ϵ_2가 존재한다. 식 (13.8), (13.9)를 (13.7)에 대입하여 정리의 증명을 완성할 수 있다. ■

참고 3 예 8에서 $f(x, y) = 2x^2 + 3y^2$라고 하면

$$\Delta z = 4x\Delta x + 6y\Delta y + 2(\Delta x)^2 + 3(\Delta y)^2$$

$$= f_x\Delta x + f_y\Delta y + \epsilon_1\Delta x + \epsilon_2\Delta y$$

로 고쳐 쓸 수 있으므로, $\epsilon_1 = 2\Delta x$, $\epsilon_2 = 3\Delta y$이고

$$\lim_{(\Delta x, \Delta y) \to (0, 0)} \epsilon_1 = 0, \qquad \lim_{(\Delta x, \Delta y) \to (0, 0)} \epsilon_2 = 0$$

임을 알 수 있다.

정리 13.1은 Δx와 Δy의 값이 충분히 작을 때, 식 (13.5)의 우변의 처음 두 항의 합 $f_x(x_0, y_0)\Delta x + f_y(x_0, y_0)\Delta y$은 증분 Δz의 의미 있는 근삿값임을 보여준다.

정의 13.5

$z = f(x, y)$일 때 x, y의 증분을 Δx, Δy라고 하면

$$dx = \Delta x, \quad dy = \Delta y$$

를 각각 x, y의 미분이라고 하고, z의 **전미분**(total differential)은

$$dz = \frac{\partial z}{\partial x}dx + \frac{\partial z}{\partial y}dy \tag{13.10}$$

로 정의한다.

정리 13.1과 정의 13.5로부터 Δx, Δy가 모두 0에 가까운 값을 가지면

$$\Delta z \approx dz = \frac{\partial z}{\partial x}dx + \frac{\partial z}{\partial y}dy \tag{13.11}$$

임을 알 수 있다. 또 위 식 (13.11)로부터

$$f(x + \Delta x, \ y + \Delta y) \approx f(x, y) + dz \tag{13.12}$$

임을 알 수 있다.[3]

---

3) dz는 접평면(13장 6절 참고)의 높이의 변화를 나타내고, Δz는 점 (x, y)가 $(x + \Delta x, \ y + \Delta y)$로 변할 때 곡면 $z = f(x, y)$의 높이의 변화를 나타낸다.

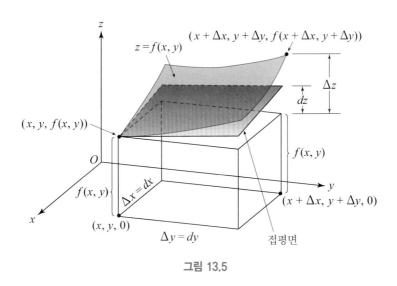

$$\text{그림 } 13.5$$

예제 13.7 함수 $z = f(x, \ y) = x^2 + xy + 2y^2$에서 x가 2에서 2.1, y가 1에서 1.05로 변할 때 Δz와 dz를 구하여라.

[풀이] 먼저 z의 증분은

$$\Delta z = f(2.1, \ 1.05) - f(2, \ 1)$$

$$= \left[(2.1)^2 + 2.1 \times 1.05 + 2(1.05)^2 \right] - \left[2^2 + 2 \times 1 + 2(1)^2 \right] = 0.82$$

이고, z의 전미분

$$dz = \frac{\partial z}{\partial x} dx + \frac{\partial z}{\partial y} dy = (2x + y) dx + (x + 4y) dy$$

에서 $x = 2$, $dx = \Delta x = 0.1$, $y = 1$, $dy = \Delta y = 0.05$이므로

$$dz = (2 \times 2 + 1) \, 0.1 + (2 + 4 \times 1) \, 0.05 = 0.8$$

을 얻는다. ■

전미분은 삼변수 이상의 다변수함수에 대하여도 정의된다. 삼변수함수 $w = f(x, \ y, \ z)$에서 독립변수 x, y, z의 증분을 각각 $\Delta x, \Delta y, \Delta z$라고 하면 x, y, z의 미분은

$$dx = \Delta x, \quad dy = \Delta y, \quad dz = \Delta z$$

로, w의 증분은

$$\Delta w = f(x + \Delta x, \, y + \Delta y, \, z + \Delta z) \; - f(x, \, y, \, z)$$

로, w의 전미분은

$$dw = \frac{\partial w}{\partial x} \, dx + \frac{\partial w}{\partial y} \, dy + \frac{\partial w}{\partial z} \, dz \qquad\qquad (13.13)$$

로 정의한다. 또한 이변수함수에서와 마찬가지로 증분 Δx, Δy, Δz가 모두 0에 가까운 값이면

$$dw \approx \Delta w, \qquad\qquad (13.14)$$

또는 위 식 (13.14)로부터

$$f(x + \Delta x, \, y + \Delta y, \, z + \Delta z) \approx f(x, \, y, \, z) + dw \qquad\qquad (13.15)$$

임을 알 수 있다.

[예9] 삼변수함수 $w = xy^2 z^3$의 전미분은 식 (13.13)에 의해

$$dw = \frac{\partial w}{\partial x} dx + \frac{\partial w}{\partial y} dy + \frac{\partial w}{\partial z} dz$$

$$= y^2 z^3 \, dx + 2xyz^3 \, dy + 3xy^2 z^2 \, dz$$

이다. ∎

함수 w의 독립변수에 작은 변화가 생길 때, 식 (13.14)에 의하여 전미분 dw를 증분 Δw의 근삿값으로 볼 수 있다. 이는 변수가 작은 실험오차를 갖는 측정값에 대하여 적용할 수 있으며, 이때 dw를 w의 근사오차라 한다. 특히 dw가 w의 근사오차일 때 비 $\dfrac{dw}{w}$를 w의 상대오차라 하고 $\left(\dfrac{dw}{w}\right) \times 100$을 백분비오차라고 한다.

[예제 13.8] 한 삼각형의 두 변과 그 사잇각이 각각 6, 8, 30°에서 6.2, 8.1, 29°로 변했을 때 삼각형의 넓이 A의 근사오차와 근삿값을 구하여라.

[풀이] 삼각형의 두 변과 사잇각을 각각 x, y, θ라 하면, 삼각형의 넓이는 식

$$A(x, \, y, \, \theta) = \frac{1}{2} xy \sin \theta$$

으로 구할 수 있고, A의 전미분은

$$dA = \frac{1}{2} y \sin \theta \, dx + \frac{1}{2} x \sin \theta \, dy + \frac{1}{2} xy \cos \theta \, d\theta$$

이다. 여기에 $x = 6$, $y = 8$, $\theta = 30° = \dfrac{\pi}{6}$, $dx = 0.2$, $dy = 0.1$, $d\theta = -1° = -\dfrac{\pi}{180}$를 대입하면 근사오차는

$$dA = \frac{1}{2}(8)\left(\frac{1}{2}\right)(0.2) + \frac{1}{2}(6)\left(\frac{1}{2}\right)(0.1) + \frac{1}{2}(6)(8)\left(\frac{\sqrt{3}}{2}\right)\left(-\frac{\pi}{180}\right)$$

$$\approx 0.4 + 0.15 - 0.363 = 0.187$$

이다. 그러므로 식 (13.14)로부터

$$\Delta A = A(6.2,\ 8.1,\ 29°) - A(6,\ 8,\ 30°) \approx dA$$

이므로 삼각형의 넓이의 근삿값

$$A(6.2,\ 8.1,\ 29°) \approx A(6,\ 8,\ 30°) + dA = 12.187$$

을 구할 수 있다. ■

예제 13.9 한 직원기둥의 반지름과 높이를 측정한 결과 각각 5 cm, 8 cm임을 알았다. 이 값들은 각각 ±0.1 cm의 오차가 있다고 한다. 이 원기둥의 부피의 최대 상대오차와 백분비오차를 구하여라.

[풀이] 반지름이 r, 높이가 h인 직원기둥의 부피는 $V(r,\ h) = \pi r^2 h$이다. 그러므로 V의 전미분은

$$dV = V_r\, dr + V_h\, dh = (2\pi rh)\, dr + (\pi r^2)\, dh$$

이고,

$$\frac{dV}{V} = \frac{2}{r}\, dr + \frac{1}{h}\, dh$$

이다. 여기서 dr, dh가 모두 양수일 때, $\dfrac{dV}{V}$는 최대가 되므로 $r = 5$, $h = 8$, $dr = \Delta r = 0.1$, $dh = \Delta h = 0.1$을 대입하면 최대 상대오차는

$$\frac{dV}{V} = \frac{2(0.1)}{5} + \frac{0.1}{8} = 0.0525$$

이고, 최대 백분비오차는 5.25 %이다. ■

1. 다음 각 함수의 전미분을 구하여라.

    (1) $f(x, y) = 3x^3 + 4x^2 y - 2y^3$ (2) $f(x, y) = (x^2 - y^2)^3$

    (3) $f(x, y) = e^x \sin y$ (4) $f(x, y, z) = xy + z^2$

2. $z = f(x, y) = x\sqrt{x - y}$ 일 때, $x = 6$, $y = 2$, $\Delta x = \Delta y = \dfrac{1}{4}$ 에 대한 Δz 와 dz 를 구하여라.

3. 전미분을 이용하여 함수 $f(x, y) = \sqrt{8x^2 + y^3}$ 에서 $f(1.01, 1.98)$ 의 근삿값을 구하여라.

4. $f(x, y)$ 가 미분가능한 함수이고 $f(2, 5) = 6$, $f_x(2, 5) = 1$, $f_y(2, 5) = -1$ 일 때 $f(2.2, 4.9)$ 의 근삿값을 구하여라.

5. 함수 $z = x^2 - xy + 3y^2$ 에서 (x, y) 가 $(3, -1)$ 에서 $(2.96, -0.95)$ 로 변했을 때 Δz 와 dz 의 값을 비교하여라.

6. 전미분을 이용하여 $\sqrt{(4.99)^3 - (2.02)^2}$ 의 근삿값을 구하여라.

7. 전미분을 이용하여 밑면의 반지름과 높이가 각각 5.03 cm와 11.89 cm인 직원뿔의 겉넓이의 근삿값을 구하여라.

8. 삼각형의 두 변과 사잇각을 측정하여 각각 40 cm, 33 cm, 60°를 얻었다. 이때 각 변에 대하여는 0.5 cm의 오차와 각에 대하여는 0.5°의 오차가 있었다면 나머지 한 변을 계산하는 데 생길 수 있는 최대 오차의 근삿값을 구하여라.

5절   연쇄법칙

일변수함수의 연쇄법칙은 합성함수의 도함수를 구하는 규칙이었다. $y = f(x)$, $x = g(t)$ 이고 f, g 가 미분가능한 함수이면, y 는 t 에 대하여 미분가능하고

$$\frac{dy}{dt} = \frac{dy}{dx}\frac{dx}{dt}$$

였다. 다변수함수의 합성함수도 연쇄법칙에 따라 도함수를 구할 수 있다. 그러나 다변수함수

의 미분은 변수의 종속관계에 따라 다른 형태의 연쇄법칙을 적용하여야 한다. 먼저 이변수함수 $f(x, y)$의 변수 x, y가 t를 변수로 갖는 일변수함수인 간단한 경우부터 알아보자.

함수 $z = f(x, y)$의 편도함수 f_x, f_y가 존재하고, x와 y가 각각 $x = \phi(t)$, $y = \psi(t)$로 주어진 미분가능한 함수라고 하자. 정리 13.1에 의해 z의 증분은

$$\Delta z = f_x(x_0, y_0)\Delta x + f_y(x_0, y_0)\Delta y + \epsilon_1 \Delta x + \epsilon_2 \Delta y$$

로 쓸 수 있다. 여기서 $(\Delta x, \Delta y) \to (0, 0)$일 때 $\epsilon_1 \to 0$, $\epsilon_2 \to 0$이다. 위 식의 양변을 Δt로 나누면

$$\frac{\Delta z}{\Delta t} = \frac{\partial z}{\partial x}\frac{\Delta x}{\Delta t} + \frac{\partial z}{\partial y}\frac{\Delta y}{\Delta t} + \epsilon_1 \frac{\Delta x}{\Delta t} + \epsilon_2 \frac{\Delta y}{\Delta t} \tag{13.16}$$

이다. 그런데 ϕ와 ψ는 미분가능하므로 연속이다. 따라서 Δt가 0에 접근하면

$$\Delta x = \phi(t + \Delta t) - \phi(t), \quad \Delta y = \psi(t + \Delta t) - \psi(t)$$

도 0에 가까워진다. 그러므로

$$\lim_{\Delta t \to 0} \epsilon_1 = 0, \quad \lim_{\Delta t \to 0} \epsilon_2 = 0$$

이다. 위의 사실로부터 식 (13.16)의 양변에 극한을 취하면

$$\frac{dz}{dt} = \lim_{\Delta t \to 0} \frac{\Delta z}{\Delta t}$$

$$= \frac{\partial z}{\partial x}\left(\lim_{\Delta t \to 0} \frac{\Delta x}{\Delta t} \right) + \frac{\partial z}{\partial y}\left(\lim_{\Delta t \to 0} \frac{\Delta y}{\Delta t} \right) + \lim_{\Delta t \to 0}\left(\epsilon_1 \frac{\Delta x}{\Delta t} \right) + \lim_{\Delta t \to 0}\left(\epsilon_2 \frac{\Delta y}{\Delta t} \right)$$

$$= \frac{\partial z}{\partial x}\frac{dx}{dt} + \frac{\partial z}{\partial y}\frac{dy}{dt} + 0 \cdot \frac{dx}{dt} + 0 \cdot \frac{dy}{dt} = \frac{\partial z}{\partial x}\frac{dx}{dt} + \frac{\partial z}{\partial y}\frac{dy}{dt}$$

이다. 위의 사실로부터 다음의 정리를 얻는다.

정리 13.2 연쇄법칙 1

함수 $z = f(x, y)$가 x와 y에 대하여 미분가능하고, 함수 $x = x(t)$, $y = y(t)$가 t에 대하여 미분가능하면, $z = f(x(t), y(t))$는 t에 대하여 미분가능하고

$$\frac{dz}{dt} = \frac{\partial z}{\partial x}\frac{dx}{dt} + \frac{\partial z}{\partial y}\frac{dy}{dt} \tag{13.17}$$

이다.

정리 13.2에서 변수 z는 x, y에 종속되어 있고, x, y는 모두 t에 종속되어 있다. 이 관계를 그림 13.6과 같이 나타낼 수 있다. 다변수함수의 변수 사이의 종속관계를 나타내는 그림을 계통도(tree diagram)라고 하며, 합성함수의 계통도를 보면 연쇄법칙을 쉽게 찾을 수 있다.

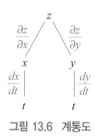

그림 13.6 계통도

예10 $z = x \ln y$, $x = t^2$, $y = e^t$일 때

$$\frac{\partial z}{\partial x} = \ln y, \quad \frac{\partial z}{\partial y} = \frac{x}{y}, \quad \frac{dx}{dt} = 2t, \quad \frac{dy}{dt} = e^t$$

이므로 식 (13.17)에 의하여

$$\frac{dz}{dt} = (\ln e^t) 2t + \left(\frac{t^2}{e^t} \right) e^t = 3t^2$$

이다.[4]

예제 13.10 한 직원기둥의 높이는 매초 4 cm씩 낮아지며 밑면의 반지름은 매초 1 cm씩 커지고 있다. 최초 높이가 50 cm, 반지름이 20 cm일 때 이 부피의 변화율을 구하여라.

[풀이] 원기둥의 부피는 $V(r, h) = \pi r^2 h$로 구할 수 있고, 반지름 $r = 20 + t$, 높이 $h = 50 - 4t$는 시간 t의 함수이므로 식 (13.17)을 적용하면 시간의 변화에 따른 부피의 변화율은

$$\frac{dV}{dt} = \frac{\partial V}{\partial r} \frac{dr}{dt} + \frac{\partial V}{\partial h} \frac{dh}{dt} = 2\pi r h \frac{dr}{dt} + \pi r^2 \frac{dh}{dt}$$

이다. $h = 50$, $r = 20$인 시점의 부피의 변화율은 $\frac{dr}{dt} = 1$, $\frac{dh}{dt} = -4$를 대입하면

$$\frac{dV}{dt} = 2\pi (20)(50)(1) + \pi (20)^2 (-4) = 400\pi \approx 1257 (\text{cm}^3/\text{sec})$$

이다.

---

4) 이 예의 경우 $z = t^2 \ln e^t = t^3$으로 바꿔 써서 직접 미분하면 더 쉽게 구할 수 있다. 그러나 때로는 대입한 후 미분하는 것이 매우 복잡한 경우도 있다.

정리 13.2는 n변수함수의 경우로 확장할 수 있다. 즉, w가 n개의 변수 $x_1, x_2, \cdots, x_n$에 대하여 미분가능한 함수 $w = f(x_1, x_2, \cdots, x_n)$이고 $x_i\,(i = 1, 2, \cdots, n)$가 모두 t의 미분가능한 함수 $x_i = x_i(t)$이면

$$\frac{dw}{dt} = \frac{\partial w}{\partial x_1}\frac{dx_1}{dt} + \frac{\partial w}{\partial x_2}\frac{dx_2}{dt} + \cdots + \frac{\partial w}{\partial x_n}\frac{dx_n}{dt} \tag{13.18}$$

이다.

$w = f(x_1, x_2, \cdots, x_n)$가 n개의 변수 $x_1, x_2, \cdots, x_n$에 대하여 미분가능한 함수이고, $x_i = x_i(s, t)\,(i = 1, 2, \cdots, n)$가 모두 s, t의 미분가능한 함수이면, w는 s, t의 함수로 생각할 수 있으므로 편미분 $\dfrac{\partial w}{\partial s}$, $\dfrac{\partial w}{\partial t}$를 구하려는 시도는 당연한 것이다. $\dfrac{\partial w}{\partial s}$를 계산하기 위해서는 변수 t를 고정시키고 s에 대하여 미분하면 되므로 다음 정리를 얻는다.

정리 13.3 연쇄법칙 2

$w = f(x, y, z)$가 x, y, z에 대하여 미분가능한 함수이고 x, y, z가 모두 s와 t에 대하여 미분가능한 함수이면

$$\frac{\partial w}{\partial s} = \frac{\partial w}{\partial x}\frac{\partial x}{\partial s} + \frac{\partial w}{\partial y}\frac{\partial y}{\partial s} + \frac{\partial w}{\partial z}\frac{\partial z}{\partial s} \tag{13.19}$$

$$\frac{\partial w}{\partial t} = \frac{\partial w}{\partial x}\frac{\partial x}{\partial t} + \frac{\partial w}{\partial y}\frac{\partial y}{\partial t} + \frac{\partial w}{\partial z}\frac{\partial z}{\partial t} \tag{13.20}$$

이다.

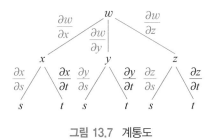

그림 13.7 계통도

예 11 $w = x^2 - y^2 - z$이고 $x = st$, $y = 2s + 3t$, $z = \sin t$이면 w의 s, t에 대한 편도함수는 각각

$$\frac{\partial w}{\partial s} = \frac{\partial w}{\partial x}\frac{\partial x}{\partial s} + \frac{\partial w}{\partial y}\frac{\partial y}{\partial s} + \frac{\partial w}{\partial z}\frac{\partial z}{\partial s}$$

$$= (2x)(t) + (-2y)(2) + (-1)(0)$$

$$= 2st^2 - 4(2s + 3t),$$

$$\frac{\partial w}{\partial t} = \frac{\partial w}{\partial x}\frac{\partial x}{\partial t} + \frac{\partial w}{\partial y}\frac{\partial y}{\partial t} + \frac{\partial w}{\partial z}\frac{\partial z}{\partial t}$$

$$= (2x)(s) + (-2y)(3) + (-1)(\cos t)$$

$$= 2s^2 t - 6(2s + 3t) - \cos t$$

이다.　　　　　　　　　　　　　　　　　　　　　　　　　　　　　　　　■

함수 u가 $x_1, x_2, \cdots, x_n$를 변수로 갖고, 각각의 x_i가 $t_1, t_2, \cdots, t_m$를 변수로 갖는 함수일 때 함수 u의 변수 t_i에 대한 편도함수는 다음 정리에 의해 구할 수 있다. 정리 13.3은 정리 13.4 의 $n = 3$, $m = 2$인 특별한 경우이다.

> **정리 13.4**
>
> 함수 $u(x_1, x_2, \cdots, x_n)$이 $x_1, x_2, \cdots, x_n$에 대하여 미분가능한 함수이고, 각각의 $x_i = x_i(t_1, t_2, \cdots, t_m)$이 $t_1, t_2, \cdots, t_m$에 대하여 미분가능한 함수일 때 함수 u의 변수 t_i에 대한 편미분은
>
> $$\frac{\partial u}{\partial t_i} = \frac{\partial u}{\partial x_1}\frac{\partial x_1}{\partial t_i} + \frac{\partial u}{\partial x_2}\frac{\partial x_2}{\partial t_i} + \cdots + \frac{\partial u}{\partial x_n}\frac{\partial x_n}{\partial t_i}, \quad (i = 1, 2, \cdots, m) \qquad (13.21)$$
>
> 이다.

예제 13.11 $u = xy + ye^z$, $x = rst^2$, $y = s - rt$, $z = r^2 s \cos t$ 일 때 $(r, s, t) = (1, -1, 0)$에서 $\dfrac{\partial u}{\partial s}$의 값을 구하여라.

[풀이] $(r, s, t) = (1, -1, 0)$일 때 $(x, y, z) = (0, -1, -1)$이므로 식 (13.21)에 의해

$$\frac{\partial u}{\partial s} = \frac{\partial u}{\partial x}\frac{\partial x}{\partial s} + \frac{\partial u}{\partial y}\frac{\partial y}{\partial s} + \frac{\partial u}{\partial z}\frac{\partial z}{\partial s}$$

$$= y(rt^2) + (x + e^z)(1) + (ye^z)(r^2 \cos t)$$

$$= 0$$

이다.　　　　　　　　　　　　　　　　　　　　　　　　　　　　　　　　■

참고 4 때로는 함수를 $z = f(s^2 - t^2, st)$와 같이 나타내기도 한다. 이는 $z = f(x, y)$, $x = s^2 - t^2$,

$y = st$로 이해할 수 있다. 이 경우 z의 s에 대한 편도함수는

$$\frac{\partial z}{\partial s} = \frac{\partial f}{\partial x}\frac{\partial x}{\partial s} + \frac{\partial f}{\partial y}\frac{\partial y}{\partial s} = \frac{\partial f}{\partial x}2s + \frac{\partial f}{\partial y}t$$

이다.

■ 음함수의 편도함수

$z = f(x, y)$이고 y가 x의 함수이면 식 (13.17)에 의하여

$$\frac{dz}{dx} = \frac{\partial f}{\partial x}\frac{dx}{dx} + \frac{\partial f}{\partial y}\frac{dy}{dx} = \frac{\partial f}{\partial x} + \frac{\partial f}{\partial y}\frac{dy}{dx}$$

이다. 특별히 $z = 0$이면 $\frac{dz}{dx} = 0$이므로

$$\frac{\partial f}{\partial x} + \frac{\partial f}{\partial y}\frac{dy}{dx} = 0$$

이다. 이 식을 $\frac{dy}{dx}$에 대해 풀면 다음 정리를 얻는다.

정리 13.5

방정식 $f(x, y) = 0$에서 y가 x에 대하여 미분가능한 음함수로 정의되어 있으면,

$$\frac{dy}{dx} = -\frac{f_x}{f_y} \quad (f_y \neq 0) \tag{13.22}$$

이다.

예제 13.12 $x\sin y + y\cos x = 0$일 때 $\frac{dy}{dx}$를 구하여라.

[풀이] $f(x, y) = x\sin y + y\cos x$이라 하면

$$f_x = \sin y - y\sin x, \quad f_y = x\cos y + \cos x$$

이므로, 정리 13.5에 의하여

$$\frac{dy}{dx} = \frac{y\sin x - \sin y}{x\cos y + \cos x} \quad (x\cos y + \cos x \neq 0)$$

이다. ■

참고 5 앞의 2장에서 공부한 음함수의 미분법에 따라 $x \sin y + y \cos x = 0$을 직접 미분하면

$$\left(\sin y + x \cos y \frac{dy}{dx} \right) + \left(\frac{dy}{dx} \cos x - y \sin x \right) = 0$$

이고, 이를 정리하면 위의 예제와 같은 결과를 얻는다.

방정식 $F(x, y, z) = 0$에서 y를 고정하면 $F(x, y, z)$는 x와 z만의 함수로 생각할 수 있고, 식 (13.22)에 의하여

$$\frac{\partial z}{\partial x} = -\frac{F_x}{F_z} \quad (F_z \neq 0)$$

이다. 같은 방법으로 x를 고정하여 편도함수 $\dfrac{\partial z}{\partial y}$를 구할 수 있다.

정리 13.6

방정식 $F(x, y, z) = 0$에서 z가 x와 y의 미분가능한 음함수로 정의되어 있으면

$$\frac{\partial z}{\partial x} = -\frac{F_x}{F_z}, \quad \frac{\partial z}{\partial y} = -\frac{F_y}{F_z} \quad (F_z \neq 0) \tag{13.23}$$

이다.

예 12 $F(x, y, z) = x^3 + y^3 + z^3 + 3xyz = 0$일 때,

$$F_x = 3x^2 + 3yz, \quad F_y = 3y^2 + 3xz, \quad F_z = 3z^2 + 3xy$$

이므로 식 (13.23)에 의해

$$\frac{\partial z}{\partial x} = -\frac{x^2 + yz}{z^2 + xy}, \quad \frac{\partial z}{\partial y} = -\frac{y^2 + xz}{z^2 + xy} \quad \left(z^2 + xy \neq 0 \right)$$

이다. ■

연습문제 13.5

1. 다음에서 $\dfrac{du}{dt}$를 구하여라.

(1) $u = x^2 - 2xy + y^2, \quad x = (t + 1)^2, \quad y = (t - 1)^2$

(2) $u = x \sin y$, $x = \dfrac{1}{t}$, $y = \tan^{-1} t$

2. 다음에서 $\dfrac{du}{dx}$ 을 구하여라.

  (1) $u = \dfrac{x - y}{1 - y}$, $y = x^{-2}$

  (2) $u = \ln(x^2 + y^2 + z^2)$, $y = x \sin x$, $z = x \cos x$

3. 다음에서 $\dfrac{dy}{dx}$ 를 구하여라.

  (1) $2x^3 + 3x^2 y - y^3 = 1$ (2) $2x^2 - 3xy + y^2 = 0$

4. 타원 $4x^2 + y^2 = 8$ 위의 점 $(1, 2)$에서의 접선의 식을 구하여라.

5. 다음에서 $\dfrac{\partial z}{\partial x}, \dfrac{\partial z}{\partial y}$ 를 구하여라.

  (1) $x^2 + y^2 + z^2 = 3$ (2) $e^x + e^y + e^z = e^{x+y+z}$

6. 다음에서 $\dfrac{\partial u}{\partial x}, \dfrac{\partial u}{\partial y}$ 를 구하여라.

  (1) $u = r^2 + s^2$, $r = x + y$, $s = x - y$

  (2) $u = r^2 \sin 2\theta$, $r = \sqrt{x^2 + y^2}$, $\theta = \tan^{-1}\left(\dfrac{y}{x}\right)$

7. $f(x, y) = 0$일 때, $\dfrac{d^2 y}{dx^2} = -\dfrac{f_y^2 f_{xx} - 2 f_x f_y f_{xy} + f_x^2 f_{yy}}{f_y^3}$ 임을 증명하여라. ($f_y \neq 0$, $f_{xy} = f_{yx}$)

8. $u = f(x + iy) + g(x - iy)$일 때, $\dfrac{\partial^2 u}{\partial x^2} + \dfrac{\partial^2 u}{\partial y^2} = 0$임을 증명하여라. 단, $i = \sqrt{-1}$ 이다.

9. $z = f(x, y)$는 미분가능한 함수이고, $x = r \cos\theta$, $y = r \sin\theta$일 때 다음을 보여라.

  (1) $\dfrac{\partial z}{\partial r} = f_x \cos\theta + f_y \sin\theta$, $\dfrac{1}{r}\dfrac{\partial z}{\partial \theta} = -f_x \sin\theta + f_y \cos\theta$

  (2) $(f_x)^2 + (f_y)^2 = \left(\dfrac{\partial z}{\partial r}\right)^2 + \dfrac{1}{r^2}\left(\dfrac{\partial z}{\partial \theta}\right)^2$

10. $w = F(xz, yz)$일 때, $x\dfrac{\partial w}{\partial x} + y\dfrac{\partial w}{\partial y} = z\dfrac{\partial w}{\partial z}$ 임을 증명하여라.

11. f가 미분가능한 함수이고 $g(s, t) = f(s^2 - t^2, t^2 - s^2)$일 때

$$t\frac{\partial g}{\partial s} + s\frac{\partial g}{\partial t} = 0$$

임을 보여라.

6절 방향미분계수와 기울기벡터

이 절에서는 함수 $f(x, y)$의 정의역에 속하는 한 점 (x_0, y_0)에서 단위벡터 $\mathbf{u} = \langle a, b \rangle$ 방향으로의 변화율에 대해서 알아본다.

정의 13.6

함수 $f(x, y)$의 점 (x_0, y_0)에서 단위벡터 $\mathbf{u} = \langle a, b \rangle$ 방향으로의 **방향미분계수**(directional derivative)는

$$D_{\mathbf{u}}f(x_0, y_0) = \lim_{h \to 0} \frac{f(x_0 + ha, \ y_0 + hb) - f(x_0, y_0)}{h}$$

로 정의한다.

위의 정의에서 $\mathbf{u} = \langle 1, 0 \rangle$이면 $D_{\mathbf{u}} = f_x$이고, $\mathbf{u} = \langle 0, 1 \rangle$이면 $D_{\mathbf{u}} = f_y$임을 알 수 있다. 그러므로 f의 x와 y에 관한 편미분계수는 방향미분계수의 특별한 경우이다.

정의 13.6을 이용하여 방향미분계수를 계산하기 위해서는 극한값을 계산해야 하는 번거로움이 있기 때문에 방향미분계수의 계산에는 다음의 정리가 자주 이용된다.

정리 13.7

$f(x, y)$가 x와 y에 대하여 미분가능한 함수이면, f는 단위벡터 $\mathbf{u} = \langle a, b \rangle$의 방향으로 방향미분계수를 가지며

$$D_{\mathbf{u}}f(x, y) = f_x(x, y)a + f_y(x, y)b \tag{13.24}$$

이다.

[증명] 점 (x_0, y_0)가 함수 f의 정의역 안의 한 점일 때, 새로운 함수 g를

$$g(h) = f(x_0 + ha, \ y_0 + hb)$$

로 정의하면, 도함수의 정의에 의하여

$$g'(0) = \lim_{h \to 0} \frac{g(h) - g(0)}{h} = \lim_{h \to 0} \frac{f(x_0 + ha, y_0 + hb) - f(x_0, y_0)}{h}$$

$$= D_{\mathbf{u}} f(x_0, y_0)$$

이다. 여기서 $x = x_0 + ha,\ y = y_0 + hb$라 두면, $g(h) = f(x_0 + ha,\ y_0 + hb)$로 쓸 수 있고 편도함수의 연쇄법칙에 의하여

$$g'(h) = \frac{\partial f}{\partial x}\frac{dx}{dh} + \frac{\partial f}{\partial y}\frac{dy}{dh} = f_x(x, y)a + f_y(x, y)b$$

를 얻는다. 이 식에 $h = 0$을 대입하면, $x = x_0,\ y = y_0$이고

$$g'(0) = f_x(x_0, y_0)a + f_y(x_0, y_0)b$$

이다. 따라서

$$D_{\mathbf{u}} f(x_0, y_0) = f_x(x_0, y_0)\,a + f_y(x_0, y_0)\,b$$

이다. ∎

예제 13.13 $f(x, y) = x^2 y^2 - 4y$일 때 점 $(2, -1)$에서 단위벡터 $\mathbf{u} = \left\langle \dfrac{3}{5},\ -\dfrac{4}{5} \right\rangle$ 방향으로의 방향미분계수 $D_{\mathbf{u}} f(2, -1)$을 구하여라.

[풀이] 함수 f의 편도함수는

$$f_x(x, y) = 2xy^2, \qquad f_y(x, y) = 2x^2 y - 4$$

이므로 식 (13.24)에 의해

$$D_{\mathbf{u}} f(2, -1) = f_x(2, -1) \cdot \left(\frac{3}{5}\right) + f_y(2, -1) \cdot \left(-\frac{4}{5}\right)$$

$$= 4\left(\frac{3}{5}\right) + (-12)\left(-\frac{4}{5}\right) = 12$$

이다. ∎

단위벡터 $\mathbf{u}$와 양의 x축이 이루는 각을 θ라 하면, $\mathbf{u} = \langle \cos\theta,\ \sin\theta \rangle$로 쓸 수 있으므로 식 (13.24)는

$$D_{\mathbf{u}} f(x, y) = f_x(x, y)\cos\theta + f_y(x, y)\sin\theta \tag{13.25}$$

로 쓸 수 있다.

예제 13.14 $f(x, y) = x^2 + 2xy - y^3$이고 단위벡터 **u**와 양의 x축이 이루는 각 θ가 $\dfrac{\pi}{6}$일 때 $D_{\mathbf{u}} f(1, 1)$의 값을 구하여라.

[풀이] 식 (13.25)를 이용하면

$$D_{\mathbf{u}} f(x, y) = f_x(x, y) \cos \frac{\pi}{6} + f_y(x, y) \sin \frac{\pi}{6}$$

$$= \frac{\sqrt{3}}{2}(2x + 2y) + \frac{1}{2}(2x - 3y^2)$$

이다. 그러므로 점 $(1, 1)$에서 방향미분계수는

$$D_{\mathbf{u}} f(1, 1) = 2\sqrt{3} - \frac{1}{2}$$

이다. ∎

정리 13.7의 방향미분계수는 두 벡터의 내적

$$D_{\mathbf{u}} f(x, y) = f_x(x, y)a + f_y(x, y)b$$

$$= \langle f_x(x, y), f_y(x, y) \rangle \cdot \langle a, b \rangle$$

$$= \langle f_x(x, y), f_y(x, y) \rangle \cdot \mathbf{u}$$

로 쓸 수 있다. 이때 $\langle f_x(x, y), f_y(x, y) \rangle$를 f의 기울기벡터(gradient vector)라고 한다.

정의 13.7

함수 $f(x, y)$의 기울기벡터는 ∇f로 나타내고

$$\nabla f(x, y) = \langle f_x(x, y), f_y(x, y) \rangle$$

로 정의한다.

예 13 $f(x, y) = \cos x + e^y$의 기울기벡터는

$$\nabla f(x, y) = \langle -\sin x, e^y \rangle$$

이고, 함수 f의 점 $(\pi, 1)$에서의 기울기벡터는

$$\nabla f(\pi, 1) = \langle 0, e \rangle$$

이다.[5)]

기울기벡터에 대한 표기법을 사용하여, 방향미분계수를 아래와 같이 기울기벡터와 단위벡터의 내적으로 나타낼 수 있다.

$$D_{\mathbf{u}}f(x, y) = \nabla f(x, y) \cdot \mathbf{u}$$

예제 13.15 벡터 $\mathbf{v} = \langle 3, 4 \rangle$ 방향으로, 점 $(-1, 1)$에서의 함수 $f(x, y) = x^2 - 3xy$의 방향미분계수를 구하여라.

[풀이] 점 $(-1, 1)$에서 기울기벡터는

$$\nabla f(x, y) = \langle 2x - 3y, -3x \rangle,$$
$$\nabla f(-1, 1) = \langle -5, 3 \rangle$$

이고, $\|\mathbf{v}\| = 5$이므로 $\mathbf{v}$ 방향으로의 단위벡터는

$$\mathbf{u} = \frac{\mathbf{v}}{\|\mathbf{v}\|} = \left\langle \frac{3}{5}, \frac{4}{5} \right\rangle$$

이다. 그러므로 방향미분계수는

$$D_{\mathbf{u}}f(-1, 1) = \nabla f(-1, 1) \cdot \mathbf{u} = \langle -5, 3 \rangle \cdot \left\langle \frac{3}{5}, \frac{4}{5} \right\rangle$$
$$= -\frac{3}{5}$$

이다.

삼변수함수에 대해서 방향미분계수를 정의할 수 있다. 이때에도 $D_{\mathbf{u}}f(x, y, z)$는 단위벡터 $\mathbf{u}$의 방향으로의 함수 f의 변화율을 의미한다.

---

5) 기호 ∇는 나블라(nabla)로 읽는다.

f의 점 (x_0, y_0, z_0)에서 단위벡터 $\mathbf{u} = \langle a, b, c \rangle$ 방향으로의 방향미분계수는

$$D_{\mathbf{u}} f(x_0, y_0, z_0) = \lim_{h \to 0} \frac{f(x_0 + ha,\ y_0 + hb,\ z_0 + hc) - f(x_0, y_0, z_0)}{h}$$

로 정의한다.

만약 $f(x, y, z)$가 x, y, z에 관하여 미분가능하고, $\mathbf{u} = \langle a, b, c \rangle$이면 정리 13.7의 증명에서와 같은 방법으로

$$D_{\mathbf{u}} f(x, y, z) = f_x(x, y, z)a + f_y(x, y, z)\,b + f_z(x, y, z)\,c$$

가 성립함을 보일 수 있다. 삼변수함수 f의 기울기벡터는

$$\nabla f(x, y, z) = \left\langle f_x(x, y, z),\, f_y(x, y, z),\, f_z(x, y, z) \right\rangle$$

로 정의하며, 간단히

$$\nabla f = \left\langle f_x, f_y, f_z \right\rangle = \frac{\partial f}{\partial x}\mathbf{i} + \frac{\partial f}{\partial y}\mathbf{j} + \frac{\partial f}{\partial z}\mathbf{k}$$

로 나타내기도 한다. 이변수함수의 방향미분계수와 마찬가지로 삼변수함수의 방향미분계수도 아래와 같이 기울기벡터와 단위벡터의 내적으로 쓸 수 있다.

$$D_{\mathbf{u}} f(x, y, z) = \nabla f(x, y, z) \cdot \mathbf{u}$$

예제 13.16 함수 $f(x, y, z) = e^z \sin(xy)$의 점 $(0, \pi, 1)$에서 벡터 $\mathbf{v} = \langle 1, 2, -1 \rangle$ 방향으로의 방향미분계수를 구하여라.

[풀이] 함수 $f(x, y, z) = e^z \sin xy$의 점 $(0, \pi, 1)$에서의 기울기벡터는

$$\nabla f(x, y, z) = \left(y e^z \cos xy \right)\mathbf{i} + \left(x e^z \cos xy \right)\mathbf{j} + \left(e^z \sin xy \right)\mathbf{k},$$

$$\nabla f(0, \pi, 1) = \pi e\mathbf{i} = \langle \pi e, 0, 0 \rangle$$

이다. $\|\mathbf{v}\| = \sqrt{6}$이므로, $\mathbf{v}$ 방향으로의 단위벡터는

$$\mathbf{u} = \frac{\mathbf{v}}{\|\mathbf{v}\|} = \frac{1}{\sqrt{6}}\mathbf{i} + \frac{2}{\sqrt{6}}\mathbf{j} - \frac{1}{\sqrt{6}}\mathbf{k}$$

이다. 그러므로 방향미분계수는

$$D_{\mathbf{u}} f(0, \pi, 1) = \nabla f(0, \pi, 1) \cdot \mathbf{u} = \pi e \mathbf{i} \cdot \left(\frac{1}{\sqrt{6}}\mathbf{i} + \frac{2}{\sqrt{6}}\mathbf{j} - \frac{1}{\sqrt{6}}\mathbf{k} \right)$$

$$= \frac{\pi e}{\sqrt{6}}$$

이다. ■

고정된 한 점에서의 방향미분계수는 방향에 따라 달라진다. 이때 방향미분계수가 최대가 되는 방향과 최대변화율을 구하는 문제를 생각해보기로 하자. 삼변수함수 $f(x, y, z)$와 단위벡터 $\mathbf{u}$ 방향의 방향미분계수는

$$D_{\mathbf{u}} f(x, y, z) = \nabla f(x, y, z) \cdot \mathbf{u}$$

$$= \|\nabla f(x, y, z)\| \|\mathbf{u}\| \cos\theta \qquad (13.26)$$

$$= \|\nabla f(x, y, z)\| \cos\theta$$

이다. 여기서 θ는 ∇f와 $\mathbf{u}$ 사이의 각이다. 식 (13.26)은 $\theta = 0$일 때 최댓값을 가지므로 $D_{\mathbf{u}} f(x, y, z)$는 $\theta = 0$일 때, 즉 단위벡터 $\mathbf{u}$와 기울기벡터 $\nabla f(x, y, z)$가 같은 방향일 때 최댓값을 갖고, 최댓값은 $\|\nabla f(x, y, z)\|$임을 알 수 있다.

예14 함수 $f(x, y, z) = x^2 + xy + z^3$의 기울기벡터는

$$\nabla f(x, y, z) = \langle f_x, f_y, f_z \rangle = \langle 2x + y, x, 3z^2 \rangle$$

이므로 점 $(1, -1, 2)$에서 방향미분계수가 최대가 되는 방향은

$$\nabla f(1, -1, 2) = \langle 1, 1, 12 \rangle$$

이고, 방향미분계수의 최댓값은

$$\|\nabla f(1, -1, 2)\| = \sqrt{1^2 + 1^2 + (12)^2} = \sqrt{146}$$

이다. ■

■ 접평면

아래 그림 13.8에서 S를 식 $F(x, y, z) = k$에 의해 주어진 곡면이라고 하고, $P(x_0, y_0, z_0)$를 S 위에 놓여 있는 한 점이라고 하자. 또, 곡선

$$C : \mathbf{r}(t) = \langle x(t),\ y(t),\ z(t) \rangle$$

가 곡면 S 위에 놓여 있고 $t = t_0$일 때 점 P를 지난다고 하자. 곡선 C가 곡면 S 위에 놓여 있으므로 곡선 위의 점 $(x(t),\ y(t),\ z(t))$는 식

$$F(x(t),\ y(t),\ z(t)) = k \tag{13.27}$$

를 만족한다.

식 (13.27)의 양변을 t에 대하여 미분하면

$$\frac{\partial F}{\partial x}\frac{dx}{dt} + \frac{\partial F}{\partial y}\frac{dy}{dt} + \frac{\partial F}{\partial z}\frac{dz}{dt} = 0$$

이다. 그런데 $\nabla F = \langle F_x,\ F_y,\ F_z \rangle$이고 $\mathbf{r}'(t) = \langle x'(t),\ y'(t),\ z'(t) \rangle$이므로[6] 위의 식은

$$\nabla F(x(t),\ y(t),\ z(t)) \cdot \mathbf{r}'(t) = 0$$

로 고쳐 쓸 수 있다. 특별히 $t = t_0$일 때 $\mathbf{r}(t_0) = \langle x_0, y_0, z_0 \rangle$이므로

$$\nabla F(x_0,\ y_0,\ z_0) \cdot \mathbf{r}'(t_0) = 0 \tag{13.28}$$

을 얻는다. 식 (13.28)은 곡면 S 위의 점 $P(x_0, y_0, z_0)$를 지나고 S 위에 놓여 있는 곡

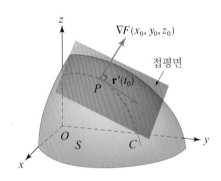

그림 13.8 접평면

---

6) 벡터함수 $\mathbf{r}(t) = \langle x(t),\ y(t),\ z(t) \rangle$에서 $x(t),\ y(t),\ z(t)$가 모두 t에 대하여 미분가능하면 $\mathbf{r}(t)$도 t에 대하여 미분가능하고 도함수는 $\mathbf{r}'(t) = \langle x'(t),\ y'(t),\ z'(t) \rangle$이다.

선의 접선과 점 P에서 기울기벡터 $\nabla F(x_0, y_0, z_0)$가 수직이라는 것을 뜻한다. 그러므로 $\nabla F(x_0, y_0, z_0) \neq 0$이면, 점 P를 지나고 $\nabla F(x_0, y_0, z_0)$를 법선벡터로 하는 평면을 점 $P(x_0, y_0, z_0)$에서의 곡면 $F(x, y, z) = k$의 **접평면**(tangent plane)으로 정의하는 것은 자연스러운 일이다.

점 (x, y, z)가 점 $P(x_0, y_0, z_0)$에서의 곡면 $F(x, y, z) = k$의 접평면 위의 점이 되기 위한 필요충분조건은 벡터 $\nabla F(x_0, y_0, z_0)$와 $\langle x - x_0, \ y - y_0, \ z - z_0 \rangle$가 수직인 것이다. 그러므로 접평면의 방정식은 다음과 같이 주어진다.

정리 13.8

곡면 $F(x, y, z) = k$ 위의 점 (x_0, y_0, z_0)에서의 접평면의 방정식은

$$F_x(x_0, y_0, z_0)(x - x_0) + F_y(x_0, y_0, z_0)(y - y_0) + F_z(x_0, y_0, z_0)(z - z_0) = 0 \quad (13.29)$$

이다.

예제 13.17 타원면 $3x^2 + 4y^2 + z^2 = 28$ 위의 점 $P(1, -2, 3)$에서의 접평면의 방정식을 구하여라.

[풀이] $F(x, y, z) = 3x^2 + 4y^2 + z^2$라고 하면

$$F_x = 6x, \quad F_y = 8y, \quad F_z = 2z$$

이므로, 접평면은 벡터

$$\nabla F(1, -2, 3) = \langle 6, -16, 6 \rangle$$

을 법선벡터로 갖는다. 따라서 점 $P(1, -2, 3)$에서의 접평면의 방정식은

$$6(x - 1) - 16(y + 2) + 6(z - 3) = 0 \quad \text{또는} \quad 3x - 8y + 3z = 28$$

이다. ■

연습문제 13.6

1. 다음 함수의 주어진 점에서 θ에 의해 결정되는 방향으로의 방향미분계수를 구하여라.

(1) $f(x, y) = xy - 3xy^2$, (1, 2), $\theta = \dfrac{\pi}{3}$ (2) $f(x, y) = y^x$, (1, 1), $\theta = \dfrac{\pi}{2}$

(3) $f(x, y) = \sin xy$, $(-1, 3)$, $\theta = \dfrac{\pi}{6}$ (4) $f(x, y) = e^{xy}$, $(0, 2)$, $\theta = \dfrac{\pi}{3}$

2. 다음 함수의 주어진 점에서 벡터 **v** 방향으로의 방향미분계수를 구하여라.

(1) $f(x, y) = y^2 - 3x^3 y$, $(1, 1)$, $\mathbf{v} = \langle 1, 2 \rangle$

(2) $f(x, y) = \sqrt{x^2 + y}$, $(3, 1)$, $\mathbf{v} = \langle 2, -1 \rangle$

(3) $f(x, y, z) = xye^z$, $(1, 1, -1)$, $\mathbf{v} = \langle 1, 2, -1 \rangle$

(4) $f(x, y, z) = \sin xz + \ln xy$, $(1, 1, \pi)$, $\mathbf{v} = \langle 2, 2, -1 \rangle$

3. 점 $(2, 0)$에서 함수 $f(x, y) = x^2 e^y$의 방향미분계수가 최대가 되는 방향과 이때의 방향 미분계수의 값을 구하여라.

4. 점 $(1, -1, 2)$에서 함수 $f(x, y, z) = \dfrac{x}{y} + yz^2$이 가장 빨리 감소하는 방향을 구하여라.

5. 공간상의 온도 분포가 $T(x, y, z) = \dfrac{1}{x^2 - 2y^2 + 4z^2}$으로 주어질 때 다음을 구하여라.

(1) 점 $(1, 2, -1)$에서 온도가 가장 빨리 증가하는 방향

(2) 점 $(1, 2, -1)$에서 온도가 가장 빨리 감소하는 방향

6. 점 $A(2, 0)$에서 함수 $f(x, y) = ye^{-xy}$의 방향미분계수가 1인 방향을 찾아라.

7. 다음 각 곡면의 주어진 점에서의 접평면의 방정식을 구하여라.

(1) $x^2 + y^2 + z^2 = 49$; $(2, 3, 6)$ (2) $x^2 + y^2 - z^2 = 4$; $(1, -2, 1)$

(3) $x + 2y - 3z = 13$; $(1, 3, -2)$ (4) $z = \ln(x^2 + 2y^2)$; $(1, 0, 0)$

(5) $z + 1 = e^x y^2 \cos z$; $(0, 1, 0)$ (6) $x^2 - xy - y^2 = z$; $(1, 1, -1)$

8. 점 $P(1, -1, 3)$에서 점 $Q(2, 4, 5)$ 방향으로의 함수 $f(x, y, z) = xy + yz + zx$의 방향미분계수를 구하여라.

9. 타원면 $\dfrac{x^2}{4} + y^2 + \dfrac{z^2}{9} = 3$ 위의 점 $(-2, 1, -3)$에서 접평면의 법선벡터와 접평면의 방정식을 구하여라.

10. 원추 $x^2 + y^2 = z^2$의 접평면은 모두 원점을 지남을 보여라.

7절 극대와 극소

이 절에서는 편도함수를 이용하여 이변수함수의 극대점, 극소점을 찾는 방법과 이와 관련된 최대, 최소 문제의 해를 구하는 방법에 대하여 공부한다.

정의 13.9

함수 $f(x, y)$가 점 (a, b)를 포함하는 영역 D에서 정의되어 있다고 하자.

① 점 (a, b)를 중심으로 하는 어떤 원판 위의 모든 점 (x, y)에 대하여

$$f(x, y) \leq f(a, b)$$

이면 $f(a, b)$를 f의 **극댓값**(local maximum)이라고 한다.

② 점 (a, b)를 중심으로 하는 어떤 원판 위의 모든 점 (x, y)에 대하여

$$f(x, y) \geq f(a, b)$$

이면 $f(a, b)$를 f의 **극솟값**(local minimum)이라고 한다.

함수 f의 정의역에 속하는 모든 점 (x, y)에 대하여 위의 부등식이 성립할 때 $f(a, b)$를 **최댓값(최솟값)**(absolute maximum, absolute minimum)이라고 한다. 이때 f는 점 (a, b)에서 최댓값(최솟값)을 갖는다고 말한다. 극댓값과 극솟값을 통틀어 **극값**이라고 한다. 일변수함수와 마찬가지로 이변수함수에서도 극값을 찾는 가장 효과적인 방법은 일계편도함수를 이용하는 방법이다.

정리 13.9

$f(x, y)$가 점 (a, b)에서 극값을 갖고, 점 (a, b)에서 일계편도함수가 존재하면

$$f_x(a, b) = f_y(a, b) = 0$$

이다.

[증명] $g(x) = f(x, b)$라 하자. f는 점 (a, b)에서 극값을 갖고 g는 $x = a$에서 극값을 가지므로 $g'(a) = 0$이다. 편도함수의 정의에 의하여 $f_x(a, b) = g'(a)$이므로, $f_x(a, b) = 0$이다. 같은 방법으로 $h(y) = f(a, y)$라 하면 $f_y(a, b) = h'(y) = 0$을 얻을 수 있다. ■

$f_x(a, b) = f_y(a, b) = 0$이거나 점 (a, b)에서 f의 편도함수 f_x 또는 f_y 중 어느 하나라도 존재하지 않을 때 점 (a, b)를 f의 **임계점**(critical point)이라고 한다. 정리 13.9에 의해 함수 f가 점 (a, b)에서 극값을 가지면 점 (a, b)는 f의 임계점이다. 그러나 일변수함수에서와 마찬가지로 점 (a, b)가 f의 임계점이라고 해서 f가 점 (a, b)에서 반드시 극값을 갖는 것은 아니다.

[예 15] 함수 $f(x, y) = x^2 + y^2 - 2x - 4y + 9$는 $\mathbb{R}^2$의 모든 점에서 편도함수를 갖고

$$\frac{\partial f}{\partial x} = 2x - 2, \qquad \frac{\partial f}{\partial y} = 2y - 4$$

이다. 그러므로 f의 임계점은 점 $(1, 2)$뿐이다. 그런데

$$f(x, y) = (x - 1)^2 + (y - 2)^2 + 4$$

이므로 평면 위의 모든 점 (x, y)에 대하여 부등식 $f(x, y) \geq f(1, 2)$가 성립한다. 그러므로 f는 점 $(1, 2)$에서 극솟값을 갖고, $f(1, 2) = 4$는 f의 극솟값인 동시에 최솟값이다(그림 13.9 참조).

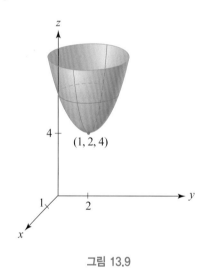

그림 13.9

[예제 13.18] 함수 $f(x, y) = y^2 - x^2$는 극값을 갖지 않음을 보여라.

[풀이] f의 편도함수

$$f_x = -2x, \qquad f_y = 2y$$

로부터 유일한 임계점은 점 $(0, 0)$임을 알 수 있다. 그러나 점 $(0, 0)$ 근방의 x축 위의 점

에서는 $f(x, y) = -x^2 < 0$이고, 점 $(0, 0)$ 근방의 y축 위의 점에서는 $f(x, y) = y^2 > 0$ 이다. 그러므로 점 $(0, 0)$을 포함하는 어떤 원판에서도 f는 양의 함숫값과 음의 함숫값 을 동시에 갖는다. 따라서 $f(0, 0) = 0$은 함수 $f(x, y)$의 극값이 될 수 없다. ■

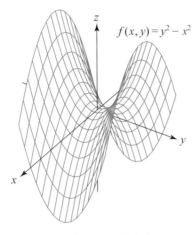

그림 13.10 안장점

위의 예제는 임계점에서 극값을 갖지 않을 수도 있음을 보여준다. 그림 13.10에서 보는 것 처럼 함수 $f(x, y) = y^2 - x^2$의 그래프는 원점 근방에서 말안장의 모양을 갖는다. 이런 이유에 서 점 $(0, 0)$을 $f(x, y)$의 안장점(saddle point)이라고 한다.

예제 13.19 점 $(3, 4, 0)$에서 곡면 $z^2 = x^2 + y^2$에 이르는 최단거리를 구하여라.

[풀이] 주어진 점에서 곡면 위의 임의의 점 (x, y, z)에 이르는 거리 d는

$$d = \sqrt{(x-3)^2 + (y-4)^2 + z^2}$$

이다. 그런데 $z^2 = x^2 + y^2$이므로

$$d = \sqrt{(x-3)^2 + (y-4)^2 + x^2 + y^2}$$

로 쓸 수 있다. 여기서

$$f(x, y) = d^2 = (x-3)^2 + (y-4)^2 + x^2 + y^2$$
$$= 2\left(x - \frac{3}{2}\right)^2 + 2(y-2)^2 + \frac{25}{2} \tag{13.30}$$

라고 하면,[7] f의 임계점은

$$\frac{\partial f}{\partial x} = 4x - 6 = 0, \quad \frac{\partial f}{\partial y} = 4y - 8 = 0$$

로부터 점 $\left(\frac{3}{2}, 2\right)$이다. 식 (13.30)으로부터 f는 점 $\left(\frac{3}{2}, 2\right)$에서 최솟값 $\frac{25}{2}$를 가짐을 알 수 있다. 그런데 f, 즉 d^2이 최솟값을 갖는 점에서 d도 최솟값을 가지므로 d의 최솟값은 $\frac{5}{\sqrt{2}}$이다. 또, $x = \frac{3}{2}$, $y = 2$일 때 z는 $\pm\frac{5}{2}$이므로 점 $(3, 4, 0)$에서 곡면 위의 점 $\left(\frac{3}{2}, 2, \frac{5}{2}\right)$, 또는 점 $\left(\frac{3}{2}, 2, -\frac{5}{2}\right)$ 까지의 거리가 곡면에 이르는 최단거리이다. ∎

■ 극대점과 극소점의 판별

$f(x, y)$가 x, y에 대하여 미분가능할 때, $f(a, b)$가 함수 f의 극댓값 또는 극솟값이면 점 (a, b)는 f의 임계점이어야 하므로

$$f_x(a, b) = 0, \quad f_y(a, b) = 0 \tag{13.31}$$

임을 알았다. 함수 f가 조건 (13.31)을 만족할 때 $f(a, b)$가 극댓값인가, 극솟값인가를 판별하는 문제는, t의 함수

$$F(t) = f(a + ht, b + kt)$$

가 $t = 0$을 임곗값으로 가질 때 점 (a, b)가 $f(x, y)$의 임계점이 된다는 사실을 이용하여 해결할 수 있다.

함수 $F(t)$가 $F'(0) = 0$일 때, 이계도함숫값이 $F''(0) < 0$이면 $F(0)$는 극댓값이고, $F''(0) > 0$이면 $F(0)$는 극솟값임을 알고 있다.

연쇄법칙에 따라

$$F'(t) = f_x(a + ht, b + kt)h + f_y(a + ht, b + kt)k$$

이므로 식 (13.31)에 의해 $F'(0) = 0$이다. 한편 $F(t)$의 이계도함수를 구하면

$$\frac{d^2}{dt^2}F(t) = \frac{d}{dt}F'(t)$$

$$= \frac{d}{dt}\Big(f_x(a + ht, b + kt)h + f_y(a + ht, b + kt)k\Big)$$

---

7) 식 (13.30)에서 최단거리를 구할 수도 있다.

$$= \left(f_{xx}(a + ht,\ b + kt)h + f_{yx}(a + ht,\ b + kt)k \right)h$$
$$+ \left(f_{xy}(a + ht,\ b + kt)h + f_{yy}(a + ht,\ b + kt)k \right)k$$

이므로

$$F''(0) = h^2 f_{xx}(a,\ b) + 2kh f_{xy}(a,\ b) + k^2 f_{yy}(a,\ b)$$

$$= f_{xx}(a,\ b)\left(h + k\frac{f_{xy}(a,\ b)}{f_{xx}(a,\ b)} \right)^2 + \frac{k^2}{f_{xx}(a,\ b)}\left(f_{xx}(a,\ b)\,f_{yy}(a,\ b) - f_{xy}^2(a,\ b) \right) \quad (13.32)$$

이다. 위의 식 (13.32)에서

$$D = D(a,\ b) = f_{xx}(a,\ b)f_{yy}(a,\ b) - f_{xy}^2(a,\ b)$$

라고 하자. D를 f의 **판별식**(discriminant)이라고 한다.[8] 식 (13.32)로부터 $F''(0)$의 부호는

1) $D(a,\ b) > 0$이면 f_{xx}의 부호와 같다.

2) $D(a,\ b) < 0$이면 h와 k의 값에 따라 양 또는 음이 될 수 있다.

위의 사실로부터 다음의 정리를 얻을 수 있다.

정리 13.10

함수 $f(x,\ y)$가 점 $(a,\ b)$의 근방에서 연속인 이계편도함수를 갖고,

$$f_x(a,\ b) = f_y(a,\ b) = 0$$

이라고 하면 다음이 성립한다.

① $D(a,\ b) > 0$이고 $f_{xx}(a,\ b) > 0$이면, $f(a,\ b)$는 극솟값이다.

② $D(a,\ b) > 0$이고 $f_{xx}(a,\ b) < 0$이면, $f(a,\ b)$는 극댓값이다.

③ $D(a,\ b) < 0$이면 점 $(a,\ b)$는 f의 안장점이다.

$D = 0$이면 이 방법으로는 극값의 형태를 판정할 수 없다. $D(a,\ b) = 0$이면 함수 f는 점 $(a,\ b)$에서 극댓값, 극솟값 또는 안장점이 될 수도 있다. 예를 들어

$$f_{xx} = f_{xy} = f_{yy} = 1$$

---

8) 판별식 $D = f_{xx}f_{yy} - f_{xy}^2$을 행렬식 $D = \begin{vmatrix} f_{xx} & f_{xy} \\ f_{yx} & f_{yy} \end{vmatrix}$로 쓰면 기억하기 쉽다.

인 경우 $D = 0$이지만 식 (13.32)에 의해 $F''(0) > 0$이므로 $f(a, b)$는 극솟값이다. 그러나

$$f_{xx} = f_{xy} = f_{yy} = -1$$

인 경우에도 $D = 0$이지만 $F''(0) < 0$이므로 $f(a, b)$는 극댓값이다.

예제 13.20 함수 $f(x, y) = xy(x + y - 3)$의 극값을 구하여라.

[풀이] f는 x, y에 관하여 미분가능한 함수이다. 임계점을 구하기 위해

$$f_x = y(2x + y - 3) = 0, \quad f_y = x(x + 2y - 3) = 0 \tag{13.33}$$

의 첫 번째 식으로부터

$$y = 0 \quad \text{또는} \quad 2x + y - 3 = 0$$

을 얻는다. $y = 0$을 식 (13.33)의 두 번째 식에 대입하면

$$x(x - 3) = 0, \quad x = 0, 3$$

이다. 따라서 임계점 $(0, 0)$, $(3, 0)$을 얻고, $y = -2x + 3$을 식 (13.33)의 두 번째 식에 대입하면

$$x\left[x + 2(-2x + 3) - 3\right] = 3x(1 - x) = 0, \quad x = 0, 1$$

이다. 그러므로 $(0, 3)$, $(1, 1)$도 임계점이다.

정리 13.10을 이용하기 위해서 f의 이계편도함수

$$f_{xx} = 2y, \quad f_{xy} = 2x + 2y - 3, \quad f_{yy} = 2x$$

을 얻고, 판별식은

$$D(x, y) = f_{xx}(x, y) f_{yy}(x, y) - \left(f_{xy}(x, y)\right)^2 = 4xy - (2x + 2y - 3)^2$$

이다. 임계점 $(1, 1)$에서 판별식을 적용하면 $D(1, 1) = 3 > 0$이고 $f_{xx}(1, 1) = 2 > 0$이므로 f는 $(1, 1)$에서 극솟값 $f(1, 1) = -1$을 갖는다. 그러나 임계점 $(0, 0)$, $(0, 3)$, $(3, 0)$에서는 모두 판별식 $D = -9 < 0$이므로, 이들 세 임계점은 모두 f의 안장점이다. ■

■ 최댓값과 최솟값

유계인 닫힌집합 D에서 연속인 함수 $f(x, y)$는 D에서 최댓값과 최솟값을 갖는다. 만약

f가 집합 D의 내부에서 최댓값 또는 최솟값을 가지면 그 값은 f의 극값이므로 f의 최댓값과 최솟값을 구할 때에는 다음의 순서를 따르면 편리하다.

1) D의 내부에 있는 f의 임계점에서 f의 함숫값을 구한다.[9]
2) D의 경계에서 f의 극값을 구한다.
3) 위의 1), 2)에서 구한 함숫값을 비교하여 가장 큰 값이 f의 D에서의 최댓값, 가장 작은 값이 f의 최솟값이다.

예제 13.21 직선 $x = 0$, $y = 0$, $y = 2x - 4$로 둘러싸인 삼각형 영역 D에서 함수 $f(x, y) = x^2 + 2xy - 2y$의 최댓값과 최솟값을 구하여라.

[풀이] 세 직선으로 둘러싸인 유계인 닫힌 영역을 D라고 하고, 그림 13.11에서와 같이 삼각형의 세 변을 L_1, L_2, L_3라고 하자.

(1) f는 x, y에 관하여 미분가능하므로 임계점은

$$f_x = 2x + 2y = 0, \quad f_y = 2x - 2 = 0$$

을 만족하는 점 $(1, -1) \in D$이고, 이 점에서 함숫값은 $f(1, -1) = 1$이다.

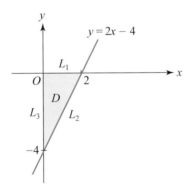

그림 13.11

(2) D의 경계에서 극값을 구해보자.
- $L_1 = \{(x, y) \mid 0 \leq x \leq 2, \ y = 0\}$ 위에서

$$f(x, y) = f(x, 0) = x^2, \quad 0 \leq x \leq 2$$

---

9) 극대, 극소를 구별하지 않고 임계점에서의 함숫값을 구하는 것으로 충분하다. 만일 임계점 (a, b)에서 f가 극값을 갖지 않는다면 $f(a, b)$는 최댓값 또는 최솟값이 될 수 없다.

이므로, 최솟값은 $f(0, 0) = 0$, 최댓값은 $f(2, 0) = 4$이다.

- $L_2 = \left\{ (x, y) \mid 0 \leq x \leq 2, \; y = 2x - 4 \right\}$ 위에서

$$f(x, y) = f(x, 2x - 4) = 5x^2 - 12x + 8, \quad 0 \leq x \leq 2$$

이므로 최솟값은 $f\left(\dfrac{6}{5}, \; -\dfrac{8}{5} \right) = \dfrac{4}{5}$, 최댓값은 $f(0, -4) = 8$이다.

- $L_3 = \left\{ (x, y) \mid x = 0, \; -4 \leq y \leq 0 \right\}$ 위에서

$$f(x, y) = f(0, y) = -2y, \quad -4 \leq y \leq 0$$

이므로, 최솟값은 $f(0, 0) = 0$, 최댓값은 $f(0, -4) = 8$이다.

(3) (1), (2)에서 구한 함숫값을 비교하여 D에서 f의 최댓값은 $f(0, -4) = 8$, 최솟값은 $f(0, 0) = 0$임을 알 수 있다. ∎

연습문제 13.7

1. 다음 함수의 극댓값, 극솟값, 안장점을 구하여라.

(1) $f(x, y) = x^2 + 2xy + 2y^2 - 6y$

(2) $f(x, y) = 3xy - x^3 - y^3$

(3) $f(x, y) = x^2 + 1 + 2x \sin y$

(4) $f(x, y) = 4xy - x^4 - y^4$

(5) $f(x, y) = xy - \ln(x^2 + y^2)$

(6) $f(x, y) = xy + \dfrac{1}{x} + \dfrac{1}{y}$

(7) $f(x, y) = x^2 + xy + y^2 - 3x + 2$

2. 제1사분면에서 정의된 함수 $f(x, y) = xye^{-(2x + y/2)}$의 극댓값을 구하여라.

3. 원점으로부터 곡면 $xyz^2 = 2$까지의 최단거리를 구하여라.

4. 타원면 $x^2 + 3y^2 + 9z^2 = 9$ 안에 내접할 수 있는 최대 직육면체의 부피를 구하여라.

5. 주어진 영역 D에서 함수 f의 최댓값과 최솟값을 구하여라.

    (1) $D = \{(x, y) \mid 0 \le x \le 2,\ 0 \le y \le 4\}$; $f(x, y) = x^2 - 2xy + 2y$

    (2) $D = \{(x, y) \mid -3 \le x \le 3,\ x^2 \le y \le 9\}$; $f(x, y) = x + y - xy$

    (3) $D = \{(x, y) \mid x^2 + y^2 \le 1\}$; $f(x, y) = 4x + 3y$

    (4) D는 꼭짓점이 $(0, 0)$, $(2, 0)$, $(0, 4)$인 삼각형 영역 ; $f(x, y) = x^2 + y^2 - 2x - 2y + 1$

6. 점 $A(2, 0, 3)$에서 평면 $x + y + z = 1$까지의 거리를 구하여라.

7. 평면 $2x + 2y + z = 5$ 위의 점 가운데 점 $(1, 2, 3)$에서 가장 가까운 점을 찾아라.

8. 반지름이 r인 구의 안쪽에 들어갈 수 있는 직육면체의 최대 부피를 구하여라.

9. 영역 $\{(x, y) \mid x \ge 0,\ y \le 1\}$ 안에 있는 각 점 (x, y)에서의 전위는 $V = 48xy - 32x^3 - 24y^2$ 으로 주어진다. 이때 어느 점에서 전위가 최대와 최소가 되는지를 조사하여라.

10. 영역 $x^2 + y^2 \le 1$ 안에 있는 각 점 (x, y)에서 섭씨로 잰 온도가 $T = 16x^2 + 24x + 40y^2$ 일 때 그 영역에서 가장 높은 온도와 가장 낮은 온도를 구하여라.

14장
다중적분

DIFFERENTIAL AND INTEGRAL CALCULUS

이 장에서는 다변수함수의 적분을 정의하고, 다변수함수의 적분에 대한 여러 가지 성질과 적분 방법에 대해 알아보며, 다변수함수의 적분을 이용하여 공간좌표계에서 입체의 부피, 곡면의 겉넓이 등을 계산하는 방법을 공부한다. 다변수함수의 적분은 자연과학과 공학에서 다루는 여러 가지 현상을 모델링하거나 관련된 문제를 해결할 때 자주 이용된다.

1절 이중적분

이 절에서는 이변수함수의 적분인 이중적분에 대하여 알아보기로 한다. 이중적분을 정의하기 위해서 이중합 기호에 대한 이해가 필요하다. 이중합은 a_{ij}와 같이 두 개의 첨자를 포함하고 있는 수열의 합을 간략하게 나타내는 데 효율적이다. 수열 $\{a_{ij}\}$의 이중합은 $\sum\limits_{i=1}^{m}\sum\limits_{j=1}^{n}a_{ij}$로 표시하며, 이중합은

$$\sum_{i=1}^{m}\sum_{j=1}^{n}a_{ij} = \sum_{i=1}^{m}\left(\sum_{j=1}^{n}a_{ij}\right) = \sum_{j=1}^{n}a_{1j} + \sum_{j=1}^{n}a_{2j} + \cdots + \sum_{j=1}^{n}a_{mj}$$

$$= (a_{11} + a_{12} + \cdots + a_{1n}) + (a_{21} + a_{22} + \cdots + a_{2n})$$

$$+ \cdots + (a_{m1} + a_{m2} + \cdots + a_{mn})$$

을 의미한다.

먼저 이중적분의 특수한 경우로 직사각형 영역

$$R = [a,\ b] \times [c,\ d] = \left\{(x,\ y) \in \mathbb{R}^2 \,|\, a \le x \le b,\ c \le y \le d\right\}$$

에서 정의된 유계인 이변수함수 $f(x,\ y)$의 이중적분을 정의하자. 일변수함수의 정적분을 정의하기 위하여 소개하였던 분할, 상합, 하합의 개념이 이중적분에서도 필요하다. 구간 $[a,\ b]$, $[c,\ d]$의 분할을 각각 $P_1 = \{x_0, x_1, \cdots, x_m\}$, $P_2 = \{y_0, y_1, \cdots, y_n\}$라 할 때

$$P = P_1 \times P_2 = \left\{(x_i,\ y_j) \,|\, x_i \in P_1,\ y_j \in P_2\right\}$$

를 영역 R의 분할이라 한다.

분할 P는 직사각형 R을 $m \times n$개의 작은 직사각형

$$R_{ij} = [x_{i-1},\ x_i] \times [y_{j-1},\ y_j], \quad (i = 1, 2, \cdots, m,\ j = 1, 2, \cdots, n)$$

들로 나눈다. 각각의 직사각형 R_{ij}에서 함수 $f(x,\ y)$의 상한을 M_{ij}, 하한을 m_{ij}라 하고, ΔA_{ij}를 R_{ij}의 넓이라 할 때 $f(x,\ y)$의 분할 P에 대한 상합 $U(f,\ P)$와 하합 $L(f,\ P)$를 각각

$$U(f,\ P) = \sum_{i=1}^{m}\sum_{j=1}^{n}M_{ij}\Delta A_{ij},$$

$$L(f,\ P) = \sum_{i=1}^{m}\sum_{j=1}^{n}m_{ij}\Delta A_{ij}$$

로 정의한다.

예제 14.1 영역 $R = [1, 3] \times [0, 3]$에서 함수 $f(x, y) = xy$의 분할

$$P = \{(1, 0), (1, 2), (1, 3), (2, 0), (2, 2), (2, 3), (3, 0), (3, 2), (3, 3)\}$$

에 대한 상합 $U(f, P)$를 구하여라.

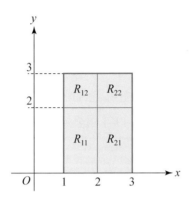

그림 14.1 $[1, 3] \times [0, 3]$의 분할

[풀이] 분할 P에 의해 영역 R은 네 개의 작은 사각형으로 나누어지며, 함수 $f(x, y)$는 각각의 작은 사각형의 오른쪽 위 꼭짓점에서 최댓값을 갖는다. 그러므로 분할 P에 대한 함수 $f(x, y)$의 상합은

$$U(f, P) = f(2, 2)\Delta A_{11} + f(2, 3)\Delta A_{12} + f(3, 2)\Delta A_{21} + f(3, 3)\Delta A_{22}$$
$$= 4 \times 2 + 6 \times 1 + 6 \times 2 + 9 \times 1 = 35$$

이다. ■

일변수함수의 적분에서와 마찬가지로 임의의 분할 P와 P의 세분 P'에 대하여 부등식

$$L(f, P) \leq L(f, P') \leq U(f, P') \leq U(f, P)$$

가 성립한다. 즉, 세분에 의해 하합은 증가하고 상합은 감소한다. 세분을 반복하여 작은 사각형 R_{ij}의 넓이가 모두 0에 가까이 갈 때 상합과 하합의 극한값이 일치하면, $f(x, y)$는 영역 R에서 **적분가능하다**(integrable)고 하며, 그 극한값을 **이중적분**(double integral)

$$\iint_R f(x, y) \, dA$$

로 표시한다.

분할 P에 대한 함수 $f(x, y)$의 이중 리만합(double Riemann sum)은

$$R(f, P) = \sum_{i=1}^{m} \sum_{j=1}^{n} f(x_i^*, y_j^*) \Delta A_{ij} \qquad (14.1)$$

로 정의된다. 여기서 (x_i^*, y_j^*)는 R_{ij}에 속하는 임의의 점이다. 이중 리만합의 정의로부터 부등식

$$L(f, P) \leq R(f, P) \leq U(f, P)$$

가 성립하며, 이 부등식으로부터 이변수함수 $f(x, y)$의 이중적분이 가능하기 위한 필요충분조건은 세분에 의한 이중 리만합의 극한이 존재하는 것임을 알 수 있다. $m, n \to \infty$일 때 $\Delta A_{ij} \to 0$이 되도록 세분하였을 때 $f(x, y)$의 이중 리만합의 극한이 존재하면, $f(x, y)$의 이중적분은 다음과 같이 정의한다.

> **정의 14.1**
>
> 이변수함수 $f(x, y)$의 이중적분은 식 (14.1)의 우변의 극한이 존재하면
>
> $$\iint_R f(x, y)\, dA = \lim_{m, n \to \infty} \sum_{i=1}^{m} \sum_{j=1}^{n} f(x_i^*, y_j^*) \Delta A_{ij} \qquad (14.2)$$
>
> 로 정의한다.

$z = f(x, y)$는 R 위에 놓여 있는 곡면을 나타내므로, 이변수함수 $f(x, y)$가 직사각형 영역 R 위에서 음의 값을 갖지 않으면 식 (14.1)의 이중 리만합의 항 $f(x_i^*, y_j^*) \Delta A_{ij}$는 밑면 R_{ij}의 넓이가 ΔA_{ij}이고 높이가 $f(x_i^*, y_j^*)$인 직육면체의 부피로 사각형 R_{ij}와 곡면 $z = f(x, y)$ 사이에 놓여 있는 입체의 부피의 근삿값으로 생각할 수 있다. 그러므로 이중적분 $\iint_R f(x, y)\, dA$

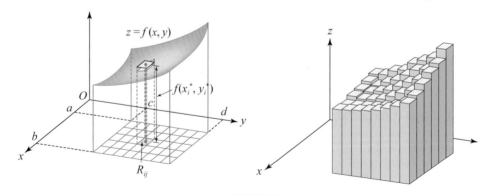

그림 14.2 이중적분과 부피

는 직사각형 R과 곡면 $z = f(x, y)$ 사이의 부피를 의미한다.

(입체의 부피)

f가 직사각형 영역 R에서 적분가능하고 R의 모든 점 (x, y)에서 $f(x, y) \geq 0$일 때, R 위에 있고 곡면 $z = f(x, y)$ 아래에 있는 입체의 부피는

$$V = \iint_R f(x, y) dA$$

이다.

예1 영역 $R = \{(x, y) \mid 0 \leq x \leq 1, \ 0 \leq y \leq 2\}$에서 이변수함수 $f(x, y) = x + y$의 이중적분 $\iint_R f(x, y) \, dA$는 직사각형 R과 점 $(0, 0, 0)$, $(1, 0, 1)$, $(1, 2, 3)$, $(0, 2, 2)$을 지나는 평면 사이의 부피와 같다. 그런데 이 평면은 R을 밑면으로 하고 높이가 3인 직육면체를 이등분하므로

$$\iint_R f(x, y) dA = \frac{1}{2}(1 \times 2 \times 3) = 3$$

이다. ∎

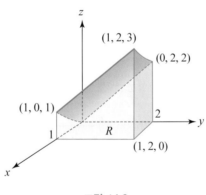

그림 14.3

■ 이중적분의 계산

앞의 정의 14.1을 이용하여 이중적분을 계산하는 것은 쉽지 않은 일이다. 그러나 이중적분을 반복적분으로 나타내면 일변수함수의 적분을 두 번 시행하여 이중적분을 계산할 수 있다.

함수 $f(x, y)$가 영역 $R = \{(x, y) \mid a \leq x \leq b, \ c \leq y \leq d\}$에서 적분가능하다고 가정하자. 한 변수 x를 고정하고 구간 $[c, d]$에서 y에 대해 적분하는 것을 기호

$$\int_c^d f(x,\ y)\ dy \qquad\qquad\qquad\qquad (14.3)$$

로 나타내고, 이를 y에 대한 **편적분**(partial integration)이라고 한다. 식 (14.3)의 적분 결과는 x만의 함수이므로

$$F(x) = \int_c^d f(x,\ y)\ dy$$

와 같이 놓을 수 있다. 구간 $[a,\ b]$에서 함수 $F(x)$를 x에 대해 적분하면

$$\int_a^b F(x)\ dx = \int_a^b \left(\int_c^d f(x,\ y)\ dy \right) dx \qquad\qquad (14.4)$$

을 얻는다. 식 (14.4)의 우변과 같이 변수 $y,\ x$에 대해 차례로 적분하는 것을 **반복적분**(iterated integral)이라 하며 괄호를 생략하여

$$\int_a^b \int_c^d f(x,\ y)\ dy\,dx$$

로 쓴다. 마찬가지로 반복적분

$$\int_c^d \int_a^b f(x,\ y)\ dx\,dy = \int_c^d \left(\int_a^b f(x,\ y)\ dx \right) dy$$

는 y를 고정시키고 x에 대해 먼저 적분한 후, 이를 다시 y에 대해 적분함을 의미한다.

　이중적분의 계산에서는 적분 영역의 형태가 적분의 순서를 결정하는 데 중요한 역할을 한다. 다음은 직사각형 영역에서 이중적분을 계산하는 순서에 대한 정리이다.

정리 14.1 **푸비니 정리(Fubini's Theorem)**

함수 $f(x,\ y)$가 영역 $R = \left\{ (x,\ y)\ |\ a \le x \le b,\ c \le y \le d \right\}$에서 연속이면 다음이 성립한다.

$$\iint_R f(x,\ y)\ dA = \int_a^b \int_c^d f(x,\ y)\ dy\,dx = \int_c^d \int_a^b f(x,\ y)\ dx\,dy$$

　여기서는 푸비니 정리의 직관적인 이해만 기술하고 증명은 생략한다. 앞에서 $f(x,\ y) \ge 0$일 때 이중적분 $\iint_R f(x,\ y)dA$는 직사각형 영역 R과 곡면 $S : z = f(x,\ y)$ 사이의 입체의 부피 V로 이해할 수 있음을 알았다. 그런데 각각의 고정된 $x = x_0\,(a \le x_0 \le b)$에 대해 $z = f(x_0,\ y)$는 곡면 S 위의 곡선이고, 적분 $\int_c^d f(x_0,\ y)\ dy$는 xy평면 위에 y축과 나란한 선분 $x = x_0$과 곡선 $z = f(x_0,\ y)$ 사이의 면적이다(그림 14.4). 그러므로

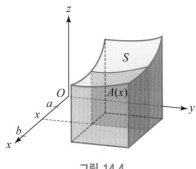

그림 14.4

$$A(x) = \int_c^d f(x,\, y)\, dy$$

라고 하면, 입체의 부피 V는

$$V = \int_a^b A(x)\, dx = \int_a^b \int_c^d f(x,\, y)\, dy\, dx = \iint_R f(x,\, y)\, dA \tag{14.5}$$

이다. 또한 $y = y_0\,(c \leq y_0 \leq d)$를 고정하고 위의 논리를 적용하여

$$V = \int_c^d \int_a^b f(x,\, y)\, dx\, dy = \iint_R f(x,\, y)\, dA \tag{14.6}$$

임을 말할 수 있다. 위의 두 식 (14.5), (14.6)으로부터 푸비니의 정리가 성립함을 이해할 수 있다. 푸비니의 정리는 직사각형 영역이 아닌 일반적인 형태의 영역에서도 성립한다.

예제 14.2 영역 $R = \{(x,\, y)\,|\, 0 \leq x \leq 1,\ 1 \leq y \leq 3\}$에서 함수 $f(x,\, y) = (x+1)y^2$의 이중적분

$$\iint_R f(x,\, y)\, dA$$

를 구하여라.

[풀이] 먼저 x를 상수로 간주하고 y에 대한 편적분을 계산하면

$$\int_1^3 (x+1)y^2\, dy = \frac{1}{3}(x+1)y^3 \Big|_1^3 = \frac{26}{3}(x+1)$$

이므로

$$\iint_R f(x,\, y)\, dA = \int_0^1 \int_1^3 (x+1)\, y^2\, dy\, dx = \int_0^1 \frac{26}{3}(x+1)\, dx = 13$$

이다. 함수 $f(x,\, y) = (x+1)y^2$가 평면 위에서 연속이므로 푸비니의 정리에 의해 적

분 순서를 바꾸어 계산해도 같은 결과를 얻을 수 있다. y를 상수로 간주하고 x에 대한 편적분을 계산하면

$$\int_0^1 (x+1)\, y^2\, dx = \left(\frac{1}{2}x^2 + x\right)y^2 \bigg|_0^1 = \frac{3}{2}y^2$$

이므로

$$\iint_R f(x,\, y)\, dA = \int_1^3 \int_0^1 (x+1)\, y^2\, dx\, dy$$

$$= \int_1^3 \frac{3}{2}\, y^2\, dy = 13$$

이다. ■

예제 14.3 영역 $R = [0,\, 2] \times \left[0,\, \frac{\pi}{2}\right]$에서 이중적분 $\iint_R y \sin(xy)\, dA$를 계산하여라.

[풀이] 함수 $f(x,\, y) = y \sin(xy)$는 평면에서 연속이므로 푸비니의 정리에 의해

$$\iint_R y \sin(xy)\, dA = \int_0^{\frac{\pi}{2}} \int_0^2 y \sin(xy)\, dx\, dy = \int_0^{\frac{\pi}{2}} \left[-\cos(xy)\right]_0^2 dy$$

$$= \int_0^{\frac{\pi}{2}} (-\cos 2y + 1)\, dy = -\frac{1}{2} \sin 2y + y \Bigg|_0^{\frac{\pi}{2}}$$

$$= \frac{\pi}{2}$$

이다.[1] ■

함수 $f(x,\, y)$가 영역 $R = [a,\, b] \times [c,\, d]$ 위에서 x만의 함수 $g(x)$와 y만의 함수 $h(y)$의 곱 $f(x,\, y) = g(x)\, h(y)$로 쓸 수 있으면, 푸비니의 정리에 의해 이중적분의 계산을

$$\iint_R f(x,\, y)\, dA = \int_c^d \left(\int_a^b g(x) h(y)\, dx\right) dy = \int_c^d h(y)\left(\int_a^b g(x)\, dx\right) dy$$

$$= \int_a^b g(x)\, dx \int_c^d f(y)\, dy \qquad (14.7)$$

와 같이 할 수 있다.

---

1) 적분 순서를 바꾸어 $\int_0^2 \int_0^{\frac{\pi}{2}} y \sin(xy)\, dy\, dx$를 계산하여도 같은 결과를 얻을 수 있지만, 이 경우 긴 계산이 필요하다.

예2 $R = [0, 1] \times \left[0, \dfrac{\pi}{2}\right]$에서 이중적분 $\displaystyle\iint_R \dfrac{\cos y}{1 + x^2}\, dA$은 식 (14.7)을 이용하면

$$\iint_R \dfrac{\cos y}{1 + x^2}\, dA = \int_0^1 \dfrac{1}{1 + x^2}\, dx \int_0^{\frac{\pi}{2}} \cos y\, dy$$

$$= \left[\tan^{-1} x\right]_0^1 \times \left[\sin y\right]_0^{\frac{\pi}{2}} = \dfrac{\pi}{4}$$

이다. ∎

연습문제 14.1

1. 직사각형 $R = [0, 2] \times [0, 1]$의 분할

$$P = P_1 \times P_2, \quad \left(P_1 = \left\{0, 1, \dfrac{3}{2}, 2\right\}, \quad P_2 = \left\{0, \dfrac{1}{2}, 1\right\}\right)$$

에 대한 다음 함수의 상합과 하합을 구하여라.

(1) $f(x, y) = x + 2y$ (2) $f(x, y) = x^2 - 2y$

2. 직사각형 $R = [0, 2] \times [1, 3]$의 분할

$$P = P_1 \times P_2, \quad \left(P_1 = \{0, 1, 2\}, \; P_2 = \{1, 2, 3\}\right)$$

에 의해 생기는 작은 사각형의 중심점을 (x_i^*, y_j^*)로 택하여 다음 함수의 리만합을 구하여라.

(1) $f(x, y) = 3x - xy$ (2) $f(x, y) = x^2 y - 4x$

3. 다음 이중적분을 계산하여라.

(1) $\displaystyle\int_0^2 \int_1^4 (6x^2 y - 2x)\, dx\, dy$ (2) $\displaystyle\int_0^2 \int_0^{\frac{\pi}{2}} x \sin y\, dy\, dx$

(3) $\displaystyle\int_0^1 \int_1^2 \dfrac{xe^x}{y}\, dy\, dx$ (4) $\displaystyle\int_0^2 \int_0^{\pi} y \sin^2 x\, dx\, dy$

4. 주어진 영역 R 위에서 다음 이중적분을 계산하여라.

(1) $\displaystyle\iint_R \sin(x + y)\, dA, \quad R = \left\{(x, y) \mid 0 \le x \le \dfrac{\pi}{2}, \; 0 \le y \le \dfrac{\pi}{2}\right\}$

(2) $\displaystyle\iint_R \frac{xy^2}{1+x^2}\,dA, \quad R = \left\{(x,\,y)\,|\,0 \le x \le 1,\ -3 \le y \le 3\right\}$

(3) $\displaystyle\iint_R ye^{-xy}\,dA, \quad R = [0,\,2] \times [0,\,3]$

(4) $\displaystyle\iint_R y\sin(xy)\,dA, \quad R = [1,\,2] \times [0,\,\pi]$

2절 일반적인 영역 위에서의 이중적분

이제 유계이면서 직사각형이 아닌 닫힌 영역 D에서 유계인 함수 $f(x,\,y)$의 이중적분을 정의하자. 이 책에서는 두 가지 유형의 영역

$$\text{유형 1: } D = \left\{(x,\,y)\,|\,a \le x \le b,\ g_1(x) \le y \le g_2(x)\right\},$$

$$\text{유형 2: } D = \left\{(x,\,y)\,|\,c \le y \le d,\ h_1(y) \le x \le h_2(y)\right\}$$

에서의 이중적분을 공부한다. 유형 1의 영역은 변수 x의 범위가 상수에 의해 결정되고, 유형 2의 영역은 변수 y가 상수에 의해 결정된다. 직사각형 영역 $R = [a,\,b] \times [c,\,d]$는 유형 1이면서 동시에 유형 2의 영역이다.

먼저 유형 1의 영역에서의 이중적분을 정의하자. 영역 D가 유계이므로 그림 14.5에서처럼 D를 포함하는 직사각형 영역 $R = [a,\,b] \times [c,\,d]$가 존재한다. 이 직사각형 영역 R에서 새로운 함수 F를

$$F(x,\,y) = \begin{cases} f(x,\,y), & (x,\,y) \in D \\ 0, & (x,\,y) \in R - D \end{cases}$$

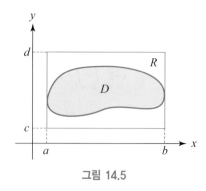

그림 14.5

로 정의하자.

만일 F가 R 위에서 적분가능하면 f도 D에서 적분가능하며, $f(x, y)$의 D 위에서의 이중적분을

$$\iint_D f(x, y)\, dA = \iint_R F(x, y)\, dA \tag{14.8}$$

로 정의한다. 푸비니의 정리에 따라 식 (14.8)은

$$\iint_D f(x, y)\, dA = \iint_R F(x, y)\, dA = \int_a^b \int_c^d F(x, y)\, dy\, dx$$

로 쓸 수 있다.[2] 그런데 $y < g_1(x)$이거나 $y > g_2(x)$이면, (x, y)는 영역 D 밖에 놓이게 되므로 $F(x, y) = 0$이다. 그러므로

$$\int_c^d F(x, y)\, dy = \int_{g_1(x)}^{g_2(x)} F(x, y)\, dy = \int_{g_1(x)}^{g_2(x)} f(x, y)\, dy$$

이다.

영역 D가 유형 2일 때는 D를 포함하는 그림 14.5와 비슷한 직사각형 영역 $R = [a, b] \times [c, d]$를 찾을 수 있고, 유형 1에서와 같은 이유에서

$$\int_a^b F(x, y)\, dx = \int_{h_1(y)}^{h_z(y)} F(x, y)\, dx = \int_{h_1(y)}^{h_2(y)} f(x, y)\, dx$$

이다.

위의 사실로부터 유형 1, 2의 영역 위에서의 이중적분은 각각 아래의 방법에 따라 구할 수 있음을 알 수 있다.

(일반 영역에서의 이중적분)

함수 $f(x, y)$가 영역 D에서 연속이고,

(유형 1) $D = \{(x, y) \mid a \le x \le b,\ g_1(x) \le y \le g_2(x)\}$이면

$$\iint_D f(x, y)\, dA = \int_a^b \int_{g_1(x)}^{g_2(x)} f(x, y)\, dy\, dx \tag{14.9}$$

---

2) 직사각형 영역 R에서 F가 연속이 아닐 수 있으므로 푸비니의 정리를 이용하기 위해서는 기술적인 논의가 필요하지만 여기서는 생략한다.

(유형 2) $D = \{(x, y) \mid c \leq y \leq d, \ h_1(y) \leq x \leq h_2(y)\}$이면

$$\iint_D f(x, y) \, dA = \int_c^d \int_{h_1(y)}^{h_2(y)} f(x, y) \, dx \, dy \qquad (14.10)$$

이다.

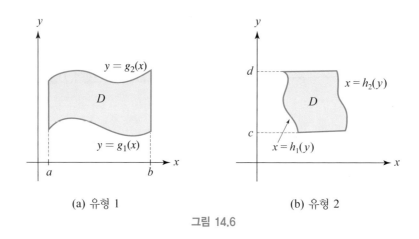

(a) 유형 1   (b) 유형 2

그림 14.6

일반적인 형태의 영역 D에서 $f(x, y) \geq 0$이면 이중적분 $\iint_D f(x, y) \, dA$도 직사각형 위에서의 이중적분과 마찬가지로 영역 D와 그래프 $z = f(x, y)$ 사이의 입체의 부피를 나타낸다.

예제 14.4 영역 $D = \{(x, y) \mid -1 \leq x \leq 1, \ -x^2 \leq y \leq x^2\}$에서 이중적분 $\iint_D (x^2 - y) \, dA$을 계산하여라.

[풀이] 영역 D가 유형 1이므로 식 (14.9)와 같은 순서로 적분하면 이중적분은

$$\begin{aligned}
\iint_D (x^2 - y) \, dA &= \int_{-1}^1 \left(\int_{-x^2}^{x^2} (x^2 - y) \, dy \right) dx \\
&= \int_{-1}^1 \left[x^2 y - \frac{1}{2} y^2 \right]_{y = -x^2}^{y = x^2} dx \\
&= \int_{-1}^1 2x^4 \, dx = \frac{4}{5}
\end{aligned}$$

이다.   ∎

예제 14.5 영역 $D = \{(x, y) \mid 0 \leq y \leq 1, \ -1 \leq x \leq y\}$에서 이중적분 $\iint_D (xy - y^3)\, dA$를 계산하여라.

[풀이] 영역 D가 유형 2이므로 식 (14.10)의 순서로 적분하면 이중적분은

$$\iint_D (xy - y^3)\, dx\, dy = \int_0^1 \int_{-1}^y (xy - y^3)\, dx\, dy$$

$$= \int_0^1 \left[\frac{1}{2}x^2 y - xy^3 \right]_{x=-1}^{x=y} dy$$

$$= \int_0^1 \left(-\frac{1}{2}y - \frac{1}{2}y^3 - y^4 \right) dy$$

$$= \left[-\frac{1}{4}y^2 - \frac{1}{8}y^4 - \frac{1}{5}y^5 \right]_0^1$$

$$= -\frac{23}{40}$$

이다. ■

예제 14.6 영역 D가 그림 14.7과 같을 때 이중적분 $\iint_D \left(x^{\frac{1}{2}} - y^2 \right) dA$를 계산하여라.

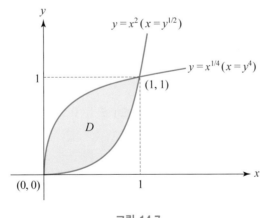

그림 14.7

[풀이] 위의 영역 D는

$$D = \left\{ (x, y) \mid 0 \leq x \leq 1, \ x^2 \leq y \leq x^{\frac{1}{4}} \right\}$$

$$= \left\{ (x, y) \mid 0 \leq y \leq 1, \ y^4 \leq x \leq y^{\frac{1}{2}} \right\}$$

으로 표시할 수 있으므로 D는 유형 1 또는 유형 2의 영역으로 볼 수 있다. 먼저 유형 1로 볼 경우 이중적분은

$$
\begin{aligned}
\iint_D \left(x^{\frac{1}{2}} - y^2 \right) dA &= \int_0^1 \int_{x^2}^{x^{\frac{1}{4}}} \left(x^{\frac{1}{2}} - y^2 \right) dy \, dx \\
&= \int_0^1 \left[x^{\frac{1}{2}} y - \frac{1}{3} y^3 \right]_{y=x^2}^{y=x^{\frac{1}{4}}} dx \\
&= \int_0^1 \left(\frac{2}{3} x^{\frac{3}{4}} - x^{\frac{5}{2}} + \frac{1}{3} x^6 \right) dx \\
&= \left[\frac{8}{21} x^{\frac{7}{4}} - \frac{2}{7} x^{\frac{7}{2}} + \frac{1}{21} x^7 \right]_0^1 \\
&= \frac{1}{7}
\end{aligned}
$$

이다. 또 유형 2로 볼 경우에는

$$
\iint_D \left(x^{\frac{1}{2}} - y^2 \right) dA = \int_0^1 \int_{y^4}^{y^{\frac{1}{2}}} \left(x^{\frac{1}{2}} - y^2 \right) dx \, dy
$$

에 의하여 계산할 수 있으며 그 결과는 위에서 얻은 것과 일치한다. ■

예제 14.7 y축과 직선 $y = 1$, $y = x$에 의해 둘러싸인 삼각형 영역 D 위에 놓이고 평면 $z = 3 - 2x - y$의 아래에 놓인 입체의 부피를 구하여라.

[풀이] 삼각형 영역 D는

$$
D = \left\{ (x, y) \mid 0 \le y \le 1, \ 0 \le x \le y \right\}
$$

로 나타낼 수 있으므로 주어진 입체의 부피는

$$
\begin{aligned}
V &= \iint_D (3 - 2x - y) \, dA = \int_0^1 \int_0^y (3 - 2x - y) dx \, dy \\
&= \int_0^1 \left[3x - x^2 - xy \right]_{x=0}^{x=y} dy = \int_0^1 (3y - y^2 - y^2) \, dy \\
&= \left[\frac{3}{2} y^2 - \frac{2}{3} y^3 \right]_0^1 = \frac{5}{6}
\end{aligned}
$$

이다. ■

적분구간이 표시된 이중적분에서 적분의 순서를 바꾸어야 이중적분을 구할 수 있는 경우가 있다. 적분 순서를 바꿀 경우 영역의 표현 방법이 달라진다는 점에 주의하여야 한다.

예제 14.8 반복적분 $\displaystyle\int_0^1 \int_x^1 \sin(y^2)\,dy\,dx$를 계산하여라.

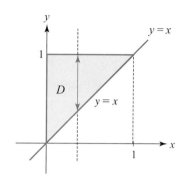 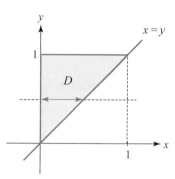

그림 14.8

[풀이] 적분 $\displaystyle\int \sin(y^2)\,dy$를 계산하는 것은 어렵지만 $\displaystyle\int \sin(y^2)\,dx$의 계산은 쉽게 할 수 있다. 주어진 적분 영역을 D라고 하면

$$D = \left\{ (x, y) \mid 0 \le x \le 1,\ x \le y \le 1 \right\}$$

이고, 이는 유형 1의 영역이다. 적분 순서를 바꾸어 x에 대한 편적분을 먼저 계산하려면 영역 D를 유형 2의 형태로 나타내야 한다. 그런데 영역 D는

$$D = \left\{ (x, y) \mid 0 \le y \le 1,\ 0 \le x \le y \right\}$$

의 형태로도 나타낼 수 있으므로 주어진 이중적분은

$$\int_0^1 \int_x^1 \sin(y^2)\,dy\,dx = \iint_D \sin(y^2)\,dA = \int_0^1 \int_0^y \sin(y^2)\,dx\,dy$$

$$= \int_0^1 \left[x \sin(y^2) \right]_{x=0}^{x=y} dy = \int_0^1 y \sin(y^2)\,dy$$

$$= -\left[\frac{1}{2} \cos(y^2) \right]_0^1 = \frac{1}{2}(1 - \cos 1)$$

과 같이 계산할 수 있다. ∎

■ 이중적분의 성질

이중적분을 이용하여 평면 위의 영역 D의 넓이를 계산할 수 있다. 영역 D에서 함수 $f(x, y) = 1$의 이중적분은 밑면이 D이고 높이가 1인 입체의 부피를 나타내므로,

$$A(D) = \iint_D dA = \iint_D 1 \, dA \tag{14.11}$$

는 D의 넓이와 같다.

예제 14.9 제1사분면에서 곡선 $xy = 2$, $4y = x^2$과 직선 $y = 4$로 둘러싸인 영역의 넓이를 구하여라.

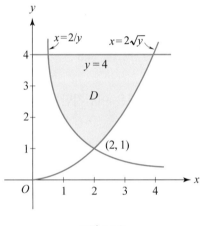

그림 14.9

[풀이] 세 곡선에 의해 둘러싸인 영역을 D라고 하면,

$$D = \left\{ (x, y) \,|\, 1 \leq y \leq 4, \; \frac{2}{y} \leq x \leq 2\sqrt{y} \right\}$$

이므로 식 (14.11)에 의해 D의 넓이는

$$A(D) = \iint_D dA = \int_1^4 \int_{\frac{2}{y}}^{2\sqrt{y}} dx \, dy = \int_1^4 \left(2\sqrt{y} - \frac{2}{y} \right) dy$$

$$= \left[\frac{4}{3} y^{\frac{3}{2}} - 2 \ln y \right]_1^4 = \frac{28}{3} - 2 \ln 4$$

이다.　■

이중적분에서도 일변수함수의 적분에서와 비슷한 성질이 성립한다.

정리 14.2

$f(x, y)$, $g(x, y)$가 $D \subset \mathbb{R}^2$에서 적분가능할 때

① α, β가 실수이면

$$\iint_D \big(\alpha f(x, y) + \beta g(x, y)\big)\, dA = \alpha \iint_D f(x, y)\, dA + \beta \iint_D g(x, y)\, dA$$

② 만일 D에서 $f(x, y) \leq g(x, y)$이면,

$$\iint_D f(x, y)\, dA \leq \iint_D g(x, y)\, dA$$

③ $D = D_1 \cup D_2 \,(D_1 \cap D_2 = \phi)$이면,

$$\iint_{D_1} f(x, y)\, dA + \iint_{D_2} f(x, y)\, dA = \iint_D f(x, y)\, dA$$

이다.

[예3] D가 반지름이 3이고 원점을 중심으로 하는 원일 때, D 위에서

$$e^{-1} \leq e^{\cos x \sin y} \leq e$$

이므로 위의 정리 14.2의 ②에 의해 부등식

$$\frac{9\pi}{e} = \iint_D e^{-1}\, dA \leq \iint_D e^{\cos x \sin y}\, dA \leq \iint_D e\, dA = 9\pi e$$

를 얻을 수 있다. ∎

연습문제 14.2

1. 다음 반복적분을 계산하여라.

(1) $\displaystyle\int_1^2 \int_0^{2y} x^3 y \, dx \, dy$

(2) $\displaystyle\int_0^{\frac{\pi}{2}} \int_0^{\sin y} \frac{x}{\sqrt{1 - x^2}} \, dx \, dy$

(3) $\displaystyle\int_0^1 \int_0^x e^{x+y} \, dy \, dx$

(4) $\displaystyle\int_0^1 \int_0^{3v} \sqrt{u + v} \, du \, dv$

(5) $\displaystyle\int_0^a \int_0^{\sqrt{a^2-y^2}} x\,dx\,dy$ 　　　　　　(6) $\displaystyle\int_0^1 \int_0^1 |x-y|\,dy\,dx$

2. 다음에 주어진 함수와 영역에 대하여 $\displaystyle\iint_R f(x,\,y)\,dA$를 두 가지 형태의 반복적분으로 나타내고 그 각각의 값을 계산하여라.

(1) $f(x,\,y)=4xy-y^2$, R은 $x=1$, $x=2$, $y=0$, $y=3$으로 둘러싸인 직사각형

(2) $f(x,\,y)=x^2+y^2$, R은 $y=x$와 $y^2=4x$로 둘러싸인 영역

3. 직사각형 영역 $x_0 \le x \le x_1$, $y_0 \le y \le y_1$에서 $\dfrac{\partial^2 f(x,\,y)}{\partial x \partial y}$의 이중적분은

$$f(x_1,\,y_1) - f(x_1,\,y_0) - f(x_0,\,y_1) + f(x_0,\,y_0)$$

임을 보여라.

4. $f(x,\,y)=\begin{cases} x, & (x \ge y) \\ y, & (x < y) \end{cases}$ 일 때 $\displaystyle\int_0^1 \int_0^1 f(x,\,y)\,dx\,dy$의 값을 구하여라.

5. $y=x^2$과 $y=x$로 둘러싸인 xy평면의 영역 위에 놓이고 평면 $z=x+1$ 아래에 놓이는 입체의 부피를 구하여라.

6. 직선들 $y=0$, $y=x$, $x+y=2$로 둘러싸인 xy평면의 영역 위에 놓이고 곡면 $z=x+2y^2$ 아래에 놓이는 입체의 부피를 구하여라.

7. $x=0$, $y=0$, $z=0$ 및 $x+2y+3z=6$으로 둘러싸인 입체의 부피를 구하여라.

8. 이중적분을 이용하여 주어진 곡선들로 둘러싸인 부분의 넓이를 구하여라.

(1) $y=3x-x^2$, $y=x$ 　　　　　　(2) $3x=4-y^2$, $x=y^2$

(3) $y=xe^{-x}$, $y=x$, $x=2$ 　　　　(4) $(x^2+4)y=8$, $2y=3x+4$, $2y=x$

9. 적분 순서를 바꾸어 다음 적분을 구하여라.

(1) $\displaystyle\int_0^1 \int_{2y}^2 e^{x^2}\,dx\,dy$ 　　　　　(2) $\displaystyle\int_0^1 \int_0^{\sqrt{1-y^2}} \frac{y}{\sqrt{x^2+y^2}}\,dx\,dy$

(3) $\displaystyle\int_0^4 \int_{\sqrt{y}}^2 \frac{1}{x^3+1}\,dx\,dy$ 　　　(4) $\displaystyle\int_0^1 \int_x^1 e^{\frac{x}{y}}\,dy\,dx$

(5) $\displaystyle\int_0^1 \int_{\sin^{-1}y}^{\frac{\pi}{2}} \cos x\sqrt{1+\cos^2 x}\,dx\,dy$

3절 극좌표계에서의 이중적분

원이나 부채꼴과 같은 영역에서의 이중적분은 직교좌표계를 이용하는 것보다 극좌표계를 이용하는 것이 편리하다. 이 절에서는 직교좌표계에서의 이중적분과 극좌표계에서의 이중적분의 관계와 극좌표계에서의 이중적분을 계산하는 방법에 대해 알아본다.

극좌표계에서의 한 점 (r, θ)가 직교좌표계에서 (x, y)로 표시된다면 이들 사이에는

$$r^2 = x^2 + y^2, \quad x = r\cos\theta, \quad y = r\sin\theta$$

의 관계가 있음을 알고 있다.

부채꼴 영역

$$R = \{(r, \theta) \mid a \le r \le b, \ \alpha \le \theta \le \beta\}$$

에서 $f(x, y)$의 이중적분 $\iint_R f(x, y)\, dA$를 계산하기 위하여 그림 14.10(a)와 같이 구간 $[a, b]$의 분할

$$a = r_0 < r_1 < r_2 < \cdots < r_m = b, \quad \Delta r_i = r_i - r_{i-1}$$

와 $[\alpha, \beta]$의 분할

$$\alpha = \theta_0 < \theta_1 < \theta_2 < \cdots < \theta_n = \beta, \quad \Delta\theta_j = \theta_j - \theta_{j-1}$$

을 선택하고, 분할에 의해 결정되는 소영역을

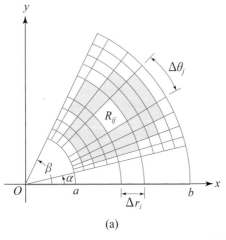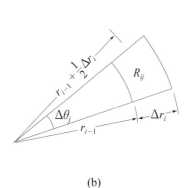

(a)　　　(b)

그림 14.10

$$R_{ij} = \left\{ (r, \theta) \mid r_{i-1} \le r \le r_i, \; \theta_{j-1} \le \theta \le \theta_j \right\}$$

라고 하면 소영역 R_{ij}의 넓이 ΔA_{ij}는 그림 14.10(b)와 같이 두 부채꼴의 넓이의 차이므로,

$$\Delta A_{ij} = \frac{1}{2} \left[\left(r_{i-1} + \Delta r_i \right)^2 - r_{i-1}^2 \right] \Delta \theta_j$$

$$= \left(r_{i-1} + \frac{1}{2} \Delta r_i \right) \Delta r_i \Delta \theta_j$$

이다. 여기서 $r_i' = r_{i-1} + \frac{1}{2} \Delta r_i$, $\theta_j' = \theta_{j-1} + \frac{1}{2} \Delta \theta_j$ 로 놓으면 $(r_i', \theta_j') \in R_{ij}$이고,

$$\sum_{i=1}^{m} \sum_{j=1}^{n} f\left(r_i' \cos \theta_j', \; r_i' \sin \theta_j' \right) \Delta A_{ij} = \sum_{i=1}^{m} \sum_{j=1}^{n} f\left(r_i' \cos \theta_j', \; r_i' \sin \theta_j' \right) r_i' \Delta r_i \Delta \theta_j \quad (14.12)$$

는 앞의 분할에 대한 $f(x, y)$의 한 리만합이다. 그러므로 $g(r, \theta) = rf(r \cos \theta, \; r \sin \theta)$라 하면 식 (14.12)는

$$\sum_{i=1}^{m} \sum_{j=1}^{n} g\left(r_i', \; \theta_j' \right) \Delta r_i \Delta \theta_j$$

이고, 이것은 이중적분

$$\int_{\alpha}^{\beta} \int_{a}^{b} g(r, \theta) \, dr \, d\theta$$

에 대응하는 리만합이다. 따라서 세분에 따른 식 (14.12)의 극한값이 존재할 경우

$$\iint_R f(x, y) dA = \int_{\alpha}^{\beta} \int_{a}^{b} g(r, \theta) \, dr \, d\theta$$

$$= \int_{\alpha}^{\beta} \int_{a}^{b} f(r \cos \theta, \; r \sin \theta) r \, dr \, d\theta$$

이다. 이 사실로부터 다음의 정리를 얻는다.

정리 14.3

함수 $f(x, y)$가 영역 $R = \left\{ (r, \theta) \mid a \le r \le b, \; \alpha \le \theta \le \beta \right\}$에서 연속이면 $(a \ge 0, \; 0 \le \beta - \alpha < 2\pi)$

$$\iint_R f(x, y) dA = \int_{\alpha}^{\beta} \int_{a}^{b} f(r \cos \theta, \; r \sin \theta) r \, dr \, d\theta \qquad (14.13)$$

이다.

예제 14.10 D가 두 원 $x^2 + y^2 = 1$, $x^2 + y^2 = 4$에 의해 둘러싸인 제1사분면에 속하는 영역일 때 적분 $\iint_D xy^2 \, dA$를 구하여라.

[풀이] 영역 D를 극좌표로 나타내면

$$D = \left\{ (r, \theta) \,\middle|\, 1 \le r \le 2,\ 0 \le \theta \le \frac{\pi}{2} \right\}$$

이므로, 정리 14.3에 의해

$$\begin{aligned}
\iint_D xy^2 \, dA &= \int_0^{\frac{\pi}{2}} \int_1^2 r\cos\theta \, r^2 \sin^2\theta \, r \, dr \, d\theta \\
&= \int_0^{\frac{\pi}{2}} \int_1^2 r^4 \cos\theta \sin^2\theta \, dr \, d\theta \\
&= \int_0^{\frac{\pi}{2}} \left[\frac{1}{5} r^5 \cos\theta \sin^2\theta \right]_{r=1}^{r=2} d\theta \\
&= \int_0^{\frac{\pi}{2}} \frac{31}{5} \cos\theta \sin^2\theta \, d\theta \\
&= \left[\frac{31}{5} \frac{1}{3} \sin^3\theta \right]_0^{\frac{\pi}{2}} = \frac{31}{15}
\end{aligned}$$

이다. ∎

예제 14.11 포물면 $z = 4 - x^2 - y^2$과 xy평면으로 둘러싸인 입체의 부피를 구하여라.

[풀이] $z = 0$일 때 즉, $x^2 + y^2 = 4$에서 포물면과 xy평면이 만나므로 입체는 영역 $D = \{ (r, \theta) \,|\, 0 \le r \le 2,\ 0 \le \theta \le 2\pi \}$의 위이고 포물면의 아래이다. 포물면의 식을 극방정식으로 바꾸면 $z = 4 - r^2$이므로 식 (14.13)에 의해 입체의 부피는

$$\begin{aligned}
V &= \iint_D (4 - x^2 - y^2) \, dA = \int_0^{2\pi} \int_0^2 (4 - r^2) r \, dr \, d\theta \\
&= \int_0^{2\pi} \left[2r^2 - \frac{1}{4} r^4 \right]_{r=0}^{r=2} d\theta = 8\pi
\end{aligned}$$

이다. ∎

정리 14.3은 일반적인 형태의 영역에서의 이중적분으로 확장할 수 있다.

(일반적인 극영역에서의 이중적분)

함수 $f(x, y)$가 아래의 영역 R에서 연속이고

- $R = \{(r, \theta) \mid \alpha \le \theta \le \beta, \ r_1(\theta) \le r \le r_2(\theta)\}$이면

$$\iint_R f(x, y)\,dA = \int_\alpha^\beta \int_{r_1(\theta)}^{r_2(\theta)} f(r\cos\theta, \ r\sin\theta)\,r\,dr\,d\theta \tag{14.14}$$

- $R = \{(r, \theta) \mid 0 \le a \le r \le b, \ \theta_1(r) \le \theta \le \theta_2(r)\}$이면

$$\iint_R f(x, y)\,dA = \int_a^b \int_{\theta_1(r)}^{\theta_2(r)} f(r\cos\theta, \ r\sin\theta)\,r\,d\theta\,dr \tag{14.15}$$

이다.

예제 14.12 $R = \left\{(r, \theta) \mid 0 \le \theta \le \dfrac{\pi}{2}, \ 2 \le r \le 2(1 + \cos\theta)\right\}$일 때 이중적분 $\displaystyle\iint_R y\,dA$를 계산하여라.

[풀이] 식 (14.14)를 이용하면

$$\iint_R y\,dA = \int_0^{\frac{\pi}{2}} \int_2^{2(1+\cos\theta)} (r\sin\theta)\,r\,dr\,d\theta$$

$$= \int_0^{\frac{\pi}{2}} \left[\frac{r^3}{3}\sin\theta\right]_2^{2(1+\cos\theta)} d\theta$$

$$= \frac{8}{3}\int_0^{\frac{\pi}{2}} \left[(1+\cos\theta)^3 \sin\theta - \sin\theta\right] d\theta$$

$$= \frac{8}{3}\left[-\frac{1}{4}(1+\cos\theta)^4 + \cos\theta\right]_0^{\frac{\pi}{2}}$$

$$= \frac{22}{3}$$

이다. ∎

식 (14.14)에서 $f(x, y) = 1$, $r_1(\theta) = 0$, $r_2(\theta) = h(\theta)$로 놓으면, 이중적분

$$A(D) = \iint_D 1\,dA = \int_\alpha^\beta \int_0^{h(\theta)} r\,dr\,d\theta$$

$$= \int_\alpha^\beta \left[\frac{r^2}{2}\right]_{r=0}^{r=h(\theta)} d\theta = \int_\alpha^\beta \frac{1}{2}\left[h(\theta)\right]^2 d\theta$$

는 앞의 9장 5절의 극좌표계에서의 넓이의 공식과 일치한다. 식 (14.15)에서도 유사한 결과를 얻을 수 있다.

예제 **14.13** 원 $r = 2a\cos\theta$의 내부이며, 원 $r = a$의 외부인 영역 D의 넓이를 구하여라($a > 0$).

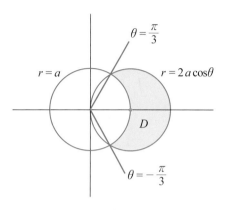

그림 14.11

[풀이] 두 원은 점 $\left(a, \dfrac{\pi}{3}\right)$, $\left(a, -\dfrac{\pi}{3}\right)$에서 만나므로 주어진 영역은

$$D = \left\{ (r,\, \theta) \mid -\frac{\pi}{3} \le \theta \le \frac{\pi}{3},\ a \le r \le 2a\cos\theta \right\}$$

로 나타낼 수 있다. 적분 영역의 대칭성을 이용하고 식 (14.11)을 적용하면, D의 넓이는

$$A = 2\int_0^{\frac{\pi}{3}} \int_a^{2a\cos\theta} r\,dr\,d\theta = 2\int_0^{\frac{\pi}{3}} \left[\frac{1}{2}r^2 \right]_{r=a}^{r=2a\cos\theta} d\theta$$

$$= \int_0^{\frac{\pi}{3}} (4a^2\cos^2\theta - a^2)\,d\theta = \left(\frac{\pi}{3} + \frac{\sqrt{3}}{2} \right) a^2$$

이다. ∎

직교좌표계에서의 이중적분에서 피적분함수의 부정적분을 찾기 어려울 때 극좌표계에서의 이중적분으로 바꾸어 적분하면 쉽게 해결할 수 있는 경우가 있다.

예제 **14.14** $R = \left\{ (x, y) \mid -1 \le x \le 1,\ 0 \le y \le \sqrt{1 - x^2} \right\}$일 때 이중적분 $\displaystyle\iint_R e^{x^2 + y^2}\,dA$를 극좌표를 이용하여 계산하여라.

[풀이] 영역 R은 원점을 중심으로 하고 반지름이 1인 원판의 x축 윗부분이고, 극좌표로 나타내면

$$R = \left\{ (r, \theta) \mid 0 \le r \le 1, \ 0 \le \theta \le \pi \right\}$$

이다. 그러므로

$$\iint_R e^{x^2+y^2} dA = \int_0^\pi \int_0^1 e^{r^2} r \, dr \, d\theta = \int_0^\pi \left[\frac{1}{2} e^{r^2} \right]_{r=0}^{r=1} d\theta$$

$$= \frac{1}{2} \int_0^\pi (e-1) \, d\theta = \frac{\pi}{2}(e-1)$$

이다. ■

연습문제 14.3

1. 원 $r = 3$의 외부와 곡선 $r = 3\sqrt{2} \sin\theta$의 내부에 놓인 부분의 넓이를 구하여라.

2. 곡선 $r = 2\tan\theta$와 직선 $r = \sqrt{2} \sec\theta$, $\theta = 0$으로 둘러싸인 부분 중 제1사분면에 놓인 부분의 넓이를 구하여라.

3. 심장형(Cardioid) $r = a(1 + \cos\theta)$의 넓이를 구하여라.

4. 연주형(Lemniscate) $r^2 = a^2 \cos 2\theta$의 넓이를 구하여라.

5. 원 $r = 2$의 외부와 $r = 3$의 내부의 공통 부분 중, 와우선(Limaçon) $r = 3 - 2\cos\theta$의 내부에 놓인 부분의 넓이를 구하여라.

6. $D = \left\{ (x, y) \mid x^2 + y^2 \le 1 \right\}$일 때 극좌표를 이용하여 이중적분

$$\iint_D (1 - x^2 - y^2) \, dA$$

를 계산하여라.

7. 영역 $D = \left\{ (x, y) \mid x^2 + y^2 \le 4 \right\}$ 위에 놓이고 평면 $z = y + 4$ 밑에 놓이는 입체의 부피를 구하여라.

8. 다음 적분을 극좌표계로 바꾸어 계산하여라.

(1) $\displaystyle\int_{-1}^{1}\int_{0}^{\sqrt{1-x^2}} (x^2+y^2)\,dy\,dx$ (2) $\displaystyle\int_{0}^{1}\int_{0}^{\sqrt{1-x^2}} \frac{1}{1+x^2+y^2}\,dy\,dx$

(3) $\displaystyle\int_{0}^{\frac{1}{\sqrt{2}}}\int_{y}^{\sqrt{1-y^2}} e^{x^2+y^2}\,dx\,dy$ (4) $\displaystyle\int_{0}^{2}\int_{0}^{\sqrt{2x-x^2}} xy\,dy\,dx$

9. 이상적분 $I = \displaystyle\int_{-\infty}^{\infty} e^{-x^2/2}\,dx$의 값을 식

$$I^2 = \left(\int_{-\infty}^{\infty} e^{-x^2/2}\,dx \right)\left(\int_{-\infty}^{\infty} e^{-y^2/2}\,dy \right) = \int_{-\infty}^{\infty}\int_{-\infty}^{\infty} e^{-(x^2+y^2)/2}\,dx\,dy$$

를 이용하여 계산하여라.

4절 곡면의 넓이

이 절에서는 이중적분을 이용하여 곡면의 넓이를 계산하는 방법을 찾아본다. 곡면 S가 직사각형 영역 R에서 정의된 함수 $z = f(x, y)$의 그래프로 주어졌고, $f(x, y)$는 R에서 양의 값을 가지며 연속인 편도함수를 갖는다고 가정하자.

영역 R을 넓이가 ΔA_{ij}인 작은 직사각형 R_{ij}로 나누고, 그림 14.12에서와 같이 R_{ij}의 한 모서리 점을 (x_i, y_j)라 하면 $P_{ij}(x_i, y_j, f(x_i, y_j))$는 (x_i, y_j) 위에 있는 곡면 S의 점이다. 점 P_{ij}

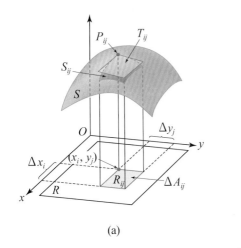

(a)

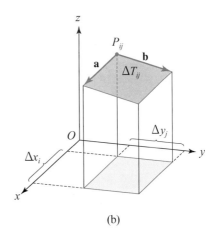

(b)

그림 14.12

에서의 접평면의 R_{ij}의 윗부분을 T_{ij}, R_{ij}의 $f(x, y)$에 의한 상을 S_{ij}라고 할 때, ΔA_{ij}를 0에 가깝게 하면 T_{ij}의 넓이 ΔT_{ij}는 S_{ij}의 넓이 ΔS_{ij}에 가깝게 된다. 그러므로 곡면 S의 넓이는

$$A(S) = \sum_{i=1}^{m} \sum_{j=1}^{n} \Delta S_{ij} \approx \sum_{i=1}^{m} \sum_{j=1}^{n} \Delta T_{ij} \qquad (14.16)$$

이다. 그런데 $\Delta A_{ij} \to 0$이면 $\Delta T_{ij} \to \Delta S_{ij}$이므로 식 (14.16)으로부터

$$A(S) = \lim_{n,m \to \infty} \sum_{i=1}^{m} \sum_{j=1}^{n} \Delta T_{ij} \qquad (14.17)$$

를 얻는다.

이제 곡면 위의 점 P_{ij}에서 접평면을 이루는 한 부분 T_{ij}의 넓이를 계산해보자. 그림 14.12(b)에서와 같이 점 P_{ij}을 시점으로 하고 크기가 T_{ij}의 변의 길이와 같은 벡터를 각각 $\mathbf{a}$, $\mathbf{b}$라고 하면 $\Delta T_{ij} = \|\mathbf{a} \times \mathbf{b}\|$이다. 그런데 $f_x(x_i, y_j)$, $f_y(x_i, y_j)$는 각각 점 P_{ij}에서 $\mathbf{a}$, $\mathbf{b}$ 방향의 접선의 기울기이므로

$$\mathbf{a} = \Delta x_i \mathbf{i} + f_x(x_i, y_j)\Delta x_i \mathbf{k}, \quad \mathbf{b} = \Delta y_j \mathbf{j} + f_y(x_i, y_j)\Delta y_j \mathbf{k}$$

이다. 그러므로

$$\mathbf{a} \times \mathbf{b} = \begin{vmatrix} \mathbf{i} & \mathbf{j} & \mathbf{k} \\ \Delta x_i & 0 & f_x(x_i, y_j)\,\Delta x_i \\ 0 & \Delta y_j & f_y(x_i, y_j)\,\Delta y_j \end{vmatrix}$$

$$= -f_x(x_i, y_j)\Delta x_i \Delta y_j \mathbf{i} - f_y(x_i, y_j)\Delta x_i \Delta y_j \mathbf{j} + \Delta x_i \Delta y_j \mathbf{k}$$

$$= \left[-f_x(x_i, y_j)\mathbf{i} - f_y(x_i, y_j)\mathbf{j} + \mathbf{k} \right] \Delta x_i\, \Delta y_j$$

이다. 따라서

$$\Delta T_{ij} = \|\mathbf{a} \times \mathbf{b}\| = \sqrt{\left[f_x(x_i, y_j) \right]^2 + \left[f_y(x_i, y_j) \right]^2 + 1}\ \Delta x_i \Delta y_j \qquad (14.18)$$

이다. 앞의 식 (14.17)과 (14.18)로부터 곡면 S의 넓이는

$$A(S) = \lim_{n,\, m \to \infty} \sum_{i=1}^{m} \sum_{j=1}^{n} \Delta T_{ij}$$

$$= \lim_{n,\, m \to \infty} \sum_{i=1}^{m} \sum_{j=1}^{n} \sqrt{\left[f_x(x_i, y_j) \right]^2 + \left[f_y(x_i, y_j) \right]^2 + 1}\ \Delta x_i \Delta y_j \qquad (14.19)$$

임을 알 수 있고, 위의 식 (14.19)와 이중적분의 정의로부터 다음의 정리를 얻을 수 있다.

정리 14.4

곡면 S가 영역 R에서 정의된 함수 $z = f(x, y)$의 그래프로 주어지고, f_x, f_y가 연속이면 곡면 S의 넓이는

$$A(S) = \iint_R \sqrt{\left[f_x(x, y)\right]^2 + \left[f_y(x, y)\right]^2 + 1} \, dA \tag{14.20}$$

이다.

예제 14.15 제1팔분공간 위에 있는 평면 $z = 1 - y$를 평면 $x = 0$, $x = 1$로 절단하여 생기는 유한한 부분의 넓이를 구하여라.

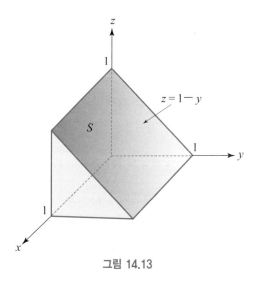

그림 14.13

[풀이] $f(x, y) = 1 - y$라고 하면 주어진 곡면은 영역 $R = [0, 1] \times [0, 1]$에서 $f(x, y)$의 그래프와 같으므로 식 (14.20)에 의해 곡면의 넓이는

$$\begin{aligned} A(S) &= \iint_R \sqrt{\left(f_x\right)^2 + \left(f_y\right)^2 + 1} \, dA \\ &= \int_0^1 \int_0^1 \sqrt{(0)^2 + (-1)^2 + 1} \, dx\,dy \\ &= \sqrt{2} \end{aligned}$$

이다.

예제 14.16 평면 $z = 4$의 아래 부분에 놓인 포물면 $z = x^2 + y^2$의 넓이를 구하여라.

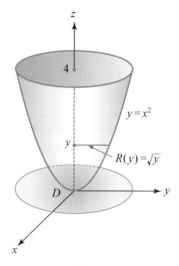

그림 14.14

[풀이] 주어진 곡면을 S라고 하자. 곡면 S를 xy평면에 정사영하면 원점을 중심으로 하는 반지름 2인 원판이 된다. 그러므로 곡면 S는 영역

$$D = \left\{ (x,\, y) \,|\, -2 \leq x \leq 2,\ -\sqrt{4-x^2} \leq y \leq \sqrt{4-x^2} \right\}$$

에서 함수 $f(x,\, y) = x^2 + y^2$의 그래프와 같다. 그런데

$$f_x(x,\, y) = 2x, \quad f_y(x,\, y) = 2y$$

이므로 식 (14.20)에 의해 곡면의 넓이는

$$
\begin{aligned}
A(S) &= \iint_D \sqrt{f_x(x,\, y)^2 + f_y(x,\, y)^2 + 1}\ dA \\
&= \int_{-2}^{2} \int_{-\sqrt{4-x^2}}^{\sqrt{4-x^2}} \sqrt{4x^2 + 4y^2 + 1}\ dy\, dx \\
&= \int_{0}^{2\pi} \int_{0}^{2} \sqrt{1 + 4r^2}\ r dr\, d\theta = \int_{0}^{2\pi} d\theta \int_{0}^{2} r\sqrt{1 + 4r^2}\ dr \\
&= 2\pi \frac{1}{8} \frac{2}{3} (1 + 4r^2)^{\frac{3}{2}} \Big|_{0}^{2} = \frac{\pi}{6} (17\sqrt{17} - 1)
\end{aligned}
$$

이다. ∎

정리 14.4의 식 (14.20)은 편도함수의 다른 표현을 이용하여

$$A(S) = \iint_R \sqrt{\left(\frac{\partial z}{\partial x}\right)^2 + \left(\frac{\partial z}{\partial y}\right)^2 + 1} \, dA \tag{14.21}$$

로 나타낼 수 있다.

예제 14.17 이중적분을 이용하여 구면 $x^2 + y^2 + z^2 = a^2$의 넓이를 구하여라($a > 0$).

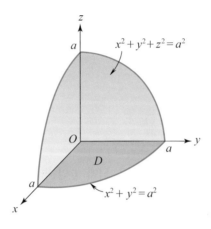

그림 14.15

[풀이] 주어진 구의 방정식에서

$$\frac{\partial z}{\partial x} = -\frac{x}{z}, \qquad \frac{\partial z}{\partial y} = -\frac{y}{z}$$

이므로

$$\left(\frac{\partial z}{\partial x}\right)^2 + \left(\frac{\partial z}{\partial y}\right)^2 + 1 = \frac{x^2}{z^2} + \frac{y^2}{z^2} + 1 = \frac{a^2}{z^2}$$

$$= \frac{a^2}{a^2 - x^2 - y^2}$$

이다.

구의 넓이는 위의 그림 14.15의 제1팔분공간에 주어진 넓이의 8배이고, 그림 14.15
의 곡면을 xy평면에 정사영시켜 얻은 영역을 D라고 하면

$$D = \left\{ (r, \theta) \mid 0 \le r \le a, \ 0 \le \theta \le \frac{\pi}{2} \right\}$$

이므로 구의 넓이는

$$A(S) = 8 \iint_D \frac{a}{\sqrt{a^2 - x^2 - y^2}} \, dA$$

$$= 8 \int_0^{\frac{\pi}{2}} \left(\lim_{t \to a^-} \int_0^t \frac{a}{\sqrt{a^2 - r^2}} \, r \, dr \right) d\theta$$

$$= 8a \int_0^{\frac{\pi}{2}} \left(\lim_{t \to a^-} \left[-\sqrt{a^2 - r^2} \right]_{r=0}^{r=t} \right) d\theta$$

$$= 8a \int_0^{\frac{\pi}{2}} a \, d\theta = 4\pi a^2$$

이다. ■

연습문제 14.4

1. xy평면 위의 직사각형 영역 $[1, 4] \times [2, 5]$에 놓인 평면 $z = 2 + 3x + 4y$의 넓이를 구하여라.

2. yz평면 위의 직사각형 영역 $[-1, 2] \times [0, 3]$에 놓인 평면 $x - 2y + 4z - 5 = 0$의 넓이를 구하여라.

3. 원통 $x^2 + y^2 = 9$의 내부에 놓이는 평면 $2x + 3y + z = 0$의 부분의 넓이를 구하여라.

4. 평면 $z = 9$ 아래에 놓이는 포물면 $z = x^2 + y^2$의 넓이를 구하여라.

5. 직선 $x = 1$, $y = 0$, $y = x$에 의해 결정되는 xy평면의 삼각형 위에 놓인 평면 $2x + 2y + z = 4$의 넓이를 구하여라.

6. 주면 $x^2 + z^2 = a^2$을 평면 $y = 2x$로 절단했을 때 제1팔분공간에 놓인 곡면의 넓이를 구하여라.

7. 원뿔 $z^2 = x^2 + y^2$을 평면 $x + y = a$로 절단했을 때 제1팔분공간에 놓인 곡면의 넓이를 구하여라.

8. 곡면 $az = xy$ 가운데 주면 $x^2 + y^2 = a^2$의 안쪽에 놓인 부분의 넓이를 구하여라($a > 0$).

9. 구 $x^2 + y^2 + z^2 = 4$의 평면 $z = 1$ 윗부분에 놓인 곡면의 넓이를 구하여라.

V를 삼차원공간에 놓인 유계인 한 닫힌 영역이라 하고, $f(x, y, z)$를 V에서 정의된 함수라고 하자. 이제 V를 부피가 각각 $\Delta V_1, \Delta V_2, \cdots, \Delta V_n$인 n개의 부분 영역 $V_1, V_2, \cdots, V_n$으로 임의로 나누고, (x_k', y_k', z_k')가 부분 영역 V_k의 내부 또는 경계면에 놓인 한 점이라고 할 때 합

$$\sum_{k=1}^{n} f(x_k', y_k', z_k') \Delta V_k \qquad (14.22)$$

를 생각해 보자. $n \to \infty$일 때, 각 부분 영역의 부피가 0에 가까워지고, 식 (14.22)가 부분 영역의 모양 또는 점 (x_k', y_k', z_k')의 선택 방법에 관계 없이 동일한 극한값을 가지면,

$$\iiint_V f(x, y, z) \, dV = \lim_{n \to \infty} \sum_{k=1}^{n} f(x_k', y_k', z_k') \Delta V_k$$

로 나타내고, 위 식을 영역 V에서의 함수 $f(x, y, z)$의 삼중적분(triple integral)이라 한다.

이중적분에서와 같이 V에서 연속인 모든 함수 $f(x, y, z)$는 삼중적분이 가능하며, 삼중적분의 계산도 반복적분을 이용한다. 적분 순서에 대한 푸비니의 정리는 삼중적분에서도 적용된다. 즉, 함수 $f(x, y, z)$가 영역 $V = [a, b] \times [c, d] \times [e, f]$에서 연속이면 V에서 $f(x, y, z)$의 삼중적분은 반복적분

$$\iiint_V f(x, y, z) \, dV = \int_e^f \int_c^d \int_a^b f(x, y, z) \, dx \, dy \, dz$$

로 계산하며, 적분 순서를 바꾸어 계산해도 같은 결과를 얻을 수 있다.

삼중적분을 반복적분을 이용하여 계산할 경우 적분 순서를 결정할 때는 적분 영역의 형태에 대한 주의가 필요하다. 예를 들어 g_1, g_2, h_1, h_2가 연속인 함수이고, 영역 E가

$$E = \left\{ (x, y, z) \mid a \le x \le b, \ g_1(x) \le y \le g_2(x), \ h_1(x, y) \le z \le h_2(x, y) \right\}$$

로 주어졌을 때 E에 정의된 연속함수 $f(x, y, z)$의 삼중적분은

$$\int_a^b \int_{g_1(x)}^{g_2(x)} \int_{h_1(x, y)}^{h_2(x, y)} f(x, y, z) \, dz \, dy \, dx$$

의 순서로 적분해야 한다.[3]

---

3) 먼저 $\int_{h_1(x, y)}^{h_2(x, y)} f(x, y, z) dz$을 계산하면 그 결과로 x, y만의 함수 $A(x, y)$을 얻는다. 다시 $\int_{g_1(x)}^{g_2(x)} A(x, y) dy$를 계

예제 14.18 영역 $E = \{(x,\, y,\, z)\,|\,0 \le x \le 2,\; 0 \le y \le x,\; 0 \le z \le x+y\,\}$에서 $f(x,\, y,\, z) = e^x(y+2z)$의 삼중적분 $\displaystyle\iiint_E f(x,\, y,\, z)\, dV$를 계산하여라.

[풀이] 반복적분을 이용하면

$$
\begin{aligned}
\iiint_E f(x,\, y,\, z)\, dV &= \int_0^2 \int_0^x \int_0^{x+y} e^x(y+2z)\, dz\, dy\, dx \\
&= \int_0^2 \int_0^x \Big[e^x(yz + z^2) \Big]_{z=0}^{z=x+y}\, dy\, dx \\
&= \int_0^2 \int_0^x e^x(x^2 + 3xy + 2y^2)\, dy\, dx \\
&= \int_0^2 \Big[e^x\Big(x^2 y + \frac{3}{2}xy^2 + \frac{2}{3}y^3\Big) \Big]_{y=0}^{y=x}\, dx \\
&= \frac{19}{6}\int_0^2 x^3 e^x\, dx = \frac{19}{6}\Big[e^x(x^3 - 3x^2 + 6x - 6) \Big]_0^2 \\
&= 19\Big(\frac{e^2}{3} + 1\Big)
\end{aligned}
$$

이다. ∎

공간에 주어진 적분 영역을 집합으로 표현할 때 적분 영역을 한 좌표평면에 사영하면 편리하다.

예제 14.19 평면 $x=0$, $y=0$, $z=0$과 $x+y+z=1$에 의해 둘러싸인 입체를 E라고 할 때 삼중적분 $\displaystyle\iiint_E z\, dV$를 구하여라.

[풀이] 주어진 영역 E는 세 좌표평면과 평면 $x+y+z=1$에 의해 둘러싸인 제1팔분공간에 놓인 입체로 원점, $(1,\,0,\,0)$, $(0,\,1,\,0)$, $(0,\,0,\,1)$을 모서리로 갖는 사면체이다. 그러므로 E를 xy평면으로 사영시켜 얻은 영역을 D라 하면, D는 삼각형 영역

$$
D = \{(x,\, y) \in \mathbb{R}^2 \,|\, 0 \le x \le 1,\; 0 \le y \le 1-x\}
$$

산하면 x만의 함수 $B(x)$를 얻게 되고, 마지막으로 $\displaystyle\int_a^b B(x)\, dx$를 계산하면 상숫값을 얻게 된다. 이와 같이 삼중적분의 계산에서 적분 순서는 반복적분을 시행함에 따라 차례로 변수의 수를 줄이고 마지막에는 상숫값을 얻을 수 있도록 정해야 한다.

이다. 그러므로

$$E = \left\{ (x, y, z) \,|\, (x, y) \in D, \ 0 \le z \le 1 - x - y \right\}$$
$$= \left\{ (x, y, z) \,|\, 0 \le x \le 1, \ 0 \le y \le 1 - x, \ 0 \le z \le 1 - x - y \right\}$$

이다. 따라서 삼중적분은

$$\iiint_E z \, dV = \iint_D \left(\int_0^{1-x-y} z \, dz \right) dA$$
$$= \frac{1}{2} \iint_D (1 - x - y)^2 \, dA$$
$$= \frac{1}{2} \int_0^1 \int_0^{1-x} (1 - x - y)^2 \, dy \, dx$$
$$= \frac{1}{6} \int_0^1 (1 - x)^3 \, dx = \frac{1}{24}$$

와 같이 계산할 수 있다. ∎

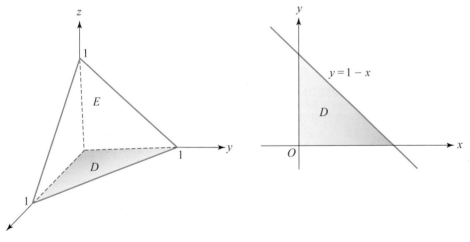

그림 14.16

삼중적분의 계산에서 적분 순서에 따라 적분의 계산이 복잡하거나 불가능한 경우도 있다. 이 경우 적분 순서를 적절하게 조정하여야 한다. 이 경우 적분 영역의 표현이 다르게 바뀌어야 할 경우가 있으므로 주의해야 한다.

예제 14.20 삼중적분 $\displaystyle\int_0^{\sqrt{\pi/2}}\int_x^{\sqrt{\pi/2}}\int_1^3 \sin(y^2)\,dz\,dy\,dx$ 를 계산하여라.

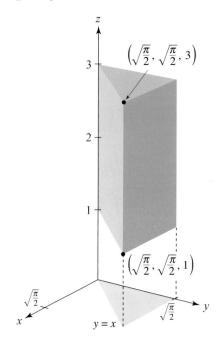

그림 14.17

[풀이] 주어진 것처럼 변수 z, y, x에 대하여 순서대로 적분하면 두 번째 적분 $2\displaystyle\int \sin(y^2)\,dy$ 를 계산해야 하는 어려움이 있으므로 y에 대한 적분을 마지막으로 시행하도록 적분 순서를 바꾸어 보자. 주어진 적분영역

$$E = \left\{(x,\, y,\, z)\,\Big|\, 0 \le x \le \sqrt{\frac{\pi}{2}},\ x \le y \le \sqrt{\frac{\pi}{2}},\ 1 \le z \le 3\right\}$$

는 y의 범위가 상수에 의해 결정되도록

$$E = \left\{(x,\, y,\, z)\,\Big|\, 0 \le y \le \sqrt{\frac{\pi}{2}},\ 0 \le x \le y,\ 1 \le z \le 3\right\}$$

와 같이 바꿀 수 있으므로

$$\int_0^{\sqrt{\frac{\pi}{2}}}\int_x^{\sqrt{\frac{\pi}{2}}}\int_1^3 \sin(y^2)\,dz\,dy\,dx = \int_0^{\sqrt{\frac{\pi}{2}}}\int_0^y\int_1^3 \sin(y^2)\,dz\,dx\,dy$$

$$= 2\int_0^{\sqrt{\frac{\pi}{2}}}\int_0^y \sin(y^2)\,dx\,dy$$

$$= 2 \int_0^{\sqrt{\frac{\pi}{2}}} y \sin(y^2) \, dy$$

$$= -\cos(y^2) \Big]_0^{\sqrt{\pi/2}} = 1$$

이다.

삼중적분의 특별한 경우로 영역 $E \subset \mathbb{R}^3$에서 함수 $f(x, y, z) = 1$의 삼중적분

$$\iiint_E dV$$

는 입체 E의 부피를 나타낸다.

예제 14.21 삼중적분을 이용하여 상반구면 $z = \sqrt{1 - x^2 - y^2}$과 xy평면 사이의 입체 E의 부피를 구하여라.

[풀이] 상반구면 $z = \sqrt{1 - x^2 - y^2}$과 xy평면은 $x^2 + y^2 = 1$에서 만나므로 주어진 입체 E는

$$E = \left\{ (x, y, z) \mid -1 \leq x \leq 1, \ -\sqrt{1 - x^2} \leq y \leq \sqrt{1 - x^2}, \ 0 \leq z \leq \sqrt{1 - x^2 - y^2} \right\}$$

$$= \left\{ (x, y, z) \mid (x, y) \in D, \ 0 \leq z \leq \sqrt{1 - x^2 - y^2} \right\}$$

로 나타낼 수 있다. 여기서 $D = \left\{ (x, y) \mid x^2 + y^2 \leq 1 \right\}$이다. 그러므로 입체의 부피는

$$V(E) = \int_{-1}^1 \int_{-\sqrt{1 - x^2}}^{\sqrt{1 - x^2}} \int_0^{\sqrt{1 - x^2 - y^2}} dz \, dy \, dx$$

$$= \iint_D \sqrt{1 - x^2 - y^2} \, dA$$

이다. 그런데 $D = \left\{ (r, \theta) \mid 0 \leq r \leq 1, \ 0 \leq \theta \leq 2\pi \right\}$이므로

$$V(E) = \iint_D \sqrt{1 - x^2 - y^2} \, dA$$

$$= \int_0^{2\pi} \int_0^1 \sqrt{1 - r^2} \, r \, dr \, d\theta$$

$$= \frac{2}{3} \pi$$

이다.

1. 다음 삼중적분을 구하여라.

(1) $\int_0^1 \int_0^x \int_0^{x+y} (x+y+z)\,dz\,dy\,dx$ (2) $\int_1^2 \int_x^{x^2} \int_0^{\ln x} ye^z\,dz\,dy\,dx$

(3) $\int_0^{\frac{\pi}{2}} \int_x^{\frac{\pi}{2}} \int_0^{xy} \cos\frac{z}{x}\,dz\,dy\,dx$ (4) $\int_{\frac{\pi}{6}}^{\frac{\pi}{2}} \int_0^{\cos y} \int_y^{\pi-y} \sin(y+z)\,dz\,dx\,dy$

(5) $\int_0^{\frac{\pi}{2}} \int_0^a \int_{1-\cos\theta}^{1+\cos\theta} rz\,dz\,dr\,d\theta$ (6) $\int_0^{2\pi} \int_0^{\pi} \int_0^a r^2 \sin\theta\,dr\,d\theta\,d\phi$

2. 다음 삼중적분에 의해 부피를 구할 수 있는 입체의 개형을 그려라.

(1) $\int_0^1 \int_0^{1-x} \int_0^{2-2z} dy\,dz\,dx$ (2) $\int_0^2 \int_0^{2-y} \int_0^{4-z^2} dx\,dz\,dy$

3. 삼중적분을 이용하여 다음 곡면으로 둘러싸인 입체의 부피를 구하여라.

(1) $x+y+2z=2, \quad x=0, \quad y=0, \quad z=0$

(2) $z=x^2+y^2, \quad x=y, \quad x=2, \quad y=0, \quad z=0$

(3) $x^2+4y^2=z, \quad x^2+4y^2=12-2z$

4. 다음 영역 E에서 주어진 함수 $f(x, y, z)$의 삼중적분 $\iiint_E f(x, y, z)dV$를 구하여라.

(1) $E = \{(x, y, z)\,|\,0 \le x \le \sqrt{4-y^2},\ 0 \le y \le 2,\ 0 \le z \le y\}, \quad f(x, y, z) = 2x$

(2) $E = \{(x, y, z)\,|\,0 \le x \le z,\ 1 \le y \le 4,\ y \le z \le 4\}, \quad f(x, y, z) = \dfrac{z}{x^2+z^2}$

6절   원주좌표계와 구면좌표계에서의 삼중적분

평면에서 한 점의 위치를 나타내기 위해 직교좌표계와 극좌표계를 이용할 수 있었던 것처럼 공간에서 한 점의 위치를 나타내기 위해 직교좌표계 이외의 다른 방법을 이용할 수 있다. 그중 하나가 원주좌표계(cylindrical coordinate system)이다.

원주좌표계는 직교좌표계로 나타낸 삼차원 공간의 점 $P(x, y, z)$를 순서 세 쌍 (r, θ, z)로 나타낸다. 여기서 r과 θ는 점 P의 xy평면 위로의 사영에 대한 극좌표의 성분이고, z는 xy평면으로부터 점 P까지의 거리이다. 직교좌표로 표시된 점 $P(x, y, z)$와 원주좌표로 표시된 점 $P(r, \theta, z)$가 공간에서 동일한 점을 나타낼 경우

$$x = r\cos\theta, \qquad y = r\sin\theta, \qquad z = z \tag{14.23}$$

$$r^2 = x^2 + y^2, \qquad \tan\theta = \frac{y}{x} \tag{14.24}$$

의 관계가 있다.

앞의 관계식으로부터 직교좌표계(원주좌표계)에서의 방정식은 원주좌표계(직교좌표계)에서의 방정식으로 고쳐 쓸 수 있다.

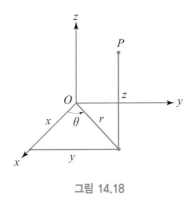

그림 14.18

예4 원주좌표계에서의 방정식 $z = r$은 xy평면의 한 점에서의 z의 값이 z축으로부터 그 점까지의 거리와 같은 곡면을 나타낸다. 그러므로 원주좌표계에서의 방정식 $z = r$은 직교좌표계에서의 방정식

$$z^2 = r^2 = x^2 + y^2$$

으로 고쳐 쓸 수 있다. ■

■ 원주좌표계에서의 삼중적분

공간 안의 한 영역 E의 xy평면으로의 정사영 D를 극좌표로 나타낼 수 있다고 하자. 즉 $E \subset \mathbb{R}^3$와 D를 각각

$$E = \left\{ (x, y, z) \in \mathbb{R}^3 \,|\, (x, y) \in D, \ z_1(x, y) \le z \le z_2(x, y) \right\},$$

$$D = \left\{ (r, \theta) \in \mathbb{R}^2 \,|\, \alpha \le \theta \le \beta, \ r_1(\theta) \le r \le r_2(\theta) \right\}$$

로 나타낼 수 있고, 함수 $f(x, y, z)$가 E에서 연속이면, E에서 함수 $f(x, y, z)$의 삼중적분은

$$\iiint_E f(x, y, z) \, dV = \iint_D \left(\int_{z_1(x, y)}^{z_2(x, y)} f(x, y, z) \, dz \right) dA$$

와 같이 쓸 수 있으므로 정리 14.3으로부터 다음을 얻는다.

정리 14.5

원주좌표계로 주어진 영역

$$E = \left\{ (r, \theta, z) \,|\, \alpha \le \theta \le \beta, \ r_1(\theta) \le r \le r_2(\theta), \ z_1(x, y) \le z \le z_2(x, y) \right\}$$

에서 연속인 함수 $f(x, y, z)$의 삼중적분은

$$\iiint_E f(x, y, z) \, dV = \int_\alpha^\beta \int_{r_1(\theta)}^{r_2(\theta)} \int_{z_1(r\cos\theta, \, r\sin\theta)}^{z_2(r\cos\theta, \, r\sin\theta)} f(r\cos\theta, \ r\sin\theta, \ z) r \, dz \, dr \, d\theta$$

이다.

예제 14.22 포물면 $z = 1 - (x^2 + y^2)$과 평면 $z = 0$으로 둘러싸인 입체의 부피를 구하여라.

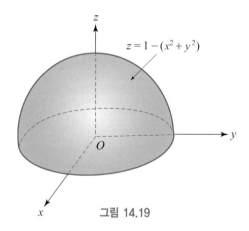

그림 14.19

[풀이] 주어진 입체를 E라고 하면, E의 부피는 $V(E) = \iiint_E dV$이다.

그런데 영역 E는 원주좌표를 이용하여

$$E = \left\{ (r,\,\theta,\,z) \,|\, 0 \le r \le 1, \;\; 0 \le \theta \le 2\pi, \;\; 0 \le z \le 1 - x^2 - y^2 \right\}$$

로 나타낼 수 있으므로 E의 부피는

$$V(E) = \iiint_E dV = \int_0^{2\pi} \int_0^1 \int_0^{1-r^2} r\, dz\, dr\, d\theta$$

$$= \int_0^{2\pi} \int_0^1 (r - r^3)\, dr\, d\theta$$

$$= \int_0^{2\pi} \frac{1}{4}\, d\theta = \frac{\pi}{2}$$

이다. ■

직교좌표계에서의 적분은 때때로 피적분함수와 적분 영역의 형태에 따라 원주좌표계로 바꾸어 적분하면 쉽게 구할 수 있는 경우가 있다.

예제 14.23 삼중적분 $\displaystyle\int_{-2}^2 \int_{-\sqrt{4-x^2}}^{\sqrt{4-x^2}} \int_{\sqrt{x^2+y^2}}^2 (x^2+y^2)\, dz\, dy\, dx$를 계산하여라.

[풀이] 적분 영역을 E라 하면

$$E = \left\{ (x,\,y,\,z)\,|\, -2 \le x \le 2, \; -\sqrt{4-x^2} \le y \le \sqrt{4-x^2}, \; \sqrt{x^2+y^2} \le z \le 2 \right\}$$

이다. E는 원뿔 $z = \sqrt{x^2+y^2}$과 평면 $z = 2$에 의해 결정되고, E의 xy평면으로의 정사영은 원판 $x^2 + y^2 \le 4$이다. 그러므로 영역 E를 원주좌표계로 나타내면

$$E = \left\{ (r,\,\theta,\,z)\,|\, 0 \le \theta \le 2\pi, \; 0 \le r \le 2, \; r \le z \le 2 \right\}$$

이다. 따라서

$$\iiint_E (x^2+y^2)\, dV = \int_{-2}^2 \int_{-\sqrt{4-x^2}}^{\sqrt{4-x^2}} \int_{\sqrt{x^2+y^2}}^2 (x^2+y^2)\, dz\, dy\, dx$$

$$= \int_0^{2\pi} \int_0^2 \int_r^2 r^2 \cdot r\, dz\, dr\, d\theta$$

$$= \int_0^{2\pi} \left[\frac{1}{2} r^4 - \frac{1}{5} r^5 \right]_0^2 d\theta$$

$$= \frac{8}{5} \int_0^{2\pi} d\theta = \frac{16}{5}\pi$$

이다. ■

■ 구면좌표에서의 삼중적분

공간의 한 점 P가 주어졌다고 하자. 점 P는 직교좌표, 원주좌표 이외의 방법으로 나타낼 수도 있다. 그림 14.20에서 보는 것처럼 원점 O에서 점 P까지의 거리를 ρ, 선분 $\overline{OP}$를 xy 평면에 사영시켜 얻은 선분을 $\overline{OP'}$와 양의 x축 사이의 각을 θ, 양의 z축과 선분 $\overline{OP}$ 사이의 각을 ϕ라고 할 때, 순서 세 쌍 (ρ, θ, ϕ)는 공간상의 점 P의 위치를 정한다. 이와 같이 순서 세 쌍 (ρ, θ, ϕ)로 공간상의 점의 위치를 나타내는 체계를 **구면좌표계**(spherical coordinate system)라고 한다. 구면좌표계에서 θ, ϕ의 범위는 각각 $0 \leq \theta \leq 2\pi$, $0 \leq \phi \leq \pi$로 한다.

그림 14.20으로부터 점 P의 직교좌표 $P(x, y, z)$와 구면좌표 $P(\rho, \theta, \phi)$ 사이에는

$$x = \rho \sin\phi \cos\theta, \quad y = \rho \sin\phi \sin\theta, \quad z = \rho \cos\phi \tag{14.25}$$

$$x^2 + y^2 + z^2 = \rho^2 \tag{14.26}$$

의 관계가 성립함을 알 수 있다.

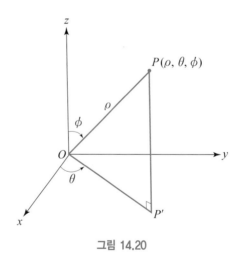

그림 14.20

예 5 직교좌표계의 점 $(-2, 2\sqrt{3}, 0)$을 구면좌표로 나타내면,

$$\rho = \sqrt{x^2 + y^2 + z^2} = \sqrt{4 + 12 + 0} = 4,$$

$$\cos\phi = \frac{z}{\rho} = 0, \quad \phi = \frac{\pi}{2},$$

$$\cos\theta = \frac{x}{\rho \sin\phi} = -\frac{1}{2}, \quad \theta = \frac{2\pi}{3}$$

이므로 직교좌표계로 표시한 점 $(-2, 2\sqrt{3}, 0)$의 구면좌표는 $\left(4, \dfrac{2\pi}{3}, \dfrac{\pi}{2}\right)$이다. ∎

예6 직교좌표로 나타낸 포물면의 방정식 $z = x^2 + y^2$을 구면좌표로 나타내면 식 (14.25)에 의하여

$$\rho \cos\phi = \rho^2 \sin^2\phi, \quad \text{또는} \quad \rho = \cot\phi \csc\phi$$

로 나타낼 수 있다. ∎

구면좌표계로 나타낸 영역

$$E = \{(\rho, \theta, \phi) \,|\, a \le \rho \le b, \ \alpha \le \theta \le \beta, \ c \le \phi \le d\}$$

를 ρ, θ, ϕ에 대하여 분할하여 얻은 작은 입체는 그림 14.21과 같은 모습이다. 이 작은 입체의 한 모서리 P에서의 증분을 각각 $\Delta\rho, \Delta\theta, \Delta\phi$라고 하면 이 작은 입체의 부피는 모서리의 길이가 각각 $\Delta\rho, \rho\Delta\phi, \rho\sin\phi\Delta\theta$인 직육면체의 넓이와 비슷하다. 즉,

$$\Delta V \approx (\Delta\rho)(\rho\Delta\phi)(\rho\sin\phi\Delta\theta) = \rho^2 \Delta\rho \sin\phi \Delta\theta \Delta\phi \tag{14.27}$$

이다.

그러므로 영역

$$E = \{(\rho, \theta, \phi) \,|\, a \le \rho \le b, \ \alpha \le \theta \le \beta, \ c \le \phi \le d\}$$

의 분할의 결과로 얻은 작은 입체를 $V_{ijk}, (x_{ijk}^*, y_{ijk}^*, z_{ijk}^*)$를 V_{ijk}에 속하는 한 점이라고 하면

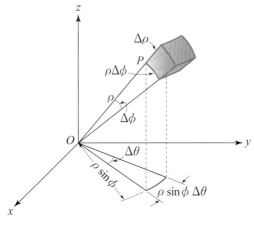

그림 14.21

$$\iiint_E f(x, y, z)\, dV = \lim_{l,\, m,\, n \to \infty} \sum_{i=1}^{n} \sum_{j=1}^{m} \sum_{k=1}^{l} f\left(x_{ijk}^*,\, y_{ijk}^*,\, z_{ijk}^*\right) \Delta V_{ijk} \qquad (14.28)$$

이다. 그러므로 (14.25), (14.27), (14.28)로부터 다음의 정리를 얻을 수 있다.

정리 14.6

함수 $f(x, y, z)$가 구면좌표계로 나타낸 영역

$$E = \{(\rho,\, \theta,\, \phi)\,|\, a \leq \rho \leq b,\; \alpha \leq \theta \leq \beta,\; c \leq \phi \leq d\}$$

에서 연속이면

$$\iiint_E f(x,\, y,\, z)\, dV$$

$$= \int_c^d \int_\alpha^\beta \int_a^b f(\rho \sin\phi \cos\theta,\; \rho \sin\phi \sin\theta,\; \rho \cos\phi)\rho^2 \sin\phi\, d\rho\, d\theta\, d\phi \quad (14.29)$$

이다.

예제 14.24 $E = \{(x,\, y,\, z)\,|\, x^2 + y^2 + z^2 \leq 1\}$일 때 삼중적분 $\iiint_E e^{(x^2+y^2+z^2)^{3/2}}\, dV$를 계산하여라.

[풀이] 영역 E를 구면좌표로 나타내면

$$E = \{(\rho,\, \theta,\, \phi)\,|\, 0 \leq \rho \leq 1,\; 0 \leq \theta \leq 2\pi,\; 0 \leq \phi \leq \pi\}$$

이고, $x^2 + y^2 + z^2 = \rho^2$이므로 위의 식 (14.29)에 의하여

$$\iiint_E e^{(x^2+y^2+z^2)^{3/2}}\, dV = \int_0^\pi \int_0^{2\pi} \int_0^1 e^{\rho^3} \rho^2 \sin\phi\, d\rho\, d\theta\, d\phi$$

$$= \frac{e-1}{3} \int_0^\pi \int_0^{2\pi} \sin\phi\, d\theta\, d\phi$$

$$= \frac{2(e-1)\pi}{3} \int_0^\pi \sin\phi\, d\phi$$

$$= \frac{4\pi}{3}(e-1)$$

이다. ■

예제 14.25 반지름이 1인 구가 원뿔 $\phi = \dfrac{\pi}{3}$에 의해 잘려진 부분 중 작은 부분 E의 부피를 구하여라.

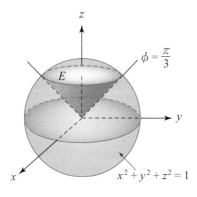

그림 14.22

[풀이] 영역 E를 구면좌표로 나타내면

$$E = \left\{ (\rho,\, \theta,\, \phi) \,|\, 0 \leq \rho \leq 1,\ \ 0 \leq \theta \leq 2\pi,\ \ 0 \leq \phi \leq \frac{\pi}{3} \right\}$$

이므로 부피는 삼중적분에 의해

$$V = \iiint_E \rho^2 \sin\phi \, d\rho \, d\theta \, d\phi = \int_0^{2\pi} \int_0^{\frac{\pi}{3}} \int_0^1 \rho^2 \sin\phi \, d\rho \, d\phi \, d\theta$$

$$= \int_0^{2\pi} \int_0^{\frac{\pi}{3}} \left[\frac{\rho^3}{3} \right]_0^1 \sin\phi \, d\phi \, d\theta = \int_0^{2\pi} \int_0^{\frac{\pi}{3}} \frac{1}{3} \sin\phi \, d\phi \, d\theta$$

$$= \int_0^{2\pi} \left[-\frac{1}{3} \cos\phi \right]_0^{\frac{\pi}{3}} d\theta = \frac{\pi}{3}$$

이다. ∎

연습문제 14.6

1. 다음 직교좌표로 표시된 점을 원주좌표와 구면좌표로 나타내어라.

(1) $(0,\, -2,\, 0)$ (2) $\left(1,\, \sqrt{3},\, 2\sqrt{3}\,\right)$

(3) $(0,\, 0,\, 1)$ (4) $\left(-1,\, 1,\, -\sqrt{2}\,\right)$

2. R을 xy평면에서 $r = 1$로 둘러싸인 원의 제1사분면에 놓인 부분이라 할 때, 다음 곡면과 R을 윗면, 아랫면으로 하는 입체의 부피를 구하여라.

(1) $z = 1 - r^2$ (2) $z = r^2 \sin 2\theta$

3. 원주좌표를 써서 다음 입체의 부피를 삼중적분으로 구하여라.

(1) 구면 $r^2 + z^2 = 4$의 내부이며 원주 $r = 1$의 외부

(2) 원뿔 $z = \sqrt{x^2 + y^2}$의 위이며 구 $x^2 + y^2 + z^2 = z$의 아래

4. 다음 삼중적분으로 부피를 나타낼 수 있는 입체의 개형을 그려라.

(1) $\displaystyle\int_{-\frac{\pi}{2}}^{\frac{\pi}{2}} \int_0^2 \int_0^{r2} r \, dz \, dr \, d\theta$ (2) $\displaystyle\int_0^2 \int_0^{2\pi} \int_0^r r \, dz \, d\theta \, dr$

5. 구면좌표계에서 다음 부등식을 만족하는 영역을 그려라.

(1) $2 \le \rho \le 4, \quad 0 \le \phi \le \dfrac{\pi}{3}, \quad 0 \le \theta \le \pi$

(2) $1 \le \rho \le 2, \quad 0 \le \phi \le \dfrac{\pi}{2}, \quad \dfrac{\pi}{2} \le \theta \le \dfrac{3\pi}{2}$

(3) $\rho \le 1, \quad \dfrac{3\pi}{4} \le \phi \le \pi$

6. 구면좌표를 써서 구면 $x^2 + y^2 + z^2 = a^2$과 원뿔 $z^2 = x^2 + y^2 \left(\phi = \dfrac{1}{4}\pi\right)$의 내부로 둘러싸인 입체의 제1팔분공간에 놓인 부분의 부피를 구하여라.

7. 다음의 각 적분에서 적분영역을 결정하고 주어진 좌표계로 바꾸어 적분값을 계산하여라.

(1) $\displaystyle\int_0^3 \int_0^{\sqrt{9-x^2}} \int_0^2 \dfrac{1}{\sqrt{x^2 + y^2}} \, dz \, dy \, dx$ (원주좌표로)

(2) $\displaystyle\int_0^a \int_0^{\sqrt{a^2-x^2}} \int_0^{\sqrt{a^2-x^2-y^2}} \dfrac{1}{x^2 + y^2 + z^2} \, dz \, dy \, dx$ (구면좌표로)

부록
행렬과 일차변환

DIFFERENTIAL AND INTEGRAL CALCULUS

고등학교에서 학습하는 수열은, 주어진 여러 수에 순서를 부여하여 한 줄로 세우는 것이다. 때로는 여러 수가 주어지고, 그 수에 대해 다른 형태의 배열이 필요한 경우가 생긴다. 다음 예를 살펴 보자.

예1 어느 편의점에서 음료에 대한 관리를 한다. 네 개의 음료, 우유, 요구르트, 커피, 주스를 관리하며, 각 음료에 대해, 재고량, 당일 입고 예정량, 당일 폐기 예정량을 파악한다. 이를 한 눈에 파악하는 가장 좋은 방법은 다음과 같은 표를 만드는 것이다.

	보유량	입고예정	폐기예정
우유	1	4	0
요구르트	2	3	1
커피	4	0	2
주스	3	1	1

현대는 모든 것이 전산화 되어 있으므로, 위의 표는 포스기에 저장된다. 위의 모습은 사용자 인터페이스를 통해 구현되는 것이고, 실제 포스기에는 저 표의 각 셀에 해당하는 데이터, 즉 숫자만을 저장한다. 이때, 위의 값을 수열, 즉 한 줄로 세워 놓으면, 어떤 수가 어떤 값을 의미하는지 파악하기 쉽지 않다.

$$(1, 4, 0, 2, 3, 1, 4, 0, 2, 3, 1, 1)$$

위의 수열에서, 오는 폐기 예정인 요구르트의 수를 의미하는 1은 수열 안의 네 개의 1 중에서 어떤 것인가? 사용자 인터페이스를 통하면 알 수 있지만, 데이터만 보아서는 바로 파악하기 쉽지 않다. 따라서, 이러한 데이터는 2차원 배열의 형태로 저장하여야 혼동되지 않는다.

이러한 수의 배열을 행렬이라고 한다. 다시 말해, 행렬은 여러 개의 수가 표를 이용하여 나타나는 상황, 행과 열을 맞추어 나열되어 있는 상황을 의미한다. 보다 구체적으로, 다음과 같이 정의한다.

정수 $m, n \geq 1$에 대하여 $m \times n$개 실수의 직사각형 모양의 배열

$$A = \begin{pmatrix} a_{11} & a_{12} & \cdots & a_{1n} \\ a_{21} & a_{22} & \cdots & a_{2n} \\ \vdots & \vdots & & \vdots \\ a_{m1} & a_{m2} & \cdots & a_{mn} \end{pmatrix}$$

을 $m \times n$ 행렬(matrix)이라고 한다. $m \times n$을 행렬 A의 차원(dimension)이라고 한다.

$m \times n$ 행렬(matrix)에서 m은 행의 개수, n은 열의 개수를 나타낸다. 행렬 A의 i번째 행, j번째 열에 있는 원소는 정확히 a_{ij} 하나이며, 이를 A의 (i, j)−원소$((i, j)$−th entry)라 하고 $(A)_{ij}$로 표시한다. 차원을 정확하게 아는 경우, 편의상 이 행렬을 (a_{ij})라고 간단하게 쓰도록 하자.

위와 같은 수의 배열에서, 가로로 늘어선 줄을 행(row), 세로로 늘어선 줄을 열(column)이라고 부른다.

$$A = \begin{pmatrix} a_{11} & \boxed{a_{12}} & \cdots & a_{1n} \\ a_{21} & a_{22} & \cdots & a_{2n} \\ \vdots & \vdots & & \vdots \\ a_{m1} & a_{m2} & \cdots & a_{mn} \end{pmatrix} \text{행}$$

열

만일 행과 열의 개수가 모두 n일 경우, 이 행렬의 차원은 $n \times n$이 된다. 이 행렬을 가로와 세로의 크기가 같은 정사각형과 비슷하다고 하여, 정사각행렬(square matrix)이라고 부른다.

일반적으로, 행과 열은 어떤 특징을 공유하는 수를 추출하는 것이다. 예 1의 경우, 각 행은 특정 음료에 대한 재고 상황을, 각 열은 특정 상황에 있는 재고의 종류를 의미한다. 이러한 특정한 값이 의미가 있는 경우, 다음과 같이 행과 열을 하나의 기호로 표현하기도 한다.

$$A = \begin{pmatrix} R_1 \\ \vdots \\ R_m \end{pmatrix} = (C_1 \ \cdots \ C_n), \quad R_i = (a_{i1}, \cdots, a_{in}), \quad C_j = \begin{pmatrix} a_{1j} \\ \vdots \\ a_{mj} \end{pmatrix}$$

이때, R_i를 i번째 행벡터(i−th row vector), C_j를 j번째 열벡터(j−th column vector)라고 부른다.

■ 특별한 모양의 행렬

$m \times n$ 행렬을 나타내려면 mn개의 성분의 값을 일일이 표현해 주어야 한다. 그런데 행렬에서는 많은 성분의 값이 0이 되는 경우가 많다. 예를 들어, 행렬 $A = (a_{ij})$가 $m \times n$개의 점에 대해 명암 값을 넣은 흑백 그림의 데이터라고 가정하자. 이 경우 (a_{ij})의 값은 (i, j)번째 칸의 색을 나타내며, 0이면 흰색, 255이면 검은 색[1], 그리고 사잇값들은 회색을 의미한다.

a_{ij}	0	63	127	180	255
색상					

$$A = \begin{pmatrix} 0 & 0 & 255 & 0 & 255 & 0 & 0 \\ 0 & 255 & 255 & 255 & 255 & 255 & 0 \\ 0 & 255 & 255 & 127 & 180 & 255 & 0 \\ 0 & 180 & 255 & 63 & 255 & 180 & 0 \\ 0 & 127 & 255 & 255 & 255 & 127 & 0 \\ 0 & 0 & 255 & 255 & 255 & 0 & 0 \\ 0 & 0 & 0 & 255 & 0 & 0 & 0 \end{pmatrix}$$

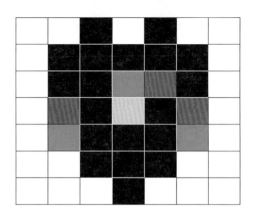

이 경우, 그림에 흰 여백이 많으면 많을 수록, 성분이 0인 경우가 많다. 이때는 이 행렬의 특징을 표현하는 것으로 행렬 표현에 대한 수고를 줄일 수 있다.

예2 모든 원소가 0인 행렬를 영행렬이라 하고, O으로 나타낸다. O은 차원만 알면 성분에 대한 다른 언급은 필요 없다.

$$2 \times 3 \ \text{영행렬} \ O = \begin{pmatrix} 0 & 0 & 0 \\ 0 & 0 & 0 \end{pmatrix}$$

■

특히 어떤 행렬이 정사각 행렬인 경우, 특정 부분을 묘사하는 것이 더욱 쉽다. 예를 들어, 다음과 같은 묘사가 가능하다.

---

[1] 고전적으로 컴퓨터에서 색의 밝기를 표현하는 방법은 두 자리의 16진수로 표현한다. 따라서 그 범위는 0−255 이다.

정의 2

정사각행렬 $A = (a_{ij})$에 대해

① $i > j$이면 $a_{ij} = 0$일 때, 이 행렬을 **상삼각행렬**(upper−trianglular matrix)라고 부른다.

② $i < j$이면 $a_{ij} = 0$일 때, 이 행렬을 **하삼각행렬**(lower−trianglular matrix)

③ 위의 두 경우를 모두 만족하는 경우, 즉 $i \neq j$에 대해 $a_{ij} = 0$을 만족하는 행렬을 **대각행렬**(diagonal matrix)라고 부른다.

예3 4×4차원 행렬의 경우, 위에서 정의한 행렬은 다음과 같은 모양을 갖는다.

$$\begin{pmatrix} a_{11} & a_{12} & a_{13} & a_{14} \\ 0 & a_{22} & a_{23} & a_{24} \\ 0 & 0 & a_{33} & a_{34} \\ 0 & 0 & 0 & a_{44} \end{pmatrix} \quad \begin{pmatrix} a_{11} & 0 & 0 & 0 \\ a_{21} & a_{22} & 0 & 0 \\ a_{31} & a_{32} & a_{33} & 0 \\ a_{41} & a_{42} & a_{43} & a_{44} \end{pmatrix} \quad \begin{pmatrix} a_{11} & 0 & 0 & 0 \\ 0 & a_{22} & 0 & 0 \\ 0 & 0 & a_{33} & 0 \\ 0 & 0 & 0 & a_{44} \end{pmatrix}$$

상삼각행렬   하삼각행렬   대각행렬

2절 행렬의 연산

■ 행렬의 덧셈, 뺄셈, 상수곱

다시 예 1로 돌아가자. 재고 관리용 데이터가 1호점 데이터 A와 2호점 데이터 B가 있다. 이 두 데이터가 같다는 의미는 무엇일까? 일단, 같은 데이터이기 위해서는, 같은 상품에 대해 같은 종류의 재고량을 파악할 수 있어야 한다. 두 편의점이 취급하는 음료의 종류가 같아야 하며, 재고 관리를 보유량과 입고량, 폐기량으로 분류하여야 한다. 따라서, 일단 두 데이터의 차원이 같아야 한다.[2]

이제, 두 편의점이 같은 형식의 데이터를 취급한다면, 같은 음료에 대해 재고 현황이 같아야 한다. 즉, 두 데이터의 모든 성분이 동일해야 한다. 이를 행렬로 표현하면 다음과 같다.

---

2) 만일 차원이 다르다면, 포스기에서 syntax error, 즉 형식이 맞지 않는다는 에러 정보를 보낼 것이다.

정의 3

두 행렬 A, B에 대해 $A = B$가 성립한다는 것은 다음 조건을 만족한다는 의미이다.
① 두 행렬의 차원이 동일하다.
② 두 행렬의 차원이 $m \times n$일 때, $A = (a_{ij})$, $B = (b_{ij})$에 대해

$$a_{ij} = b_{ij}, \ 1 \leq i \leq m, \ 1 \leq j \leq n$$

가 성립한다.

이제 이 데이터를 취급하는 방법에 대해 살펴 보자. 1호점의 점주가 2호점을 인수하여, 두 편의점을 같이 관리하게 되었다. 이제, 두 편의점의 근무자는 재고량을 종합하여 점주에게 보고한다. 그렇다면, 두 편의점의 전체적인 재고 현황은 어떻게 될까? 두 편의점에 나눠져 보관될 뿐, 전체적인 재고 현황은 두 편의점의 재고 현황과 같다. 따라서, 두 데이터에서 같은 성질을 갖는 값을 더해 주면 된다. 또한, 두 데이터의 차이를 조사해서 두 편의점의 운영현황을 파악할 수도 있고, 한 데이터에 적당한 값을 곱해 사업의 확장, 혹은 축소에 대해 계획을 세워 볼 수도 있다. 이를 행렬로 표현하면 다음과 같다.

정의 4

차원이 같은 두 행렬 A, B에 대해 두 행렬을 더한 결과 $A + B$, 두 행렬을 뺀 결과 $A - B$, 한 행렬을 상수배 한 결과 αA는 다음을 만족하는 동일한 차원의 행렬로 정의한다.
① $(A + B)_{ij} = (A)_{ij} + (B)_{ij}$ ② $(A - B)_{ij} = (A)_{ij} - (B)_{ij}$
③ $(\alpha A)_{ij} = \alpha(A)_{ij}$

예4 임의의 행렬 A에 대해 A와 같은 차원의 영행렬 O이 있으면,

$$A + O = O + A = A$$

가 성립한다. ■

예제 1 다음 행렬

$$A = \begin{pmatrix} 2 & -1 & 3 \\ 4 & 3 & -2 \end{pmatrix}, \quad B = \begin{pmatrix} 1 & 3 & -4 \\ 2 & 0 & 5 \end{pmatrix}$$

에 대하여 다음과 같이 계산할 수 있다.

$$A + B = \begin{pmatrix} 3 & 2 & -1 \\ 6 & 3 & 3 \end{pmatrix}$$

$$2A - 3B = 2\begin{pmatrix} 2 & -1 & 3 \\ 4 & 3 & -2 \end{pmatrix} - 3\begin{pmatrix} 1 & 3 & -4 \\ 2 & 0 & 5 \end{pmatrix}$$

$$= \begin{pmatrix} 4 & -2 & 6 \\ 8 & 6 & -4 \end{pmatrix} - \begin{pmatrix} 3 & 9 & -12 \\ 6 & 0 & 15 \end{pmatrix} = \begin{pmatrix} 1 & -11 & 18 \\ 2 & 6 & -19 \end{pmatrix}$$ ■

■ 행렬의 전치

행렬의 차원에 대해 한 가지 설명하도록 하자. 일반적으로, 우리는 가로쓰기에 익숙하기 때문에, 행렬을 처음 보는 순간, 행을 먼저 읽게 된다. 즉, 각 행을 분류하는 기준이 이 행렬에서 대분류 기준이 되며, 열을 분류하는 기준은 소분류 기준이 된다. 즉, 예 1의 표,

	보유량	입고예정	폐기예정
우유	1	4	0
요구르트	2	3	1
커피	4	0	2
주스	3	1	1

에서 대분류 기준은 상품의 종류이다. 즉, "우유"에 대한 재고현황, "커피"에 대한 재고현황을 표현하는 것이다. 이러한 의미에서, 점주가 판매품목에 대해 관심을 가질 때, 즉 어떤 품목을 더 많이 취급하고 어떤 품목은 1 + 1 행사를 해서라도 처분해야 할지에 대해 고민하기에 좋은 표이다.

경우에 따라 대분류의 기준이 바뀔 수 있다. 근무자의 입장에서는 창고 정리를 해야할 때, 물품이 배달되었을 때, 마감하면서 폐기 품목을 정리할 때는 상품의 종류보다는 상황에 맞는 "재고" 종류에 따라 재고현황을 파악해야 한다. 이 경우, 근무자가 세로읽기를 해도 되지만, 우리는 항상 대분류별로 가로읽기를 하는게 편하다.

	우유	요구르트	커피	주스
보유량	1	2	4	3
입고예정	4	3	0	1
폐기예정	0	1	2	1

이렇게 데이터를 취급하는 것을 전치(transpose)라고 한다. 행렬에 대해서는 다음과 같이 표기한다.

정의 5

$m \times n$ 행렬 A에 대해, A의 전치행렬(transpose of A)은 다음과 같이 정의되는 $n \times m$ 행렬이다.

$$(A^T)_{ij} = (A)_{ji}$$

혹은 전치를 행렬에 대한 연산으로 이해할 수 있다. 행렬의 전치(transpose)는 다음과 같은 연산이다.

$$T(A) = A^T$$

예5 $A = \begin{pmatrix} 1 & 3 & 5 \\ 2 & 4 & 6 \end{pmatrix}$ 이면, A의 전치행렬은 $A^T = \begin{pmatrix} 1 & 2 \\ 3 & 4 \\ 5 & 6 \end{pmatrix}$ 이다. ■

일반적으로 A와 A^T는 같지 않다. 일반적인 경우 차원부터 다르다! 하지만, 두 행렬의 차원이 같은 경우, 즉 A가 정사각행렬인 경우에는 A와 A^T가 같을 수 있다. 바로 아래의 조건을 만족하는 경우이다.

정의 6

정사각행렬 $A = (a_{ij})$가 모든 $1 \leq i,\ j \leq n$에 대해

$$a_{ij} = a_{ji}$$

를 만족하면 대칭행렬(symmetric matrix)이라고 한다.

예6 $A = \begin{pmatrix} 1 & 3 & -5 & 2 \\ 3 & 4 & 6 & 3 \\ -5 & 6 & -1 & 3 \\ 2 & 3 & 3 & 7 \end{pmatrix}$ 이다. ■

■ 행렬의 곱

이제, 제일 중요한 행렬의 곱에 대해 알아보자. 앞에서 우리는 데이터가 표로 주어질 때, 대분류의 기준으로 주어진다고 설명하였다. 이때, 소분류와 관련된 다른 데이터를 연결하여 대분류에 대한 새로운 정보를 얻을 수 있다. 편의점의 예로 다시 돌아가 보자.

	보유	입고예정	폐기예정
우유	1	4	0
요구르트	2	3	1
커피	4	0	2
주스	3	1	1

이 정보는 상품에 대하 재고 현황을 보여준다. 이때, 재고 관리와 관련된 비용, 재고의 보관과 이동에 필요한 비용이이 다음과 같이 산출되었다.

	보관비용	운송비용
보유	300	0
입고예정	100	150
폐기예정	−200	50

그렇다면, 각 상품에 대한 재고관리 비용은 어떨까? 우유에 대한 비용은 다음과 같다.

우유에 필요한 보관비용 = 보유량에 대한 관리비용 + 입고예정량에 대한 관리비용
$$+ \text{폐기예정량에 대한 관리비용}$$
$$= 1 \times 300 + 4 \times 100 + 0 \times (-200) = 700$$

우유에 필요한 운송비용 = 보유량에 대한 운송비용 + 입고예정량에 대한 운송비용
$$+ \text{폐기예정량에 대한 운송비용}$$
$$= 1 \times 0 + 4 \times 150 + 0 \times 50 = 600$$

	보관비용	운송비용
우유	700	600
요구르트	700	500
커피	800	100
주스	800	200

이 결과는 마치 두 표를 연산하여 새로운 표를 만든 것과 같다.

	보유	입고예정	폐기예정
우유	1	4	0
요구르트	2	3	1
커피	4	0	2
주스	3	1	1

×

	보관비용	운송비용
보유	300	0
입고예정	100	150
폐기예정	−200	50

=

	보관비용	운송비용
우유	700	600
요구르트	700	500
커피	800	100
주스	800	200

데이터의 입장에서는, 즉, 행렬의 입장에서는 이러한 연산을 곱으로 정의한다. 여기서 주의할 점은, 두 표를 잇는 매개분류, 즉 첫 표의 소분류와 두번째 표의 대분류가 같아야 연산이 가능하다는 것이다.

> **정의 7**
>
> $m \times n$행렬 $A = (a_{ij})$와 $n \times \ell$행렬 $B = (b_{jk})$에 대해, 두 행렬의 곱은 다음과 같이 정의되는 $m \times \ell$행렬이다.
>
> $$AB = (c_{ik}), \quad c_{ik} = \sum_{t=1}^{n} n a_{it} b_{tk}$$

[예7] $A = \begin{pmatrix} 2 & 1 & 3 \\ -1 & 3 & -2 \end{pmatrix}$, $B = \begin{pmatrix} 1 & 3 \\ 2 & 0 \\ 1 & 4 \end{pmatrix}$이면,

$$AB = \begin{pmatrix} 7 & 18 \\ 3 & -11 \end{pmatrix}, \quad BA = \begin{pmatrix} -1 & 10 & -3 \\ 4 & 2 & 6 \\ -2 & 13 & -5 \end{pmatrix}$$

이다. ∎

[주의] 위의 예에서는 AB, BA가 모두 정의되지만, 일반적으로 AB가 정의된다고 해도 BA도 정의됨을 보장하지 않는다. 만일 정의된다고 해도, 위의 예에서처럼 두 결과가 같다는 기대는 하지 말자.

[참고 1] 행렬의 곱의 결과를 보면, $(AB)_{ik}$는 아래 그림에서 강조된것처럼 첫 번째 행렬의 i번째 행과 두 번째 행렬의 k번째 열의 성분을 곱한 결과이다.

$$AB = \begin{pmatrix} a_{11} & a_{12} & \cdots & a_{1p} \\ \vdots & \vdots & & \vdots \\ \boldsymbol{a_{i1}} & \boldsymbol{a_{i2}} & \cdots & \boldsymbol{a_{ip}} \\ \vdots & \vdots & & \vdots \\ a_{m1} & a_{m2} & \cdots & a_{mp} \end{pmatrix} \begin{pmatrix} b_{11} & \cdots & \boldsymbol{b_{1k}} & \cdots & b_{1n} \\ b_{21} & \cdots & \boldsymbol{b_{2k}} & \cdots & b_{1n} \\ \vdots & & \vdots & & \vdots \\ b_{p1} & \cdots & \boldsymbol{b_{pk}} & \cdots & b_{pn} \end{pmatrix}, \quad (AB)_{ik} = \sum_{t=1}^{n} a_{it} b_{tk}$$

만일, 독자가 벡터에 대해 들어본 적이 있다면, 이 결과는 A i번째 행벡터 R_i와 B의 k번째 열벡터 C_k의 내적으로 정의된다는 것을 알 수 있을 것이다. ∎

행렬의 합에 대해서는, 영행렬을 가지고 오면 $A + O = A$임을 안다. 그렇다면, 곱의 경우에는 어떨까? 단위행렬[3]이라고 불리는 다음 행렬이 그러한 역할을 한다. ($AI = A$)

정의 8

$n \times n$ 정사각행렬 $A = (a_{ij})$의 성분이

$$a_{ij} = \begin{cases} 1 & i = j \\ 0 & i \neq j \end{cases}$$

를 만족하면, 이 행렬을 **단위행렬**(unit matrix)라고 정의하고 I_n이라고 표기한다.

예8 $I_3 = \begin{pmatrix} 1 & 0 & 0 \\ 0 & 1 & 0 \\ 0 & 0 & 1 \end{pmatrix}$, $A = \begin{pmatrix} -1 & 1 & -3 \\ 4 & 2 & 6 \\ 2 & 3 & -5 \end{pmatrix}$이면 $I_3 A = AI_3 = A$임을 확인할 수 있다.

$$(AI_3)_{ij} = \sum_{t=1}^{3} a_{it}(I_3)_{tj} = a_{ij}(I_3)_{jj} = a_{ij}$$
∎

지금까지 소개된 여러 연산들은 단독으로도 사용되지만, 여러 연산들이 혼용되는 경우가 많다. 이때, 다음과 같은 규칙이 유용하다.

정리 1

두 상수 α, β, 임의의 $m \times p$ 행렬 A, B와 $p \times q$ 행렬 M, N, 그리고 $q \times n$ 행렬 S에 대해 다음이 성립한다.
① $(AM)S = A(MS)$

---

[3] 이 행렬이 unit이라고 불리는 것은, 마치 곱하기에서 정수의 단위(unit)인 1과 동일한 역할을 한다는 의미이다.

② $A(M + N) = AM + AN$, $(A + B)M = AM + BM$

③ $\alpha(AM) = (\alpha A)M = A(\alpha M)$

④ $(\alpha + \beta)A = \alpha A + \beta A$

⑤ $(A + B)^T = A^T + B^T$

⑥ $(AM)^T = M^T A^T$

⑦ $(\alpha A)^T = \alpha(A^T)$

위의 규칙 중에서 ① 결합법칙에 대해서만 설명하고, 나머지는 연습 문제로 남긴다.

(a) 두 연산결과 $(AM)S$와 $A(MS)$는 모두 $m \times n$ 행렬로서 같은 차원의 행렬이다.

(b) 두 행렬이 같으려면 $((AM)S)_{ij} = (A(MS))_{ij}$가 성립해야 한다. 두 값은 각각 다음과 같이 계산된다.

$$((AM)S)_{ij} = \sum_{k=1}^{q}(AM)_{ik}S_{kj} = \sum_{k=1}^{q}\left(\sum_{l=1}^{p}(A)_{il}(M)_{lk}\right)(S)_{kj} = \sum_{k=1}^{q}\sum_{l=1}^{p}(A)_{il}(M)_{lk}(S)_{kj}$$

$$((AM)S)_{ij} = \sum_{\ell=1}^{p}(A)_{ik}(MS)_{kj} = \sum_{l=1}^{p}(A)_{il}\left(\sum_{k=1}^{q}(M)_{lk}(S)_{kj}\right) = \sum_{l=1}^{p}\sum_{k=1}^{q}(A)_{il}(M)_{lk}(S)_{kj}$$

두 결과가 같으므로, 모든 성분이 같은 두 행렬 $(AM)S$와 $A(MS)$는 같은 행렬이다.

연습문제 2

1. 주어진 행렬 $A = \begin{pmatrix} 1 & 3 & -2 \\ 5 & 0 & -4 \end{pmatrix}$, $B = \begin{pmatrix} -1 & 2 & 4 \\ -3 & 2 & 3 \end{pmatrix}$에 대해 다음을 계산하여라.

(1) $A + B$ (2) $4A$

(3) $3A - 2B$ (4) $2B - A$

2. 주어진 행렬 $A = \begin{pmatrix} -1 & 4 \\ -3 & 3 \\ 2 & 1 \end{pmatrix}$, $B = \begin{pmatrix} 1 & 4 \\ -2 & 3 \end{pmatrix}$, $C = \begin{pmatrix} 1 & 2 & 4 \\ 0 & 1 & 3 \end{pmatrix}$에 대해 다음을 계산하여라.

(1) AB (2) AC

(3) AB^T (4) $A(BC)$

(5) $(AB)C$ (6) $B(A^T + C)$

3. $A = \begin{pmatrix} 1 & 0 \\ 2 & 3 \end{pmatrix}$에 대해 $A^3 + 2A^2 + A + I_2$를 계산하여라.

4. 임의의 정사각행렬 A에 대해 다음이 성립함을 보이시오.

(1) $(A^T)^T = A$

(2) $A + A^T$는 대칭행렬이다.

5. $n \times n$ 상삼각행렬의 집합, $n \times n$ 하삼각행렬의 집합, $n \times n$ 대각행렬의 집합은 각각 합에 대해 닫혀있음을 보여라.

6. 상삼각행렬의 집합, 하삼각행렬의 집합, 대각행렬의 집합은 각각 전치에 대해 닫혀있는가? 이에 대해 확인하여라.

7. $n \times n$ 상삼각행렬의 집합, $n \times n$ 하삼각행렬의 집합, $n \times n$ 대각행렬의 집합은 각각 곱에 대해 닫혀있음을 보여라.

8. 정리 1의 성질을 증명하여라.

9. 수학적 귀납법을 이용하여 다음을 증명하여라.

(1) $A = \begin{pmatrix} \lambda_1 & 0 \\ 0 & \lambda_2 \end{pmatrix}$이면, $A^n = \begin{pmatrix} \lambda_1^n & 0 \\ 0 & \lambda_2^n \end{pmatrix}$

(2) $B = \begin{pmatrix} 1 & 0 \\ a & 1 \end{pmatrix}$이면, $B^n = \begin{pmatrix} 1 & 0 \\ na & 1 \end{pmatrix}$

(3) $C = \begin{pmatrix} \cos\theta & -\sin\theta \\ \sin\theta & \cos\theta \end{pmatrix}$이면, $C^n = \begin{pmatrix} \cos n\theta & -\sin n\theta \\ \sin n\theta & \cos n\theta \end{pmatrix}$

10. $n \times n$ 행렬 A에 대해 대각합(trace)을 다음과 같이 정의하자.

$$\text{tr}(A) = \sum_{i=1}^{n} a_{ii}$$

11. $n \times n$ 행렬 A, B에 대해 다음이 성립함을 보여라.

(1) $\text{tr}(A + B) = \text{tr}(A) + \text{tr}(B)$ (2) $\text{tr}(kA) = k\,\text{tr}(A)$

(3) $\text{tr}(A^T) = \text{tr}(A)$ (4) $\text{tr}(AB) = \text{tr}(BA)$

다음과 같은 일차 연립방정식을 생각해 보자.

$$\begin{cases} E_1: a_{11}x_1 + a_{12}x_2 + \cdots + a_{1n}x_n = b_1 \\ E_2: a_{21}x_1 + a_{22}x_2 + \cdots + a_{2n}x_n = b_2 \\ \vdots \\ E_m: a_{m1}x_1 + a_{m2}x_2 + \cdots + a_{mn}x_n = b_m \end{cases}$$

(단, 여기서는 $n \geq m$이라고 가정하자. 만일 방정식의 개수가 미지수의 개수보다 많으면, 미지수가 만족해야 할 조건이 너무 많아 이를 만족하는 해가 존재할 가능성은 매우 낮다.[4]) 이전 학습에서 표에 들어가는 수를 모아 행렬로 표현한 것처럼, 우리는 이 연립방정식을 이루는 계수와 상수항을 모은 데이터를 이용하여 연립방정식을 풀려고 한다.

각각의 방정식에서, 등호의 좌변은 다양한 계수와 변수의 곱으로 표현되어 있다. 이 표현은 이전에 학습한 행렬의 곱에서 본 것과 매우 유사하다. 조금 더 구체적으로,

$$R_i = (a_{i1}, \cdots, a_{im}), \quad X = (x_1, \cdots, x_n)\text{일 때, } b_i = R_i \cdot X$$

다시 말해, 위의 연립방정식은 R_i를 i번째 행으로 갖고 있는 행렬과 X를 열로 갖고 있는 행렬을 곱한 결과를 의미한다. 이를 행렬로 표현하면 다음과 같다.

$$AX = B, \ A = (a_{ij}), \ B = (b_i), \ X = (x_i)$$

이 연립방정식의 해는 계수행렬 $A = (a_{ij})$와 상수행렬 B에 의해 완전히 결정된다. 이때, 둘을 합쳐 하나의 표현을 만들어 전체 연립방정식과 대응되도록 하자. 행렬 A에 행렬 B를 추가하여 얻어진 행렬

$$[A \mid B] = \begin{pmatrix} a_{11} & a_{12} & \cdots & a_{1n} & b_1 \\ a_{21} & a_{22} & \cdots & a_{2n} & b_2 \\ \vdots & \vdots & & \vdots & \vdots \\ a_{m1} & a_{m2} & \cdots & a_{mn} & b_m \end{pmatrix}$$

을 주어진 연립일차방정식에 대한 **첨가행렬**(augmented matrix)이라고 한다. 이 경우 각 행

---

4) 어머니의 잔소리는 늘 옳지만, 이를 모두 만족하는 엄친아는 정말 존재할 가능성이 매우 낮다. 즉, 엄친아도 집에서 본인이 만족하지 않는 잔소리를 듣고 있을 것이다.

이 하나의 방정식을 나타내므로 E_i를 방정식과 첨가행렬의 행을 모두 지칭한다고 가정하자.

$$E_i = (a_{i1}x_1 + \cdots + a_{in}x_n = b_i) = [a_{i1} \cdots a_{in} | b_i]$$

연립일차방정식의 해를 구하는 기본적인 방법은 주어진 연립방정식을 같은 해를 가지면서 풀기 쉬운 방정식으로 변환시키는 것이다.

[성질 1]
방정식 $E_1, \cdots, E_m$으로 이루어진 연립방정식은 다음 방정식으로 이루어진 연립방정식과 동일한 해를 갖는다.

① $kE_1, E_2, \cdots, E_m (k \neq 0)$

② $E_2, E_1, E_3, \cdots, E_m$ (또는 임의의 두 방정식의 교환)

③ $E_1 + E_2, E_2, E_3, \cdots, E_m$

①의 경우 E_1과 kE_1은 완전히 동일한 해를 갖는 방정식이므로 연립방정식의 해에 영향을 주지 않는다. ②의 경우는 순서가 바뀔 뿐이므로 연립방정식에 영향을 주지 않는다. ③의 경우 E_1, E_2가 성립한다는 말은 $E_1 + E_2, E_2$성립한다는 말과 동치이다. 이러한 성질은 첨가행렬에서 다음과 같은 행연산으로 표현된다. 이때, 작업을 수월하게 하기 위해 ①과 ③을 조합하자.

[성질 2](기본행연산)
① $(E_i \leftrightarrow E_j)$ 두 행 E_i, E_j를 서로 교환한다.

② $(kE_i \rightarrow E_i)$ 임의의 행 E_i에 0이 아닌 실수 k를 곱한다.

③ $(E_i + kE_j \rightarrow E_i)$ 행 E_i에 행 E_j의 상수배를 더한다.

기본행연산을 이용하여 연립일차방정식의 해를 구한다는 의미는, 연립방정식을 대입이 가능한 모습으로 바꾼다는 것이다. 예를 들어, 연립방정식

$$\begin{pmatrix} x_1 + x_2 = 4 \\ 2x_1 + x_2 = 1 \end{pmatrix}$$

은 단숨에 풀기 힘들다. 하지만, $(E_2 - 2E_1 \rightarrow E_2)$를 이용하면

$$\begin{pmatrix} x_1 + x_2 = & 4 \\ - x_2 = -7 \end{pmatrix}$$

은 $x_2 = 7$임을 알 수 있고, 이를 첫 방정식에 대입하여 $x_1 = -3$임을 알 수 있다. 다시 말해, 아래로 내려갈수록 미지수의 개수가 적도록 변환한 뒤, 아래의 결과를 위에 대입하여 위의 방정식을 쉽게 푸는데 그 목적이 있다.

이 방법을 가우스 소거법(Gaussian Elimination)이라 부른다. 구체적인 예를 통해 가우스 소거법을 체험해 보자.

예제 2 연립방정식

$$\begin{pmatrix} x_1 + x_2 + 3x_3 = & 4 \\ 2x_1 + x_2 + x_3 = & 1 \\ 3x_1 - x_2 + 2x_3 = -3 \end{pmatrix}$$

의 해를 가우스 소거법을 사용하여 구하여라.

[풀이] 주어진 연립방정식과 이에 대한 첨가행렬은

$$\begin{pmatrix} x_1 + x_2 + 3x_3 = & 4 \\ 2x_1 + x_2 + x_3 = & 1 \\ 3x_1 - x_2 + 2x_3 = -3 \end{pmatrix} \quad \left(\begin{array}{ccc|c} 1 & 1 & 3 & 4 \\ 2 & 1 & 1 & 1 \\ 3 & -1 & 2 & -3 \end{array} \right)$$

이다. 이래로 갈 수록 변수의 개수가 줄어들도록, E_2, E_3에서 미지수 x_1을 소거해보자. 기본행연산 $(E_2 - 2E_1 \rightarrow E_2), (E_3 - 3E_1 \rightarrow E_3)$을 시행하면 연립방정식과 첨가행렬은 다음과 같이 변한다.

$$\begin{pmatrix} x_1 + x_2 + 3x_3 = & 4 \\ - x_2 + 5x_3 = -7 \\ - 4x_2 + 7x_3 = -15 \end{pmatrix} \quad \left(\begin{array}{ccc|c} 1 & 1 & 3 & 4 \\ 0 & -1 & -5 & -7 \\ 0 & -4 & -7 & -16 \end{array} \right)$$

이제 두번째 방정식보다 세번째 방정식의 미지수의 개수가 적도록, E_3에서 x_2를 없애보자. $(E_3 - 4E_2 \rightarrow E_3)$을 시행하면 다음 결과를 얻는다.

$$\begin{pmatrix} x_1 + x_2 + 3x_3 = & 4 \\ - x_2 - 5x_3 = -7 \\ 13x_3 = 13 \end{pmatrix} \quad \left(\begin{array}{ccc|c} 1 & 1 & 3 & 4 \\ 0 & -1 & -5 & -7 \\ 0 & 0 & 13 & 13 \end{array} \right)$$

따라서, 해는

$$x_3 = \frac{13}{13} = 1, \qquad x_2 = \frac{-7 + 5x_3}{-1} = \frac{-7 + 5 \cdot 1}{-1} = 2,$$

$$x_1 = \frac{4 - x_2 - 3x_3}{1} = \frac{4 - 2 - 3 \cdot 1}{1} = -1$$

이 된다. ∎

일반적인 가우스 소거법은 주어진 연립방정식

$$\begin{pmatrix} E_1: & a_{11}x_1 + a_{12}x_2 + \cdots + a_{1n}x_n = b_1 \\ E_2: & a_{21}x_1 + a_{22}x_2 + \cdots + a_{2n}x_n = b_2 \\ & \vdots \quad + \quad \vdots \quad + \cdots + \quad \vdots \quad = \vdots \\ E_m: & a_{m1}x_1 + a_{m2}x_2 + \cdots + a_{mn}x_n = b_m \end{pmatrix}$$

의 첨가행렬

$$A^{(1)} = [A|B] = \begin{pmatrix} a_{11} & a_{12} & \cdots & a_{1n} & a_{1n,n+1} \\ a_{21} & a_{22} & \cdots & a_{2n} & a_{2n,n+1} \\ \vdots & \vdots & & \vdots & \vdots \\ a_{m1} & a_{m2} & \cdots & a_{mn} & a_{m,n+1} \end{pmatrix}$$

를 구한다. 여기서 각 에 대해 $a_{i,n+1} = b_i$이다. 먼저 x_1은 제일 첫번째 방정식에서만 나타나도록 조절하여, 아래의 방정식들의 미지수를 줄여 보자. 여기서 a_{11}이 0이 아니라고 가정하자.[5] 이제, 기본 행연산

$$E_i - \frac{a_{i2}}{a_{22}} E_2 \rightarrow E_i \quad (i = 3, 4, \cdots, m)$$

을 실행하면, 첨가행렬 $A^{(1)}$은 다음과 같은 형태의 행렬 $A^{(2)}$로 변환된다. ($A^{(1)} \neq A^{(2)}$이지만, 첨자 선택의 한계와 혼란스러움을 감안하여 두 행렬의 성분에 같은 기호를 쓰는걸 허락해 주길 바란다.)

$$A^{(2)} = \begin{pmatrix} a_{11} & a_{12} & \cdots & a_{1n} & a_{1,n+1} \\ 0 & a_{22} & \cdots & a_{2n} & a_{2,n+1} \\ \vdots & \vdots & & \vdots & \vdots \\ 0 & a_{n2} & \cdots & a_{nn} & a_{n,n+1} \end{pmatrix}$$

---

[5] 만일 a_{i1}이 모두 0이면, x_1은 이 연립방정식과 전혀 관계없는 미지수이므로 없는셈 친다. 아니라면, 적어도 하나의 방정식은 x_1의 계수가 0이 아니므로, 그러한 방정식을 찾아 제일 위로 보내도록 하자.

즉, x_1은 E_1에서만 나타나는 미지수가 되고, 나머지 미지수 x_2, $\cdots$, x_n의 값을 알면 자동으로 정해지는 값이 된다.

같은 방법으로 a_{22}가 0이 아니라고 가정하고 기본행연산

$$E_i - \frac{a_{i2}}{a_{22}} E_2 \to E_i \quad (i = 3, 4, \cdots, m)$$

을 시행하여 x_2는 E_1, E_2에서만 나타나도록 하자.

이와 같은 과정을 반복하면 다음을 얻는다.

$$A^{(n)} = \begin{pmatrix} a_{11} & a_{12} & \cdots & & a_{1n} & a_{1,n+1} \\ 0 & a_{22} & \cdots & & a_{2n} & a_{2,n+1} \\ \vdots & \ddots & \ddots & & \vdots & \vdots \\ 0 & \cdots & 0 & a_{mm} & \cdots & a_{mn} & a_{m,n+1} \end{pmatrix}$$

이 첨가행렬이 나타내는 연립방정식은 아래와 같으며, 원래 연립방정식과 같은 해를 갖는다!

$$\begin{cases} a_{11}x_1 + a_{12}x_2 + \cdots + & & + a_{1n}x_n = a_{1,\,n+1} \\ a_{22}x_2 + \cdots + & & + a_{2n}x_n = a_{2,\,n+1} \\ & \ddots & + \\ & a_{mm}x_m + \cdots + a_{mn}x_n = a_{n,\,n+1} \end{cases}$$

이제, 우리는

$$\begin{cases} a_{11}x_1 + a_{12}x_2 + \cdots + a_{1n}x_n = a_{1,\,n+1} - a_{1,\,m+1}x_{m+1} - \cdots - a_{1n}x_n \\ a_{22}x_2 + \cdots + a_{2n}x_n = a_{2,\,n+1} - a_{2,\,m+1}x_{m+1} - \cdots - a_{2n}x_n \\ \vdots \\ a_{nn}x_n = a_{n,\,n+1} - a_{m,\,m+1}x_{m+1} - \cdots - a_{mn}x_n \end{cases}$$

을 얻는다. x_{m+1}, $\cdots$, x_n는 조건을 부여할 수 없는 값이므로 임의의 값이 될 수 있다. 이 값을 정한다면, 아래에서부터 차례로 대입하여 x_1, $\cdots$, x_m이 정해진다. 이러한 연립방정식의 해에 대해서는 선형대수 수업에서 본격적으로 학습하도록 하고, 여기에서는 모든 미지수에 조건을 부여할 수 있는 경우, $m = n$인 경우에 대해서만 다루어 보도록 하자.

예제 3 다음 연립방정식의 해를 가우스 소거법으로 구하여라.

$$\begin{pmatrix} x_1 - x_2 + 2x_3 + 3x_4 = 0 \\ 2x_1 - 2x_2 + 3x_3 + 3x_4 = -8 \\ x_1 + x_2 + x_3 \qquad\quad = -2 \\ x_1 + 3x_2 + 4x_3 + 3x_4 = -2 \end{pmatrix}$$

[풀이] 주어진 연립방정식에 대한 첨가행렬은

$$\left(\begin{array}{cccc|c} 1 & -1 & 2 & 3 & 0 \\ 2 & -2 & 3 & 3 & -8 \\ 1 & 1 & 1 & 0 & -2 \\ 1 & -3 & 4 & 3 & -2 \end{array}\right)$$

로 주어지고, 행연산 $E_2 - 2E_1 \to E_2$, $E_3 - E_1 \to E_3$, $E_4 - E_1 \to E_4$에 의해

$$\left(\begin{array}{cccc|c} 1 & -1 & 2 & 3 & 0 \\ 0 & 0 & -1 & -3 & -8 \\ 0 & 2 & -1 & -3 & -2 \\ 0 & -2 & 2 & 0 & -2 \end{array}\right)$$

으로 변환된다. $a_{22} = 0$, $a_{32} = 2$이므로, 기본행연산 $E_2 \leftrightarrow E_3$에 의해 다음의 행렬

$$\left(\begin{array}{cccc|c} 1 & -1 & 2 & 3 & 0 \\ 0 & 2 & -1 & -3 & -2 \\ 0 & 0 & -1 & -3 & -8 \\ 0 & -2 & 2 & 0 & -2 \end{array}\right)$$

를 얻는다. 같은 요령을 반복하여, $E_4 + E_2 \to E_4$에 의해

$$\left(\begin{array}{cccc|c} 1 & -1 & 2 & 3 & 0 \\ 0 & 2 & -1 & -3 & -2 \\ 0 & 0 & -1 & -3 & -8 \\ 0 & 0 & 1 & -3 & -4 \end{array}\right)$$

$E_4 + E_2 \to E_4$에 의해

$$\left(\begin{array}{cccc|c} 1 & -1 & 2 & 3 & 0 \\ 0 & 2 & -1 & -3 & -2 \\ 0 & 0 & -1 & -3 & -8 \\ 0 & 0 & 0 & -6 & -12 \end{array}\right)$$

를 얻는다. 이는 연립방정식

$$\begin{cases} x_1 -x_2 +2x_3 +3x_4 = 0 \\ \quad\;\; 2x_2 -x_3 -3x_4 = -2 \\ \qquad\qquad -x_3 -3x_4 = -8 \\ \qquad\qquad\qquad\; -6x_4 = -12 \end{cases}$$

을 의미하고, 이 연립방정식의 해는 다음과 같다.

$$x_4 = \frac{-12}{-6} = 2, \quad x_3 = \frac{-8-(-3)x_4}{-1} = 2$$

$$x_2 = \frac{-2-(-1)x_3-(-3)x_4}{2} = 3, \quad x_1 = \frac{0-(-1)x_2-2x_3-3x_4}{1} = -7 \qquad\blacksquare$$

가우스 소거법은 연립일차방정식을 표현하는 행렬, 즉 계수행렬 A와 상수항행렬 B를 붙여서 만든 첨가행렬 $[A\,|\,B]$에 적당한 기본 행연산을 수행하여 보다 쉬운 방정식을 얻는 방법이다. 그런데, 제일 마지막 단계가 불만이다. 해를 결정하는 과정에서, 지속적인 대입을 반복하여야 한다. 이러한 번거로움도 자동화하면 좋겠다. 즉, 모든 방정식 E_i는 미지수 x_i만을 갖고 있다면, 해가 한 눈에 들어올 것이다.

$$E_i : a_{ii}x_i = b_i{}^{6)}$$

기본 행연산을 조금 더 시행하여, 이를 완성해 보자. 이번엔 맨 오른쪽, 맨 아래부터 거꾸로 올라가 보자. 먼저,

(1) 기본행연산 $E_n/a_{nn} \to E_n$를 이용하여 $A^{(n)}$의 $(n,\,n)$–성분을 1로 만들고,

(2) 기본행연산 $E_i - a_{in}E_n \to E_i$ $(i = 1,\,2,\,\cdots,\,n-1)$을 실행하여

$A^{(n)}$의 n번째 열에서 $(n,\,n)$–성분 외에는 모두 0인 행렬로 바꾼다. 같은 방법으로,

(1) 기본행연산 $E_{n-1}/a_{n-1,\,n-1}$를 이용하여 $A^{(n)}$의 $(n-1,\,n-1)$–성분을 1로 만들고

(2) $E_i - a_{i,\,n-1}E_{n-1} \to E_i$ $(i = 1,\,2,\,\cdots,\,n-2)$를 시행하여

$A^{(n)}$의 $n-1$번째 열에서 $(n-1,\,n-1)$–성분 외에는 모두 0인 행렬로 바꾼다. 이 과정을 첨가행렬의 좌측 부분행렬이 단위행렬이 될 때까지 반복한다. 이 결과, 연립방정식의 해는 바로 첨가행렬의 마지막 열이 된다.

위와 같이 주어진 연립방정식에 대한 첨가행렬에 기본행연산을 이용하여 첨가행렬의 좌측

---

6) 물론, $a_{ii} = 0$일 수 있다. 이 경우 x_i는 이 연립방정식과는 아무런 연관이 없는 미지수이다.

부분행렬, 계수행렬을 단위행렬로 변환하여 연립방정식의 해를 구하는 방법을 가우스-조르단 소거법(Gauss-Jordan Elimination)이라 한다.

예제 4 연립방정식

$$\begin{pmatrix} x_1 + x_2 + 2x_3 = 8 \\ 2x_1 + 4x_2 - 3x_3 = 4 \\ 3x_1 + 5x_2 - 5x_3 = 4 \end{pmatrix}$$

의 해를 가우스-조르단 소거법에 의해 구하여라.

[풀이] 이전 예제에서 과정을 설명하였으니, 각 단계별로 어떤 기본행연산이 이루어졌는지에 대해서만 간단하게 표기하도록 하자.

$$\begin{pmatrix} 1 & 1 & 2 & 8 \\ 2 & 4 & -3 & 4 \\ 2 & 5 & -5 & 4 \end{pmatrix}$$

$$\begin{matrix} E_2 - 2E_1 \rightarrow E_2 \\ E_3 - 3E_1 \rightarrow E_3 \end{matrix}$$

$$\begin{pmatrix} 1 & 1 & 2 & 8 \\ 0 & 2 & -7 & -12 \\ 0 & 2 & -11 & -20 \end{pmatrix}$$

$$E_3 - E_2 \rightarrow E_3$$

$$\begin{pmatrix} 1 & 1 & 2 & 8 \\ 0 & 2 & -7 & -12 \\ 0 & 0 & -4 & -8 \end{pmatrix}$$

$$\begin{matrix} -\frac{1}{4}E_3 \rightarrow E_3 \\ E_2 + 7E_3 \rightarrow E_2 \\ E_1 - 2E_3 \rightarrow E_1 \end{matrix}$$

$$\begin{pmatrix} 1 & 1 & 0 & 4 \\ 0 & 2 & 0 & 2 \\ 0 & 0 & 1 & 2 \end{pmatrix}$$

$$\begin{matrix} \frac{1}{2}E_2 \rightarrow E_2 \\ E_1 - E_2 \rightarrow E_1 \end{matrix}$$

$$\begin{pmatrix} 1 & 0 & 0 & 3 \\ 0 & 1 & 0 & 1 \\ 0 & 0 & 1 & 2 \end{pmatrix}$$

따라서 구하는 해는 $x_1 = 3$, $x_2 = 1$, $x_3 = 2$이다. ■

1. 가우스 소거법, 혹은 가우스–조르단 소거법을 이용하여 다음 연립방정식의 해를 구하여라.

(1) $\begin{pmatrix} x_1 + 3x_2 = 0 \\ 2x_1 + x_2 = 6 \end{pmatrix}$ (2) $\begin{pmatrix} 2x_1 + x_2 = a \\ 3x_1 + 2x_2 = b \end{pmatrix}$

(3) $\begin{pmatrix} x_1 + x_2 + 3x_3 = 0 \\ 4x_1 + x_2 + 4x_3 = 1 \\ -2x_1 \quad\quad + 2x_3 = 1 \end{pmatrix}$ (4) $\begin{pmatrix} x_1 + x_2 + 2x_3 = 8 \\ -x_1 - 2x_2 + 3x_3 = 1 \\ 3x_1 - 7x_2 + 4x_3 = 10 \end{pmatrix}$

(5) $\begin{pmatrix} x_1 + x_2 + 2x_3 \quad\quad = 0 \\ \quad -x_2 - 3x_3 + x_4 = -1 \\ 3x_1 + x_2 + x_3 + 2x_4 = 1 \\ -2x_1 + x_2 + x_3 - 2x_4 = 0 \end{pmatrix}$ (6) $\begin{pmatrix} x_2 + 3x_3 - 2x_4 = 2 \\ 2x_1 - x_2 - 4x_3 + 3x_4 = 3 \\ + 3x_2 + 2x_3 - x_4 = 1 \\ -4x_1 - 3x_2 + 7x_3 - 4x_4 = 0 \end{pmatrix}$

2. 두 일차 연립방정식의 계수행렬이 같다고 가정하자. 이 경우 첫 번째 연립방정식을 가우스–조르단 소거법을 이용하여 풀기위해 사용하는 기본행연산의 종류와 순서를 기록하였다. 이때, 두 번째 연립방정식에 대해 이전에 기록한 기본행연산을 동일하게 시행하면, 어떻게 되는가?

4절 역행렬

이전 학습에서 보았던 예를 다시 돌아보자.

	보유	입고예정	폐기예정
우유	1	4	0
요구르트	2	3	1
커피	4	0	2
주스	3	1	1

×

	보관비용	운송비용
보유	300	0
입고예정	100	150
폐기예정	−200	50

=

	보관비용	운송비용
우유	700	600
요구르트	700	500
커피	800	100
주스	800	200

이 연산을 관찰하면, 두 번째 표의 소분류와 세 번째 표의 소분류가 같다는 사실을 알 수 있

다. 실제로, 두 번째 표의 행과 세 번째 표의 행은 밀접한 관련이 있다. 이를 좀더 확실히 확인하기 위해 다음 계산을 살펴 보자.

$$\begin{pmatrix} 1 & 0 \\ 0 & 1 \end{pmatrix}\begin{pmatrix} 7 & 4 \\ 1 & 2 \end{pmatrix} = \begin{pmatrix} 7 & 4 \\ 1 & 2 \end{pmatrix}$$

$$\begin{pmatrix} 1 & 1 \\ 0 & 1 \end{pmatrix}\begin{pmatrix} 7 & 4 \\ 1 & 2 \end{pmatrix} = \begin{pmatrix} 8 & 6 \\ 1 & 2 \end{pmatrix}$$

$$\begin{pmatrix} 1 & -1 \\ 0 & 1 \end{pmatrix}\begin{pmatrix} 7 & 4 \\ 1 & 2 \end{pmatrix} = \begin{pmatrix} 6 & 2 \\ 1 & 2 \end{pmatrix}$$

어떤 현상이 일어났는지 눈치챘는가? 그렇다. 위의 예를 보면 왼쪽과 같은 행렬을 곱하는 것은, 마치 오른쪽 행렬의 행에 기본행연산을 하는 것과 같다. 위의 결과를 다음과 같이 써 보다.

$$\begin{pmatrix} 1 & 0 \\ 0 & 1 \end{pmatrix}\begin{pmatrix} 7 & 4 \\ 1 & 2 \end{pmatrix} = \left(\begin{pmatrix} 1 & 0 \\ 0 & 1 \end{pmatrix} + \begin{pmatrix} 0 & 1 \\ 0 & 0 \end{pmatrix} \right)\begin{pmatrix} 7 & 4 \\ 1 & 2 \end{pmatrix} = \begin{pmatrix} 7 & 4 \\ 1 & 2 \end{pmatrix} + \begin{pmatrix} 1 & 2 \\ 0 & 0 \end{pmatrix}$$

다시 말해, 우리는 기본행연산을 하고 있지만, 실제로 우리는 첨가행렬에 다른 행렬을 곱하고 있었던 것이다. $n = 2$일 때 기본행연산에 해당하는 행렬은 다음과 같다.[7)]

$$\begin{pmatrix} 0 & 1 \\ 1 & 0 \end{pmatrix} \qquad \begin{pmatrix} k & 0 \\ 0 & 1 \end{pmatrix} \qquad \begin{pmatrix} 1 & k \\ 0 & 1 \end{pmatrix} \qquad \begin{pmatrix} 1 & 0 \\ k & 1 \end{pmatrix}$$

$$E_1 \leftrightarrow E_2 \qquad kE_1 \to E_1 \qquad E_1 + kE_2 \to E_1 \qquad E_2 + kE_1 \to E_2$$

이러한 관찰은 가우스–조르단 소거법을 다음과 같이 재해석하게 해 준다. 가우스–조르단 소거법은 연립방정식이 모두

$$E_i : a_{ii}x_i = b_i, \ i = 1, \cdots, n$$

이 되도록 하는 것이다. 다시 말해,

> "가우스–조르단 소거법은 (기본행연산에 해당하는) 일련의
> 행렬을 곱해 계수행렬이 대각행렬이 되도록 하는 것이다."

만일 이 대각행렬에서, 모든 대각성분 $a_{ii} \neq 0$라면 어떨까? 각 행에 기본행연산

$$a_{ii}^{-1}E_i \to E_i$$

를 시행하면, 계수행렬은 단위행렬이 되고, 모든 방정식은 이 방정식의 해

---

7) $n > 2$인 경우, 행연산과 무관한 행은, 해당하는 행의 열에 대각성분만 1로 나타난다.

$$E_i : x_i = b_i, \ i = 1, \cdots, n$$

이 모양이 되어 모두 고정된 값 하나만 가능할 것이다.

도움정리 1

정사각행렬 A를 계수행렬로 갖는 연립일차방정식

$$\begin{cases} a_{11}x_1 + a_{12}x_2 + \cdots + a_{1n}x_n = b_1 \\ a_{21}x_1 + a_{22}x_2 + \cdots \quad a_{2n}x_n = b_2 \\ \vdots \qquad \vdots \qquad\qquad \vdots \\ a_{n1}x_1 + a_{n2}x_2 + \cdots \quad a_{nn}x_n = b_n \end{cases}$$

이 유일한 해를 갖는다면,

$$BA = I_n$$

을 만족하는 정사각행렬 B를 찾을 수 있다.

정의 10

정사각행렬 A가 다음을 만족하는

$$BA = AB = I_n$$

을 만족하는 정사각행렬 B를 찾을 수 있을 때, A를 **가역행렬**(invertible matrix)라고 하고, 위에서 찾은 B를 A의 **역행렬**(the inverse of A)이라고 하며, A^{-1}로 표기한다.

위의 예에서는 우리가 한 가지 경우, 가우스–조르단 소거법에 의해 찾은 B가 $BA = I_n$를 만족한다는 사실만 증명하였다. 그렇다면, $AB = I_n$도 성립할까? 이 부분에 대한 증명은 조금 더 선형대수, 혹은 현대대수를 배워야 가능할 것 같으니, 이 부분은 사실로 적고 다음을 기억하도록 하자.

정의 11

정사각행렬 A가 다음을 만족하는

$$BA = I_n$$

을 만족하는 정사각행렬 B가 있으면, $AB = I_n$도 성립한다. 다시 말해, A는 가역행렬이고, $B = A^{-1}$이다.

반대의 경우도 성립한다! 만일 A가 가역행렬이라고 하고, 이를 계수행렬로 갖는 연립일차방정식이 있다면, 그 방정식은 다음과 같이 행렬로 나타난다.

$$AX = B$$

이제 양변에 A^{-1}를 곱하면, 다음 결과를 얻는다.

$$A^{-1}B = A^{-1}(AX) = (A^{-1}A)X = I_n X = X$$

그럼 역행렬은 어떻게 계산할까? 가장 기본적인 방법은 가우스–조르단 소거법에 사용되는 기본행연산 행렬을 한쪽에 모아서 역행렬을 완성하는 것이다.

다음 예제를 살펴 보자.

예제 5 행렬 $A = \begin{pmatrix} 1 & 2 & 3 \\ 2 & 5 & 3 \\ 1 & 0 & 8 \end{pmatrix}$의 역행렬을 구하여라.

[풀이] 행렬 A에 단위행렬 I_3를 추가한 첨가행렬 $[A \mid I_3]$를 생각해 보자. 이제, A를 단위행렬로 만드는 기본행연산에 해당하는 행렬을 오른쪽에 곱하자. 이때, 이 행렬을 곱한다는 것은 오른쪽 행렬에도 왼쪽행렬과 동일한 기본행연산을 한다는 의미이다. 따라서, A가 단위행렬이 될 때까지, 같은 행연산을 양쪽에 동일하게 시행하자. 아니, 이미 첨가행렬이 되어 하나의 행이 되었으니, 오른쪽은 개의치 말고 왼쪽이 단위행렬이 되도록 기본행연산을 진행하자. 이제 각 행이 더이상 방정식이 아니니, E_i 대신 R_i를 사용하자.

$$\begin{pmatrix} 1 & 2 & 3 & | & 1 & 0 & 0 \\ 2 & 5 & 3 & | & 0 & 1 & 0 \\ 1 & 0 & 8 & | & 0 & 0 & 1 \end{pmatrix}$$

$\begin{matrix} R_2 - 2R_1 \rightarrow R_2 \\ R_3 - R_1 \rightarrow R_3 \end{matrix}$

$$\begin{pmatrix} 1 & 2 & 3 & | & 1 & 0 & 0 \\ 2 & 1 & -3 & | & -2 & 1 & 0 \\ 1 & -2 & 5 & | & -1 & 0 & 1 \end{pmatrix}$$

$R_3 - R_2 \rightarrow R_3$

$$\begin{pmatrix} 1 & 2 & 3 & | & 1 & 0 & 0 \\ 0 & 1 & -3 & | & -2 & 1 & 0 \\ 0 & 0 & -1 & | & -5 & 2 & 1 \end{pmatrix}$$

$\begin{matrix} (-)R_3 \rightarrow R_3 \\ R_2 + 3R_3 \rightarrow R_2 \\ R_1 - 3R_3 \rightarrow R_1 \end{matrix}$

$$\begin{pmatrix} 1 & 2 & 0 & | & -14 & 6 & 3 \\ 0 & 1 & 0 & | & 13 & -5 & -3 \\ 0 & 0 & 1 & | & 5 & -2 & -1 \end{pmatrix}$$

$R_1 - 2R_2 \rightarrow R_1$

$$\begin{pmatrix} 1 & 0 & 0 & | & -40 & 16 & 9 \\ 0 & 1 & 0 & | & 13 & -5 & -3 \\ 0 & 0 & 1 & | & 5 & -2 & -1 \end{pmatrix}$$ ■

1. 다음의 행렬이 가역이면 그 역행렬을 기본행연산을 이용하여 구하여라.

(1) $\begin{pmatrix} 3 & 4 & -1 \\ 1 & 0 & 3 \\ 2 & 5 & -4 \end{pmatrix}$
(2) $\begin{pmatrix} 2 & 0 & 1 \\ 1 & 1 & 3 \\ 2 & 1 & -4 \end{pmatrix}$

(3) $\begin{pmatrix} 1 & 0 & 0 & 0 \\ 1 & 2 & 0 & 0 \\ 1 & 2 & 3 & 0 \\ 1 & 2 & 3 & 4 \end{pmatrix}$
(4) $\begin{pmatrix} 0 & 0 & 2 & 0 \\ 1 & 0 & 0 & 1 \\ 0 & -1 & 3 & 0 \\ 2 & 1 & 5 & -3 \end{pmatrix}$

2. 3개의 행이 있는 행렬에 대해, 기본행연산 1, 2, 3을 행렬로 표현하여라.

3. 기본행연산 1, 2, 3에 해당하는 행렬이 가역행렬임을 보여라.

4. 가역행렬은 기본행연산들에 의해 상삼각행렬로 변환될 수 있음을 보여라.

5. $n \times n$ 행렬 A, B가 모두 가역일 때, 다음이 성립함을 보여라.

   (1) $(AB)^{-1} = B^{-1}A^{-1}$
   (2) $(A^T)^{-1} = (A^{-1})^T$임을 보여라.

6. $n \times n$ 행렬 A가 어떤 양의 정수 k에 대하여 $A^k = O$을 만족하면,

$$(I_n - A)^{-1} = I_n + A + + A^{k-1}$$

임을 보여라.

7. $n \times n$상삼각행렬(또는 하삼각행렬) A에 대해

$$(A)_{ii} = 1, \quad i = 1, \cdots, n$$

이 성립하면, A는 가역임을 보여라.

5절 행렬식

미지수의 개수와 방정식의 개수가 같은 연립일차방정식, 즉 계수행렬이 정사각행렬인 경우에서, 가우스 소거법을 되돌아보자. 가우스 소거법은 기본행연산을 이용하여 계수행렬이 상삼각행렬이 되도록 하는 것이다. 이때, 상삼각행렬의 대각성분이 모두 0이 아니라면, 가우스-조르단 소거법으로 발전하여, 이 연립방정식의 해를 찾을 수 있었다.

하지만, 만일 상삼각행렬 중에서 대각성분이 0인 것이 있다면 어떻게 될까? 이 경우, 아래에서 위로 대입하여 올라가면, 다음과 같은 결과를 얻게 된다.

$$
\begin{pmatrix}
a_{11}x_1 + a_{12}x_2 + \cdots + a_{1n}x_n = & a_{1,\,n+1} \\
a_{22}x_2 + \cdots + a_{2n}x_n = & a_{2,\,n+1} \\
\vdots \\
0a_k \qquad\qquad = a_{k,\,n+1} - a_{k,\,k+1} - \cdots - a_{kn}x_n \\
\vdots \\
a_{nn}x_n
\end{pmatrix}
$$

따라서, 대입한 결과에 따라

$$0x_k = 0 \text{ 또는 } 0x_x \neq 0$$

이라는 상황과 마주하게 된다. 즉, x_k는 어떤 실수도 될 수 있거나, 어떤 실수도 될 수 없다. 어떤 경우에도 연립방정식이 "유일한 해"를 갖는다고 할 수 없다.

이런 상황은 왜 발생하여, 가우스 소거법을 사용하기 전에 이런 상황을 알아낼 수 없을까? 우리는 행렬식(determinant)를 이용하여 이 사실을 확인하려고 한다.

미지수가 두 개인 연립일차 방정식을 생각해 보자.

$$\begin{pmatrix} ax + by = p \\ cx + dy = q \end{pmatrix}$$

이 경우, 기하적인 지식을 이용하면, 각각의 방정식은 평면에서 직선을 의미하고, 연립방정식의 해는, 위의 두 직선의 교점을 의미한다. 이때, 유일한 교점을 갖는 경우는 두 직선이 평행하지 않은 경우이다. 만일 두 직선이 평행하면, 두 직선이 겹쳐서 무수히 많은 교점을 갖거나, 교점이 발생하지 않는다. 즉, 위에서 확인한, 가우스 소거법에 의해 만들어지는 상삼각행렬에서 대각성분이 0이 되는 경우이다.

이를 확인해 보자. 만일 두 직선이 평행하다면, 두 직선의 기울기가 같다. 따라서 $b = d = 0$ 이거나, $-\dfrac{a}{b} = -\dfrac{c}{d}$ 이다. 두 경우 모두 $ad = bc$ 를 만족한다. 이제, 기본행연산 $aE_2 \to -cE_2$, $E_1 + E_2 \to E_2$ 를 통해

$$\begin{pmatrix} ax + by = & p \\ 0y = & aq - cp \end{pmatrix}$$

를 얻는다.

미지수가 두 개인 연립일차방정식에서 두 직선이 평행하는지를 확인하는 값 $ad - bc$ 는 방정식을 이루는 두 미지수가 각각의 방정식에 참여하는 비율의 차이를 의미한다. 이 비율이 차이가 없으면, 두 미지수는 모든 방정식에 같은 비율로 기여하므로 하나의 미지수로 취급할 수 있다.[8)]

$$ad = bc \quad \Rightarrow \quad X = ax + by, \quad \frac{a}{c}X = cx + dy$$

따라서 미지수 X 의 값이 유일하게 결정되어도, 실제 미지수 x, y 의 값은 어떤 값인지 하나로 결정할 수 없다.

이 비율의 차이를 계수행렬의 행렬식으로 정의한다.

> **정의 12**
>
> 2차 정사각행렬 $A = \begin{pmatrix} a & b \\ c & d \end{pmatrix}$ 의 행렬식을 다음과 같이 정의한다.
>
> $$\det A = ad - bc$$
>
> 행렬의 성분을 강조하는 경우 다음과 같이 표현한다.
>
> $$\det \begin{pmatrix} a & b \\ c & d \end{pmatrix} = \begin{vmatrix} a & b \\ c & d \end{vmatrix}$$

이러한 미지수의 비율은 여러 개의 미지수가 있는 경우에도 사용된다. 이를 위해 다음의 용어를 정의하자.

---

8) 시중에 판매되는 밀키트의 경우, 여러 재료로 이루어져 있지만, 일정한 비율로 섞이면 "밀푀유 나베"라는 새로운 식재료로 불린다. 대, 중, 소 크기 차이만 있을뿐.

$n \times n$사각행렬 $A = (a_{ij})$에서, A의 i번째 행과 j번째 열을 제외한 $(n-1) \times (n-1)$ 행렬

$$\begin{pmatrix} a_{11} & a_{12} & \cdots & a_{1j} & \cdots \\ a_{21} & a_{22} & \cdots & a_{2j} & \cdots \\ \vdots & \vdots & & \vdots & \cdots & \vdots \\ a_{i1} & a_{i2} & & a_{ij} & \\ \vdots & \vdots & & \vdots & \cdots & \vdots \\ a_{m1} & a_{m2} & \cdots & a_{mj} & \cdots \end{pmatrix}$$

을 원소 a_{ij}에 대한 의 소행렬(minor matrix)이라 하고 $A[i \mid j]$라고 표기하자. 이때,

$$A_{ij} = (-1)^{i+j} \det A[i \mid j]$$

를 원소 a_{ij}의 여인수(cofactor)라고 정의한다.

이해를 돕기 위해 $j = 1$인 경우에 대해 생각해 보자. 우리는 x_1과 나머지 미지수 $x_2, \cdots, x_n$이 이 연립방정식에 참여하는 비율을 모든 방정식에 대해 계산하여, 그 비율의 차이가 없으면 x_1은 나머지 미지수와 합쳐진 미지수라고 판정하려고 한다. 미지수 $x_2, \cdots, x_n$의 비율의 차이를 계산할 수 있다면, 우리는 전체적인 미지수의 참여 비율의 차이를 구할 수 있다. 우리는 그 값을 A의 행렬식으로 정의한다.

n차 정사각행렬 $A = (a_{ij})$의 행렬식을 다음과 같이 정의한다.

$$\det A = \sum_{j=1}^{n} (j=1) a_{1j} A_{1j} = \sum_{j=1}^{n} (-1)^{1+j} a_{1j} \det A[1 \mid j]$$

행렬식은 다른 행을 써도 계산이 가능하며, 심지어 열을 이용하여도 가능하다.

행렬식은 다음과 같이 계산될 수 있다.

$$\det A = \sum_{j=1}^{n} a_{ij} A_{ij} = \sum_{i=1}^{n} a_{ij} A_{ij}$$

3차 정사각행렬

$$A = \begin{pmatrix} a_{11} & a_{12} & a_{13} \\ a_{21} & a_{22} & a_{23} \\ a_{31} & a_{32} & a_{33} \end{pmatrix}$$

의 행렬식은 다음과 같다.

$$\det A = \begin{vmatrix} a_{11} & a_{12} & a_{13} \\ a_{21} & a_{22} & a_{23} \\ a_{31} & a_{32} & a_{33} \end{vmatrix} = a_{11} \begin{vmatrix} a_{22} & a_{23} \\ a_{32} & a_{33} \end{vmatrix} - a_{12} \begin{vmatrix} a_{21} & a_{23} \\ a_{31} & a_{33} \end{vmatrix} + a_{13} \begin{vmatrix} a_{21} & a_{22} \\ a_{31} & a_{32} \end{vmatrix}$$

$$= a_{11}(a_{22}a_{33} - a_{23}a_{32}) - a_{12}(a_{21}a_{33} - a_{23}a_{31}) + a_{13}(a_{21}a_{32} - a_{22}a_{31}) \quad \blacksquare$$

예제 6 3차 정사각행렬 A의 행렬식을 다음과 같이 계산할 수 있다.

$$\begin{vmatrix} 2 & 1 & 0 \\ 3 & 2 & -1 \\ 4 & -2 & 3 \end{vmatrix} = 2 \begin{vmatrix} 2 & -1 \\ -2 & 3 \end{vmatrix} - 1 \begin{vmatrix} 3 & -1 \\ 4 & 3 \end{vmatrix} + 0 \begin{vmatrix} 3 & 2 \\ 4 & -2 \end{vmatrix}$$

$$= 2 \times 4 - 1 \times 13 + 0 \times (-14) = -5$$

이 값을 다른 행을 이용하여도 얻을 수 있다. 2행을 이용하면 다음과 같다.

$$-3 \begin{vmatrix} 1 & 0 \\ -2 & 3 \end{vmatrix} + 2 \begin{vmatrix} 2 & 0 \\ 4 & 3 \end{vmatrix} + 1 \begin{vmatrix} 2 & 1 \\ 4 & -2 \end{vmatrix} = -9 + 12 - 8 = -5$$

3열을 이용한 계산도 동일하다.

$$0 \begin{vmatrix} 3 & 2 \\ 4 & -2 \end{vmatrix} + 1 \begin{vmatrix} 2 & 1 \\ 4 & -2 \end{vmatrix} + 3 \begin{vmatrix} 2 & 1 \\ 3 & 2 \end{vmatrix} = -5$$

따라서, 0을 제일 많이 포함한 행이나 열을 고르면 행렬식 계산이 더 수월하다. $\quad \blacksquare$

행렬식은 다음과 같은 성질을 갖는다. 특히 다음 성질들은 기본행연산과 관련되어 있음을 잊지 말자.

정리 2

정사각행렬 A의 한 행(또는 열)에 실수 k를 곱하여 얻어진 행렬을 B라고 하면, 다음 등식이 성립한다.

$$\det B = k \det A$$

[증명] 행렬 B의 i번째 행이 A의 i번째 행의 k배라고 하자. ($b_{ij} = ka_{ij}, j = 1, \cdots, n$) 행렬 B의 i번째 행을 이용하여 행렬식을 계산하면 원하는 결과를 얻는다.

$$\det B = b_{i1}B_{i1} + b_i 2B_{i2} + \cdots + b_{in}B_{in}$$
$$= ka_{i1}A_{i1} + ka_{i2}A_{i2} + + ka_{in}A_{in}$$
$$= k(a_{i1}A_{i1} + a_{i2}A_{i2} + + a_{in}A_{in}) = k \det A \qquad \blacksquare$$

정리 3

정사각행렬 $A = (a_{ij})$, $B = (b_{ij})$, $C = (c_{ij})$가 어떤 t에 대해 다음을 만족한다고 가정하자.

$$a_{ij} = \begin{cases} b_{ij} + c_{ij} & i = t \\ b_{ij} = c_{ij} & i \neq t \end{cases}$$

이때 다음 등식이 성립한다.

$$\det A = \det B + \det C$$

[증명] 위의 가정에 의해, $A[t \mid j] = B[t \mid j] = C[t \mid j]$이고 따라서 $A_{tj} = B_{tj} = C_{tj}$가 성립한다. 이를 이용하여 t번째 행을 이용하여 행렬식을 계산하면 다음과 같다.

$$\det A = a_{t1}A_{t1} + a_{t2}A_{i2} + \cdots + a_{tn}A_{tn} = (b_{t1} + c_{t1})A_{t1} + (b_{t2} + c_{t2})A_{i2} + \cdots + (b_{tn} + c_{tn})A_{tn}$$
$$= (b_{t1}A_{t1} + b_{t2}A_{t2} + \cdots + b_{tn}A_{tn}) + (c_{t1}A_{t1} + c_{t2}A_{t2} + \cdots + c_{tn}A_{tn})$$
$$= (b_{t1}B_{t1} + b_{t2}B_{t2} + \cdots + b_{tn}B_{tn}) + (c_{t1}C_{t1} + c_{t2}C_{t2} + \cdots + c_{tn}C_{tn})$$
$$= \det B + \det C \qquad \blacksquare$$

예10 위의 결과를 이용하면 다음 행렬식을 좀 더 간단하게 구할 수 있다.

$$\begin{vmatrix} 2 & 1 & -3 \\ 3 & 9 & 6 \\ 4 & 2 & 6 \end{vmatrix} = 3 \begin{vmatrix} 2 & 1 & -3 \\ 1 & 3 & 2 \\ 4 & 2 & 6 \end{vmatrix} = 3 \times 2 \begin{vmatrix} 2 & 1 & -3 \\ 1 & 3 & 2 \\ 2 & 1 & 3 \end{vmatrix}$$

$$\begin{vmatrix} 2+3 & 4+2 & 5-3 \\ 2 & 3 & -4 \\ 2 & 1 & 3 \end{vmatrix} = \begin{vmatrix} 2 & 4 & 5 \\ 2 & 3 & -4 \\ 2 & 1 & 3 \end{vmatrix} + \begin{vmatrix} 3 & 2 & -3 \\ 2 & 3 & -4 \\ 2 & 1 & 3 \end{vmatrix} \qquad \blacksquare$$

정사각행렬 A의 두 행(또는 열)을 서로 교환하여 만들어진 행렬을 B라고 하면 다음 등식이 성립한다.

$$\det B = -\det A$$

위의 결과를 바로 보이기는 쉽지 않으므로, 다음의 가장 쉬운 경우를 먼저 증명해 보도록 하자.

보조정리 1

정사각행렬 A의 인접한 두 행(또는 열)을 서로 교환하여 만들어진 행렬을 B라고 하면 다음 등식이 성립한다.

$$\det B = -\det A$$

[증명] i번째 행과 $(i+1)$번째 행을 교환하여 만들어진 두 행렬은 다음과 같다.

$$A = \begin{pmatrix} a_{11} & a_{12} & \cdots & a_{1j} & \cdots & a_{1n} \\ a_{21} & a_{22} & \cdots & a_{2j} & \cdots & a_{2n} \\ \vdots & \vdots & & \vdots & \cdots & \vdots \\ a_{i1} & a_{i2} & \cdots & a_{ij} & \cdots & a_{in} \\ a_{i+1,1} & a_{i+1,2} & \cdots & a_{i+1,j} & \cdots & a_{i+1n} \\ \vdots & \vdots & & \vdots & \cdots & \vdots \\ a_{m1} & a_{m2} & \cdots & a_{mi} & \cdots & a_{mn} \end{pmatrix}, \quad B = \begin{pmatrix} a_{11} & a_{12} & \cdots & a_{1j} & \cdots & a_{1n} \\ a_{21} & a_{22} & \cdots & a_{2j} & \cdots & a_{2n} \\ \vdots & \vdots & & \vdots & \cdots & \vdots \\ a_{i+1,1} & a_{i+1,2} & \cdots & a_{i+1,j} & \cdots & a_{i+1n} \\ a_{i1} & a_{i2} & \cdots & a_{ij} & \cdots & a_{in} \\ \vdots & \vdots & & \vdots & \cdots & \vdots \\ a_{m1} & a_{m2} & \cdots & a_{mi} & \cdots & a_{mn} \end{pmatrix}$$

이제, 같은 성분을 갖는 행, 행렬 A의 i번째 행과, 행렬 B의 $(i+1)$번째 행을 지우는 소행렬은 동일한 행렬이 되며,

$$A[1 \mid j] = \begin{pmatrix} a_{11} & a_{12} & \cdots & a_{1j} & \cdots & a_{1n} \\ a_{21} & a_{22} & \cdots & a_{2j} & \cdots & a_{2n} \\ \vdots & \vdots & & & \cdots & \vdots \\ \overline{a_{i1}} & \overline{a_{i2}} & \cdots & \overline{a_{ij}} & \cdots & \overline{a_{in}} \\ a_{i+1,1} & a_{i+1,2} & \cdots & a_{i+1,j} & \cdots & a_{i+1n} \\ \vdots & \vdots & & & \cdots & \vdots \\ a_{m1} & a_{m2} & \cdots & a_{mi} & \cdots & a_{1n} \end{pmatrix}$$

$$B[i+1\,|\,j] = \begin{pmatrix} a_{11} & a_{12} & \cdots & a_{1j} & \cdots & a_{1n} \\ a_{21} & a_{22} & \cdots & a_{2j} & \cdots & a_{2n} \\ \vdots & \vdots & & \vdots & \cdots & \vdots \\ a_{i+1,1} & a_{i+1,2} & \cdots & a_{i+1,j} & \cdots & a_{i+1n} \\ a_{i1} & a_{i2} & \cdots & a_{ij} & \cdots & a_{in} \\ \vdots & \vdots & & \vdots & \cdots & \vdots \\ a_{m1} & a_{m2} & \cdots & a_{mi} & \cdots & a_{1n} \end{pmatrix}$$

여인자의 부호는 달라진다.

$$A_{ij} = (-1)^{i+j}\det A[i\,|\,j], \quad B_{i+1,j} = (-1)^{i+j+1}\det B[i+1\,|\,j] = -A_{ij}$$

따라서, 두 행렬의 행렬식은 다음과 같이 계산된다.

$$\det A = a_{i1}A_{i1} + a_{i2}A_{i2} + \cdots + a_{in}A_{in}$$
$$= -(a_{i1}B_{i+1,1}\,a_{i2}B_{i+1,2} + \cdots + a_{in}B_{i+1,n}) = -\det B$$

[정리의 증명] 임의의 $i < j$번째 행을 서로 교환한다고 하자. 이는 인접한 두 행의 교환을 $2(j-i)-1$번 시행함으로 얻을 수 있다.

① i행을 $(i+1), \cdots (j-1), j$번째 행과 순차적으로 교환. $(j-i)$번의 교환

② j행을 $(j-1), \cdots, (i+1)$ 번째 행과 순차적으로 교환. $(j-i)-1$번의 교환

인접한 두 행의 교환이 $2(j-i)-1$번 발생하므로, 행렬식도 $(-1)^{2(j-i)-1} = -1$만큼 곱해진다. ∎

예11 두 행을 서로 교환하면 다음과 같이 행렬식이 변한다.

$$\begin{vmatrix} 2 & 1 & -3 \\ 3 & 0 & 4 \\ 4 & 2 & 6 \end{vmatrix} = -\begin{vmatrix} 3 & 0 & 4 \\ 2 & 1 & -3 \\ 4 & 2 & 6 \end{vmatrix} = \begin{vmatrix} 3 & 0 & 4 \\ 4 & 2 & 6 \\ 2 & 1 & -3 \end{vmatrix}$$ ∎

따름정리 3

정사각행렬 A의 두 행(또는 열)이 동일하면, 이 행렬의 행렬식은 0이다.

예12 다음 행렬식도 좀 더 간단히 계산할 수 있다.

$$\begin{vmatrix} 2+4k & 1+2k & -3+6k \\ 3 & 0 & 4 \\ 4 & 2 & 6 \end{vmatrix} = \begin{vmatrix} 2 & 1 & -3 \\ 3 & 0 & 4 \\ 4 & 2 & 6 \end{vmatrix} + k\begin{vmatrix} 4 & 2 & 6 \\ 3 & 0 & 4 \\ 4 & 2 & 6 \end{vmatrix} = \begin{vmatrix} 2 & 1 & -3 \\ 3 & 0 & 4 \\ 4 & 2 & 6 \end{vmatrix}$$ ∎

위의 결과를 종합하면 다음과 같다.

행렬 A에 대해 다음의 기본행연산을 시행하면, 다음과 같이 행렬식이 바뀐다.

기본행변환　　　행렬식 변화

$(R_i \leftrightarrow R_j)$ 　　　$\times (-1)$

$(kR_i \rightarrow R_i)$ 　　　$\times k$

$(R_i + kR_j \rightarrow R_i)$ 　$\times 1$

이때, 위의 기본 행 변환은 단위행렬에 해당 기본행변환을 시행한 행렬과 같다.

$$
\begin{pmatrix}
1_{11} & 0 & \cdots & 0 & \cdots & 0 \\
0 & 1_{22} & \cdots & 0 & \cdots & 0 \\
\vdots & \vdots & & \vdots & \cdots & \vdots \\
0 & 0 & \cdots & 1_{ij} & & 0 \\
\vdots & \vdots & & \vdots & \cdots & \vdots \\
0 & 0 & 1_{ji} & 0 & & \\
\vdots & \vdots & & \vdots & \cdots & \vdots \\
0 & 0 & \cdots & 0 & \cdots & 1_{nn}
\end{pmatrix}
\begin{pmatrix}
1_{11} & 0 & \cdots & 0 & \cdots & 0 \\
0 & 1_{22} & \cdots & 0 & \cdots & 0 \\
\vdots & \vdots & & \vdots & \cdots & \vdots \\
0 & 0 & \cdots & k_{ij} & \cdots & 0 \\
0 & 0 & \cdots & 0 & \cdots & 0 \\
\vdots & \vdots & & \vdots & \cdots & \vdots \\
0 & 0 & \cdots & 0 & \cdots & 1_{nn}
\end{pmatrix}
\begin{pmatrix}
1_{11} & 0 & \cdots & 0 & \cdots & 0 \\
0 & 1_{22} & \cdots & 0 & \cdots & 0 \\
\vdots & \vdots & & \vdots & \cdots & \vdots \\
0 & 0 & k_{ij} & 1_{ij} & \cdots & 0 \\
\vdots & \vdots & & \vdots & \cdots & \vdots \\
0 & 0 & \cdots & 0 & \cdots & 1_{nn}
\end{pmatrix}
$$

$\quad\quad (R_i \leftrightarrow R_j) \quad\quad\quad\quad\quad (kR_i \rightarrow R_i) \quad\quad\quad\quad (R_i + kR_j \rightarrow R_i)$

단위행렬의 행렬식이 1이므로, 위의 행렬의 행렬식은 각각 -1, k, 1이다. 따라서, 우리는 다음 결과를 얻는다.

> **보조정리 2**
>
> 정사각행렬 M이 기본행연산을 의미하는 행렬일 때, 같은 차원의 임의의 정사각행렬 A에 대해 다음이 성립한다.
>
> $$\det MA = \det M \cdot \det A$$

이제 일반적인 행렬에 대해 다음 사실을 증명하도록 하자.

> **정리 5**
>
> 크기가 같은 두 정사각행렬 A, B에 대해 다음이 성립한다.
>
> $$\det AB = \det A \cdot \det B$$

임의의 정사각행렬 A가 있을 때, 다음을 만족하는 상삼각행렬 T를 찾을 수 있다.

$$A = M_r \cdots M_1 T, \qquad M_i: \text{기본행연산 행렬}$$

만일 A가 가역행렬이면, $T = I_n$이다.

[증명] 위의 보조정리는 가우스 소거법과 가우스 조르단 소거법을 행렬의 표현으로 쓴 것이다.
■

임의의 행렬 A가 가역행렬이라는 사실은 $\det A \neq 0$과 동치이다.

[증명] A가 가역행렬이면, $\det A = \left(\prod \det M_i \right) \cdot \det I_n$은 1, -1, 또는 k의 곱이므로 0이 아니다. A가 가역행렬이 아니면, $\det A = \left(\prod \det M_i \right) \cdot \det T$에서, T의 대각성분 중 0인 성분이 존재한다. 따라서 $\det T = 0$이므로 $\det A = 0$이다.
■

이제 곱과 행렬식의 관계를 증명해보자. 이번 절에서는 A가 가역인 경우만 다루도록 하자.

[정리 1의 증명] A가 가역행렬이므로 보조정리에 의해

$$A = M_r \cdots \cdots M_1 I_n$$

를 만족하는 기본 행연산 행렬 $M_1, \cdots, M_r$을 찾을 수 있다. 보조정리에 의해

$$\det A = \prod \det M_i, \ \det AB = \prod \det M_i \cdot \det B$$

이므로, 원하는 결과를 얻는다.
■

연습문제 5

1. 다음 행렬이 가역인가를 결정하고, 가역이면 그 역행렬을 구하여라.

(1) $A = \begin{pmatrix} 0 & 3 \\ -4 & 1 \end{pmatrix}$ (2) $B = \begin{pmatrix} 2 & 3 \\ 4 & 6 \end{pmatrix}$

(1) $C = \begin{pmatrix} 2 & 0 \\ 0 & 3 \end{pmatrix}$ (4) $D = \begin{pmatrix} 1 & 2 \\ 0 & 3 \end{pmatrix}$

2. 행렬 $A = \begin{pmatrix} 1 & 2 & -3 \\ 4 & 3 & 0 \\ 2 & 2 & -5 \end{pmatrix}$에 대해 다음을 계산하여라.

(1) 소행렬 $A[i \mid j]$와 여인수 A_{ij}를 모두 구하여라.

(2) 제 3행을 이용하여 행렬식을 계산하여라.

(3) 제 2열을 이용하여 행렬식을 계산하여라.

3. 다음 행렬식을 계산하여라.

(1) $\begin{vmatrix} 1 & 0 & 0 \\ 0 & 2 & 0 \\ 0 & 0 & 3 \end{vmatrix}$ (2) $\begin{vmatrix} 1 & 2 & 3 \\ 0 & 4 & 5 \\ 0 & 0 & 6 \end{vmatrix}$ (3) $\begin{vmatrix} 1 & 2 & -3 \\ 2 & 5 & 7 \\ 2 & 4 & -6 \end{vmatrix}$

(4) $\begin{vmatrix} 0 & -2 & 3 \\ 0 & 4 & -7 \\ 0 & 5 & 2 \end{vmatrix}$ (5) $\begin{vmatrix} 2 & 2 & 0 & 0 \\ -1 & 4 & 2 & 0 \\ 2 & 4 & 0 & 0 \\ 2 & 0 & -4 & 1 \end{vmatrix}$ (6) $\begin{vmatrix} 0 & 2 & 3 & 0 & 1 \\ 1 & 4 & 0 & -2 & 0 \\ 0 & 5 & 2 & -3 & 3 \\ 0 & 0 & 0 & 4 & 1 \\ 0 & 0 & 0 & 0 & 1 \end{vmatrix}$

4. 행렬 $A = \begin{pmatrix} a_{11} & a_{12} & a_{13} \\ a_{21} & a_{22} & a_{23} \\ a_{31} & a_{32} & a_{33} \end{pmatrix}$의 행렬식의 값이 1일 때 다음을 구하여라.

(1) $\begin{vmatrix} 2a_{11} & 2a_{12} & 2a_{13} \\ a_{21} & a_{22} & a_{23} \\ a_{31} & 3a_{32} & 3a_{33} \end{vmatrix}$ (2) $\begin{vmatrix} a_{31} & a_{32} & a_{33} \\ a_{11} & a_{12} & a_{13} \\ a_{21} & a_{22} & a_{23} \end{vmatrix}$

(3) $\begin{vmatrix} a_{11} & a_{12} & a3 \\ a_{21} + 3a_{11} & a_{22} + 3a_{12} & a_{23} + 3a_{13} \\ a_{31} - 5a_{21} & a_{32} - 5a_{22} & a_{33} - 5a_{23} \end{vmatrix}$

(4) $\begin{vmatrix} a_{11} & a_{21} & a_{31} \\ 2a_{13} & 2a_{23} & 2a_{33} \\ 3a_{12} & 3a_{22} & 3a_{32} \end{vmatrix}$

5. 임의의 $n \times n$행렬 A와 실수 k에 대하여 $\det(kA) = k^n \det A$가 성립함을 보여라.

6. 상삼각행렬

$$A = \begin{pmatrix} a_{11} & a_{12} & a_{13} & \cdots & a_{1n} \\ 0 & a_{22} & a_{23} & \cdots & a_{2n} \\ 0 & 0 & a_{33} & \cdots & a_{3n} \\ \vdots & \vdots & \vdots & \ddots & \vdots \\ 0 & 0 & 0 & \cdots & a_{nn} \end{pmatrix}$$

의 행렬식은 $\det A = a_{11}a_{22}\cdots a_{nn}$임을 보여라.

7. 단위행렬 I_n의 행렬식은 모든 자연수 n에 대하여 $\det I_n = 1$이 됨을 보여라.

8. 정방행렬 A가 가역이면 $\det A^{-1} = \dfrac{1}{\det}A$가 성립함을 보여라.

9. n차 정사각행렬 A, B가 모두 가역행렬이면 $\det A = \det(BAB^{-1})$가 성립함을 보여라.

참고 2 행렬식의 응용법

다음 행렬식의 응용법은 많은 분야에서 사용되는 도구이다. 증명없이 내용만 소개 하도록 하자.

■ 역행렬의 계산

n차 정사각행렬 A에 대해 다음과 같이 여인수를 배열한 행렬을 A의 여인수행렬이라고 하고, 이 행렬의 전치행렬을 A의 수반행렬(adjoint of A)이라고 부른다.

$$\mathrm{adj}A = \begin{pmatrix} A_{11} & A_{21} & \cdots & A_{n1} \\ A_{12} & A_{22} & \cdots & A_{n2} \\ \vdots & \vdots & & \vdots \\ A_{1n} & A_{2n} & \cdots & A_{nn} \end{pmatrix}$$

수반행렬은 다음과 같은 성질을 갖는다.

정리 6

임의의 정사각행렬 A에 대해 다음이 성립한다.

$$(\mathrm{adj}A)A = (\det A)\cdot I_n$$

따라서, $\det A \neq 0$이면

$$A^{-1} = \frac{1}{\det A}\mathrm{adj}A$$

이다.

예13 행렬 $A = \begin{pmatrix} 2 & 1 & -3 \\ 4 & 3 & -2 \\ 3 & 5 & 0 \end{pmatrix}$의 수반행렬은 $\text{adj}A = \begin{pmatrix} 10 & -15 & 7 \\ -6 & 9 & -8 \\ 11 & -7 & 2 \end{pmatrix}$이다. ∎

예14 행렬 $A = \begin{pmatrix} 2 & 6 & 2 \\ 0 & 1 & -1 \\ 2 & 3 & 7 \end{pmatrix}$의 행렬식은 $\det A = 4$이다. 따라서

$$\text{adj}A = \begin{pmatrix} 10 & -36 & -8 \\ -2 & 10 & 2 \\ -2 & 6 & 2 \end{pmatrix}, \quad A^{-1} = \begin{pmatrix} \dfrac{5}{2} & -9 & -2 \\ -\dfrac{1}{2} & \dfrac{5}{2} & \dfrac{1}{2} \\ -\dfrac{1}{2} & \dfrac{3}{2} & \dfrac{1}{2} \end{pmatrix}$$

∎

■ 연립일차방정식의 풀이

정리 7 크라메르의 공식(Cramer's rule)

가역행렬 A를 계수행렬로 갖는 연립일차방정식

$$\begin{pmatrix} a_{11}x_1 & + & a_{12}x_2 & + & \cdots & + & a_{1n}x_n & = & b_1 \\ a_{21}x_1 & + & a_{22}x_2 & + & \cdots & + & a_{2n}x_n & = & b_2 \\ \vdots & & \vdots & & & & \vdots & & \vdots \\ a_{n1}x_1 & + & a_{n2}x_2 & + & \cdots & + & a_{nn}x_n & = & b_n \end{pmatrix}$$

의 해는 다음과 같이 계산된다.

행렬 A의 i번째 열을 방정식의 상수항과 바꾼 행렬을

$$B_i = \begin{pmatrix} a_{11} & \cdots & a_{1i} & b_1 & a_{1,i+1} & \cdots & a_{1n} \\ a_{21} & \cdots & a_{2i} & b_2 & a_{2,i+1} & \cdots & a_{2n} \\ \vdots & & \vdots & & & & \vdots \\ a_{n1} & \cdots & a_{ni} & b_n & a_{n,i+1} & \cdots & a_{nn} \end{pmatrix}$$

일 때,

$$x_i = \frac{\det B_i}{\det A}, \quad i = 1, \cdots, n$$

$$\begin{cases} x_1 + 2x_2 + 3x_3 = 6 \\ x_1 + x_2 + 2x_3 = 5 \\ x_2 + 2x_n = 4 \end{cases}$$

을 크라메르의 공식을 이용하여 계산하면 다음과 같다.

$$\det B_1 = \begin{vmatrix} 6 & 2 & 3 \\ 5 & 1 & 2 \\ 4 & 1 & 2 \end{vmatrix} = -1, \ \det B_2 = \begin{vmatrix} 1 & 6 & 3 \\ 1 & 5 & 2 \\ 0 & 4 & 2 \end{vmatrix} = 2, \ \det B_3 = \begin{vmatrix} 1 & 2 & 6 \\ 1 & 1 & 5 \\ 0 & 1 & 4 \end{vmatrix} = -3$$

이므로 주어진 연립방정식의 해는

$$x_1 = 1, \ x_2 = -2, \ x_3 = 3$$

이다. ∎

6절 행렬과 일차변환

위에서 학습한 일차방정식의 모습을 행렬로 살펴 보면 다음과 같다.

$$AX = B$$

이때, 연립일차방정식은 위를 만족하는 X의 성분을 찾는 것이다. 다시 말해,

행렬 X에 행렬 A를 왼쪽에서 곱했을 때, 행렬 B를 얻었다. X는 무엇인가?

를 묻는 것이다. 우리가 "수학적 모델링"을 이용하여 답을 찾고자 할 때 전형적으로 등장하는 물음이다. 어떤 함수가 있을 때, 그 함수를 적용한 결과가 원하는 값이 되기 위한 입력값을 찾는 것이다.

다시 말해, 연립일차방정식은 A라는 행렬을 곱하는 것을 함수로 보았을 때, 원하는 결과 B를 얻을 수 있는 X를 찾는 문제이다. 그렇다면, A라는 행렬을 곱하는 것을 함수로 이해해 보자.

이전 내용에서, $m \times n$ 행렬 A는 자신의 열과 같은 개수의 행을 갖는 행렬과 곱할 수 있다고 배웠다. 따라서 우리는 다음과 같이 함수를 만들 수 있다.

$$f_A : \{X \mid n \times \ell \ \text{행렬}\} \rightarrow \{B \mid m \times \ell \ \text{행렬}\}, \ X \mapsto AX$$

이러한 함수를 좀 더 달 이해하기 위해 $\ell = 1$인 경우, 즉 우리가 연립일차방정식으로 이해했던 경우에 대해서만 살펴보도록 하자.[9] 이때, $n \times 1$행렬은 n차원 공간의 점의 좌표를 세로로 쓴 것이라 생각하면 더욱 이해하기 쉽다.

만일 $X = \begin{pmatrix} x_1 \\ \vdots \\ x_n \end{pmatrix}$이라고 하면,

$$f_A(X) = AX = \begin{pmatrix} a_{11}x_1 & + & a_{12}x_2 & + & \cdots & + & a_{1n}x_n \\ a_{21}x_1 & + & a_{22}x_2 & + & \cdots & + & a_{2n}x_n \\ & & & \vdots & & \vdots & \vdots \\ a_{n1}x_1 & + & a_{n2}x_2 & + & \cdots & + & a_{nn}x_n \end{pmatrix}$$

이 된다. 모든 결과가 일차다항식과 같이 나타나므로, 이러한 변환을 일차변환이라고 한다.

예16 $A = \begin{pmatrix} 1 & 0 \\ 0 & 1 \end{pmatrix}$로 정의되는 일차변환은 2×1 행렬의 집합에서 정의되는 항등함수이다. ■

예17 2×1 행렬이 평면 위의 점의 x, y좌표를 의미한다고 생각하면, 평면에서

$$A = \begin{pmatrix} 2 & 0 \\ 0 & \dfrac{1}{2} \end{pmatrix}$$

로 정의된 일차변환은 x축 방향으로 2배 늘리고, y축 방향으로 절반으로 압축하는 변환이다.

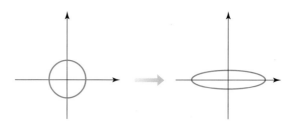

예18 평면에서 $A = \begin{pmatrix} \cos\theta & -\sin\theta \\ \sin\theta & \cos\theta \end{pmatrix}$원점을 중심으로 하여, 반시계방향으로 θ만큼 회전시키는 회전변환이다.

---

9) 나중에 선형대수를 배운다면, 이 함수가 두 벡터공간 사이에서 정의되는 함수임을 알게 될 것이다.

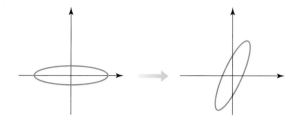

이 함수의 행렬의 곱이 갖는 특징을 그대로 갖는다. 특히 두 가지 성질을 주목하자.

정리 8

$m \times n$행렬에 대해 정의되는 함수

$$f_A : \{X \,|\, n \times 1 \text{행렬}\} \rightarrow \{B \,|\, m \times 1 \text{행렬}\}, \ X \mapsto AX$$

은 다음 성질을 만족한다.

① $f_A(X_1 + X_2) = f_A(X_1) + f_A(X_2)$

② $f_A(kX) = k \cdot f_A(X)$

만일 A'이 $k \times m$이면 다음이 성립한다.

③ $f_{A'} \circ f_A(X) = f_{A'A}(X)$

특히 A가 정사각행렬일 경우 다음 사실을 확인할 수 있다.

정리 9

$n \times n$행렬에 대해 정의되는 함수

$$f_A : \{X \,|\, n \times 1 \text{행렬}\} \rightarrow \{B \,|\, m \times 1 \text{행렬}\}, \ X \mapsto AX$$

은 다음 성질을 만족한다.

① A가 가역행렬이라는 사실과 f_A가 일대일대응이라는 사실은 동치이다.

② A가 가역행렬이라는 사실과 f_A가 일대일함수라는 사실은 동치이다.

③ A가 가역행렬이라는 사실과 f_A가 전사함수라는 사실은 동치이다.

[증명] ① A가 가역행렬이면, A^{-1}에 의해 정의되는 함수 $f_{A^{-1}}$가 f_A의 역함수이다. 따라서, 역

함수가 있는 f_A는 일대일대응(전단사함수)이다.

만일 f_A가 일대일대응이라면, f_A는 전사함수이므로 임의의 $n \times 1$행렬 B에 대해 $f_A(X) = B$를 만족하는 $n \times 1$행렬 X를 찾을 수 있다. 이때 f_A는 일대일함수이므로 이러한 X는 유일하다. 다시 말해, 연립일차방정식 $AX = B$가 유일한 해를 가지므로, A는 가역행렬이다.

② ①의 결과에 의해 f_A가 일대일함수이면 A가 가역행렬임을 보이면 된다. 이때 ①의 증명에서 사용하는 B를 f_A의 치역에서 고르면 동일한 과정에 의해 A는 가역행렬이다.

③ 역시 ①의 결과에 의해 f_A가 전사함수이면 A가 가역행렬임을 보이면 된다. f_A가 전사함수이면, i번째 성분만 1이고 나머지는 0인 행렬 C_i에 대해 $f_A(X_i) = C_i$를 만족하는 X_i를 찾을 수 있다. 따라서, X_i를 i번째 열로 갖는 행렬 M에 대해

$$AM = A(X_1, \cdots, X_n) = (C_1, \cdots, C_n) = I_n$$

이 성립한다. 따라서, $M = A^{-1}$이고, A는 가역행렬이다. ■

이제, 일차변환을 이용하여 우리가 증명하지 못한 마지막 성질을 증명할 수 있다.

> **정리 10**
>
> 크기가 같은 두 정사각행렬 A, B에 대해 다음이 성립한다.
>
> $$\det AB = \det A \det B$$

[증명] $\det A = 0$라고 가정하자. 이때 $\det AB = 0$, 다시 말해 AB도 가역행렬이 아님을 보이자. 이를 증명하기 위해 대우명제를 증명하자. 만일 AB가 가역행렬이라면, 정의에 의해 f_{AB}가 전사함수이다. 성질에 의해 $f_{AB} = f_A \circ f_B$이므로, f_A도 전사함수여야 하고, 정리에 의해 A는 가역행렬이다. ■

이러한 행렬은 "벡터공간의 연산과 호환"되는 함수이므로, 이에 대해서는 벡터공간에 대해 알게 된 이후 학습하기를 권하며, 마지막으로 강화학습(deep learning) 등에 활용되는 다음 예에 대해 소개하는 것으로 행렬 이야기를 마치도록 하자.

마르코프 모델은 하나의 집단에서 여러 개의 상태가 확인되고, 일정한 시간마다 상태 변화

가 고정된 확률에 의해 변화하는 경우에 적용하는 수학적 모델링이다. 다음 예를 살펴 보자.

[예19] 캠퍼스 안에 100명의 학생이 있다. 학기가 시작하는 3월, 20명의 학생이 아르바이트를 하고 있고, 80명의 학생은 아르바이트를 하지 않는다. 통계적으로 볼 때, 매월 아르바이트를 하는 학생 중 절반은 아르바이트를 그만두며, 아르바이트를 하지 않는 학생 중 60%는 새로 아르바이트를 시작한다.

이 경우, 4월에 아르바이트를 하는 학생의 수와 아르바이트를 하지 않는 학생의 수는 다음과 같이 예측할 수 있다.

$$\begin{cases} x_4 = 0.5 \times 20 + 0.6 \times 80 \\ y_4 = 0.5 \times 20 + 0.4 \times 80 \end{cases}$$

5월에 아르바이트를 하는 학생의 수와 아르바이트를 하지 않는 학생의 수는 다음과 같이 예측할 수 있다.

$$\begin{cases} x_5 = 0.5 \times x_4 + 0.6 \times y_4 \\ y_5 = 0.5 \times x_4 + 0.4 \times y_4 \end{cases} \Rightarrow \begin{pmatrix} x_n \\ y_n \end{pmatrix} = \begin{pmatrix} 0.5 & 0.6 \\ 0.5 & 0.4 \end{pmatrix} \begin{pmatrix} x_{n-1} \\ y_{n-1} \end{pmatrix}$$

이 변환은 여러 개의 상태에 해당하는 개체 수를 고정된 상태 변화 확률에 의해 이동하는 상황을 표현하는 경우를 설명하는 모델이다. 이때, 한 번의 변화보다는 여러 번의 변화에 관심을 갖게 된다. 예를 들어, 일년 후 학생들의 아르바이트 현황은 다음과 같이 예측된다.

$$\begin{pmatrix} x \\ y \end{pmatrix} = \begin{pmatrix} 0.5 & 0.6 \\ 0.5 & 0.4 \end{pmatrix}^{12} \begin{pmatrix} 20 \\ 80 \end{pmatrix}$$

이 계산 결과를 정확히 제시하지는 않겠지만, 이 예상값은 학생처 등에게 유용한 참고값이 된다. 만일 아르바이트 학생의 수가 너무 많아지면, 학생의 학습환경 개선을 위해 장학금 지급량을 늘려 학을 장려하는 계획을 세울 수 있고, 반대로 아르바이트 수가 너무 적으면, 학생들의 다양한 사회활동 체험 제공하는 프로그램을 계획할 수 있다. 이렇게 마르코프 모델에서 미래에 대한 예측을 하기 위해 위의 모델을 연속적으로 적용하는 경우 마르코프 연쇄(Markov chain)이라고도 부른다. 마르코프 연쇄의 일반적인 모습은 다음과 같다.

p_{ij} : j번째 상태에 있는 대상이 i번째 상태로 변할 확률

$a_{k,j}$: k번째 시간 주기에 j번째 상태에 있는 대상의 수

일때, 다음과 같이 표현된다.

$$\begin{pmatrix} a_{k,1} \\ \vdots \\ a_{k,n} \end{pmatrix} = P \begin{pmatrix} a_{k-1,1} \\ \vdots \\ a_{k-1,n} \end{pmatrix}, \quad \begin{pmatrix} a_{k,1} \\ \vdots \\ a_{k,n} \end{pmatrix} = P^k \begin{pmatrix} a_{0,1} \\ \vdots \\ a_{n,n} \end{pmatrix}, \quad P = (p_{ij}) \quad \blacksquare$$

[예20] 농도가 30%인 소금물 400 ml와 12%인 소금물 300 ml가 각각 다른 용기에 담겨있다. 매번 두 용기에서 소금물 용액 100 ml를 떠서 옮겨 섞으면, 각 용기 안의 소금은 다음과 같이 변한다.

최초: 1번 용기의 소금의 양 120 g, 2번 용기의 소금의 양 36 g

섞기전 1번 용기의 소금의 양을 x, 2번 용기의 소금의 양을 y라고 하면 1번 용기에 있던 소금 중 75%는 1번 용기에 남고, 25%는 2번 용기로 옮겨지고, 2번 용기에 있던 소금 중 66.66⋯%는 2번 용기에 남고, 33.33⋯%는 1번 용기로 옮겨간다. 따라서,

섞은후 1번 용기의 소금의 양 $= \dfrac{3}{4}x + \dfrac{1}{3}y$, 2번 용기의 소금의 양 $= \dfrac{1}{4}x + \dfrac{2}{3}y$

이다. 이를 마르코프 연쇄에 의해 계산하면, n번 섞은 후 각 용기의 소금의 양은 다음과 같이 계산된다.

$$\begin{pmatrix} x \\ y \end{pmatrix} = \begin{pmatrix} \dfrac{3}{4} & \dfrac{1}{3} \\ \dfrac{1}{4} & \dfrac{2}{3} \end{pmatrix}^n \begin{pmatrix} 120 \\ 36 \end{pmatrix} \qquad \blacksquare$$

1장 집합과 함수

1절 집합

1. (1) $A = \{1, 2, 3, 4, 5\}$
   (2) $B = \{3, 3.5, 4, 4.5, 5, 5.5, 6, 6.5, 7\}$
   (3) $C = \phi$
   (4) $D = \{-1 + i, -1 - i\}$

3. $A \times B = \{(a, x), (a, y), (b, x),$
   $\qquad\qquad (b, y), (c, x), (c, y)\}$

9. $A - B$: A의 원소이지만 B의 원소가 아닌 원소의 모임
   $A \cap B^c$: A의 원소이고 B^c의 원소인 원소의 모임

2절 실수의 성질

1. (1) 아래로 유계
   (2) 위로 유계도 아니고, 아래로 유계도 아니다.
   (3) 유계
   (4) 위로 유계
   (5) 유계

3. (1) 상한: $\sqrt{2}$, 하한: $-\sqrt{2}$
   (2) 상한: $\sqrt{2}$, 하한: $-\sqrt{2}$
   (3) 상한: $\dfrac{1}{3}$, 하한: 0

5. 자연수의 집합이 위로 유계가 아니므로 유리수 $\dfrac{y}{x}$가 상계가 아님을 보이는 n이 있다.

3절 함수

1. 9개

5. (1) -4 (2) 1 (3) -4

7. (1)번

4절 수열

1. (1) $3n - 2$ (2) $\dfrac{2}{9}(10^n - 1)$
   (3) $\dfrac{3 + (-1)^n}{2}$ (4) 11^{n-1}

3. 아래로 유계: (1), (2), (3)
   위로 유계: (1), (2)

9. 부등식 $0 < \dfrac{1}{n^2 2^n} \le \dfrac{1}{2^n}$에 정리 1.3을 적용하면 0으로 수렴함을 증명할 수 있다.

5절 함수의 극한

7. (1) 1 (2) ∞ (3) 없음 (4) 0 (5) 없음

9. (1) 0 (2) ∞ (3) -4 (4) -2 (5) 4

11. n

13. (1) 0 (2) 1 (3) 0 (4) 1

6절 연속함수

5. (1) $f(1) = 2$ (2) $f(2) = \dfrac{1}{3}$ (3) $f(1) = \dfrac{1}{2}$

7. (1) $\delta = \epsilon$이라 하면, $|x - 0| < \delta$일 때
$$|f(x) - 0| = \begin{cases} |x| & x \in \mathbb{Q} \\ 0 & x \in \mathbb{R} - \mathbb{Q} \end{cases}$$
는 어느 경우에도 ϵ보다 작다.

2장 미분법

1절 도함수의 개념

1. 0

3. $b = 1$

5. (1) 2 (2) $\dfrac{1}{2}$

   (3) 2 (4) -1

7. (1) $x = 0$ (2) $x = -2$

2절 도함수의 정의

1. $6x + 1$

3. (1) -4 (2) $-\dfrac{4}{9}$

   (3) $-\dfrac{1}{a + 2}$ (4) 2

5. (1) $f'(x) = 2$ (2) $f'(x) = 6x + 1$

7. $\dfrac{1}{6\sqrt{\pi}}$

3절 고계도함수

1. $f^{(n)}(x) = 0, \ (x \neq 0)$

3. (1) $\dfrac{d^2 y}{dx^2} = -6x + 1$

   (2) $\dfrac{d^2 y}{dx^2} = -\dfrac{1}{2x\sqrt{x}}$

   (3) $\dfrac{d^2 y}{dx^2} = \dfrac{2}{x^3}$

5. (1) $f(x) = f'(x)$이므로, 양변을 미분하면
$f'(x) = f''(x)$이다.
따라서 $f(x) = f'(x) = f''(x)$이다.

4절 미분 공식 I: 다항함수의 도함수(1)

1. (1) $8x + 3$

   (2) $10x^9 + 9x^8 + \cdots + 2x + 1$

(3) $2x - 1$

(4) $7x^6 - 10x^4 - 6x$

3. (1) $y = 9x - 6$

   (2) $y = 4x - \dfrac{11}{12}$

   (3) $y = \dfrac{4ac - b^2}{4a}$

5. (1) 미분계수 0: $x = \pm\dfrac{\sqrt{3}}{3}$,
이계도함수 0: 0

   (2) 미분계수 0: $x = -\dfrac{1}{2}$,
이계도함수 0: 없다.

7. $x = 1, \ x = -\dfrac{1}{3}$

5절 미분 공식 II: 다항함수의 도함수(2)

1. (1) $f'(x) = 54x^8 - 18x^5$

   (2) $48x^7 - 36x^5 - 16x^3 - 42x^2 + 8x + 14$

   (3) $132x(2x^2 - 3)^{10}$

   (4) $24(2x + 1)^2 \left[(2x + 1)^3 + 2\right]^3$

3. (1) $-\dfrac{19}{20}$ (2) $-\dfrac{\sqrt[4]{2}}{8}$

   (3) $\dfrac{\sqrt{a}}{2}$ (4) 1

   (5) $\dfrac{170}{\sqrt{15}}$ (6) $\dfrac{136}{3\sqrt[3]{3}}$

5. (1) $8(x + 1)(16x^2 + 32x + 7)$

   (2) $-\dfrac{1}{x^2}$

9. $f(x) = c(x - a)^d$

6절 미분 공식 III: 유리함수의 도함수

1. (1) $f'(x) = -\dfrac{15}{(1 + 3x)^6}$

(2) $f'(x) = \dfrac{-3x^4 + 3x^2 - 4}{\left(x^2 - 4\right)^2 \left(x^2 + 1\right)^2}$

(3) $f'(x) = \dfrac{3x^4 - 6x^3 + 18x^2 - 2x + 3}{\left(x^2 - 1\right)^3}$

(4) $f'(x) = -\sqrt{\dfrac{1+x}{1-x}}\ \dfrac{1}{(1+x)^2}$

(5)
$f'(x) = -\dfrac{\left(x^2 + 2x + 9 - 2x\sqrt{x+1}\right)}{\left(\sqrt{x+1} - 1\right)^2 2\sqrt{9 - x^2}\sqrt{x+1}}$

(6) $f'(x) = \dfrac{-x + 2\sqrt{x} + 3}{4x^2\sqrt{x}}$

3. (1) $f'(x) = \dfrac{1}{(x+2)^2}$

(2) $\dfrac{2x^4 + x^2 + 2}{(2x-1)^2}$

(3) $f'(x) = \dfrac{12x^2 - x + 2 + (8x-1)\sqrt{x}}{\sqrt{x}\left(2\sqrt{x} + 1\right)^2}$

(4) $f'(x) = -\dfrac{n}{(x+1)^{n+1}}$

5. (1) $\dfrac{270}{(3x+5)^7}$

(2) $\dfrac{3x^2 + 6x + 1}{4x\sqrt{x}(x-1)^3}$

(3) $n(n+1)a^2(ax+b)^{-n-2}$

(4) $\dfrac{2a^2}{(ax+b)^3(cx+d)} + \dfrac{2ac}{(ax+b)^2(cx+d)^2}$

$\qquad + \dfrac{2c^2}{(ax+b)(cx+d)^3}$

7절 미분 공식 Ⅳ: 음함수의 미분법

1. (1) $\dfrac{dy}{dx} = \dfrac{x}{4y}$

(2) $\dfrac{dy}{dx} = -\sqrt{\dfrac{y}{x}}$

(3) $\dfrac{dy}{dx} = \dfrac{4x^3}{2y+1}$

(4) $\dfrac{dy}{dx} = -\dfrac{3x + 4y}{4x - 3y}$

(5) $\dfrac{dy}{dx} = \dfrac{y^2\left(x^2 - 1\right)}{x^2\left(y^2 - 1\right)}$

(6) $\dfrac{dy}{dx} = \dfrac{2\sqrt{x^2 + y^2} - x}{y}$

3. (1) 6   (2) $\dfrac{3}{5}$

5. (1) $2,\ -\dfrac{1}{16}$

(2) $-1,\ \dfrac{2}{3}$

8절 미분 공식 Ⅴ: 특별한 형태의 함수의 도함수

1. (1) $\dfrac{1}{2}$ (2) $\dfrac{6}{7}$

(3) $\dfrac{1}{5}$ (4) $-\dfrac{1}{48}$

3. $\dfrac{2\sqrt{2}}{x^2}$

5. $\dfrac{2}{3\pi}$

3장 미분법의 응용

1절 곡선의 기울기

1. (1) 3   (2) $-\dfrac{4}{729}$ (3) $\dfrac{1}{4}$

(4) $\sqrt{2} - \dfrac{\sqrt{2}}{4}$ (5) 1   (6) 18

3. (1) $\dfrac{6}{7}$ (2) $\dfrac{4}{3}$ (3) 2   (4) 1

5. $\left(0,\ \dfrac{46}{5}\right)$

7. $\left(4 + 2\sqrt{3},\ -24 - 16\sqrt{3}\right)$

    또는 $\left(4 - 2\sqrt{3},\ -24 + 16\sqrt{3}\right)$

1. (1) $v = 9$, $a = 12$

   (2) $v = 20$, $v = 40$

   (3) $v = \dfrac{7}{2}$, $a = \dfrac{5}{8}$

   (4) $v = 540 - \dfrac{\sqrt{2}}{4}$, $a = 900 + \dfrac{\sqrt{2}}{16}$

   (5) $v = -\dfrac{9680}{133^2}$, $a = -\dfrac{2840}{133^2} + \dfrac{580800}{133^3}$

   (6) $v = -1$, $a = 2$

3. $t = 0$, 1

5. 속도가 양수인 구간: $\left(-\dfrac{b}{2}, \infty\right)$,

   가속도가 양수인 구간: $(0, \infty)$

7. -80 m/sec

9. 80 m

3절 함수의 증가와 감소, 극대와 극소

1. (1) 감소: $(-\infty, 3)$, 증가: $(3, \infty)$

   (2) 감소: $(-\infty, 0)$, 증가: $(0, \infty)$

   (3) 감소: $(1, \infty)$, 증가: $(0, 1)$

   (4) 감소: $\left(0, \dfrac{1}{3}\right)$, 증가: $\left(\dfrac{1}{3}, \infty\right)$

3. $x \geq 1$

5. (1) 극대점: $x = 1$, 극소점: $x = 5$

   (2) 없음   (3) 극대점: $x = 0$

   (4) 극소점: $x = 1$, 극대점: $x = -1$

   (5) 극소점: $x = 1$

   (6) 극대점: $\dfrac{1 - 2\sqrt{7}}{9}$, 극소점: $\dfrac{1 + 2\sqrt{7}}{9}$

7. $a = -3$, $b = 9$

9. $f(g(x))' = f'(g(x))g'(x) > 0$

4절 곡선의 오목, 변곡점

1. (1) $y' = 3x^2 - 2x + 1$,

   증가구간: $\left(\dfrac{1}{3}, \infty\right)$, 감소구간: $\left(-\infty, \dfrac{1}{3}\right)$

   (2) $y' = (x - 1)^2 (5x^2 + 6x + 1)$,

   증가구간: $\left(\dfrac{-1 - \sqrt{6}}{5}, \dfrac{-1 + \sqrt{6}}{5}\right)$, $(1, \infty)$,

   감소구간: $\left(-\infty, \dfrac{-1 - \sqrt{6}}{5}\right)$,

   $\left(\dfrac{-1 + \sqrt{6}}{5}, 1\right)$

   (3) $y' = 1 - \dfrac{1}{x^2}$, 증가구간: $(0, \infty)$,

   감소구간: $(-\infty, 0)$

   (4) $y' = -\dfrac{4x - 1}{2(2x^2 - x)\sqrt{2x^2 - x}}$,

   증가구간은 $(-\infty, 0)$, $\left(\dfrac{1}{2}, \infty\right)$이다.

3. (1) $(1, \infty)$ (2) $\left(-\infty, -\dfrac{2}{3}\right)$

   (3) $(-1, \infty)$ (4) $\mathbb{R}$

5. $y = -7x + 10$

7. $a = \dfrac{c + d - 2}{2}$, $b = -3a \neq 0$

9. (1) 0, $f''(a)$

5절 최적화 : 극대, 극소의 응용

1. (1) 최댓값: 1, 최솟값: 0

   (2) 최댓값: $\dfrac{3}{2}$, 최솟값: 1

   (3) 최댓값: $\sqrt{2}$, 최솟값: 1

   (4) 최댓값: 0, 최솟값: -1

3. $m = 8$, $n = 8$

7. 가로 $\dfrac{400}{3}$, 세로 200

9. $5\sqrt{2}$, $5\sqrt{2}$

11. 64

13. 10주

6절 선형근사와 미분

1. (1) 2.2   (2) $\dfrac{81}{40}$

   (3) $\dfrac{1799}{5400}$ (4) $\dfrac{2399}{1200}$

3. (1) $(3x^2 - 4x)\,dx$

   (2) $2(6x+1)^{-\frac{2}{3}}\,dx$

   (3) $4x(x^2 + a)\,dx$

   (4) $-\left(\dfrac{x^2\sqrt{x} - 3\sqrt{x}}{2x^4 + 4x^2 + 2}\right)dx$

5. (1) $\dfrac{26}{5}$ (2) $\dfrac{63}{16}$

   (3) $\dfrac{121}{40}$ (4) $\dfrac{124}{25}$

7. $dv = \pm 0.01 \times \sqrt{2}$, 1.5 %

9. x의 백분비오차 $\dfrac{100}{x}dx$

   $\ln x$의 백분비오차 $\dfrac{100\,dx}{x\ln x}$

7절 뉴턴 방법

3. (1) 1   (2) $\dfrac{1}{2}$ (3) $\dfrac{1}{3}$

4장 초월함수의 미분법

1절 삼각함수의 도함수

1. (1) $\dfrac{3}{2}$ (2) 0   (3) 1   (4) 1

   (5) $\dfrac{1}{2}$ (6) $\dfrac{1}{2}$ (7) 1   (8) $\dfrac{1}{2}$

5. (1) $2\cos x - x\sin x$

   (2) $24\cos 2x \sin^2 2x - 12\cos^3 2x$

   (3) $-36x^2\cos(3x^2 - 1) - 6\sin(3x^2 - 1)$

   (4) $\dfrac{\sqrt{\tan^2\left(\dfrac{x}{2}\right)}}{\cos x + 1}$

   (5) $-\dfrac{9(\cos 6x - 2)\sec^4 3x}{y}$

   (6) $2\sec^2 x \tan x$

7. 접선: $y = -x$, 법선: $y = x - 2\pi$

11. $\sqrt{\dfrac{2}{3\sqrt{3}}}$, $-\sqrt{\dfrac{2}{3\sqrt{3}}}$

2절 역삼각함수의 도함수

1. (1) 0   (2) $\dfrac{\pi}{3}$ (3) π

   (4) $\dfrac{\pi}{6}$ (5) $-\dfrac{\pi}{4}$ (6) $\dfrac{\pi}{4}$

7. (1) $\dfrac{3}{1 + (3x+1)^2}$ (2) $-\dfrac{\cos x}{|\cos x|}$

   (3) $\dfrac{2x(x^2+1)(\tan^{-1}x_1) - (x^2 - 1)}{(\tan^{-1}x + 1)^2 (x^2 + 1)}$

   (4) $\dfrac{-4\cot^{-1}2x}{1 + 4x^2}$

9. $y = -\dfrac{\sqrt{3}}{2}x + \dfrac{3\sqrt{3}}{8} + \dfrac{\pi}{3}$

3절 로그함수의 도함수

1. (1) $x = \dfrac{1}{5}\log_{10} y$ (2) $x = \dfrac{1}{3}e^y$

   (3) $x = \sin^{-1} e^y$

   (4) $x = \ln\left(\sqrt[3]{y-1} + 1\right)$

3. (1) $\dfrac{3}{x-1}$ (2) $\dfrac{1}{x(1+x)}$

   (3) $-3\tan 3x$ (4) $\sec x$

   (5) $\dfrac{1}{2x\sqrt{\ln x}}$ (6) $2\cot x(\ln \sin x)$

   (7) $\dfrac{\ln x + 2}{2\sqrt{x}}$ (8) $\dfrac{1}{\ln 2}\left(\dfrac{3x^2 - 2}{x^3 - 2x + 3}\right)$

5. (1) $\dfrac{1}{x}$　　　　(2) $\dfrac{1}{x^2}$

(3) $-\dfrac{1}{x^2 \ln 10}$

(4) $6\left(\log_2 x^2\right)\left(\dfrac{2}{x \ln 2}\right)^2$

　　　$-3\left(\log_2 x^2\right)^2 \dfrac{2}{x^2 \ln 2}$

7. (1)

x	$\cdots$	1	$\cdots$
y'	$-$	0	$+$
y''	$+$	$+$	$+$
y	↘	극소	↗

(2)

x	$\cdots$	$\dfrac{-1-\sqrt{3}}{2}$	$\cdots$	$-\dfrac{1}{2}$	$\cdots$	$\dfrac{-1+\sqrt{3}}{2}$	$\cdots$
y'	$-$	$-$	$-$	0	$+$	$+$	$+$
y''	$-$	0	$+$	$+$	$+$	0	$-$
y	↘	변곡	↘	극소	↗	변곡	↗

(3)

x	$\cdots$	$\dfrac{1}{\sqrt{2}}$	$\cdots$	1	$\cdots$
y'	$-$	0	$+$	$\times$	$+$
y''	$+$	$+$	$+$	$\times$	$+$
y	↘	극소	↗	$\cdot$	↗

(4)

x	$\cdots$	e^2	$\cdots$	$e^{\frac{5}{2}}$	$\cdots$
y'	$-$	0	$+$	$+$	$+$
y''	$+$	$+$	$+$	0	$-$
y	↘	극소	↗	$\cdot$	↗

9. (1) 0.1　(2) $1 + \dfrac{1}{100e}$　(3) 0.001

4절 지수함수의 도함수

1. (1) $4 \ln 5 \cdot 5^{4x}$

(2) $(2x+1)2^{x^2+x+1} \ln 2$

(3) $\cos x\, 3^{\sin x} \ln 3$

(4) $-14e^{-2x}$

(5) $4e^{4x}$

(6) $\dfrac{e^2(x-1)}{x^2}$

(7) $e^x x^2$

(8) $\cos x\, e^{\sin x}$

5. (1) 극소점 $x=2$, 아래로 오목한 구간 부분 없음.

(2) 극대점 $x=-3$, 극소점 $x=1$, 아래로 오목한 구간 $(-2-\sqrt{5},\ -2+\sqrt{5})$

(3) 극대점 $x=1$, 아래로 오목한 구간 아래로 오목한 구간 $\mathbb{R}$

9. $\dfrac{2}{e}$

5절 쌍곡선함수의 도함수

1. (1) 0　　　　(2) $\dfrac{e+e^{-1}}{2}$

(3) 0　　　　(4) $\dfrac{2}{e^{\sqrt{2}}+e^{-\sqrt{2}}}$

(5) $-\dfrac{3}{4}$　　　(6) 3

3. (1) $\dfrac{x^2-1}{2x}$　　(2) $\dfrac{x^2-1}{x^2+1}$

11. 0.001

6절 역쌍곡선함수의 도함수

5. (1) $\dfrac{1}{\sqrt{x^2+1}} \ln\left(x+\sqrt{x^2-1}\right)$

　　　$+\dfrac{1}{\sqrt{x^2-1}} \ln\left(x+\sqrt{x^2+1}\right)$

(2) $\dfrac{6x^2}{\sqrt{4x^6-1}}$

(3) $\dfrac{\cosh x}{1 - \sinh^2 x}$

(4) $\dfrac{1}{\sqrt{\coth^{-1} x^2}} \dfrac{x}{1 - x^4}$

(5) $\dfrac{\dfrac{1}{1 - x^2} \sinh^{-1} x - \dfrac{1}{\sqrt{x^2 + 1}} \tanh^{-1} x}{\left(\sinh^{-1} x\right)^2}$

(6) $\dfrac{1}{(1 - x^2) \tanh^{-1} x}$

(7) $e^{\cosh^{-1}(2x^3)} \dfrac{6x^2}{\sqrt{4x^6 - 1}}$

(8) $\dfrac{2x}{(x^2 + 1)\left(1 - \left(\ln(x^2 + 1)\right)^2\right)}$

5장 평균값 정리와 부정형의 극한

1절 평균값 정리

1. (1) $\dfrac{5}{2}$ (2) $e - 1$

   (3) 1 (4) $x = 0$에서 미분 불가

5. (1) $\dfrac{1}{2}$ (2) $\dfrac{\sqrt{2}}{2}$

   (3) $\dfrac{\pi}{4}$

2절 부정형과 로피탈의 법칙(I)

3. (1) 1 (2) 0 (3) 2

   (4) 0 (5) $\dfrac{1}{6}$ (6) 1

3절 부정형과 로피탈의 법칙(II)

1. (1) 0 (2) $\dfrac{1}{2}$ (3) ∞

   (4) 1 (5) -2 (6) 0

   (7) $-\dfrac{1}{2}$ (8) $\dfrac{8}{3}$ (9) ∞

   (10) 0 (11) ∞ (12) $\dfrac{1}{3}$

6장 적분

1절 부정적분

1. (1) $\dfrac{1}{9}(3x - 2)^3 + C$

   (2) $-\dfrac{1}{2x^2} + C$

   (3) $-\dfrac{3}{x} + 2x + C$

   (4) $-\dfrac{\sqrt{2}}{\sqrt{x}} + C$

   (5) $\dfrac{1}{4}x^4 - 4x^{\frac{5}{2}} + 25x + C$

   (6) $\dfrac{1}{3}x^3 + \dfrac{1}{2}x^2 + x + C$

   (7) $\dfrac{1}{4}(3x)^{\frac{4}{3}} + C$

   (8) $\dfrac{2}{3}(x + 2)^{\frac{3}{2}} + C$

   (9) $-\cos x + 2\sin x + C$

   (10) $\tan x + \tan^{-1} x + C$

   (11) $\cosh x + \sinh x + C$

   (12) $2\sin^{-1} x + 3\sinh^{-1} x + C$

3. $y = x^3 - x^2 + 2x + 1$

5. $y = \dfrac{1}{3}x^3 + 3x^2 + x - 2$

7. $f(x) = \begin{cases} x + 5 & x \le 1 \\ \dfrac{3}{2}x^2 + \dfrac{9}{2} & x > 1 \end{cases}$

9. $4 + 2\sqrt{14}$

11. 900 m

2절 영역의 넓이

1. (1) $\displaystyle\sum_{i=1}^{5} a_i^i$ (2) $\displaystyle\sum_{i=1}^{4} a_i b_i$

   (3) $\displaystyle\sum_{i=1}^{3} a_i \sum_{j=1}^{3} b_j$

3. (1) 10   (2) 5

   (3) -1 (4) 23

5. (1) $\dfrac{26}{3}$ (2) $\dfrac{25}{12}$

3절 정적분

1. (1) 상합: $\dfrac{27}{2}$, 하합: $\dfrac{21}{2}$, 리만합: $\dfrac{21}{2}$

   (2) 상합: $\dfrac{51}{4}$, 하합: $\dfrac{35}{4}$, 리만합: $\dfrac{51}{4}$

   (3) 상합: $\dfrac{11}{6}$, 하합: $\dfrac{13}{12}$, 리만합: $\dfrac{142}{105}$

3. (1) $\displaystyle\int_0^1 x^2\,dx$ (2) $\displaystyle\int_0^1 \dfrac{1}{1+x}\,dx$

  (3) $\displaystyle\int_0^1 \sqrt{x}\,dx$ (4) $\displaystyle\int_0^1 \dfrac{1}{\sqrt{1+x}}\,dx$

  (5) $\displaystyle\int_0^1 \dfrac{1}{\sqrt{1+x^2}}\,dx$

5. (1) $\displaystyle\int_0^1 4\sqrt{2x+1}\,dx$

  (2) $\displaystyle\int_0^1 2\left[2(1+2x)^3+4\right]dx$

4절 정적분의 성질

1. (1) $\left(x^2+1\right)^5$

  (2) $-\sqrt{x^2+1}$

  (3) $-\sin^3 x$

  (4) $\dfrac{x}{x^2+1}-\dfrac{2x^3}{x^4+1}$

3. $\ln a + \ln b = \ln ab$

9. $\dfrac{1}{4}x^3 + \dfrac{1}{2}x$

11. $\dfrac{1}{2}$

5절 치환적분

1. (1) $\dfrac{2}{9}(3x+1)^{\frac{3}{2}}+C$

  (2) $-\dfrac{1}{2}\ln|5-2x|+C$

  (3) $\dfrac{1}{3\ln 2}\,2^{3x+1}$

  (4) $\dfrac{1}{3}e^{x^3}+C$

  (5) $\dfrac{2}{3}\ln|1+x\sqrt{x}|+C$

  (6) $x-2\ln|x|-\dfrac{1}{x}+C$

  (7) $e^{\sin\theta}+C$

  (8) $\ln|\tan\theta|+C$

  (9) $\dfrac{1}{2}(\ln x)^2+C$

  (10) $\ln|x+\sin x|+C$

  (11) $\dfrac{5}{2}(x+4)^{\frac{5}{2}}-\dfrac{8}{3}(x+4)^{\frac{3}{2}}+C$

  (12) $\dfrac{1}{3}(x^2+4)^{\frac{3}{2}}+C$

  (13) $2\ln|\sqrt{x}-1|+C$

  (14) $\dfrac{3}{2}\ln|\sqrt[3]{x^2}-1|+C$

  (15) $\sqrt{x^2-1}-\tan^{-1}\left(\sqrt{x^2-1}\right)+C$

  (16) $\dfrac{1}{7}\left(\sqrt[4]{1+2x}\right)^7-\dfrac{1}{3}\left(\sqrt[4]{1+2x}\right)^3+C$

3. $\dfrac{3}{2}$

7. 0

6절 역삼각함수로 되는 적분

1. (1) $\sin^{-1}\dfrac{x}{2}+C$

  (2) $\dfrac{1}{3}\tan^{-1}\dfrac{x}{3}+C$

  (3) $-\dfrac{1}{8}\ln\dfrac{|x-5|}{|x+3|}+C$

  (4) $\cosh^{-1}\dfrac{x}{3}+C$

(5) $\dfrac{1}{9}\sqrt{9x^2-1}$

(6) $\sin^{-1}e^x + C$

(7) $2\tan^{-1}\sqrt{x} + C$

(8) $x^2 - \ln(1+x^2) + C$

(9) $\dfrac{1}{3}\ln\left|\dfrac{x-2}{x+1}\right| + C$

(10) $\dfrac{1}{2}\tan^{-1}\dfrac{x+1}{2} + C$

(11) $\ln|x^2+2x+2| - \tan^{-1}(x+1) + C$

(12) $2\sqrt{x^2+x+2} - 4\sinh^{-1}\left(\dfrac{2x+1}{\sqrt{7}}\right) + C$

7장 적분의 응용

1절 곡선 사이 영역의 넓이

1. (1) 12　　　　(2) $\dfrac{1}{2}$

　(3) 2　　　　(4) $e + \dfrac{1}{2}e^2 - \dfrac{3}{2}$

3. (1) 6　　　　(2) 12

5. $\dfrac{a^2}{6}$

7. $\sqrt[3]{\dfrac{1}{4}}$

2절 입체의 부피

1. (1) $\dfrac{128}{7}\pi$　　　(2) $\dfrac{64}{15}\pi$

　(3) $\dfrac{49}{3}\pi$　　　(4) $\dfrac{1}{30}\pi$

　(5) $\dfrac{1}{2}e^2\pi - \dfrac{1}{2}\pi$　(6) $\pi\ln 4$

3. (1) $\dfrac{1024}{15}\pi$　　　(2) $\dfrac{29}{30}\pi$

(3) $\dfrac{7}{15}\pi$　　　(4) $\dfrac{56}{3}\pi$

5. $\dfrac{4}{3}ab^2\pi$

3절 원주각법에 의한 회전체의 부피

1. (1) $\dfrac{4}{5}\pi$　　　(2) $\dfrac{8}{3}\pi$

　(3) $\dfrac{1}{6}\pi$　　　(4) 4π

3. (1) $\dfrac{45}{2}\pi$　　　(2) $\dfrac{4}{3}\pi$

　(3) $\dfrac{625}{3}\pi$　　　(4) $\pi\left(1 - \dfrac{1}{e}\right)$

　(5) 16π　　　(6) $\dfrac{1}{15}\pi$

5. $\dfrac{4}{3}\pi r^3$

4절 곡선의 길이와 회전 곡면의 넓이

1. (1) $\dfrac{56}{27}$

(2) $\sqrt{1+e^2} - \sqrt{2} + \dfrac{1}{2}\ln\dfrac{\sqrt{1+e^2}-1}{\sqrt{1+e^2}+1}$
$\quad - \dfrac{1}{2}\ln\dfrac{\sqrt{2}-1}{\sqrt{2}+1}$

(3) $\dfrac{e - e^{-1}}{2}$

(4) $-\dfrac{1}{2} + \ln 3$

(5) $\dfrac{33}{16}$

3. (1) $2\sqrt{5}\,\pi$

(2) $\dfrac{\pi}{6}(17\sqrt{17} - 5\sqrt{5})$

(3) $\pi(\pi + 2)$

(4) 24π

5. $A = 2\pi b^2\left[1 + \dfrac{a}{b}\dfrac{\sin^{-1}B}{B}\right],$
$\quad \left(B = \sqrt{1 - \left(\dfrac{b}{a}\right)^2}\,\right)$

5절 정적분의 수치적 해법

1. (1) $\dfrac{1}{3}$, $\dfrac{11}{32}$

   (2) $2(\sqrt{3}-1)$,

   $\dfrac{1}{2}\left[\dfrac{1}{2}+\dfrac{\sqrt{2}}{\sqrt{3}}+\dfrac{1}{\sqrt{2}}+\dfrac{\sqrt{2}}{\sqrt{5}}+\dfrac{1}{2\sqrt{3}}\right]$

3. (1) 15

   (2) 41

5. $\dfrac{22}{3}$

8장 적분법

1절 부분적분법

1. (1) $-(2x+5)e^{-x}+C$

   (2) $(x^2-2x+2)\,e^x+C$

   (3) $x\sin x+\cos x+C$

   (4) $-\dfrac{1}{2}x^2\cos 2x+\dfrac{1}{2}x\sin 2x+\dfrac{1}{4}\cos 2x+C$

   (5) $\dfrac{2}{15}(x+1)^{\frac{3}{2}}(3x-2)+C$

   (6) $\dfrac{1}{15}(x^2+1)^{\frac{3}{2}}(3x^2-2)+C$

   (7) $\dfrac{1}{105}(x^2+1)^{\frac{3}{2}}(15x^4-12x^2+8)+C$

   (8) $\dfrac{1}{9}x^3(3\ln x-1)+C$

   (9) $x\left((\ln x)^2-2\ln x+2\right)+C$

   (10) $\dfrac{1}{2}x\left[\sin(\ln x)-\cos(\ln x)\right]+C$

   (11) $-\dfrac{1}{5}e^{-x}\left[\cos 2x-2\sin 2x\right]+C$

   (12) $\dfrac{\pi}{6}-\dfrac{\sqrt{3}}{2}+1$

   (13) $4\ln 2-\dfrac{3}{2}$

(14) $\dfrac{\pi}{4}-\dfrac{1}{2}\ln 2$

3. $\dfrac{51}{4}$

2절 삼각함수의 적분

1. (1) $\dfrac{2}{3}\sin\dfrac{3}{2}x+C$

   (2) $\dfrac{1}{\pi}\cos\dfrac{\pi}{x}+C$

   (3) $\dfrac{1}{4}\sec 4x+C$

   (4) $2\ln\left|\sin\dfrac{1}{2}x\right|+C$

   (5) $\dfrac{1}{4}\sin^4 x-\dfrac{1}{6}\sin^6 x+C$

   (6) $\dfrac{1}{2}(\sin x+x)+C$

   (7) $\dfrac{1}{n}\sec^n x+C$

   (8) $\dfrac{4}{3}\tan\dfrac{3}{4}x-x+C$

   (9) $-\dfrac{1}{16}\cos 8x+\dfrac{1}{4}\cos 2x+C$

   (10) $-\dfrac{2}{3}\cot\left(\dfrac{3}{2}x\right)-\dfrac{2}{9}\cot^3\left(\dfrac{3}{2}x\right)+C$

   (11) $\dfrac{2}{3}\tan^3\left(\dfrac{x}{2}\right)-2\tan\left(\dfrac{x}{2}\right)+x+C$

   (12) $\tan x+\sec x+C$

   (13) $2\sqrt{2}\,\sin\left(\dfrac{x}{2}\right)+C$

   (14) $\sec x-\tan x+x+C$

   (15) $\dfrac{2}{3}$

   (16) $\dfrac{56}{15}$

   (17) 1

   (18) $\pi-2$

3. $\dfrac{3}{8}\pi^2$

3절 유리함수의 적분

1. (1) $\frac{1}{2}\big(\ln|x| - \ln|x+2|\big) + C$

   (2) $x + 2\ln|x-1| - \ln|x+1| + C$

   (3) $\frac{1}{x} + 3\ln|x-1| + C$

   (4) $-\frac{2}{x+1} - \ln|x| + \ln|x+1| + C$

   (5) $\ln|x| - \frac{1}{2}\ln|x^2+1| + C$

   (6) $\ln|1-x| - \ln|1+x| - 2\tan^{-1}x + C$

   (7) $\ln(x^2+4) - \ln|x-2| + C$

   (8) $\frac{2}{x^2+2} - \ln(x^2+2) + 2\ln|x| + C$

   (9) $x - 2\ln|x-1| - \ln|x|$
      $- 3\ln|x+1| + C$

   (10) $-\frac{1}{2}\ln(4x^2+1) + 2x - 3\ln|x+2|$
       $+ 3\tan^{-1}(2x) + C$

   (11) $2\ln|x+2| - \ln|x+1| + C$

   (12) $-\tan^{-1}(e^x) - e^{-x} + C$

   (13) $-3\ln|3-x| + 2\ln|x|$
       $- 4\ln|x+3| + C$

   (14) $1 + \ln\frac{3}{2}$

   (15) $\frac{1}{3}\ln 2 + \frac{\sqrt{3}}{9}\pi$

   (16) $\frac{\sqrt{3}}{3}\pi$

3. $\pi\left(\dfrac{338\tan^{-1}5 + 65}{26} - 5\right)$

4절 삼각치환

1. (1) $2\sin^{-1}\frac{x}{2} + \frac{1}{2}x\sqrt{4-x^2} + C$

   (2) $\frac{1}{2}\sin^{-1}(x-1)$
      $+ \frac{1}{2}(x-1)\sqrt{2x-x^2} + C$

   (3) $\dfrac{\sqrt{x^2-4}}{4x} + C$

   (4) $-\dfrac{(9-x^2)^{\frac{3}{2}}}{27x^3} + C$

   (5) $-\dfrac{\sqrt{x^2+9}}{9x} + C$

   (6) $-\dfrac{x}{9\sqrt{4x^2-9}} + C$

   (7) $\frac{1}{2}\left(x\sqrt{x^2+9} - 9\sinh^{-1}\frac{x}{3}\right) + C$

   (8) $\sinh^{-1}(x+1) + C$

   (9) $\dfrac{\sqrt{x^2+3}\,(2x^2-3)}{27x^3} + C$

   (10) $\frac{1}{54}\left(\sec^{-1}\left(\frac{x}{3}\right) + \dfrac{3\sqrt{x^2-9}}{x^2}\right) + C$

   (11) π

   (12) $\sinh^{-1}2 - \sinh^{-1}1$

5. $\frac{1}{4}\left[2\sqrt{5} + \ln(\sqrt{5}+2)\right]$

7. $\frac{\pi}{6}(17\sqrt{17} - 5\sqrt{5})$

5절 반각치환법과 유리화

1. (1) $-\cot\frac{x}{2} + C$

   (2) $\frac{2}{\sqrt{3}}\tan^{-1}\left(\dfrac{2\tan\frac{x}{2}+1}{\sqrt{3}}\right) + C$

   (3) $\frac{1}{\sqrt{2}}\left(\ln\left|\tan\frac{x}{2}+1-\sqrt{2}\right|\right.$
      $\left.- \ln\left|\tan\frac{x}{2}+1+\sqrt{2}\right|\right) + C$

   (4) $\ln(1+\sin x) + C$

   (5) $\ln 2$

   (6) $\frac{\pi}{4} + \frac{1}{2}\ln 2$

6절 이상적분

1. (1) $\dfrac{1}{2}$ (2) e (3) $-\ln\dfrac{2}{3}$
    (4) 발산   (5) 2   (6) 발산
    (7) π (8) $-\dfrac{1}{4}$ (9) $\dfrac{\pi}{2}$
    (10) $\dfrac{1}{\ln 2}$

3. $\dfrac{\pi}{4}$

5. 6

9장   무한급수

1절 급수

1. (1) $\displaystyle\sum_{n=1}^{\infty}\dfrac{1}{n^2}$

    (2) $\displaystyle\sum_{n=1}^{\infty}\dfrac{(-1)^{n+1}(2n+1)}{(2n-1)\,2n}$

3. (1) $\dfrac{7}{9}$ (2) $\dfrac{4}{33}$ (3) $\dfrac{4111}{33300}$

5. $a_1 = -\dfrac{1}{2},\ a_n = \dfrac{3}{n^2+n}\ (n \geq 2)$

2절 급수의 수렴에 관한 정리

1. (1) n이 홀수: $a_n = 1,$
     n이 짝수: $a_n = \dfrac{1}{\left(\dfrac{n}{2}+1\right)^2}$

     a_n은 발산한다.

    (2) $\displaystyle\sum_{n=1}^{\infty}\dfrac{(-1)^{n+1}n^2}{n^2+1}$, 발산

3. (1) 발산   (2) 수렴
    (3) 발산   (4) 발산
    (5) 발산   (6) 발산
    (7) 발산   (8) 발산

3절 적분판정법

1. (1) 발산   (2) 발산
    (3) 수렴   (4) 발산
    (5) 발산   (6) 수렴
    (7) 발산   (8) 수렴
    (9) 발산   (10) 수렴

4절 비교판정법

1. (1) 수렴   (2) 수렴
    (3) 발산   (4) 수렴
    (5) 수렴   (6) 발산

5절 비판정법 및 근판정법

1. (1) 수렴   (2) 수렴
    (3) 발산   (4) 발산
    (5) 수렴   (6) 수렴

3. 수렴

6절 교대급수와 절대수렴

1. (1) 절대수렴   (2) 발산
    (3) 조건부수렴   (4) 조건부수렴
    (5) 발산   (6) 조건부수렴
    (7) 조건부수렴   (8) 절대수렴
    (9) 절대수렴   (10) 조건부수렴
    (11) 절대수렴   (12) 발산

10장   테일러 급수

1절 멱급수

1. (1) $\left(-\dfrac{1}{2},\ \dfrac{1}{2}\right)$ (2) $(-1,\ 1)$
    (3) $\mathbb{R}$ (4) $[-1,\ 1)$

(5) $(-1, 1)$ (6) $[0, 2)$

(7) $(-6, 0)$ (8) $[-1, 2]$

3. a^a

5. (1) $\dfrac{x}{(1-x)^2}$ (2) $\dfrac{2x^2}{(1-x)^3}$

(3) 2   (4) 4

(5) 6

7. $f(x) = \dfrac{3}{3-2x}, \left(-\dfrac{3}{2}, \dfrac{3}{2}\right)$

2절 테일러 급수

1. (1) $\displaystyle\sum_{n=0}^{\infty} \dfrac{(-1)^n x^n}{n!}, \ \mathbb{R}$

(2) $\displaystyle\sum_{n=0}^{\infty} \dfrac{(-4)^n}{(2n)!} x^{2n}, \ \mathbb{R}$

(3) $\ln 2 + \displaystyle\sum_{n=1}^{\infty} (-1)^{n-1} \dfrac{1}{n2^n} x^n, \ (-2, 2]$

(4) $\displaystyle\sum_{n=0}^{\infty} (-1)^n (n+1) x^n, \ (-1, 1)$

(5) $\displaystyle\sum_{n=0}^{\infty} (-1)^n \dfrac{2^n (n+1)(n+2)(n+3)}{6} x^n,$

$\left(-\dfrac{1}{2}, \dfrac{1}{2}\right)$

(6) $(-1, 1]$

3. (1) $\ln 2 + \displaystyle\sum_{n=1}^{\infty} \dfrac{(-1)^{n+1}(x-2)^n}{n2^n}$

(2) $\displaystyle\sum_{n=0}^{\infty} \dfrac{2^n e^6}{n!} (x-3)^n$

(3) $\displaystyle\sum_{n=0}^{\infty} \tfrac{1}{2}C_n 2^{\frac{1}{2}-n} (x-2)^n$

(4) $\displaystyle\sum_{n=0}^{\infty} (-1)^n (x-1)^n$

5. (1) $\displaystyle\sum_{n=0}^{\infty} (-1)^n x^{2n+1}, \ -15!$

(2) 0

7. $\dfrac{1}{2} + \displaystyle\sum_{n=1}^{\infty} \dfrac{1 \cdot 3 \cdots (2n-1)}{n! 2^{3n+1}} x^n$, 수렴반경 4

3절 멱급수의 연산

1. $[0, \infty)$

3. (1) $-\dfrac{1}{6}$ (2) 1

(3) $-\dfrac{1}{2}$ (4) $\dfrac{1}{3}$

4절 테일러의 정리

3. (1) 1.648   (2) 0.841

(3) 0.253   (4) 0.309

5. (1) $\dfrac{1}{2}$ (2) $e^{\frac{3}{5}}$

(3) $\ln \dfrac{3}{2}$ (4) -1

11장   매개변수방정식과 극좌표계

1절 매개변수방정식

1. (1) $y = 3x - 1$

(2) $y = (3-x)^2 - 2$

(3) $x^2 + y^2 = 1$

(4) $\dfrac{x^2}{4} + \dfrac{y^2}{9} = 1$

(5) $y^2 + 1 = x^2$

(6) $y^2 = x - x^2$

3. (1) $y = \dfrac{9}{2}x + 2$

(2) $y = -2x + 4$

5. (1) $x = \dfrac{4t-1}{t^3}, \ y = \dfrac{4t-1}{t^2}$

(2) $x = \dfrac{8}{1+2t+4t^2}, \ y = \dfrac{8t}{1+2t+4t^2}$

2절 매개변수방정식에 대한 곡선의 길이

1. $\sqrt{17} + \dfrac{1}{4}\ln(4 + \sqrt{17})$

3. 8

5. $\dfrac{52}{27}\sqrt{13} - \dfrac{32}{27}$

3절 극좌표

1. (1) $\left(\sqrt{2}, \dfrac{\pi}{4}\right)$

    (2) $\left(4, \dfrac{11}{6}\pi\right)$

    (3) $\left(1, \dfrac{\pi}{2}\right)$

    (4) $\left(1, \dfrac{\pi}{3}\right)$

3. (1) $r\cos\theta = 1$

    (2) $r\sin\theta = 2$

    (3) $r = 2$

    (4) $\theta = \dfrac{\pi}{4}$

    (5) $r^2\cos^2\theta = 4r\sin\theta + 4$

    (6) $r = 4\sin\theta$

4절 극방정식의 그래프

3. (1) $r = 3\csc\theta$

    (2) $r^2 = \csc 2\theta$

5절 극좌표계에서의 넓이와 길이

1. (1) $\dfrac{3}{2}\pi$ (2) $\dfrac{\pi}{4}$

    (3) $\dfrac{19}{2}\pi$ (4) 4

3. (1) $\dfrac{3}{4}\pi$ (2) $2 - \dfrac{\pi}{4}$

    (3) $\pi + 1$ (4) $\dfrac{\pi}{8} - \dfrac{1}{4}$

    (5) $\pi + 3\sqrt{3}$

12장 공간과 벡터

1절 삼차원 좌표계

1. (1) $\sqrt{38}$ (2) $\sqrt{29}$ (3) 3

3. $3x^2 - 2x + 3y^2 + 28y + 3z^2$
    $- 26z + 10 = 0$

5. (1) 중심: $(0, 1, 0)$, 반지름: 1

    (2) 중심: $(1, 2, -1)$, 반지름: $\sqrt{7}$

    (3) 중심: $(1, -2, 0)$, 반지름: $2\sqrt{3}$

2절 벡터

1. (1) $\langle -5, 3 \rangle$

    (2) $\langle 4, -2, 3 \rangle$

    (3) $\langle -3, -1, 2 \rangle$

3. (1) $\overrightarrow{AB} = -2\mathbf{i} - 4\mathbf{j} + 5\mathbf{k}$

    (2) $\overrightarrow{BA} = -3\mathbf{i} + 2\mathbf{j} - 4\mathbf{k}$

    (3) $4\mathbf{a} - 3\mathbf{b} = -2\mathbf{i} + 11\mathbf{j} - 11\mathbf{k}$

5. (1) $\left\langle \dfrac{-3}{5}, 0, \dfrac{4}{5} \right\rangle$

    (2) $\dfrac{1}{\sqrt{46}}\mathbf{i} - \dfrac{3}{\sqrt{46}}\mathbf{j} + \dfrac{6}{\sqrt{46}}\mathbf{k}$

7. $\mathbf{i} = \dfrac{1}{3}\mathbf{a} + \dfrac{1}{3}\mathbf{b}, \quad \mathbf{j} = -\dfrac{1}{3}\mathbf{a} + \dfrac{2}{3}\mathbf{b}$

3절 내적

1. (1) 8   (2) -22 (3) 0   (4) 9

3. (1), (5), (6)

5. (1) $\cos^{-1}\dfrac{\sqrt{55}}{11}$

    (2) $\cos^{-1}\left(-\dfrac{2\sqrt{5}}{15}\right)$

(3) $\cos^{-1}\left(\dfrac{7\sqrt{130}}{130}\right)$

(4) $\cos^{-1}\left(\dfrac{-2\sqrt{21}}{63}\right)$

7. (1) $\cos^{-1}\left(\dfrac{-5}{\sqrt{273}}\right)$, $\left\langle \dfrac{5}{21},\ \dfrac{10}{21},\ \dfrac{20}{21}\right\rangle$

(2) $\cos^{-1}\left(\dfrac{9}{14}\right)$, $\left\langle \dfrac{27}{14},\ -\dfrac{9}{7},\ -\dfrac{9}{14}\right\rangle$

11. $\theta = \cos^{-1}\dfrac{7}{25}$

4절 외적

1. (1) $-2\mathbf{i} + 15\mathbf{j} + 6\mathbf{k}$

(2) $3\mathbf{i} - 2\mathbf{j} + 7\mathbf{k}$

(3) $-14\mathbf{i} - 16\mathbf{j} - 10\mathbf{k}$

(4) $2\mathbf{i} - 4\mathbf{j} - \mathbf{k}$

3. (1) $\pm\dfrac{1}{\sqrt{6}}\langle -2,\ -1,\ 1\rangle$

(2) $\pm\dfrac{1}{\sqrt{42}}\langle -4,\ 5,\ -1\rangle$

7. (1) $\dfrac{7}{2}$ (2) $\dfrac{3\sqrt{2}}{2}$

11. 75

5절 직선의 방정식

1. (1) $\pm\left\langle \dfrac{1}{\sqrt{6}},\ -\dfrac{1}{\sqrt{6}},\ \dfrac{2}{\sqrt{6}}\right\rangle$

(2) $\pm\left\langle -\dfrac{1}{\sqrt{2}},\ 0,\ \dfrac{1}{\sqrt{2}}\right\rangle$

3. $x = 2 + t,\ y = 4 - 5t,\ z = -3 + 4t$,

$x - 2 = \dfrac{y - 4}{-5} = \dfrac{z + 3}{4}$

7. (1) $x = 5 + 2t,\ y = -3 - t$,

$z = -4 + 3t,\ t \in R$

(2) $x = 1 + t,\ y = -t - 3,\ z = 5t$

9. $\sqrt{2}$

11. $\sqrt{6}$

6절 평면의 방정식

1. $(x - 1) + 2(y + 2) + 3(z - 3) = 0$

3. $10(y + 1) + 5(z - 3) = 0$

5. $x + z + 1 = 0$

7. $\dfrac{12}{7}$

9. $\dfrac{13}{9}$

11. $(4,\ 2,\ 0),\ (0,\ -2,\ 2),\ (2,\ 0,\ 1)$

13. $\dfrac{x - 2}{2} = \dfrac{y - 1}{3},\ z = 3$

15. $x = 4,\ \dfrac{y - 1}{2} = z$

7절 곡면의 방정식

5. $x^2 - 9y^2 - 9z^2 = 0$

13장 편미분

1절 다변수함수

1. (1) -3 (2) -26

(3) $x^2 + 2xh + h^2 + 2xy + 2hy - 2y^2$

(4) $x^2 + 2xy + 2xh - 2y^2 - 4yh - 2h^2$

2절 다변수함수의 극한과 연속

3. $(x - y)(x + y) \geq 0,\ x + y \neq 0$

5. (1) 5 (2) 0 (3) 0 (4) 0

7. (1) $x \neq -y$ (2) $y \neq x^2$

(3) $\mathbb{R}^2$ (4) $\mathbb{R}^2 - \{(0,\ 0)\}$

3절 편도함수

1. (1) $f_x = 3x^2 + 2y^2$, $f_y = 4xy + 3y^2$

   (2) $f_x = \dfrac{2y}{(x+y)^2}$, $f_y = -\dfrac{2x}{(x+y)^2}$

   (3) $f_x = \sin(-x+y) - x\cos(-x+y)$,

   $f_y = x\cos(-x+y)$

   (4) $f_x = (x^2+2x)\,e^x y$, $f_y = x^2 e^x$

   (5) $f_x = -\dfrac{y}{x^2+y^2}$, $f_y = \dfrac{x}{x^2+y^2}$

   (6) $f_x = \dfrac{y^2+x^2}{x^3-y^2 x}$, $f_y = \dfrac{y^2+x^2}{y^3-yx^2}$

   (7) $f_x = y+z$, $f_y = x+z$, $f_z = y+x$

   (8) $f_x = \sin\dfrac{x}{y+z} + \dfrac{x}{y+z}\cos\dfrac{x}{y+z}$,

   $f_y = -\dfrac{x^2\cos\dfrac{x}{y+z}}{(y+z)^2}$,

   $f_z = -\dfrac{x^2\cos\dfrac{x}{y+z}}{(y+z)^2}$

5. (1) $f_{xx} = 2 + 6xy^4$, $f_{xy} = f_{yx} = 1 + 12x^2 y^3$,

   $f_{yy} = 12x^3 y^2$

   (2) $f_{xx} = -\dfrac{y}{4x\sqrt{x}}$, $f_{xy} = f_{yx} = 2y + \dfrac{1}{2\sqrt{x}}$,

   $f_{yy} = 2x$

   (3) $f_{xx} = \dfrac{2(y^2-x^2)}{(x^2+y^2)^2}$,

   $f_{xy} = f_{yx} = \dfrac{-4xy}{(x^2+y^2)^2}$,

   $f_{yy} = \dfrac{2(x^2-y^2)}{(x^2+y^2)^2}$

9. (1) $z_x = f'(x) + g'(x)$, $z_y = 0$

   (2) $z_x = z_y = f'(x+y)$

   (3) $z_x = f'(x)\,g(y)$, $z_y = f(x)g'(y)$

   (4) $z_x = y\dfrac{\partial f(xy)}{\partial x}$, $z_y = x\dfrac{\partial f(xy)}{\partial y}$

4절 함수의 증분과 전미분

1. (1) $df(x, y)$

   $= (9x^2 + 8xy)\,dx + (4x^2 - 6y^2)\,dy$

   (2) $df(x, y) = \left[6x(x^2-y^2)^2\right]dx$

   $-\left[6y(x^2-y^2)^2\right]dy$

   (3) $df(x, y) = e^x \sin y\,dx + e^x \cos y\,dy$

   (4) $df(x, y, z) = y\,dx + x\,dy + 2z\,dz$

3. 3.99

5. $\Delta z = -0.7189$, $dz = -0.73$

7. $\dfrac{2256}{25}\pi$

5절 연쇄법칙

1. (1) $32\,t$

   (2) $\dfrac{\cos(\tan^{-1} t)}{t(1+t^2)} - \dfrac{\sin(\tan^{-1} t)}{t^2}$

   $= -\dfrac{t}{(1+t^2)^{\frac{3}{2}}}$

3. (1) $-\dfrac{2x}{x-y}$ (2) $\dfrac{4x-3y}{3x-2y}$

5. (1) $\dfrac{dz}{dx} = -\dfrac{x}{z}$, $\dfrac{dz}{dy} = -\dfrac{y}{z}$

   (2) $\dfrac{dz}{dx} = -\dfrac{e^x(1-e^{y+z})}{e^x(1-e^{x+y})}$,

   $\dfrac{dz}{dy} = -\dfrac{e^y(1-e^{x+z})}{e^z(1-e^{x+y})}$

6절 방향미분계수와 기울기벡터

1. (1) $-5 - \dfrac{11\sqrt{3}}{2}$

   (2) 1

   (3) $\dfrac{3\sqrt{3} - 1}{2}\cos 3$

   (4) 1

3. $\langle 4,\ 4 \rangle,\ 4\sqrt{2}$

5. (1) $\dfrac{1}{\sqrt{33}}\langle -1,\ 4,\ 4 \rangle$

   (2) $\dfrac{1}{\sqrt{33}}\langle 1,\ -4,\ -4 \rangle$

7. (1) $2x + 3y + 6z = 49$

   (2) $x - 2y - z = 4$

   (3) $x + 2y - 3z = 13$

   (4) $2x - z = 2$

   (5) $x + 2y - z = 2$

   (6) $x - 3y - z = -1$

9. $\langle -3,\ 6,\ -2 \rangle,\ -3x + 6y - 2z = 18$

7절 극대와 극소

1. (1) 극솟값 -9

   (2) 극댓값 1 안장점 $(0, 0)$

   (3) 극솟값 0 안장점 $(0, n\pi)$

   (4) 극댓값 2 안장점 $(0, 0)$

   (5) 안장점 $(1, 1),\ (-1, -1)$

   (6) 극솟값 3

   (7) 극솟값 -1

3. 2

5. (1) $-4,\ 8$ (2) $-15,\ 33$

   (3) $-5,\ 5$ (4) $-1,\ 9$

7. $\left(\dfrac{1}{9},\ \dfrac{10}{9},\ \dfrac{23}{9} \right)$

9. 최대: 2, 최소: -32

14장   다중적분

1절 이중적분

1. (1) $\dfrac{23}{4},\ \dfrac{9}{4}$

   (2) $\dfrac{25}{8},\ -\dfrac{11}{8}$

3. (1) 222   (2) 2

   (3) $\ln 2$ (4) π

2절 일반적인 영역 위에서의 이중적분

1. (1) 42   (2) $\dfrac{\pi}{2} - 1$

   (3) $\dfrac{1}{2}e^2 - e + \dfrac{1}{2}$ (4) $\dfrac{28}{15}$

   (5) $\dfrac{1}{3}a^3$ (6) $\dfrac{1}{3}$

5. $\dfrac{1}{4}$

7. 6

9. (1) $\dfrac{1}{4}(e^4 - 1)$

   (2) $\dfrac{1}{2}$

   (3) $\dfrac{2}{3}\ln 3$

   (4) $\dfrac{1}{2}(e - 1)$

   (5) $\dfrac{2\sqrt{2} - 1}{3}$

3절 극좌표계에서의 이중적분

1. $\dfrac{9}{2}$

3. $\dfrac{3}{2}a^2\pi$

5. $\dfrac{11}{3}\pi - 12 + \dfrac{11}{2}\sqrt{3}$

7. 16π

9. $\sqrt{2\pi}$

4절 곡면의 넓이

1. $9\sqrt{26}$

3. $9\sqrt{14}\,\pi$

5. $\dfrac{3}{2}$

7. $\dfrac{\sqrt{2}}{2}a^2$

9. 4π

5절 삼중적분

1. (1) $\dfrac{7}{8}$ (2) $\dfrac{173}{120}$

    (3) $\dfrac{\pi}{2}-1$ (4) $\dfrac{5}{12}$

(5) a^2 (6) $\dfrac{4}{3}\pi a^3$

3. (1) $\dfrac{2}{3}$ (2) $\dfrac{16}{3}$

   (3) 6π

6절 원주좌표계와 구면좌표계에서의 삼중적분

1. (1) $\left(2,\ \dfrac{3}{2}\pi,\ 0\right),\ \left(2,\ \dfrac{3}{2}\pi,\ \dfrac{\pi}{2}\right)$

   (2) $\left(2,\ \dfrac{\pi}{3},\ 2\sqrt{3}\right),\ \left(4,\ \dfrac{\pi}{3},\ \dfrac{\pi}{6}\right)$

   (3) $(0,\ 0,\ 1),\ (1,\ 0,\ 0)$

   (4) $\left(\sqrt{2},\ \dfrac{3\pi}{4},\ -\sqrt{2}\right),\ \left(2,\ \dfrac{3\pi}{4},\ \dfrac{3\pi}{4}\right)$

3. (1) $4\sqrt{3}\,\pi$ (2) $\dfrac{\pi}{8}$

7. (1) 3π (2) $\dfrac{\pi}{2}a$

찾아보기

미분적분학 3판

초판 1쇄 발행 | 2016년 02월 25일
개정판 2쇄 발행 | 2021년 02월 10일
3판 1쇄 발행 | 2022년 03월 05일

지은이 | 김정헌 · 이의우 · 이종규
펴낸이 | 조승식
펴낸곳 | (주)도서출판 북스힐

등 록 | 1998년 7월 28일 제22-457호
주 소 | 서울시 강북구 한천로 153길 17
전 화 | (02) 994-0071
팩 스 | (02) 994-0073

홈페이지 | www.bookshill.com
이메일 | bookshill@bookshill.com

정가 29,000원
ISBN 979-11-5971-423-8